World as a Perspective

世界作為一種視野

亞洲海洋大歷史

Eric Tagliacozzo ● 達瑞克

從葉門到橫濱的跨海域世界

IN ASIAN WATERS

Oceanic Worlds from Yemen to Yokohama

閻紀宇　譯

目次

導讀

亞洲的海，與我們的島：《亞洲海洋大歷史》的即戰力閱讀法

鄭維中（中央研究院臺灣史研究所副研究員）

你會怎麼描述這個我們生活在其中的世界？特別是當國家界線在日常生活中逐漸模糊，而地區間的武力衝突卻在世界某些角落愈演愈烈的此刻？當盡世界公民的責任尚不是每天迫切需要達成，而國家認同又在一場場選舉的選票爭奪戰中，創造出擺脫不了的濁世之時？在這個時刻，達瑞克（Eric Tagliacozzo）教授的《亞洲海洋大歷史》這部大著，對於那些渴望掙脫文明衝突的情勒負擔、掃除地緣政治陳腔濫調障蔽，意圖直接面對地球表面上絕大多數人群共同生活面貌的讀者而言，是一本能扎實地幫助讀者理解印太演變趨勢，在頭腦中建構區域全景，以更清晰的觀點，去看待那些以前可能被忽視或混淆的全盤大局之

重要著作。

如果你曾經看過二〇二二年美國國家太空總署（NASA）公布的地球夜晚衛星影像，應該會發現，整個地球表面，在大西洋兩岸之外最為明亮區域，就是本書所描述的範圍：東起日本、南經爪哇、西跨印度，直到阿拉伯海與部分東非的沿岸城市地帶。而臺灣西岸，在這一片光點環帶中，綻放出與其面積不成比例的璀璨光芒。這片區域也是美國白宮所發布的《印太戰略》白皮書所聚焦的對象。《印太戰略》開宗明義地指出：「印太區域匯聚了超過世界半數的人口，其經濟產值占全球近三分之二。」[1]倘若我們想要探討當前臺灣在全球產業鏈中的角色，就不能漠視這個我們身在其中、網絡纏結日益綿密的龐大經濟體。

正如同NASA地球夜晚衛星影像所示，這些如銀河繁星聚合發散的光點，還包括了環繞著西太平洋、南中國海、爪哇海、印度洋、阿拉伯海等，航道上的流螢篝火，日夜不斷地延伸連結，整片區域如同紐帶般具象的呈現。而海上光點密集的荷姆茲海峽、麻六甲海峽、巽他海峽、臺灣海峽等，亦無聲地顯示了亞太巨大經濟體的「脈動」所在。

本書《亞洲海洋大歷史》，正如同前述的衛星影像照片一般，以剪裁適當的篇章，夾敘夾議地帶領讀者遊歷東京街頭、菲律賓戰場、印尼走私船、新加坡香料行、香港乾貨老街、安曼清真寺等意義非凡的場景。讓讀者彷彿身歷其境地體驗每個回憶繚繞的角落。透過聲音與氣味的人文風景，去體會這個地區的歷史背景與真實當下。

要怎麼陳述「印太區域」的真實存在？要怎麼從頭說起？要怎麼找到邊界？要怎麼看見它的去向？在其中生活的人們，又有著多少共通的故事？然而，真實與概念的分歧，彷彿是高解析度的照片與藝術家寫意的白描，雖然兩者都是真相，卻說著不同的敘事語言。想要掌握超越現代國家的全體景觀，往往必須依賴一個國家既有的統計、稽核與分類秩序，但這往往也使我們落入某種霸權意志的遺緒中，使得十九世紀的書寫印刷體制，得以在人類史上，長期持續障蔽那些不被納入其中的時代真相。

然而，面對印刷資料的先天局限，身為敏銳的學者，達瑞克教授並沒有因此繳械投降。海洋史成為他分享所見的最佳切入點，而大範圍親身探訪、田野調查，則是他探問歷史真相的實作途徑。作者在亞洲各地生活、工作已有三十年之久，他利用公私之便，進行大量面對面的訪談。透過包括印尼語、馬來語、華語、荷蘭語、法語、義大利語和英語等多種語言，走訪各地灘岸、海港、市場、都市還有農園，足跡遍布亞洲海洋所及各處，並以這

1 Executive Office of the President, *Indo-Pacific Strategy of the United States* (Washington: The White House, 2022), p. 4.

些難能可貴的調查資料，勾勒出本書精采的印太圖像。

如果想以當下為起點進入亞洲海域世界，建議讀者不妨先從本書第七章〈民答那峨的三寶顏〉開始閱讀。「三寶顏」可以說是兩大宗教的盡頭：菲律賓（同時也是拉丁美洲）天主教與（從印度洋延伸過去的）東南亞島嶼區域的伊斯蘭教信仰；換言之，也就是兩大勢力的交會地帶。這裡同時也是菲律賓獨立後，天主教與伊斯蘭兩大政治與宗教陣營之間，衝突不斷之處。然而，就在這種宗教與政治認同持續緊張，乃至於齟齬不斷，引發內戰駁火的風險地帶，民眾的生活仍然繼續維持著某種基調，當地人的家族網絡依舊遍布菲律賓周圍的太平洋島嶼，甚至遠至婆羅洲島的沙巴和香料群島的幾個港市（今日分屬馬來西亞與印尼）。各個家族跨越海洋與外界緊密連繫的情形，與過去幾百年來的穆斯林航海者並無二致。

在這片地區，因為過往殖民者的暴力征服，乃至於菲律賓人在抵抗殖民、建立近代國家過程中所導致的衝突與混亂，也還沒有完全化解，深重的殖民剝削結構，加上與近代國家纏繞在一起的各種族群與宗教認同問題，造成此處盤根錯節的歷史情仇，以致至今仍烽火連天。這種因為外來殖民帝國遺緒所造成各種重層的負面遺產，在亞太區域各個角落，仍舊此起彼落地上演著似曾相識的劇碼。作者用他的親身體驗來說明，即使從外觀看來，這樣複雜深重的衝突幾乎完全無解，但是立於亂局之中，當地的人們卻能持續地從跨越海洋的對外連繫裡，汲取生命力，而始終對於共榮的未來抱有希望。對當地人來說，海洋雖然帶來了暴力與剝削，但人們也能從跨越海洋的連繫中，看到了團結與共榮的解方。

相對於前述彷彿位居「世界的盡頭」的「三寶顏」，作者另外探討了印度香料商人如何透過結合數個海域的商業網絡，成為全世界香料運銷的調度者，這些家族企業，構成了亞太香料營運中心。在本書的第十一章〈碼頭風雲〉中，作者親赴馬來半島沿岸、孟加拉灣東岸的港口與城鎮，與在新加坡、麻六甲、吉隆坡、怡保與檳城的印度裔家族香料企業主們，進行了約二十場的訪談。此外，他也親自造訪香料的產地，從印度科羅曼德到馬拉巴海岸各處進行田野調查，藉此體驗各種品項殊異的香料，是如何被生產、製作、運送與分銷的。

他的研究需要探訪的的田野地點眾多，包括非常乾燥、環境嚴酷的塔米爾納杜邦，草木蔥蘢、氣候潮溼的喀拉拉邦，甚至及於德干高原的邁索爾與邦加羅爾。在訪談中，他詢問了這些印度香料商人的家世和家族遷徙的詳細歷史，大體上都能追溯到十九至二十世紀之交，亦即殖民帝國構建海洋網絡的高峰時期。撇開商人們印度國民的身分來看，這些來自南印度地區的商人，日常更偏向優先使用塔米爾語，而非印度通行的印地語，而當他們向北印度地區的商人收購香料時，則多使用英語溝通。這些商人家族從印度移民至新加坡與馬來半島附近，將當地發展成全球香料的分銷中心。即使是一個只有五到六人的小店鋪，其業務範圍也廣及印尼、印度與中國各港埠。從他們幾乎二十四小時不斷，跨國遙控的商業網絡運作情形來看，今日所謂的「印太區域」，早已從電報、電話的時代起，就具體而微地嵌入他們家族的生活史中。

從上述兩章作者刻劃鮮明、難以否認而真實存在的生活史描述，讀者應該能清楚覺察，這些在印太區域的中心與邊緣認真討生活的芸芸眾生，其生存與發展，無可避免地與歐洲殖民帝國和二戰後獨立的民族國家緊密關連。無庸置疑，殖民帝國所引進的種種科技與文化體制，已成為當今印太經濟體形成的重要基礎之一。尤其是海洋航行的科技，更是今日連繫整個區域的物質性條件，其引進發展的過程和後續產生的效應，都值得細細追蹤與爬梳。

本書第十二章與第十三章，就講述了十九世紀歐洲人帶入此一海域的海洋航行科技工具，如何透過水文測量與製作海圖等基礎調查，以「視覺化」的方式，使得「印太區域」成為不同帝國權力中心得以物質性地鳥瞰並試圖掌握的領域。這種對海域空間持續不斷的深入研究，可以被視為對人類學者斯科特（James Scott）所提出、以東南亞高山無人區域「贊米亞」（Zomia）為中心之研究範式的回應。

在「贊米亞」這個地區，因為高山生態與低地的差異，實質阻礙了任何低地國家試圖掌握此區域的企圖，無形中，使得這片高山地區，成為數千年來人群得以自由生存的地帶。與此相對，作者試圖指出，那些被帝國海洋科技所掌握的區域航道與港灣，如何重塑了整個印太區域的樣貌，大幅降低了盤據某些海洋角落自行其是的可能性。作者指出：「……到了二十世紀初期，情況有了改變，東南亞的數千座島嶼，有許多已被兩大殖民強權的光學工具照亮。就這方面而言，霸權與促成霸權的科技攜手同行。數十座燈塔向著海平線延伸的海上景觀，對許多人來說，意味著航行更加安全；但從另一個角度來看，也代表著一個情勢更加緊張、監控更加嚴密的世界。」原本因為海上交通的不確定性而產生的區域自主空間被削減，相對的，透過海上管道連繫起的宗教、商業等人群活動，則開始展現另一番發展。

所以，歐洲人對於海洋航線基礎建設的投入與管控，可說同時涉及印度香料商的興起，以及前述對「三寶顏」穆斯林的管控。假如從這點往前追溯，第五章〈中心與邊陲〉則以一種有如人類學者沃爾夫（Eric Wolf）的詮釋方式，簡單解釋了過去數百年來印度洋海域的人們，如何因緣際會地在大英帝國的改造之下，被一起納入了工業革命後的全球生產體系。這種產業鏈的改造工程，是多種文化持續磨合、相互影響的結果，並非單一力量可以全面宰制支配的。新的產業鏈的整合，必須順著本地已有的風土脈絡，因勢利導，才能產生自我運行的動力。

針對同一主題，作者更廣泛的論述，展現在其第九章〈從亞丁到孟買、從新加坡到釜山〉

之中。在本章，他簡述了其他殖民帝國在十九世紀間「由帝國之間相互競爭與合作推動的商業活動」，是如何在亞太區域塑造了「一個龐大、愈來愈相互連結的『迴路』」，並向我們揭示在此「迴路」中，具有更深遠歷史意義的跨洋連繫痕跡。例如在第六章〈佛牌的流傳〉中，作者追蹤了自西元一世紀至十世紀期間，印度洋與東南亞海域之間交流的結構性規律。

而在第四章〈南海走私業〉中，作者則探討了兩百年來，位居東亞與東南亞之間，完全無法被單一政治勢力宰制的南海（南中國海）海域，是如何始終保持著開放性。此前，該地有清帝國始終無法遏止的鴉片走私活動，現今，亦存在著人蛇集團對東南亞性工作者的跨海非法人口販運。即使是在帝國最強力的干預之下，南中國海的開放性仍使海域周邊的港市持續保持著跨海域的連繫。

環顧南中國海周邊各港市，「越南」則是一個受惠於此種開放性的特殊例子。因此，在第三章〈越南的海洋貿易圈〉中，作者探討了十五至十八世紀，隨著亞太區域海洋貿易的興盛，濱海的越南，如何因此踏上繁榮之路；但到了十九世紀，越南卻選擇背向海洋，藉此保留自身的文化命脈。越南濱海地域的發展，雖然與廣大東南亞地區聲息相通，卻有著頗為相異的性格，印證了亞太區域在同一脈絡下的多元發展特性。

在第八章〈「大東南亞」港口城市的創生〉中，作者指出，大東南亞的都市由於位居東亞與南亞的交會地帶，往往兼具海洋港口與政治經濟中心的雙重身分，必須依賴對外網絡與跨區域交流來維持其存續。這種亞太區域交流樞紐的特色，在歐洲人殖民前後皆然。其後，甚至有將這種模式傳播至東亞與南亞地區的傾向。在本章中，作者比較了華南、中南半島、馬來半島、緬甸和印尼等地港市的政治經濟環境，強調在未來全球化和海洋連繫不斷加深的背景下，這些大型港口城市，均有機會爭奪世界商業中心的支配地位。亞太城市的發展模式，與本書所描繪的數百年來印太區域跨洋都市的發展軌跡相似。在這種情況下，新的區域支配者很有可能在亞太區域中崛起，從而影響眾人的未來生存。

對臺灣的讀者而言，比起世界上其他地方的讀者，或許會更為關心作者對下面這個問題的洞見：中國是否將成為亞太區域的下一個支配者？在最後一章，作者賣了一個關子。他表示，從歷史紀錄看來，這件事情早在「鄭和下西洋」的時代已經實現過了。但他同時也暗示讀者，那些曾在亞洲海洋輪番展示權力痕跡的支配者，始終無法永遠掌控這個人類歷史上範圍最廣的海洋連繫圈。相反的，那些實際出航、在各個角落流轉與交流的人們，才是默默塑造整體的持續性力量。如果讀者朝著這個方向再思考，相信自己也能輕易找到近在眼前的答案。而身在這人類最大的區域經濟體當中，什麼才是臺灣人可為、當為，也就包含在上述的答案之中了。

誌謝

歷史學家的寫作主題超出其專攻的學術領域時，往往試圖向讀者傳達某種「宏大的理念」，這或許也是在陳述他們如何看待過去數百年來的世界，或世界的某個區域。在我看來，這很了不起，但我並無此意。事實上，本書野心不大。儘管本書涵蓋的空間與時間廣闊，但我的寫作目的相當單純。我想要知道，透過一系列不同的窗口來觀看，能夠讓我們對海洋在亞洲歷史扮演的角色，得到什麼有趣的認識。這些窗口從各種角度向我們展現了海洋在亞洲的重要性——透過距離（第一部）、地區（第二部）、宗教（第三部）、都市主義（urbanism，第四部）、環境（第五部）、科技（第六部）等稜鏡。在我看來，透過這些性質各異的視窗，我們或許能以更重視連結的眼光來看待亞洲歷史；常見的做法是將亞洲各個地方分配到學術界各個區域研究主題，每個研究領域專門負責一個「地方」。我對這個現象的觀感，某種程度上或許也受到自身中年經歷影響。我花了大量時間在亞洲許多地方之間遊走，儘管這些地方被認定為各自獨立的「研究對象」，而且經常每隔一段時間就自問，是否不曾在其他地方看到同樣令我心有所感的事物。那份令人不安的體認，正是我撰寫此書的原因之一。另一個原因則是隨著世界變得愈來越愈小——至少在我看來如此——事物之間的連結關係變得更加清晰、顯著。那些隨著時間推移而益發鮮明的感受，我想要記錄下來。

當你遊走到自己熟悉的區域之外，你必須倚賴他人的專業建議。我很高興也很感謝收到許多意見和評論，除了讀過整部原稿的普林斯頓大學審稿人，還有撥冗閱讀與各自研究領域相關章節的二十五位同事和友人。探討中國和非洲早期關係的第二章要感謝Tansen Sen（上海紐約大學）和Geoff Wade（原任職於新加坡大學亞洲研究中心）給予意見和指正。探討越南沿海地區的第三章要感謝Nhung Tran（多倫多大學）和李塔娜（Li Tana，原任教於坎培拉澳洲國立大學）。探討南海非法路徑的第四章要感謝Robert Anthony（澳門大學）和鄭揚文（Yangwen Zheng，曼徹斯特大學）。探討印度洋的第五章要感謝Fahad Bishara（維吉尼亞大學）和Isabel Hofmeyr（南非金山大學）。探討孟加拉灣佛牌（護身符）的第六章要感謝Anne Blackburn（康乃爾大學）和Justin McDaniel（賓州大學）。探討三寶顏的伊斯蘭教、基督教的第七章要感謝Jojo Abinales（夏威夷大學）、Michael Laffan（普林斯頓大學）、Noelle Rodriguez（原任教於馬尼拉雅典耀大學）給予精闢的評論。探討「大」東南亞都市主義的第八章要感謝Michael Leaf（卑詩大學）和Su Lin Lewis（布里斯托大學）。探討殖民地迴路的第九章要感謝Rachel Leow（劍橋大學）和Remco Raben（阿姆斯特丹大學）。探討海洋商品的第十章要感謝Pedro Machado（印第安那大學）和Edyta Roszko（卑爾根大學）。探討孟加拉灣香料的第十一章要感謝Prasenjit Duara（杜克大學）和Sebastian Prange（卑詩大學）。探討亞洲海域燈塔的第十二章要感謝Peter Cunich（香港大學）、Robert Elson（原任教於昆士蘭大學）。最後，探討海上航道測量的第十三章要感謝John Butcher（梅鐸大學）和Suzanne Moon（內布拉斯加大學）。

除了上述，另有許多人多年來與我以海洋為主題進行對話，其中最重要者是Seema Alavi、Sunil Amrith、Sugata Bose、Kerry Ward，我對海洋、對人生的看法深受這四人影響。還有一群學者關於海洋的教誨讓我受益良多，包括David Beggs、Jenny Gaynor、John Guy、Takeshi Hamashita、Tim Harper、Robert Hellyer、Eng Seng Ho、Isabel Hofmeyr、Celia Lowe、Matt Matsuda、Dilip Menon、Atsushi Ota、Ronald Po、Tony Reid、Tansen Sen、Singgih Sulistiyono、Heather Sutherland、Nancy Um、Jim Warren。曾與我討論過本書中一些大方向理念的學術圈同行，更是多不勝數，我要感謝Barbara Watson Andaya、Leonard Andaya、Maitrii Aung-Thwin、Tim Barnard、Zvi Ben-Dor、Leonard Blusse、Shelly Chan、Adam Clulow、Robert Cribb、Dhiravat na Pombejra、Don Emmerson、Michael Fleener、Anne Gerritsen、Valerie Hansen、Robert Hellyer、David Henley、Matt Hopper、Naomi Hosoda、Diana Kim、Dorothy Ko、Michael Laffan、Eugenia Lean、Rachel Leow、Vic Lieberman、Mandana Limbert、Mona Lohanda、David Ludden、Frouad Makki、Rachel McDermott、Arnout van der Meer、Rudolf Mrazek、Oona Paredes、Lorraine Paterson、Peter Perdue、James Pickett、Ken Pomeranz、Jeremy Prestholdt、Geoff Robinson、James Rush、Danilyn Rutherford、Yoon-hwan Shin、Takashi Shiraishi、John Sidel、Megan Thomas、Jing Tsu、Wu Xiao-an、Wen-hsin Yeh、Charles Wheeler、Bin Yang、Peter Zinoman。Helen Siu和Angela Leung是這兩份名單的交集：她們多年來的支持和友誼跨越了海洋和理念。與她們在占吉巴（Zanzibar）外海一起度過的「辦公時間」，一直是我過去三十年最美好的回憶之一。上述的學者清單可能漏列了不少人，但我希望至少能回報些許我在知識學問上受到的恩惠。這些恩惠從一個地方開始，也就是研究所。如今我仍要大大感謝耶魯大學的老師：Ben Kiernan、Jim Scott、Jonathan Spence幫助我踏上學術的道路。

我要好好感謝七位與我年紀相近的同事；這些「同行旅伴」多年來以各種方式協助我，我要在此表示謝意。他們都不是歷史學家，也因此帶我進入新的領域。Joshua Barker（人類學，多倫多大學）和我共同主編《印尼》（*Indonesia*）期刊逾十五年，我想不到比他更理想的合作夥伴；他在各方面都是模範公民，我希望他知道這點。Siddharth Chandra（經濟學，密西根州立大學）對我來說也很重要，我們大多是因為他在美國印尼研究院（AIFIS）的職務而有往來，但他也是我知識學問上的夥伴，我也希望他知道這點。張雯勤（人類學，臺灣中央研究院）和我合編了兩本書——但真正讓我念茲在茲的是我們談天說笑聊其他事情的時光。她的無畏精神令我們這些伏案寫書的人大受啟發。施蘊玲（Carol Hau，文學，京都大學）的風範令我折服；尤其是有一次我們在京都一起喝茶，使我更加瞭解她。她在許多方面給予我啟發。Natasha Reichle（藝術史，舊金山亞洲藝術博物館），我們從一起在西雅圖上東南亞語言研究暑期研習營（SEASSI）的高階印尼語課開始結為好友。她的熱情和內斂的智慧對我在美國東西海岸的成年生活來說都是重要養分，令我受益良多。Ronit Ricci（宗教，希伯來大學）也是我非常重要的對話者。但對我來說，她的重要還在於她善於傾聽，是一位「跨越海洋」的友人，儘管大洋常常變動。最後，Andrew Willford（人類學，康乃爾大學）指引我人生已二十多年。嘗試與他合寫一本書，會讓人體會到自己知識的淺薄；他的才智以令人驚嘆且美好的方式讓我受教，他的道德感更是如此。

在綺色佳（Ithaca）的教學生涯，大有助於我掌握撰寫此書所需的知識。我在康乃爾大學教一門印度洋課多年，還有一門比較一般性的課程「人類歷史上的海洋」(Ocean: The Sea in Human History)。約六或七年前，我開始和同樣研究拉丁美洲的友人與同事Ray Craib合教一門新課「太平洋地平線」(The Pacific Horizon)。因為這門課，我和Craib、Ernesto Bassi兩位教授一起擔任數個博士生委員會的委員。在這些委員會裡，對於一群(大多)專攻拉丁美洲的學生來說，我始終是一個「海洋人」。與Durba Ghosa、Robert Travers一同參與南亞研究博士生委員會時，我也在印度洋領域扮演了幾乎一樣的角色。這些委員會促使我從更廣泛的角度思索本書探討的部分議題。最後，我和接替Carl Sagan在康乃爾大學教職的天文學家Steve Squyres，合教了「探險的歷史」(History of Exploration)這門課，他後來轉往貝佐斯(Jeff Bezos)的太空新創公司「藍色起源」(Blue Origin)擔任首席工程師。這門課促使我從更宏觀的尺度思考某些探險模式。我教過陸路與海路的探險史，尤其著重後者；Squyres教授的授課則涵蓋從地表升空、離開地球後的所有事物。這門課為本書內容提供了另一個視角。我有幸在康乃爾教導的研究生、乃至一部分大學生，為他們上課讓我能夠以更聚焦的方式思考這些議題。我要感謝這些康乃爾師生多年來教給我的東西。

在這方面，我的歷史系同事也貢獻甚大。我專攻亞洲的同事很了不起，各自代表了不同世代。我也十分幸運能身在一個年齡相仿的系上研究團隊，數年來和他們在綺色佳共享時光和空間，彼此琢磨切磋。在此我要感謝Ed Baptist、Ernesto Bassi、Judi Byfield、Derek Chang、RAY Craib、Paul Friedland、Maria Cristina Garcia、Durba Ghosh、Larry Glickman、TJ Hinrichs、Tamara Loos（才華過人的東南亞研究夥伴）、Mostafa Minawi、Russell Rickford、Barry Strauss、Robert Travers、Claudia Verhoeven。在此也要感謝我的新同事孫沛東，她以身作則讓我們認識到什麼是勇氣的本質。其中某些人不只是我的同事，還是好友；他們自己也知道。我在康乃爾也擔任過數項職務，我從參與相關計畫的人身上學到很多，超過我能教他們的。在這方面，主持穆斯林社會比較計畫（Comparative Muslim Societies Program）一事特別重要；推動康乃爾大學的現代印尼計畫（Modern Indonesia Project）亦然。主編《印尼》這份刊物也令我受益良多，我是從Benedict Anderson、Jim Siegel手上接下此職（再說一次，我是與Joshua Barker合作）。數年前我又多了一項職務，有人找我共同主持「遷徙倡議」（Migrations Initiative）。這一龐大計畫涵蓋面廣闊，把重點擺在遷徙者身上，也對本書呈現的想法有直接影響。與「遷徙倡議」諸位共同主持人共事甚為快意：Shannon Gleeson、Gunisha Kaur、Steve Yale-Loehr、Rachel Riedl、Wendy Wolford，讓我深刻瞭解該如何進行團隊工作。他們闡述如何看待一個變動的世界，而這些看法也確實影響了我，促使我從他們代表的學科（社會學、醫學、法律、政治學、地理學）看待世界。

近幾年有一些康乃爾同事離職，在此我想舉出其中數人，他們對我的知識學問和其他領域的生活影響甚大。Lindy Williams剛退休，她在康乃爾大學「東南亞計畫」（Southeast Asia Program）任職那段日子，會讓人非常懷念。在我的系上，Holly Case轉赴布朗大學任教，但精神上仍在綺色佳與我們相伴，不管她實際上人在何處。Itsie Hull幾年前退休，但由於她的正直和幽默感，（對我和其他每個人來說）仍是令人嚮往的學者榜樣。Larry Moore如今也不在系上，但未被遺忘——我懷念幾年來和他一起吃過的午餐，懷念午餐時的歡樂和快活。我來到康乃爾之後，幾位研究美國歷史文化的前輩待我極為親切，而Larry是其中最重要的一位，這點我始終牢記於心。同樣的，我仍記得在麥格羅館（McGraw Hall）寫講稿直到凌晨一點，上樓拿郵件，然後返家；那時Walt LeFeber總會現身，準備開始工作。我記得我那時心想：「天啊，如果Walt凌晨一點在這裡，我最好在這裡工作到三點」，此事顯示這群美國研究者的孜孜不倦，我二十年來始終視為典範。但最重要的是Sherm Cochran。他數年前退休，但對我的人生依舊影響巨大。他在各方面都值得效法；他的為人處世，說明了如何能夠在治學和其他方面擁有圓滿人生。我們在耶魯大學的共同老師史景遷（Jonathan Spence）八十歲生日時，我們一起前去祝壽，那趟旅程至今仍是我成年生活中最難忘的時刻之一。我們開車往返花了十二個小時，我原本還擔心在車上沒那麼多東西好聊。但當我開車回到他家，在駛進車道時卻望著他說，「拉斯維加斯？」隨後又發動車子。Sherm將老師的角色發揮得淋漓盡致，我希望他知道這點，但我猜想謙遜的性格會使他無法充分理解他對我人生的影響有多大。

多位編輯和助理編輯（大多在普林斯頓）為此書的問世貢獻良多。Brigitta van Rheinberg簽下此書，Eric Crahan主導完成此書的審稿，Priya Nelson執行此書問世所需的一切工作——非常感謝他們三人。我的製作編輯Natalie Baan也對此書的問世多方協助，Anne Cherry則是嚴謹的文字編輯。Thalia Leaf和Abigail Johnson確保一切順利，一路指引我。Abby Kleiman執行了幾項至關緊要的編輯工作。數個機構允許我將先前在他們園地刊出的文章，經修改後收入此書出版。在這方面，我要感謝*Critical Asian Studies* 34, no. 2 (2002): 193–220（本書第四章）、*Itinerario* 26, no. 1 (2002): 75–106（本書第五章）、*Journal of Urban History* 33, no. 6 (2007): 911–32（本書第八章）；我和張雯勤二〇一一年為杜克大學出版社編輯的*Chinese Circulations*一書我所負責的一章（本書第十章）、*Technology and Culture* 46, no. 2 (2005): 306–28（本書第十二章）、*Archipel* 65 (2003): 89–107（本書第十三章）。北美洲和歐洲許多機構讓我在受邀講學時檢驗書中想法，我由衷感謝這些大學。但我特別感激能有機會，在本書描述路線的沿途各地，暢談我在寫作過程中逐漸形成的想法，在此我要深深感謝京都大學的Southeast Asia Program，香港大學香港人文社會研究所，臺北中央研究院，新加坡亞洲研究中心（ARI），馬來西亞國立大學，東方大飯店（E & O，檳城），美國—印尼協會（USINDO，雅加達），內塔吉研究中心（Netaji Institute，加爾各答）；康乃爾醫學院（Cornell Medical School，多哈），耶魯大學在奈洛比舉行的「中非」（China/Africa）會議，耶魯大學／香港人文社會研究所在占吉巴舉辦的研討會。香港人文社會研究所和臺北中央研究院也給我得以長駐並寫作的研究員職位，對此我極為感激。這兩個機構的研究員和職員人都很好，讓我感到賓至如歸。最後，我要感謝檢查本書譯文的學者，古代馬來語感謝Tineke Hellwig，義大利語感謝Michela Baraldi，法語感謝Leon Sachs和Phi Van Nguyen。也感謝Thuy Tranviet幫助我瞭解越語變音符號。荷語資料和中文訪談口述歷史，由我本人翻成英文。

另有一群友人和我來往已甚久，這些人在我多年人生扮演了一定的角色，因此也值得一提。首爾的Park Bun Soon當我的韓國「大哥」已約三十年，兩人友誼之長久，至今仍令我驚嘆。臺北的Ming-chi Chen也已成為重要的友人，尤其是我在臺灣的時候，他和他的家人提醒著我在困難環境下受到的恩惠有多彌足珍貴。在德國，Birte Saager和Peter and Sabia Schwarzer夫婦，雖然彼此互不認識，多年來都一直堅定支持我——而這一切全源於最初僅僅一年的交往。後來，這份交情成長為長達數十年且橫跨數大洲的友誼。我的大學友人Morgan Hall、John Heller、Mike Steinberger，仍是我人生中重要的試金石，也是我的福氣。兩位研究所好友John Jones和Bruce McKim英年早逝，提醒我生命的脆弱。憾事無意間帶來唯一的好處，是讓我更加珍惜幾位耶魯時期結識但後來失去聯絡的友人——尤其是Felipe Hernandez、Joanne Rim、Joel Seltzer三位老朋友。但最長久的友誼，還是來自我讀布朗克斯科學中學（Bronx High School of Science）結識的那票朋友——全都是四十年的朋友，其中某些人交情又更久，讀小學時就結交。Jon Auerbach、Eric Baron、Tom Crowe、Marc DeLeeuw、Sheesh Gonzales、Sang Ho Kim、Dick Lau、Mark Mokryn、James O'Shea、Peter Stefanopolous、Tom Stepniewski——以及最重要的Robert Yacoub——都是我一輩子的朋友。新冠肺炎大流行疫情帶來的唯一好事，很可能是「Zoom」的問世。過去兩年，Zoom讓我們每個週四、週日在螢幕上聚會，精釀啤酒公司也因此大發利市。

最後，本書得以問世，我的家人功不可沒。我為寫書而離家在外時，妻子Katherine Peipu Lee和我們的兒女Clara、Luca，受到的衝擊最大。我第一本書問世時，Clara還是嬰兒，Luca尚未出生，如今兩人都已是青少年，Clara即將開始獨立生活。我為此愀然心驚，體會到時間的流逝。我的妹妹和她的家人也使我理解到，我這輩子有這樣的親人，何其幸運。多年以前，我父親猝逝，享年不到五十歲，我的第一部專著獻給了他。我的第二本書獻給我在綺色佳的家人。本書則要獻給我母親，父親辭世後，她盡力撐持家計，不讓我們有後顧之憂。那時，我妹和我還是十幾歲的青少年——我十九歲，讀大二，妹妹差不多十七歲，剛高中畢業。接下來幾年，母親讓我離家在外，也讓我妹去上大學，儘管那時我們全都身受喪親之痛。我知道子女離家令母親很難受，但或許直到如今，我自己的小孩準備離家，我才真的理解她的心境。大學畢業後，我踏上更漫長的旅程，拿獎學金遠赴亞洲的海洋航道，訪談香料與海產商人，而那筆獎學金大多花在船費上。有一年多時間，家人只知道我「人在外面」(那時還沒有網際網路)，或許在印度洋周邊某處，或正縱橫往來於南海上。我母親讓子女建立自己的生活，想必需要很大的決心，代價是非常強烈的失落感。

本書獻給我的母親，感謝她讓我向海洋出發，投入世界的懷抱。

語言說明

本書寫作涉及多種語言：一來要在數大洲的圖書館或檔案館檢索資料，二來要進行田野調查。華語（訪談內容）和印尼／馬來語、荷語、法語、義大利語資料的英譯，除非另有交待，全都出自我手。我盡量保持拼寫方式的系統化；但引用原始資料時，會依照當時的拼法。

第一章　南起長崎，西起荷莫茲

突然，汽笛聲湧進全面敞開的窗子，充斥了微暗的房間……承載著關於海潮的所有情思，千百次的航行記憶。——三島由紀夫，《午後的曳航》（譯按：譯文節錄自木馬文化中譯本，徐雪蓉譯）

那年我來到日本長崎，第一件事就是登上當地的山丘。這些山丘環繞港口，只留一條狹窄的水道，讓船舶從大海進來。四百年前，這些船舶開始運進愈來愈多「事物」，包括珍稀的商品和奇特的外國觀念。當時的長崎統治者認為這太過分，勢將動搖國本，必須採取行動。海洋危機四伏，海洋帶來的禮物也同樣危險。統治者逮捕了數十名基督徒；他們多數是改信這種從港口登陸的新宗教，另有一小部分是外國來的教徒。統治者下令部屬將這些基督徒釘在環繞長崎港的木樁上，讓停泊在港內的船隻一覽無遺。此舉明明白白地讓那些來自海洋的異鄉人——以及那些容易被說動、甚至膽敢信奉他們教誨的當地日本人——知道，誰才是長崎的主人。位於港灣的小小聚落：出島，也因此荒廢了一段時間；這裡是外國船隻隔離檢疫的所在，讓長崎既能得到與外國人貿易的利益，又能與對方的危險觀念隔絕。長崎大名的恐怖行動收到成效，那些從海上來的「外國人」被嚇得不敢發出異議，但也只維持了一小段時間。不久之後，出島的商業再度興盛；接下來的兩個世紀，儘管日本設法獨立於海洋世界的潮流之外，但點點滴滴的影響仍然從港口滲透進來。槍炮被引進日本，各方迅速採用，儘管伴隨著不少憂慮、道德掙扎與討論。時鐘也被引進，還有西方的曆法，以及更多的西方觀念。然而時至今日，近五百年前那場集體處決的陰影，仍舊籠罩著這座港市周遭的山丘。[1]這令人不免想知道，當年的殉教者是否覺得自身的犧牲值得：將來自大海的禮物送到一個根本不想接受的地方。[2]

來到位於阿曼（Oman）海岸地帶的城鎮蘇爾（Sur），我走進占地廣大的魚市場，走到疲累才停下腳步。蘇爾位處的海岸地帶，正是阿曼伸入阿拉伯海（Arabian Sea）之處；沿著那片海岸繼續向西，水道彎曲形成荷莫茲灣（Gulf of Hormuz），然後急轉入波斯灣。天氣晴朗的時候，沿著荷莫茲灣阿曼海岸線再往北走，還依稀可以看到對岸伊朗的點點淡粉色微光。我在魚市場走了幾個小時，隨手記下認得的魚種的名字，不過有許多魚種我並不認識。

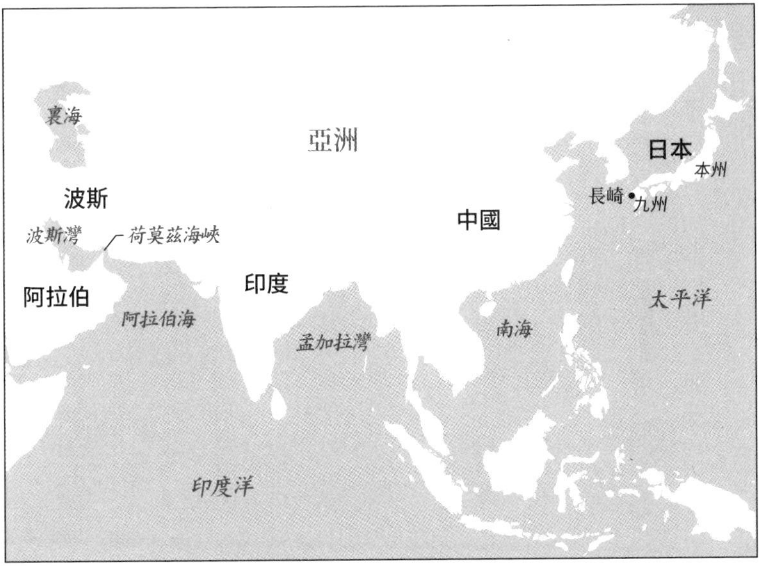

地圖 1.1　海洋亞洲：南起長崎，西起荷莫茲

大自然的豐饒盡在眼前：碩大的鯊魚被割下魚鰭，那些鰭即將送往中國市場；細小的礁岩魚類，有螢光紅色的、橙色的，還有洋紅色與藍色相間的。一隻體型堪比摩托車的鬼蝠魟躺在自己的血泊中，混凝土地面一片髒汙；牠的尾部指向大海，有如以細長的手臂召喚著什麼。和長崎一樣，在蘇爾可以感受到異國與遠方的存在，除了魚翅之外，有一間小咖啡廳以印尼特色做廣告，印尼語招牌告訴顧客——大概是來自印度洋另一端的建築工人——可以來店裡打電話回雅加達，順便嘗一嘗懷念的家鄉味。魚翅與咖啡；基督教與停泊在起伏潮水中的安靜船隻。亞洲這兩個天南地北的港口

有許多共同之處，但是又截然不同。在一個港口聽到的是阿拉伯語，另一個則是日語；兩種聲音都來自雙手粗糙、皮膚黝黑的碼頭工人。然而，這兩個地方之間有著隱隱約約的連結，這點絕對不會錯。我們甚至不需聆聽，只需觀看。當幾艘阿拉伯帆船從蘇爾出海，乘著季風朝東航向開闊的印度洋，我自問：「我是不是曾經見過這樣的景象？」我無法給出一個讓自己滿意的答案，因此開始做筆記，準備寫這本書。

你可以早上起來喝杯咖啡，有部分要歸因於亞洲的海上航路。在西方世界，如果你在上班途中聽到有人說中文，有部分要歸因於亞洲的海上航路。如果你的信用卡交易是由位於孟買（Mumbai）的電話客服中心所核准（大概不是第一次），同樣有部分要歸因於亞洲的海上航路。何以如此？已經存在數個世紀的海上航路，為何會是我們生活中諸多日常事物的部分成因？[3]這種說法看似不合常理，其實千真萬確。緩慢、優雅的船隻從現代早期的葉門運送咖啡到全世界；安靜無聲的帆船將中國移民帶到天涯海角；工業與人口在印度乾旱、綿延的海岸地帶發展壯大——這些現象全都彼此連結。這些散播事物的參與者有一個共同的關鍵要素：海洋將地域性的地點，連結到極為廣大、跨越地域的現實世界。這麼說應該並不誇大：亞洲的海上航路，以及所有往返其中的人、觀念、物品，造就了人類現代世界中相當可觀的一部分。[4]世人大多與亞洲海洋的歷史有著某種形式的連結，只是未必能在日常生活中有所體察。

《亞洲海洋大歷史》嘗試將亞洲的海洋史整合為一個單一、內部相互連結的網絡，探究海洋是如何將亞洲的諸多海岸地帶連繫成一個既區塊化（在此同時）又一體化的迴路；時間起點約莫是五百年前，就在所謂的「接觸年代」促使已開啟的模式與交往加速發展之後。[5]因此，對於當今各個學門正在書寫的新型態跨國史而言，本書是其中很重要的一部分；這是一部以這片廣大地理區域和這段長久時期為敘事重心的歷史。珍妮特·阿布─盧格霍德（Janet Abu-Lughod）針對本書起始年代之前不久的亞洲有一段著名的評語：「在一個體系之中，真正需要研究的是各部分之間的連結。當連結增強並形成網絡，整個體系就能以『興盛』稱之；當連結減弱，體系也會隨之衰微，然而之後也可能會重整旗鼓、重獲新生。」[6]本書整合了阿布─盧格霍德式的跨國史與愈來愈多學者運用的其他史觀取徑，例如環境史、科學與技術研究、庶民研究、帝國批判史。這些研究路徑相輔相成，為我們打開一扇窗，一窺今日的全球運作機制。

我在本書指出，藉由檢視五百年來亞洲海洋的「大曲線」，幾個促使我們共有之現代世界形成的重要主題，都將一一現身。一個主題就是外來勢力的步步進逼，以及因應此一現象的本地行動與能動性。另一個主題則是從區域開始、最終擴及全球的貿易；涉及各式各樣的物品，與海洋可能相關也可能關係淡薄，但都是透過成千上萬艘船舶流通。最後一個主題是宗教如何藉由海洋傳播，以及早期固有權威因此遭遇的政治挑戰。這些概念——勢力、貿易、帝國興衰、人口流散、宗教傳播——都是貫穿本書的主題。《亞洲海洋大歷史》試圖將這些殊異的概念連結起來，透過一系列的主題框架形成一套研究，並且探討：亞洲幅員廣大，如果我們看待它的視角從陸地轉移到海洋，並且將它視為一個整體故事當中的一部分，我們對全世界最大一塊大陸及其歷史的觀察會發生哪些變化？[7] 這種固有模式的變化又會如何改變我們的集體史觀？

＊＊＊

為廣大水域撰寫歷史並非創新之舉，然而人類對於過往的解釋未必都具有地質年代學的本質。[8] 偉大的布勞岱爾（Fernand Braudel）是這方面的先驅之一，他研究現代早期地中海世界的兩卷著作，為追隨他腳步的歷史學者立下了標竿。[9] 布勞岱爾並不是只研究歐洲本身，或者任何一個歐洲的民族國家，而是將南歐與北非馬格里布（Maghreb）地區的歷史融會為一個故事。他的成果對歷史學界意義重大，昭示了探討歷史的新途徑。貝林（Bernard

Bailyn）對大西洋的歷史也有類似貢獻，他拒絕將「歐洲史」與「美洲史」分開看待，而是以自己的論述將兩者彌縫為一，形成條理連貫的單一世界。[10]貝林的做法同樣吸引了許多仰慕者，各種型態的「大西洋史」研究後來也成為顯學。最突出的例子可能是吉洛伊（Paul Gilroy）廣受好評（也廣受仿效）的「黑色大西洋」（Black Atlantic）研究。如果說布勞岱爾藉由貿易與地中海環境將基督教與伊斯蘭教的世界結合起來，那麼貝林就是藉由遷徙，以及革新理念在北大西洋兩岸的交流，將過去所謂的「舊世界」與「新世界」結合起來。吉洛伊則在這種影響深遠的混合研究中加入種族的要素；等到三角貿易、資本主義的起源、新型態的文化史也一一入列，海洋研究便展現出各種新的可能性。[11]左派歷史學家也在這裡發現豐富的可能性，雷迪克（Marcus Rediker）等人在加勒比海研究中推動這種範式，並在發展過程中加入對海盜、階級，以及船上民主制度興起的研究。事實上，加勒比海和大西洋另一端的地中海一樣，已經成為一個複雜的歷史學實驗場，在檢視歷史上與種族、階級、現代國家興起有關的過失與革新時，尤其如此。[12]

對於這類歷史學實驗，太平洋向來不是很受青睞的場域，至少直到不久之前都還不是。太平洋的幅員遠大於大西洋，雖然有足以說明連結關係的事物，但這些事物之間的連結比較不明顯。一直到最近數十年，太平洋史才追上大西洋研究的範式。還算受歡迎的厚重著作先後問世，浩瀚無垠的太平洋，從火地島（Tierra del Fuego）北上至阿留申群島（Aleutians），從堪察加半島（Kamchatka Peninsula）南下至塔斯馬尼亞島（Tasmania）與紐西蘭。[13]這個領域的主題同樣豐富，舉例而言：捕鯨業對於太平洋跨洋貿易的重要性，或者原住民運用民族天文學、乘著專為漫長艱苦的旅程所打造的支架大洋舟，飄洋過海移居到太平洋各地的經過。然而一直到最近，學界才開始進行更精細的研究，嘗試去界定與系統性地記錄這些活動的意義。[14]郝歐法（Epeli Hau'ofa）與庫克（Kealani Cook）等學者將原住民觀點引進這場對話，可說是無比重要。這些觀點有部分出自本身具有太平洋族裔背景的作者；有些作者雖然並非原住民出身，但仍然很認同早期太平洋史研究者對當地民族長達數十年的描寫。[15]透過馬特·松田（Matt Matsuda）等人新近的研究，太平洋史有了更精細縝密的新面貌，同時也在當代寫下的大規模全球史中占有一席之地。[16]以極地海洋史研究為例，至今似乎尚未出現類似的整合或演進，仍聚焦於「英雄探險」敘事。第一批挺進極地海域的歐洲人當然是勇氣十足，但他們的故事大多仍排除極地的在地社群，被講述成「偉人」征服大自然的功業，彷彿這些偉人的冰上探險旅程中完全沒有同伴。

除了阿姆瑞斯（Sunil Amrith）最近的作品，這是唯一的例外，目前並沒有哪一項研究是以廣泛的宏觀視角來看待亞洲的海洋，這也正是本書希望能夠填補的缺口。[17]然而這並不意味學者不曾以新穎、有趣的方式來探討亞洲的海洋議題。針對東亞，以及那些緊鄰且流入南海此一中型水域、將東亞各地結合起來的海域，目前專門研究的學者相當少，但是投入研究的學者大多成就斐然。弗蘭克（Andre Gunder Frank）就是其中一位，他的大作《白銀資本：重視經濟全球化中的東方》（*ReOrient*）對其他學者的研究發出挑戰，雖然該書在本質上並非海洋史。[18]這部專著以新穎而引人入勝的方式邀請我們重新思考空間，以及在這些空間裡流通之人的歷史。弗蘭克的世界史中心是亞洲人，而不是以往歷史因為歐洲勢力擴張之故而著重描寫的那些人物。這樣的視角轉換非同小可，弗蘭克的著作催生出對於亞洲史的新思維：亞洲的歷史建構出自身的動力，推進了過去數個世紀改變世界歷史的事件。[19]濱下武志（Takeshi Hamashita）則更加以海洋範式為中心，他的南海（從沖繩的琉球王國到東南亞）研究以強而有力的方式，帶給我們新的動能去思考中國與東北亞中國化（Sinicized）國家的關連。[20]濱下帶頭展開攻勢，不過近來也有其他重要學者加入戰局。[21]但是濱下也苦心彙整其他學者的發現作為自身著述的基礎，因此可與許多中國及日本的研究者對話；若非如此，英語世界的讀者至今或許尚無緣得見那些研究者取得的資料。最後，穆黛安（Dian Murray）也是這個領域的重要人物，她的《華南海盜（1790-1810）》（*Pirates of the South China Coasts*）在至少兩個層面上深具開創性。首先，它將中國與中國化的東南亞地區放入同一個框架，在兩地之間的海洋史中被視作同等事物來討論。其次，穆黛安以從未有人嘗試過的方式，將性別議題帶進了相關辯論。《華南海盜（1790-1810）》在這兩個層面上都是經典之作，不僅進行跨國研究的歷史學家經常引用，認同對歷史驅動力進行性別分析的學者也津津樂道。[22]

來到緯度較低的南海，進入海洋東南亞，這裡的海洋史也是各方熱烈議論的主題。[23]這個區域是所謂的「風下之地」（lands beneath the winds），海洋長久以來都是歷史書寫的要素。印尼由大約一萬七千座島嶼組成全世界最大的群島，再考量到菲律賓、馬來西亞與其他區域文化，人們很容易就能看出為什麼東南亞地區急迫需要擁有概念清晰的海洋史。瑞德（Anthony Reid）的兩卷本《東南亞的貿易時代：1450-1680》（*Southeast Asia in the Age of Commerce, 1450-1680*）是這個研究領域的標竿之作，將現代早期的東南亞——特別是島嶼東南亞——歷史整合為一個條理連貫的故事。[24]瑞德指出這些看似自成一格的社會其實有許多共通之處，藉由海洋傳播或分享各種特質。儘管後來他的某些主張受到李伯曼（Victor Lieberman）與芭芭拉．華生．安達亞（Barbara Watson Andaya）等人的質疑，但其核心假設看來大體上都正確。只不過當我們從島嶼東南亞深入大陸東南亞（或者加重性別議題的分量），瑞德的某些論點可能要打一點折扣。[25]瑞德嘗試環繞著東南亞的海洋，從當地水域建構出一套敘事，並將這些水域視為各個文化的連結者而非隔離者；在這方面，他做出了規模最大、最具雄心的研究。偉大法國學者龍巴爾（Denys Lombard）的傑作《爪哇十字路口》（*Le Carrefour Javanais*）以較小的規模做了相當類似的嘗試。針對菲律賓南部，華倫（James Francis Warren）的開創性著作《蘇祿地帶》（*The Sulu Zone*）也循著同樣的大膽路徑前進。[26]在印尼東部，艾倫（Roy Ellen）對他所謂的「班達地帶」（Banda Zone）也是如此處理。在群島的另一端，黛安・路易斯（Dianne Lewis）與後來的安達亞（Leonard Andaya）則以麻六甲海峽為中心，尋求類似的結果。[27]水域的觀念顯然讓東南亞歷史研究相當受用，海洋作為分析單位的角色得以擴大，我們因此對整體的歷史模式有了新的認識。[28]

東南亞研究在過去數十年出現上述這些進展，然而就亞洲海域而言，最熱烈的學術交鋒無疑是聚焦於印度洋。歷史學論戰在印度洋劃出無比分明的戰線，遠甚於亞洲其他地區。喬杜里（K. N. Chaudhuri）顯然是這個學門的教父，《印度洋的貿易與文明》（*Trade and Civilisation in the Indian Ocean*）讓他在學術上與布勞岱爾、貝林分庭抗禮。他的印度洋研究融會貫通，頗具建設性，他也將季風、環境、貿易與人類參與者的分析結合為一個天衣無縫的網絡。[29]他的專著後繼有人，古普塔（Ashin Das Gupta）、蘇布拉曼亞姆（Sanjay Subrahmanyam）、皮爾森（Michael Pearson）、鮑斯（Sugata Bose）、華德（Kerry Ward）等學者貢獻的研究，讓印度洋研究的複雜與精細達到令人嘆為觀止的程度。[30]何永盛（Engseng Ho）、克萊兒・安德森（Clare Anderson）、拉凡（Michael Laffan）、伊莎貝爾・霍弗梅爾（Isabel Hofmeyer）、羅妮特・里奇（Ronit Ricci）、阿斯拉尼揚（Sebouh Aslanian）、坎貝爾（Gwyn Campbell），以及其他許多學者，更是在過去二十年裡逐步深化了這幅歷史圖景。[31]現在蒙特婁（Montreal）與伯斯（Perth）這樣相隔遙遠的地方都設置了印度研究中心，劍橋大學出版社（Cambridge University Press）委請學者寫作兩卷本的印度洋歷史，世界各地都有大學開設相關課程。如今甚至還有針對印度洋的區域分身（regional avatars）所做的精湛研究，例如巴倫茲（René Barendse）的《阿拉伯之海》（*The Arabian Seas*）與阿姆瑞斯的《橫渡孟加拉灣》（*Crossing the Bay of Bengal*）。[32]今日的印度洋研究可謂波瀾壯闊，在昔日卻是難以想像；研究這些海域的潮流初現時，還有人質疑過這種形態的歷史研究能否（或者應否）進行。但研究確實在進行，而且大型學術機構培養出愈來愈多的博士；這些學術機構將海洋研究化為自身優勢，不再一味倚賴以陸地為基礎的地理學。由此可知歷史學界的走向，再毋須多言，與此同時新知識持續萌發，分析的規模尺度也愈來愈腳踏實地（或者應該說揚帆出海）。

然而，若要衡量印度洋研究作為海洋學術研究的先驅其重要性達到何等程度，現在大批可供研究者利用的規模較小且主題特定的研究，也許是很好的指標。幾項大型的綜合性研究已經完成（一如前文所述），將來必然會遭遇其他學者的挑戰，他們會專注聚焦於不同主題。但是我們現在可以仰賴汗牛充棟的小規模研究，從而深入探討印度洋的存在本質；而印度洋的存在本質，也只能從精細縝密的小規模研究得出。依循這個脈絡，我們有了針對個別港口的考古學研究，還有針對氣旋、紅樹林與歷史港口潮汐盆地的研究。[33]幾家大型東印度公司的歷史已為人所知，但我們也正在研究丹麥人、亞美尼亞人與其他民族的參與，以及他們在印度洋的接觸與商業上扮演的角色。[34]我們現在甚至可以透過微觀歷史，按照世紀逐一探究印度海岸地帶的互動根基；這些微觀歷史（通常是由在地作者書寫）詳細解釋了從十六世紀開放貿易時期，一直到英國於帝國晚期加強控制這個區域的經過。[35]綜觀這些研究，裨益顯而易見。要書寫海洋亞洲的歷史，今日遠比以往任何一個時期都還要容易。為了達到這個狀態，許多學者都對當地下了苦功蒐集資料，有人孜孜矻矻研究檔案，有人進行田野調查，有人出海航行。範圍從北海道一路到亞丁（Aden），還有其間亞洲各個海域。本書的任務就是透過一系列的主題框架，揭示亞洲各海域的某些連結。這一系列主題也會讓我們看到，在一個世紀又一個世紀緩緩流逝的同時，這些海域始終具有一體性與相關性。

＊＊＊

本書分為十四章，包括以廣闊視野呈現海洋重要性的緒論與結論。緒論從日本與中東（本研究的兩個地理極點）談起，結論則以中國壓軸。其他十二章均分為六個部分，每個部分探討一個與亞洲海洋歷史關係重大的主題。我為每一個部分準備了一篇短短的導言，讓讀者掌握接下來兩章的背景。接下來，主題連貫的兩章有如兩個並排的窗口，以廣泛但詳細的方式呈現與海洋相關的某個大主題的動態發展。如此一來，兩章的運作便有如既可壓縮、又可伸展的手風琴，各自往反方向發展——也像是相機的光圈——其中一章將討論中的主題擴大，另一章則是收窄。整體而言，本書涵蓋的水域一邊是太平洋岸俄羅斯地區與日本，另一邊是阿拉伯東部與紅海，沿路停靠中國、東南亞、印度次大陸與中東，以不同方式進行分析。某方面來說，東南亞是本書的「中心」，因為我的本行是東南亞研究，也因為東南亞在很多方面都是亞洲海上航道的地理中心。因此，本書是一部「洲」級的歷史，嘗試循著這些廣闊的航道，觸及學者、學生，以及有興趣的一般讀者。它顯然不是記錄過去數個世紀亞洲所有來往船隻的歷史，然而它可以作為審視這些船隻的一種方式——以主題形式加以濃縮概括——將這些航行與航行者納入一體、廣闊的視野中。我也不認為本書提及的任何人口在「族群組成」方面是靜態的，而是贊同一些關於亞洲族群形成的研究，認為所有曾在這裡活動的人，他們與海上航道連結時，是在各個不斷演變的「分類」進進出出。[36]本書的六個主題融合多種探究海洋及其歷史的取徑，運用了幾種不同的研究方法：檔案史料學、人類學、考古學、藝術史、地理學／資源研究。過去三十年，我在本書寫到的每一個地區都待過一段時間，因此本書的資料混合了歷史與親身經驗，後者通常是以人物訪談與口述歷史報導的方式呈現。

我盡可能讓在地民眾發表意見，好讓他們的聲音被聽到。[37]主要做法是在各地港口與市場進行民族誌調查：例如造訪印尼與菲律賓的海港，以及訪問從香港、臺灣、中國南部、新加坡、馬來西亞到印度南部的香料與海洋商品貿易商。我在阿拉伯海、波斯灣、紅海與非洲東部海岸地帶的旅行見聞也成為本書的素材。過去三十年間，我有幸在亞洲生活或工作，前前後後累計大約十年，本書內容反映了我的這些經驗。書中原始資料與人物訪談使用的語言包括印尼語／馬來語、華語、荷蘭語、法語和義大利語（還有英語），所以內容相當多樣化。《亞洲海洋大歷史》是一本同時連結廣闊地理空間與漫長時間框架的書，但它無庸置疑是一個連貫的故事，而且讀者必須先感受其寬廣度，才能領會其連貫性。亞洲是全世界最有活力的區域，然而在東京港的霓虹燈、中國南部的工廠、孟買周邊的海濱村莊之外，還有一個關於這些世界如何融為一體的故事。過去，在地與外國的商販搭乘豪華雅致的船舶穿梭於這些港口之間。如今商販依然穿梭來往，只是船舶現在搭載的可能是巨大的貨櫃。過往的海洋貿易，就由這些波形鋼板貨櫃接續下去。

本書第一部檢視「海洋連結」。第二章〈從中國到非洲〉對亞洲海域採用最寬廣的視角，探究中國與非洲東部之間悠久、但鮮少被討論的歷史連結。兩個地區的連繫儘管看似不可能發生，卻可以回溯到好幾個世紀前，在編年史與一般史籍、乃至考古學與去氧核糖核酸（DNA），都有跡可循。亞洲海域的這兩個極點（畢竟印度洋也湧上東非的海岸）之間，有著年代久遠的貿易接觸。我們知道這樣的連結歷久不衰，而且非洲至少曾經一度——在十五世紀初著名的鄭和下西洋時期——讓中國朝廷相當關注。鄭和的遠征船隊曾經帶回一頭活生生的長頸鹿，還在首都南京的街頭遊行展示，第一次抬頭仰望這種奇獸的中國人不知作何感想。第三章〈越南的海洋貿易圈〉也是檢視海洋連結，但做法不同於第二章的「縮結兩個終端點」，而是反向思考，討論一個地方——現代早期越南綿延的海岸——與廣大海洋世界的關連。在這個時期，越南開始從政權林立的狀態化零為整，並且開始經由海路與諸多遙遠的民族貿易。這一章分析這類貿易，並且探究一個數百年歷史的古老政體如何逐漸開放，擁抱國際航道帶來的新機遇。當然，越南在此之前也曾與其他地區貿易，只不過在接下來的數個世紀，海洋商業的重要性和先前不可同日而語。

本書第二部聚焦於「水域」，兩個對亞洲而言無比重要的水域。第四章〈南海走私業〉

採行長時段（*longue-durée*）研究法，聚焦於走私模式與庶民運動，探討強大的國家如何嘗試掌控像南海這樣的非國家空間，也探討當地民眾如何抵抗這種由上層強加的現實；常見的做法是以行動表態，將貿易與商業轉移到官方許可的渠道之外。本章既是歷史研究，也關切當前中國與東南亞這兩個「大區域」之間的關係。第五章〈中心與邊陲〉檢視從大約一六〇〇到一九〇〇年這三百年間的印度洋，將發生在這個廣大地理區域的交流趨勢問題化；此時亞洲人與歐洲公司的接觸也逐步演變成長期的殖民統治。本章記述這些變化，一部分透過亞當・斯密（Adam Smith）、馬克思（Karl Marx）等思想家的理念，他們在有生之年見證了這些變化；一部分則是透過仔細研究當時的事件，地點遍及廣大印度洋周邊的數個濱海地區。

本書第三部探討「浪潮上的宗教」，兩章首先呈現早期印度宗教的海外傳布，然後說明幾個全球性宗教如何在菲律賓一個偏遠的地方融為一體。第六章〈佛牌的流傳〉解析佛教如何從南亞（印度南部與斯里蘭卡）傳布到東南亞大陸，然後再反向傳回。本章研究的範圍鎖定孟加拉灣，探討這個空間何以會有載運佛教僧侶的船隻熙來攘往，讓這些僧侶最終將自身的信仰普及化，成為這個區域的主流宗教。本章仰賴佛教經文、物質文化（包括佛牌與佛像的考古學發現）與人類學的研究，來勾勒這段複雜而迷人的宗教傳布史，並且特別聚焦於暹羅（Siam）南部。第七章檢視一座嚴重探討不足的城市：三寶顏（Zamboanga），位於菲律賓南部民答那峨島（Mindanao）的西南部，是當地主要港口。三寶顏曾經有一座西班牙要塞與西班牙火炮，用來控制當地穆斯林族群達好幾百年。穆斯林分離主義在當地也很活躍，有許多人帶著強大火力上街，還有一個名為「阿布沙耶夫」（Abu Sayyaf）的團體是「基地」（Al-Qaeda）組織的分支。然而三寶顏還有一個龐大的天主教社群，對宗教的極度包容更是歷史悠久。本章檢視這兩個南轅北轍的趨勢，並探究這座港口何以既是亞洲海洋文化根基的代表，同時又是異數。

本書第四部探究亞洲的「城市與海洋」對貿易路線沿途的廣大地區來說有何意義。第八章檢視「大東南亞」海岸城市的歷史，然而「大東南亞」一詞的範圍很寬鬆，涵蓋的部分港口位於今日主流概念的東南亞之外，包括廣州與香港。本章探究海岸城市成為亞洲貿易路線要角的經過、何時發生、為何發生，以及最終在大海沿岸形成怎樣的都市生活形態。本章採用寬廣的視角，以利檢視這些模式在這片廣大地區與這段漫長時間中的樣貌。第九章將規模更大的帝國（主要是大英帝國）海洋地理在亞洲連結起來：從葉門的亞丁到印度的孟買，從東南亞的新加坡北上至殖民地朝鮮的釜山。本章檢視海洋航道上旅行、活動與理念的「迴路」（circuits），涵蓋殖民地官員與統治者，還有為帝國服務、最終挑戰帝國以擺脫殖民並建立自己國家的亞洲人。本章使用了主要來自英國公務員的大量記述，將這些糾葛的歷史融合為一個一體又複雜的故事。

本書第五部進入綠意盎然、都市化程度較低的地區，探討生態層面與「海洋的厚禮」。第十章〈魚翅、海參、珍珠〉潛入大海，沿著數百年來連結東亞與東南亞的貿易路線，研究海洋商品運輸的歷史（包含親身經歷）。就許多層面而言，這項商業的極盛期出現在十八世紀晚期與十九世紀初期，當時海產物協助促成中國「門戶開放」，迎來全球商業，也迎來了鴉片癮（鴉片與海產物是西方用來交換中國茶葉、瓷器與絲綢的主要商品）。不過本章也有一半篇幅是民族誌，觀察中國—東南亞海洋貿易在今日如何運作。第十一章〈碼頭風雲〉探究印度南部海岸如何成為印度洋香料運輸的「中心」。這種運輸是在大型企業（英國東印度公司、荷蘭東印度公司等）的海運航線上進行，後來大型遠洋輪船業者（鐵行輪船公司〔P&O〕、皇家鹿特丹勞埃德〔Rotterdamsche Lloyd〕等）興起，印度南部的發展也遲滯下來。馬拉巴（Malabar）與科羅曼德（Coromandel）海岸自古就有不少港口以迷人的方式（主要透過香料）連結亞洲與更廣大的世界。但是一八六九年蘇伊士運河通航，大幅改變了這些模式，也從根本改變了在這些古老港口進行的商業。本章（一如前一章，同時兼顧歷史學與人類學，都運用了田野調查與人物訪談）探索這些過程，並特別著重與東南亞的連結。

本書第六部將「海洋的科技」當作一個關於亞洲內部連結性（interconnectivity）的主題來探討。第十二章〈另類的傅柯圓形監獄，照亮東南亞殖民地〉分析諸多海洋專屬科技的其中一項：這個區域的燈塔歷史，從蘇門答臘島（Sumatra）北部的亞齊（Aceh）延伸到新幾內亞島（New Guinea）與大洋洲變動不居的邊界。燈塔是保護船隻與經商安全的關鍵設施，但也被新興殖民國家利用，透過「趕集」與監控，將亞洲航運限制在帝國政權認可的航道上。第十三章〈地圖與人〉探討另一項在亞洲海洋史上極其重要的科技：海洋測繪（sea-mapping），殖民時期稱為海道測量（hydrography）。在亞洲，海洋測繪至少和陸地的地圖繪製一樣重要，而且從第一批歐洲人航行到亞洲時的十五、十六世紀之交就是如此。測繪出淺灘、礁石與其他海上威脅的位置，讓歐洲人的殖民計畫得以順利上路，逐漸減少人命損失。海洋測繪後來也催生出（以傅柯的話來說）一種權力與知識的結合，讓人數上居於劣勢的西方訪客最終占得優勢。

第十四章〈如果中國統治海洋〉總結本書，既回顧過往也前瞻未來。最後這一章討論的地方主要是中國海岸，這裡似乎被許多「專家級」與非專業的觀察者認定為接下來一個世紀的全球經濟發動機。本章從歷史觀點檢視這項假定，從過去與現在的情況來探究其合理性。在約莫兩千年前的中國漢代，朝臣死後下葬時口中會含著丁香。當時丁香只產於數千公里外印尼東部的新幾內亞外海，顯見在人類歷史上，海洋貿易的驅動力是何等強大。約莫兩千年之後的現在，在同樣的中國海岸，每天都有新式的中國船舶出海啟航，為外面的世界送上滿滿的貨物。如果中國成為海洋霸主，會發生什麼狀況？這會是一個和平的過程，就像彼時漢朝人尋求讓大臣死後口氣清新的丁香那樣？還是說這個接觸廣大世界的過程會全然不同，海洋從連繫與貿易的大道變成追求征服事業的大道，重演其他（西方強權）在「接觸年代」開始後，不斷登陸遙遠海岸的歷史？本章提出這些問題，同時也為那些關於全球最新超級強權的浮誇論述增添些許史學觀點。據說，這個超級強權注定要稱霸海洋。

第一部
海洋連結

NATOLIA
MIDDELANTSCHE ZEE
Candia
Cyprus
Aleppo
Damascus
Jerusalem
Alexandria
Cairo
BARCHA
Desertum Angela
Bagdad
Ispahan
P E R S I A
Candahar
Cabul
Balk
Bochara
SEGISTAN
HAJACAN
KIRMAN
ARABIA
PETREA
DESERTA
Medina
Mekka
Jemama
J E M E N
ARABIA
FELIX
Zocotora
Aden
NUBIA
GAOGA
GORHANI
ABISSINIA
ADEL
GINGIRO
Gingir Bomba
Magadoxo
Linea Æquinoctialis
Melinde
Mombaza
Quiloa
QUILOA
ZIMBAS
MONGALI
Mozambique
MONOMOTAPA
Sofala
Sabia
Manica
Ilhas do Mascarenhas
INSULÆ MALDIVÆ
I. Bourbon
M A R

導言：亞洲海域

嘗試描繪亞洲歷史上的貿易路線，是一項非常艱鉅、近乎不可能的任務。這些航道通往四面八方，形態千變萬化。它們曲折蜿蜒，行經數個世紀，要如何才能夠將它們歸在有如林奈（Linnaean）分類體系當中的某個層級？亞洲海洋迴路的樣貌，隨著時間推移，展現出令人驚嘆的多樣性，甚至直到今日仍是如此。在印尼東部，貿易商向東進入馬林諾夫斯基（Bronisław Malinowski）筆下著名的大洋洲「庫拉網絡」（kula networks），同時與北方菲律賓的幾個民族及西方爪哇和以爪哇為中心接連崛起的幾個帝國保持連結。他們甚至南進澳洲，本書稍後會論及。在朝鮮，龜船快速駛往中國，帶回紙張與佛教。後來龜船也往東航向日本，將這些事物再傳播給日本人。在印度，孟加拉商人促進了帝國稻米在新興英國殖民地之間的流通，並協助位於印度洋最西邊海岸的東非興建帝國鐵路。葉門的貿易商行蹤更遠，在東南亞各港口留下哈德拉毛人（Hadhrami）社群，繁衍至今。於是，我們又回到印尼，也就是上文中這場地理之旅的起點。我們可以感受到海洋航道的力量。亞洲大部分地區變動不居，而海洋是最容易、最廉價的連結之道；就某些層面而言，在這個搭飛機旅行的年代依然如此。世界上大部分的貨物——可說自古以來的貨物，尤其在亞洲地區——事實上仍是透過海洋運輸。

思考亞洲海洋連結的時候，我們必須將幾個主題謹記在心。其中之一是與季風時程有關的天氣主題；至少自有歷史紀錄以來，季風週期幾乎全盤主宰了亞洲海洋的旅行。想要逆著季風航行，不但愚不可及，甚至根本不可能——人只能往風吹的方向航行，而且必須是在一年之中容許出航的時節。此一現實狀況在一定程度上影響了海洋航道的形成，也對海洋迴路及其地理形成了制約。舉例而言，從亞洲橫渡印度洋直接航向非洲，唯一可行之道就是藉助於普里澈洋流（Pritcher's Current），一道流經中緯度印度洋、不見其形的滑流。許多有趣的連結因此誕生，然而一直要到許久之後的「接觸年代」，海洋船運與航行技術才能夠探索已知航道之外的旅行。海洋航道的知識也是如此層層積累，長時間整合。阿拉伯地理學家在古阿拉伯文獻中記錄、儲存了這類知識，後來被阿拉伯大型遠洋帆船派上用場。久而久之，中國人也做了同樣的事，但使用更大型的船隻（以及被西方稱為「中式帆船」〔junk〕的船隻，這是一種可識別的船隻類別）。到了歐洲國家打造殖民帝國計畫進入印度洋與南海時，這套海洋航道知識的生產工程已相當先進，而且愈來愈複雜。航道的確會隨著時間變化，但也會被記入帳簿、航海日誌與波特蘭型海圖之中。即使是一度蕭條的貿易迴路，也有可能因為新出現的市場需求而再度興盛。有利可圖的作物會被重新種植，從而再度改變航道的輪廓。因此顯而易見的是，這些海洋連結並非一成不變或已被塵封；其本質變動不居，與時俱進。

本書第一部透過兩種途徑，檢視這所有的可能性。第二章採取長時間觀點，將航道視為海洋連結的一種型態，檢視幾乎整個亞洲的海上貿易路線，從中國北部海岸一路延伸到印度洋最西邊，橫跨至非洲。我們將這些海洋連結當成一場對話，對話兩方是兩個相距非常遙遠的極點，我們要探討兩者長久以來如何透過貿易相互連結。這段歷史並不為人熟知，但愈來愈受專家與一般讀者關注，原因是中國正在非洲進行大手筆投資。這類今日的連結往往被視為新近的發展，是重塑舊的地緣政治以符合當前全球地緣政治。然而本章會告訴讀者，這些連結其實來歷相當久遠，可上溯至遠古時期。海洋連結不會保持恆定，也不會永遠通行無阻，但是亞洲與非洲在海洋上斷斷續續的往來，讓彼此都得到了一些重要禮物；第二章也將探討這段歷史。第三章不同於第二章，反其道而行，不再檢視跨國、跨區域貿易的終點，而是從一個地方——越南海岸——出發，探究權力、政治與商業如何從海岸向內和向外擴張蔓延。越南的王朝從現代早期開始，就與外在世界輕聲對話，接觸過程大部分是透過海洋。安南山脈險峻陡峭，大部分地方不適合進行陸地連結。越南的海岸則不然，它位於南海許多既有貿易路線的邊沿，甚至包括那些將中東、印度與唐朝中國連結起來的極遙遠路線。越南成為這些路線上一個有趣的中途站，從屬於一個更龐大的體系，但也會進行自主性的買賣與貿易。這兩章顯示若我們運用歷史的變焦鏡頭，分別從最廣闊與最狹窄的角度觀察，就能更加瞭解亞洲貿易路線帶來的海洋連結，長久以來如何演變與維繫。

第二章　從中國到非洲：前言

〔非洲〕在西南海上……常有大鵬飛，蔽日移晷。

——趙汝适，泉州市舶司提舉，一二二五年[1]

很難想像在歷史上有哪兩個實體之間的距離，比中國與非洲更為遙遠：過去數個世紀，直到現代近期之前，我們似乎找不到兩者有所連結的蛛絲馬跡。然而這無疑並非事實。如今我們知道，即使是地球上某些相距最遙遠的地方，也早在「接觸年代」真正展開（一五〇〇年前後）之前的數個世紀間，就曾經以奇特、美好的方式交會。我們原本認為世上有些地方不可能建立旅行來往的關係，如今卻發現它們「早已連結」；中國與非洲正是如此。[2]本章將呈現中國—非洲海上交流的某些證據，以及雙方在本世紀前的數百年間對彼此地位的認知。論述方式特別著重季風亞洲的角色，將它視為以多種方式連結中國與非洲的「中心樞紐」。本章講述的故事在本質上涉及考古學、語言學、地理學和各種文本；故事也會持續演化，隨著我們認識到新事物、開發出新技巧來破解歷史的模式。這是一個迷人的故事，但也是一個不完整的故事，或者說一個仍然必須由碎片拼湊起來的故事。隨著日後新事證出現，未來的歷史學家與相關學門的研究者必然能夠進一步充實這個故事。

我們的探索從DNA證據開始，這些證據拼湊起來，使我們得以跨越數百年時光與數千公里海域，將東非與「亞洲」連結起來。科學家在這方面的遺傳學研究是相當新近的事，也尚不完整，但已經為這些早期連結的本質提供了許多線索。接下來我們將探討民族語言學的事證；這些證據的歷史更長遠，記錄得也更詳細，因為此一地區的探險家很早就看出馬拉加西語（Malagasy，馬達加斯加島的語言）和島嶼東南亞語言的相關性。本章對一部分相關歷史做了分析，也分析早期亞洲「木筏航海者」（raft sailors）的假說，據說他們早在一千多年前就曾橫渡印度洋。我們也會觀察東非城鎮的海岸傳統，探討這種傳統如何在西元第二個千年的頭幾個世紀，開始透過與亞洲各地的貿易擴散出去。想要解譯這個故事，中國陶瓷及相關考古學發現扮演重要角色。最後，我們將深入挖掘與中國有關的資料，有些是前面剛提到的那些類型，有些比較是文字史料，在在向我們證明這類海洋連結的長時段淵源。這些遠征行動的高峰是十五世紀早期中國水師將領鄭和廣為人知的航行。但是非洲人在現代早期顯然也曾向東橫越印度洋，進入亞洲海域。本章認為上述旅程是一場更大規模（也更漫長）的對話當中的一部分，而對話雙方在亞洲海域各據一端，從南海到西印度洋。

非洲—亞洲連結的最早證據

如果我們回到「初始」，無論是在哪一個時期，我們會知道東非從很早就開始與今日認知的「亞洲」對話了。對話展開的確切時期仍有疑義，但可以確定的是，在西元第一個千年、甚或更早的時候，今日印尼的航海者就會駕著「木筏」（拖尾船或者木板船）橫渡印度洋到東非。[3]我們知道，他們帶了一些東西過去，例如移植非洲後生長情況良好的稻米與香蕉，[4]同時也帶去了自己的基因。舉例而言，今日馬達加斯加島東岸的居民，許多都擁有顯著的「亞洲人」臉部特徵，和島嶼西部許多源自班圖族（Bantu）的族群迥然有別。已經有學者研究馬達加斯加島民的DNA結構／基因組，但那是最近的事，資料詮釋的工作仍在進行。基因證據顯示，島嶼東部居民的起源在亞洲，而且遺傳學者能夠更精確地點出證據。馬達加斯加島民有一個重要的基因標記很可能是來自婆羅洲東南部的馬辰（Banjarmasin）周邊地區。[5]還有一個小群體可能是源自婆羅洲西北部的哥打京那峇魯（Kota Kinabalu），位於今日馬來西亞沙巴（Sabah）。[6]他們的基因系譜除了兩個例外（分別是屬於單倍群*L和R1b.單倍群*L的單一染色體），來源不是東非大陸就是東南亞。這看來是足以證明「亞洲」與東非從很早就有接觸的確鑿證據，而且幾乎能斷定是憑藉印度洋上空的天文導航以及不斷發展的季風知識。[7]由此可知，很可能早在一千多年前，就有航海者從今日我們稱為「印尼」之地出發，展開連結「亞洲」與非洲的對話。

除了遺傳學，亞洲與非洲的連結在語言學上也是「證據確鑿」。馬拉加西語（主要使用於馬達加斯加島東部）屬於南島語系。這個語系從東非外海的馬達加斯加島擴展至印尼群島，再繼續向東深入到中太平洋的夏威夷，[8]同時也涵蓋馬來西亞與菲律賓部分地區。[9]不同於遺傳學的DNA證據，馬拉加西語和海洋東南亞語言的關係早已為人所知。[10]早期荷蘭航海家柯內里斯．德郝特曼（Cornelis de Houtman，「發現」爪哇的歐洲人之一）在一五九八年出版了兩種語言（馬來語和馬拉加西語）的常用字彙集，收錄的詞語很少；五年後的一六〇三年，他的弟弟菲德烈．德郝特曼（Frederick de Houtman）出版了一部新版常用字彙集，內容遠多於舊版，詞語數接近三千。又過了半個世紀，一部馬拉加西語字典在法國弗拉庫爾（Flacourt）出版，後續增補的單詞表也分別在一七二九年與一七七三年問世。德佛洛伯維爾（Barthélémy Huet de Froberville）的作品也在這段時期完成，但並未出版。此外，佛拉喬

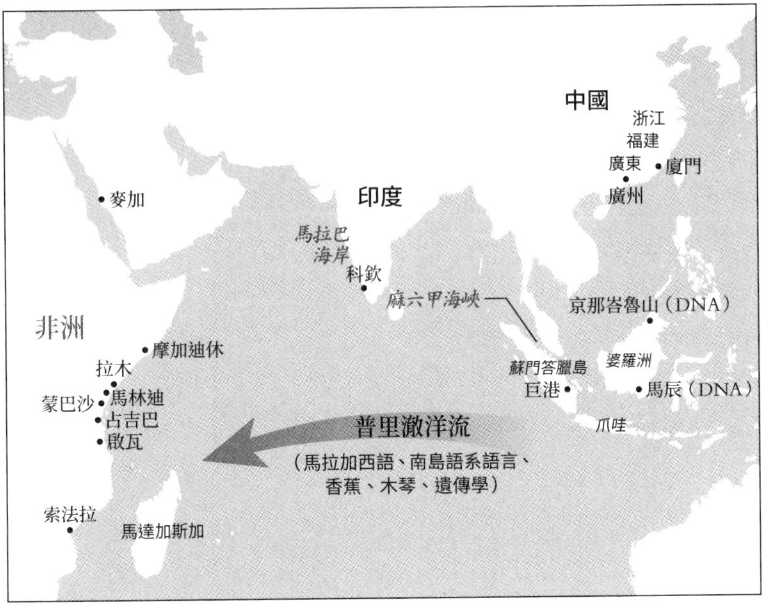

地圖2.1　從中國到非洲的海路

雷特（Flageollet）與查佩里耶（Chapelier）也以專文探討馬拉加西語的文法。

不過，第一個談到馬來語和馬拉加西語顯著關連的人，是葡萄牙的馬里亞諾（Luis Mariano），時間在一六一三至一六一四年間。他推測馬達加斯加人的祖先起初必定是從麻六甲航海過來的。十七世紀博物學家肯普弗（Engelbert Kaempfer）提到有其他著作指出，馬達加斯加島民的語言充斥著借自爪哇語和馬來語的外來語。[11]這些論述都很有幫助。不過第一位對馬拉加西語和馬來語進行比較分析的學者，是一七〇八年的荷蘭人雷蘭德（Adriaan Reland）；[12]一個世紀之後，著名英國旅人與東南亞研究學者馬斯登（William Marsden）指出，馬拉加西語和馬來語之間的關係是人類語言歷史上最令人驚嘆的語言學關係之一。

前現代亞洲人航向非洲、展開接觸的確切路線，目前尚不得而知，但很有可能是藉助於普里澈洋流，這是一道流過印度洋中緯度海域、強勁快速的洋流。[13]達成這項偉業的東南亞水手被稱為「瓦克瓦克」（Waq-Waqs），雖然他們的故事已在學術圈流傳一段時間，但是關於他們旅程的更多科學細節，直到最近才逐漸浮現。[14]相比於馬林諾夫斯基一九二二年的經典鉅作《南海舡人》（*Argonauts of the Western Pacific*），我們有足夠的理由可以說，印度洋這批冒險家或許更像是太空人；相較於令馬林諾夫斯基聲名大噪（且至今仍令人讚嘆）的西南太平洋跳島旅行，[15]他們直接橫越開闊大洋上的遙遠距離。然而，這些旅程最重要的教訓及其提供的精采事證（語言學、遺傳學、農作物相關）在於，東南亞很早就知道東非的存在，反之亦然。[16]當中國開始出現在相關紀錄中，參與這些交流，「亞洲」與非洲的連結早已存在了數百年。

都市主義地區與東非早期歷史上的中國人

中國人在這個故事中現身，遠遠晚於南島語系的瓦克瓦克水手；但他們對印度洋歷史

圖2.1　非洲東部斯瓦希里海岸，阿拉伯膠樹與阿拉伯帆船。

來源：作者自攝

的參與，仍然要比大多數人所推測的要早。我們都知道，在西元第二個千年初期，東非海岸地區的社會開始變得愈來愈都市化與複雜；海岸城鎮如啟瓦（Kilwa）、帕泰（Pate）、蒙巴沙（Mombasa）在十四、十五世紀成為國際性都市，旅客眾多，城牆堅固。[17]當時海岸地帶南北之間似乎有一場持續進行的對話；與此同時，伊斯蘭教在當地傳播，斯瓦希里語（Swahili）成為貿易商與遊走各個港口的宗教學者交流時所使用的主要語言。這就是伊斯蘭教沿著貿易路線傳播模式的一個例子，將相隔遙遠的亞齊、麻六甲、爪哇海岸（北岸〔pasisir〕）乃至於海岸東南亞的大部分地區，結合成一條相互連結的軌道。非洲的索法拉（Sofala，位於今日的莫三比克）是這些交流活動的最南端；當地曾經發現金礦，開採的黃金被送入印度洋的交易迴路。啟瓦（位於今日的坦尚尼亞）一度是相關連結的中心；那裡的考古學研究非常詳盡，因為東非海岸地帶有一些意義重大的考古發掘就在當地，其中多半是英國科學家在坦尚尼亞獨立初期的幾十年間進行的。再往北走，占吉巴（Zanzibar）島上的石頭城要到一六九九年之後才變得重要，原因是參與了阿曼的政治歷史。然而從朋巴（Pemba）、蒙巴沙、馬林迪（Malindi）、拉木（Lamu）一路到索馬利亞海岸的摩加迪休（Mogadishu），這些帶狀分布的城市與彼此對話，也透過海洋與貿易世界的其他地區對話。對話後來向東延伸到阿拉伯海的部分地區，包括阿曼與葉門的哈德拉茅（Hadhramaut），甚至擴及印度。

目前有關於東非海岸前現代時期的一手史料雖然零散片斷，但可以一路上溯到遠古時代。托勒密（Ptolemy）曾在西元一世紀寫到東非海岸的富庶，當時他在亞歷山卓（Alexandria）編纂《厄利垂亞海周航志》（*Periplus of the Erythraean Sea*）。如果希臘人與羅馬人對東非的地理環境、物產與人民有所知悉，那麼另一個高端文明——甚至是距離遙遠的中國——能夠得到這個地區點點滴滴的訊息，也就不足為奇。[18]五二五年，希臘商人印第科普萊特斯（Cosmas Indicopleustes）以位於今日厄利垂亞的阿克孫王國（Kingdom of Axum）為寫作題材，展現了他對東非海岸的知識。[19]菲達（Abu al-Fida）等阿拉伯地理學家也持續描寫「津芝海岸」（coast of Zanj），那是阿拉伯語世界對東非海岸的稱呼。菲達在十四世紀早期留下記載，其他提供資訊的後繼者則有著名的巴圖塔（Ibn Battuta，摩洛哥人）與稍晚的馬沙辛（Abu al-Mashasin），後者於一四四一年在麥加進行寫作。[20]這些作品相當重要，是阿拉伯地理學家對當時廣大世界的總體描述，最遠甚至寫到印尼的香料群島，並載明其位置。馬可·孛羅（Marco Polo）當然也知道並讚賞東非海岸的富饒，但他從未造訪當地，倒是在返回歐洲時曾搭船經過東南亞。不過東非海岸仍然被納入了馬可·孛羅筆下那些奇特、美好的事物中；這類事物很難逃過他的注目。[21]在我們詳細探討中國典籍如何記錄這些遙遠海岸、中國人如何在世界的另一邊談論東非之前，不妨先檢視一項長青商品的旅程，這個商品常令人想起中國。理論家阿帕度萊（Arjun Appadurai）在其傑作《事物的社會生活》（*The Social Life of Things*）緒論中寫道：「在經濟交換中……事物的價值是以互惠的方式決定……因此，經濟客體並不會因為需求而產生絕對價值，反而是需求……賦予該物品價值。」[22]

在上述的海岸港口城鎮，亞洲出口的陶瓷（包括中國陶瓷）幾乎無所不在。有些來自中東與波斯，但是有一大部分來自更遙遠的地方，包括位於暹羅宋加洛／西薩查那萊（Sawankhalok/Si Satchanalai）與素可泰（Sukhothai）的幾座東南亞大窯，以及越南。這些窯大量生產出口瓷器，市場並不局限於東南亞，而是廣及中東與東非。我們知道亞洲陶瓷的使用者除了菁英階層之外，在歷史上的某些時期還包括幾個港口城鎮的中產階級。斯瓦希里王族的柱墓頂端常會挖鑿壁龕，裡面安放精緻的中國瓷器當作裝飾；清真寺的壁龕顯示，這種做法不僅用在王公貴族之墓，也用於宗教建築。有些瓷器則被打破，以拼貼的方式裝飾重要建築，同樣的模式也見於東南亞，例如曼谷的黎明寺（Wat Arun）和爪哇島北岸的一些清真寺。事實上，走在今天東非部分地區的海灘上，你仍然有可能被明代青花瓷的碎片割傷腳。我在一九九〇年就有過這樣的經驗，當時我乘阿拉伯帆船沿著肯亞與坦尚尼亞海岸航行，與當地商人進行口述歷史訪談；我在印尼東部的摩鹿加（Maluku）也曾經被瓷器碎

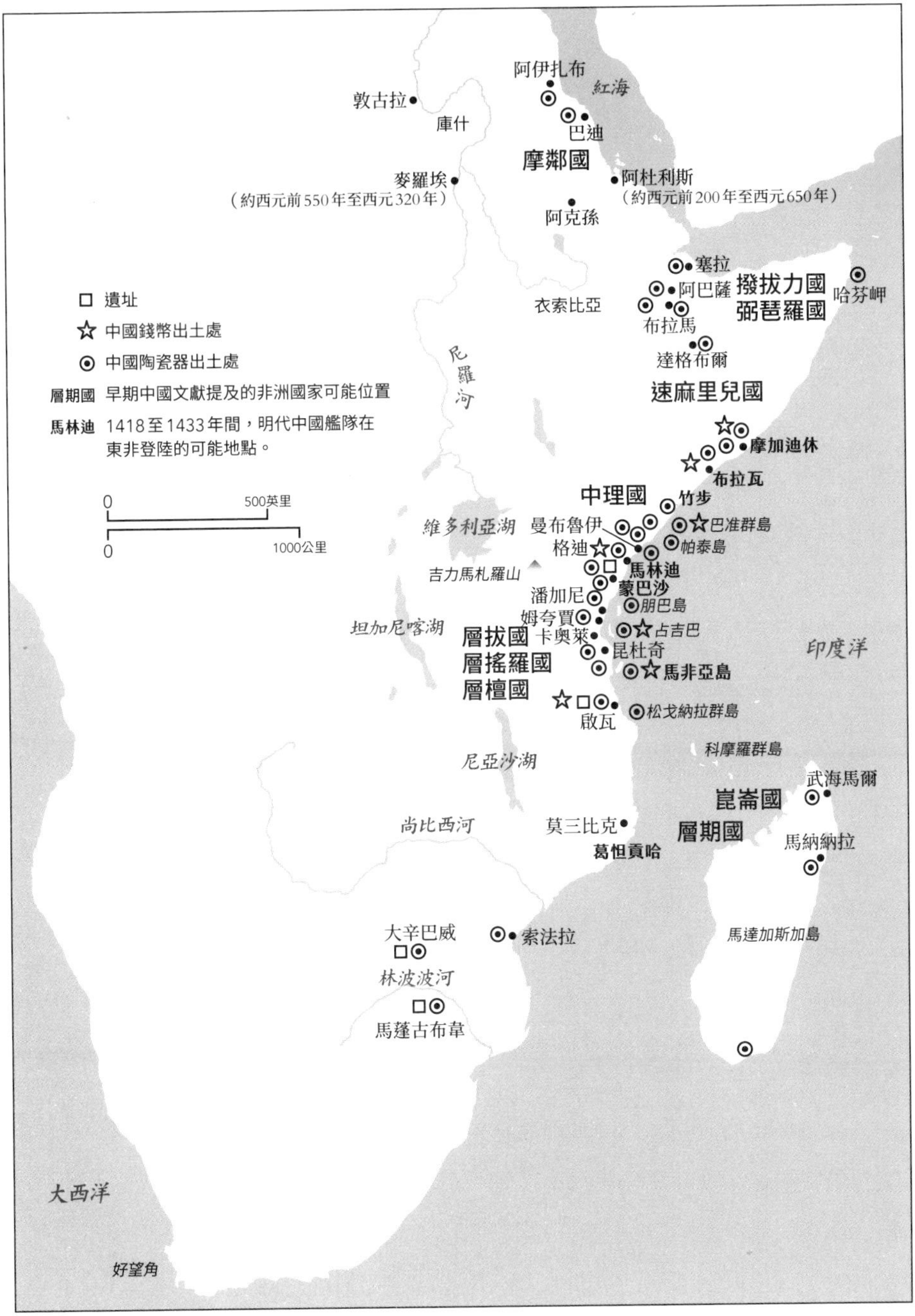

地圖2.2 東非沿海城市

來源：Philip Snow, *The Star Raft* (Ithaca: Cornell University Press, 1988), Map 1, p. 7

片割傷腳。這些碎片讓我們體認到，貿易全盛時期的瓷器數量一定很驚人，才會在六百年後還會被海水沖上海灘。摩加迪休與啟瓦等地還發現過中國錢幣，由此可知中國與非洲之間，還有其他的物質文化經由東南亞流通。

遠道從亞洲來到東非的貿易陶瓷，主要分成四大類。上加（Shanga）的考古發掘使我們得以一窺這四大類陶瓷；英國發掘專家霍頓（Mark Horton）在當地完成了整個斯瓦希里海岸最徹底的考古發掘之一。[23]上加曾經出土品質極佳的青瓷，時代可上溯至十三世紀。這些瓷器的青色從深到淺都有，甚至近乎白色，在藝術史文獻中通常被認定為龍泉青瓷。許多留存至今的瓶罐盤碟都有花卉圖案。第二類出土商品是炻器，包括九世紀之後的長沙窯器皿，以及稍後在東南亞生產的杜順（Dusun）瓶罐與馬塔班（Martaban）瓶罐；炻器大而沉重（物如其名），最著名的種類分別來自婆羅洲與緬甸。白瓷的年代又更晚一點，上加出土的器物可上溯至十世紀，東非海岸其他地區的白瓷則多半是十二、十三世紀的產物。這些白瓷器物中有許多是青白瓷，白色中帶有幽微的藍色調，散發一種神祕的美感。出土的瓷器裡也有中國瓷器（亦即「真瓷」），包含青白瓷以及其他形制。[24]這些瓷器在印度洋貿易網絡名聞遐邇，從四面八方跨越大洋，直到東非。

霍頓的發掘工作讓世人領略到東非海岸出土陶瓷的多樣性和廣泛性，但是並不只有英

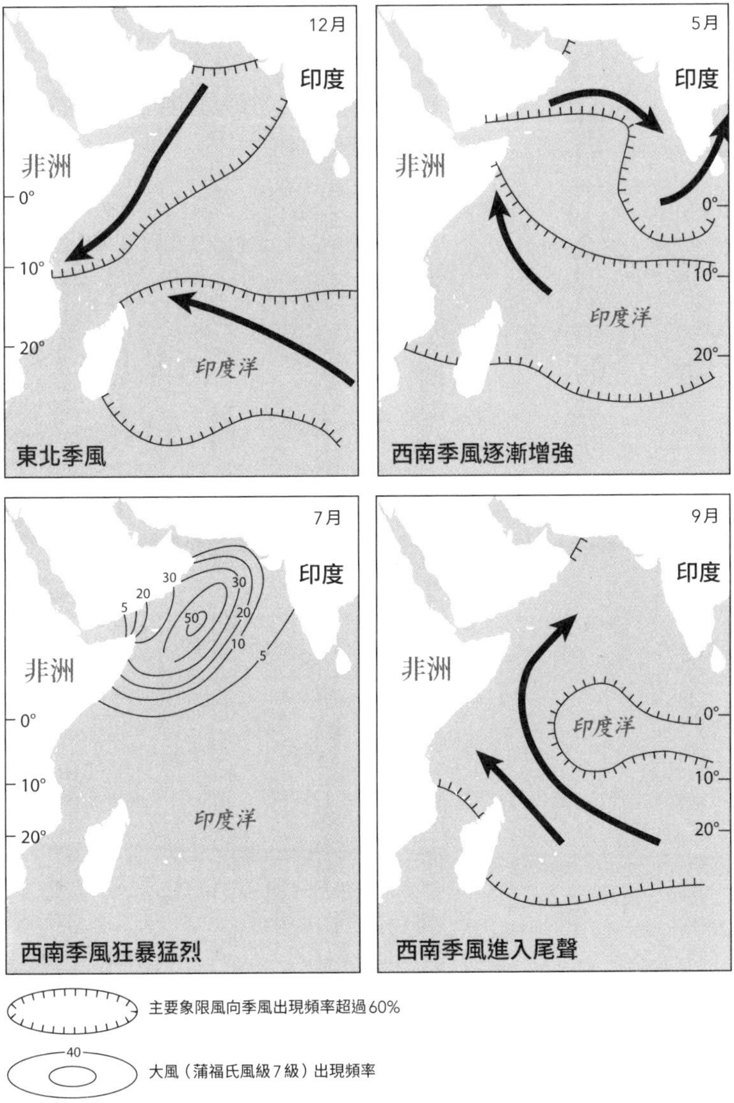

地圖2.3　西印度洋季風模式

來源：Meteorological Office, 1943, 1949.

國人發掘或詮釋這些歷史，以及它們代表的連結。義大利學者對於爬梳這段歷史也有重要貢獻，尤其是檢視中國瓷器在海岸地區喪葬相關事宜中的角色（例如本章提及的斯瓦希里柱墓）。[25]法國的航海日誌也沒有缺席；雖然法國與非洲的接觸集中在非洲的北部（馬格里布）與西部，但法國學者對印度洋陶瓷貿易路線的相關辯論仍有所貢獻。[26]最令人欣慰的發展或許是中國考古學家與學者也開始對這塊不斷擴張的知識領域做出貢獻，並且在世界的另一頭，藉助他們自身記錄、分類瓷器的悠久歷史，為這塊領域開疆拓土。趙冰與秦大樹等人的著作讓我們清楚認識到在中國陶瓷向南方出口的數百年傳統裡，輸出的器物有哪些，以及輸出的時間和原因。[27]對於這些物質文化的產物，非洲是它們最遙遠的目的地之一；但非洲本身隸屬於一個更廣大的海洋迴路，這些商品在這個迴路中從中國一路向西，來到東非，甚至遠赴歐洲。

中國文獻與中國知識中的東非

斯諾（Philip Snow）的《星槎》（*The Star Raft*）大概是談論中國與非洲關係最著名的作品，他曾指出，中國可能早在漢代就已出現對非洲的文字記載。這些描述並非來自實際接觸，而是透過一系列的第三方，讓中國知道非洲地方與人民的存在，雖然僅限特定區域。[28]更可靠的非洲記載來自唐代（六一八至九〇七年）的《經行記》與《酉陽雜俎》。宋代（九六〇至一二七九年）出現一批與外國接觸的紀錄。《諸蕃志》作者趙汝适曾經擔任東南部濱海城市泉州的市舶司提舉，他在對泉州的描述中提及非洲的產品與民族，藉以補充說明中國在密集向外航行初始時期，向南方與西方拓展貿易的接觸情形。[29]趙汝适著墨最深的地區是東南亞，詳細描述許多地點，同時也記載了各種從菲律賓、印尼到遙遠的緬甸海岸都能見到的貿易商品。[30]不過《諸蕃志》也有部分內容提及可能是從非洲得來的商品，畢竟趙汝适是港務官員，而且對商業很有興趣。這類段落具有人類學的性質，呈現了中國對非洲的一些最早印象。例如書中提及的新娘聘禮談判，在今日東非鄉村地帶仍時有所聞：「其婦人潔白端正，國人自掠賣與外國商人，其價數倍。」[31]（譯按：引文其實出自《酉陽雜俎》〈卷四．境異〉，非《諸蕃志》）。

明代（一三六八至一六四四年）的主要參考文獻是《武備志》、《星槎勝覽》、《明史》與《瀛涯勝覽》。[32]這些資料讓我們瞭解明朝時期中國如何看待非洲；當時（至少在明朝初期）對於向外探索抱持著史無前例的開放心態。我們可以從這個時期的資料推斷中國與非洲的某種世界觀，儘管我們現在已知非洲實際上是歐亞非三個相連大陸中不可或缺的延伸部分，但對當時的中國而言，非洲遙不可及，彷彿在世界另一邊。[33]《武備志》的插圖特別有幫助，雖然插圖（圖2.2有部分即出自該書）的說明文字撰寫於一六二一年，圖本身仍重現了兩個世紀前的知識，使我們得以一窺十五世紀中國第一次真正與非洲交流時的海洋導航科技。當時中國航行活動大多是前往東南亞，但明朝初年的統治者對非洲並非一無所知。[34]在海洋上航行，水手用羅盤測量方位，記錄近地平線星辰的高度以確認緯度。《武備志》中的星象圖繪出了北極星和許多星座的位置。推估高度通常是以遠眺天空時，星辰距離想像中的海平線平面有幾根手指寬來計算。[35]對中國來說，非洲或許是在「世界的另一邊」，但當時的中國人無論如何仍然盡其所能，嘗試穿越南亞海洋的阻隔前往非洲。[36]

長久以來，學者對於中國海洋航行的複雜程度感到驚嘆。早在一九三八年，就有人在專門的地理學期刊中發表文章討論這些航行的性質；一般認為那些期刊與歐洲在世界各地的殖民勢力有關。[37]第二次世界大戰與去殖民化之後，相關研究的走向變得更偏純「學術」，而且除了「主要」西方強權之外，對瓜分世界涉足較少的小國也投入這塊領域，例如義大利。[38]中國的研究者也急起直追、發表成果，他們往往會運用西方學者較難上手的中文資料，在一九六〇年代之後尤其如此。[39]從許多方面來看，李約瑟（Joseph Needham）膾炙人口的中國科學與文明史研究堪稱最高成就，其中有厚厚的一卷專論航海術，詳盡討論中國在前現代時期的海上航行。[40]但這類針對航海工程與船藝的研究並未後繼無力，而是在今日學者參與下繼續壯大，他們逐漸將古代亞洲航海傳統的知識彙集起來，幫助我們深入瞭解此等規模的航行到底是如何做到的。[41]

距離感在中國文獻對非洲的描述中顯而易見，心理上與實際上的都有。然而在前現代時期的一個著名時刻，中國真的來到了非洲大陸，並且短暫立足東非海岸。這個時刻當然就發生在名聞遐邇的鄭和下西洋期間（一四〇五至一四三三年），當時這位偉大的太監水師將領（他是出身中國雲南的穆斯林）七度出海探險，南下季風亞洲。這七次航行至少有幾次進入了印度洋，其中至少一次抵達非洲。鄭和的艦隊規模龐大、組成複雜；船隻在中國東岸接近首都南京的地方建造，花費多年時間。建造完成之後，數萬人登船航行，其中許多是軍人，此外還有水手、商人、外交官、宮女、教士與各色人等，一同參與旅程。艦隊攜帶大批珍寶當作禮物，送給在海外世界遇到的人們，無疑會讓對方「震驚且讚嘆」，這是一次大獲成功的極高明公關操作。數十個亞洲海岸地帶的社會見識到明朝蒸蒸日上的國勢；當時中國剛脫離蒙古人的統治（一二七九至一三六八年），蒙古原先的勢力不局限於中國，曾遍及整個歐亞大陸將近百年。一幅當代的線條畫將鄭和的指揮艦與七十年後載著哥倫布（Christopher Columbus）「發現」新大陸的聖瑪利亞號（*Santa Maria*），以雙方的估計尺寸

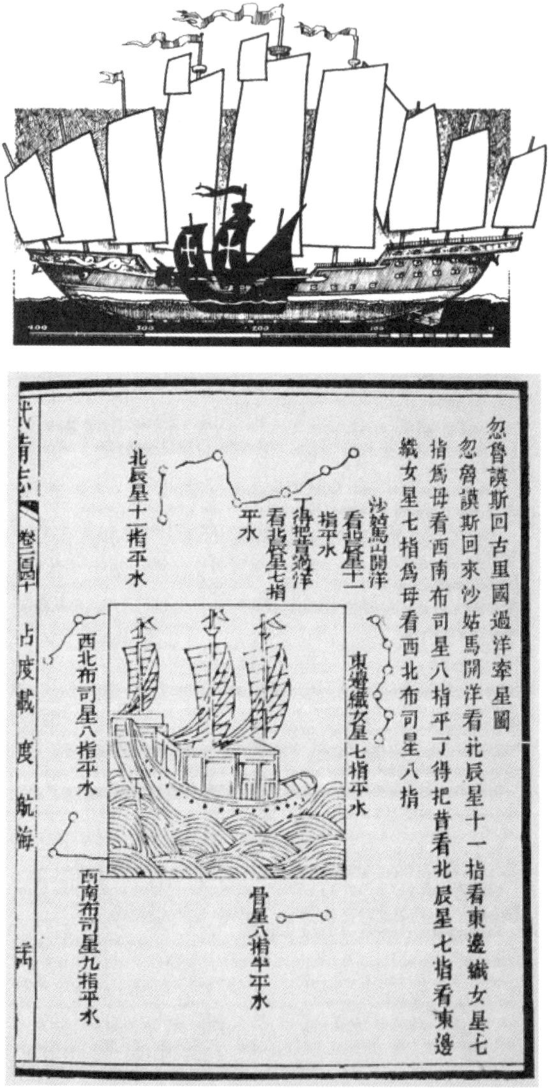

圖2.2　鄭和的寶船與《武備志》海圖

來源：承蒙Jan Adkins授權，另見J.V. G. Mills, trans., *Ying-yai Sheng-lan: The Overall Survey of the Ocean's Shores*, by Ma Huan (London: Haklyut Society, 1970).

做比較，讓我們看到了比例差距。假設伊比利人（Iberians）是乘著划槳船發現世界，那麼中國的大船就有如航空母艦。[42]

可惜的是，鄭和的航行戛然而止之後，官方紀錄也在一四八〇年銷毀，因此今日我們的相關知識大部分來自馬歡的記載，他曾參與幾次航行。鄭和第四次下西洋（一四一三至一四一五年）期間，馬歡航經東南亞（抵達爪哇北岸），也穿過麻六甲海峽，前往南亞的孟加拉、斯里蘭卡與馬拉巴海岸（Malabar Coast），甚至來到波斯的荷莫茲（Hormuz）與紅海彼岸的亞丁（以及麥加周邊地區）。在旅程的最後一段，他也許有望見非洲東北部（非洲之角〔the Horn〕）索馬利亞、厄利垂亞與吉布地的海岸。馬歡本身是中國的穆斯林，在船上擔任阿拉伯文與中文的文件翻譯員，儘管年紀輕輕（出航時三十二歲），但阿拉伯文讀、說能力相當優異。撰寫於鄭和船隊揚帆出海、為中國「發現世界」之年代的文獻，僅有三份留存下來，而馬歡的記載是其中之一。他描述船上中國要人的高貴行為，並以人類學角度記錄長途旅程中遇見的諸多海岸民族。他描述海洋及其無盡的變化，細心觀察他從甲板上看到的山嶺與森林，能夠上岸時也會觀察陸地。他對偶一出現的海外中國人衛星聚落特別感興趣，這些聚落幾乎都在東南亞的海岸城市，中國人在當地從事商人、工匠、顧問的工作來維持生計。幾乎可以肯定，中國關於非洲與中東的敘事，馬歡的描述是現存最古老的文本。[43]然而他本人也許並不曾踏上非洲，因為鄭和七次出航只有一次沿著斯瓦希里海岸向南航行，最遠可能來到馬達加斯加島（就緯度來看）。[44]

我們知道在這趟最遙遠的旅程中，鄭和的艦隊曾經短暫停留東非海岸，等待順風。等到他們終於啟程離開，船上多了一頭活生生的長頸鹿，與後來在孟加拉載的另一頭一起順利回到中國。依據不同的史料研判，這頭長頸鹿可能是來自馬林迪（位於今日肯亞）或者索馬利亞，永樂皇帝（明成祖）時期翰林院的書畫家沈度曾在一四一四年為牠作畫。沈度筆下，一名中國僕人以繩索套住長頸鹿的臉部與頸部，仰望牠巨大、高聳的頭部；很難想像從港口一路圍觀到首都城中的民眾，在這頭溫和的巨獸走過他們面前時，心中作何感想。畫作的時間是一四一四年秋天，距今六百年出頭。[45]沈度也奉命寫一首詩題在畫上，紀念皇帝與這頭被視為神話動物「麒麟」的巨獸相見。沈度的詩流傳後世，節錄如下：

西南之陬。大海之滸。
實生麒麟。形高丈五。
麕身馬蹄。肉角膴膴。
文采煒煜。玄雲紫霧。

圖2.3　明朝永樂年間來到中國的長頸鹿

來源：Philadelphia Museum of Art

趾不踐物。游必擇土。
舒舒徐徐。動循矩度。
聆其和鳴。音叶鐘呂。
仁哉茲獸。曠古一遇。
昭其神靈。登於天府。[46]

關於鄭和下西洋的「明代時刻」，學術研究從二〇〇〇年代開始產生一些變化，這尤其要歸功於兩位語言本領無懈可擊的學者。一位是韋傑夫（Geoff Wade），他建立「明實錄中的東南亞」（Southeast Asia in the Ming Shi-lu, 2005）資料庫，使我們對現代早期中國的認識在方方面面有了非常重大的進展。[47]這個開放取用的資料庫，讓世界各地的學者得以透過關鍵字搜索來爬梳明代的記載，尋找所需資料——包括海洋航道沿途的諸多地點、不同政權統治時期發生的各式各樣事件、各個歷史民族所在的位置與進貢內容，所有資料都經過數位編排（而且免費）。此外，韋傑夫也發表一系列論文重新檢視鄭和下西洋，探討這個「國家發起的行動」是否真的那麼滿懷善意，一如中國歷史學界許多學者長期堅持的觀點。[48]大約十年之後，對於「官方論述」的第一批質疑不再只是試探性的，而是以更直截的措辭提出。這些學術作品讓六百年前鄭和下西洋的相關辯論更為豐富，那個時期的原始資料如今大多散佚，但是當前的地緣政治仍然深受其影響。[49]

彙整這些歷史的第二位關鍵學者是沈丹森（Tansen Sen），他與韋傑夫一樣有扎實的漢學背景，也積極將印度洋引入相關的討論之中。大約從二〇〇六年開始，沈丹森發表一系列論文，探究亞洲航道的變化，不僅從中國的角度出發，也從印度洋整體的觀點來看。[50]這場「中間時期」的文明對話年深月久，原本斷斷續續的早期「互動」，最終演變為性質上非常不同的接觸經驗。有些對話是宗教性質，涉及佛教與佛教文獻在不同文明之間的移動。[51]但是有些遠征行動則偏向軍事性質；中華帝國的遠征雖然也帶有外交色彩，但當時帝國顯然是在設想對這片季風海域的方略，設想如何施加影響力，最終甚至訴諸征服。[52]就這個意義而言，鄭和遠征的重要性不僅在於讓我們瞭解明代早年的「開放時期」，也在於這些數千公里航行所引發的歷史波瀾，明朝的政治意圖影響了整個亞洲的航道。[53]

非洲人東行：從非洲到中國

對於中國海洋活動及其悠久歷史的興趣，最近大行其道；不過本章最後要簡短描述

「反向」運作的接觸：從非洲航向中國。[54]這個故事較不為人知，隨著新史料出現、學者努力搜尋新的文字記載，故事在本書寫作的同時仍在持續開展。這方面的重量級著作是韋棟（Don Wyatt）書名看似平平無奇的《前現代時期中國的黑人》（*The Blacks of Premodern China*）。[55]他在書中主張六八四年（唐代初年）的一樁凶殺案記載，是中國史冊第一次提到非洲人。我們在此只能簡要敘述，但總之韋棟藉由追查「崑崙」一詞——他推測是一個被中國人認定為「非我族類」的非洲人——認定早在宋代趙汝适、明代鄭和之前，中國就已知道非洲黑人的存在。

藉由追蹤廣州港一連串的事件與記載，韋棟提出一個有趣（但目前尚未經檢驗）的主張：非洲人進出中國東南部進行貿易，持續了數百年，那是海洋普遍商業活動的一環。韋棟也謹慎地指出，久而久之「崑崙」一詞或許涵蓋了幾個深膚色的陸地民族，其指涉可能頗具彈性。因此澳洲原住民、馬來半島內陸的半島原住民（Orang Asli）、印度南部的坦米爾人（Tamils）如果曾經來到唐代的中國，都有可能是所謂的「崑崙」。他們的膚色都相當深，更重要的是，相較於中國人在東南亞透過朝貢貿易接觸到的深膚色民族，崑崙的膚色還要更深一點。坎貝爾也告訴我們，對蒙古人統治時期（一二六〇至一三六八年）的中國貴族家庭來說，擁有非洲男僕是一種時尚，以至於爪哇王朝在一三八二年把一百多名男僕當成貢品，送入中國宮廷。[56]

韋棟對於「崑崙」一詞下了寬泛的定義，看來是明智之舉。他也確信曾有非洲黑人隨著歐洲人航行到中國的海岸；從十六世紀開始，歐洲人會帶著非洲黑人登陸中國。[57]事實上，到了十七世紀以及明末鄭成功控制福建與臺灣的時期，的確有非洲人在中國海岸地區扮演各種角色，通常是擔任侍衛和軍人，不過應該也有其他行業。這些非洲人全部，或者說幾近全部，都是航經東南亞來到中國的，且很有可能是搭乘歐洲人的船。鄭成功本人似乎就有一支令人生畏、忠心耿耿的黑人傭兵部隊，隨時貼身保護他，稱為「烏鬼護衛鎮」。這些非洲人搭乘葡萄牙的奴隸船到中國，在中國南部海岸定居下來，大部分中國人不與他們打交道，因為他們從未看過那種長相的人。地方上的中國居民也對他們心懷猜忌和畏懼，甚至稱他們為「烏鬼」。[58]

鄭成功本人是中國現代早期非常重要的人物，這些非洲黑人也因此名聲遠揚，儘管他們的人數可能很少。鄭成功的父親鄭芝龍活動於十七世紀波濤洶湧的南海，是政府認定的「海盜」中最重要的人物之一；他的母親則是日本武士之女，顯示他在這個多方滲透的區域擁有雙重族裔背景。當時的人在中國、日本、朝鮮與東南亞之間的海道穿梭來回，鄭成功也不例外。他曾經接受中國菁英文化傳統的正統教育，而他看來也終身實踐所學；當明朝

圖2.4 「國姓爺」鄭成功的非洲侍衛

來源：Olfert Dapper, 1670, *Gedenkwaerdig bedryf der Nederlandsche Oost-Indische Maetschappye*, Lilly Library, University of Indiana.

傾覆，滿洲人的清朝取而代之，他拒絕背棄明朝君主，拒絕出賣自己的忠誠，儘管滿洲人下令「所過州縣地方，有能削髮投順，開城納款，即與爵祿，世守富貴。如有抗拒不遵，大兵一到，玉石俱焚，盡行屠戮。」[59]

在十七世紀這個「水世界」，一群經由漫長海路而來的非洲人會投入鄭成功麾下，在這個見慣了背叛與投誠的環境中擔任他的貼身侍衛，其實非常合情合理。我們可以認定，這些非洲人遠離家鄉，因此不可能因為地緣關係而動搖立場。而且除了這些侍衛之外，還有其他來自遙遠非洲大陸的人在類似環境下找到工作機會。我們已經知道非洲人曾在現代早期的印度沿岸擔任弓箭手，而他們在其他地區的足跡將隨著更多的研究而曝光。韋棟專著的問世很有可能會促使其他學者追隨，一路另闢蹊徑，深入探索中國與非洲之間的交流究竟從何時開始，又持續了多久。

結語

中國與非洲透過海洋東南亞發展出來的關係，顯然可以回溯到遙遠的古代。這個故事說的不僅是今日雙方基於經濟援助和政治操作的接觸；它是一個深深植根於過去的古老故事。中國方面的記載明確顯示，非洲很早就為中國所知，至少在宋朝就是如此，儘管當時人對非洲有何認知（除了牽涉到商品來源的那些認識之外）並不容易判定。[60]近來一些研究主張中國與非洲的連結在唐代就已建立，但是到目前為止，這類主張都還是未定之論。不過如果早在西元第一個千年內就有一些非洲人設法抵達了中國廣州，我們也不必驚訝。到了宋代，中國對非洲的知識持續增廣。然而一直要到明代，相關知識才真正具體化，並且藉由中國旅人記載下來的實質接觸而深化。這些旅人都是從東南亞出發，橫越整個印度洋的航海人員。

鄭和下西洋無疑是這些過程中最重要的部分。但是當時中國對非洲的知識已經有相當清楚的記載，拜伊斯蘭教與航道日益繁忙之賜，資訊得以沿著廣大、遙遠的海洋網絡傳播。此時非洲黑人似乎也開始朝反方向移動，而且很有可能更早就開始了。到了十七世紀，忠於明朝、逃到臺灣的鄭成功擁有一批黑人侍衛，為這個交流故事帶來美好的對等性。如果說明朝統治期間的對外交流最遠去到非洲，非洲在這個時期最遠的交流似乎也是抵達中國。兩種交通方式都需要海洋東南亞的季風區作為「中間地帶」。在未來的數十年，隨著檔案研究日趨深入、考古學（以及基因體學）紀錄吐露更多祕辛，我們可能會詫異地發現中國與非洲接觸的年代比我們的認知更早，而接觸的方式也一再令我們驚嘆。

第三章　越南的海洋貿易圈

人生數百年間……桑田化為滄海。——《翹傳》（*Truyện Kiều* [Tale of Kiều]），阮攸（Nguyễn Du, 1769-1820）

學者在討論現代早期的亞洲海洋貿易時，通常不會將越南與中國、日本、印度等國家等量齊觀。[1]越南的商業基礎設施以及它與當時貿易圈整合的程度，都被認定無法與許多較大的鄰國平起平坐。儘管這種判斷基本上有其根據，但是越南在現代早期亞洲的經濟生活中，仍扮演重要角色。[2]

本章嘗試探討越南的這個角色，如何促使阮氏（Nguyễn）與鄭氏（Trịnh）兩大統治家族的土地，與歐洲國家及亞洲其他國家緊密結合，時間超過三個世紀。藉由檢視這些持續進行的互動，我們得以將朝貢貿易、自由放任經濟學與政治形勢，整合成一個連貫的敘事。

透過這樣的分析，我提出的主要論點是：在亞洲範圍廣大的「中國貿易」圈中，越南海岸為眾多商賈提供了一個重要的輔助性貿易環境。[3]然而在解析這種互補性的特質之前，我們必須先迅速勾勒越南自身內部的社會經濟基礎，藉此為伴隨現代早期而來的巨大變化提供背景脈絡。[4]

越南的「商業革命」過程之所以會比某些鄰國更為困難、緩慢，歷史記載給出了相當清楚且務實的理由。後黎朝時期的越南從一個統一王國分裂為兩個（有一段時間是三個）封建王國，造成以下情勢：鄭氏與阮氏的政治權力，基本上要仰賴各自的菁英階層自主效忠來維持。[5]地方上的地主在兩大家族以宮廷為中心的氏族體系中，擁有相當大的影響力，同時也牢牢掌控自己的鄉里（農地、村莊與村莊經濟）。於是當阮朝在一八〇二年建立時，這些菁英貴族為了自身好處而阻撓所有會強化政府權力（或者創造出一個富裕的新商人階級）、而非菁英本身所在地方利益的持續性商業活動。因此在過去數百年的越南歷史上，海洋及其潛在利益一直承受懷疑的目光，儘管在某些時期——下文將會論及——這種典型看法並不符合實情，甚至恰好相反。

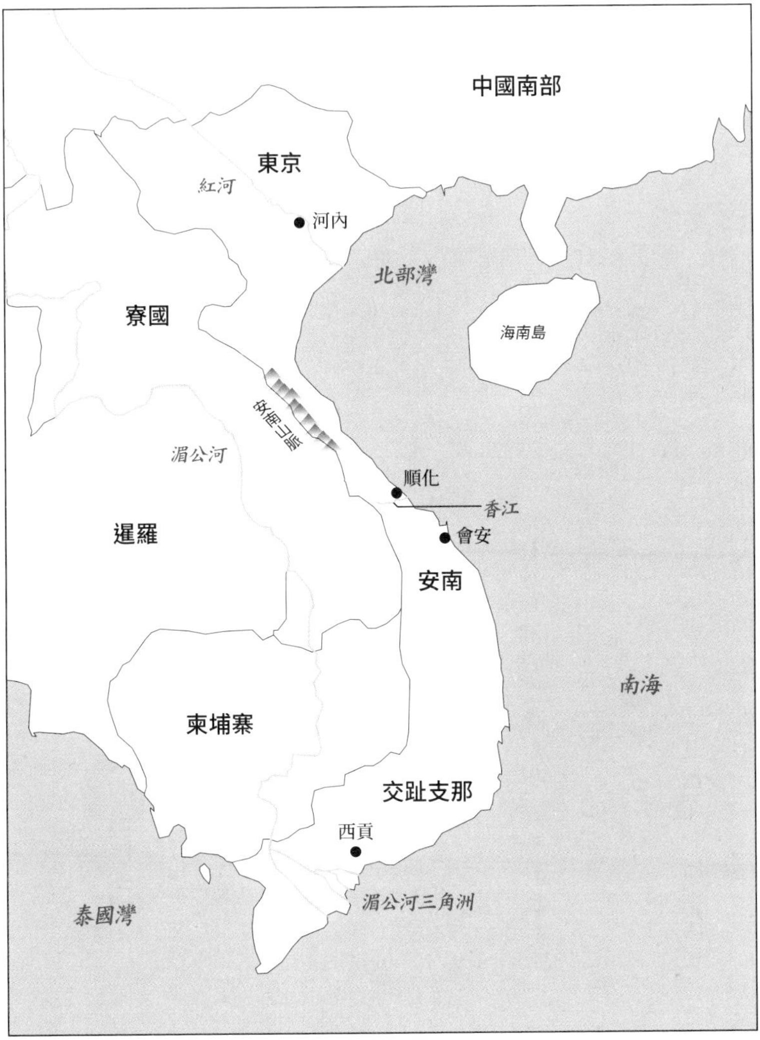

地圖3.1 越南海上貿易圈

一個經濟體的演進

雖然國家向南方大規模開疆拓土，越南從鄉村經濟升級的過程卻相當緩慢、走走停停，原因之一就在於基本的利益衝突。[6]事實上，越南從十九世紀中期開始被法國宰制之後，大地主面對法國的帝國主義計畫，仍然抗拒改變這種地方與宮廷恩庇權力體系，儘管這種頑固無可避免地造成了全國經濟陷入停滯與（至少間接導致）應對歐洲勢力入侵的能力弱化。相較於鄭氏政權，南方的阮氏政權稍微能容忍一些基本模式上的變化，該政權是邊區社會，所以有時會揚棄傳統方式，改採在地做法。[7]這種意識形態的實際作用，從地方市集等簡單的指標就能看出來，例如交趾支那的市集充斥著異國的新奇商品，但北方市集的性質就本土多了（也就是農產品居多）。[8]

第一批歐洲人在十六世紀來到時，越南正深陷於貴族交戰、王朝對抗之中。[9]葡萄牙在一五一一年攻占麻六甲之後過了二十五年，阿爾布克爾克（Afonso de Albuquerque）麾下的一名船長法利亞（Dom Antonio da Faria），才在鄰近沱囊灣（Bay of Tourane，即峴港灣）的費福（Faifo，即會安）建立貿易站。[10]後來英國也透過東印度公司駐日本代表考克斯（Richard Cocks）如法炮製，但任務失敗，他派出的特使與通譯在一六一三年被當地人殺害。[11]荷蘭人在一六三六年派遣一位貿易代表進入北方鄭氏政權的地盤，而英國人在一六七二年終於設立了一家商館，法國也在一六八〇年跟進。[12]然而到了一七〇〇年，這些歐洲對越南最早的貿易事業都陷入了混亂。阮氏與鄭氏跟這些新來乍到的外國人做買賣，分別向荷蘭人與葡萄牙人採購武器與彈藥；但是在十七與十八世紀之交的數十年間，兩大陣營和平相處，軍火交易因此乏人問津，大部分歐洲商人遭到官方驅逐。鄭氏政權如此昭告荷蘭人：

貴國抱怨我沒有回覆貴國去年的信函，原因既非我心感不悦，也非不尊重貴國……所有外國商人都不得定居京城昇龍（譯按：即河內），但貴國人員例外，甚至還獲准設立一家石材商館。這些優惠顯示，我對貴國人民一直比對其他外國人更友好。貴國抱怨我對貴國人民嚴苛，我也承認這一點，但這是貴國人民自己造成的。我國任何居民都必須遵守地方法律，正如貴國居民也必須遵守貴國法律。荷蘭人忘記了這一點，對於運到我國的貨物往往只申報半數，讓我損失慘重。對於驅逐貴國人民、斷絕雙方貿易的決定，我並不反對。[13]

只有少數參與澳門及中國貿易的葡萄牙人獲得越南官方准許留下。不過仍有為數不少的法國與葡萄牙傳教士，繼續強化越南與西方世界的連結，直到十八與十九世紀之交。之後，天主教的傳教工作多多少少仍持續進行，一些文獻被翻譯為西方語言，教義知識則反向翻譯為越南文。[14]不過儒教化在這個時期的越南海岸部分地區，仍然相當顯著。

儘管如此，這並不意味越南對貿易關上大門。有些修正早期觀念的研究指出，情況恰恰相反。惠特摩（John Whitmore）闡述越南如何在與歐洲的貿易之外另闢蹊徑，完全融入亞洲的貿易網絡；需要的商品大多來自鄰近國家的海岸地區，而不是遙遠的西方。[15]他對於貴金屬在越南流通的分析相當具代表性，但不只他在研究，針對各式各樣商品進行的研究還有好幾個。[16]鄭氏與阮氏政權都決定採用整個東亞地區通行的模式，使用中國銅錢作為各自統治區的貨幣，而不是黃金白銀（一直到十八世紀都是貿易商品）。幾位中國學者也指出，越南在這方面是追隨滿者伯夷（Majapahit）、三佛齊（Srivijaya）與麻六甲等王國在極盛時期的政策。[17]

從十六世紀晚期到十八世紀，越南無疑是整個東亞海洋貿易的一分子，儘管可能並不是最重要的角色。當時以廣州等中國南部海港為中心的商業日益興盛，西班牙治下的馬尼拉則發展為日本、中國、東南亞部分地區之間的產品轉運中心，這兩個趨勢對越南也有重要意義。[18]有些貿易商品是稻米之類的大宗物資，但也有許多比較特別的商品，例如「南洋」

的當地特產與前文提到的貴金屬。在商品的運送流通上，中國商人的角色不可或缺，但還有各色人等參與其間，所以當時的東亞航道相當具有國際色彩。[19]關於這個現代早期的體系如何一直運作到十八世紀，日本學者的闡述尤其重要；他們詳細描繪出在帝國主義於十九世紀全面襲捲亞洲、遍及廣大南海的許多社會之前，東南亞貿易環境如何在亞洲經濟結構的變化中隨之演進的過程。[20]

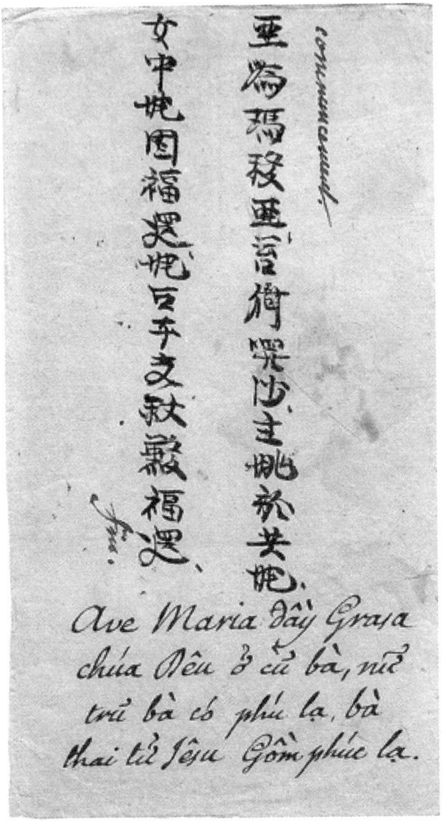

圖3.1　越南文（以漢字為基礎的喃字和越南羅馬字）《聖母頌》

來源：Dominique Erster, 1773.

圖3.2 越南青銅／紅銅錢幣（約出自十九世紀嗣德帝時期）

回到貴金屬，有一個現象非常有趣：越南擁有可觀的黃金與白銀，這些貴金屬會被出口到東南亞與中國，分別換取「異國珍品」與銅錢。[21]此一總體經濟決策成形的原因仍不完全明朗，但有可能是越南人認為與其將金銀鑄成錢幣，不如在公開市場上直接販賣來得有利可圖。當時的紀錄顯示，後黎朝時期在紅河三角洲北部一直有礦業運作，冶煉銅、金、銀、鋅。[22]這項政策長期而言是否真的有利於越南經濟，至今並無定論：到十八世紀時，越南政府解除對相關產業的掌控，竭盡所能紓解長期的現金短缺問題。政府甚至默許偽造錢幣，儘管法律仍然明文規定這種罪行要判處死刑。

新連結

比較沒有疑問的是，拜這種貨幣連結之賜，越南與現代早期的亞洲經濟建立了前所未有的密切關係。[23]我們已經描述了一個極度龐大且複雜的流通體系，涵蓋從白銀到書籍的貿易，金屬的流動只是其中一項。[24]越南與沖繩、日本的貿易，可以當作範例。一五七〇年代來到紅河三角洲的葡萄牙教士，不會看到什麼固有國際貿易活動的跡象；但他如果是三十年後來到南方數百公里外的港市會安，他會大開眼界。[25] 一五六七年，明朝公告禁止中國的銅出口，日本人因此獲益：自禁令生效起，日本商業組織便將開採的銅出口到越南，在會安的碼頭上換取糖與絲綢，因而大發利市。到了十七世紀的頭幾十年，前往大陸東南亞的日本船舶有三分之二都是要去會安的，[26] 而糖與絲綢這兩項越南產品的市場幾乎完全由日本獨占。日本人也從本州帶去白銀，但主要的支付工具還是銅錢。糖與絲綢之外，日本人還會採購越南的珍貴木材、陶瓷、鹿皮與魟魚皮。[27] 阮氏政權對入港的日本船隻收取四千貫銅錢的規費，出港再收四百貫。會安隨著貿易發展而欣欣向榮。[28] 一直要到一六四〇年代日本政府將葡萄牙人驅逐出境，日本與會安的商業活動才逐漸衰退，因為接下來的兩百年間，日本退入相對孤立的鎖國狀態。

黃英俊（Hoàng Anh Tuấn）也深入檢視荷蘭人如何讓越南在亞洲的海上航道上保持活躍，包括透過荷蘭自己的船舶來連結越南與其他區域經濟體。日本開始閉關鎖國（相較於之前數十年間開放港口）的同時，荷蘭人出面協助將越南的商品銷售到這個海洋世界的其他地區。一六四四年中國明／清朝代交替，適逢日本在一六二三至一六五一年間大舉驅逐外國人，越南北部因此突然有機可乘，進入原本主要由中國與日本商業組織占據的市場。

在這關鍵的數十年間，荷蘭人協助銷售越南北部的商品，絲綢產業（尤其紅河三角洲一帶）曾一度在區域中舉足輕重，產品的質與量都足以推動繁榮的跨區域運輸貿易。北部的鄭氏政權也曾要求荷蘭東印度公司協助其對付南部的敵對勢力，雙方的互動留下紀錄：

> 我的國家東京（Tonkin）位居〔區域〕中央，東方、西方與北方的王公貴族都前來向我致敬，唯有南方廣南（Quinam，譯按：即阮氏政權）例外。當地民眾都是鄉野之人，生活落後，人脈薄弱；所有值得稱頌的好事，他們都以錯誤的做法實行。他們自給自足，自以為是，拒絕服從我的號令。若我派戰船在海上與他們交戰，定會受挫於航程遙遠、巨浪滔天、風雨阻撓。因此我不能用這個手段，那只會讓廣南刁民怙惡不悛、沾沾自喜。這便是我打算向荷蘭人尋求協助的原因。如果荷蘭國王同意，我國將與荷蘭永結盟約。貴國能否派遣三艘戰船與兩百名服從號令的精銳戰士來東京支援我？[29]

大部分研究越南歷史的學者會學習法文，但是黃英俊利用荷蘭東印度公司堆積如山的檔案，揭示了一段長期塵封的歷史。對於現代早期越南的對外連結，至少在歐洲人方面，最重要的不是法國人而是荷蘭人。越南商人願意與任何一方做生意，但他們似乎有一個非常活躍的政府組織，負責做出相關決定，以及在緊要關頭選擇不同的合作夥伴。

儘管有這些發現，但在現代早期這個長時段中，真正讓越南幾個港口（例如會安）在十七世紀初期躍升為區域商業重鎮的是越南與中國的長期貿易。貿易商從中國本土和許多南洋國家前來，參與中國南部海岸、日本與馬尼拉之間繁榮的轉口貿易。來自美洲的白銀是中國人的交易目標，而會安被納進這個複雜的網絡，成為一個交易高價商品的次級城市。[30]中國帆船帶來絲綢、銅錢（一五六七年之後被中國政府禁止出口）與白銅，換取日本的白銀（一六〇〇年之後被中國政府禁止進口）以及東南亞的獨特產品，例如樟腦、胡椒，另外還有香料。[31]中國貿易商在這些港口舉足輕重，但他們也會招募越南本地商人，幫他們在內陸的柬埔寨與寮國採購商品。[32]就連上文提及的中國改朝換代（一六四四年，漢族的明朝被女真族的清朝取代），雖然引發動蕩不安的情勢，但也沒有對這些模式造成長久的顯著影響。忠於明朝的勢力繼續以福建為基地，與會安進行貿易，直到一六六〇年代；後來則以臺灣為基地，直到一六八〇年代清朝征服臺灣為止。阮氏政權對中國商人課的稅遠低於日本商人，南洋來的中國商船入港需付二千貫錢（出港二百貫錢），直接從中國來的商船入港三千貫錢（出港三百貫錢）。到一八三〇年代時，越南的中國商人甚至會協助將大批白銀運回中國，用於向英國購買讓中國民眾成癮的鴉片。[33]

越南對外貿易欣欣向榮，歐洲商人只能懷著不滿與嫉妒作壁上觀。[34]從一七〇〇年到十八世紀結束前夕，澳門的一小群葡萄牙「官方」貿易商繼續與越南進行小規模貿易，其他國家的傳教士則試圖讓越南民眾成為基督徒。[35]雖然有一些進展，但是當時法國與英國政府爭奪的焦點不是越南，而是土地廣大、物產豐富的印度。法國商人一直要求巴黎當局強化與越南的貿易，然而當局置之不理。一六八六年，一名法國東印度公司員工提出占領湄公河口外海崑山島的計畫，引起了王室的興趣，但是法軍在海岸被英軍擊敗，而英國的占領最後也以災難收場。[36]一七六三年《巴黎條約》簽訂，法國幾乎喪失所有在印度的屬地；一七七二年西山起義爆發（混亂反而讓歐洲人有機可乘），此後歐洲人才開始再度對越南提起興趣。[37]多種地圖先後出版，重新審視越南的地形與海岸線。[38]嘉隆帝（本名阮福映〔Nguyễn Ánh〕）即位之後，各方認為他比較願意接受對外貿易，至少是抱持「友善中立」的立場，和他的先人比起來有所改善，各國也因此向越南派遣新的使節團。

透過這些在十八世紀末、十九世紀初成行的使節團，我們得以深入瞭解國際商業活動在前殖民時期越南的進展；儘管這些使節團並沒有達成擴大越南與西方貿易的目標。[39]記錄使節團活動的人士，尤其是巴羅（John Barrow，一七九三年，馬戛爾尼使節團〔Macartney Mission〕成員）、懷特（John White，一八一九年，美國海軍雙桅帆船富蘭克林號〔USS

Franklin」軍官）、克勞福（John Crawfurd，一八二二年，英國使節）都仔細評估越南能夠提供的資源，除了觀察使節團訪問當時的當地情況，也思考雙方未來可能進行的貿易合作。事實上，這些紀錄有一個主題不斷出現，就是請求各自的母國政府認真考慮取得一個當地港口。[40]會有這個建議是基於貿易的熱絡程度，以及越南資源的豐富程度。除了前述的貴金屬，還有許多高價商品經由越南流通：帶著香氣的木材（沉香木、花梨木、蘇木，諸如此類）、丹馬樹脂、瓷器、[41]肉桂、小豆蔻、靛藍、生絲等等。象牙、砂金、犀牛角、稻米也是越南的出口產品，由王室專賣。此外還能見到肉豆蔻、丁香與胡椒（拜印尼轉口貿易網絡之賜），以及海參與來自外島的燕窩。為了換取這些商品，中國的帆船帶來硃砂、藥物、舊衣服與硼砂；偶爾出現的葡萄牙商船則送上五金用具、鏡子、鴉片與數學運算用具。[42]

在歐洲人筆下，越南人對於某些特殊商品（例如英國瓶裝芥末粉）的興趣，帶有一種奇幻感，並且展現出一種雙向互動。懷特記載有一回，嘉隆帝的一位使臣登上富蘭克林號；喝過茶吃過檳榔之後，他拿出了一個側面有英國國王紋章的空芥末醬瓶。瓶子標籤上寫著「頂級達蘭芥末粉」（Best Durham Mustard），使臣還掏出一張紙給大家看，上面有一些「乾乾黑黑、無味無臭、有如藥膏的東西」（芥末），詢問懷特船上還有沒有，因為嘉隆帝「非常喜歡」。同樣的事件在前一年也發生過，所以懷特早有準備，向馬尼拉的大盤商買了一批罐裝芥末粉，在這時拿給使臣。見微知著，看來就是這類事件，以及這類在地方貿易中顯露新價值的平凡商品，一次又一次地左右了外國貿易使節團在東南亞的成敗。[43]

歐洲人的記載

隨著歐洲人到來，越南貿易的實際過程也首度得到翔實的描述。想要到西貢做買賣的商船必須先透過當地官員僱用一名漁夫來當河道引水人，負責導引商船安全通過河口的淺灘與沙洲。但是想要得到這名官員的服務，必須先送上幾樣禮物：帽子、幾匹紅布或藍布與幾瓶甜酒被認為是最恰當的選擇。[44]這道「潤滑生意車輪」的程序會一直進行到宮裡，商人必須賄賂太監才能一路通關。在西山朝與嘉隆年間，這些遭到政府冷淡對待的歐洲人與當地民眾之間的商業語言是「印度葡萄牙語」（Indian Portuguese），東方海上貿易商所使用的母語當中的一種方言。在亞洲的每個商人無論國籍，船上幾乎都至少有一名船員能以這種市場行話對談。終於抵達西貢的商船會停泊在市區南方約五公里的「中國大市集」（Great China Bazaar），也就是帝王倉庫的所在地；船要在那裡接受噸位測量以決定規費金額，測量項目是船身的長度、寬度與龍骨。當地的錢幣是以白銅鑄成的「塞佩克」（sepecks），還有無所不在的銅錢；公認的重量單位則是交趾支那的「斤」（相當於一．五英磅）。[45]每一位西方記述者都一再警告要當心小偷，他們顯然會以各種外形和偽裝混進市場。

歐洲記載還為我們帶來另一種不同的資訊，商業色彩比較淡薄，但是對越南的貿易圈來說仍相當重要。其中一個主題是海盜。平托（Mendes Pinto）在十六世紀就講述過越南外海海盜的可怕故事，說他們經常「用棒子把葡萄牙籍被害人的腦汁榨出來」，以懲罰受害者信仰天主教。[46]平托曾在越南外海擄獲一艘小型「海盜」快船，船員有亞齊人、土耳其人與其他穆斯林，他似乎認為理所當然要對這些俘虜如法炮製，讓他們遭受與那些葡萄牙人相同的命運。後來的記載證實，對海盜而言，越南的海岸是天然的掐喉點，讓他們得以劫掠進入當地港口的船舶，以及國際貿易航道上的長程商船。懷特告誡讀者，越南各地的河口灣是海盜的淵藪，賜予他們一個地形極度錯綜複雜的環境，讓他們得以逃竄躲藏。[47]布朗（Edward Brown）在一八六一年的《水手的冒險：在交趾支那海岸遭中國海盜俘虜記事》（*A Seaman's Narrative of His Adventures during a Captivity among Chinese Pirates on the Coasts of Cochin-China*）一書中也提出相同的警告，並根據他自身的可怕經歷，詳細記錄海盜如何性侵過往船隻上的婦女、進行各種殘酷的劫掠（屠殺、酷刑、斬首）。[48]

然而，並不是所有的觀察都充斥暴力情節，有些會關注比較平凡的議題，例如女性在越南商業中的地位。巴羅指出中國女性與越南女性在各自的社會中，角色天差地遠，前者「足不出戶，就連男性親人也很少見面」；[49]反之，後者則積極參與日常經濟生活。儘管這樣的觀察還必須考量階級的因素，但是越南女性似乎確實在外國人與越南當地民眾的商品交易中，構成了一道關鍵的經濟連繫；密爾本（William Milburn）甚至認為她們是「越南社會的商業主力」。[50]雖然這樣的評價還有值得商榷之處，尤其是在跨文化接觸領域，但所有的歐洲記述者都指出了越南女性的精明幹練。懷特抱怨越南女性一旦知道歐洲人看中哪樣商品，往往就會抬高價格；密爾本則建議準備前來的商人僱用越南女性當管家，這樣會更容易做成買賣。[51]另一方面，歐洲人雖然不會質疑越南女性的商業頭腦，對她們談生意時展露的外貌卻非常有意見；尤其她們的牙齒還被描述成「參差不齊、被檳榔與荖葉染黑的尖牙」。[52]

最後，這些記述再度提到華人在越南商業中扮演的角色，延續了歐洲人數百年前的觀察。在十八與十九世紀之交，中國人已經進入越南經濟生活中幾乎每一個想得到的缺口：他們是肉商、裁縫、錢莊老闆與攤販，也從事放債者、大盤商等多種職業。[53]中國創業家經營新的民營特許採礦事業，從中國引進先進技術與管理技巧；他們也擁有並駕駛來自各個東南亞政體的船舶，例如馬來亞各邦及暹羅。越南的耐久財甚至大部分是中國製造，因此當時一名水手看到中國商船滿載衣物、瓷器與各種用具駛向西貢，只能「羨慕中國人的好運」。[54]

表3.1 十八、十九世紀之交海洋越南的開放時期

越南宮廷的少數族裔，1780-1820[a]

泰族官員、軍官

馬來族官員

高棉族官員、軍官

華人官員、軍官、「海盜」

葡萄牙官員、貿易商、耶穌會傳教士

西班牙官員、傭兵、傳教士

法國官員、貿易商、傳教士

（還有英國人、愛爾蘭人、荷蘭人和爪哇人的足跡）

越南西山朝時期貿易與劫掠艦隊，1805年前後[b]

A艦隊：5艘船、489名船員、100尊火炮、500斤火藥、883具各式輕兵器。

B艦隊：10艘船、669名船員、127尊火炮、500斤火藥、789具各式輕兵器。

C艦隊：36艘中式帆船、1422名船員、2016尊火炮、1207具各式輕兵器。

D艦隊：11艘中式帆船、301名船員，另有武器如下：

6尊鐵炮	30把掉刀
55尊班鳩炮	180把長柄刀
1尊木炮	134把短刀
40發鉛彈	28副藤盾
27斤鐵彈	10副鐵鏈
55斤老鉛／老鐵	36斤火藥

a 擷取自Wynn Wilcox, "Transnationalism and Multiethnicity in the Early Gia Long Era," in *Việt Nam: Borderless Histories*, edited by Nhung Tuyet Tran and Anthony Reid, 194-218, especially pp. 194-200 (Madison: University of Wisconsin Press, 2006).

b 擷取自Dian Murray, *Pirates of the South China Coast (1790-1810)* (Stanford: Stanford University Press, 1987.), 97-98.

一七五〇年時，會安每年要迎來八十艘中國帆船，當地的華人人口在短短五十年間增加了一倍。[55]克勞福也記錄了一項驚人的人口統計數據：一八二二年，越南各地有近兩萬五千名華人從事採礦業，首都順化五百人、河內一千人、會安二千人、西貢五千人。[56]被越南人視為「外人」的族群如此龐大，顯然也開始令阮氏政權感到不安。根據克勞福的記載（其中多少也預見了東南亞其他地區的發展），當時西貢出現對中國人不滿的聲浪，認為他們控制了太多越南商業活動。

然而在越南漫長綿延的海岸上，越南人與海洋的互動始終或多或少持續著，一如先前數個世紀。河內、順化與西貢的中國貿易商與中間人，也許在都市化的港埠中占得比以往更大的商業利益；但在港市之外的越南沿岸，也就是捕撈魚類與海產的地方，做這類海洋工作的人大部分仍是占族人（Chams）與越南人。人類學家羅斯科（Edyta Roszko）曾經對幾座漁村進行細密的民族史研究，讓我們看到這些模式已經存在了多久——研究深入村落的集體記憶，跨越許多世代，回溯到那些古早時期。[57]越南海岸一直是這個世界的一部分，只是節奏變化在這裡會放慢下來，包括連結的頻率與強度，只有一些特定的時期例外（例如西山起義時期，但也有其他時期）。越南與海洋商業世界的關係，在這裡的變動幅度比較緩和，可能不若熱鬧忙碌的港口那麼顯著，但依舊重要。

結語

十八、十九世紀之交的文獻記載，曾經對越南的海洋貿易滿懷希望，結果卻是曇花一現。西山起義造成的混亂與嘉隆帝對外國貿易的中立態度，帶來將近半個世紀充滿「可能性」的時期。然而過了這段時期，尤其是一八二〇年明命帝即位之後，越南極力將自身與外界隔絕。[58]有人認為嘉隆帝刻意選擇有仇外心態的明命帝繼承大位；他很清楚越南文化若要生存，就必須避免捲入歐洲諸國的競爭，鄰國暹羅就是這樣做。[59]商會的重要性開始式微。某種愈來愈龐大的東西——資本主義，以及現代化國家用來駕馭資本主義的力量——就在

圖3.3　越南北部海岸地形

來源：作者自攝

離越南海岸不是太遠的海平線上。[60]要說越南君主完全瞭解那些風暴雲的本質，恐怕過於牽強；但他們確實瞭解在極度動蕩的年代，開放的海岸會帶來什麼樣的危險。

在越南人這樣的世界觀裡，進行極有限的貿易可能比大規模的貿易來得明智。來到西貢的中國帆船證實了這一點：一八〇五年還有十二艘，到一八一九年只剩三艘，而且噸位遠遠不如先前。[61]大約半世紀之後的一八五九年，法國開始鞏固對整個越南的掌控時，這種貿易政策可能被證明是一種短視的做法，源自僵化的儒家思想，放棄對步步進逼的現實進行敏銳評估和積極參與。在本章尾聲的一八二五年，越南決定關上貿易的大門；這個決定為對外海洋貿易帶來的影響，正符合越南自身的期望。一名西方商人在一八二四年憤憤不平地感嘆：

只要這些做法還存在，交趾支那就是全世界最不利於商人開創事業的國家。這些做法已經導致日本退出貿易了。日本人已經將澳門葡萄牙人驅逐出境，與中國、暹羅的來往也逐年迅速減少。慈善家、企業家與整個文明世界看到這個自然條件優越的國家當前所處的慘況，只能深感遺憾與同情。[62]

第二部 水域

COREA
IAPAN
CHINA
NANKING
HONAN
CHANTON
XANSI
KIANGSI
FOKIEN
CANTON
AYNAM
I. FORMOSA
Tropicus Cancri
LUCON
INSULÆ PHILIPPINÆ
Manilha
Mindoro I.
Paragoa
MINDANAO
NIEUWE PHILIPPINE
BORNEO
CELEBES
Gilolo I.
Ternate
Tidore
Ceram
Amboina
NOVA GUI
TONSA
BONGO
Straat van Diemen
Lequeo Grande
Pracels
Tandaya ofte Philippines
Nangasaks
Miaco
Jedo

導言：兩座海洋交錯相疊的歷史

亞洲的海洋流經大得令人驚嘆的地理範圍。北方海域冰冷，將俄羅斯遠東地區（Russian Far East）以及堪察加半島、千島群島（Kuriles）等巨大的半島或島鏈，與北海道、日本海（Sea of Japan）連結起來。海洋在南方進入熱帶，劃分為多個海域：班達海（Banda Sea）、希蘭海（Ceram Sea）、蘇祿海（Sulu Sea）與爪哇海（Java Sea）等等。四面八方遙不可見的陸地保護著這些海域，巽他陸棚（Sunda Shelf）淺淺的海床亦如是，讓這個地區成為船舶的避風港；換句話說，在這裡往來進行貿易很容易，因此經常被比擬為「亞洲的地中海」（Asia's Mediterranean）。更往西方行去，印度洋大開大闔，同時又劃分為幾個「空間」，包括阿拉伯海、孟加拉灣以及印度洋自身較低緯度海域。這些海域還可以再加細分，孟加拉灣向安達曼海（Andaman Sea）與麻六甲海峽延伸；阿拉伯海則流進波斯灣與紅海，從紅海穿越蘇伊士運河就會抵達歐洲。海洋亞洲所擁有的這些分散地理區塊相當重要：使乍看之下只是一大片平坦湛藍、相互連結的數千公里水域，展現出豐富的多樣性。不過亞洲海洋的真實面貌本就多變，且不斷地受變化影響。氣候變遷讓海平面時而上升、時而下降，大型河川的沉積讓亞洲的港口時而興盛、時而蕭條。就這個意義而言，亞洲海洋一直是活生生的，至今猶然；這片海洋的擴張與收縮深刻影響人類的族群與歷史。本書第二部將檢視亞洲最大也最重要的兩個海洋空間：南海與印度洋，藉由將兩者視為不同的體系，探問我們可以從中學到哪些亞洲海洋歷史。

與第一部「海洋連結」相同，本書第二部也分成幾個主題。將兩個大型水域視為兩個體系，需要某些工具。南海研究領域比較缺乏這一類的體系化分析，也少有學者嘗試將特定時期的南海歷史連結起來。原因可能是體制性的：南海的北部海域屬於「東亞」，南部海域大部分位於「東南亞」。由於區域研究計畫大多在學術專業上將東亞與東南亞分成兩個領域，少有學者願意「投奔敵營」到鄰居的地盤——在這裡或者應該說鄰居的水域。這非常可惜，因為想要對南海的存在意義做更完整全面的思考，就必須「投奔敵營」。語言能力的因素也導致漢學家與東南亞專家很少結合各自的檔案資料、同時運用兩個地區的語言傳統，為南海寫作更具整體性的歷史。至於印度洋領域，則是另一種研究典範當道。對印度洋的分析從很早就將這片海洋視為一個體系，喬杜里的開山之作開啟了這種研究風氣。然而，關於印度洋諸社會如何連結成一個廣大網絡，其範圍橫跨印度洋三個沿海人口稠密區，這類主題卻奇怪地在研究文獻中缺席了。幾乎所有關於印度洋的學術分析，都會嘗試包羅眾多主題——也就是布勞岱爾一定會讚許的那種「整體史觀」（total history）——寫成一本又一本專著。貿易、環境、離散、政治……應有盡有。這種做法令人敬佩、貢獻良多，因為這代表學者在研究印度洋時，從一開始就努力做整體的觀察。不過在某些方面這也限縮了研究空間，不太能選擇單一主題，然後進行細部探討，沿路且戰且走。

接下來的兩章就是要嘗試這種比較小規模、比較限縮的研究路徑。第二部「水域」關注亞洲兩大海洋各自的歷史。我在第四章分析南海走私活動的歷史，並與當今的規模做比較。對我而言，這就表示必須將東亞與東南亞放在同一個框架內，例如將中國南部（福建、廣東及一部分海洋臺灣）港口與人民，跟「風下之地」置於同一個視野下觀察。這樣做使我們得以看出幾種較廣泛的互動模式，有些已經存在很長一段時間，有些則是最近才浮上檯面。數百年來，人類族群在南海穿梭來回，帶著眾多類型的商品。有些商品從古至今都屬「非法」，定義它們為非法品的是民族國家及其政府，而國家及政府等政權也是我們這個時代合法非法之類定義的制定者。第四章審視這些互動模式，探討我們如何將南海視為一個連繫各個地理區域的跨亞洲體系；這些區域在學術圈壁壘分明，但對於載運違禁品的船隻而言卻絕對是相互連結的。第五章藉由另一個主題，審視廣大的印度洋。儘管討論印度洋的學者大多採取全方位、多主題的路徑，但我在第五章只處理一個主題：從開普敦（Cape Town）到印度，從印度到新加坡與伯斯（Perth），印度洋是如何被英國的商業利益與國力宰制？今天人們前往上述這些地理位置懸隔的社會，在每一個地方都會發現官員使用英語來執行公務，何以致之？為什麼這些官員不是說阿拉伯語、荷蘭語、法語或葡萄牙語？第五章追溯從十六世紀到十九世紀，英國在印度洋的影響力如何演進。一開始各顯神通的貿易與競爭，到後來如何演變成一面倒的局勢。當塵埃落定，只有一位贏家成為印度洋的統治者；但與其說是政治上的統治成功，不如說是善於運用經濟實力。藉由追蹤貿易路徑與流動人口，第五章將揭示亞洲的一個海洋體系如何隨時代而演變，在進入帝國鼎盛年代之際，成為龐大的英國勢力範圍。

第四章 南海走私業：非法活動史

運東西愈來愈困難了，政府有許多眼線。

——匿名中國貿易商，臺北，臺灣[1]

全世界沒有幾個海洋環境像南海這樣，經常出現在新聞版面。過去南海一直是重要的十字路口，輸送著東亞與東南亞之間的貿易、移民與觀念流動至少已有二千年。在當今世界，南海仍提供這些功能，但各個獨立民族國家在此競奪資源與權力，南海的地緣政治重要性因而有了新的意義。南海觸及許多不同的政治實體，對至少十二個國家既形成連結也造成斷裂，對在其開闊海域穿梭往來的其他國家船隻也有同樣影響。談到環境、策略與經濟的考量，很少水域像南海這麼重要。以全世界「最受關注的地方」來形容南海，一點也不誇張；對於學術界人士與政府政策制定者來說都是如此。[2]就學術研究以及政策實務而言，南海可能也是全世界受到最縝密研究的海洋競技場。[3]

本章將透過一個鏡頭來審視這片廣大水域的歷史與當代層面：走私活動，或說非法貿易。在本章的第一部分，我借助布琮任（Ronald Po）、安樂博、范岱克（Paul van Dyke）、歐陽泰（Tonio Andrade）、蔡駿治（Philip Thai）等人的研究，闡明南海的違禁品貿易與十九世紀幾個地區性海洋世界的發展與演進，是如何地息息相關。[4]接下來，我詳列中國「走私販子」活動的地點，然後檢視在過去兩個世紀橫行南海的「非法商品渦流」（由國家界定）。[5]本章後半部以一九九〇年代晚期完成的田野調查、訪談與文獻研究為基礎，分析南海走私活動較近期（約莫在千禧年之交）的規模。本章最後，我先探究那些既能打造地區權威、也能導致其分裂的力量，接著研究無生命物品的非法流通以及人口走私販運。我認為若要呈現過去兩百年來，浩大南海之於亞洲海洋世界的重要性，歷史的視野與當代的視野都有其必要，而且相輔相成。[6]有些主題在今昔對照之下將益發鮮明；儘管隨著時間的流逝，某些差異也隨之彰顯。

違禁品貿易的過去式

十九世紀後期，南海的船運與海洋交通蓬勃發展，當時世上罕見其匹。針對南海水道的導航指南頻繁出版，為許多國家的商販載明風向、暴風雨、洋流等資訊。販售航海圖成為出版界的一門大生意，地圖的尺度愈來愈精細。[7]其結果就是打造出一個全面適合海運的環境，亞洲人與歐洲人都樂意積極參與區域商業活動。船隻向西前往蘇伊士運河與印度洋，向北來到中國與日本，向南直抵英國殖民地澳洲。南海成為海洋活動縱橫交錯之地，在精神與實務上都類似古典時期地中海的動態變化與運作模式。

然而歐洲人擴張掌控範圍的做法，最後卻被新規則給取代；西方列強開始將特定商品與特定地區排除在貿易活動之外。「違禁品」作為政府帳目與檔案的一個分類，在這個時期不斷擴充。從沖繩到東南亞，在南海的廣大領域，哪些人參與了商品走私活動？歐洲「港腳商人」（country traders）是其中一個社群，他們會僱用專門用途的船隻，有些體積較小但速度飛快，用於走私鴉片。[8]舉例而言，當時巴達維亞（Batavia）就出現一門熱絡的生意，中國商人在當地採購被視為非法的鴉片。港腳商人也會來到淺水港口，賄賂操守不端的荷蘭官員，得知到哪裡提取海產違禁品，那些小港灣經常有中式帆船進出。[9]如此一來，當地的高價值產品可以一路賣到廣州。港腳商人就這樣在東南亞海岸做生意，一邊載著原本受託運送的商品北上，一邊在各地採購更多的商品。[10]寇提斯（W. H. Coates）曾出版一份很有用的資料，是一位帕西人（Parsee）船主寫給自家船長的一封信，指點對方如何規避廣東黃埔一帶的海關巡邏船與中式戰船（war junks）。[11] 那似乎是當時相當普遍的行為。

除了歐洲港腳商人的船隻，歐洲觀察家所稱的「中式帆船」（junks）也大舉出動，從中國海岸向南航行，投入南海的違禁品商業。中國的船運事業相當複雜，需要許多參與者貢獻各自的技能——商人、出資者、水手、領航員一齊投入，開創事業。廣東、浙江與福建出現名為「幫」的組織，來承擔成本與風險；打造中式帆船往往需要巨額黃金。[12] 克勞福曾提及一八二〇年代的情況，他觀察到：「中式帆船上的貨物並不單是一個人的財產，而是多人共同擁有，貨主在船上有自己的艙房。」[13] 儘管風險不小，但許多人願意投資。中式帆船行經南海到達菲律賓南部的蘇祿（Sulu），銷貨利潤率在三〇%到三〇〇%之間；帶某些海產返航的利潤率也有一〇〇%，珍珠母的獲利更是這個數字的三倍。[14] 福建廈門是中式帆船船隊的大本營，不過其實北至上海、南至海南島，都可以是中式帆船的出發地。船隻大多是在東北季風來臨前從中國出發，一月或二月初抵達東南亞。[15]

這類事業所面對的環境往往艱難，養成了各方密切協調合作的習慣。清朝政府不時會對海上貿易施加限制；跨洋航運危機四伏，業者遇上暴風或者海盜都可能因此破產。然而追求事業成功最困難的障礙在於，必須對官方有所「安撫」才能夠順利通關。吳漢泉（Sarasin Viraphol）估計在這段時期，交給地方衙門的「保護費」占業者成本二〇%到四

中國
福建
廈門
臺灣
廣東
廣州
香港
寮國
太平洋
暹羅
越南
馬尼拉
南海
東埔寨
菲律賓
金邊
西貢
泰國灣
民答那峨島
納閩島
汶萊
馬來亞
西里伯海
古晉
新加坡
婆羅洲
邦加島
蘇拉威西島
爪哇海
巴達維亞／雅加達
班達海
爪哇

地圖4.1　南海

〇%。[16]中國地方首長與海關官員未必反對海上貿易，只是他們一定要拿到好處。貪汙與效率低落會讓各方付出代價。中國雖然有交易海運商品的官方管道，但中式帆船的船長多半不願意使用，偏好停泊在苛捐雜稅最少的港口，與地方港務機關另行敲定商業協議；如果價錢談不攏，船長大可轉往下一個港口。[17]在這些地方，業者可與當地官員磋商，如果地方收的「稅」太高，沿著海岸總有其他港口可以停靠。

隨著西方帝國主義勢力日漸壯大，這個複雜的體系也愈來愈被視為問題。西方殖民政權十分憂心許多中國網絡存在的非法、無紀錄貿易；這如同是許多中國人在自己國家鞭長莫及的地方買賣各式各樣產品。有些產品後來被官方列為非法，例如野生鴉片與槍械。[18]一八七九年一份荷蘭人從邦加島發出的報告，非常清楚地說明這些層面的問題。報告內容是對幾個遙遠海岸地區的實地考察，令巴達維亞當局感到驚疑不定：中國商船在這些海岸之間穿梭運送商品，無所不在，從帕西德（Pahid）與蘭甘姆（Rangam）到羅馬巴都（Roemah Batoe）與紐爾岬（Tandjong Nioer），都看得到中國商船身影。這類非法貿易活動的中心是德東岬（Tandjoeng Tedoeng），當地海岸有許多華人村落，他們將鴉片與紡織品運過邦加海峽（Bangka Straits）。荷蘭人的報告提到，大部分華人村莊要出海貿易都是輕而易舉，不費吹灰之力。走私販子與新加坡的生意關係特別密切，整個地區幾乎沒有政府監管可言。[19]

圖4.1　廣州清平市場：狒狒、海馬
來源：作者自攝

圖4.2 廣州清平市場：劍羚角、猴腳

來源：作者自攝

十九世紀末期，南海競技場上兩大西方強權荷蘭與英國當時都深感挫折，對付不了中國貿易商及其非法商業活動。這是一個無法完全解決的政策難題。在整個南海地區，這種被定性為「非法」的模式一直蓬勃發展，中國商人想方設法規避政府日趨嚴格的禁令。這類走私活動多發生在外圍、邊遠的海域，遠離中心地帶的監視與掌控。[20]然而這些交易也會發生在殖民地城市，華人利用這些城市不斷擴張的規模，隱身於殖民地中心的混亂與複雜之中。[21]東南亞華人藉由遷徙、以假亂真與串連，超越了這個地區所有正在形成的邊界。中國商賈公然從事國家明訂的「非法」商業活動卻能夠逍遙法外，讓荷蘭與英國殖民當局相當苦惱，進入二十世紀仍是如此。

然而一九〇〇年代初期，南海南半部情勢有了變化，中國走私販子逍遙法外的能耐受到嚴厲考驗，對手是決定加強行動的殖民地政府。殖民地政府全面出擊，試圖根除走私販子所擁有的違法勢力，尤其是可與國家強制力量抗衡的那些勢力。荷蘭當局在爪哇推行試驗性質的人體測量學（anthropometric）身分證明，計劃幾年之內讓荷屬東印度所有的「亞洲外國人」（*Vreemde Oosterlingen*）登記有案。[22]荷蘭與英國政府也加強管制中國的祕密結社（「會黨」）。舉例而言，北婆羅洲增修法律，對加入祕密結社的人祭出鞭刑。西方國家當局要讓這些「會黨」清清楚楚知道，殖民地政府正積極採取行動，打擊走私活動。[23]

這段時期南海地區的走私活動，到底運送了哪些貨物？可以檢視的物品林林總總，但探究晦暗神祕的烈酒與毒品貿易可能最具啟發性。像婆羅洲西部外海納閩島之類的港口，從一八五〇年代就開始發放烈酒販賣執照，為殖民地擴展財源。但走私集團幾乎是立刻採取行動，挑戰當局的專賣政策，並迫使當局一再修法，努力保障自身利益。[24]英國其他殖民地也將烈酒列為違禁品，例如馬來半島；據一八九〇年代馬來語報紙的報導，就連位居英國殖民勢力核心的新加坡也無法完全避免類似問題。[25]琴酒、白蘭地、威士忌，甚至私釀的亞力酒（arrack），這些烈酒都流過邊界，進入荷屬東印度。[26]西婆羅洲等地都曾發生這種情形，走私者從歐洲化整為零引進烈酒，以規避當地的專賣制度。[27]試圖完全禁絕酒類的道德運動注定失敗，因為貿易商有暴利可圖。針對遏阻烈酒貿易，一直要到十九與二十世紀之交，更大規模、更系統性的行動才出現在蘇祿海盆（Sulu Basin）一帶，大家公認西班牙人一定會出手干預的地區。[28]

非法運送的商品之中，地位最重要的就是鴉片。十九世紀前，鴉片已在南海流通很長一段時間。雖然關於吸食鴉片的記載相當久遠，但是一直要到十七世紀，人們才開始詳細記錄鴉片的生產與流通。荷蘭人經由東南亞向臺灣運送少量的鴉片，然後再從臺灣進軍龐大的中國內地市場，通常是祕密進行。鴉片曾在東南亞不少地區自由販售，但因為會對當地民眾造成危害，後來被許多地方統治者禁止。但是歐洲貿易商與許多中國人、亞美尼亞人，以及其他逐漸為歐洲強權所吸納的商人群體，照樣繼續販售鴉片。有些地方統治者則著眼於參與鴉片貿易的經濟利益，因為鴉片的轉賣價格很高，零售的「纏毒」（*chandu*，按：純鴉片）尤其有利可圖。然而，隨著歐洲貿易公司與東南亞原住民建國計畫在十九世紀的發展，各方勢力企圖在毒品市場競奪一席之地，圖謀長期利益。為了在廣大的南海地區銷售鴉片，國家與民間投機商人相互競爭。這個模式一直持續到一九〇〇年代初期。[29]我們可以從一份馬來文報紙的告示一窺當時情形：

……纏毒的銷售量相當可觀……在巴達維亞的丹戎不碌港（Tanjong Periok）……當地賣鴉片與買鴉片的價差超過九倍……這些纏毒來自新加坡與中國。[30]

在十九世紀後期的南海地區，將毒品列為「違禁品」管制是一樁複雜的工作。殖民地政府採取措施直接控制鴉片貿易，但遇上走私問題成效並不顯著。歐洲高層官員在回報殖民地當局的報告中，對此也坦承不諱。[31]十九與二十世紀之交，走私活動似乎更加猖獗，一部分原因可能是合法販售的纏毒價格高漲；另一個原因是失業農民學以致用，帶著他們的專業知識投入走私活動。[32]在島嶼東南亞，毒品相關法規如一座巨大迷宮般令人困惑，對不同地區與人民的施行程度又輕重不一，這也助長了走私活動的綿延不絕。一九一〇年前後，英國為其南海地區各個屬地制定不同法規，各個屬地內部又有另一套法規。以馬來聯邦（Federated Malay States, FMS）為例，針對毒品使用者的立法會按種族與職業而有所區分，甚至會區分其居住地為海岸抑或內陸。[33]法規體系如此複雜，而且殖民地政府無法在統治地區具體落實，導致違禁品貿易持續進行到二十世紀初期。隨著東京當局展開侵略亞洲的計畫，日本帝國在鴉片政策上也是採取類似模式。[34]

圖4.3
荷蘭封鎖突破船，1947年。
來源：KITLV Collection, Leiden, #14092/#14093.

違禁品貿易的現在式

逝者已矣，但南海走私活動歷史的模式，有哪些至今仍在我們的世界運作？位於這座巨大海洋盆地最南端的東南亞島嶼和海岸，有非常開放的貿易環境，這也是南海地區數百年來的特色。由於現代的領土疆界觀念，對南海地區來說相當陌生，是在歐洲人的強制下才得以推行；因此商品在這裡能夠持續跨越邊界流通，卻往往並沒有得到政府的支持，就不足為奇了。[35]近年來全球化、區域經濟集團和次區域經濟發展「三角區」的成長，更加速了這個趨勢，為各種貿易商（合法與非法）提供新的場域和動力，使他們的貨物能夠跨越國家疆界。建立區域性、多國參與的「成長區」，對這個過程尤其有推波助瀾之效。例如東協東部成長區（BIMP-EAGA）的發展三角地帶（以菲律賓、印尼、馬來西亞之間的蘇祿海為中心），已成為施行賄賂、規避政府監管的溫床。[36]

藉由行政命令來促進區域商業活動，催生出數量龐大的基礎設施計畫，增強了南海地區各個邊界之間的連結。舉例來說，上述東協東部成長區所擴展的郵務營運路線，現已連結起印尼北部與菲律賓南部。馬來西亞與新加坡之間新增第二通道，原本的堤道交通量太過龐大，導致兩國的海關官員無法全面檢查過往車輛有無載運違禁品。一位新加坡海洋事務官員告訴我：「原本我們就不可能檢查所有進出新加坡的物品；開闢第二通道之後，可能性就更低了，這就是貿易量增加的代價。」[37]

馬來西亞與印尼已經宣布計畫，要興建一座跨越麻六甲海峽、連結兩國的大橋，但工程尚未開始。儘管跨海大橋終端的位置還有變數，但兩國同意除了公路之外，橋上還會附帶鐵路、天然氣輸氣管與輸電線路。[38]其他多項連結計畫也已進入規畫階段。然而，南海周邊地區大舉開放邊界設施與建立連結，也會讓各方付出代價。隨著合法跨國貿易收入增加，另一種商品與另一類問題也持續流入。走私猖獗與國家主權受侵犯，成為區域政治協商談判的重點。

由於東南亞各國周邊地區顯著的開放性，其邊界走向自由化，此一過程卻也助長了違禁品貿易；對此，各國政府已採取一些措施來減輕衝擊。這些措施有幾種形式。其中之一就是鼓勵執法單位跨國合作：新加坡與馬來西亞警方尤其表現卓越，越南與柬埔寨也簽署類似協定。[39]另一種形式則是以更有效率的方法在周遭海岸與地形進行布置，一方面強化巡邏攔檢的力量，一方面針對難以掌控的地形繪製更加精確的海圖。沿著海岸線，菲律賓政府增派船隻，馬來西亞增設海岸雷達站，寮國則利用全球定位系統（Global Positioning Systems, GPS）來強化對邊界的掌握。印尼在邊陲地區關閉舊市場、開設新市場，試圖對地區貿易發揮更直接的影響力。[40]最後，政府也嘗試對經常出入國界的民眾「貼標籤」，以便多留意他們的活動。印尼政府對護照做分類——許多民眾會持護照出國從事非法旅行（有時候是以到麥加朝覲〔Hajj〕為掩飾，朝覲者所需證明文件和沒有要去朝覲者是不同的）；吉隆坡當局為護照添加電子安全功能，以防偽造。中國也有類似做法。東南亞各國政府希望藉由這些措施，能夠讓亞洲日益開放的國界為國庫帶來更多進帳；同時，各國政府也希望上述務實調整能夠抑制走私販子利用邊界情況謀取利益的伎倆。

分析南海地區違禁品貿易與邊界的紀錄時，消費性商品是一個非常重要的項目，其中包含許多非法運送的商品：香菸、汽車、雷射唱片、色情出版品，甚至還有古代雕像與宗教物品。如果只看數量，消費性商品可能是南海地區最主要的違禁品。一位東南亞國家官員對《遠東經濟評論》（*Far Eastern Economic Review*）表示：「我們抓不到真正的走私者。」原因是對方配備行動電話與高速船隻，經常讓邊界執法人員相形見絀。[41]然而東南亞各國政府還是努力對抗違禁品走私組織，運用高額罰金、海關業務電腦化等多種做法。從政府觀點來看，成果乏善可陳，南海地區的消費性商品走私依然猖獗。這個區域的違禁品流通實在太廣泛，消費性商品尤其如此，以致很難區別不同邊界地區的運作模式。

儘管如此，我們只需看看一、兩個地方，就可以瞭解這類走私活動的系統化程度，以

表4.1 南海走私狀況統計

2014年黑市貿易額估計

全球排名	國家	金額	全球排名	國家	金額
2	中國	2610億美元	42	臺灣	26億美元
6	日本	1083億美元	43	北韓	22.4億美元
12	南韓	262億美元	44	緬甸	17億美元
13	印尼	230.5億美元	52	寮國	8.5億美元
14	菲律賓	172.7億美元	53	越南	8.1億美元
20	泰國	139.5億美元	56	柬埔寨	6.1億美元
40	馬來西亞	29.9億美元	66	新加坡	2.7億美元

南海國家走私統計數據重點

中國市場的象牙價格，2010年	每公斤750美元
中國市場的象牙價格，2014年	每公斤2100美元
來自越南的野生穿山甲	1年4萬至6萬隻
在馬來西亞發現的盜獵陷阱，2008至2012年	2377個
泰國的動物救援	1年46000次

菲律賓毒品價格，2014／2015年

古柯鹼	每公克119美元
搖頭丸	每顆27.50美元
海洛英	每公克108.80美元
大麻	每公克0.90美元
甲基安非他命	每公克214.10美元

資料來源：以上所有資訊蒐集、整理、改編自havocscope.com，2015年7月16日瀏覽。資料綜合自各大安全與情報機構、公司報告，以及其他風險評估計畫。

及實際運輸的品項。中國與越南邊界就有大量的違禁品流通。服裝、電扇與自行車都是「熱銷」品項，主要原因在於河內當局對這些商品設限，以保護本國相關製造業。討論東南亞時也必須顧及南海比鄰的水域，這些地區的消費性商品走私同樣興盛。我曾在雅加達的碼頭訪談幾位印尼海員，他們告訴我，想從當地水域運送貨物到印尼的鄰國，很容易就可以安排妥當。我在新加坡訪談的印尼勞工則說，只要懂得門路，你可以從鄰近的印尼廖內（Riau）進口幾乎任何一種商品。[42]菲律賓的情況大同小異，當地海岸線漫長，海巡單位貪腐，讓裝貨與卸貨都輕而易舉，因此走私活動向四面八方擴張蔓延。[43]

我們在本章前面的歷史背景敘述中已經看到，沒有幾種無生命物品像毒品這樣流通快速、一本萬利。上個世紀期間，東南亞的毒品貿易除了不斷演進，也明顯有延續早期的運作模式。二十世紀初期各殖民地當局曾經聯手，試圖讓毒品貿易更具效益並從中獲利；儘管如此，國際社會壓力——主要是西方國家的「禁絕鴉片組織」（opium suppression societies）——卻也挑戰著當時現況。亞洲的毒品貿易愈來愈被視為犯罪，國際會議（例如一九一二年的海牙會議〔Hague Convention〕）夾帶輿論迫使殖民地當局處理毒品走私問題。東南亞的鴉片價格持續上漲，導致成癮民眾難以負擔合法的習慣性吸食。[44]去殖民化對這樣的動態發展造成些許改變，亞洲新獨立的國家致力於根絕毒品成癮，此一問題經常與帝國主義的邪惡宰制掛鉤。然而建立國家的過程有其限制，讓許多社會群體，尤其是菁英階層與邊疆地區的少數族裔，得以不顧政府法令，繼續靠毒品牟利。貪汙賄賂、既有的少數族群流散網絡、長程通訊方式的演進，都讓毒品貿易的運作更為順暢。越戰導致毒品散布到許多地區，美軍對此一過程既扮演推手、也形成阻礙（前者透過個別美軍官兵，後者透過中央情報局〔CIA〕）。[45]

至二十世紀後期，非法物品貿易已發展出更大的規模、更多樣化的內容，遠比過往的進口鴉片貿易更為廣泛。今日的南海地區不但會進口毒品、也會出口毒品。[46]惡名昭彰的「金三角」讓這個地區的毒品走私廣為人知，但其實東南亞國家協會（東協，ASEAN）每一個角落、每一個社會經濟階層，幾乎都已經遭到毒品走私滲透。金三角之外的東南亞國家如印尼與菲律賓，漸漸承認它們不再只是毒品走私的轉運站，也已成為毒品銷售的「終點站」。[47]柬埔寨前領導人拉那烈（Norodom Ranariddh）曾經警告，如果無法得到充分的外來援助，柬埔寨將被跨國運作的毒梟癱瘓。[48]就連虔誠信奉伊斯蘭教、執法難度較低的蕞爾小國汶萊，也承認國內已經出現嚴重的毒品問題。[49]這些因素彼此疊加，對東南亞地區的穩定性形成嚴峻挑戰，各國政府、國際衛生組織甚至聯合國都必須面對。

如果要指出這一類違禁品貿易的共同源頭，我們應該指向何方？牽涉的毒品種類與地理區域都相當廣泛，因此不難想見，涉入的人物網絡也非常多樣：政治人物、商人、職業罪犯甚至「尋常百姓」都參與了這項商業活動。一個特別明顯的趨勢是，南海地區的毒品走私，就如十九世紀的中國與亞美尼亞貿易網絡，至今仍是依循族群界線運作。巴基斯坦組織會賣海洛英到印尼，印尼人則將禁藥賣到北邊的馬來西亞（或許是兩國基於歷史淵源發展出來的宗教、語言與文化近似性，促成雙方的親密連結與信賴）。中國的網絡從陸路與海路為東南亞毒品走私網絡供貨。兩個三合會組織：「14K」與竹聯幫，長期活躍於這類走私活動，與其他幫派一樣多在中國南部、澳門與香港等地開展業務。[50]這些幫派是古老中國組織的當代翻版，在亞洲不同地區、不同國家之間運送毒品之類的非法物品。[51]

圖4.4　馬來西亞檳城（檳榔嶼）的緬甸走私者

來源：作者自攝

誇大地說，「生物群」（biota）移動是另一種南海地區違禁品貿易，其走私模式的古今傳承與流變值得描繪。以價值而言，這類商業活動的大宗是人口走私。[52]南海地區人口跨越邊界移動，不論合法還是非法都歷史悠久。人口遷徙專家指出，過去兩

圖4.5　泰國宋卡的非法漁船
來源：作者自攝

個世紀的人口移動出現根本性且全球性的變化：十九世紀的移民大部分是從富國遷徙到窮國，二十與二十一世紀則明顯反過來。[53]人口仲介事業顯然正在全球蒸蒸日上，南海地區的情況也明顯是如此。在亞洲今日的違禁品貿易中，人口走私販運可說舉足輕重，也具象展現了歷史的連續性。

時至今日，依然可以見到非法勞工跨越國界、尋求穩定生計的大規模移動，一如遙遠過往。[54]以一九九〇年代為例，泰國官方統計的外國勞工超過七十萬人，馬來西亞一百二十萬人，菲律賓則有逾四百萬人出國工作。[55]各國政府認定經由走私販運而來的勞工對國家構成威脅，勞工自身也承受很大風險。這類勞工經常被指控會帶來犯罪與疾病，但他們同時也任由人口走私販運組織宰割，待價而沽。願意接收這些絕望漂泊人口的地方往往很需要勞動力，儘管是以走私販運方式提供。[56]

無證勞工（undocumented labor）不是南海地區人口走私販運事業的唯一代表。性交易也如一塊磁鐵，牽引南海地區女性的移動。許多國家的窮困女性往往沒有多少選擇，只能賣身謀生。在殖民地時代，推動性交易人口販運的力量多半來自南海地區之外的地方：中國與日本鄉村的赤貧女性面對饑荒與經濟凋敝，有時會被東南亞港口蓬勃發展的故事吸引。[57]還有一些女性是在不知情的狀況下遭到販運，或者知情但仍搭船前往南方，因為她們幾乎別無選擇。這種大範圍、系統化的移動，也發生在從亞洲鄉村地帶到帝國新興城市，乃至殖民地的軍營、莊園與礦場。[58]時至今日，其動態更為複雜、規模更大，將女性與兒童推往新的方向。跨國販運女性、逼迫她們從事性交易涉及的金錢利益非常可觀，而且似乎不斷增加。[59]

女性的性工作者湧入東南亞都會地區，但她們也會出現在較為「落後」的地方。多年前被破獲的一個組織經由樟宜機場（Changi Airport）海關，將菲律賓性工作者運進新加坡。最後總共有三十九名女性遭到逮捕，販運者的敗筆在於試圖同時走私毒品，因此引來警方監控。馬來西亞的性工作者來自泰國與中國南部，由中國人的網絡運送；許多受害女性是受騙上當，以為自己要到工廠工作，因此同意上路。[60]人口買賣的虹吸效應甚至會將女性吸進鄉村地區，前提是有利可圖，鄰近新加坡、號稱「渡假島」的巴淡島（Batam）就是一個例子。被販運的女性甚至出現在印尼治下的新幾內亞島（又稱西巴布亞〔West Papua〕），因為遠離家鄉的泰國漁民會在當地待上幾個星期。[61]就連宗教信仰虔誠、意識形態保守的汶萊，也見識過女性人口販運：當局曾逮捕七名被販運到當地的女性，汶萊元（Brunei dollar）的強勢貨幣地位讓一干人等甘冒風險。[62]

結語

本章前文指出，南海對於周邊環繞數千公里的諸多社會來說，既是分散的力量、也是凝聚的力量。這個地區的海岸國家相互貿易、劫掠與談判，至少進行了兩千年。過去數個世紀，許多互動過程透過地區方言留下紀錄，也可見於歐洲國家檔案庫的文件與財務資料。[63]走私販子的活動也是這些連結過程中不可或缺的要素，儘管留下的文件紀錄很少，但無疑對於將南海地區打造成一個共通世界有重要幫助。違禁品貿易商使南海地區的一體性更為鞏固，他們的航行連結了各個地區港口與內地的流散人口；即使他們的海上行蹤在現存證據資料中不再容易得見。然而，這些航程偶爾是會從檔案中浮現的；如果今日世人並不覺得非常陌生，那是因為許多這類航程仍在持續進行，遍布南海的延伸邊緣地帶。

如此悠久的走私歷史有其資本主義意涵，在今日格外明顯。各國經濟一直受到這類海上活動影響；但是關於這些走私航行對地方經濟發展具有何種關鍵重要性，官方的貿易情況報告永遠無法充分說明。南海走私活動在政治上亦扮演著重要角色，使各式各樣商品如軍火、毒品、走私人口得以往來流通，只要想想這些商品的性質，重要性立刻不言自明。南海作為一個內在整合的地區，想要深入探討其本質與演進，違禁品貿易不可不談；因為違禁品貿易是人類相互連結的媒介，從古至今都無比重要。[64]而且所有證據都表明，上述趨勢到了二十一世紀依然存在，顯示南海這個海洋空間是一相互連結、密切整合的航行領域。

第五章 中心與邊陲：印度洋如何成為「英國的海洋」

……人類的進步才會不再像可怕的異教神像那樣，只有用人頭做酒杯才能喝下甜美的酒漿。——馬克思，〈不列顛在印度統治的未來結果〉（The Future Results of British Rule in India）[1]

學術界從多種角度對印度洋做了深入探討，試圖解釋這座巨大海洋競技場的歷史。[2]有幾位思想家聚焦於掠奪（predation）並視之為一個貫通的主題，描述數個世紀以來海盜活動如何將印度洋這片危險水域中各式各樣的行為者連結起來。[3]其他學者則聚焦環境議題，研究貿易是如何借助於風、洋流與天氣模式，以如此龐大的、海洋的規模蓬勃發展。

後一類歷史學者借鏡布勞岱爾，將他的做法從地中海移植到印度洋。[4]有一些學者則另闢蹊徑，追蹤胡椒、貴金屬等商品的貿易軌跡，甚至探查偏遠地區的考古遺跡，試圖從古文明留下的遺跡拼湊出跨區域的歷史圖像。[5]這些思辯的途徑透過不同的工具、視角與研究技巧，照亮整個印度洋地區。

這些學術工程圍繞著共同的中心展開，儘管如此，對於過去五百年間貿易朝向系統化規模生產發展、印度洋自身逐漸展現完整意義的「現代」特質，我們仍然欠缺一個大致準確的詮釋。我對「現代性」採取人類學家沃爾夫（Eric Wolf）的說法：一套條件與過程，使世界藉由日益強大的等級制度相互連結，特別在過去兩個世紀。[6]亞當．斯密在一七七〇年代寫道，印度洋活力充沛、變化多端；在各個海岸地帶，成千上萬的人們一齊推動商業發展，雖然不平等現象日趨嚴重，令人憂心。他也認為規模如此龐大的貿易量，終將網羅所有國家參與，地理範圍無遠弗屆。[7]近一個世紀之後，馬克思審視同一個地區，但是看到不一樣的景象：生產取代重商保護主義（mercantilism），成為累積財富的指導原則；特別是英國，不再樂意分享它與印度洋地區互動的成果。馬克思在《資本論》（*Capital*）第三卷寫道：「在印度，英國人曾經作為統治者和地租所得者，同時使用他們直接的政治權力和經濟權力，以圖摧毀這種小規模的（本地原有的）經濟公社。」[8]本章將運用上述兩位思想家的看法，作為接下來整體論述的基礎。當代的傅柯（Michel Foucault）進一步演繹馬克思的理論與假定，他在這些價值重新估定（transvaluations）之中看到權力，認為那是歐洲在擴張市場時同步擴張知識的必要副產品。[9]然而這個過程是如何以這片海洋的龐大規模進行？它為何會發生？在各個地區發生的速率是否大致相同？本章將分析這些問題，並且把我們已在南海觀察到的一些模式，順理成章地用於分析印度洋。

當然，以上述方式來探索地球上大範圍的空間，無論是陸地還是海洋，都不是什麼創新之舉。本書導論就提到，學術界已採取宏觀視野來探討大西洋與太平洋，以下僅舉兩個例子。將印度洋視為一個體系的論述已相當豐富，如同前述，喬杜里在數十年前就以重量級著作開創新猷。[10]其他學者紛紛跟隨他的步伐且成績斐然，從經濟、政治與社會觀點，來解析「接觸年代」及之後數個世紀的效應。[11]宗教顯然也是探索印度洋歷史的關鍵，佛教、伊斯蘭教，以及最後來到的基督教，都以重要的方式參與了思想、意識形態與人民的擴散。事實上，所有這些探索都隸屬於一個範圍更大的歷史學嘗試（在過去三十年蓬勃發展），希望釐清今日的全球政治經濟型態是於何時、何地與如何生成。華勒斯坦（Immanuel Wallerstein）是影響這場辯論的意見領袖，幾位重要學者也投身其間，以強而有力的方式與他的理論交鋒（也會彼此交鋒）。[12]可以說幸運也可以說不幸，這些辯論交鋒的光與熱大部分集中在歐洲人進入東亞領域的後續效應。印度洋作為一個研究區域，只能屈居西太平洋之後，儘管並沒有任何足以令人信服的理由讓人覺得應該接受這種狀況。

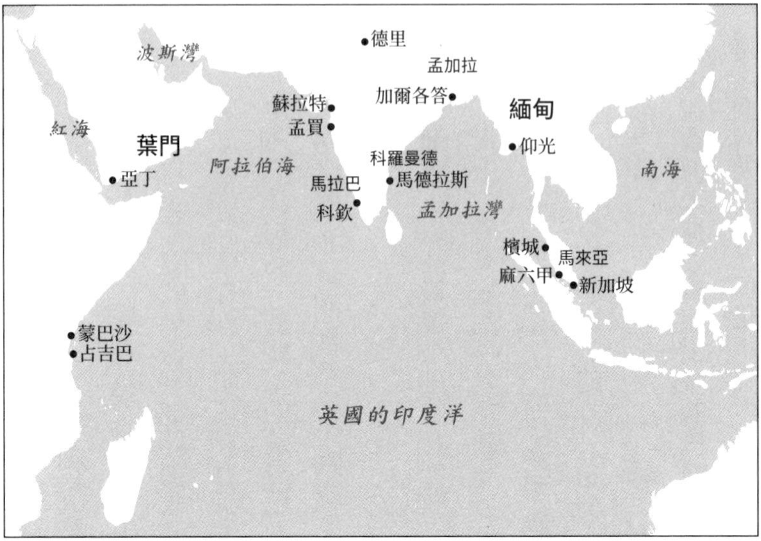

地圖5.1　印度洋

本章嘗試將上述的「光與熱」重新聚焦，鎖定印度洋各地聲息相通的海岸，並且特別關注貿易與生產的發展過程。在印度洋周邊地帶，一個地區接一個地區，貿易的要素逐漸融入生產之中。本章首先檢視東南亞如何進行價值重新估定；拜國際香料貿易的財富與名聲之賜，此一地區是歐洲人最早關注的焦點。接著我們的分析對象轉往印度，這塊次大陸逐漸成為英國的寶庫，帶來各種商業（以及最終的生產）希望。最後我們將檢視東非（印度洋第三個主要海岸地區），尤其著重從占吉巴的角度來看，當地在過去幾個世紀的變化相當顯著。[13]本章最主要的論點在於：歐洲霸權在上述三個地區都是以極緩進的速度建立起來（學者也愈來愈認識到這一點），而且往往不是憑藉船堅炮利。真正改變數百年來印度洋歷史流向的，是一股笨拙但貫徹始終的動力，試圖掌控整個地區的生產工具。這個過程的作用機制是什麼？這些變化濫觴於何地、表現為哪些形式？隨著歷史的開展，從葡萄牙人、荷蘭人、法國人到印度商人社群（包含印度教徒與穆斯林），幾個開枝散葉的民族相互競爭，在海上縱橫來往。這些行為者和其他行為者都深刻影響了大勢所趨。然而到最後只有英國能夠維持運作能量，通往馬克思預言的生產目的。從十七世紀初期到十九世紀末年，英國在不同地區透過不同做法達成目標。我們可以先從東南亞談起。

印度洋東緣

今日世人界定為「東南亞」的陸地與海洋，在一六〇〇到一九〇〇年之間經歷了大幅度的轉變，其中有許多肇因於歐洲與原住民族世界的碰撞。[14]不過，隨著兩者交會陸續帶來的種種後果，本質上都是漸進的：第一批葡萄牙船隻在十六世紀初抵達東南亞，但是並沒有立即建立霸權；一直要到三百五十年後，歐洲的政治與商業力量才在東南亞各地達到顛峰。歐洲勢力多方入侵，遭遇到在地行動、能動性與回應模式的抵抗。接觸年代初期，東南亞各地絕對君權高漲，表現為擴張領土、行政中央集權、統治階層壟斷貿易，然而隨著歐洲勢力站穩腳跟，各地君權也逐漸臣服，最後被併吞。十八世紀後期，亞當・斯密觀察到並批判西方干預東南亞造成的傷害。[15]九十年後馬克思的譴責更是一針見血，他說歐洲人在東南亞各地的計畫是開歷史倒車，而且到最後自食其果。[16]但是對於這些過程的開展，還有一點有待解釋：西方貿易到底在什麼地方發揮了刺激效果，促成系統性的歷史變革？

想要回答這個問題，瑞德的研究是一個恰當的起點，他嘗試將年鑑學派（*Annales*）的架構移植到東南亞歷史之中，並且分從各種角度做了開路先鋒的工作，成果斐然。[17]首先要提的是，他對重商保護主義年代（Age of Mercantilism）與歐洲列強入侵之際的東南亞經濟，進行了全面的描繪。當時東南亞的兩千萬人口彼此貿易、往來頻繁，交易主力是稻米、魚乾、鹽等大宗物資。在東南亞與歐洲接觸初期，有些外國商品因為適合當地的文化與交易體系，因此得以進入當地貿易網絡，外國酒與本地亞力酒一起流通，菸草與檳榔一起販售，中國陶瓷出現在婆羅洲與菲律賓南部的婚喪喜慶場合。[18]歐洲船隻的抵達，加速了其他商品融入東南亞的過程，例如紡織品與金屬。在前工業時代（pre-Industrial Age）的東南亞，家家戶戶多少都能織布，甚至做到自給自足；然而隨著來自印度東南部科羅曼德海岸的布料一船一船輸入（透過東印度公司與港腳商人的船隊），加上後來英屬印度（British India）更大規模的運輸量，外國布料於是成為東南亞交易量最大的奢侈品。這個現象當然會對東南亞紡織業產生巨大影響，後者是於規模小很多的村莊運作，可以只等有訂單了再生產，用來支應糧食青黃不接的日子。金屬進口的成長也帶來廣泛變化，鐵與銅等金屬首度大量進入東南亞當地社會，先是用於戰爭，後來用於農耕；然而對於歐洲人而言，金屬貿易是一把雙刃劍。[19]

對於東南亞來說，如果無法快速、有效地引進軍事技術，將會立即造成致命後果，因此歐洲人到來的軍事層面也引發了系統性的變化。貿易與軍事的關連涵蓋多個面向。一五一一年葡萄牙征服麻六甲後，東南亞的職業傭兵大幅增加，成員大部分是受過火器訓練的外國貿易商與冒險家。各個王朝開始建立常備軍，不再完全倚賴地方貴族；當局也禁止興修磚石建築（歐洲人則要求維持這種可充當倉庫、比較不怕火災的建築），因為它很容易變成對抗王權的據點。[20]如果東南亞在人口、宮廷、甚至建築上的權力結構都因為歐洲貿易的興盛而發生改變，東南亞君主當然也會想運用這些權力來加強掌控擴張中的王國。一個絕佳的案例發生在一六五五年，占碑（Jambi）的蘇丹國王為了避免與荷蘭東印度公司的香料合約發生違約，派遣部隊持鳥銃火槍（musket）深入王國內地強行徵收胡椒。後來荷蘭人抱怨胡椒之中出現許多泥土、碎石與木髓，這些雜質都是占碑內地民眾刻意摻入，而且是大肆為之，明白表示他們對於這種權力不平等的不滿。十八世紀蘇門答臘的民間故事寫道，一位父親告誡兒子「寧可砍柴抓魚，也不要受羅闍（Raja，指國王）或東印度公司擺布」。[21]

事實上，歐洲人以嚴酷無情的手段追求香料貿易，預示了後來數個世紀全面橫掃東南亞地區的貿易與生產變革。荷蘭人尤其積極熱中，不但要掌控香料集散的區域，還要掌控香料生產的源頭。為了達成目的，荷蘭人在十七世紀對印尼東部摩鹿加群島的原住民展開凌虐、屠殺和驅離，對英國競爭者則比較留情。[22]然而後來英國在東南亞其他地區重整旗鼓，建立起與荷蘭人平行的香料（主要是肉豆蔻）與其他農產品（包括胡椒和鉤藤）的出口體系。[23]重點在於，對於西方人而言，香料是一個重要的破口，讓他們得以進入東南亞當地的商業、交易與（最終的）生產迴路。上述過程在歷史上會因為需求、競爭與產量過剩而出現景氣起伏，儘管如此，歐洲人仍在東南亞各個不同地區找到立足點，但他們追求的貿易商機後來慢慢開始變質為另一種整體來說性質更為嚴酷的。

可以這麼說，西方貿易商大舉湧入東南亞，也為其社會競爭場域帶來重大的變化。一六〇〇到一九〇〇年間的東南亞，雖然鄉村地區的男性與女性勞動狀況並沒有劇烈變化，但是海岸城市女性相對較高的地位（相較於中國或印度），在商貿時代（Age of Commerce）之後卻急轉直下。女性地位的惡化主要可歸因於港口城市的「國際性」特質，東南亞價值觀與外國貿易商信仰的世界宗教在這些地方發生衝突，後者往往比較無法平等看待女性的社會地位。[24]例如在多民族共存的港口，性交易會隨著因為新近外來的價值觀而興盛，這類價值觀並不贊同現代早期原住民社會的臨時婚姻習俗。[25]事實上瑞德也觀察到，多語言並存的港口會出現新富（nouveau riche）商人階級；炫耀性消費與無法判斷人們的家世背景（原因正是他們來自外國）催生出一個跨越國家的集團，其成員來自不同文化。多種類型的資料顯示，貿易的勃興會帶來系統性的文化變化，例如原住民與歐洲人骸骨後來出現的身高差距（顯示後者營養狀況愈來愈好），以及原住民史籍、東亞船隻航海日誌、歐洲人見聞報告等，都討論到傳染性疾病的散播。[26]

至十八、十九世紀，英國在東南亞的政治與經濟勢力日益壯大，許多相關活動都集中在麻六甲海峽附近。黛安・路易斯指出，英國在這段時期的行為有四個主要面向：處心積慮爭取海洋航道掌控權、嘗試在歐洲維持有利於英國的權力均勢、為國內新出現的工業產能尋求出口、保護在印度蠶食鯨吞的領土（日後成為英屬印度）。[27]整體而言，十七世紀的東南亞統治者熱中於彼此鬥爭更甚於對抗歐洲人；然而到了一七六〇年代，英國與荷蘭在這個地區的競爭（重大事件包括英國要求自由貿易，並取得多處基地，包括一七八六年的檳城）帶來前所未見的領土征服威脅。[28]拿破崙戰爭（Napoleonic Wars）讓英國得以征服東印度群島，但是後來轉手給荷蘭，此舉是為讓荷蘭繼續充當歐洲列強之間的緩衝。[29]兩國一八二四年簽訂的《英荷條約》(*Anglo-Dutch Treaty*)成為麻六甲海峽歷史發展的分水嶺:馬來語世界有史以來首度遭到分割,島嶼由荷蘭人當家作主,馬來半島則是英國的勢力範圍。從更為實務的層面來看,新的領域歸屬勾畫出新的經濟與政治態勢,其基礎是英國對貿易的盤算。隨著南方印尼的貨源斷絕,幾個馬來蘇丹國(sultanates)的錫與其他產物變得更為誘人,地方的權力連結則攸關英國能否維持對登嘉樓(Terengganu)與柔佛(Johor)的影響力;對於崛起中的大英帝國而言,上述兩地均為其「腹地」。[30]

瑞德運用人類骸骨的身高資料,來呈現歐洲貿易對東南亞的廣泛效應;與此類似,登嘉樓也是一個有趣的案例,提供了意義廣泛的獨特觀點。塔林(Nicholas Tarling)成功利用幾個規模較小的現象——可以由下而上反映宏觀層面——來說明當時影響重大的一些變遷。中式帆船「金永生號」(Kim Eng Seng)引發的衝突就是一個很好的案例。一八五一年,一艘來自新加坡的中式帆船在吉蘭丹(Kelantan)外海擊沉多艘馬來人的叭喇唬船(prahu),蘇丹派出炮艇追擊,俘虜對方的船員並集體處決。新加坡政府的調查結果顯示,金永生號其實是一艘火力強大的商船;兩邊的倖存(逃脫)船員則供稱,雙方可能都誤以為對方是海盜。金永生號事件揭示了幾個趨勢:首先,馬來沿海的海盜行為相當猖獗,而且與英國貿易的興盛大有關連,在此一事件中又涉及新加坡;其次,貿易商兼海盜的雙重角色日益重要（從金永生號船上的大量彈藥可以看出），海岸原住民積極開發所有能夠獲利的管道：海盜行為、貿易、兩者混合。[31]金永生號事件的調解過程，也顯示了在國際法、外交策略、政策與補償問題之間發展出來、日漸複雜的面向。英國商人向《新加坡自由報》（*Singapore Free Press*，一八五二年七月十六日）抱怨時，高尚的道德情操顯然不是他們的關注重點：「貿易商一旦從新加坡港出航，我們的政府就讓他們任憑土著統治者宰割，貨物可能被沒收，人員可能被處死，罪名可能根本莫須有。」[32]但最具啟發性的事件可能是，登嘉樓的蘇丹最後要求賠償一萬一一九〇元，其中二千元賠償人命損失，其餘則是賠償遭扣押的貨物。英國人道德情操的相對價值一望即知。

這種估價方式已說明很多事，但我們還可以多關注在進入支配控制變得比自由貿易更重要的時代之後，英國貿易產生哪些影響。整個十九世紀，雖然英國在東南亞地區的利益有連貫性，但其海外帝國的理念與實務，從原先徹底的重商保護主義，轉變為後來理想化的自由貿易，最終則轉向帝國主義的土地攫取。傳統上，一八七〇年被視為一道大概的分界線，是轉向高度殖民主義（High Colonialism）的起點，論述見於許多文獻。[33]在這之前，英國東印度公司與英國王室會優先考慮外交手段，而非暴力手段；外交能以較低的代價達成同樣的目標，亦即持續擴張的市場。英國全力追求自由貿易，原因就在於它是最擅長貿易的國家：它的工廠與磨坊（位於英國與印度）生產最高品質的出口商品，它的商船從運輸成本到航線都讓競爭對手相形見絀。檳城（英國在一七八六年租借）就是在這套自由貿易理念下發展起來，新加坡（英國在一八一九年占據）也是如此。後來荷蘭人試圖仿效英國政策，建立自家的自由貿易港（位於廖內、望加錫〔Makassar〕與安汶〔Ambon〕），但最終失敗。然而在十九世紀期間，英國的競爭優勢逐漸輸給德國、日本與美國等新興工業國家；要是沒有廣大的殖民地市場，過程會更為痛苦。中央集權式的政策有了改變：就如沃爾夫所說，英國除了必須占據財富與生產集中的地區（例如馬來亞的可耕地與港口），還必須開闢澳洲之類的新天地作為避險籌碼。隨著這個過程逐漸開展，最有可能受益的就是在亞洲運作的英國散商（private traders），他們也全心全力推動這個過程。[34]

十九世紀期間，英國與緬甸海岸地區的關係充分驗證了此一政治與貿易逐步相互配合的假設。一八〇〇年代初期，英國看待緬甸主要是從孟加拉的安全形勢出發：與緬甸的貿易值得推動，但並不是當務之急；在商業方面最重視的則是中國過境貿易（transit-trade），而不是緬甸自身商機。一八二四年英國與緬甸爆發邊界戰爭，導致緬甸割讓阿拉干（Arakan）與若干「緩衝空間」給人口日漸增加的孟加拉；但更重要的是，這場戰爭清楚展現了與中國雲南貿易往來的商機有多巨大，一如幾名曾前往中國內地的英國旅人所描述。[35]這些貿易路線沿路盛產紅寶石、琥珀、玉石與柚木；更何況還有棉花轉口貿易，在英國的設想裡，棉花轉口貿易將為中國西南一帶多達四千萬人供應衣著布料。阿拉干、丹那沙林（Tenasserim）、新加坡與印度等地的英國商人很快就嗅出商機，分進合擊展開遊說（並且刻意操弄緬甸的貿易情勢，迫使帝國當局施展鐵腕以維護國家尊嚴），成功促使英國在一八五二年併吞下緬甸（Lower Burma）。[36]緬甸人為了避免更大的災難，只能一再讓步、卑躬屈膝，容許（即使心中悲苦）英國對緬甸國土進行大規模的調查與探險；至十九世紀末，從貿易轉型為征服的過程更是高速進行。[37]上緬甸（Upper Burma）最終也在一八八〇年代淪陷，英國開始覬覦「通往中國的後門」，並防備法國對湄公河地區的蠶食。

然而本章主題之一是東南亞地區原住民族的能動性，以及他們如何回應英國貿易形式在東南亞的轉變，因此或許舉一個相對成功的案例、也就是暹羅的例子作結，能最好地呈現此一主題的因果關係概況。歐洲人進行貿易、蠶食領土、擴大掌控的模式原本也可能運用在暹羅，但是拜地形富於變化、君王手腕精明之賜，這些事件並沒有發生。就如同面對緬甸問題時，倫敦、加爾各答（Calcutta）當局與在亞洲的英國貿易集團之間，存在著緊張關係；前者將暹羅視為對抗緬甸的可能盟友，而且就抗衡法國而言是一個很有價值的緩衝區；後者一直試圖打通中國／暹羅商業管道，並且為了這個目的要將英國政府拉進來，必要時不惜趕鴨子上架。儘管施展炮艦外交（gunboat diplomacy）的要素在暹羅一應俱全，如同緬甸與中國的狀況，但是這個王國最終避免了被直接殖民的命運。然而自由有其代價，暹羅與中國原本興盛的貿易走向衰退，面對英國的經濟自主性也大打折扣。[38]暹羅國王蒙固（King Mongkut）敏銳地察覺（汶納家族〔Bunnag family〕也是如此），周圍歐洲強權的意識形態出現劇烈變化，這使他得以正確判斷唯有經濟開放——而不是如周遭鄰國抱持仇外心態——才是維繫王國一線生機的不二法門。[39]英國對亞洲貿易利益的渴求迎來了開放的市場，有了開放的市場，英國要建立政治宰制的主要理由因此消失（以暹羅的例子而言）。來自不同國家的歐洲人進入暹羅宮廷擔任顧問，暹羅的稻米由英國的蒸汽船載運出口；但是在歐洲人宰制力鼎盛的時期，朱拉隆功（Chulalongkorn）的暹羅王冠依然穩穩戴著。英國與歐洲對東南亞的貿易攻勢持續了將近四個世紀，暹羅王權竟如此穩固可說是難能可貴。

印度洋北緣

分析西方人與印度原住民族之間的商業與政治網絡，相對於上述的東南亞歷史潮流而言，既是補充，也是變形。[40]在印度洋不同的區域，這些過程有何相似與相異之處？接觸、貿易與脅迫的界線是類似還是無法比較？為了回答這些問題，我們必須勾勒出「印度的海洋」（India's Ocean）其北緣歷史動態的整體輪廓，再次以布勞岱爾式的「長時段」視角來記述相關變化。接著我們可以更進一步運用上述做法，探討英國勢力剛抵達時，權力、商業與宰制的種子如何相互糾結。最後，我們必須檢視印度貿易商與西方貿易商之間關係本質上的變化；在帝國的新架構之中，前者面對後者的步步進逼，逐漸屈居從屬的位置。這些切入角度匯集起來將構成一幅蔓延的圖像，其中可見夥伴關係與變化，以及競爭與宰制——亞當．斯密稱之為歐洲人治理印度過程中「無藥可救的錯誤」。[41]馬克思對印度的描述與對東南亞的一致，認為這些過程的發展摧毀了當地整體的生活方式，他的批判比亞當．斯密更為嚴厲。[42]

對於印度次大陸與外在世界的貿易關係，我們可以世紀為單位進行編年史的分析，這是一種很實用（但也很人為加工）的分析模式。在歐洲人抵達之前，印度對於貿易的嚮往可以分從幾個層面來概述。季風對於國際貿易運作區域具有關鍵的重要性，因為船隻進出海港的時間表，就決定了價格與商機。[43]多元文化的交流原本就是這個地區民眾生活的核心，次大陸西南部卡利刻特（Calicut）與科欽（Cochin）等海港的訪客名單就是例證。[44]印度在商品專門化（specialization）領域的地位也非常重要，其布料、香草與奢侈品被運送到浩瀚大洋的各個海岸。孟加拉灣尤其如此，大批印度東部生產的棉布成品從這裡運往東南亞。印度海岸地區的運作節奏是對外而非對內：與其大多數港口一樣，印度洋濱海地區彼此之間的共同點，要多於與自身內地的共同點。宗教領域尤其如此，上座部佛教（Theravada Buddhism）很早就從斯里蘭卡傳播出去，遠抵緬甸與暹羅，伊斯蘭教也從古加拉特（Gujarat）傳往馬來半島與印尼。在海風與潮汐聯手推送之下，跨洋航行的船隻以印度的港口為中繼站，從而確保了印度的重要性，因其位居大洋「屋頂」、地理位置適中。

十六世紀因為葡萄牙人來到印度（以及因此導致的戰禍），被舊日文獻形容為一個災難年代，但我們現在知道真實情況往往沒有那麼嚴重。[45]印度貿易與運作機制的整體模式，並未在十六世紀出現全面性的變化。葡萄牙人建立了「卡特茲」（*cartaz*）通行證制度，但是對當地貿易商而言，成本有時微乎其微：雖然許多印度人會繳交通行費，但是在葡萄牙人監管與執法較薄弱的地區，民眾可以完全不予理會。例如從加利刻特的「扎莫林」（Zamorin）到科欽、坎納諾爾（Cannanore）與基龍（Quilon）的「羅闍」，這些馬拉巴海岸地區的統治者，都能持續進行貿易，必要的時候再投入葡萄牙人的「保護傘」之下，但是在其他時候和其他地方則無視葡萄牙人的存在。在現代早期的印度，蒙兀兒帝國（Mughals）的收入主要來自陸地而非海洋，大部分民眾——尤其是蒙兀兒治下的人民——並沒有受到葡萄牙卡拉維爾帆船（caravel）太大的影響。[46]蒙兀兒人有句名言：「海洋上的戰爭是商人的事情，與君王威望無關」，這也是其朝廷運作的準則。[47]在歐洲人抵達的初期，從印度通往中東與東南亞的航運大抵仍由原住民族掌握，儘管葡萄牙人積極嘗試接管。

印度商業的平衡態勢直到十七世紀才開始變化，因為此時荷蘭與英國企業已遠較從前來得有組織。然而即使如此，十七世紀的變化對於印度貿易來說也往往是利大於弊。雖然我們對目前可取得的資料要審慎看待，但相關紀錄的確顯示在北歐人士抵達之初，印度原住民族在商業上受益良多，得到新的資本、航運、導航技術、市場行銷等等。古加拉特的貿易在一六六〇年代擴張到馬尼拉，使用英國的船隻與導航路線，資金來源則多半出自古加拉特自身。[48]貿易及其參與者的多樣性在這個時期格外顯著，包括區域、宗教和語系，還有職業；例如坦米爾人與孟加拉人的船隻是由英國的引水人駕駛。儘管如此，歐洲人四散分布的勢力仍注定在其他方面造成變化，比方說英國與荷蘭的海軍對峙威脅到航運的穩定運作。歐洲資源挹注加快了印度各城市的「生命週期」（life cycles），例如使蘇拉特（Surat）地位上升並超越康貝（Cambay），但這類過程也牽涉到更大的國際（甚至地方）因素。[49]歐洲的船隻憑藉著堅實的建造技術（使用鐵釘而非木板縫合）、更流線的船身設計，在速度與可靠性方面更勝一籌；然而為了獲得保障，印度人也必須付出更高的代價。[50]

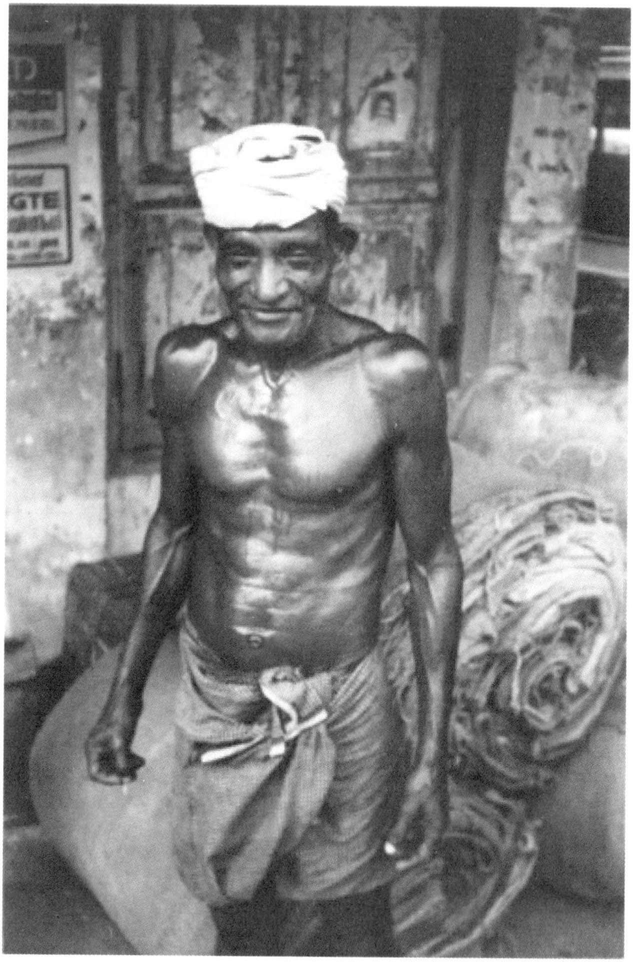

圖5.1　印度碼頭裝卸工人（科欽，喀拉拉邦）

來源：作者自攝

站在印度人有何選擇的立場來看，十八世紀可說將變革推往一個新方向，而且是負面的方向。大部分印度商人剛開始並沒有因為歐洲人的貿易而受到傷害，但印度航運業者的命運截然不同：隨著轉口貿易日漸被外國船隻壟斷，印度的船隊日趨萎縮，面對所謂的「港腳商人」無力競爭。這個新興的特殊利益集團（本身組成相當多元）開始排擠昔日規模可觀的古加拉特船隊，將它們從一些國際貿易航線推走，導致這個船隊逐漸淪為次要、小型的海岸航運業者。[51]然而也正是這些英國與印度的港腳商人——有些為東印度公司工作，有些是所謂的「自由商人」（free trader）——徹底改變了「奇特的蒙兀兒體制，混合著專制思想、傳統權利觀念以及同樣傳統的自由觀念」；這種混合體制是印度鄉村地區最主要的貿易與生產體系（從港口商人、掮客、次級掮客、地方頭目、紡織工人到靛藍種植者等等都在其中）。[52]我們稍後會再討論這個問題，不過正是在這些突變中，我們看到沃爾夫提出的以親屬關係為原則的生產模式與資本主義生產模式，兩者之間的層次開始變得模糊。西方人多半是在印度當地商人的協助下，而得以將生產從傳統地點轉移到自己設計的體系中。[53]以蘇拉特為例，它原本是將布料與靛藍出口到中東地區的城鎮，後來轉型為東印度公司對中國貿易的轉口港。[54]印度鄉村地區傳統的「蒙兀兒階梯」（Mughal ladder）生產方式最終遭到徹底淘汰：印度的中間人競爭不過港腳商人，後者自行僱用一批印度幫手作為受薪員工。來到十八世紀，歐洲人（尤其是英國人）進一步深入印度鄉村地區，在商業依賴性與生產依賴性之間建立新的連結。[55]

對於依賴的關係如何臻於成熟、其演進過程如何轉移，我們在這裡可以做更細緻的探討。英國要成就貿易大業，權力與政治也是不可或缺的因素。如同葡萄牙人，英國人並不是全靠優勢火力與科技來奪取宰制地位。這一點很重要，因為這些優勢後來的確讓英國受益。我們必須承認，十八世紀中期之前，歐洲「軍事革命」的信念原則、軍事進展引發的失衡狀態，對印度並沒有造成多少持久影響，情況一如東南亞。[56]當時葡萄牙與荷蘭在印度次大陸的兵力太過薄弱，無法強行推動重大的貿易變革；後來英國軍隊大舉出動，但目的是抗衡法國。[57]到了這時候，權力與商業真正開始結合，英國將歐洲競爭者趕走，發現自己首度站在能夠執行自身貿易計畫的位置上。面對這樣的情勢演變，印度的行動與回應不能說是無所作為，也不能說是了無新意：採納軍備設計，使用歐洲傭兵；一名英國人觀察到：「（一七六〇年代）來到印度的每一艘船，幾乎都會販售大炮或小型武器。」[58]英國與孟加拉地區統治者「納瓦布」（Nawab）、奧德（Oudh）地區統治者「維齊爾」（Wazir）在一七六〇年代爆發血腥衝突，十八世紀晚期則是與邁索爾（Mysore）、馬拉地人（Marathas）鏖戰，就是這種近乎平衡狀態（near equilibrium）的證明。印度本地的統治者也試圖締結盟友，聯絡鄂圖曼土耳其帝國（Ottoman Empire）的蘇丹，對方回覆願意共同努力：「穆斯林兄弟必須善盡宗教職責，捍衛印度斯坦（Hindustan）。」[59]然而到了十九世紀，均衡態勢有了變化，英國推行貿易與結構性改變的能力也隨之變化。此一時期，英國將軍隊運到殖民地的成本大幅降低，歐洲的軍火生產欣欣向榮。

顯然在一七八四年之前，真正具整體性的英國對印度貿易政策實際上並不存在。在一七八四年之前，東印度公司、英國政府與個別管轄區（presidency，孟買、孟加拉、馬德拉斯）在做決策時都是高度各自為政；但在一七八四年一月，印度控制委員會（London Board of Control）與印度總督（Governor-General of India）的設置，使英國對印度的控制更有效率。隨著蒙兀兒帝國的解體與法國勢力遭到驅逐，英國——帶著組織調整之後新增的權力與人力——面對的是一個與它先前認知迥然不同的印度。東印度公司仍然宣稱無意兼併領土，但是公司的重要部門，如陸軍、海軍及公司架構內部的散商勢力，卻推動這樣的兼併行動。脅迫性力量被這些利益團體視為保持穩定、財富與帝國大局利益的關鍵。從統計數字來看，一七八四年是英國加強投資的分水嶺，東印度公司及其代理人與印度王室進行貿易談判時，祭出真槍實彈的武力威脅。英國散商藉由出手干預地方權位的繼承糾紛收取「捐獻」；協助解決地方內部鬥爭的英國人則會獲贈「禮物」。這些特殊補貼原本是以授予歲入性生產

（revenue production）的方式提供（例如紡織村莊、規費、靛藍生產），但是之後愈來愈常用授予土地的形式。[60]十八與十九世紀之交，英國人對於貿易的自由放任態度有所轉變，開始明顯偏好由政府當局直接管理。

英國對奧德的宰制支配是一個很有用的案例，可以印證這些不斷變化的動態。馬歇爾（P.J. Marshall）說明了英國如何先是於一七六四年攻擊奧德，然後在一八〇一年併吞其大片土地。但一八〇一年之前，宰制支配的機制已經大舉推進。當地的靛藍種植者與棉布織工從一七六四年就得應付加爾各答的需求，而且愈來愈直接（或間接）受到英國人的役使。[61]一七六五年，克萊武（Robert Clive）協助奧德的統治者復位，因此取得在當地駐紮軍隊的權利，後來更提出增加駐軍、撥款補助的要求。同一年，孟加拉國王努久姆—烏爾—朵拉（Nabob Nudjum-ul-Dowlah）表示他「欣然將孟加拉、比哈爾（Behar）、奧里薩（Orissa）各邦的地方首長職位（Dewanny）授予東印度公司」，換取公司每年支付他的所有開銷。[62]一七七三年，東印度公司在奧德政府設置一名「公司專員」（Company Resident），負責這類付款事宜。與此同時，奧德的統治者則親自支付東印度公司的官兵薪餉，美其名為酬謝他們協助防範敵對地區與政治勢力。英國民間資本看好這種狀況，很快就開始利用。那位公司專員與其繼任者（違背公司指示）爭取到硝石生產的專賣權，像史考特（John Scott）這樣的散商則販賣衣料、興建工廠、以承包方式供應東印度公司紡織品。類似的故事所在多有，但最重要的是模式：港腳商人不受奧德政府管轄，不繳關稅，並自行建立地方專賣生意，與當地商人和貴族交易。每當他們察覺自身受到威脅，總是可以向東印度公司請求保護。

然而這就衍生出一個問題：面對英國勢力入侵，看似是最大輸家的印度商人如何因應發展中的新貿易環境？[63]這也是一個重要的問題。歐洲人抵達初期，英國人與荷蘭人有非常高的可能性進行合作，當時英國與印度商人多半能夠彼此截長補短，追求最大利潤。最早一批港腳商人欠缺足夠的資源，無法自力更生進行貿易，而且東印度公司對於任何可能影響獲利的競爭都不樂見，於是英國商人被迫向別的地方尋求協助，印度人因此成為合作夥伴，扮演多重角色：投資者、經理人、代理人、銀行家；他們將貿易與商品的流動導向東印度公司忽視的地方。[64]最早期的合夥關係通常存在於東印度公司貿易的「間隙」（interstices），公司董事將其作為輔助性的生意來發展。然而經過一段時間之後，這些次要生意突飛猛進。像是馬德拉斯（Madras）行政長官耶魯（Elihu Yale）之類的人物，主要是與當地的坦米爾商人合作，而且累積了龐大的私人財富。[65]

我們已經深入探討了這類「港腳貿易」的增長歷程，以及同一時期英國勢力在印度次大陸的擴張，後者在十八世紀協助改變了英國商人與印度商人合作的性質。[66]然而「協助」

與「導致」是兩回事，十八世紀中期的時候，更大規模的結構性轉變已使印度貿易屈居劣勢。來自英國的經濟力量在次大陸遇到的競爭，強度已遠遠不如以往。印度穆斯林船運業者在國際貿易遭遇新浮現的劣勢，就是一個很具代表性的案例。當時中東情勢混亂，東南亞許多主要港口被基督教勢力掌控，對古加拉特的傳統貿易網絡造成沉重的規費負擔。[67]同一時期的英國貿易則是朝完全相反的方向發展：在蘇拉特（一七五九年）、馬拉巴（一七九〇年代）、檳城（一七八六年）、明古魯（一七七〇年代）建立的租界，對英國貿易市場而言是擴大而非限縮。當然，印度也在英國勢力的夾縫之中建立新的貿易管道，因應隨著英國軍隊而來的商機，如穀物、豆類、硝石與烈酒。從造訪印度各主要港口船隻的組成變化，可以看出貿易態勢的轉變。[68]比較難從資料上看出來、但同樣真實的趨勢則是，英國港腳商人對地區貿易累積了豐富的知識，從此不必仰賴其他人提供。印度買辦（compradorial partners）對於英國商業活動能否成功而言，再也不是天經地義的必要保證，只能眼看著自己原本與英國商人平起平坐的地位大為降低。[69]

然而在書寫十八世紀中期印度商業史的時候，將印度商人一筆勾銷會是嚴重錯誤。這些商人積極的能動性使他們找到新的生存之道，合作方式有時甚至出人意料。印度商人在宏觀層面面臨邊緣化危機，於是緊緊抓住一個不變的因素：英國散商與港腳商人的貪婪。

東印度公司與新興殖民地政權的指令、政策與法規，對印度本土商人而言綁手綁腳，也讓英國港腳商人不堪負荷，因此催生出新的合夥關係。港腳商人經常為了獲取最大利益而引進印度商人，不惜損害他們表面上效力的東印度公司，與印度商人共謀操縱價格、短報營收、賄賂官員、超收費用，可以說是聯手運用「弱者的武器」（weapons of the weak）。[70]英國散商也暗中將安全通行權（safe-conduct passes）賣給印度商人，讓他們不用納稅給當地統治者，結果就是他們的商品運往「東印度公司的金雞母，地方統治者無稅可收。雙方的事業合作遍及整個英屬印度，從最低階的地方官員到管轄區首長（Governors of the Presidency）都參與其間，而且『類型、性質與運作方式包羅萬象』」。[71]大英帝國持續擴張，衍生出複雜的關係，但是印度商業在其中有找到一席之地。[72]印度本土的貿易商並沒有被大規模的變化擊倒，原因在於能夠與時俱進，並且適應地區與跨地區的變化節奏：首先扮演合夥人，然後是競爭者，最後（多半）是下屬。

印度洋西緣

關於歐洲人對於印度洋商業與政治有何影響的分析，我們最後還可以簡略談談東非濱海地區。[73]此一地區當時最顯著的問題，與環印度洋（Indian Ocean Rim）其他地區模式類似：海岸地區人口中心的改變、日益重要的內地遭受兼併、當地人民的移動——包括商人、巴尼亞商人（banians）與奴隸。[74]在東非地區，我們發現了幾個重要趨勢。首先來看最重要的一項：占吉巴的崛起。當地在十七世紀末成為阿曼的前哨站，然後緩緩地發展出自己的商業帝國。占吉巴地位的上升要歸功於重商保護主義者的努力，然而其「帝國」建立之後，在十八與十九世紀經歷了基本的結構性變化。[75]原住民的紀錄（例如〈沙蘭港古代歷史〉〔The Ancient History of Dar es-Salaam〕）和當時英國人的文獻對這個過程都有描述，而這個過程與占吉巴和英屬印度之間的關係密不可分。[76]從更寬廣的角度來看，這些發展也與全球資本主義的演進緊密相連，尤其是奴隸體制。亞當．斯密深深著迷於這類連結，並且針對這張非洲網羅的千絲萬縷留下豐富的論述。他知道不只是非洲，美洲的發展前景也與上述問題息息相關。此外他也觀察到，非洲奴隸是那個年代最核心的道德與經濟議題。[77]

在十六與十七世紀，漫長綿延的東非海岸是戰爭與動亂的淵藪。葡萄牙勢力在整個環印度洋地區，以東非海岸最大：不僅從根本破壞局勢穩定，而且參與了一個運作百年的模式——各方勢力爭奪海岸貿易的利益，引發暴力與報復。根據當地的斯瓦希里文獻，這段時期之前，東非海岸地區一方面還算平靜，一方面逐漸皈依伊斯蘭教。波斯人扮演的角色似乎尤其重要：

〈啟瓦基西瓦尼古代歷史〉（The Ancient History of Kilwa Kisiwani）（譯自斯瓦希里文）

……夕拉茲人（Shirazi）在啟瓦下船，晉見領導人姆倫巴長老（Elder Mrimba），請求在基西瓦尼定居，並得到允許。於是他們為姆倫巴送上貿易商品與珠子當作禮物。

〈沙蘭港古代歷史〉（譯自斯瓦希里文）

沙蘭港的古名「姆茲茲瑪」（Mzizima），意思是「健康的城鎮」。當地原本只有灌木叢，之後人們來到……用斧頭、鋤頭與鐮刀清理土地。他們砍倒灌木叢，建造大房子。夕拉茲人也來了，加入布拉瓦（Barawa）的墾殖者行列。[78]

阿曼帝國的阿拉伯人在十六、十七世紀衝突升高的年代來到，葡萄牙人與海岸地帶的非洲社群也都一一捲入衝突。[79]剛開始的時候，蒙巴沙（Mombasa）的耶穌堡（Fort Jesus）是各方鬥爭的焦點，我們有非常完善的當時紀錄（見證者報告與考古學遺跡）顯示各方如何發動猛烈的攻擊。[80]然而在一六九八、一六九九年的時候，位於占吉巴、看似平平無奇的阿曼帝國貿易站，成為區域貿易、外交上一個重要的新因素。僅僅一年之後，十七世紀進入十八世紀，這座小小港口城鎮的影響力仍持續上升不墜。[81]

占吉巴的經濟與生產和國際貿易迴路的整合程度日益升高，其基礎生產與社會關係也隨之發生變化，以因應新的國際形勢。馬克思與恩格斯（Friedrich Engels）曾評論發生在十九世紀非洲的價值重新估定，但其實這些變化已經存在很長一段時間。[82]占吉巴本身並不是貿易目的地，而是化身為一條「輸送帶」（conveyor belt），連結非洲商品及其市場與工業化的西方世界。阿拉伯帆船與篷車隊過去主要用於滿足重商保護主義者的需求，後來卻為迥然不同的目標服務：例如購買奴隸送往占吉巴生產丁香與糧食的種植園；或者將象牙運送到歐洲與亞洲市場高價販售。[83]帝國本質的變化當然也會衝擊殖民地的本土人群，比較弱小的政權流失人口；強大的政權則改變政策，供應市場渴望的主要物料（像是象牙、柯巴樹脂〔gum copal〕等等）。然而就連在阿曼帝國核心（此處指占吉巴，相較於阿曼帝國的東非腹地其地位更核心），各種變化也將原有的社會結構重組，催生出新的階層。以印度人為例，他們在舊日的重商保護主義國家是重要的貿易商（但從來不具主導地位），後來因為他們與英國人的關係而享有極大的優勢，權益受損的則是阿拉伯裔商人。十九世紀中期前，占吉巴的阿曼統治者非常倚賴英國軍隊來維持部落穩定，同時也倚賴英屬印度羅闍（國王）

提供的資本，以致對於局勢的變化幾乎無計可施。[84]一八六一年，身為海洋政權的阿曼帝國爆發內亂之後，與占吉巴根據「坎寧裁決」（Canning Award）正式分家；一八九〇年，占吉巴成為大英帝國的被保護國。

這些概略性的描述多少掩蓋了占吉巴轉變過程的複雜性。我們稍後會更加詳細地討論與占吉巴相對的內地，此處先來瞭解此一華勒斯坦所謂的「核心」是如何改變，然後再檢視其分支。兩個最重要的趨勢是丁香與奴隸。一七七〇年代，荷蘭對摩鹿加群島丁香的壟斷已被打破，有人將樹苗帶到東非外海的模里西斯（Mauritius）。隨著英國對占吉巴與波斯灣的阿曼統治階層愈來愈具影響力，丁香的生產也受到鼓勵，因為這種香料在西方市場仍然是供不應求。[85]不過英國影響力之所以上升還有一個重要面向，也就是當時新近興起的廢除非洲奴隸運動；有些學者認為這場運動是一種「人道主義偽裝」（humanitarian guise），用以掩護更深層的經濟滲透動機。[86]我們從歐洲與東非當地的史料（例如〈啟瓦基西瓦尼古代歷史〉）得知，占吉巴商人階級有相當大的比例靠奴隸維持生計，主要在中東地區，那裡採珍珠的潛水伕、軍隊兵員、僕役、侍妾都由非洲奴隸擔當。[87]英國的法令與條約讓占吉巴商人進退兩難；例如一八一二年的《摩士比條約》（*Moresby Treaty*），禁止坦尚尼亞德加多岬（Cape Delgado）以南、印度第烏（Diu）以東地區進行奴隸貿易。對於這些商人以及整個占吉巴而言，解決方法就是將兩個趨勢——限制使用奴隸與擴大丁香生產——融合為一種新的意識形態：「如果奴隸不能出口，他們勞力的成果還是可以。」[88]結果是占吉巴與朋巴的丁香產業突飛猛進，貴族與占吉巴政府並聯手促成了一道倚賴奴隸運作的以牙還牙農業政策。阿曼統治者蘇爾坦（Said Sultan）以身作則，將大片土地改種丁香，他的子女和侍妾也有樣學樣。走陸路深入非洲內陸的篷車隊貿易商，在攢夠錢之後也進行投資。到一八三四年的時候，單單是基辛巴尼（Kizimbani）就有超過四千棵丁香樹，高度在一．五公尺至六公尺之間，利潤是成本的一〇〇〇%以上。[89]在朋巴與占吉巴的「核心地區」，人們對種植丁香樹趨之若鶩，朋巴島上的森林在短短十年之內流失三分之二。緊接著，島上的人口結構與社會關係也產生了變化。[90]

在東非內陸地區，英國透過占吉巴的連結關係，也激發出非常重要的變化。海岸地區集貨港（feeder ports）如啟瓦基文哲（Kilwa Kivinge）、巴加莫約（Bagomoyo）與潘加尼（Pangani）的興起，為當地的商業活動推波助瀾；占吉巴貿易商深入東非內陸，這些港口是篷車隊的終點站與船運接駁中心。在此同時，占吉巴對於其腹地姆里瑪（Mrima）以北與以南海岸地帶的規費徵收與政治控制已比從前鬆動，這些地區有能力與其他地區進行貿易，如果它們想要的話。占吉巴政權鼓勵貿易商向內陸挺進，很清楚他們賣到英國與英屬印度的產品——特別是象牙——會帶來豐厚利潤。[91]到了一八五〇年代晚期，象牙占占吉巴出口貿易總額比例已高達一半。象牙的產地採購所搭配的為一種漸層式賦稅系統：占吉巴的島嶼經濟網絡撒得愈遠，稅率也就愈低。[92]這個系統鼓勵更多占吉巴貿易商走入內陸，許多人定居下來並從事農業、開闢大型種植園、建立貿易站，同時從地方統治者那裡獲取女性充當妻妾。[93]他們的出現也改變了地方的權力格局，傳統的酋長——他們的權力來自於當初披荊斬棘，開闢自給性農業（subsistence agriculture）——被新來乍到者取代，後者更能夠想方設法藉由跨文化貿易取得現金。烏尼楊韋齊（Unyamwezi）地區至少有一個案例顯示，權力格局發生變化的同時，當地社會組織也從母系轉成父系。同樣這批人到了一八九〇年代，轉移自身的生產能量，打造出謝里夫（Abdul Sheriff）所謂的「挑伕的國度」：尼楊韋齊（Nyamwezi）三分之一的男性成為職業挑伕（*pagazi*），一年四季將象牙搬運到海岸地帶。[94]

在這些轉變發生的同時，印度人的地位也出現重大變化。儘管過程漫長、拖沓、非常複雜，但占吉巴的印度人從阿曼商人階級的盟友，轉變為英國勢力的代理人。[95]本章前文討論印度時提及的巴尼亞商人，在十八世紀的次大陸為歐洲資本與本地資本提供關鍵連結。這種關係在東非也以類似的方式運作，印度巴尼亞商人（通常是來自古加拉特的商人種姓）早早就獲取歷史性的重大進展，部分原因在於葡萄牙排擠穆斯林航運業者的做法。[96]阿曼人與巴尼亞商人保持關係是權宜之計，看中後者擁有廣大的網絡。根據〈沙蘭港古代歷史〉，這些印度人不但繳稅，而且扮演信使的角色，因此對統治菁英而言具有全方位的重要性。[97]一七二〇年代阿曼爆發內戰、布賽義德家族（Busaidi clan）奪取政權期間，賽義德（Ahmed bin Said）就曾向巴尼亞商人借用船隻，將增援部隊送到東非。一個世紀之後，偉大的蘇爾坦也藉助於巴尼亞商人，將首都從馬斯開特（Muscat）遷至占吉巴，他們「為他與蒙巴沙的戰爭提供額外的戰船與兵員」。[98]進入十九世紀中期，占吉巴的印度貿易商在占吉巴與馬斯開特都享有與「純種」阿曼阿拉伯人同等的特權，其中幾位還被任命為位高權重、各方覬覦的海關總監。[99]

隨著十九世紀中期英國對占吉巴的影響力日益深入，這些關係也開始轉變。英國的第一步是立法禁止海外印度人蓄奴，當時他們的次大陸母國已是由英國統治。相關法律讓占吉巴的種植園落入阿曼人手中。許多印度人面臨法律的管制，於是對象牙與柯巴樹脂交易加強投資，促使這些貿易網絡（已見於非洲大陸）形成更廣大的區域整合（許多印度人仍持續投資錢莊與種植園事業）。然而隨著英國在十九世紀加強打壓海岸地區的奴隸運送，阿拉伯裔種植園主人的事業受到打擊，抵押貸款落入印度人錢莊主掌控。[100]種植園經濟衰退正好遇上印度在非洲海岸轉口經濟的擴張；占吉巴情勢持續變化，印度裔社群的地位來到前所未有的高峰。[101]印度人與阿曼人彼此互不信任，卻只有一個族群能夠得到阿曼政權的軍火支援，印度貿易商因此更加投入英國人的陣營，後者是他們投資的唯一保障。當時占吉巴所屬帝國事實上已四分五裂，英國人為利益考量，必須盡可能讓經濟與政治勢力分散運作。[102]巴尼亞商人曾在一八四〇年代與阿曼人同一陣線，拒絕接受英國對其事業的法律管轄權；到了一八九〇年代，卻開始寫感謝函給大英帝國的子民，「感謝在這片外國的領土上，我們的生命、財產與貿易的安全得到保障。」[103]同樣在那個時期，更多印度人來到東非，多半是投入烏干達鐵路興建工作。

值得玩味的是，這些發生在東非的起伏波動，也在許多層面改變了這個地區的殖民母國阿曼，而且符合沃爾夫對於十九世紀全球資本滲透（capital penetration）效應的觀察。位於波斯灣的阿曼蘇丹國本身在這段時期脫胎換骨，許多最顯著的變化可以歸因於占吉巴的際遇。阿曼的周邊地區持續擴張，其人口與生產力後來超越了馬斯開特蘇丹國（Sultanate of Muscat），也帶動了整個產業的發展。[104]馬特拉赫（Matrah）在一八三〇年代成為一個龐大的紡織業中心，大量生產頭巾（turbans）、紗籠（sarong）與長袍，並出口到非洲；一八三六年一位英國訪客如此描述：「幾乎家家戶戶都有一部紡織機，女性忙碌工作。」[105]當地紡織業的標幟產品是一種名為「科菲亞」（*kofiya*）的刺繡綿布無邊便帽，後來成為占吉巴與朋巴官方服飾的一部分。[106]巴提奈（Batina）與阿曼內地也有類似情況，當地鐵匠因為製造並出口到東非的武器而知名，讓厚重彎曲的「嘉比亞」（*jambiyya*）匕首進入占吉巴社會菁英階層，成為身分地位的重要表徵。伊布里（Ibri）、巴赫拉（Bahla）、佛爾克（Firq）與蘇爾的靛藍染工在非洲海岸找到市場，木匠、涼鞋工匠、繩索工匠也是如此，占吉巴稠密的人口確保他們能夠接到訂單。波斯灣地區的情況截然不同，當地社群稀疏零落，市場規模遠遠不如占吉巴。[107]

最後要談談這些轉變背後怵目驚心的人類代價，因此也必須再次討論奴隸問題。東非奴隸貿易受到的關注一直不如西非，部分原因在於西非的相關資料（尤其美國方面）遠比東非詳盡，也在於西非的奴隸總數高於東非。儘管如此，在十七至二十世紀之間，源源不絕的東非奴隸流入中東、流入啟瓦的法國貿易站（特別是一七七五至一八〇〇年之間）、流入占吉巴的丁香種植園。[108]一位名為錢溫布（Chengwimbe）的奴隸對蘭普利牧師（Reverend W. J. Rampley）的陳述以及其他第一手紀錄，讓我們看到東非海岸的奴隸貿易是何等殘暴，充斥著埋伏襲擊、拆散家庭、強迫截肢等行徑。[109]據馬丁（Esmond Bradley Martin）估計，從一七七〇到一八〇〇年間，占吉巴平均每年進口三千名奴隸；這數字到一八三〇年時為原本的三倍，到一八六〇年時更高達每年兩萬人。[110]這段期間出口到東非之外地區的奴隸，穩定保持在每年近三千人，顯示奴隸體制在十九世紀轉變為一種更地方性、更以生產為目標的活動。「打黑鳥」（blackbirding）不再只是單純將人類當成高價值貿易「商品」出口。儘管倫敦當局宣稱反對奴隸貿易，但英國鼓勵占吉巴蘇丹發展丁香生產體系，仍然間接助長了這種可怕的商業活動。

有些學者認為，二十世紀東非的貧窮問題其實是這些變化的遺產，當地政體的人口不斷流失，生產型態轉變成種植園取向的單一作物種植，只為了供應日益擴張的世界市場。的確，這樣的分析還可以加入其他因素（例如乾旱與獨裁統治者），但其結論仍然有一定的效力。原因在於歐洲人與他們奉行的資本主義侵門踏戶，在一六〇〇至一九〇〇年間像鐮刀一樣掃過印度洋地區，非洲人（以及我們討論過的南亞人與東南亞人）被這場風暴襲捲，只能掙扎求生。[111] 地方民眾的生計與社會整體，都在巨大的能量釋放之中演化調適。就連呈現這個故事的敘事方式都長期由歐洲主導，也是一種剝奪。偉大的剛果哲學家穆迪姆貝（V. Y. Mudimbe）相當感嘆，但是仍抱持著撥亂反正的希望：「人們可以說，在這些論述之中，非洲的世界被建立起來，成為知識性的現實。但時至今日，非洲人自己閱讀、質疑、改寫這些論述，藉此闡釋、定義自身的文化、歷史與存在。」[112]

結語

從印度洋過去數個世紀的演進，我們看到一些顯著的變化橫掃整個地區的政治經濟。大洋上交叉縱橫的海事網絡，持續在長途商業活動中扮演重要角色；然而到十九世紀時，情況變成唯有得到某些大型勢力的允許，商業活動才能進行。亞當．斯密很早就看出此一轉變，他在一七七〇年代做出先知先覺的描述：數百年來讓歐洲人與原住民族疲於奔命的海洋競爭，已然結束。[113]亞當．斯密以及近一個世紀之後才提筆撰述的馬克思都很清楚，其他的能量即將成為主角。在幾個具戰略意義的印度洋濱海地區，英國逐漸改變做法，轉向掌控生產工具；到十九世紀中期時，商業競爭領域因此出現劇烈變化。貿易的能量已開始逐步邁入總體而言更階層化的過程。正如馬克思在《資本論》所述：「這麼說可能太過殘酷與悲傷；但是在印度，換掉一個人比換掉一頭牛還要簡單。」[114]情況並非一直如此，但是向生產資本主義（capitalism-in-production）轉進帶來的變化，將改頭換面的現實帶到印度洋。各區域文明不再以平等或近乎平等的地位進行貿易，而是淪為一個日趨僵化的階層之中的角色。一直要到二十世紀中期，隨著幾個獨立國家的誕生與演進，這個階層體制才發生真實且重大的變化。

另一方面，十六世紀進入印度洋的西方商業組織，只是這個區域與跨區域迴路中眾多的貿易組織之一。但是普拉卡什（Om Prakash）與其他學者也指出，西方商業組織的現身在早期就埋下種子，日後生長成強大的脅迫能力。[115]促使重商保護主義轉向更長久事物（包括控制或部分控制當地的生產工具）的潛在力量，英國東印度公司以及之後十九世紀的英國君主都施展得淋漓盡致，影響範圍涵蓋今日一部分的南亞（從巴基斯坦到孟加拉），還有印度洋其他地區。[116]法國也曾經在特定的時間與地點嘗試這樣的躍進，不過只有在非常分散的據點——例如留尼旺島（Réunion）、模里西斯、塞席爾群島（Seychelles）——才獲致成果。[117]另一個曾經嘗試類似模式的國家是荷蘭，它最終成功的地方是在印度洋一個遙遠但龐大的角落：今日的印尼。[118]此外還有一些小型群體做了小規模的嘗試，例如丹麥，但是他們站穩腳跟的機會從一開始就不大。[119]值得注意的是，最終只有英國完成躍進，從重商資本主義轉型為全面控制印度洋地區的生產資本主義。印度洋的水世界浩瀚無垠，有許多遙遠的角落與輻射的航線，英國的成就非比尋常。

英國人雖然大獲成功，但他們只是眾多海外經商民族（merchant diasporas）的其中一員，大家共同塑造了印度洋海岸地區交錯相疊的歷史；有些民族甚至不是來自歐洲。克莉絲汀・杜賓（Christine Dobbin）清楚描述了這些過程，同時向我們呈現她稱之為「聯合社群」

（conjoint communities）的各式各樣群體，其幅度與廣度有多大；這些行為者形成網絡，以宏大的規模運送商品、交流觀念、影響政治經濟。[120]也有作者聚焦於個別的海外離散社群（例如亞美尼亞人），標榜他們做出的貢獻。[121]現在的史學研究甚至可以選擇特定階層的人物，探究他們在這些網絡中的旅程；或者記述宗教人物、巡迴抄寫員（itinerant scribes）等不同類型的旅行者發揮了哪些作用，描繪他們在歷史進程中扮演的角色。[122]對於印度洋貿易道的發展與變化，英國人也許出力最多，但他們絕對不是唯一揮舞大槌的人，還有不少人曾經出手握住大槌。印度洋歷史四百年來的演進，是由許多社群的共同努力所推進。[123]

第三部

乘著浪潮而來的宗教

導言：亞洲水域的佛教、印度教、伊斯蘭教、基督教

本書第三部檢視宗教如何襲捲海洋亞洲，主要是依循貿易路徑四處傳布。這個過程涉及的地理同樣無比廣闊：我們提過韓國的「龜船」將佛教從中國傳到韓國、再從韓國傳到日本。不過宗教信念藉由海洋傳送的事例，也發生在別的地方。西班牙征服者（conquistadors）以及後來兩百五十年間的馬尼拉加利恩帆船（galleons），將不同門派的天主教義與不斷變化的訓令，跨越浩瀚的太平洋送到菲律賓，持續數個世紀。佛教則是從斯里蘭卡與印度傳往東南亞，軍人、商販與教士風塵僕僕，以船隻安穩護送渡過孟加拉灣。在大陸東南亞的大部分地區，宗教意識形態與末世學說（eschatology）成為當地主流思想，而且至今仍然如此，上座部佛教在緬甸、寮國、泰國與柬埔寨依舊盛行。伊斯蘭教也到達東南亞，原本來自波斯與印度西部（目前的認知），之後直接由中東地區引進；中國也有可能是出發地，幾樁相關事件已得到縝密研究。先知的宗教隨著海洋貿易的路徑散播，從亞齊東傳到摩鹿加、從民答那峨島南傳到松巴島（Sumba）。此一傳教歷程的影響至今不息：印尼是全世界最大的

穆斯林國家，這要歸因於過去幾個世紀以來，伊斯蘭教透過商業通路的流布。不過伊斯蘭教也往其他方向傳播，抵達印度洋的西岸；從索馬利亞往南到莫三比克的這道「斯瓦希里弧」(Swahili arc)，今日主要宗教正是伊斯蘭教。亞洲的海上貿易路線協助促成各個宗教的旅程，也塑造了我們今日所見的全球宗教信仰地理景觀。

這一切是如何發生？興起於一個地方的宗教如何在其他地方找到肥沃的土壤，而且往往相隔數千里？當時的語言、文化結構與既得利益等因素，似乎都不利於大規模的宗教信仰改變，貿易路徑是如何讓傳教過程變得更有彈性？可以這麼說，當時的貿易商負起散播信仰的重任，這一點對宗教傳布大有幫助。直接進行傳教在許多地方會惹人厭憎、遭到排斥；憑藉武力推行的強迫改宗，長期來看恐怕也不會成功。然而帶來佛教、印度教、伊斯蘭教與基督教的商人，卻有可能傳播比較容易被接受的訊息。在許多地方人士眼中，他們是成功人士：擁有顯而易見的可觀財富、新穎的觀念，四海為家的生活型態也頗具吸引力。最關鍵的一點是，這些商人也傳達了可能性：人們藉由遵行新的信念，可以在此生（或者來生）改變自己的地位。另外，對菁英人士而言，有個觀念能讓自己於志同道合的廣大群體安身立命、一同投入海洋貿易世界，這會帶來實質利益。宗教網絡與其他網絡因此欣欣向榮，人們則藉由連結來累積財富。以十七世紀晚期為例，東南亞足足有半數居民已經皈依某個世界宗教。與此相對的是現代早期之前，東南亞盛行眾多殊異的地方信仰體系。印度教／佛教在西元第一千紀（first millennium）傳遍「風下之地」，伊斯蘭教與基督教則在西元第二千紀如法炮製。行經貿易路徑的宗教也散播到更遙遠的地方，包括中國海岸地帶與印度洋西邊的非洲。信仰隨著貿易同行，反之亦然，這在歷史上屢見不鮮。

第六章探討孟加拉灣的宗教傳播過程。僧侶和貿易商可能早在兩千年前就從暹羅的半島地帶上岸，帶來融合印度教與佛教教義的信仰（有時也會傳播比較「純粹」的教義），迅速在暹羅人民之間散播開來。對此，我們掌握的考古學證據遍及陸地與海洋，海洋的部分以沉船的形式存在，而且至今仍持續在安達曼海與泰國灣出土。很重要的一點是，當時的傳教過程留下許多佛像、佛牌（amulets）與還願奉獻物，通過季風氣候無比潮溼的長時間考驗。我們從這些遺物可以看出兩大宗教的旅行歷程，其中包括來自南亞、原封不動的神祇型態，也有出自東南亞作坊的新樣式神祇。因此，從藝術史學者、考古學家到宗教學者，只要知道如何解讀這些年代久遠的褪色標誌，就可以看出信仰的演進流變。第七章將從孟加拉灣縱橫交錯的海上航道，轉而聚焦一座港口。三寶顏位於菲律賓民答那峨島西端，曾經是西班牙的軍事城鎮，這裡予人一種位處世界盡頭之感，同時也是比鄰三個國家的宗教交會處。它的地理位置既是菲律賓的最南端，也是馬來西亞與印尼的最北端。伊斯蘭世界

（dar al-Islam，一路向西延伸到摩洛哥）與步步進逼的天主教（從西班牙殖民的馬尼拉一路向南發展）在這座港口交會。宗教的交會互動未必都是以和平方式進行，三寶顏一直到當代都還是危險地區。不過我們也在三寶顏看到宗教的包容性，儘管不同宗教有意識形態與歷史的衝突，人們還是想方設法和平共處。第七章以田野調查與歷史資料為基礎，探究宗教如何在這個小地方隨著浪潮起落，以及此一過程如何以有時和平、有時火爆的方式演進。

第六章 佛牌的流傳：孟加拉灣的印度教—佛教傳播

從因生之法，
如來說其因，
及彼等之滅，
此大沙門說。

——阿說示（Asjavit），釋迦牟尼佛弟子[1]

在前現代的世界，由茫茫大海運送的物品都是精挑細選、價值非凡。香料與海產是其中兩項，它們重量很輕（而且很稀有），因此經過海洋長途運輸、從地球的一端送到另一端之後，仍然有利可圖。[2]另一種會經由海洋運送的事物是宗教，特別是物質形態的宗教象徵，例如還願碑、小型神像、佛牌。[3]佛教物品提供了許多有意義的訊息，而且其傳播過程將許多地方連結起來，例如印度／尼泊爾（佛教的誕生地）與幾個海洋地區——甚至包括遠離次大陸的日本諸島。[4]

宗教物品也在其他海岸登陸，從印尼、內陸的寮國到越南綿延的海岸，並且在過程中導致許多社會發生變化。我們可以從幾個層面來觀察，包括銘文、鬼神、政治哲學論述等等。[5]儘管這些過程已是過往歷史，但今日我們仍然深受影響，各地區的佛教與生活息息相關，從泰國的道德風俗、越南的商品到柬埔寨僧團的建立與維持，都是如此。[6]宗教就像商品，乘著浪潮傳送。在亞洲，這種情況早已發生且經常發生，我們可以根據海洋航程的遠近來追蹤其結果。

本章檢視其中一個地區：孟加拉灣，研究印度教／佛教如何從西元第一千紀（一至一〇〇〇年）開始，從印度次大陸傳向東南亞。首先探討幾個讓宗教傳播得以實現的重要海洋連結；這些連結是大規模海洋航行的運作基礎，很早就已奠定。我們會提到中國與北方文化圈扮演的角色，然後對印度洋東部的海洋連結做更完整的析論，涵蓋貿易與宗教體制。第二部分論證暹羅南部與馬來半島的核心地位；一般認為，印度教與早期佛教西元第一千紀在這裡「上岸」，進入東南亞。我們也將關注當時出現在這個地區的國家治理，以及一些船舶與沉船的資料，藉此瞭解旅客來往此一亞洲交通要衝的頻率與密度。本章最後一部分從藝術史、考古學與宗教研究的角度，聚焦還願奉獻物與佛牌本身。我們將勾勒印度教與佛教如何乘著東南亞的浪潮開枝散葉，並探討這些思想體系的傳播過程，將兼顧知識層面與一般民眾的日常信奉。

早期歷史的交流

長途海上旅行以及伴隨的文化接觸看似浪漫，然而就我們所知，對於前現代時期的這類旅行，「困難」已是最正面的形容。一首十六世紀的葡萄牙詩歌，一針見血道出人們對這類旅行的想法，儘管葡萄牙被視為一個不折不扣的「海洋國家」：「為何要經歷一場又一場暴風雨，人生與時代如此艱難，永遠在鬼門關前徘徊？就算拋棄這些胡椒，我也不會良心不安。」[7] 在海上逗留相當危險，亞洲海域眾多的沉船殘骸已充分說明這一點。[8] 然而人們還是要出海，而且就本書關注的地區而言，人們很早就開始出海。霍爾（Kenneth Hall）對早期東南亞做了卓越的調查，將當地先民的海洋貿易運作劃分為不同區域；本章將聚焦三個區域：孟加拉灣、暹羅南部的克拉地峽（Isthmus of Kra）、麻六甲海峽。從印度出發的旅人如果要前往東南亞，通常會繞行孟加拉灣的「屋頂」，經過今日的孟加拉地區、孟加拉人民共和國與緬甸，有些更勇敢無畏的人們則會嘗試從孟加拉灣中部橫渡。[9] 在西元第一千紀出現

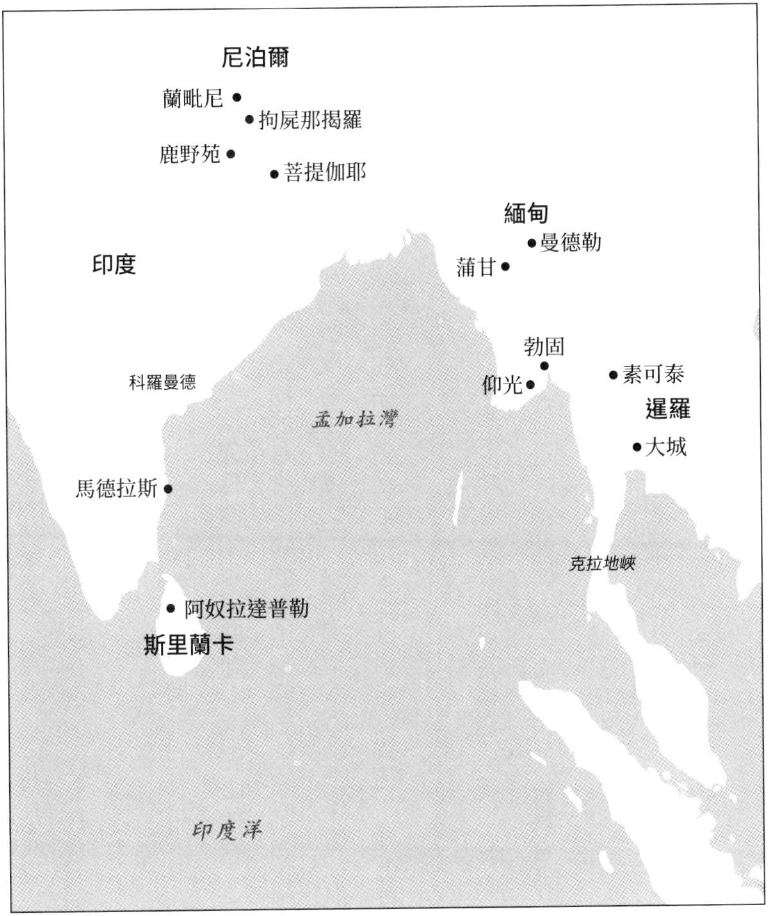
尼泊爾
藍毗尼
拘尸那揭羅
鹿野苑
菩提伽耶
緬甸
曼德勒
印度
蒲甘
勃固
素可泰
科羅曼德
仰光
暹羅
孟加拉灣
大城
馬德拉斯
克拉地峽
阿奴拉達普勒
斯里蘭卡
印度洋

地圖6.1　孟加拉灣

一大批行業，為這些連結行動提供服務：漁民、船員、工匠、船主。離散的民族開始連結相隔遙遠的社群，港口逐漸發展成長，一開始零零星星，後來數量與規模都日益擴大。[10]

早期的交流互動也發生在孟加拉灣之外的地區。如果說東南亞對於新興的印度文明發出有如海妖賽蓮（Siren）的召喚，那麼中國對印度也有類似的作用，只不過是從更北方、更東方的位置召喚。在這裡我們先探討這個同時並存的磁吸效應。韋傑夫與孫來臣（Sun Laichen）指出在現代早期，東南亞受到中國的多重影響，中國也開始擴大自身對「南洋」諸國的影響力。[11]雖然中國與東南亞的接觸可以回溯到大約兩千年前，但在西元第一千紀已然定型；不過一直要到宋朝與元朝（約莫十到十四世紀），我們才真正看到貿易與外交的連結在今日認為的東南亞各地蓬勃發展。陶瓷資料與中國史籍中的外交文書讓我們清楚看到，當時各方正進行一場熱絡的文明對話。[12]朝貢使節向北方出發，中國使節與貿易商前往南方，帶著各式各樣的商品，有些是儀式禮節所需，有些用於實質貿易；[13]布匹、絲綢、旗幟與鼓屬於前者，後者則品項繁多（包括金屬、陶瓷與其他貿易商品）。宗教與意識形態也被帶往南方，只是當時看來受到的關注不如物質性的東西。我們如今知道，伴隨著中國與東南亞持續數百年的交往，這些長途航程還促成南海地區造船技術與船舶型態的交流。[14]

如果說南海主要是將物資運送到東南亞，至少考古學與銘文的紀錄可以證實；那麼印度洋帶來的禮物就比較多樣化。今日已有大量著述（遠多於對南海的研究），依循布勞岱爾的地中海研究路徑，將印度洋視為一個興起中的「體系」來探討與描述。本書前面提到過，喬杜里是這類分析的先驅者，皮爾森與其他學者將其早年研究精益求精，試圖呈現印度洋這個特別的水域，是如何成為一個爆發巨大能量的漩渦，環境上、商業上與意識形態上的能量都在同一時間爆發。[15] 鮑斯頗具啟發性的《一百道地平線》（*A Hundred Horizons*）是這一派研究的最新作品之一；不過以本章的寫作目的而言，我們要參考阿姆瑞斯更新近、焦點更集中的《橫渡孟加拉灣》。[16] 阿姆瑞斯為孟加拉灣在各個層面的影響做了歷史定位，論述它的季風模式與氣候、龐大的經濟生活市場、流通各個海岸地帶的貿易商品。非常重要的是，阿姆瑞斯也關注印度教與佛教的路徑；當時兩大宗教開始東傳，隨著商船上的貨物、駕船的水手逐漸滲透東南亞。[17] 這些模式在西元第一千紀確立，外來宗教在印度洋最東邊「上岸」，來到進入東南亞的大門口。當然，早期東南亞人擁有多樣化的信仰與風俗；但是來自印度的訊息很快就獲得接納，與當地既有宗教體系平行並存，甚至淩駕其上。印度南部坦加武爾（Thanjavur，又稱坦焦爾〔Tanjore〕）於一〇三〇年留下的銘文，記錄了朱羅王朝（Chola）在這個地區的東征西討：

三佛齊 Sriwijaya（巨港 Palembang）

巫來由 Malaiyur（占碑 Jambi）

馬由拉丁甘 Mayuradingan（馬來半島）

怡郎哥桑甘姆 Ilangosangam（狼牙脩 Langkasuka）

馬帕拉蘭姆 Mappalalam（勃固 Pegu，緬甸）

梅維林班甘 Mevilimbangan（里格爾，泰國南部）

瓦來帕納達魯 Valaippanadaru（占婆 Champa，越南）

塔來特拉科蘭姆 Talaitlakkolam（克拉地峽，泰國）

麥達林甘姆 Madalingum（里格爾 Ligor，單馬令 Tambralinga，泰國南部）

伊南浡里迪薩姆 Ilamuridesam（蘇門答臘島北部）

羯茶訶 Kadaram（吉打 Kedah）

馬依姆班甘 Mavimbangan（菲律賓）[18]

我們從較晚期的證據得知，在印度漫長綿延的海岸地帶，寺廟數量相當驚人。西孟加拉邦考古學與博物館管理局（Directorate of Archaeology and Museums of West Bengal）統計出部分地區現存的古代印度教寺廟數量。豪拉（Howrah）有六十四座不同時代的印度教寺廟分布在四十二個地點，最古老的一批至少可以追溯到一三八四年。胡格里（Hooghly）有二二七座寺廟分布在一〇二個村莊與城鎮，密德納浦（Midnapur）有二九三座寺廟分布在一三〇個村莊與城鎮，兩地的建築分別可以追溯到十三與十五世紀。不過更令人驚異的是布德旺（Burdawan），七百座寺廟分布在七十個村莊與城鎮，同樣可以追溯到十三世紀。[19]這樣的宗教密度也暗示了船隻往返的規模；傳教士與教士加入貿易商的行列，橫渡孟加拉灣，尋求各自的目標——靈魂與利潤。事實上，瑞德在討論十六與十七世紀東南亞的時候，對於「西部海洋」（western ocean）有非常清晰的描繪，特別是亞齊；亞齊在地理形勢上延伸入海，承受了海洋帶來的許多文明衝擊。鄂圖曼帝國與波斯，以及印度在眾多面向上，還有印度教徒與穆斯林，都是這種世界觀的一部分。[20]如果說寺廟的數目讓人大開眼界，那麼印度沿海地區貿易站的數目也有同樣效果；這些貿易站連結了範圍廣大的海岸地帶（以及附屬的農耕內地）與東方更遙遠的東南亞。[21]這些因素讓孟加拉灣成為培養商業與宗教「影響力」的溫床。[22]此一狀態長期存在，但也與時俱進。接下來我們要觀察一個地方是如何承受這些影響力，即暹羅王國的南部及其附屬地區，許多由海洋帶來的接觸都在這裡上岸。

暹羅案例：暹羅南部，「接觸」的起源地

印度宗教進入東南亞時，面對的並不是一塊白板（*tabula rasa*），那是早期歐洲學界對這個地區的錯誤認知。當時東南亞部分地區已經建立了政治與宗教的體系，儘管規模與發展程度不如印度次大陸。在緬甸，偉大的蒲甘（Bagan）文明從伊洛瓦底江出海口延伸到內陸高地，從九世紀延續到十三世紀，是一個遠離海岸的興盛水稻文明。在暹羅，一個類似的王國從素可泰發跡，在一二三八年至十五世紀中期之間留下許多宏偉的建築。再往東進入大陸東南亞，類似的文明一一出現，最著名的是以吳哥城為中心的高棉帝國（八〇二至一四三一年）[23]，以及一系列接續更迭的越南王國；其中有一些是由越族（Viet，或者越南華人，各方有不同詮釋）建立，也有一些是由南島語系民族建立，例如越南中部海岸的占族政權。這些政治實體多多少少都引進了印度文化與社會的成分，可能是印度教、佛教，或是兩者強而有力的混合。每一個政權都對這些借用成分進行調整，融入當地的表現形式，但仍然保留其明顯的宗教特徵，從這些大陸文化中相當容易辨識出來。很重要的一點是，這是一個不斷演進的過程，學者無法指出有哪個單一的靈感泉源，在某個時間或時代開啟或激發上述的借用過程。第一艘船是在何時停靠東南亞海岸並帶來印度

宗教，已經不可考。[24]但我們可以將它視為一個過程、一場日益熱烈的對話，連續進行了幾個世紀。對於這一整套錯綜複雜、經年累月才浮上檯面的交流互動關係，這大概是最精確的解讀方式。[25]

我們現在有相當充分的證據顯示，今日的泰國南部（克拉地峽附近），歷史上長期屬於暹羅南部——是這些交流互動最早發生的地方之一。[26]來自印度的船舶有些直接橫渡孟加拉灣，有些沿著海灣北岸航行，將大部分產自印度東部海岸的貿易商品送到泰國南部。運輸貨物之外，這些船舶也帶來觀念；最早來到東南亞的印度教／佛教形像，很可能也是在這一帶海岸登陸。從第一世紀到第五世紀，當地已建立數個政權：克拉地峽的頓遜（Dunsun）、頓遜南邊的盤盤（Panpan）、今日宋卡（Songkhla）附近的狼牙脩、墮羅缽底（Dvaravati）文明，以及位於麻六甲海峽一側、今日馬來西亞半島北端的吉打。[27]當地建立的政權中有兩個後來開闢出橫越半島的道路，連結起印度洋與南海，並且憑藉在兩個海洋世界之間進行轉船運輸（transship）的能力建立帝國：一為克拉地峽南邊的單馬令，二為位於今日泰國北大年府（Pattani）與馬來西亞吉打之間的狼牙脩。[28]這兩個王國或許會被視為接觸的「起源地」，但這種說法太過簡化，因為接觸也有可能發生在別的地方。儘管如此，有豐富的證據顯示，至少有一部分的早期登陸活動是發生在這兩個王國，我們稍後會進一步檢視相關的考古學證據。等到前文提到的大型大陸王國崛起時，半島地區逐漸落入泰族掌握。到了十五與十六世紀，東南亞的現代早期揭開序幕，整個半島地區成為暹羅的勢力範圍，包括中緯度、今日已是獨立民族國家的馬來西亞半島。[29]

瑞德曾分析這個時期如何為東南亞歷史開啟一個新年代——更早期的貿易與接觸模式當然存在，然而到了這個時期，各種相關的行動與互動都在加速進行，觀念、物資與人員都以步調更快、數量更大的方式移動。位於昭披耶河上游、比較閉關自守的素可泰王國解體之後，後繼的大城王國（Ayutthaya，建於一三五一年）與海洋以及遠近多個民族維持更明確的關係。大城王國鄰近今日的曼谷，進出泰國灣相當容易，可以參與當時正加速發展的國際貿易。[30]瑞德也藉由暹羅向中國朝貢的次數、暹羅與琉球的貿易接觸，以及其他航運統計數字指出，大城王國其實是一個道道地地的海洋政權。馬來半島成為暹羅勢力範圍之後，當地許多物產被裝箱送進海洋貿易網絡，賣到數千公里外的地方。十六與十七世紀造訪暹羅的琉球「朱印船」與中式帆船，數量已是相當驚人；但大城王國的貿易活動也涵蓋西方的安達曼海，並深入印度洋的網絡。貿易航運增進了王國與印度、斯里蘭卡、特別是佛教的接觸，大城後來成為東南亞最知名的佛教王國。外交催生了商業，商業帶動了文化連結，這些過程全都同時湧向大城王國的海岸。另一方面，這個王國雖然已經「佛教化」，但其景觀與人口組成非常國際化，首都之中可以見到中國貿易商、日本護衛、波斯貴族，甚至還有一位出身希臘的外相。[31]我們從一份一六三〇年左右的荷蘭文獻可以得知，女性是大城王國佛教事務與活動的重要參與者：「除了男性僧侶之外，主要寺廟和許多年長女性關係密切，她們也必須剃度。她們穿著白色亞麻布衣衫，各項講經、唱誦與儀式，以及其他宗教活動，都看得到她們的身影。但她們並不是受到清規戒律的束縛，而是完完全全出自宗教熱忱和自由意志。」[32]

關於上述某些論點，雖然我們有編年史記載與佛教文獻（泰文稱之為 *tamnan* 與 *phungsawadan*）可資佐證，但若要釐清早期暹羅王國的商業與國際化發展路徑，考古資料終歸不可或缺。[33]羅珊娜・布朗（Roxanna Brown）的研究成果在這方面非常重要，能讓我們概要瞭解在進入現代早期的時刻，東南亞各個遺址留存下來的陶瓷器物類型。布朗對這些陶瓷的類型、時期與產地做了精采、全面的介紹，充分顯現當時暹羅與外在世界的貿易連結。儘管陸地也為這段歷史留下一些證據，但沉船的重要性與日俱增，因為貨物留在船上，基本上原封未動。泰國海域的沉船遺址如西昌島二號（Ko Si Chang II，約一四〇五至一四三〇年）、榮堅（Rang Kwien，約一三八〇至一四〇〇年）、卡藍大島（Ko Khram，約一四五〇年）、羅勇府（Prasae Rayong，約一四五〇年）、西昌島三號（Ko Si Chang III，約一四七〇至

表6.1 水下考古陶瓷器資料

泰國水域載運陶瓷器的沉船

位置	年代	陶瓷貨物
羅堅	約西元1380至1400年	碟、儲物罐、褐瓷與青瓷
西昌島2號遺址	約西元1405至1424／1430年	儲物罐、素可泰瓷器魚類與花卉圖案、宋加洛瓷器
羅勇府普拉薩河	約西元1450年	信武里瓷器、占婆瓷器
卡藍大島	約西元1450年	素可泰盤、青瓷
西昌島2號遺址	約西元1470至1487年	緬甸瓷器、越南瓷器

說明：其他沉船上還有各式各樣的暹羅陶器，有時候數量極大；欲知同時代陶器貿易的相關細節，請見下面所列Miksic 著作。

資料來源：擷取自Brown (2010) and Miksic (2010)

卡丹島沉船陶瓷，1979至1980年打撈

完整	碎片		
宋加洛瓷器	宋加洛無釉陶器	來自其他地區的上釉陶器	不同來源的石器與陶器
46件	1801件	8片	747片

文物種類：宋加洛褐色陶器（斑點小罐；葫蘆瓶；雙耳瓶）；宋加洛釉下彩陶瓷瓶罐（梨形陶器；小罐；碗）；宋加洛黑色釉下彩有蓋陶盒（山竹形狀盒蓋；蓮花形狀盒蓋；簡樸盒蓋）；白色陶瓷；粗陶器；炻器；中國青花瓷；壓艙物。

資料來源：改編自 Jeremy Green, Rosemary Harper, and Sayann Prishanchittara, *The Excavation of the Ko Kradat Wrecksite Thailand, 1979-1980* (Perth: Special Publication of the Department of Maritime Archaeology, Western Australian Museum, 1981); and Pensak C. Howitz, *Ceramics from the Sea: Evidence from the Kho Kradad Shipwreck Excavated in 1979* (Bangkok: Archaeology Division of Silpakorn University, 1979).

一四八七年），都讓我們看到是哪些瓷器與青瓷將這些貿易接觸結合在一起。事實上，十五世紀留下的許多器物都是青瓷，而不是更知名的青花瓷。這個現象催生出一系列解釋「明代空白期」（Ming gap）的理論，同時也提高了對於東南亞本土陶瓷業的關注。明代似乎曾經嚴格限制商業活動，相關做法至少維持了一段時間。[34]至少有一位學者曾以鄭和下西洋為比較基礎來檢視商業模式的變化，並探討長期而言，鄭和的偉大航行對中國以南部為基地的商品出口有何意義。[35]我們也可以深入檢視單一沉船遺址，例如多年來深受研究者關注的紙島（Kho Kradad）沉船。[36]無論是採取宏觀抑或微觀的角度，我們都會看到貿易與文化交流在泰國與緬甸南部海域擴散，而且比以往更生機蓬勃。[37]印度教與佛教形像的引進也是這個架構的一部分，接下來我們就要探討這項特殊的貿易。

佛牌的流傳

佛牌與還願奉獻物在泰國社會擁有崇高的地位。[38]直至今日，北到緬甸與寮國邊界、南到接壤馬來西亞地區，任何一個泰國人都知道什麼是有保護庇佑作用的佛牌。佛牌有的是作為護身符佩戴，有的是供在家裡祈求庇佑；人類學家的研究試圖揭示泰國人如何覺察世界的危險，以及佛教如何透過佛牌來消災解厄。[39]貝克（Chris Baker）與蓬拜集（Pasuk Phongpaichit）將探討範圍延伸到過往，呈現四百年前寫下的泰國史詩如何倡導這些觀念；以及佛牌的使用如何逐漸脫離經典文本的限制，藉由民眾共同的信仰融入泰國主流社會。[40]這類探討還可以再做進一步的歷史回溯。譚拜亞（Stanley Tambiah）與其他學者也發掘出更古老的佛牌敬拜模式，多半可以追溯到森林苦行僧（在鄉村地區修行，是暹羅重要的佛教乞士〔mendicant Buddhists〕階層）以及古典時期僧伽（*sangha*）的興起。[41]如果我們再退後一步，回到西元第一千紀、佛教抵達泰國海域的時候，我們會看到一條幾乎不曾中斷的線，區分著佛牌與還願奉獻物的法力與實用性；從佛教初抵暹羅到它今日最當代的形態，這條分隔線一直都在。曼谷的計程車司機與暹羅南部的漁民共享同一套知識系譜，後者在一千多年前就接觸到這些宗教圖像。因此就泰國社會整體而言，佛牌作為信仰的工具，其流通擁有罕見的影響力，同時也備受尊重。

在西元第一千紀的中期與後期，來自印度次大陸的佛牌、還願碑，以及印度教與佛教小型神像，開始登陸暹羅南部。[42]這類宗教文物有許多從克拉地峽——半島最窄處——上岸，其他則散布到更北方與更南方的東南亞地區。此時的印度教已在印度根深柢固，發展出一套種姓系統，許多部偉大史詩已然問世；印度教的男女神祇散見於印度各地，大多化為壯麗宏偉的石像，入祀色彩繽紛的寺廟。[43]印度東南部的朱羅帝國（一二七九年滅亡）成為區域海上強權，將印度教的許多觀念傳播到東南亞各地，有時候靠著戰船與軍隊，但多半藉助於雲遊四海的僧侶。這些僧侶一方面為出征的印度軍隊提供靈性服務，一方面也會在當地人民接受印度教觀念的過程中扮演推手。佛教起源於尼泊爾以及印度北部諸多與佛陀生平關係密切的地方，先經由陸路傳到西藏，再向東進入中國、日本與韓國。佛教的另一個傳播方式是經由海路傳向東南亞，主要流派是上座部佛教，如今在東南亞經常可見、穿著棕色袈裟的僧伽（出家團體），就屬於這個宗派。[44]佛教與印度教作為儀式與苦行的體系，在東南亞水乳交融。印度教與佛教的早期皈依者之中，有許多人對兩個宗教傳統的理念兼容並蓄（兩者也各自在共同的名稱下衍生出不同的傳統），在日常生活中混合兩派教義並運用自如。因此我們在東南亞除了會看到毗濕奴派（Visnaivite）與濕婆派（Sivite）的寺廟與圖像（以及蘇利耶〔Surya〕、黑天〔Krishna〕、穆如干〔Murugan〕、提毗〔Devi〕與訶利訶羅〔Harihara〕等等），也會看到顯而易見的佛教寺廟與圖像。兩個宗教的建築與雕像可能會矗立在同一個地方的同一條路上，彼此相距只有幾里路。東南亞從現成的傳統與宗派隨意借取，根據地方的需求或喜好，不斷進行混合與搭配。

兩個宗教當時在暹羅南部留下的遺跡，可以見證這樣的過程。歷史學家歐康諾（Stanley

O'Connor）的經典著作《半島暹羅的印度教眾神》（*Hindu Gods of Peninsular Siam*）形容這條從南亞到東南亞的宗教傳播通道「既是橋梁，也是障礙」，以此來描述兩個地區最晚從三世紀已開啟的宗教與思想互動歷程，可謂相當貼切。在暹羅南部、馬來半島發現的一些雕像就符合這個模式，例如歐康諾提到有一組「特異的毗濕奴雕像」，雖然看得出來是毗濕奴，但也做了不小的變化（臀部的海螺造型），以致外形有所差別。巴利文（Pali）、帕拉瓦文（Pallava）與梵文的銘文都顯示這些雕像與印度次大陸的關連，但也代表那空西坦瑪叻府（Nakhon si Thammarat）的某些文物在概念上是「他者」。歐康諾比較了在東南亞發現的文物以及與之相對應的印度文物，後者包括馬圖拉（Mathura）的貴霜王朝（Kusana）圖像、賓馬爾（Bhinmal，位於遙遠的古加拉特）的毗濕奴等等；這樣的比較很有幫助，讓我們既能夠考查文物的靈感來源，也可以看出地區之間的差異。歐康諾從暹羅南部塔夸帕（Takuapa）的一具毗濕奴雕像，看到它與印度帕拉瓦雕像的淵源，接著再與錫春（Sichon）、沙廷帕（Sating Pra）、佛丕府（Petburi）、素叻他尼府（Surat Thani Province）的雕像做比較。來自遙遠印度的影響確切無疑，但這些東南亞文物的多樣性同樣顯而易見，一方面展現與印度的關連，一方面顯示在地觀念與品味引發的形象變化。由於下文將討論的雕像形制大部分是六到八世紀的產物，因此我們可以看到這些過程有多久遠，在東南亞運作了多長一段時間。我們也會看到各種

圖6.1　還願石像（暹羅南部，約八至十二世紀）

來源：British Museum, As1907,-.40

變形如何聚沙成塔，「著陸」在某個印度文化代表上，其形像後來在吳哥帝國的柬埔寨、占族王朝的越南等地受到模仿，並發展出新的意義。[45]

關於暹羅南部的文明接觸遺跡，伍華德（Hiram Woodward）也是一位重要的詮釋者。他長期鎖定這個地區的佛教聖物，甚至認為有些印度工作坊原本製作的是印度教神像與還願奉獻物，運往東南亞，最後卻轉向製作佛教聖物。伍華德也指出泰國南部出土的一些雕像之間的相似之處：例如猜耶（Chaiya）的觀世音菩薩像與枯磨（Khu Bua）的菩薩像（第四十號佛塔）。其臉部塑形、髮型、衣裳披覆肩膀的表現方式與姿態，都指向類似的製作來源，至少是類似的塑形來源。這些雕像（以及其他雕像）其中有一些的原料是石灰岩，但有一些是青銅雕像；全都曾跋山涉水、經歷時間考驗，最終成為傳世文物。伍華德認為德干高原（Deccan Plateau）可能是這些雕像製作的靈感發源地，斯里蘭卡則是另一個可能的地方。從八到十世紀，猜耶地區似乎都是一個重要的十字路口，考古紀錄特別豐富。中國唐代的陶瓷也在猜耶出土，因此可以推知商業的世界與靈性的世界——前者來自中國，運送陶瓷；後者來自印度，運送宗教形象——很有可能是在這一帶交會。傳統相互撞擊，然後融入在地社會，包括民眾崇拜的神祇，也包括日常飲食的碗盤。由此我們再次認識到泰國南部海岸的核心重要性，它是連結起下面兩個世界的橋梁：安達曼海（以及安達曼海與更外圍印度洋的連結）與泰國灣（以及泰國灣往北與中國的連結）。[46]

第三個例子來自農薩克（Wannasarn Noonsuk）最近在康乃爾大學（Cornell University）完成的博士論文。農薩克的考古學與歷史學研究工作，聚焦暹羅南部的單馬令王國遺址。歐康諾、伍華德與其他學者致力於從更廣大的層面來闡述這些早期的連結，但是農薩克首先關注一處遺址，然後從此地出發，就某些層面而言是與前輩學者反其道而行。一如前文所述，在西元第一千紀的中期，單馬令發展成為半島上兩個最重要的運輸中心之一，它的道路通

圖6.2　孟加拉灣雕像：觀世音菩薩（斯里蘭卡，約750年）
來源：Sean Pathasema, Birmingham Museum of Art

往印度洋與南海，因此在物質上與意識形態上都能與遠方的文明對話。農薩克說明了單馬令如何進一步發展出考古學的連結，除了連結東南亞其他地區，也連結印度，最後更連結遠在一萬六千公里之外的羅馬。來到泰國灣這一側，單馬令也與中國進行貿易，今日散布在海岸地帶的考古遺物已表露無遺。銅鼓開始出現，那是東南亞物質文化最具代表性的文物，很早就開始在各地流傳；毗濕奴雕像則從印度傳入。農薩克更進一步，對單馬令的地理與環境做了非常詳盡的探討，顯示這個政權如何管理地方事務與日常活動。單馬令的海岸並不只是一個與遠方文明交流的場所，它也是民眾獲取食物的地方。用農薩克的話來說，海岸平原除了適合居住，也是「王國的穀倉」。山麓與山嶺為單馬令帶來異國的財富，包括森林的產物與其他不易取得的物資。農薩克在論述的最後，也在觀察角度中置入與單馬令比鄰、政治勢力龐大的三佛齊帝國；從七到十二世紀，在鄰近的麻六甲海峽，三佛齊的國力與威脅日益擴大。這一類地緣政治分析有助於我們研究宗教影響力與傳播，顯示宗教課題隸屬於更廣泛的社會議題，從維生方式到奢侈品到來自遠方的靈性物品。[47]

在這些相關研究之中，半島暹羅被呈現為一個充滿連結的微觀世界。各種模式在這個地方相遇；幾個社會的捲鬚從這裡向世界伸展，做商業或意識形態的探索，並與其他社會的探索「觸角」相遇。[48]歐康諾在另一部著述中，認為許多對這個地區的初步研究，都把這裡視為一個多變數（multivariable）的「遺址」，混合了考古學、陶器發現、早期婆羅門教雕塑、坦米爾（甚至羅馬）對於遠方地理知識的文獻、高棉族（Khmer）在建立吳哥帝國前夕的合縱連橫。[49]人們會感受到克拉地峽與其周邊地區，儘管如今是一個「遙遠」、「偏僻」、「邊緣」的地方，但也曾經是這些顯然為相對性形容詞的反面。用藝術史學者克來里希（Piriya Krairiksh）的話來說，以這種角度來檢視克拉地峽讓我們得以「重新想像」（re-vision）宗教流傳的路徑，將此地視為一個極具文明價值的地點。[50]以中地理論（central-place theory）來看，克拉地峽曾經是一個宗教與商業的中心地帶，雖然今非昔比。它具有包提斯塔（Julius Bautista）所謂的「事物的精神」（spirit of things），這些事物包括運往各地的高價值物資、負責運送的人們、隨著旅程傳播的觀念，全都結合為一體。[51]像克拉地峽這樣的地方，能夠促成某些相隔遙遠的社會首度進行對話。我們可能永遠無法得知對話的具體內容，但可供解讀的紀錄還是留傳下來，主要是零散的陶瓷碎片與斷裂的雕像，文獻記載則多半無聲無息。但紀錄都在，有工具、懂方法的人就能夠解讀與詮釋。這一點令人振奮，因為解讀與詮釋會讓我們宛如置身先民行經的道路。我們繼承了他們的世界，儘管他們在「無跡可尋的海洋」留下的腳印已部分消失，無從解讀。[52]

結語

我們清楚知道，那些在遠古時代行經汪洋大海——有時候是非常廣闊的空間——的商品，能夠連結我們印象中相距遙遠、彼此隔絕的文明。舉例而言，紡織品就擁有悠久的連結歷史，甚至綰合了古羅馬與古印度這樣的地方；而且有些紡織品走得更遠，將古代地中海與古代中國包羅為一個跨大陸的商業迴路。[53]商業之外，宗教也發揮了一部分同樣的連結功能，撮合那些原本不太可能在同一領域活動的地區。早期印度教與佛教的雕像、文物與佛牌都屬於這個連結過程，而且是非常有用的工具，讓我們知道這些地區如何在長時間中產生密切關連。紡織品會在熱帶的燠熱和潮溼中解體毀壞，但石材與金屬材質的還願奉獻物能夠長期保存，儘管今日已非常稀有。藉由這些文物的考古學散布與移動，我們能夠察覺到古代世界的某些模式，以及不同地區相互連結的過程。印度次大陸（包括斯里蘭卡）與東南亞的早期連結無疑是以貿易為基礎，糧食是大宗，也包含其他商品。戰爭以及朱羅與三佛齊等帝國的領域格局也對這場文明的對話有所貢獻。同樣無庸置疑的是，宗教在這些連結之中也扮演重要角色；而描述相關過程的不二法門，就是分析這些在各個地方之間移動的宗教物品。

我認為在西元第一千紀結束時，印度洋東半部已是熙來攘往。一邊是印度次大陸的世界，一邊是東南亞諸多興起中的小型政權，兩邊的接觸在這個時期結束前已開始加速；而且經過幾個世紀的影響之後，東南亞充斥著源自印度的形像。印度教與佛教的圖像占據兩邊接觸過程的一大部分，神祇旅行各地，文化相伴隨行；東南亞各地開始出現的小型王國，立國模式多多少少有印度的影子。容易攜帶的小型神像、還願碑、更適合佩戴的佛牌，在幾個世紀期間慢慢流入東南亞。半島暹羅的南半部成為這類互動的生長沃土，數百年來，印度船舶為此地帶來數以千計的水手與僧侶，還有橫渡孟加拉灣、前進這個「新世界」尋求財富的商人。這些人物落地之處，也正是印度教與佛教生根之處。這麼說並不誇張：在西元第一千紀結束時，半島上許多中產階級家庭都供奉了「新」宗教的還願奉獻物。它們有如「海洋上的路標」，標誌著新觀念的降臨；時至今日，新觀念持續隨著浪潮來到。原本是一場宗教講道（以獨白方式呈現），後來不斷演進，成為延續數個世紀的對話，到今日仍在進行，只不過僧侶與宗教物品多半改朝另一個方向運送。海洋在這裡與在別的地方一樣，為儀式技術與倫理敘事傳統的交流對話提供媒介。隨著佛牌流傳的更多細節在海濱的古代城市水落石出，這場對話的情景也會愈來愈為人所知。

第七章 民答那峨的三寶顏：世界盡頭的伊斯蘭教與基督教

這裡的穆斯林，祖先來自四面八方。它雖然如此偏遠，實際上卻處於非常中心的位置。

——穆斯林女性，三寶顏，民答那峨島[1]

三寶顏是一座港市，位於民答那峨島西南部「蜘蛛腳」半島的末端——相對於菲律賓其他地區，這座半島有如累贅的附屬，看起來、感覺起來都像是世界的盡頭。在某些方面，三寶顏的確是世界的盡頭：菲律賓的領土以這裡為界限，馬來人的世界從這裡展開。它與馬來人的連結是共同的宗教（伊斯蘭教）發展歷史與共享的貿易（海洋產品）。三寶顏在其他方面也是一座邊區城鎮，有自己的語言（查瓦卡諾語〔Chavacano〕，混合了西班牙語、宿霧語〔Cebuano〕等語言），走在當地街上會有一種特殊的「感受」。三寶顏帶有舊日西班牙

地圖7.1　蘇祿海

的氛圍，或者更精確地說，衰敗的西班牙帝國氛圍，隨處可見鏽蝕的大炮，固定不動，朝向海洋。當地也可以看到伊斯蘭教的象徵，路上有許多用瓦楞錫板搭建的小型清真寺，昭告這裡是伊斯蘭教在東南亞季風海洋的最東端據點。菲律賓諸島屬於基督教地區，三寶顏當然也有天主教的蹤跡，與傳播到這裡的伊斯蘭教平起平坐。兩個宗教大部分時間都能夠和平共存，但不時也會劍拔弩張。每隔一段漫長時光，雙方關係會惡化到無法共存，引發比喻意義或實質意義的「爆炸」。[2]這種狀況在邊區城鎮見怪不怪，沒有得到學界充分研究。曾經有幾個時期，三寶顏的情勢實在太過危險，連在街頭走動探問都不宜。但它仍然是一座非常迷人的城市。雖然它是多重意義的「世界盡頭」（菲律賓天主教的盡頭、伊斯蘭家園的盡頭、幾個民族國家的盡頭），但它同時也有自身的存在意義。考量到海洋的連結性，以及宗教對於結合遙遠地區所扮演的角色，我們很難找到一個比三寶顏更具中心地位的地方。

本章視角之下的三寶顏，就是這樣一個具有多重意義的終結地帶（ending locale）；我認為它包含了多重空間（隱喻意義與實質意義的空間），而且在同一時間呈現。本章分為三節，篇幅大致相當。第一節「歷史的流動」檢視三寶顏的發展歷程，從它早期因為位居亞洲沿海伊斯蘭港口網絡（從東非的啟瓦一路到東方的三寶顏）而嶄露頭角，到十六世紀西班牙人造訪此地。[3]穆斯林曾經統治當地數個世紀，在蘇祿蘇丹國（Sulu Sultanate）時期達到鼎盛，十九世紀末卻被西班牙人更強而有力的干預行動終結。之後，美國在當地展開帝國主義事業，一直進行到二十世紀，既有早期模式的延續，也出現其他模式，本節都會探討。本章第二節「火爆的年代」探討從菲律賓獨立到現今，圍繞三寶顏周遭的緊張情勢。我們會提到多個摩洛伊斯蘭（Moro Islamic）組織的興起，還有穆斯林與基督徒衝突的國內與國際脈絡，那是菲律賓南部數十年來的常態。最後，本書第三節「來到三寶顏」簡要記錄我的漫遊，我在城市與周邊地區待了一段時間，對當地民眾進行訪談，對象涵蓋穆斯林與基督徒；我也訪談了其他（主要在馬尼拉）人士，討論三寶顏在地區動亂中的位置，他們的意見有憑有據。本章的壓軸是這些人士的觀察與意見，畢竟他們的感受最為重要；我只是扮演一個管道，傳達他們對這座濱海城市的思考。

歷史的流動

民答那峨島西南部的重要性在十七世紀顯著升高，出現了馬京達瑙蘇丹國（Maguindanao Sultanate）；這個政權以今日的哥塔巴托（Cotabato）為大本營，但勢力從首都向四面八方擴張（包括三寶顏）。庫達拉特蘇丹（Sultan Kudarat）是國家得以維持並成長的關鍵人物，今日仍有許多地方以他為名，表彰他的成就。馬京達瑙蘇丹國位於海岸地區，但是也相當倚賴與民答那峨島內地的頻繁往來。普朗依河（Pulangi River，前進島嶼中部的西班牙人稱之為民答那峨大河〔Rio Grande de Mindanao〕）非常適合進行長距離接觸與商業活動，也促成與多個森林高地民族的商品交換。這條河會出現季節性泛濫，將陸地淹沒為龐大的湖泊，幾個月之後可以種植作物。馬京達瑙蘇丹國靠著河川流動與河水泛濫兩種方式繁榮起來，前者是商業與移動的基礎，後者促成定居與農業。隨著時間過去，人類也成為最重要的商業活動項目之一，高地少數族裔被捕捉、被販賣到低地；海岸與島嶼上的小型聚落因為鄰近馬京達瑙，得以加入這個演進中的王國。馬京達瑙幅員日益擴大、國勢日益強盛，名聲傳到東南亞海域之外，荷蘭、英國與西班牙代表留下的文獻都曾提及。[4]

在這些西方強權之中，西班牙從十六世紀末年開始獨占鼇頭。[5]西班牙靠著麥哲倫（Ferdinand Magellan）的航行來到菲律賓中部與南部，一如皮加費塔（Antonio Pigafetta）的記載。但十六世紀也是西班牙在這個區域全面活動的年代，他們四處建造堡壘要塞，直到印尼東部的香料群島（Spice Islands）。[6]從一五九七到一五九九年間，西班牙人在三寶顏興建一座要塞，但僅僅三年之後就宣告棄守，原因是宿霧（Cebu）受到英軍攻擊威脅，馬德里（Madrid）當局決定將駐軍從三寶顏移防到宿霧。一六三五年，西班牙重返三寶顏，利用石材再次興建一座要塞。德查維斯（Juan de Chavez）上尉是這趟遠征的發動者，帶領三百名西班牙官兵與一千名米沙鄢（Visayan，位於菲律賓中部）部隊。然而一六六三年歷史重演，軍事威脅再度出現，這回目標是馬尼拉自身，源頭則是忠於中國明朝、駐紮臺灣的鄭成功部隊，而不是某個亟欲入侵的歐洲國家海軍。三寶顏要塞再一次遭到棄守，這回西班牙人要等到一七一八年才回來。當時南方比鄰的蘇祿蘇丹國強勢崛起，西班牙必須設法制衡它的區域影響力。對西班牙而言最重要的是，蘇祿蘇丹國的奴隸船大肆劫掠東南亞各島嶼，導致大批奴隸從海岸地帶逃往三寶顏，從數百人增加到數千人。為了各方溝通便利，查瓦卡諾語開始在三寶顏通行，混合了西班牙語和幾種米沙鄢語。要塞周邊的聚落在一八六五年前後開始興盛，當時耶穌會教士（Jesuits）也再度來到；西班牙勢力式微的幾百年間，他們跟著從三寶顏消失。[7]他們的傳教工作讓更多人皈依，也因此促成三寶顏的發展。當地人口包括幾個游牧或半游牧的「海上民族」，例如薩馬爾人（Samal）、亞坎人（Yakan）、海巴瑤人（Bajau Laut），這時都開始散居三寶顏的海岸地帶。

馬京達瑙蘇丹國是民答那峨島西南部最早期的穆斯林政權，但伊斯蘭教早在它興起之前就已傳入。有充分證據顯示，伊斯蘭教在當地的出現，遠遠早於庫達拉特蘇丹功業鼎盛的十七世紀。[8]馬朱爾（Cesar Majul）是研究菲律賓南部穆斯林地區的權威，對這段早期歷史留下豐富的著述；他將零零落落的資訊連結統整起來，讓相關研究受惠良多。其中包括他對早期伊斯蘭教墓碑的研究；這些墓碑散見於蘇祿與民答那峨島，時代至少可以上溯至十五世紀。墓碑上刻有優雅的阿拉伯文，證明了伊斯蘭教在很早的時候就已沿著貿易路線向東傳播，當時這個宗教也才剛來到東南亞不久。事實上，伊斯蘭教在東南亞最早的實體遺跡，一部分就留在蘇祿海盆。馬朱爾也研究了中國的文獻，發現早在十四世紀元朝時期，中國就認定這個地區出現了幾個穆斯林雛型國家（proto-state）。[9]高英（Peter Gowing）等學者也長期深入研究東南亞穆斯林的根源，並且以類型學方式呈現在較大規模國家出現之前，外人如何接觸由蘇丹與達圖（datus，酋長）組成的體系。[10]所有這些資料都顯示今日多個民族國家共存的蘇祿海盆，曾經擁有興盛的伊斯蘭教文明，活力充沛，積極吸收新的信徒。

關於穆斯林與基督徒在東南亞的相遇，最縝密的研究無疑來自華倫的經典著作《蘇祿地帶：一個東南亞海洋國家轉型過程中的對外貿易、奴隸制度與族群動態發展》（*The Sulu Zone: The Dynamics of External Trade, Slavery, and Ethnicity in the Transformation of a Southeast Asian Maritime State*）。目前我們已知民答那峨島東部馬京達瑙蘇丹國的一些模式——奴隸捕捉、長途貿易、外交操作——在後來的蘇祿蘇丹國時代精益求精，華倫的書中做了描述。事實上，蘇祿蘇丹國取代馬京達瑙蘇丹國的哥塔巴托政權，成為地區最強大的穆斯林國家，同時正因如此，荷洛島（Jolo，蘇祿蘇丹國首都，位於三寶顏南方緊鄰的蘇祿群島）成為西班牙擴張事業的天敵，後者以三寶顏為基地。從十八世紀晚期到十九世紀晚期，蘇祿蘇丹國對東南亞沿海各地進行奴隸捕捉與劫掠，範圍東至新幾內亞島、北至麻六甲海峽、西至緬甸。成千上萬人淪為俘虜，他們大多居住在海岸低地，許多人是穆斯林。幾個所謂的海上民族（通稱羅越人〔Orang Laut〕，但各地區有不同稱呼）也是受害者，他們的工作是捕撈海產，送往南海彼岸、永遠難以饜足的中國市場。蘇祿蘇丹國的達圖（酋長）被分封在民答那峨島、婆羅洲

圖7.1　菲律賓民答那峨島三寶顏：加農炮和清真寺

來源：作者自攝

與其他地方的河口地區，負責獲取內陸的森林物產，和海產一起運往中國廣州。整個體系運作了大約一個世紀，直到西班牙炮艇來到才逐漸受到打壓。西班牙想要取得這些經濟利益，馬尼拉當局也想要確保不會被一個蒸蒸日上的穆斯林海洋強權侵門踏戶，當時西班牙自己的海軍正穿越菲律賓群島向南方進軍。[11]

到了十九世紀晚期，西班牙開始宰制民答那峨島西南部。西班牙巡邏船先前已在這一帶海域航行，不時會和穆斯林船隻遭遇，洗劫對方的貨物。船上的物資商品會被沒收，賣到三寶顏或馬尼拉牟利；人員則被就地扣押，儘管其中不少人後來成為三寶顏一帶的定居者，但事實上更多人繼續過著被奴役的生活，只不過主人從菲律賓南部的穆斯林統治者換成歐洲人。主宰蘇祿蘇丹國運作的陶蘇格人

（Tausug）與伊拉農人（Iranun）能夠召集到數量驚人的季節性勞工，但面對西班牙汽船——從十九世紀晚期開始，經常出沒於民答那峨島西南方海域——在科技上相形見絀。這地區其他穆斯林政權也是如此，包括布阿揚（Buayan）的達圖烏托（Datu Utto），他承接了馬京達瑙蘇丹國十七世紀在哥塔巴托建立的勢力。達圖烏托與蘇祿蘇丹國在蘇祿海與民答那峨島西南部都建立了廣泛的貿易關係與附庸關係，但兩者都無法與西班牙的船艦抗衡；從一八六〇年代、七〇年代到八〇年代，西班牙人展開協同行動，持續干擾穆斯林的航運。東南亞數個世紀以來建立的穆斯林自主政權，馬京達瑙與蘇祿兩個蘇丹國可說是最後的掙扎，它們到一八〇〇年代初期時已臣服於新局面。不過一直要到二十世紀，一個新帝國主義強權——美國——出現，才將這些演進的模式固定下來，並且打造出新的現狀。[12]

關於美國征服菲律賓（先是擊敗西班牙人，之後壓制菲律賓人）的過程，已有翔實記載與研究。[13]就本章的討論而言，美軍來到民答那峨島西南部是重大事件，一個暮氣沉沉、家道中衰的殖民強權被一個朝氣蓬勃的強大帝國取代。雖然美國對菲律賓的行動集中在別的地區，尤其著重北部的呂宋島；但是從一八九九到一九〇三年，穆斯林居多數的南部地區（包括民答那峨島與蘇祿）也遭到征服。之後，華府與馬尼拉的美國殖民當局對菲律賓穆斯林祭出「胡蘿蔔與大棒」（carrot-and-stick）政策，試圖讓他們相信為了自身利益著想，必須服從美國統治。這項政策成敗互見。美國人的確做到興建學校、修橋鋪路，提供資源改良地方農業，這些做法都符合當地穆斯林的需求。但是指揮菲律賓南部美軍的伍德（Leonard Wood）將軍作風強硬，全力鎮壓異議人士。美國的軍事行動遍及哥塔巴托（追剿達圖阿里〔Datu Ali〕）與拉瑙（Lanao，所謂的塔拉卡遠征〔Taraca expeditions〕）；在蘇祿群島，戰鬥行動從海上打到荷洛島、巴錫蘭島（Basilan）森林茂密的內陸。等到潘興（John Pershing）將軍在一九〇九到一九一三年間擔任指揮官，穆斯林對美國帝國主義的反抗已經潰不成軍，後來完全消失。帝國征伐的消耗戰也轉型為殖民占領的日常現實。14

潘興與他的前任伍德一樣都是軍人，他對民答那峨島西南部的政策與治理模式都有強烈的軍事色彩。然而一九一三年之後的菲律賓南部穆斯林地區，並沒有被當局當成戰區，而是當成政府的一個分支。一九一四到一九二〇年間運作的「民答那峨島與蘇祿事務部」（Department of Mindanao and Sulu），主事者卡本特（Frank Carpenter）的官僚色彩遠重於軍人色彩。這段時期，公共秩序大致恢復，金融、礦冶、貿易與教育的體系正式建立。菲律賓群島最南部呈現祥和正常的氛圍，是數十年之所未見，甚至可說是數百年（如果把幾個濱海與河川地帶蘇丹國的劫掠與入侵也考量在內的話）。儘管如此，這種狀況仍然是外來者的統治，而且是不請自來的基督徒外來者。美國人削弱了穆斯林領導人的權力，讓他們面對當地民眾無所作為，只有宗教事務例外。更具啟示性的情況是馬尼拉當局——美國人位居領導階層，負責政策的執行與協調——鼓勵菲律賓北部的基督徒向穆斯林占多數的南部移民。和菲律賓南部許多地方一樣，基督徒移居者在二十世紀中期改變了民答那峨島西南部的人口比例。菲律賓獨立之後，短短幾年之間，南部的穆斯林從人口多數淪為少數。有些地區的失衡狀況極為嚴重，貝尼格諾．艾奎諾（Benigno Aquino）先前任參議員時曾指出，在民答那峨島某些海岸地區，基督徒人口是穆斯林的五倍。一九四五年之後變本加厲，尤其是在穆斯林原本占多數的地區。在如此短暫的時間發生如此大規模的人口失衡，加上先前還有數十年的戰爭與動亂；因此不難想見，這個以三寶顏為中心、向四面八方延伸的廣大海洋地區，進入後獨立時期，地平線上籠罩著衝突的烏雲。[15]

火爆的年代

一九四五年菲律賓獨立之後，中央政府遭遇一連串的挑戰，大部分發生在北部地區與鄉村地帶，涉及各種意識形態的反政府團體。南部穆斯林地區也有不滿馬尼拉當局的聲浪，然而一直要到一九六九年摩洛民族解放陣線（Moro National Liberation Front, MNLF）成立之後，反對運動才有真正的一致性。在此之前，大部分的衝突都發生在族群之間（陶蘇格人、馬拉瑙人〔Maranao〕、亞坎人、薩馬爾人、蘇巴農人〔Subanon〕之間）。然而一九六九年的時候，我們稍後將詳細討論的密蘇阿里（Nur Misuari）號召各個穆斯林反對勢力，建立單一團體，反抗運動從此延燒菲律賓南部各地，從民答那峨島、蘇祿到其他南部島嶼。摩洛民族解放陣線稱這片新領域為「邦薩摩洛」（Bangsamoro Land），後來爭取到伊斯蘭合作組織（Organization of Islamic Cooperation, OIC）等重要國際組織的承認。穆斯林叛軍與菲律賓政府軍的衝突在幾個地區此起彼落，間或激烈交火。衝突延燒數十年，造成數千人死亡，整個菲律賓南部籠罩著動亂陰影。儘管摩洛民族解放陣線一直願意與馬尼拉當局進行談判，但幾個分支團體的崛起讓和平進程難度大增，包括哈希姆（Salamet Hashim）創立的摩洛伊斯蘭解放陣線（Moro Islamic Liberation Front, MILF）、阿隆托（Abul Kahyr Alonto，馬拉瑙人王族成員）領導的組織、阿布沙耶夫團體等。從一九七〇年代到二十一世紀初期，各方終於簽署一連串條約與雙邊協議，但整個地區仍然瀰漫著對和平的不確定感。[16]在這個廣大穆斯林世界的遙遠角落，穆斯林與基督徒關係仍然不時暴力化。儘管日常生活勉強能夠正常進行，人們永遠無法確定市場中不會發生炸彈爆炸，或者外來人士不會被戴面罩的人綁架。

南部穆斯林勢力與菲律賓政府簽署的多項和平協定，讓我們些許瞭解到問題為何如此棘手。短短幾年之前，雙方才敲定更多這類文件，但整個協商過程有數十年之久，多位菲律賓總統曾簽署相關條約，包括馬可仕（Ferdinand Marcos）的《一九七六年的黎波里協定》（*1976 Tripoli Agreement*）、柯拉蓉・艾奎諾（Corazon Aquino）一九八九年的《民答那峨穆斯林自治區基本法》（*ARMM Organic Act*）、羅慕斯（Fidel Ramos）一九九四年的《聯合停火基本原則》（*Joint Ceasefire Ground Rules*）與一九九六年的《最終和平協定》（*Final Peace Agreement*），後者的「最終」結果言之過早。《一九七六年的黎波里協定》由利比亞當時領導人格達費（*Muammar Gaddafi*）居中斡旋，內容呈現了交戰雙方在談判桌上交鋒的諸多議題。地區自治是最重要的一項願景，未來南部自治政體的外交政策也被列入討論，此外還有如何建立法院、教育與行政的體系，如何建立金融與經濟的架構，以及如何開發地區自然資源。在一個死傷無數的地區斡旋停火，也是相當艱難的協調工作。不過當時各方眼前的首要議題仍然是自治，歷屆伊斯蘭合作組織會議的紀錄也證明了這一點：一九七二年的吉達（Jeddah）會議、一九七三年的班加西（Benghazi）會議、一九七四年的吉隆坡會議、一九七六年的伊斯坦堡會議、一九七七年的的黎波里會議。摩洛民族解放陣線向各個穆斯林民族國家求助，這些國家要求馬尼拉當局賦予菲律賓南部穆斯林更大的自治權。石油財富與西方對抗蘇聯的地緣政治也發揮作用。一場原本是地區性、兩大宗教邊陲地帶的穆斯林與基督徒衝突，意義與規格卻愈來愈大。[17]

這一切的關鍵人物無疑就是密蘇阿里，摩洛民族解放陣線魅力十足的領導人，也是該組織面對群島家園與國際社會的主要發言人。密蘇阿里在穆斯林南部與馬尼拉當局的對話中不可或缺：他的聲音與數十年來的菲律賓領導人共同迴盪，從馬可仕到柯拉蓉，從羅慕斯到艾斯特拉達（Joseph Estrada）到葛羅莉亞·馬嘉柏臯──艾若育（Gloria Macapagal-Arroyo），而且在位時間比他們更久。密蘇阿里也結交了許多其他國家的領導人，尤其是伊斯蘭世界（如前所述），但並不會畫地自限。他能夠與位高權重的菲律賓以及國際社會人物平起平坐，也能夠讓三寶顏等地的菲律賓穆斯林相信他會保護他們的利益。他發言時就像穆斯林的自己人，一個在南部棕櫚樹環繞的村落長大的孩子。他曾經為自己的觀點與行動入監服刑，並視此為值得表彰的榮耀，令戰友心生敬意。對於當代菲律賓南部的穆斯林叛亂，密蘇阿里幾乎是有始有終，從一九六八年的賈比達大屠殺（Jabidah Massacre）到基督徒行刑隊到他自己的牢獄之災。但是密蘇阿里始終認清目標，因此成為一股不可忽視的力量。他依循穆斯林習俗，多次結婚，藉此擴大影響力。雖然他無法說服所有的菲律賓穆斯林跟隨他的號令，他的影響力後來也略顯衰退，分支團體一一出現，但他一直都是菲律賓穆斯林反叛勢力最重要的人物，無可比擬。他既是國際社會的重量級人士，也是不同凡響的地方傳奇；來到今日的菲律賓南部，我們依然可以感受到他的影響力。[18]

密蘇阿里在三寶顏這個天涯海角的穆斯林與基督徒關係上，留下不可磨滅的影響；然而對於如何詮釋這場抗爭衝突，各個政治勢力顯然各有圖謀。舉例而言，菲律賓既有的統治階層（尤其馬可仕時期）長期將穆斯林反叛者視為土匪強盜，有礙他們建立獨裁民族國家的工作。馬可仕的政敵（尤其是參議員貝尼格諾．艾奎諾）嘗試拉攏穆斯林南部結盟，共同對抗馬可仕，只是成效不彰。[19]摩洛民族解放陣線領導人密蘇阿里、邦薩摩洛解放陣線（Bangsa Moro Liberation Front）領導人路克曼（Sultan Haroun al-Rashid Lucman）以及其他各方人士，都各有圖謀，未必相信將異議組織團結起來最有利於達成自身的抗爭目標。馬可仕獨裁政權遭推翻之後，繼任的歷位總統更加積極追求和平。柯拉蓉等人在與穆斯林南部打交道時，也更願意聆聽，雖然有時還是得祭出「菲律賓團結」這把尚方寶劍。[20]其他菲律賓政治菁英，例如實力雄厚、歷任要職的本宗（Alfredo Bengzon），則努力向各方灌輸一個觀念：和平只能以漸進方式達成。本宗也主張坐上談判桌的人必須保持彈性，才有可能達成貨真價實、可長可久的和平進程。[21]

然而要讓陸地、中心的呂宋島理解海洋、邊陲的民答那峨島在抗爭中的真正訴求，一直相當困難，要得到答案談何容易。一種做法是透過社會學調查來釐清菲律賓南部穆斯林的心態，以三寶顏等地區為樣本，詢問人們如何看待和平的機會與選擇。這些調查得出一些有趣的結果，現在正擴大進行，希望能夠揭示民眾心態與這些數十年無解問題的關係。[22] 我們在這裡只檢視一項於一九九九年進行的調查，受訪者是一千名成年人。我們從調查中可以看到對於「動亂」相關問題，民答那峨島居民的感受、穆斯林受訪者的感受以及廣義菲律賓人集體的感受。舉例而言，穆斯林受訪者比全體受訪者更擔心政府軍斷絕民答那峨島居民的糧食供應，試圖以饑荒逼出藏身鄉間的叛軍。穆斯林也比全體受訪者更氣憤軍方破壞宗教與歷史遺跡，顯示這場戰爭除了槍林彈雨，也是一場文化象徵的戰爭。[23] 另一方面，「穆斯林」與「所有民答那峨島人」受訪者的回答經常一模一樣或非常近似，代表不同的宗教社群基於共同的地方意識能夠達成共識，即使彼此的宗教各有源頭。後馬可仕時代的菲律賓政府試圖藉由這些調查，更精確地評估三寶顏等地區的菲律賓穆斯林，對於一系列的相關議題有何感受。

當然，想要確認這些議題的答案，最好的方式可能就是聽聽菲律賓穆斯林怎麼說。當地已經出現一個小型的出版業，發行各種小冊子、文章傳單與書籍，寫作者表達多樣化的觀點，反映他們對於艱困時期的感受。這些類型的出版品之中，《摩洛信使報》(*Moro Kurier*)是非常有趣的一份，內容涵蓋菲律賓穆斯林社群關注的各項議題，而且不限於民答那峨島；

事實上，它與菲律賓共產黨（Communist Party of the Philippines, CPP）有關連。舉例而言，《摩洛信使報》會報導社區成立了工作坊，讓各地方的穆斯林有更多的選擇。[24]還有一些文章是為一般民眾闡述伊斯蘭教義，或是報導摩洛宗教學者（ulama）的會議，討論學者在摩洛人抗爭運動之中扮演的角色。[25]以當地方言創作的詩歌（附有英譯對照，幫助讀者確實掌握文義）頌揚穆斯林南部各個地方的力量與美好，讓沒有去過這些地方、無法眼見為憑的讀者，也能感受一種飲水思源的驕傲感。閱讀大眾得到關注、得到維繫、透過其他語言擴大視野——包括「庶民的語言」與菲律賓全國通行的英語。[26]有幾篇文章甚至探討「伊斯蘭教的解放力量」與摩洛人女性在抗爭中的角色，兩類文章都能夠將訊息傳達給整個社群。[27]一九八五年的一篇文章甚至發布一份〈穆斯林人權宣言〉（Muslim Declaration of Human Rights），一方面連結更廣大、全球性的主題，一方面也反映菲律賓南部穆斯林獨特的地區性訴求。[28]

情勢日漸清楚，菲律賓各方正在努力縫合過去遭到撕裂的南部地區。儘管兩個陣營都還有「極端分子」，各自主張徹底的穆斯林自治或者徹底的國家整合（二〇一三年，一個摩洛民族解放陣線的分支團體在三寶顏升起旗幟，宣稱建立「邦薩摩洛共和國」〔Bangsa Moro Republic〕），但是一個更大規模的「中間利益」（middle interest）在過去一、二十年發展起來。一本大部頭、印刷精美的著作《伊斯蘭世界：民答那峨島的和平願景》（*Dar-ul Salam: A Vision of*

Peace for Mindanao），作者普瑞西亞・艾瑞芬—卡博（Pressia Arifin-Cabo）、迪宗（Joel Dizon）與曼塔威爾（Khomenie Mantawel）彙集兩個陣營多位人士想法與言論，探討穆斯林南部的持續動亂應該如何解決。這本書相當激勵人心，而且不能只從表面價值來看，但光是它的問世就意義重大，因為在二〇〇八年前的近幾十年，這根本是不可能的事。書中呈現了兩個陣營人士的說法，我們在這裡要引述其中兩位，顯示在宗教信仰與軍事壁壘的兩邊，都有人願意將自己的意見公之於世，印成白紙黑字流傳。「在伊斯蘭世界，人們應該要能夠下田耕種，做自己的工作，不受戰亂侵擾。」菲律賓陸軍第六步兵師指揮官費瑞爾（Raymundo Ferrer）少將如此表示，「當然這也意味著孩子們能夠上學，學校有足夠的教室與老師。人們有機會讓自己變得更好。」[29]伊克巴（Mohagher Iqbal）是摩洛伊斯蘭解放陣線和平委員會（Peace Panel）首席談判員，似乎也有同感：「伊斯蘭世界是真正的和平與正義的世界。和平的前提並不只是沒有戰爭；想要讓和平當家作主，必須先達成正義。」[30]

來到三寶顏

我想要親眼看看這些連結，這些將三寶顏與其他地區的地點、歷史、事件綰合在一起的網絡。然而我並不是菲律賓專家，雖然先前曾經造訪，卻從未到過南部。這趟行程讓我相當焦慮，二〇〇四年展開田野調查時，當地的情勢依舊相當緊繃。因此我首先求助於兩位菲律賓同事與朋友，瞭解如何著手進行，也承蒙他們提供寶貴的經驗與人脈。阿比納雷斯（Patricio (Jojo) Abinales）教授著有多本關於菲律賓南部的專書，尤其關注民答那峨島，透過政治學觀點研究地域與跨地域（translocal）權力與影響力的運作模式。[31]阿比納雷斯針對我感興趣的穆斯林與基督徒模式，為我詳細說明我會觀察到的事物。他協助我瞭解哪些問題可以問；但更重要的是（至少在我看來），他讓我知道什麼問題不應該問。這是為我的人身安全著想。他告訴我，在民答那峨島情勢如此緊張的地方，而且我又是一個美國人，詢問不恰當的問題可能會招來殺身之禍。諾艾兒．羅德里格茲（Noelle Rodriguez）教授也協助我安排行程；她本身就是三寶顏人，在菲律賓頂尖學府馬尼拉雅典耀大學（Ateneo de Manila）擔任歷史系主任。[32]她不僅提點我什麼該問、什麼不該問，還提供我聯絡人，並為我安排相關資格證明，因為我是隻身前往南部，三寶顏沒有任何人認識我。如果沒有兩位朋友的協助，我到三寶顏將一無所獲。[33]而且我恐怕無法安全離開，這樣說一點也不誇張。

由於我大概一定得從馬尼拉進入菲律賓，因此有人建議我在轉搭國內線班機飛往南方的民答那峨島之前，應該在位於呂宋島北部的首都地區（馬尼拉與奎松市〔Quezon City〕）

進行一些訪談。我被建議訪談兩類人物，一類是熟悉南部情勢變化的菲律賓學者；另一類是首都地區幾家穆斯林機構的成員，他們可以為我安排進一步的資格證明。這種預先培養的信賴感是無價之寶，我在造訪泰國南部穆斯林省分時也曾依循同樣的程序，當地的日常生活同樣充斥著叛亂、暴力與分離運動。[34]我接觸了幾位在菲律賓大學迪里曼分校（University of the Philippines, Diliman）等學府任教的穆斯林知識分子，並且約定見面。不過我在這裡只提兩位給我建議的教授：卡門．阿布巴卡爾（Carmen Abubakar）與瓦迪（Julkipli Wadi）。兩位在第一次和我會面時都小心翼翼，問我進行訪談有何目的。我回答我想研究三寶顏，視之為一座宗教的前哨站，位處於多個海洋世界的盡頭交會之處；兩位教授的反應是沉默以對。不過他們逐漸敞開心房，也打開話匣子。阿布巴卡爾教授建議如果可以安排，我應該訪談密蘇阿里在三寶顏的部屬。做得到嗎？她也不確定。[35]瓦迪教授和我討論到最後時，堅持我應該訪談「一般的」南部穆斯林，不要只接觸那些分離運動或獨立運動大業的參與者。[36]我試圖兼顧兩位教授的建議；至於原因，兩位都已說得很清楚。[37]

離開呂宋島之前，我拜訪了幾家摩洛人機構，它們的職責是保護菲律賓南部數百萬穆斯林的利益。時間最長的一次訪談是在奎松市的穆斯林事務局（Office for Muslim Affairs）進行，我遇到幾位提供協助的官員，一邊喝茶一邊長談；對於和我研究相關的幾個議題，他們提供了統計資料，包括清真寺的興建、每年到麥加朝覲的信徒人數與出發地。雖然我是個來自美國的陌生人，他們依舊對我相當禮遇，也相當坦率（至少在我看來）。我察覺有人事先打過電話，他們在我抵達之前就已知道我的身分與來意。他們為我解釋摩洛人對於南部「動亂」的觀感，以及為什麼馬尼拉中央政府必須做好社會正義、興建學校、減少貧窮的工作。我點頭稱是。與我談話的官員見聞廣博，每一位都是如此。他們充分掌握事實，對相關事務（大多是以問題方式呈現）的數字與規模信手拈來、如數家珍。那天我在場的時候，有人打了一通電話到三寶顏，儘管我無法從對話得知電話另一端是誰，也不知道雙方對我的行程說了什麼。官員告訴我，三寶顏那邊期待我的造訪；我飛越整個菲律賓群島抵達之後，要與幾位人士聯絡。我們站起來相互道別，我注意到一位官員的褲管略微捲起，勾到他小腿上的某樣東西。我的視線只是無意間掃過，但對方察覺我注意到他的腿，於是微笑著拉起褲管，只見他的小腿肌肉大部分已消失，取而代之的一塊巨大的節瘤，布滿紫黑色的疤痕。「事情發生在巴錫蘭島，政府軍的炮彈把我的腿炸成這樣，我全身著火，被他們拖出村莊。」他放下褲管，和我握手，看著我的眼睛。他和其他官員祝福我這趟南部之旅平安愉快。[38]

巴錫蘭島是一座山巒起伏的大島，就在三寶顏港口南邊，我一直將它放在心上。穆斯林與政府軍曾在島上叢林高地爆發激烈戰鬥；從三寶顏的濱海道路遠眺，錐型構造的島嶼呈現朦朧的紫色。就在我抵達三寶顏的前後，穆斯林叛軍在行駛於三寶顏和巴錫蘭島之間的渡輪安置了一枚炸彈。大批政府軍駐紮當地，配備美製M-16突擊步槍。一座規模在菲律賓數一數二的軍事基地，就位於三寶顏市區外圍。[39]我在打出任何一通電話之前，先花了幾天時間漫遊市區，想要深入感受這個遙遠前哨站的氛圍。儘管三寶顏最早的聚落可以上溯到十二或十三世紀，西班牙要塞卻是當地第一座規模可觀、堪稱堅固的建築。古老的伊比利亞大炮依然面向大海，因歲月而變得黝黑，令人敬畏，無比沉重，顯示出西方勢力——以及今日的菲律賓天主教與馬尼拉當局——預想的敵人方位。巴錫蘭島就在三寶顏外海不遠處，彷彿俯瞰著這座平坦的城市。我走過幾個描籠涯（*barangay*）（社區，又稱描溜〔*barrio*〕，今日三寶顏有九十九個描溜），想在開始訪談之前更熟悉這個地方。整個城市塵土飛揚，離開市中心之後，大部分的道路都是泥土路。棕櫚葉、香蕉與其他果樹將小型、緊密的住家隔離開來。公雞漫步在安靜的巷道上，大搖大擺。你可以聽到在房舍的陰影中，人們以查瓦卡諾語交談。你可以想像過去幾個世紀以來，三寶顏的整體景觀並沒有多少改變，西班牙征服者當年也曾騎馬馳騁同樣的小徑。[40]

我到三寶顏主要是想訪談當地的穆斯林，他們占人口少數但地位重要；儘管如此，我的東道主卻可以說是現代版的西班牙征服者。我住的地方是由耶穌會神父提供，他們非常慷慨，不求回報，經營當地最頂尖的學府「三寶顏雅典耀大學」（Ateneo de Zamboanga）。克羅伊茲（William Kreutz）神父是我的東道主，[41]我抵達三寶顏之後幾天就來到他的辦公室，但那是我和他（以及其他耶穌會士）唯一的一次日間會面，之後我們都是在晚上見面。白天穆斯林，晚上耶穌會士，我與這兩個（有時）相互衝突的陣營互動，幾乎可說是體現了摩尼教的二元性（Manichean dualism）。今日的耶穌會士已無意與摩洛人衝突，至少三寶顏的耶穌會士無意如此，他們來到此地是為了教育和服務。我清楚感受到他們的企圖心，儘管傳教工作仍然持續進行，特別著重半島西南部周邊地區與民答那峨島中部山區。我結識克羅伊茲神父的時候，他在菲律賓已經待了三十多年，在此度過幾乎整個成年歲月。三寶顏雅典耀大學在他領導之下，作育了數千位來自各個教派的學生。我從他得到的訊息似乎相當柔性（至少表面上看來）——耶穌會士以教育為職志，致力於協助兩個宗教和平共存，讓這個歷來動亂不息的地方也能夠享有某種程度的和諧。我有時候很難不相信他們，因為他們的態度與對話都是如此誠摯（當然也帶有特定觀點）。耶穌會士也介紹一些當地的穆斯林讓我認識，其中幾位我已經聯絡過。他們請我喝酒吃飯，前者比後者更重要，但一頓晚餐有時長達數個小時，這也是一種歷史遺緒。[42]三寶顏雖然是菲律賓第六大城，但是從吃飯用餐的節奏看來，它顯然仍是一個邊區城鎮，以邊區的步調運作。

我在塵埃瀰漫的巷道漫遊，拜訪聯絡人，幾位三寶顏人士同意和我進行低調的對話。在進行幾乎每一場對話時，我都是事先得到某某人的擔保，不是馬尼拉的穆斯林（那些神祕的電話！），就是三寶顏的耶穌會士。然而後來人們似乎達成共識，認定我所言不虛，的確是一位美國學者，不是中央情報局或國家安全局（NSA）的幹員，受訪者因此願意把我轉介給其他人。一個又一個家庭想告訴我他們的感受，我因此得以開始拼貼一個關於連結的故事；關於在這個最具跨地域色彩的海洋地帶，人們對跨地域的感受。故事中的外地親戚與生意夥伴不僅出現在巴錫蘭島，也遍及蘇祿群島其他地方；三寶顏人民搭乘渡輪穿梭來往，從以往的帆船轉換為今日的機動船隻，繼續維繫長期運作的人際關係。有些人移居哥塔巴托，或是遷徙到民答那峨島廣大「本土」的其他海岸城市，離開有如蜘蛛腳的三寶顏半島地區。有些人前往馬來西亞（沙巴），甚至遠赴印尼，後者多半經由萬鴉老（Manado）前往特爾納特（Ternate）與摩鹿加省東部。古老的王國在他們的描述中迴盪，來往於這些淺海的穆斯林沿用傳承數百年的航行指南。有些人準備前往麥加，或者說「受庇佑的麥加」，這是當他們對我提到麥加時使用的形容；他們即將穿透「地域」網絡，對於三寶顏如此偏僻的地方，這是想像力所及最遙遠的旅程。在每一戶人家，我都受到熱情款待，矮桌上擺放著茶與甜點，兒童透過竹籬笆觀看我們的活動。人們圍成小圈圈盤腿坐著，與我交談。[43]

這一節將近尾聲，我想談談我與一位女士的對話。那天我受邀到一戶民宅，參加一場聚會，三寶顏幾個穆斯林望族都有代表出席，總共來了大約三十人。特別值得注意的是一群年長女性，從她們的行為舉止來看，都有一定的身分地位，而且很有自信。她們與我坦誠溝通，儘管有眾多男性在場，但並不羞怯拘謹。其中一位女性是蘇祿蘇丹國王族的後裔，幾年前曾帶領菲律賓穆斯林的聖地朝覲團，是當年全球唯一被賦予此等國家殊榮的女性。她對我講述了精采的朝覲故事；當時一如今日，那是菲律賓穆斯林為實踐信仰而進行的最盛大海外旅程。[44]我和這群女性坐在一起，留下一些美好的合照，從其中可以看出她們臉部輪廓的多樣性，以及數百年來襲捲這些「世界盡頭」島嶼的文化浪潮。聚會接近尾聲時，我被介紹認識一位不太說話的中年女性，她的語調非常柔和，但兩眼炯炯有神，也立刻讓我感受到她的沉著鎮定。原來她是密蘇阿里多位妻子之一，和我聊了將近兩個小時，談她在沙烏地阿拉伯漢志（Hejaz）地區的生活，伊斯蘭教的地域意義與跨地域意義。她描述自己的麥加之旅，其他菲律賓人對於朝覲的觀感。但是她也提出一個關於社會正義的願景，要讓菲律賓南部恢復正常運作。她的願景溫和理性，表述方式心平氣和，讓人印象深刻、自嘆弗如。我站起來準備離開時，她凝視我許久，確認我全神貫注之後，說道：「你會告訴其他人，對不對？這很重要，世人必須聽到我們的說法。」

我同意這麼做。在那場平靜的道別過程中，人們可以抱持希望：延燒數十年的衝突——源自一個世紀甚至更久以來的流血殺戮，上溯到伍德將軍的年代——有希望畫下句點。耶穌會士與摩洛人有志一同，至少兩邊最具影響力的人物是如此。[45]我向密蘇阿里的夫人道謝，當天晚上回到三寶顏雅典耀大學。我一再思考她對我說的話，在民答那峨島的黑夜裡靜靜坐著。

結語

三寶顏是一個會讓人反覆思索、念念不忘的地方。我在前文指出，儘管它給人帝國盡頭的感覺，事實上也的確如此，但它也可以是自身世界的中心——這個世界是一片汪洋大海，以三寶顏的關鍵地位為中心。南到蘇祿群島、西到巴拉望島（Palawan）、北到米沙鄢群島（Visayas）、東到民答那峨島山區，三寶顏是這個區域的地理中心。三寶顏位於這些地方之間，經由海洋來往，數百年來確立了自身的連結體系與重要性。伊斯蘭教是催生它的關鍵因素，與它互動的穆斯林政權留下墓碑與清真寺，許多至今仍屹立於城裡城外。西班牙將它建設為一個重要的軍事城鎮，在早期的建築上安裝大炮、興建防禦工事。原本對外開放的空間，因此逐漸走向閉關自守。在三寶顏的城牆之內，一個國際化但非常獨特的社會逐漸發展，產生了自己的語言，但也能夠理解其他地區的語言；那些語言像潮水一樣，隨著各國貿易商流進三寶顏的城門。美國帝國主義來到之後，壓制了這些連結的動態發展，三寶顏的社會轉向靜態，愈來愈關注自身，而非廣大的海洋。轉變的過程大部分是和平進行，但穆斯林與基督徒有時還是無法和平相處。菲律賓獨立之後，相關衝突持續不斷；三寶顏再次成為一座要塞，面對周邊地區的大規模動亂。

獨立之後的馬尼拉當局雖然是菲律賓人當家作主，但許多三寶顏人仍然將它視為帝國主義的大本營，與西班牙或美國殖民時期沒有多大差別。馬尼拉的作為與意圖持續被視為攫取資源，確保三寶顏及其周邊地區為一個新生的基督教國家提供發展所需的原物料。這雖然並不是每一個三寶顏人的意見，但在民答那峨島西南部地區，多數人們的確如此認為。後來，持續數十年的衝突、脅迫與改革嘗試，被談判取而代之。穆斯林與基督徒在這個無比偏遠的前哨站達成脆弱的和平。這是今日三寶顏的氛圍，在許多地方都可以看到裹著頭巾（hijab）的女性與耶穌會神父擦身而過。然而平靜的態勢不時會被打破，這個世界盡頭的港市仍然埋藏著怨恨，也仍然有人對現狀不滿。拿著M-16步槍的軍人繼續巡邏塵土飛揚的街道，政府在港口周遭部署重兵。海灣彼岸隱隱約約的巴錫蘭島，仍是反抗運動活躍之地，致力追求建立一個穆斯林蘇丹國。漫步三寶顏街頭，你可以感受到這一切，現在與過去惴惴不安地並存。這地方既是許多已知世界的盡頭，也是其他世界的開端，過往的歷史在這裡可以是未來的序言。這種矛盾的興奮情緒正是三寶顏的特質，人們也因此理解，這座邊區城鎮的前景離塵埃落定還有一段距離。

第四部
城市與海洋

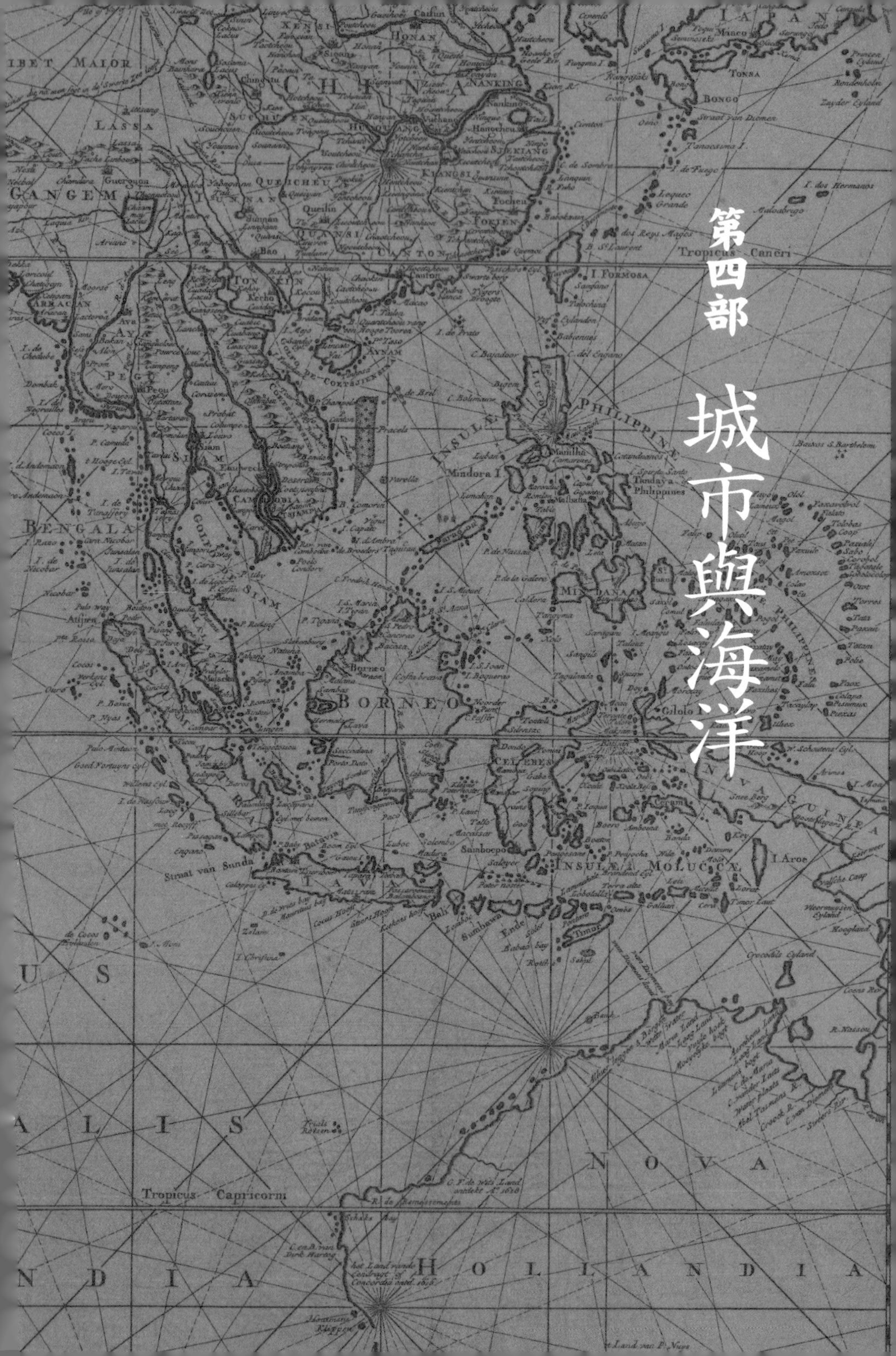

CHINA
NANKING
TIBET MAIOR
LASSA
IAPAN
BONGO
TONSA
I. FORMOSA
Tropicus Caneri
INSULÆ PHILIPPINÆ
Manilha
Mindora I.
BENGALA
PEGU
SIAM
CAMBODIA
BORNEO
CELEBES
Gilolo
INSULÆ MOLUCCÆ
I. Aroe
NOVA GUINEA
IAVA
Strait van Sunda
Bali
Sumbawa
Ende
Timor
NOVA
HOLLANDIA
Tropicus Capricorni

導言：都市主義的連結——亞洲城市的生命

亞洲海運航線連結的主要地點之一就是港口，亦即散布在大洋通路上的一連串城市，從紅海之濱的亞丁到日本的江戶／東京。儘管文化、觀念與物資也會在其他地方交流，包括受到保護的小港灣與海灣、沒有城市的海岸農業地帶、甚至就在公海上，但是最重要的交流地仍然是港口；來自四面八方的商人聚在一起，進行買賣。亞丁、馬斯開特、喀拉蚩、蘇拉特、孟買、科欽、馬德拉斯、加爾各答、仰光、檳城、麻六甲與新加坡，全都散布在印度洋邊緣。更東與更北處的巴達維亞、望加錫、汶萊、大城、西貢、會安、馬尼拉、廣州、澳門、香港、長崎、橫濱等較小的區域性港埠，也向商賈招手。貿易以區塊的方式移動，商人在日本海、班達海或孟加拉灣等特定地區的各個港口間穿梭是常態，更遑論較狹小的開放海岸。

然而有幾位人物沿著海洋航道走得更遠，串連許多相隔遙遠的地方，成就了在當時很罕見的壯遊。如果馬可．孛羅的遊記可信的話，那麼他就是其中一位。他較著名的旅程大部分走陸路，行經歐亞大草原（Eurasian Steppe）抵達哈拉和林（Karakorum），但是返回歐洲的行程有一部分是走水路，從中國的海岸出航，經過東南亞，進入印度洋，然後登陸走商隊路線回到歐洲。他在旅程中經過幾個港市，也記錄下自己的印象。另一位來自更西邊之處的旅行家同樣做了紀錄；摩洛哥法律學者巴圖塔（Ibn Battuta）的旅程與馬可・孛羅往反方向展開，他以穆斯林學者的身分遊歷了許多港口與王朝。本書前面討論過的中國水師將領鄭和也毫不遜色，曾經造訪多個亞洲季風城市，並由他的通事（翻譯官）兼教諭馬歡留下旅程紀錄。這三位著名的旅行家呈現了前現代時期亞洲都市主義的一些潛力，因為他們曾在不同的時空造訪海洋航道沿途的城市。隨著中古時期過渡到現代早期，作為這類接觸背景的港口愈來愈多，於是一些新的都市出現，促成各方進行對話。

對於持續數個世紀、不斷擴大的跨文化接觸，亞洲海洋航道港口的發展可能是最重要的因素。儘管海洋科技——本書稍後會再討論——也是關鍵要素，但水手、商人與政治人物必須要有理由才會行動，而海洋迴路主要港口的興起，讓他們的航行有了目的。貿易必須實地進行；港口將商人、貨物與資本匯集在同一個地方，而且可以長期存放。航道沿途的精明統治者都明白這一點，於是建立各種制度來吸引人脈與商業活動，與今日企業界的思維方式相去不遠。其中一項就是「港務長」（*shahbandar*，波斯語），亞洲航道上的主要港口有許多（甚至大部分）都曾設置港務長，他們通常（但並不一定）是外籍人士，並且通曉多種語言。我們已經介紹過中國宋朝的趙汝适，此外麻六甲、望加錫與古加拉特的港口也有港務長。港務長負責處理港口的貿易事務，一方面要設法吸引新的生意入港，一方面要維繫與穩定港內既有的交易活動。但還有其他機制在協助海洋航道上都市節點（urban nodes）系統的運作，包括僑民之間的聯繫（各族群在許多遙遠的港口都有代表，彼此保持對話），各國也會在多個地區設立領事館，以促進本國的商業利益。商人一定要有法律代表，或者至少——在前現代的背景下——要與地方統治者有所往來，如此一來自身的權利才不會遭到踐踏。這些制度都可以用來解決前現代時期長途通訊受限的問題，並且有助於商業的齒輪長期運轉。

本書第四部「城市與海洋」透過相關連的兩章來檢視此一現象。第八章探討「大東南亞」（Greater Southeast Asia）港口城市的發展歷程，對所謂的「大東南亞」採取寬泛的定義，涵蓋一些與東南亞距離稍遠、但顯然相互對話的城市。所以廣州、香港、印度次大陸的幾個港口都被納入；這些港口一方面展現出這個區域與外界的連結，一方面呈現它們與東南亞港口在都市型態上的差異。藉由檢視大東南亞港口城市的發展與地理機制，我們為都市連結性勾勒出一個範本，並且從長時期的觀察找出問題。本章不僅討論過往的歷史模式，也會針對我們生活的現代探討許多同樣的問題，藉此瞭解這些城市身為海洋航道上大型都市群的一部分，是如何演變的。第九章則以更全面的視角來看待亞洲港口之間的連結。第八章的討論範圍已經很廣，因為本章的分析將東南亞的城市置於廣大的港口網絡之中，而這些港口是透過橫跨孟加拉灣和南海各處的商業交流來與東南亞連結。但第九章比第八章更廣，進一步擴大地理範疇，從伊斯坦堡出發，縮結一連串位於今日亞洲最遙遠地區的港口；港口船隻緩緩橫渡整個亞洲海洋世界，從西亞來到南亞，再從東南亞北上至朝鮮、日本與俄羅斯遠東地區。沿途港口都屬於一個大型商業與政治代表機構網絡的節點，本章將分析它們的作用，尤其是在進入二十世紀前夕的世紀末時期。外交通訊文書是本章分析的骨幹，然而我們也會看到，外交工作經常與商業活動混合運作。從伊斯坦堡的叫拜樓（minaret）到雪花紛飛的東北亞，這一萬六千公里的海路連結將整個海洋航道的領域打成一片，從起點到終點都在同一個洲。第九章透過僅僅聚焦於一段特別動盪不安的時期當中的數十年，呈現在世界進入「現代」之際，貿易、支配與通訊如何跨越遙遠距離，彼此會合。

第八章 「大東南亞」港口城市的創生

從前，這些邊界並不存在，這些海洋全部都屬於我們。——拉披安（Pak Adrian Lapian），雅加達，二〇〇六年[1]

現代地理學理論很晚才體認到，非西方城市是一種極為重要的獨特單元，對全世界經濟與政治交互作用的整體格局而言不可或缺。[2]最真實的例證可能就在大東南亞地區。[3]東南亞有幾個港口崛起成為跨國地區的經濟首都，可能是數百年來人口型態演變的結果。[4]然而一直要到最近數十年，這個過程才以前所未見的規模開始高速發展。[5]此一過程催生出數個巨型城市（megacity，其中許多位於沿海地區或海上），城市的周邊地區也因此改頭換面。這些城市協助打造出不一樣的世界，改變了南亞、東亞與東南亞之間海洋盆地的面貌。

時至今日，新加坡仍然充斥著東南亞鄰國的商品；它是英國企圖在無比重要的麻六甲海峽獲取戰略性貿易據點而留下的成就。船運、倉儲、金融與電信等服務業欣欣向榮，讓這座城市成為「新加坡—巴淡島—新山成長三角」(Singapore-Batam-Johor Bahru Growth Triangle）的焦點；這項廣受宣揚的計畫將新加坡與鄰國馬來西亞、印尼連結起來。曼谷在曾經相當廣大的大陸東南亞政權網絡中位居樞紐，從寮國的河川獲得大量水力發電、從一度被國際社會遺棄的緬甸輸入寶石與柚木，同時也是柬埔寨木材與難民的中轉站。最後要談香港，嚴格來說它位於東南亞之外，但仍屬於東南亞的海洋事務運作範圍。十九世紀中期的鴉片戰爭年代，香港被視為進出中國東南部的管道，至今依然如此。過去吸引毒品走私者的巨大市場，現在向新世代的商人招手；他們將廣東農村的商品賣到東南亞，並反向輸入來自「南洋」的家庭幫傭。區域性都會誕生，以數百年前沒有人能想像的速度蓬勃發展。多位人口統計學家預計，二十一世紀後半地球上最大的城市中會有數座在東南亞。

本章指出，雖然全球化的都市化是世界大勢所趨，但東南亞幾個都市樞紐在採行新架構與新體制的時候，至少還會參照年深月久的本地模式。這個模式是東南亞獨有的，和南亞與東亞的城市發展無法類比，儘管南亞與東亞傳統上（不太正確地）被視為東南亞文化的泉源。兩種模式其實相互衝突。「風下之地」的港口向來都是、也持續會是東南亞國度自身在各個有利位置的產物。[6]然而我們必須先檢視這些城市的發展模式，才能夠對它們

地圖8.1　東南亞沿海港口

未來的發展洞燭機先。[7]這些歷史模式也是未來的徵兆。[8]從遙遠的古代到比較近期的殖民年代，我們要搜尋各種線索，揭示這些沿著赤道分布的亞洲「超級首都」(supercapitals)未來會如何轉變。

過往的警報聲

分析東南亞都市歷史的綜合體，會讓我們聚焦在幾個本質上具有典型「區域性」的特徵。[9]將這些因素匯集起來，很有助於解釋一個反覆出現的大型模式是如何發展成形；此一模式由地理主導，但文化與經濟的力量也參與其間。[10]這些因素包括：一、地區的國際化傾向；二、港口與政治管理的雙重功能；三、作為生存機制的都市調適；四、一種顯著的平衡態勢：政治從中心地帶外移，經濟則反方向移往行政中心。我們必須先從歷史脈絡來理解這些觀念的運作，然後隨著時間推進，觀察這些議題在當代的發展情況。本章列舉了幾個簡短的例子，試圖更確切說明這些過程，隨後並解釋為什麼它們未必適用於今日對「大東南亞」的思考。

本章的素材涵蓋島嶼東南亞與大陸東南亞，但主要是後者的海岸地帶符合此處討論的模式。過去二十年間出現一個很有趣也很有幫助的歷史學爭議：大陸東南亞的長時段發展趨勢，在島嶼東南亞是否也有相對應的類似過程？相關爭議的核心是瑞德的概念，他的兩卷本《東南亞的貿易時代：1450-1680》大幅改變了學界看待東南亞歷史發展的方式，包括城市的成長與功能。[11]瑞德的詮釋並不特別強調現代早期島嶼東南亞和大陸東南亞發展過程的顯著差異。他對於東南亞都市史的論述是立基於一項總體主張：在整個東南亞，歷史的活力和趨勢有一種連續性。

李伯曼在他的兩卷本東南亞史《奇特的平行》（*Strange Parallels*）中挑戰了瑞德的理論架構。[12]他聲稱大陸東南亞和島嶼東南亞的長時期歷史模式中有許多並不相同；他也主張在許多領域應強調差異性，包括都市中心的誕生與發展。戴伊（Tony Day）也參與論戰，但他的關注焦點是國家形成的過程，不是城市的型態發展。[13]蘇．林．路易斯（Su Lin Lewis）最近則是對於認定「世界主義」（cosmopolitanism）在十七世紀之後式微的歷史分期頗有意見。[14]關注這場進行中的詮釋論戰會很有收獲，但瑞德與李伯曼的路徑其實可以有交集，只要將大陸東南亞海岸地區的模式與島嶼東南亞更悠久的歷史連繫起來。海洋會連結事物。雖然有些內陸城市無論在自身與周邊農村的關係上，還是與其他內陸城市的關係上，都可以找到相對應的類似處，但本章討論範圍主要是海岸地帶的人口聚居中心。正因如此，我們才能在較大的模式中找到某種有意義的一致性，包括時間上的與東南亞廣闊地貌上的。

東南亞的跨區域節奏

在歷史上，東南亞的城市多半倚賴國際商業這條命脈存續。[15]中國、日本、印度次大陸的情況則截然不同；這三個地區的大型城市專注於內部事務，大致上自給自足。像中古時期中國的蘇州與杭州、日本的京都、蒙兀兒人治下的德里（Delhi），這些大城市基本上都是國家內部的中心。城市裡的經濟與政治生活十分興盛，這一點無可否認，但絕大部分的能量與心力還是投注在內部事務，很少涉足遙遠的國際事務領域。相較之下，東南亞城市的世界觀大相逕庭。對於南海與印度洋之間的重要貿易路線來說，東南亞海岸城市是擴張延伸的節點，因此樂於接受外來影響，事實上這些城市也仰賴外來事物以維持生計。海岸城市發展出完整的架構與制度來推動貿易；明智的統治者會想方設法，讓國家的商業活動與自身的政治分量更加深入國際網絡。其中一個制度與這些過程深度整合，值得在這裡簡單討論，那就是許多地區都有的「港務長」。

本書第四部導言已經簡略討論過「港務長」這個觀念，在東南亞各政權之中，這個職位的重要性通常僅次於統治者。他的主要職責是為自己效力的城邦吸引、管理與推廣各項貿易活動。東南亞每一個地區的首府不論大小，都設有港務長；他通常是外國人，通曉多種語言，扮演文化「喬事人」的角色，亦即一個很瞭解他所在海洋城市（通常是第二故鄉）地方特性的人。東南亞曾經設有港務長的主要城邦，幾乎每一個都留下文獻紀錄：例如七世紀中國高僧義淨對（蘇門答臘島）巨港的描述，一五〇〇年代葡萄牙旅行家平托對（馬來西亞）麻六甲的記載，十八世紀荷蘭人與英國人關於殖民地貿易城市望加錫（位於蘇拉威西島）的報告。[16]這些由港務長經營的港口都有一串共通點：外向、樂於接受、願意且能夠接納外來者，以及因此產生的跨文化主義。我們只需檢視明末清初的中國歷史，或者一六〇〇年之後日本德川幕府的文獻，就可以找到事例顯示這兩個文化對於外國人的態度，要比它們的東南亞鄰國更為嚴苛。[17]在所謂的「南洋」，人們的心態似乎很不一樣；時至今日，我們仍然可以感受到這種文化上與都市上的差異。

城邦與港口的雙重功能

比較東南亞城市和位於東南亞北邊及西邊的城市，功能性是另一項規範性模式

（normative pattern）上的重要差異。至少從西元第一個千年開始，許多東南亞傳統政權就將行政中心與經濟中心整合為一個城市。這種功能性的結合與文獻中的古代中國、日本以及印度城市差異甚大。德川幕府時代的江戶（今日東京）是日本的政治與（某種程度而言）文化中心，負責商業與貿易的是二線城市：長崎與後來的橫濱等港口。[18]日本在這些港口透過葡萄牙、荷蘭與西班牙貿易商，第一次接觸到西方世界。[19]同樣的，中國的權力與權威中樞位於北京的紫禁城，貿易則來自廈門、廣州等南部沿海城市。此種模式的另一個例證在印度，內陸城市德里是政治中心，阿拉伯海東部城市則是經濟中心，例如蘇拉特、巴利加薩（Bhargyaza，巴魯奇〔Bharuch〕）、孟買。[20]

從許多前現代的歷史案例來看，東南亞的情況正好相反，政治權力與重商主義被匯集到同一個地理空間。因此，爪哇島北部海岸的貿易樞紐如圖班（Tuban）、淡目（Demak）、格雷夕（Gresik）不但掌管自己的政治，在財政上也自行負責：這些城邦不但能夠獲取所需的金流，也主宰土地改革、法律運作等事務。[21]大城位於曼谷北方的昭披耶河上游，根本不靠海，仍透過河川運輸來實踐同樣的模式；蘇門答臘島的占碑與緬甸的曼德勒（Mandalay）也是如此。[22]將組織正當性與商業擴張利益集中在一處的決策，其重要性不可低估。東南亞城市的發展歷程與鄰近區域不同，原因就在於這種融合過程。另由於這些最

圖8.1 〈創建不久的新加坡港〉
來源：Charles Dyce繪製，新加坡，1842/43。

初的決策安排得宜，未來的決策很可能會延續相同的做法。

殖民地時期的東南亞城市在發展過程中，顯然沿襲了許多過去的模式。以馬尼拉為例，從西班牙殖民時期到美國殖民時期，它一直是菲律賓的經濟與政治中心。[23]在荷蘭對荷屬東印度的帝國主義統治時期，巴達維亞／雅加達從頭到尾也是如此運作。新加坡與仰光既是主要市場（與經濟分配中心），也是英國人在相關地區的政治運作總部。[24]這些城市後來成為殖民地首府，超越了先前作為地區中心的地位；儘管如此，它們仍與原住民聚居的內地保持來往，同時逐步連結殖民計畫帶來的區域市場和全球市場。這些城市因此成為思想和物資引進、流通與傳送的焦點。在從殖民地時代朝向國家獨立階段演變之際，東南亞城市也為愈來愈龐大的人群和物資扮演同樣的角色。

演進與調適

思考「調適模式」（modes of adaptation）在解讀東南亞城市歷史時也是個很有用的概念。一連串獨立城邦散布在數千里長的貿易路線上，生存風險居高不下：商業流量與運作方向的改變可以帶來巨大財富，也可以引發成長停滯，而且幾乎沒有預警。[25]就跨洲貿易而言，東南亞城邦很少會是終點站，不像中國的絲綢業城市或歐洲的紡織業中心。[26]在這個變動不居的貿易網絡中，這些城邦幾乎都是扮演中間站的角色。因此貿易情勢的突然變化不是帶來經濟的生機，就是帶來死亡。這些變化有時讓城邦統治者及其港務長完全無法掌控；另一方面，精明的統治者必要時可以調整港口的運作節奏，藉此操控變化的過程。

這類前瞻性的政策調整，在東南亞歷史上屢見不鮮，最成功的案例發生在十五世紀早期的麻六甲蘇丹國立國之初。當時蘇門答臘王子拜里迷蘇剌（Parameswara）逃離家鄉，建立王國。麻六甲在五十年間從原本的「海盜巢穴」發展成世界級的商業中心。[27]這座城市能成功，是因為翻轉了前朝三佛齊帝國的政策：這個帝國以蘇門答臘島的巨港為大本營。[28]三佛齊耗費鉅資建立與維持一支強大的海軍，唯一目的就是脅迫航經麻六甲海峽的船舶停靠港口，並且在不利的條件之下進行貿易。麻六甲王國的做法卻是將關稅降低到合理的水準，讓自身成為最適合做生意的地方。這種方式前所未有，遠從東非、埃及、沖繩前來的商人都知道，他們的貨物在麻六甲可以賣出公平且有標準可依循的價格；如果他們要在當地進行採購，政府的監管與執法也會是同樣的水準。[29]三佛齊的壟斷脅迫不能算錯，在東南亞出現眾多相互競爭的政權（一〇〇〇年前後）之前，那是最有效的做法。然而麻六甲的案例顯示，政策調適以及對區域地緣政治變化的覺察，能夠讓一個城市蒸蒸日上，從競爭者之中脫穎而出。新加坡學到這個教訓，並在過去兩個世紀中加以善用。本章稍後會進一步討論，這也正是胡志明市近年來積極規劃的方向。

政治「向外」發展，經濟「向內」運作

某個反覆出現的經濟與政治交易模式，是東南亞海洋城市的第四個、也是最後一個主要特質。這個模式可以說是一種趨勢：政治的混亂失序發生在高地與叢林，以及中心大城市的外圍地區；但商品交易帶來的緊密連結，多多少少能夠制衡這種解體分裂的力量。[30]為了在東南亞歷史的各個時期，都可以看到這種法則的運作，最明顯的時期莫過於今日。為了充分說明這個模式，下將簡要敘述東南亞森林產物的採集與這項貿易活動的政治意涵。

東南亞歷史上，有些政權的首府與其掌控的初級產物並不在相鄰近的地區，但這種案例並不多。比較常見的情況是，一個作為中央政權所在地的中心城市，具備本章描述的所有特質，控制為城市供應國際貿易商品的內地。這些關係通常會以三種形態呈現。第一種形態是初級產物提供者定居在茂密的叢林或森林中，外界只能藉由河川航行來接觸。婆羅洲與蘇門答臘島內地的達雅克人（Dayak）與巴塔克人（Batak）正是如此，他們為不同政權的商人（通常是華裔）供應貿易路線上炙手可熱的商品（例如賣到中國的犀鳥、樟腦與黃金）。[31]這類模式出現在一個弧形地帶，涵蓋整個島嶼東南亞，從麻六甲海峽延伸到印尼中部，一路前進到群島東部，然後北上菲律賓。[32]第二種形態是初級產物生產者居住在城市外圍的丘陵或山區，例如暹羅與緬甸的高地少數民族，以動物產品與各種草藥來交換低地種植的糧食。[33]第三種形態的「內地」位於其他島嶼甚至其他群島，十四世紀爪哇島強大的滿者伯夷政權將其西方八百公里外的香料群島（摩鹿加群島）納為屬地，然而前者對後者的行政管理非常有限，兩者間的關係其實比較屬於經濟性質。[34]

首府城市對周邊地區的管轄，經濟性質遠比政治性質重要，這是上述事例的共同點。因為距離或地理因素而減弱的權威，常常因為雙方在交易中互蒙其利而重新建立。然而這種關係必然帶有緊張的成分，成因是中央可能會過度要求地方服從（改變宗教信仰、朝貢、政治調整），或者地方過度要求獨立（將同樣產物賣給其他人的權利、生活方式與宗教信仰的自由等等）。從前殖民地時期到殖民地時期，這種模式在東南亞非常明顯。時至今日，東南亞的內部衝突有許多仍然看得到這種法則的運作，從緬甸、寮國 、菲律賓南部到印尼部分「外圍地區」都是如此。[35]傳統海洋樞紐城市的運作形態，如何在當代的東南亞表現出來？這是一個有趣的問題，接下來我們就將焦點轉向當代。

現在與未來

描述這些模式是很重要的事，原因在於東南亞城市對許多歷史元素進行整合，融入於自身今日的實際狀況。佛羅里達州人對於美國的認同與加州人並無二致；海參崴民眾與莫斯科民眾對俄羅斯的認同也是如此。但是亞齊民眾對於效忠印尼沒有多大興趣。哥都禮（Kawthoolei，位於泰國與緬甸交界）、民答那峨島（菲律賓南部）、山民高原（Montagnard highlands，綿延寮國與越南的安南山脈）村民的國家忠誠也相當稀薄。[36]何以致此？未來這些不滿情緒會得到包容，還是遭到中央集權政府輾壓？加入資源因素會造成什麼樣的變化？當新興超級城市（supercity）的「主人」對「周邊地區」侵門踏戶，東南亞傳統文化能夠容許到什麼地步？傳統文化有其他選擇嗎？簡而言之，考量「邊緣城市」（edge citiy）等前衛觀念與同心圓交易等古老模式，東南亞港口與其周邊地區從現在到未來要何去何從？[37]

全球的運作節奏

我們已經清楚看到，許多東南亞前現代與殖民地時代的海洋城市，其基本架構是對貿易、國際商業與外國思想保持開放。許多都市中心在規劃設計時也考量到這些開放性，與東亞、印度次大陸的許多城市相反。我們沒有什麼理由認為現在或未來不應維持這種開放的運作節奏。事實上，大部分的東南亞主要城市今日都居於有利位置，能夠在全球商業領域一爭高下。它們拜歷史傳承之賜，已經具備兩項最重要的元素：適當的港口與蓬勃發展的商人階級。過去引進陶瓷、紡織品與宗教的貿易路線，也引進印度、阿拉伯與中國移民；這些移民如今為東南亞貿易帶來了家族人脈與「關係」。[38]這些關係讓區域貿易保持動力，整個區域形成基於血緣、信賴與數百年共同文化的連結。這些人脈連結也自然而然延伸到東南亞移民社群的網絡之外，擴及南亞移民的來源國與中國，現在更愈來愈多延伸到全球移民的最新目的地：澳洲、歐洲與北美洲。[39]未來，這些連結的重要性有可能日益升高。

西方人與亞洲的新富階層一定會繼續重視東南亞的初級產物，不僅限於過去的森林產物與「妙藥奇方」，還包括石油與天然氣。他們會期待將新獲取的財富用於購買外國商品；隨著東協成員國工業化，這種消費行為將帶來更多的商業與貿易活動。[40]

然而這些城市成功走入國際，也引發了一些棘手的問題，前景未必一片光明。幾個最重大的議題包括環境汙染、靠重稅支撐的基礎設施、人口過剩。沿著現代化曲線運作的城市，發展失衡的問題也最為嚴重：國家人口快速增加，大批農村貧民移居新興城市，尋求就業機會。[41]結果導致城市極度擁擠，對已經左支右絀的都市資源造成更大壓力，最後造就出一個流動的低收入或赤貧人口群體，圍繞著這些城市，就業希望渺茫。東南亞已經出現幾個本土的系統來對抗這些壓力（例如人類學家在爪哇西部與中部發現的貧民分享機制），儘管如此，這個趨勢恐怕還會持續下去。城市的結構可能會出現變化，以便容納更多收容營與長期失業人口，並且將因此面對更嚴重的貧窮問題。[42]當這些惡性循環升高到無法處理的程度，城市將面臨國際貿易從此過門不入的危機。城市的基礎設施飽受壓力、難以運作，讓企業或政府繼續投注時間與經費的誘因已經消失。一線城市降級為二線城市，二線城市淪為三線城市。東南亞許多大城市已經走上這條道路，包括爪哇的三寶瓏（Semarang）與泰國的那空西坦瑪叻；菲律賓的馬尼拉也有這種傾向，只不過當地的運作法則比較複雜。[43]未來幾年，雅加達的首都地位將被位於婆羅洲的新城市取代，因為印尼的規畫者已判定它「不適合居住」。雖然這是大型首府城市生命週期的自然發展，但我們也看到其他的東南亞城市可能即將進入同一個模式。除非各方盡快採取具體的全面步驟來應對，這些結構性問題（氣候變遷還會讓狀況更惡化）將持續影響東南亞的未來。[44]

政治與經濟的再融合

上一節最後的想法帶我們回到印尼人所謂的「雙重功能」（dwifungsi）概念。前文曾經論及，東南亞各個政權從建立伊始，就不太區分政治與經濟的角色功能，與前現代及殖民地時期的中國和印度形成鮮明對比。這種融合的結果就是，今日大部分的東南亞國家都擁有一個高居主導地位的首都，其他幾個輔助城市（通常是港口）則扮演區域性的商業補給中心，讓國家得以兼顧貿易事務。這樣的歷史發展直接造成一個結果：東南亞各國周邊地區的動亂多半不是由經濟因素引發，與中國等地的情況不同。和世界其他地區一樣，東南亞永遠會有離心力存在（稍後進一步討論），但造成裂痕的主因往往不是經濟，而是宗教或分歧的風俗。然而中國的情況不同，雙重權威（經濟與政治）體系的失衡經常引發危機。

想知道原因，我們只需將目光轉向中國南部沿海，當地一千多年來都是中國與海洋東南亞以及世界的主要接觸地帶，像鏡子一樣反映出相關問題。[45]

加州大學柏克萊分校新聞學院（UC Berkeley Graduate School of Journalism）前院長、中國觀察家夏偉（Orville Schell）幾年前受訪時提到，「中國」其實有三個化身：奉行社會主義的北部，傾向自由放任的南部，以及信仰伊斯蘭教、並且和鄰近的中亞國家愈走愈近的西部。[46]這三個實質「政體」並不是新近的事物，它們已經以「中國」之名尷尬共存相當長一段時間。[47]雖然目前中國是威權主義當家，但情勢不斷變化，地緣政治的一體性還能維持多久？唐代的安史之亂或十九世紀末年的義和團事件，可不是以全球追求民主或個人經濟命運自決權為號召。[48]中國四千年的信史時代曾出現多個分裂時期，從西元前四百年的戰國時代到二十世紀上半期的軍閥混戰。因此我們不難想像——和許多國家一樣，包括政治嚴重分歧的美國——未來的某個時期，中國將以上述三個實體為基礎，出現實質性的分裂。這些分裂與重組的過程，會沿著地圖上看不到的界線發生。

就過渡時期而言，比較可能發生的是沒那麼激烈、但有許多類似特質的事態變化。廣東與福建受惠於深圳、珠海之類的經濟特區，而且能夠連結香港、臺灣與其他國家的資本，將繼續全力追求現代化（廣東接受的外國投資有時占全中國的一半），中國的貧富差距可能也將因此擴大。中共在一九四九年革命成功之後的二十年裡，由於擔心美國與臺灣的軍事攻擊，中國計畫經濟在部署重工業時盡量遠離南部海岸地區。這項政策可說是造福了南部民眾，國營企業效能低落對他們的影響遠比其他地區輕微。廣東與福建的工業、商業、服務業也因此得以擺脫老舊的架構，從基礎開始打造。對於這項成就，香港與臺灣的商人曾經以非社會主義的知識技能助了一臂之力，他們的商業實務歷練與中國大陸的同儕很不一樣。我曾經在廈門與一位商人交談，他一語中的：「我們這裡比較注意臺北與香港，而不是北京。北京離我們很遙遠。」[49]

有一種與傳統相似的政體正在中國南部發展，它有自己的風俗與法規，交易方式也與北方一千六百公里外的政權中心不同。這個政體內部的連結——語言、文化和日益強大的金融連結——非常真實：屬於一個更廣大的歷史連續體，甚至可以上溯到馬可．孛羅記錄下「刺桐」(Zaitun）港口（今日的泉州）之前。[50]如果北京政府不能將中國其他地區民眾的生活提升到東南部的水準，或是不能在這種超資本主義（hypercapitalism）失控之前加以抑制，恐怕就會面臨更多的動盪不安。我們從現今的新聞播報中，幾乎每天都會看到這樣的過程。越南也有同樣的狀況，其政治與經濟雙重權威的歷史進程類似中國，導致河內與欣欣向榮的湄公河三角洲（Mekong Delta）出現本質上的差異。[51]在中、越兩國的例子中，南部政體都展現出強勁、重商主義的活力，讓北部政體難以競爭，原因既在於歷史，也在於經濟。我們今日見證的長弧線發展，來自一個歷時數百年的過程，但這個過程在未來拜科技與虛擬通訊之賜，會比過去數十年更有機會成功。拉長時間來看，香港目前的狀況可能只是一時異常。無論何種狀況，香港／深圳都有可能成為一個新區域政體的中心大城，與南海各個城市以及海洋東南亞互通有無、相輔相成。[52]屆時香港／深圳的旗幟會是中國社會主義還是西方資本主義，目前還難以斷定。情勢發展日新月異，我們都緊盯著螢幕關注。

都市演變與都市競爭

我們若要思考東南亞政體如何依據環境進行戰略調整、力圖生存，本章稍早曾舉出十五世紀的麻六甲蘇丹國作為典範。它透過低關稅政策與嚴格實施重量與尺寸規範而享譽全球，是一個可以公平交易且獲利的地方。拜這些政策之賜，麻六甲在一四〇〇年代晚期成為全球最具規模的商業中心之一。[53]當代東南亞也有類似的成功案例，新興的大城市未來可望成為更具規模的政體。然而我們在此要進行另一個有趣的分析：一個在過去二十年中陷入掙扎，直到最近才重新進入國際貿易軌道的港口。

曾經被驚嘆不已的歐洲訪客譽為「亞洲的威尼斯」（Venice of Asia），這城市就是西貢（今日的官方名稱是「胡志明市」）。西貢綿延的運河、興盛的商業與法國風情，讓它成為中國與東南亞之間商品運輸的中轉站。越南商人——尤其是來自西貢堤岸（Cholon）華人區的——在東南亞名聲遠揚，是強勢的生意人、中間人，以及不同世界之間的溝通管道。許多越南商人有華人血緣，因此中文的對話、閱讀都不成問題，同時能夠理解東南亞文化的敏感之處。[54]後來越戰爆發，戰爭結束後西貢／胡志明市發現自己很快就被國際網絡忽視了。幾年前我到當地訪問，和多位消息來源人士談話；他們過去在越南擁有廣大的家族人脈，但是這樣的「關係」在戰後枯竭，因為河內統治者最重視的是意識形態的純正，而非人民物質生活的寬裕。[55]短短五年之內，西貢從亞洲商業軌道銷聲匿跡。西貢陷落之後第一批到訪的西方記者，對市況的變化感到震驚：民眾幾乎一無所有，整體生活水準墜入谷底。美國主導的經濟制裁讓情況雪上加霜。當然，河內對意識形態純正性的堅持如今已大幅解凍，政府竭盡所能想從持續一整個世代的經濟冬眠中復甦，方法包括吸引外資。然而傷害已經造成。胡志明市在殖民地年代曾是一個管道系統中的重要港口，直到最近才重新拿回這個角色。[56]

接下來看新加坡，這個位於光譜另一端的城邦已經正式邁入第二個百年。自從一八一九年「正式」建立以來，新加坡存在的政治理由曾經是（現在也仍然是）設法對鄰國保持些微領先。[57]這是將選擇性適應（selective adaptation）機制發揮到極致；在歷史上，這種機制對於東南亞港口及其政治非常重要。長期以來，新加坡一直是東南亞的補給、採集與倉儲中心，累積的財富讓它成為馬來人鄰國的眼中釘。[58]儘管如此，新加坡作為交通與貿易都會的效能，比它從區域攫取大量經濟利益的角色更為重要，一直到最近都還是如此。新加坡會竭盡所能來維繫這條命脈。[59]它加強優勢的做法包括以龐大的賦稅優惠吸引跨國企業設立區域總部，以及推動建立全國「電腦網」（computer net）來追蹤島上所有資本的動向。此外新加坡也完成全島捷運路網的最後階段工程，有助於改善過去數十年惡劣的交通狀況。這些做法並不是妝點門面，只是想說服外界投資者相信華人的新加坡在這片有時會被粗暴（且不公）地宣稱為「落後」的穆斯林海域，仍可以是一座「智慧島」（intelligent island）。而且，新加坡規畫委員會一直致力於讓國家的結構與經濟形態跟上全球組織的最新進展。面對地緣政治的前景，新加坡也是如此自我調整，尋找有利位置。這個城邦欠缺天然優勢，而且有許多致命的弱點（包括水資源供應問題、人口少，以及前述東南亞穆斯林的不滿），顯而易見沒有多少選擇。

還有哪些都市中心能夠複製新加坡的成功經驗、在現代將東南亞的城市創生模式發揚光大？就近期而言，沒有任何一個區域港口能夠匹敵新加坡的科技實力與組織水準，但是有幾個都市中心邁向目標的步調領先其他都市。投入鉅資升級泰國電信設備的曼谷是候選城市之一。愈來愈多資本湧入從曼谷到春武里（Chonburi）的泰國灣沿岸，推動升級與現代化，對提升運作效能將大有助益；林查班港（Laem Chabang）的興起也有同樣效益，它基本上已取代年久失修的空堤港（Klong Toey）。吉隆坡的重要性蒸蒸日上，它比任何一座鄰近城市都更能展現出西方「邊緣城市」（edge city）規畫的特質；輕軌運輸網絡現在也連結起吉隆坡和與它互補的衛星城鎮，包括八打靈再也（Petaling Jaya）、莎阿南（Shah Alam）、雙溪毛糯（Sungei Buloh）和萬撓（Rawang）；吉隆坡的資訊走廊也即將大功告成。此外，一些二線的首府城市正在轉型為複雜體系的中心，例如菲律賓南部的宿霧、寮國位於湄公河岸的永珍（Vientiane）。這些都市中心做好準備，要在區域經濟的組成與重組之中大展身手，它們也都展現出能夠針對特定市場或貿易路線進行調整的特質。

現代東南亞城市與同心度（Concentricity）

關於東南亞都市中心未來發展的最後一個重要指標，要再回到我們先前討論過的政治與經濟交易模式。先前提及，東南亞各王國的一大特質就是能夠在經濟與政治的緊張狀態中取得平衡，讓兩個集團互蒙其利：無論是中心地區抑或周邊地區，都不會在交易中獲取令對方認為不公平的利益；至少在規範上、就靜態平衡而言是如此。[60]當這種平衡遭到破壞，交易中的一方突然壯大起來、勢力超過了另一方（也就是中心地區貪得無厭，或者內陸地區發生政治動亂），這些連結關係往往面臨沉重壓力，甚至宣告裂解。在東南亞歷史上，這種運作法則以許多形式呈現，包括強迫勞役的奴工體系與武裝叛亂，乃至短期的消耗戰。[61]這些持續不斷的緊張關係，某種程度上正是東南亞的歷史。

此時此刻的東南亞部分地區，正在經歷這種動態關係引發的危險變化。從歷史的進程可以看出，周邊地區的政治反抗和中央地區對經濟的日益重視這兩股驅動力幾乎是在同一時間出現的。二十世紀殖民強權任意劃定的邊界，還有一些已經存在很久的群體，都在過去數十年裡遭到強烈質疑。東南亞各地都看得到這種緊張關係。[62]與此同時，現代東南亞的民族國家愈來愈積極強化內部整合，以及更重要的意識形態一致性，這是過去很少見的作為，其動機多少與經濟有關：更大的一致性相當於更強的控制，更強的控制會帶來更豐厚的利益，因為可以將最多的資源投入參與世界市場的航運。最激烈的碰撞會發生在什麼地方，從而影響東南亞都市中心的發展或衰頹？

一個值得關注的地方是位於泰緬邊界的馬納布羅（Manerplaw），這座森林城市從植被茂密的山丘俯瞰莫艾河（Moei River），過去是反抗緬甸殘暴政權的象徵。這個政權過去在仰光大權獨攬，直到最近才有變化。反政府學生、上座部佛教僧侶、親翁山蘇姬（Aung San Suu Kyi）勢力、其他高地少數民族——阿卡人（Akha）、拉祜人（Lahu）、傈僳人（Lisu）、那加人（Naga）——的戰士都來到這一帶，抵抗緬甸的文化與政治霸權。整個地區還有幾支軍閥勢力盤據，接受鴉片毒梟的豢養與徵調；這些毒梟為全球市場供應高純度海洛英。[63]這一大片聚落多年來一直是動亂的導火線，既增強也削弱了未來可能出現的區域連結。普遍的動亂讓泰國與緬甸的將軍靠著跨國違禁品買賣致富，但緬甸邊界的這種情勢也減少了緬甸政府從合法貿易獲取的收入。如果緬甸的商品不必走曲折的非正規貿易路線（現在還有部分這樣的情形），交易的步調與流量無疑會對仰光更有利，而不是曼谷。因此，目前的運作法則在本質上有可能大幅提升曼谷作為首府城市的效能。但是與此同時，仰光會受到壓制，與區域商業網絡的距離愈來愈遠。[64]

在這些思慮中，印尼群島的地位也非常重要。就跨文化交易模式而言，印尼歷史在地理上的跨度最為廣闊，而且是一個比緬甸更具一致性的政體。儘管如此，雅加達目前仍處在希望與危險的關頭。一九五〇年代蘇門答臘島的「自由亞齊運動」（Aceh Merdeka）與蘇拉威西叛亂（Sulawesi Rebellions）之後，「外島」（Outer Island）對雅加達國內霸權的挑戰大不如前，但從未完全消失。印尼某些地區——前述的正統伊斯蘭教熱點地區之外，還要加上摩鹿加群島與信仰基督教的西巴布亞（West Papua）——仍是人心浮動，主張地方應該擁有更大的自治權。帝汶島（Timor）東部已經與印尼分離，成為獨立國家東帝汶（Timor-Leste）。這些變化發生的時期，「一個統一且不可分割的印尼」這個國家理念不時遭到質疑，在那些不能完全接受國家大一統觀念的島嶼引發磨擦。印尼不太可能在政治上全面分裂，但其他地區爭取自治的運動與穆斯林中東持續發生的危機，仍在印尼引發關注，並且被轉譯為當地用語，未來將持續引發迴響。[65]北蘇門答臘亞齊的一位伊瑪目（imam）告訴我（也呼應了前文廈門商人的說法）：「雅加達離這裡非常遙遠，爪哇人非常遙遠。這地方被稱為『麥加的陽臺』（verandah of Mecca）可不是隨口說說。」[66]

上述東南亞首府城市與政權的交易模式，柬埔寨是最後（也最可悲）的一個案例。雖然首都金邊近年出現了相當可觀的成長，投資人信心也逐漸上升，但它短期內連成為二線的地區中心都不可能。過去四十年發生的事件充分顯示，貪汙腐敗與治國無方並不僅見於一九七五至一九七九年間的赤柬（Khmer Rouge）動亂年代。同樣清楚的是，金邊與柬埔寨鄰國的貿易路線，會繼續被各方懷疑是大宗違禁品的輸出管道。問題並不只是赤柬政權在一九七九年被越南出兵推翻之前，導致國家嚴重失血了四年。[67]同時柬埔寨的紅寶石和柚木產區可以為金邊賺取強勢貨幣，協助金邊重建其商業競爭者地位，但這些產區有許多都被集團把持，那些集團完全不在乎國計民生的發展。除非柬埔寨能夠從不法集團手中奪回相關地區的掌控權，否則曼谷將繼續穩坐大陸東南亞中部樞紐的寶座。[68]然而，在這個區域整合切切實實在進行的年代，曼谷作為區域商業中心的實力還沒有完全發揮。對於不斷發展的當代東南亞來說，這種同心圓交易模式猶如一把雙刃劍。

結語

本章分析了幾個港口城市生命演變的歷史案例，目的很單純：整體來看，它們多多少少預示了許多東南亞都市中心未來的發展。政治與經濟的互惠與交易模式，在東南亞城市的歷史中至少運作了一千年。[69]幾乎可以確定的是，這些模式無論是何種型態，在未來仍會相當重要。然而，這個假設不應該讓我們輕忽步步逼近的現實：人與人之間的連結日益密切，而且愈來愈以一個流動性、全球性、不斷演變的架構作為基礎。

儘管如此，東南亞港市的前景還是有一些明顯的趨勢。[70]它們作為世界商業中心的歷史顯示，其基本架構在本質上趨向開放、在節奏上容許調整；面對未來步調飛快的經濟互動年代，這些特質對它們而言只有好處。[71]在這個包羅廣大的區域架構之中，有些城市，尤其是香港、曼谷與新加坡，拜發展與地理條件之賜，超越其他城市，成為二十一世紀的區域「超級城市」。不過當代都市的架構之中也潛藏著混亂的元素，問題可能會在很短的時間裡出現，導致這些關係大幅重整。香港受到兩個陣營熱烈追捧，一邊是極力管理與控制各種變化的社會主義者，另一邊是要加快變化步調的全球化超資本主義者；這樣的命運可能會讓香港成為一場史詩級戰役的戰場。曼谷也有能力（取決於鄰國事態發展、泰國民眾選出何種政府、君王體制在這些議題扮演的角色）變得更為富裕，或者向下沉淪到貪腐與失能之中。新加坡在某些方面是今日赤道海域「最純粹的」傳統東南亞貿易港口，未來有可能繼續保持領袖群倫的地位，也有可能開始衰退，重蹈歷史上其他首府城市的覆轍。一部分的決定因素在於吉隆坡與雅加達的經濟規畫者是要全力發展自己國家的巴生港（Port Kelang）與丹戎不碌港並承受短期損失，還是要繼續在商業上長期倚賴其他國家。有鑑於人民行動黨（PAP）多年來一黨專政，所以這也會是新加坡的政治問題。對東南亞城市而言，造就它們今日地位的過程也將決定它們的未來。[72]因此，除了二十一世紀初期的全球化局面，還有其他因素會影響東南亞城市發展的步調與方向，我們眼前的未來有著多重的可能性。

第九章　從亞丁到孟買、從新加坡到釜山：殖民地迴路

城市的生活就像天體運行一般平靜地流轉……且要求這種現象的必然性，不會屈服於人類的善變。——卡爾維諾（Italo Calvino）[1]（譯注：譯文引自時報出版《看不見的城市》，王志弘譯）

關於歐洲帝國前進亞洲一事，傳統歷史學家會以兩種方式來研究。第一種方式逐一探討個別帝國，因此學者會分析葡萄牙（或者荷蘭、法國或英國）在整個亞洲的帝國計畫，而且通常將其視為一些本質化的人類或領土支配「類型」。史學界對西方國家在亞洲冒險事業的研究，曾經長期具有這種傾向。[2]第二種方式是近幾年才取得實證成果的研究方法，透過帝國在各區域的不同樣態，辨識出它們在特定運作領域的模式：例如法國在中南半島；

荷蘭在「大印度尼西亞」(greater Indonesia)的一萬七千座島嶼或是在孟加拉；英國在印度次大陸。[3]這兩種歷史研究取向各有長處，它們分析出來的模式有許多地方發人深省。然而兩種取向從檢視之初就將帝國局限起來：只聚焦一個歐洲計畫或者一個亞洲地區，必然會限制我們的視野，較難注意到那些向相近典範伸展的連結脈絡。既然這些史學基礎已經奠定，而且時間與地理上看來也涵蓋整個亞洲，那麼將其中一些脈絡進行跨越體系和跨越不同帝國計畫的連結，似乎也很合理。一旦這麼做，我們可能會看到其他模式浮現；儘管它們早已存在，但過去隱而不顯。我們當然也會看到亞洲原住民族在這些模式中扮演的角色，只是這不是本章的主題(在地民族與他們的故事在本書其他部分有探討)。慶幸的是，以「原住民族的角度」來看待事件的做法，在學術界愈來愈常見，也愈來愈成熟縝密。[4]

本章檢視跨越亞洲各地海岸發展形成的「殖民地迴路」(colonial circuits)，時間主要涵蓋十九世紀，但也延伸進入二十世紀的前數十年。[5]我分析各個區域的「迴路」(關注情報、轉運、移民等議題)，從西到東，將西亞、南亞、東亞與東南亞整合為一體。英國在相關討論中的地位，要比它的歐洲盟邦與競爭者稍微重要一點，因為它在這個時期的跨亞洲勢力和領土確實很龐大。[6]不過其他帝國強權並沒有缺席，亞洲是它們自身殖民地迴路的一部分。西方掌控的一連串海港，也成為各個帝國強權共用的「主迴路」。本章的出

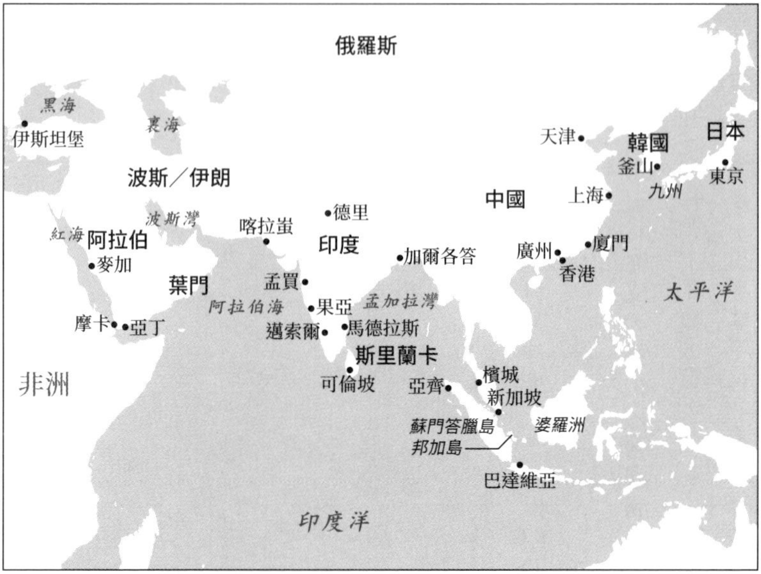

地圖9.1　殖民地大洋迴路

發點是亞洲的「門戶」——位於鄂圖曼土耳其、分隔亞洲與歐洲的博斯普魯斯海峽（Bosphorus），然後向波斯灣與紅海沿伸，進入印度次大陸，經過島嶼東南亞，沿著中國海岸北上朝鮮與日本。[7]一路走來，每一個地點都連結到下一個（往往也連結到更遠的地方）。我認為我們可以找到線索，瞭解這些強韌的殖民連結如何跨越時間與空間運作。亞洲港口的發展既跨越、也連結了各個帝國計畫，整體而言可以當成一個巨大的模板。我在本章會說明殖民地「迴路」是如何建立的，從君士坦丁堡到孟買，從仰光到橫濱。在帝國強權割據世界的年代，這些港口絕非孤立的「節點」或「場所」，它們以各種方式緊密連結、相互依存。

西亞水域

亞洲殖民地迴路的起點就在亞洲大陸的入口：君士坦丁堡，連結亞洲與歐洲的橋梁。在十九世紀末期，爭取這座城市及其戰略水道（博斯普魯斯海峽）的控制權是政治上的必要之舉，就和先前的數百年、甚至數千年一樣。[8]當時英國的帝國幅員與影響力遍及全世界，博斯普魯斯海峽對它而言是最重要的海上航道之一。英國政治家留下豐富的論述，討論如何確保博斯普魯斯海峽對所有船運「保持友善」，或者至少保持中立、不被潛在的敵對帝國勢力掌控。一八八八年，英國方面對這道「通往亞洲的門戶」有一番討論，著眼於俄羅斯鞏固其南方疆界的意圖；倫敦擔心俄羅斯會派出一支艦隊，迫使鄂圖曼將這道門戶讓給俄羅斯勢力。[9]英國尋求德國工程師的意見，考慮在海峽兩岸部署炮兵陣地作為嚇阻；相關訊息在大英帝國政府各部門間流傳。[10]其中一位工程師帕夏（Von der Goltz Pasha）解釋既有的部署根本是死亡陷阱，會被入侵的俄羅斯軍隊輕易攻占。[11]另一位名叫舒曼（Schumann）的工程師表示同意，並且根據當代戰爭的要求，提出更適當的防禦工事部署計畫。[12]這些討論顯示倫敦對亞洲門戶的情勢不敢掉以輕心，包括俄羅斯在內的其他帝國也對這道狹窄的水域虎視眈眈，深知它在國際上的重要性。

倫敦的目光向東方延伸，移往亞洲的中東地區。在波斯灣，英國同樣感受到鄂圖曼的戰略陰影。女王的間諜回報說，君士坦丁堡在積極謀劃讓幾個波斯灣地區的謝赫（shaykh，譯注：穆斯林領導人）與英國分手；他們先前與英國簽訂條約，規範貿易與地方政治勢力等問題。這項消息讓倫敦難以接受，特別是在灣區的巴林（Bahrain）、卡達（Qatar）與阿曼等地，既有海岸商業活動——尤其是珍珠貿易——相當受到重視。[13]然而長期以來的殖民地報告顯示，紅海在這方面的重要性更勝一籌。一八九〇年代，英國非常擔憂地看著法國蠶食紅海沿岸，尤其是紅海南端、葉門南部的曼達布海峽（Bab al-mandeb，又名「淚之門」〔Gate of Tears〕），這道

圖9.1　土耳其伊斯坦堡

來源：作者自攝

開口通往印度洋，戰略地位重要。倫敦特別摘錄法國國會眾議院的討論片段來研究，認為其中顯示了法國的野心：

接管這個地方將確保他們永遠掌控紅海南端的出口。謝赫賽伊德（Cheick-Said）在一八六八年之後就屬於我們，我們花錢買下了它。一八七〇年，它幫了我們大忙。我請求政府設法讓我們永遠占據謝赫賽伊德，絕不給英國可乘之機。英國人也從不對我們做任何讓步。[14]

鄂圖曼曾經禁止將上述沿海小領地賣給法國，但是當地的謝赫另有盤算，並且對法國宣稱鄂圖曼無論在政治或領土上都從來不是他們真正的主人。[15]英國方面不願意冒任何風險，針對爭議地區做了詳盡報告，列出電報站、鹽場與製鹽產業，還有當地一座燈塔的位置。[16]擴張自己的殖民地迴路並限制競爭對手的殖民地迴路，在這個世紀的重要性節節高升；與此同時，亞洲能夠被征服、被控制的空間也愈來愈少。

英國之外，其他帝國強權也對紅海地區野心勃勃，並建立起自己的殖民地迴路。[17]葡萄牙是這方面的先行者，與一些穆斯林統治者進行貿易，也和其他穆斯林統治者在一衣帶水的紅海進行海戰。[18]法國長期對紅海興致勃勃，十九世紀在此地建立了政治（以領事的形式）與軍事勢力。法國在埃及的冒險事業促使它在紅海咄咄逼人、行為更具殖民色彩。一八五〇至一八七五年間，法國在中南半島的帝國逐漸成形，巴黎的戰略規畫者開始將紅海視為通往其他地區的重要管道，而且在這方面的價值更勝於它本身的領土價值。[19]俄羅斯也涉足紅海，越過中衰的鄂圖曼帝國，建立政治勢力以保護自身帝國南疆的利益。[20]就連義大利也對紅海產生興趣，主要原因是它在厄利垂亞與索馬利亞的殖民地擴大，逐漸被法西斯主義者掌控的羅馬，需要一條從殖民地穿越地中海的資訊與補給管道。[21]關於瞭解紅海地區的重要性，十九世紀晚期一位義大利學者如此歸納：

> 因此我們的當務之急就是，必須對漢志（Hijaz，譯注：阿拉伯半島西部濱紅海地區）的地理與氣候狀況做明確且正確的掌握……[22]

然而，在紅海維持最久且最連貫的帝國主義勢力是荷蘭，儘管其據點的規模與數量都很有限。荷蘭東印度公司在當地的咖啡貿易從現代早期就很活躍，在摩卡（Mocha）等地建立半永久性的「商館」（factory）與其他設施，咖啡（但也有其他商品）買賣就在這些地方進行。[23]雖然荷蘭東印度公司在紅海與葉門地區並沒有具規模的殖民地，但它的確非常重視這條水道，不僅是為了本地市場以及與中東、非洲其他地區的沿海貿易，也因為紅海是連結遙遠荷屬東印度殖民地的通道。[24]荷蘭在紅海幾個地方建立貿易事業、派駐政治代表，但後來集中到吉達，這裡既是一座貿易城市，也是成千上萬荷屬東印度穆斯林每年到麥加朝覲的門戶。幾十年下來，吉達的荷蘭領事、學者與商人建立了一個頗具規模的網絡，促成人員、物資與資訊的流動，在廣大的印度洋上東西雙向進行。[25]與此同時，阿拉伯海成為一條繁忙的大道；這一點從當今日益精實的學術研究斑斑可考。[26]

南亞世界

人盡皆知，英國後來在印度——所謂的「王冠上的珍寶」（jewel in the crown）——發現遠遠超過中東地區的帝國利益，以幾個世紀的時間建立了英屬印度（British Raj）。南亞成為英國殖民地迴路的大本營，權威、命令與控制從南亞的海岸向外發送，傳到亞洲其他的英國勢力範圍。起初，英國勢力聚焦於幾座大城市，建立管轄區首府。從海洋的觀點來看，其中又以孟買、馬德拉斯、加爾各答最為重要。[27]帝國從這些欣欣向榮的城市伸出爪牙，向外擴張；從馬德拉斯與加爾各答橫渡孟加拉灣，從孟買跨越阿拉伯海。[28]其他較小的港口組成一個網絡，為帝國擴張提供連結的條件，讓商品、部隊與補給得以從海岸向外輸送。然而英國勢力最後也進入印度內陸，推動孟加拉、比哈爾（Bihar）等地的黃麻、鴉片等作物出口（鴉片尤其重要）；這種農業政策讓英國勢力在鄉村地區站穩腳跟。[29]一批印度貴族被吸收進這個體系，協助運作。他們算得上是通敵者，然而許多人沒有什麼選擇，只能服從配合；也有一些人勉力維持脆弱的獨立。只有少數印度貴族選擇反抗，例如南部德干高原邁索爾（Mysore）的統治者。[30]英國的殖民地迴路持續擴張，穿越所有的地方性政治阻礙；來到十九世紀晚期，我們今日所知的印度幾乎已完全被納入迴路。

英國在這些港口擁有幾乎是至高無上的權力。我們不難理解，上述幾座城市後來都成為政治與商業的節點，是英屬印度的運作基礎。每一座港口的殖民者之中都包含一群統治貴族、一群印度菁英，人民中則有眾多的中產階級技術工作者，以及人數更多的金字塔底層貧困勞工。不過就種族而言，每一個港口也都有自己的多樣性；有許多印度的次族裔群體移居城市，多半是為了尋找季節性工作。阿拉伯人、亞美尼亞人、帕西人（Parsee）與其他亞洲族群也在城市安家落戶。除此之外，從事越洋航運的外國貿易商所帶來的國際成員也在這裡爭取生存空間，印度港口因此成為亞洲海上生活的縮影。[31]蘇格蘭工程師與帕西船主摩肩擦踵，緬甸船員與孟加拉碼頭工人在擁擠的碼頭一起喝茶。資訊在檯面上（報紙與信差）與檯面下（謠言）流通，後者往往比擁有正式管道的前者流傳更廣。[32]船舶在港口之間航行，沿著海岸送上「官方認可」與「未經官方認可」的報導。想要完整描繪印度沿海地區的複雜面貌談何容易，但已經有非常傑出的相關著作問世。[33]一項不可或缺的理解就是：這片海岸世界不僅連結相鄰的內陸，也連結跨越地域的地理區域，縱橫多處開放水域。舉例來說，非洲在孟買有代言人，反之亦然。從喀拉蚩到加爾各答，還有兩者之間的海洋航道，英國掌控的南亞地區大致上都是如此。[34]

其他歐洲人也曾經在南亞建立自己的殖民地迴路，特別是一八〇〇年之前的一段時期。葡萄牙人是先驅，在果阿（Goa）與第烏建立了要塞，並且在印度海岸的幾個地方進行貿易。里斯本並沒有什麼雄心壯志要征服幅員廣大的印度（而且他們的遠征軍兵力相當薄弱），但是葡萄牙人一有機會就想做生意；而且只要能逍遙法外，也會劫掠或者沒收其他國家的財富。這些做法在某些海岸地區行得通，在其他地區就沒那麼成功。「卡特茲」通行證制度的施行就是成敗參半，儘管學界研究對其讚譽有加。在仰賴香料帶來可觀農業財富的馬拉巴海岸，葡萄牙人建立了貿易據點，但是並沒有維持多久。[35]丹麥人也在印度海岸地區設置商館，發展貿易關係，建立自己的網絡，並且借助別人的力量來追求財富。[36]

然而真正讓英國付出代價的國家是法國，雙方發生過幾場重要戰役，最後英國戰勝。巴黎從未以和倫敦一樣的眼光看待印度，雖然的確將它視為可能發展出重要關係的貿易夥伴。今日在廣闊的印度次大陸上，唯一值得一提的法國影響留在朋迪治里（Pondicherry），一座有趣但冷清的港口；當年法國在此地興建了一座貿易站，籌辦了一些商業活動。[37]印度的殖民霸權之爭到十八世紀晚期就已結束，之後當地只有英國的殖民地迴路經得起考驗，其他強權國家都遭到淘汰。

還有一個帝國強權與南亞建立起比其他帝國更穩定、成熟的互動關係；那就是荷蘭，而它與南亞的互動集中在斯里蘭卡。雖然荷蘭在亞洲的殖民重心是荷屬東印度（印尼），但是從十七到十八世紀，斯里蘭卡也相當受荷蘭重視。[38]荷蘭在南亞其他地區也有或大或小的貿易活動，尤其是在馬拉巴與科羅曼德的海岸地帶將香料和布料運往歐洲與東南亞，形成規模龐大的越洋轉口貿易。[39]緬甸也吸引了不少荷蘭貿易商；近年有幾項研究顯示，這些商人曾經連結緬甸與印度的市場。[40]然而斯里蘭卡的重要性後來居上，因為當地的農業財富是在荷蘭人控制的種植園中發展，不是由島上原住民族決定。肉桂是荷屬斯里蘭卡（當時稱為錫蘭）最重要的出口作物；到了十八世紀晚期，全球市場的肉桂大部分來自斯里蘭卡的荷蘭人土地。島上的人口由不同種族組成，除了坦米爾人與僧伽羅人（Singhalese），還有來自東南亞的馬來人、來自更遠處的奴隸。殖民地迴路在斯里蘭卡出現受到地方影響的奇特形態，以專門和極獨特的方式結合地域和跨地域要素。可倫坡（Colombo）成為荷蘭交通運輸的重要節點，既連結西邊的荷莫茲與摩卡，也連結東邊的麻六甲、巴達維亞與臺灣。這些殖民地迴路在某些層面是英國的翻版，但也有自己的形態與特色，在迴路上的每一個地方都反映了荷蘭人與在地人的想法。

東南亞的支點

建立殖民地迴路的行動也延伸到東南亞。與南亞相比，帝國列強在東南亞的競爭持續更久，一路延燒到十九世紀甚至二十世紀。在印尼的島嶼世界，強權見招拆招主要發生在英國與荷蘭之間，一八七三到一九〇三年間的亞齊戰爭（Aceh War）是一個重大引爆點。隨著荷蘭人與亞齊人戰事的進行，巴達維亞政府圍繞亞齊建立了一支封鎖船隊，試圖管制軍械與彈藥的流入與出口商品（主要是胡椒）的流出。盤據馬來亞的英國人密切關注荷蘭的亞齊政策，大批相關外交通訊傳回倫敦，讓白廳（Whitehall，譯注：英國政府）能夠緊盯情勢發展，同時也敦促政府考慮採取行動、捍衛英國利益。[41]倫敦方面特別關注荷蘭推行的航運法規，因為會影響區域的貿易與商業。女王的外交官們定期收到譯成英文的荷蘭法令資料，來源通常是《阿姆斯特丹商報》（*Amsterdamsche Handelsblad*）之類在荷蘭各大城市發行的商業報刊。[42]但英國不只關心變化多端的航運體系問題，英國人還想知道荷蘭人在亞齊與其周邊地區取得了哪些戰略性優勢，例如後者在韋島（Pulau Weh）新設一座燃煤供應站；這座島嶼位於亞齊首府班達亞齊（Banda Aceh）北邊。[43]英國也會尋求荷蘭思想家與決策者文章的譯文，例如知名的東方主義者許爾赫洛涅（Snouck Hurgronje）等人，以便掌握當時荷蘭盛行的戰略思維，理解這個英國的盟邦兼對手要如何進行並贏得亞齊戰爭。[44]

英國的策略考量其實與領土無關，亞齊早已屬於荷蘭在東南亞的勢力範圍，英國與荷蘭在一八七四年簽署的條約也做了正式宣示。然而亞齊沿海的貿易有利可圖，不僅從印度洋前往南海再到中國的英國貿易商要逐利，對英國在麻六甲海峽兩大港口之一的檳城也關係重大。一位海峽殖民地（Straits Settlements）總督在一八九四年寫信給英國的同僚指出，亞齊戰爭在一八七〇年代爆發之後，二十年間將檳城的官方貿易摧毀殆盡。總督在信中坦承，這段期間走私業大為興盛，填補戰爭造成的真空，但收益並不一定會進入檳城政府的金庫；許多殖民地的亞洲商人因此獲利，英國財政部受惠卻很有限。[45]檳城居民議會（Resident Councilor of Penang）進一步坐實這樣的分析，並提供來自亞齊、德利（Deli）、冷吉（Langkat）

與其他北蘇門答臘王國的進口數據，上溯至一八二六年，當時檳城的貿易遠比總督寫信的時候活絡。反之從一八八〇到一八九〇年代，亞麻布、棉花與其他日常用品的貿易收益持續減少。[46]許多類似的通信與財務報告傳回英國，然而效果有限。以上述的案例而言，倫敦方面表示他們知道殖民地的困境，但政府政策就是要支持荷蘭鎮壓亞齊人，畢竟英國與荷蘭同屬歐洲，而且有盟邦關係。[47]我們在這裡看到一個共同的主題：殖民地政府態度積極，但是宗主國不願意捲入武裝衝突。上述案例是英國的狀況，但其他歐洲強權之間也會出現同樣的主題。

如果說英國人致力於在檳城、亞齊等地維繫並擴張自身在東南亞的殖民地迴路，那麼他們的盟友兼競爭者荷蘭人也有志一同。在麻六甲海峽更南部的地方，荷蘭的戰略規畫聚焦於蒸蒸日上的新加坡；巴達維亞試圖建立替代或輔助選項，一方面對抗、另一方面借助英國在這個區域的影響力。[48]隨著新加坡逐漸成為東南亞地區最重要的港口，荷蘭也在其南邊的廖內群島積極建設船舶靠泊、貨物倉儲、船舶裝卸營運業務，希望可以藉由通過此地的海運流量受惠。[49]巴東（Belakang Padang）等大興土木的地方都一直無法取代新加坡，但還是分到一些剩餘的商業活動，挹注荷蘭人的金庫。[50]我們從現存的馬來文書信得知，巴達維亞開始調查（最終併吞）這些島嶼時，當地的穆斯林蘇丹沒有多少選擇，只能默許；海洋航運的利益太過龐大，荷蘭人不可能視而不見。[51]巴達維亞後來和許多當地統治者締結合約，將荷蘭的影響力擴張到南海的島嶼，並且讓荷蘭靠著金錢攻勢在當地作威作福。[52]來到十九與二十世紀之交，荷蘭帝國主義者的足跡已遍及廖內群島、邦加島、勿里洞島（Belitung）與納土納群島／阿南巴斯群島（Natuna/Anambas），尚未被征服的島嶼也愈來愈少，整個地區的一大部分有如被畫定為某種海洋保護區。[53]

然而東南亞還有一個地方直到晚近都還是「未知領域」：婆羅洲，一座龐大的森林島嶼，位居東南亞地理中心。殖民地迴路的布建也在十九、二十世紀之交進入婆羅洲，當時它是全世界最人跡罕至的地帶之一。幾個世紀以來，歐洲人不斷造訪婆羅洲的海岸，早在十六、十七世紀就有伊比利半島探險家踏上這裡。[54]最初的接觸過後，隨之而來的是大量陌生又無賴的探險家和半調子（也有一些真材實料的）征服者，他們來自許多國家，包括荷蘭、美國、一個關不住罪犯的義大利流放地，當然還有英國布魯克家族（Brooke family）長達一個世紀的統治。[55]然而到了十九世紀晚期，只剩英國與荷蘭的帝國計畫仍然雄心勃勃，在群島劃分勢力範圍。兩個國家都覬覦婆羅洲尚未開發的豐富資源，將其視為礦產、木材與種植園的聚寶盆。[56]銻礦、錫礦、黃金、鑽石，還有對新興輪船時代特別重要的煤礦，都讓婆羅洲奇貨可居，非常值得整合進一個跨越赤道的殖民地網絡。[57]英國與荷蘭都執行得乾淨俐落、興味盎然，沿用了本章前文所述，見於亞齊、檳城與南海的模式。到十九世紀末期時，位居島嶼東南亞中心的婆羅洲已經滿是帝國主義者的足跡，英國與荷蘭的殖民計畫持續擴張，甚至進入被他們認定為「空白地帶」（blank spaces）的森林地區。

中國沿海

從南海北上，離開東南亞，抵達中國沿海，帝國侵略與殖民勢力的暗中擴張，在形態上並沒有多大差別。來到十九世紀，進入現代早期，當香料驅使歐洲人經略東南亞，中國也逐漸成為西方國家侵占亞洲的頭號目標。當然，這個過程已廣為人知；歐洲強權在中國沿海建立的殖民地迴路，是全球殖民主義史中的陳年舊事。然而這個過程並不是輕而易舉，引發的動盪不安也持續數了十年。在殖民者與原住民混居的港市及其周邊地區，經常會爆發民眾起義，結局多半失敗（偶爾也會取得成果，例如太平天國與義和團），對福州、天津之類的地方造成大規模破壞。[58]動亂中經常出現反基督教的布告、傳單與資料，英國、德國與其他國家的使節團會關注這些資料如何流傳，並且互通消息。[59]歐洲的檔案偶爾會出現經過翻譯的中國文獻，例如廣西省請願禁止天主教傳教，還要求以武力對付歐洲傳教士與天主教信徒。有些文獻相當耐人尋味，例如廣西那份請願書寫道：「布告所繪係教堂傳教實景，華夏婦女與蠻夷婦女相擁，此等行為令人掩鼻、不堪入目。」[60]《倫敦中國電訊報》(*London and China Telegraph*)的分析可能說對了：傳教士靠著條約進入中國的港口，但是中國人民難以接受。對於當時中國一般民眾如何看待沿海地帶的西方勢力，這也是貼切的描述。[61]近年的一系列研究指出，中國政府對於西方勢力入侵的抗拒，遠遠超出西方學術界先前的認知，從中國的邊疆地帶、海外移民與水師發展都可以看出，上述只是其中幾例。[62]

從港口輸出的不只有基督教。港口也有武器流通，在中國朝廷與歐洲強權之間引發重大爭議，尤其是中國與英國之間。舉例而言，香港總督有權禁止從香港出口武器到中國其他海港。這是一種特權，用於動亂時期，例如一八九二年「祕密會社」活動特別興盛的時期。[63]然而相關禁令涵蓋的範圍總是小於槍械彈藥海道運輸的實際路線；這些路線理論上只連結英國各個據點，但實際上會影響一個朝四面八方延伸成千上萬公里的廣大港口網絡。因此，當奧匈帝國公使館在一八九二年請求香港總督准許他們使用一艘勞合社(Lloyd's)的輪船從歐洲經由香港運送武器到上海時，情況就涉及了一個遠遠超出香港與上海兩座城市的廣大迴路。[64]這個案例運送的步槍與彈匣看似單純，但那艘輪船必須航經亞丁、可倫坡、檳城、新加坡與香港，最後才來到上海。[65]英國派駐亞洲的全權大使向倫敦請示，當局指出：可倫坡、檳城與新加坡並沒有禁止出口武器到中國，但亞丁與孟買另有規定，因此英國外交部必須介入此事。[66]一個乍看之下相當地方性的殖民地迴路（從香港到上海），實際上卻是跨越廣大地域，必須考慮浩瀚印度洋上各個英國港口的規定與管制。

英國與奧匈帝國之外，其他強權也將中國漫長的海岸整合到自己的殖民地迴路之中。十九世紀晚期的荷蘭在歐洲只是一個次等強權，然而對中國南部海岸有超乎尋常的重要性，這是因為大批中國勞工（苦力）被他們從當地運往荷屬東印度。許多苦力會先落腳作為勞工交換中心的新加坡；十九世紀晚期，他們的人數每年成千上萬，大部分被轉送到荷屬東印度的種植園與礦場。也有一些人前往暹羅、法屬印度支那（French Indochina）、英國的馬來亞殖民地等地區。[67]翻開當時的荷蘭報紙，可以充分瞭解這些經濟移民為荷屬東印度與中國南部帶來的收益：《大眾商報》（*Algemeen Handelsblad*）在一八九〇年二月報導，前一年一千五百名返國勞工帶回家鄉逾八萬元叻幣（Straits dollar）。[68]一八九〇年四月，一名總督宣布中國南部所有海港都開放苦力招募，《新鹿特丹通訊》（*Nieuwe Rotterdamsche Courant*）大肆報導這項消息，歡天喜地。[69]同一年稍晚，哈梅爾（P. S. Hamel）被任命為荷蘭駐廈門領事，顯示荷蘭對開放招募的商機有多麼重視。[70]成千上萬的貧苦中國勞工被直接運往荷屬東印度，讓荷蘭企業與荷蘭帝國財源廣進。荷蘭人對中國人的瞭解非常淺薄，但覺得無傷大雅，他們自己也承認：「中國人的思維，他們的內心世界，他們的宗教、道德與風俗，牽動他們一言一行的祖先規矩——我們對這一切仍一無所知。」[71]

總之生意還是得做。當時事態是多年形勢累積的結果。一年前的一八八九年，荷蘭人向中國的總理各國事務衙門（外交部）強烈抗議：中國政府拒絕為當時的勞力機制背書，導致苦力行業弊端叢生。[72]證據來自許多苦力的自述，針對苦力貿易的調查使這些人得以在法庭上發聲，說詞也得到翻譯。一八九一年，相關證詞被彙整為一部大規模報告，指出在中國南部與東南亞之間海岸運作的勞動力獲取系統隨著時間已變得極為龐大且不人道。將勞工送往蘇門答臘島東北部大型種植園的倉庫業者也接受了訪查。[73]苦力能賺多少錢也有紀錄，資料來自專家證人，例如岡恩（R. J. Gunn），他於一家在沿岸很活躍的苦力招募公司擔任監工。[74]結果顯示，被送往婆羅洲的苦力收入低於蘇門答臘島的同行。中國南部的勞工後來也都知道這種狀況，因此他們上船後如果發現目的地是婆羅洲，就會暴動抗議。[75]苦力在婆羅洲的生活條件也比較惡劣，這代表收入少、工作重、日子苦。報告甚至揭示了一些已知的招募詐騙模式，「尤其會以體弱多病的苦力取代強壯健康的苦力。最近招募的一批……某種植園的醫師表示，其中半數苦力就算送到法國南部，也活不過六個月。」[76]歐洲的招募者、甚至招募體系中的專業醫療人員也許會覺得這些數字很可笑。但是六個月五〇%的死亡率，說明了這個體系整體的殘酷，它猶如以一條由痛苦與死亡組成的輸送帶連結中國南部與東南亞港口，長達好幾十年。

東北亞海域

更往北走，日本也現身在跨國的海洋經略之中。日本如何在十九世紀後期進入不斷演變的亞洲海洋世界，已是世人耳熟能詳的故事。這固然是歷史事實，但也是透過文化作品寫下的傳說，例如在普契尼（Giacomo Puccini）的歌劇《蝴蝶夫人》（*Madama Butterfly*）與當時的其他社會文獻中。日本與亞洲其他地區（例如中國）沿著海洋航道融入新的國際規範，過程中最重要的因素之一就是通商口岸（條約港，treaty ports）的開港。日本的港口是成批開放，它們被指定為「特別輸出港」（special harbor of exports）：西方國家船舶可以造訪，但前提是遵循日本政府的明文規範。穀物、麵粉、煤炭與硫磺從下關、門司、室蘭、小樽大量出口，有些港口專司中國貿易（例如那霸），有些著重韓國（富山）與俄羅斯遠東地區（宮津）。[77]日本政府不定期製作清單列舉開放的港埠，並注明特定時期的船隻停泊數量與噸位（見表9.1）。[78]這些統計數據還可以限縮到特定西方國家，例如英國在日本海岸新開放港埠扮演的角色；新興日本帝國（例如取得臺灣）的類似模式也留下詳盡紀錄。[79]從各方面來說，我們可以清楚看到在十九世紀晚期，這些殖民地迴路是如何在後明治時代的日本穿梭，從南部的九州到群島北端的北海道。

如果要聚焦東北亞特定地區的情況，我們還可以關注十九世紀晚期的朝鮮，觀察這個「隱士王國」如何在自己的海岸上對付俄羅斯帝國主義。當時俄羅斯企圖在釜山與其周邊地區取得土地來作為俄羅斯部隊的訓練場，以及俄羅斯遠東艦隊煤炭儲存地。[80]英國相當關注俄羅斯的舉動，例如一八九七年俄羅斯巡洋艦滿洲號（*Mandjour*）造訪釜山，英國的外交通訊在事件過後活動頻繁。當時俄羅斯遠東艦隊的侍從參謀也在船上，顯示這趟航程並不只是簡單考察一下可能的軍用設施地點。[81]事實上，俄羅斯對國際社會聲稱朝鮮期望他們駐軍釜山，抗衡在朝鮮已有極大影響力的日本。當時正逢世紀末，大批日本人移居朝鮮，在許多城市經商、從事進出口業。[82]釜山本身就有三處外國人居

圖9.2　普契尼歌劇《蝴蝶夫人》
來源：第一版樂譜封面，Leopoldo Metlicovitz。

留地，分別供中國人、日本人與其他國家人士居留。[83]俄羅斯顯然企圖強化自身「近水樓臺」的優勢。英國注意到了，並且仔細分析俄羅斯為了擁有專屬居留區，會嘗試在釜山取得哪些土地。[84]可以這麼說，地方政治與海洋商業在本質上往往非常跨地域。這些非常具體、獨特的貿易與權力集合體，沿著海洋航道連結了更廣大的地理區域和迴路。

這種現象也見於東北亞以外那些更廣大的地理區域：日本連結了位於遙遠南方海洋的東南亞陸地。英國關注日本通商口岸的開港與俄羅斯對朝鮮的圖謀，這些關注本質上都是區域性的；但日本與東南亞的關係，就距離而言來到了另一個層級。荷蘭的外交通訊對於研究這些「殖民地迴路」的建立很有幫助；和先前一樣，許多是人工抄寫的資料。荷蘭人首先注意到荷屬東印度出現日本無證移民（undocumented migrant），其中有些移民是來自日本位於中國東北和朝鮮的殖民地，原本具有合法身分，但是搭船到遙遠的南方之後就成了荷蘭人眼中的「非法」移民。[85]這則新聞最早是由中國報紙報導，後來日本報紙跟進，再化身為外交通訊傳送到荷蘭政府的各個層級。[86]荷蘭人清楚知道，這些日本移民因為美國與加拿大限制移民而被迫前往其他國家的海岸，許多勞工因此選擇東南亞。[87]巴達維亞總督得知這項消息後轉達給荷屬東印度其他文官，好讓地方政府提高警覺。[88]這類日本無證移民沿著亞洲海洋航道前進，搜尋其蹤跡的眼光也隨之落在其他地方，包括香港、法屬印度支那、

表9.1 日本在1898／1899年新增的通商港口與靠港船隻數量／噸位

1899年天皇勅令新增通商港口	
港口	**令制國**
清水町	駿河國
武豐町	尾張國
四日市	伊勢國
下關	長門國
明治	豐前國
博多	筑前國
唐津	肥前國
口之津町	肥後國
三隅町	對馬國
嚴原	對馬國
佐須奈	對馬國
鹿見	琉球國
濱田	石見國
堺市	伯耆國
宮津	丹後國
敦賀	越前國
七尾	能登國
富山	越中國
小樽	後志國
釧路	釧路國
室蘭	膽振國

日本港口的船隻與噸位統計，1898年靠港

港口	船隻數量	噸位
四日市	004	002,420
下關	814	594,228
門司	525	821,429
博多	038	003,980
唐津	062	045,802
口之津町	170	257,903
嚴原	154	022,667
鹿見	226	001,826
佐須奈	170	007,458
那霸	003	000,054
濱田	015	000,346
堺市	066	000,722
富山	006	000,236
室蘭	038	047,472
小樽	028	024,957

資料來源：*Official Gazette*, 13 July 1899, Imperial Ordinance no. 342; and Sir E. Satow to Merquess of Salisbury, 20 July 1899, no. 122, both in *BDFA*, Part I, Series E, vol. 6, 125-26.

暹羅、馬來亞、菲律賓，甚至墨西哥與祕魯。[89]

許多非法移民被懷疑為「第五縱隊」（fifth column），注意他們的動向是一回事，但追蹤日本海軍實力（即日本官方軍事力量）的發展重要多了。十九與二十世紀之交，歐洲各國政府對日本海軍威力的崛起密切關注。各方預期日本將因此在東北亞站穩腳跟，然後向更遙遠的地域投射國力，西方列強對此憂心忡忡。[90]如果日本海軍實力持續壯大，最終控制航道，那麼亞洲貿易的殖民地迴路會變成一條死胡同。不過歐洲國家也會關注彼此在亞洲海域的實力，確保沒有任何一個國家大幅落後。英國《泰晤士報》（*The Times of London*）在一九〇九年報導，英國的「亞洲艦隊」（Asia station，中國、東印度群島與澳洲）總共有三十九艘軍艦；然而該報另一篇報導指出，無比重要的中國分隊只有四艘真正的戰艦，東印度分隊則連一艘也沒有。[91]荷蘭政府內部的一封外交電文認為，亞洲海域沒有幾艘歐洲船艦具備真正的戰力。歐洲這個弱點在一九〇五年的日俄戰爭（Russo-Japanese War）海戰中展露無遺，日本快速投入戰局、進行戰鬥、贏得勝利。荷蘭駐倫敦領事對海牙（The Hague）的荷蘭外交部建議，所有船舶都應該部署一組能夠執行必要軍事任務的人馬，以利在戰爭爆發時進行船員替換。[92]這是一種盡可能利用亞洲有限資源的做法；在十九世紀末、二十世紀初的亞洲，貿易是比戰爭更具體的日常現實，但戰爭的陰影一直籠罩著海平線。

結語

在本章描繪的世界裡，博斯普魯斯海峽與婆羅洲連結，日本海的貿易延伸到印尼。我主張整個亞洲由西至東、由北至南，以多種方式發展成一個愈來愈相通的龐大「迴路」。連結這些地方的主線是貿易，而且是特定形態的貿易——憑藉帝國勢力的商業活動，更確切地說應該是由帝國之間相互競爭與合作所推動的商業活動。進入本章聚焦的十九世紀後期，這種現象已經全球化，但各種模式在亞洲各地特別明顯，來自區域的各個中心，也來自歐洲帝國計畫的長程擴張。葡萄牙人與荷蘭人的貿易體制也許最早進軍亞洲，但一直要到十九世紀的英國人，才讓世人看到所有的可能性，以及帝國憑藉自身最擅長的貿易可以連結到多遙遠的地方。雖然葡萄牙、荷蘭與法國的貿易商、政治家也往來於亞洲海洋航道，但英國的海上使節與商人比任何國家都來得多。這些人從事貿易與政治活動，同時也仔細記錄其他人士的活動。透過這些紀錄，我們可以真切體驗他們打造的相互連結的世界。十九世紀末、二十世紀初的亞洲貿易世界在語言、種族與商業趨勢上都出現許多轉折點；然而它的連結方式與其他形態較古老的殖民世界明顯不同。這是一種「演化」，卻是付出代價所換來的，而代價就是這些帝國對當地既有居民的壓迫。

我們已經看過世界如何在鄂圖曼土耳其帝國、波斯灣、狹窄但極為關鍵的紅海擴展開來；眾多國家的船隻航經紅海，那些船隻和它們遠在歐洲的統治者，都對這條水道無比重視。南亞也是重要的貿易與支配場域，英國在此地投射的國力讓競爭對手望塵莫及。東南亞情況不同，英國人來到這裡，但其他國家也沒缺席——法國、荷蘭、葡萄牙等國都積極進行貿易。因此東南亞展現的模式長期下來在性質上比較零散。中國沿海一度成為歐洲列強角逐影響力的戰場，通商口岸的情勢特別緊張，但這些地帶也成為勞力流動的管道，規模之大在亞洲航道前所未見。我們最後來到朝鮮與日本，觀察人員的流動以及俄羅斯、日本等強權的圖謀算計，瞭解這些體系到了一個世紀之後仍然存有幾分的複雜與糾結。我認為貿易帶動政治運作，政治為帝國控制創造條件，殖民地與勢力範圍則是終極產物。本書其他章節討論上述可見事物如何與在地參與者結合，但本章提醒讀者謹記：這些釋放的能量都不是預先決定的。事實上，即使現在已經是（所謂的）後殖民時代，但這些過程在某種程度上仍然與我們同在。

第五部
海洋的厚禮

TIBET MAIOR
CHINA
LASSA
GANGEM
NANKING
HONAN
TONSA
BONGO
I. FORMOSA
Tropicus Cancri
TON KIN
CANTON
Macao
Canton
PEGU
Pegu
SIAM
Siam
INSULÆ PHILIPPINÆ
Mindora I.
Philippines
MINDANAO
BORNEO
Borneo
CELEBES
Gilolo I.
NOVA GUI
INSULÆ MOLUCCÆ
I. Aroe
Timor Laut
IAVA
Batavia
Straat van Sunda
Sumbawa
Timor
Crocodils Eyland
NUS
ALIS
NOVA
Tropicus Capricorni
HOLLANDI
NDIA

導言：亞洲海洋的環境史

本書第五部檢視環境史，為解讀亞洲海洋史再開一扇窗。亞洲的生態資源讓許多人興致勃勃。這些資源的消費者有些來自歐洲與北美洲，但也有來自亞洲自身的。海洋運送各式各樣的產品，從鯊魚皮、花膠、珍珠之類的海產物，到其他可能在陸地種植收成、但最終經由海洋運輸的生態產物。以波斯灣為例，珍珠是一門龐大的生意，亞洲各路商賈很早就開始買賣；後來歐洲人進入市場，最終為了自身利益而扭曲市場架構。印尼東部同樣盛產珍珠，日本公司掌握了市場，先是以自由潛水員採集含有珍珠的貝類，然後在二十世紀開始養殖。歷史上，中國沿海也有珍珠；海岸居民會下海採集，香港、廣州等大港口也有珍珠買賣，將其銷往中國各大城市，用於家具裝飾、珠寶首飾，甚至傳統藥材。這只是一項產品，但見微知著。亞洲的生態產物多不勝數，在地的評論者（例如在十三世紀寫作的市舶司提舉趙汝适）與外國商人（例如十九世紀編列亞洲貿易產品資料的達爾林普〔Alexander Dalrymple〕）都對亞洲的天然產品留下豐富的著述，並說明這些產品的買賣方式和地點。兩位觀察家相隔約六百年，將他們之間的線索連結起來，就可以看出這一系列商品的需求持續不減，也可以看出天然產品是如何引發業內人士與局外人的想像。日本的鹿皮、菲律賓的海參、印尼的燕窩、緬甸的海藻、印度的多種香料，都藉由船舶運送。這些船舶航遍世界各地，將亞洲的豐富物產運往天涯海角，而且數量與時俱進，愈來愈可觀。

消費者對這些商品為什麼如此熱中？哪些因素驅使人們花大錢購買稀有的樹皮、種子、乾燥的動物器官？相關供應鏈如何運作？什麼樣的文化使命在推動這個體系前進？抑或整個體系的機制完全屬於經濟性質，由市場力量主導商品供需，各種平衡的結果決定了商品的運送路徑與販售價格？這些問題環環相扣，答案相當複雜。但我們可以有把握地說，文化與市場因素都制約了相關貿易的運作。亞洲的天然產品之中，有幾項商品儘管要價不菲，但被認為是奇貨可居，例如波斯番紅花之類的香料與產量稀少的頂級泰國燕窩。印尼東部出產的高級珍珠和珍珠母貝也可以歸入這類商品。同是在亞洲航道上流通的商品，也有一些出身比較平凡，無法賣到高價，但是交易量很大。胡椒曾經價格高昂，但後來供過於求，到十九世紀時也成了大量交易的商品。還有幾種香料也從頂級奢侈品逐漸轉變為大宗商品，沿著長程商品供應鏈流通，藉由大量銷售換取中等利潤。這些貿易跨越廣大的地理區域，從波斯灣的珍珠、紅海的紅珊瑚、馬拉巴與科羅曼德的薑黃與小茴香到南海的魚翅都有。

這些產品都以市場為目的地，沿著貿易航道運送，在亞洲各地海岸移動。消費者的喜好和對特定商品的需求也會改變。然而有一件事歷經本書論及的數個世紀仍保持不變：無數船舶一直在大海上航行，努力滿足不同社會的文化與市場需求；從中東航過南亞次大陸、從東南亞北上至中國與日本。

第十章詳細檢視一項複雜且環環相扣的貿易：十八、十九世紀中國與東南亞之間的海產物貿易。對於東南亞的海產物貿易而言，在本書討論的時期，中國具有無法抗拒的吸引力。國家建設工程都以供應這些產品為中心，龐大的勞動體制隨之建立，在前現代的環境下以工業規模的數量供應這些商品。取得這些物品是西方國家在東南亞建立基地的原因之一，殖民計畫也從這裡開始蓬勃發展，後來成為西方執行其他帝國計畫的橋頭堡。亞洲部分地區成為東南亞海產物的集散倉庫，這些產品會運往中國南部的市場（主要是廣州，後來還有香港）以交換中國商品。在蘇祿與婆羅洲，本土統治者（而不是外來的帝國主義者）則建立起自己的體系來將產品送入市場。本章說明一系列相關的亞洲參與者——包括中國與東南亞的貿易商——如何既合作又競爭，將海產物銷售到中國市場。第十一章將觀察地區西移至印度洋，探討馬拉巴與科羅曼德的海岸如何成為歷史上的「香料中心」，而且至今遺風尚存。這個位於印度南部的肥沃地區是多種野生香料的原產地，這些香料在世界各地都很受歡迎。當地至今都還有野生的胡椒、薑黃、小茴香與芫荽。一個龐大的貿易與交易迴路被這些香料催生出來，促成現代早期的世界向探險家開放，也有助於這類商品運往亞洲其他地方，包括馬來西亞與新加坡。透過歷史資料與當代的田野調查，香料貿易的輪廓因此現形，使我們得以觀察相關模式，瞭解現代世界初期的貿易與族群遷移。香料並非海產物，但是就重要性而言，香料後來變得比亞洲貿易中的其他天然產品都還要受重視。當時一如今日，印度南部的香料出口幾乎完全仰賴船運。第十一章檢視那段複雜的歷史，從產地到海外市場，探究香料貿易的歷史遺緒如何持續影響今日的我們。

第十章 魚翅、海參、珍珠：海產物與中國——東南亞

我們家族做這一行好幾代了。這一代很有可能是最後一代。——新加坡商人[1]

「異鄉人」(the stranger)具有一種弔詭的本質——他們與當地社會疏離且格格不入，但是能夠運用這種狀態來達成經濟目的，有時甚至能夠達成政治目的(通常與貿易有關)；對此，傑出社會學家齊美爾(Georg Simmel)做了相當著名的描述。[2]他的研究成果為其他思考這類過程的學者奠定了基礎，尤其是韋伯(Max Weber)與他對所謂「新教倫理」的探究，以及歷史上這種「倫理」所意味的一切。[3]許多當代學者根據這些觀念，在各自的學術領域中研究「異鄉人社群」的機制，包括東非的印度人、歐洲的猶太人，甚至散布在中東各地的亞美尼亞人。[4]研究海外華人社群的學者也不例外：關於僑民社群、他們與貿易和長距離商業活動的連結，有幾部最重要的分析著作是聚焦於海外華人。原因不一而足，不過其中一

個關鍵在於這些華人——以及與他們的交易對象——往往留下非常翔實的紀錄。然而華人貿易商涉及的語言、造訪的社會相當廣泛，要取得完整的紀錄向來不容易。[5]

本章主要探討海外華人的網絡，並聚焦於一道獨特的門戶：歷史上與當代的海產物貿易。這種貿易將中國與東南亞的諸多國家連結為一個經濟圈，時代跨越數百年。[6]在本章的前三分之一，我談到一些用於長時間檢視這些海外華人社群及貿易過程的理論、史料與歷史框架。這部分說明得簡單扼要，因為我已經在其他地方做過詳細介紹。[7]本章的後三分之二則將歷史上的旅程與今日中國和東南亞的海洋商品貿易運作連結起來。這部分論述是以已發表的學術文獻為基礎，但也包含許多我自己對東亞與東南亞各地港口的海洋商品貿易商所做的口述歷史採訪，以及造訪海洋商品集散地與轉運站的經驗。我希望從歷史與當代的角度呈現這一門商業的廣泛層面，那是過去數個世紀中國與東南亞之間的關鍵連結。海洋商品的流通絕不等於從海中捕撈奇珍異寶來賣的陳舊貿易活動，反而可以視為歷史上越洋連結的重要遺跡。這些交易以迷人但令人傷感的方式呼應過往歷史。然而正如商人得以親口講述自己的故事時所言，這些交易也揭示了海洋商品貿易未來將如何演變。

海產物與其商業

共同的軌道：中國—東南亞

對於中國過往經濟原動力與規模的理解，過去二、三十年有了長足的進展。[8]一些研究聚焦於行會與宗族組織，包括施堅雅（G. William Skinner）等人在一九七〇年代與更早時期詳細探究的「公司」（gongsi，譯注：即會館，華人移民協助安頓同鄉移民的機構）。[9]其他研究則爬梳《明實錄》的內容與福建等特定省分的檔案，搜尋線索來探究商業活動如何先是從現代早期開始擴張，而後在十九世紀出現數量、重要性與規模上的爆炸性成長。[10]這些早期研究大多關注的是商業觸角逐漸遠離中國政治體制時的海洋，然而現今這類研究也對陸地上的連結進行詳細而複雜的探討。[11]近來甚至有學者特別關注特定商品，把它們當成揭示交易過程的「示蹤劑」來追蹤，鴉片等商品證實在這方面很有用。[12]整個趨勢的核心在於：理解中國經濟世界在過去屬於統計學範疇，如今已進入分工更細密的史學領域。[13]

中國商人在跨亞洲網絡中的角色，一直是當代中國社會史與經濟史本質研究中最迫切的議題之一。這類研究奠基於施堅雅、王國斌（R. Bin Wong）、濮德培（Peter Perdue）、羅威廉（William Rowe）等人的成果，提出一系列問題探討中國商業的運作，特別是那種在過去兩個世紀裡變得重要的商品流動。[14]也有學者探究中國商業與西方企業的關連，以及與日本企業的連結和商業上的相互倚賴。[15]有些研究著眼特定的方言族群，將其作為從微觀與宏觀層面探查相關過程的窗口；有些研究則檢視中國人、法國人、荷蘭人、英國人、西班牙人甚至波斯人等許多不同參與者的行動如何結合起來，以空前的規模將某些商品銷售到亞洲各個地理區域。[16]認為中國經濟因為受制於政府而屬於「半封閉」形態的主流論述，已經無法成立。大量研究顯示，貿易網絡從中國擴張到了其他地方，有些還遠達美洲。[17]

的確，連無比遙遠的「新世界」也有中國貿易商與移民的行蹤。然而此一時期中國的移民與商業擴張，主要目的地顯然是「南洋」（東南亞）。在海洋商品採購的歷史上尤其如此，但是整體來說在大部分商業領域也一樣，多年來離開中國前往南洋的人數已充分證實這一點。法國學者（以法文寫作）特別擅長將這些連結理論化，指出南海如何成為遷徙的支點以及接觸與傳播的輻線，範圍甚至遠到爪哇島。[18]英語學界也致力於研究這些連結，透過長時段歷史發展，或者檢視特定制度，例如中國的包稅制，這是連結中國與東南亞的一項要素。[19]日本學者（翻譯為英文）與中國學者也投身研究行列，確保了對於這些現象的解釋不會完全只以西方社會科學的範式為基礎。[20]整體而言，這些研究設定了非常有用的參考架構，有助我們理解這些歷史旅程的模式；無論我們討論的是海產物貿易，還是其他可能導致移民的商業活動。

海洋南方

在中國貿易商與移民所前往的「南洋」目的地中，爪哇的歷史地位特別重要。雖然爪哇很早就與中國有所接觸，但十六、十七世紀之交荷蘭人在巴達維亞立足，導致當地對於中國商人、工匠與勞工的需求大幅升高，人數遠多於以往。專制的科恩（Jan Coen）是巴達維亞的獨裁統治者，但荷蘭文的學術研究顯示，當局很快就設置了華人「甲必丹」（*kapitan*，按：泛指首領）來照顧當地華人，尤其是協助他們遵照荷蘭人認可的方式來管理商業活動。[21]情勢一開始相當順利，但是到十八世紀時出現了大問題，包括當地華人遭到屠殺。[22]這些華人若不是每隔一段時間就被爪哇殖民地統治者無情殘殺，就是被荷蘭人當成在許多經濟產業中擴大商業勢力的工具，例如小額貿易、農業與日益興盛的纏毒（零賣的鴉片）販賣。[23]華人男性與當地女性的跨種族通婚相當常見，於是爪哇的華人逐漸演化出雙重性質：既是一個獨特的社群，也是一個與當地人混血的社會。[24]事實上，許多華人散居在港口城鎮與爪哇海岸其他地區，而他們在這些大城買賣與運送海產物的過程中扮演了重要角色。海產物之類的貨品就是在這些港口裝船，運到遙遠的目的地。

華人——尤其是華人海洋商品貿易商——從爪哇島的荷蘭人權力中心出發，快速在荷屬東印度開枝散葉；對於此一現象，荷蘭文的研究成果在史學界幾乎是無與倫比。[25]在經濟上，華人開始擔任荷蘭人不可或缺的補給者，供應從魚乾、珍珠到花膠等各種能讓殖民地為宗主國帶來利潤的產物。荷屬東印度最著名的華人漁港是峇眼亞比（Bagan Si Api-api），位於蘇門答臘島中部偏北的海岸。當地捕撈、乾燥、包裝之後販賣的海產物，在十九世紀末與二十世紀初達到了相當龐大的數量。峇眼亞比鄰近擁有大海港且身為跨區域船運要衝的英屬新加坡，這一點的重要性和峇眼亞比與巴達維亞的連結不相上下；巴達維亞在南方，遠離麻六甲海峽的開口，是荷蘭在當地最重要的城市／港口。[26]華人也出現在別的地方，例如婆羅洲綿延的海岸、蘇拉威西島、印尼東部；尤其是在廖內群島。他們負責海洋商品的漁撈、乾燥、集中與包裝。[27]華人與其他華商的族群商業網絡以及與荷蘭殖民官員的關係，確保大部分的海洋商品能夠以快速、高效率的方式運抵荷蘭與外國市場。華人社群在這方面太重要了，導致荷蘭人對他們進行大規模的監控。這樣做的原因不外乎是荷蘭人想要分享利潤。[28]

關於華人社群與海產物的集結，類似情況也見於北方的英屬馬來亞與婆羅洲海域。在婆羅洲，從今日馬來西亞的沙勞越（Sarawak）州與沙巴州到汶萊蘇丹國，華人扮演的角色相當忙碌，在許多地方負責管理海產物的組織與集結。[29]婆羅洲海岸地區和其他許多地方相比，開發程度較低，因此華人商人與小型企業往往可以任意挑選地點來設置商號、乾燥設施、購買站與其他機構來經營業務。[30]包稅承包商的主要目標是鴉片、酒類等其他產品，但他們有時候會協助解決相關安排的問題。[31]在馬來半島檳城等地，像許氏集團（Khaw Group）之類的華人財團可以左右經濟，海產物與華人商業組織的高效率形式之間的關係也愈發明顯，特別是周邊地區還有大量的華人以及其他少數族群勞工需要養活。[32]海產物的採購、分類、包裝與最後的運輸，對檳城等地

圖10.1　龜殼

來源：作者自攝

而言都是地方經濟的關鍵要素。從這裡出發，英國在南洋的貿易利益形成一個廣大的海洋三角，將緬甸、暹羅、馬來亞與亞齊連結起來，牢牢掌控。[33]

我們也在原先被西班牙殖民，後來換成美國統治（達半個世紀）的菲律賓看到類似情況，但兩邊的地方態勢不盡相同。華人數個世紀以來持續移居菲律賓，而且往往比前往東南亞其他地區的人數更多，因為菲律賓離中國比較近，也比較容易利用季風期的盛行風與洋流模式抵達。菲律賓擁有七千多座島嶼，所以中國人很容易就深入參與其殖民地時期的海產物貿易，通常是使用他們當初駕駛到菲律賓的船隻，原先作為運輸船，之後則充當將海產物運往福建的貨船。[34]來自菲律賓的海產物貿易非常重要，有助於為城市（例如馬尼拉與宿霧）供應食物，也有助於開發南部極度富饒的蘇祿海域；珍珠、珍珠母貝、魚翅和花膠都可以在那裡大量生產。中國水手從中國南部航行來此，積極利用海洋的財富，不過後來也出現了來自新加坡與其他東南亞港口的華人水手，努力在這片豐饒的海域討生活。[35]西班牙人不時會立法阻止華人過度參與城市以外的區域貿易，但是這些法規往往沒有執行，因為軟弱的西班牙人多半光說不練，群島的地理範圍也太廣大。[36]甚至到了二十世紀初年、美國入主菲律賓之後，華人仍然持續參與海產物的貿易。然而其他作為主食的農業產品——往往能在國際市場賣到非常好的價錢，至少在大蕭條之前是如此——最終削弱了海產

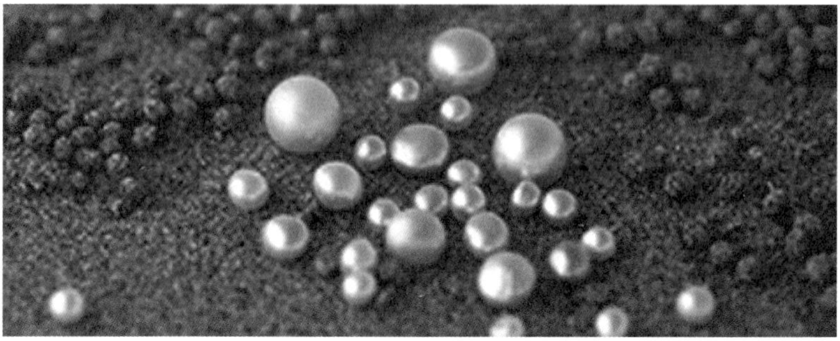

圖10.2　珍珠
來源：作者自攝

圖10.3　海參
來源：作者自攝

物作為泛亞洲商業重要貿易命脈之一的作用。[37]

整體而言，華人對於東南亞海產物貿易的參與，在過去數個世紀持久且穩定。我們從針對中國海岸的研究（以及當時的實際商業文書）得知，對於許多想做海洋商品生意的中國商人，東南亞是他們重要的目的地。[38]再往南來到東南亞海域，從許多西方商人與政治人物留下的紀錄可以看出海洋商品貿易蓬勃發展；而且根據在當地幫西方人蒐集情報的消息提供者，這些貿易其實已經持續很久了。[39]整個東南亞顯然都是如此，只不過有些貨物集散中心的重要性比其他地方還要高，遠離故鄉的僑民也在當地靠海洋產品貿易維生。蘇祿海就是這樣的地方，華倫與希瑟·薩瑟蘭（Heather Sutherland）等學者曾詳細描述當地普遍使用的海上採購系統，這些系統都是東南亞的穆斯林蘇丹國推動的。[40]武吉斯（Bugis）僑民社群落腳蘇拉威西島西南部，但是往海洋東南亞的四面八方發展，形成另一個重要的海產物貿易中心，只不過他們的海洋生物採購途徑比較少建立於特定地區（例如蘇祿），大多是建立於在廣闊海域上縱橫交錯的網絡本身。[41]最後一點，研究族群移居的理論學者與歷史學者全面呈現了這些連結當中更細微的紋理；這片四通八達的海洋邊疆有幾個重要的節點，華人形成的節點只是其中之一。[42]從歷史來看，所有這些遷徙行動形成了一個體系，匯集來自不同地方的海產物，運往中國沿岸；年復一年，貿易量蒸蒸日上。

當代的網格：海產物的羅網

中國中心：理論與實踐

將時間快轉到二十世紀最後數十年與二十一世紀的頭幾年，中國與東南亞之間的海產物運輸，呈現一幅非常可觀的變化與延續景象。若說海產物商業活動在一七八〇到一八六〇年來到高峰，之後因為在殖民鼎盛期被更大規模的商品流動淹沒而重要性衰退，那麼過去三十年間，海產物便是隨著中國與許多東南亞國家的經濟突飛猛進而再度炙手可熱。若說一九三〇年代全球經濟大蕭條時期、第二次世界大戰和東南亞民族國家去殖民化之後的初期，貿易都持續十九世紀後期以來的模式，讓海洋商品處在其他更重要商品的陰影之中，那麼東亞與東南亞經濟自一九八〇年代以來的爆炸性成長，便是以新穎而有趣的方式，讓這兩個區域間的傳統貿易管道恢復了活力。這方面的成長有很大程度要歸因於區域經濟的整體動態，促進了已經相互貿易好幾百年的次區域之間的商品流通。然而值得注意的是，在這個經濟成就的故事中，海洋商品的流動已成為一個重要的子題，促使我們探究這項貿易融入大範圍經濟成長現象的原因與過程。[43]接下來，我將以兩種方式進行探討：一方面透過相關的社會科學文獻，一方面透過我在中國、臺灣與東南亞對華人海產物商人的訪談，此外還有我在東南亞地區對海產物貿易商與採集者所做的田野調查。

二十世紀中期殖民強權沒落之後，華人商業力量在東南亞重振聲勢，許多社會理論學家積極尋求解釋這個現象。學者提出性質各不相同的原因：宗族關係與方言族群的重要性；「關係」與跨國網絡的觀念；「華人資本主義」成為一種運作模式，得到東南亞各地華裔商人採用。[44]有些解釋比其他解釋更為縝密，但全部的解釋都指向一種看法與世界觀，認為華人商業的成長不僅出現在「大中華」地區（中國、香港與臺灣，發生在過去二十五年間），也出現在東南亞——數百年來華人商業活動的一個傳統領域（統稱為南洋）。[45]幾位重要學者特別探究了相互作用從中國到東南亞本身的動態，兼顧歷史時期與近年的情況。[46]也有一些學者聚焦於東南亞端的情況，分析模式，對象是接收遷徙活動的國家，而不是身為移民與商人遷徙源頭的整個東亞。[47]無論使用何種研究方法，海洋商品在兩個區域之間的移動顯然都能把這些研究充分連結起來，並且部分呈現出商業與族群運作的情形。這些商業輻線涵蓋非常廣大的範圍，這也告訴了我們一門古老商業的架構何以能在這個時代繼續維持。

香港、臺灣與中國的海岸地帶是海洋商品流動的主要終點站；大部分商品來自東南亞，也有一些來自更遠的地方。[48]我在這幾個地方對商店老闆進行的訪談，充分顯示他們

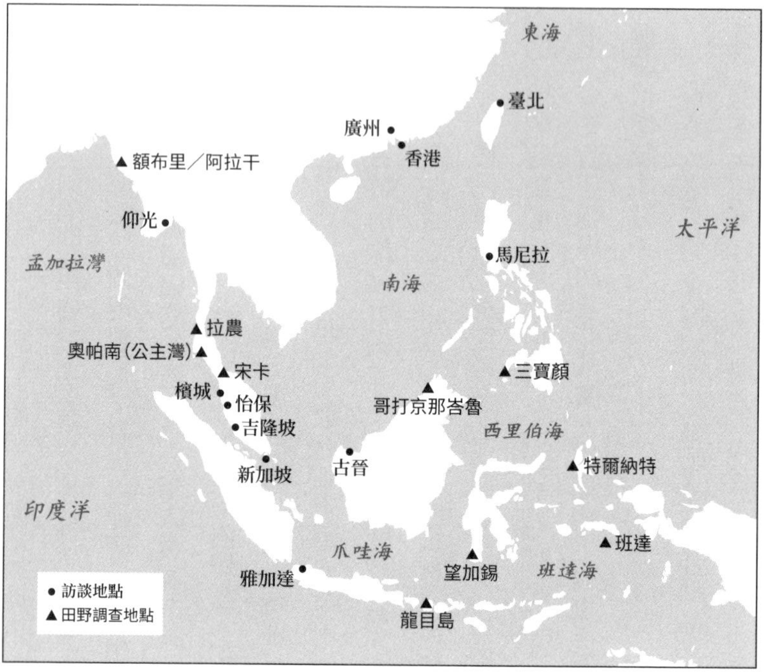

地圖10.1　中國－東南亞

的商業人脈已經超越國界：老闆們以有趣的方式指出，他們深入極廣大的區域貿易體系。有些商店位於供應鏈的底層，例如香港九龍的健生中西藥房，這類商店是海洋商品最基層的銷售管道，只銷售小包裝的商品，而且只賣給當地消費者。藥房中的一位商人說：「我們處於市場的底層；賣東西給本地民眾的是我們，不是批發商。」[49]

這類商店在香港很普遍，在中國大陸也很常見；中國只有少數幾家大型企業會與外界打交道。福建廈門（中國最「網路化」

的地方之一）就是很道地的例子，但廣東省的廣州也是如此，當地的清平市場有數十個商家販賣乾燥的海產物。[50]它們與外面那個海洋商品世界的連繫要透過與政府關係良好、所以能取得必要執照的企業代為處理。回到香港，距離健生中西藥房只有幾個街區的千草城是家很不一樣的商店：光亮整潔，令人驚豔，店內商品都是從南洋各地運來的。單單花膠（乾燥的魚肚，用作藥材）就是我在亞洲看過最大、保存最好的貨色。[51]然而就連這家藥商與臺灣臺北的合勝堂相比，也是小巫見大巫。合勝堂的魚翅來自在世界各地搜索的大量臺灣漁船，鮑魚來自太平洋彼岸的墨西哥與美國加州；店裡不但有各種等級的東南亞海參，還有體型雖小卻極為昂貴的日本海參，一條要價新臺幣九千八百元。[52]與先前提到的船運貿易相比較，海參貿易代表著一條不同的接觸外在世界管道，對貿易終點站來說海參是高檔品，因此海參貿易也代表著不同高度的商業運作。[53]

南亞的大陸海岸

大陸東南亞將海產物銷往北方的歷史相當悠久，儘管這類產品也從南洋各地運往中國、香港與臺灣。越南是與中國最鄰近的東南亞國家，擁有漫長綿延的海岸，因此漁獲經常被運到中國南部，多半是由華裔的越南商賈經手。就連漁民本身也偶爾會這麼做，還能避開海關巡查，因為他們知道可以在哪裡停泊船隻，靜悄悄地卸下大批珍貴漁獲。越南經濟生活觀察家經常談到華裔越南人社群對連結中國經濟與越南經濟的重要性；他們聚居在胡志明市的堤岸區，但也分布於越南許多地方。[54]在海產物與乾貨的領域，這些緊密相連的商業支柱顯然相當重要。柬埔寨的情況也是如此，海洋產業一方面要餵養全國人民，一方面是賺取利益的出口產業，以中國為主要市場。諾拉．庫克（Nola Cooke）研究這類模式在十九與二十世紀的表現，特別是與柬埔寨最大湖泊洞里薩湖（Tonle Sap）的漁獲和水產有關的那些。[55]科學家指出，洞里薩湖的魚類密度為全球最高，每年都有漁獲以乾貨的形式運往中國。安排運送的是懂得按照時節到柬埔寨市場挑貨的中國商人，以及當地的華裔高棉商人。

在泰國昭披耶河盆地平坦的高地，情況相去不遠。華裔泰國商人在這個國家也相當重要，而且協助建立了泰國與中國之間的經濟管道；泰國同樣擁有廣大綿延的海岸地帶，中國則為泰國灣與安達曼海的海產物提供市場。宋卡位於泰國灣南岸，從當地碼頭的田野調查可以看出，非常大型的魚類——包括環吻琵琶鱝（shovelnose shark）與多種魟魚——會被賣到中國供人食用，也餵養動物（磨碎後充當動物飼料）。[56]事實上，作為飼料的魚粉貿易對中國農業產業來說極為重要。

越過安達曼海，來到泰國南部的印度洋沿岸，漁獲的銷售呈現不一樣的動態。穆斯林漁村奧帕南（Ao Phra Nang）位於甲米（Krabi）北方，吸引不少西方旅人（與喜歡湧入普吉島〔Phuket〕等外島的觀光客不同），當地的漁業經濟同樣屬於出口導向。在這裡，民眾依據季節與潮汐採集貝類（大多是女性在淺灘的泥巴裡採集），裝箱送到集貨站，最後轉賣到中國市場。[57]沿著同一片海岸再往北，來到緬甸的南端，鄰近泰緬邊界的拉農（Ranong）也是一個重要的漁業中心與泰國出口海產集散中心。拉農與奧帕南不同，漁業的運作相當工業化，大型拖網漁船每天從碼頭出發，在泰國海域與公海作業，有時也（非法）在緬甸或馬來西亞海域捕魚。我在這裡的碼頭進行訪談時得知，一大部分漁獲也會在乾燥處理後運到香港及中國去滿足當地需求。[58]中國與華語區市場持續成長，是這個時代不變的事實。

緬甸——過去半世紀全世界最孤立的國家之一，原因是一九六二年軍方政變奪權——的傳統海洋商品也是大批運往中國，但官方紀錄資料並不完整。和香港的商店與藥房一樣，緬甸的也有不同類型的業者，在不同的海洋商品貿易領域運作。小型商家，例如敏登（U Myint Thein，譯音）在仰光經營的商店，在海產物貿易中扎根甚深，而且代代相傳。敏登的雙親有一位是緬族人，一位是來自雲南的華裔；他從父母身上學到如何經營買賣店裡諸多藥材的事業。他告訴我：「我的祖父是雲南人。他教會我們如何做這門生意，而且建立了家族事業。他生前認識許多緬甸華人。」[59]

仰光另一家鄰近的商店在這一行扎根更深，而且由於緬甸仍相對孤立，因此許多店裡陳列的商品對我來說相當新鮮，從未在緬甸以外的市場看過。其中包括幾種魚乾，顏色有黑有白；此外也有一些價格高昂的海參種類，會出現在貧窮的緬甸相當令人驚訝。[60]我曾在距離孟加拉邊界不遠的阿拉干沿岸進行田野調查，證實緬甸的漁業規模不大、以社區為基礎，不必倚賴大型業者的大型漁船。我在一座村莊裡看到很大的乾燥墊鋪開來，在太陽底下曝曬孔氏小公魚（Commerson's anchovy, *Stolephorus commersonii*）、銀鯧（silver pomfret, *Pampus argenteus*）、長臂鑽嘴魚（longfin mojarra, *Pentaprion longimanus*）。[61]我問了一位華裔商人，這些小型魚種的魚乾要運往何處？他說一部分供應本地市場，一部分供應仰光等緬甸大城；雖然中國市場的距離更遙遠，也還是有一部分正運往那邊。

群島的世界

我們透過焦點研究在東南亞大陸海岸看到的景觀，在島嶼東南亞也幾乎隨處可見；那裡的海洋無所不在，豐富的物產也很容易運送。舉例而言，針對華人商業在今日菲律賓的發展觸角所做的研究便大量激增；華人家庭與當地菲律賓人融合為混血社群已有數百年。[62]一部分網絡以馬尼拉為中心，那是菲律賓的「首善之都」與最重要的經濟發動機。不過華裔商人在地方上也有重大商業利益，尤其是米沙鄢群島的怡朗（Ilo-ilo）等地。[63]在馬尼拉北部倉庫聚集的岷倫洛區（Binondo）與迪維索利亞（Divisoria），華裔海洋商品商人告訴我，他們從香港與中國大陸接到大筆海產物訂單。這些商人大多講福建話，祖先從福建來到菲律賓；他們當中的許多人在今日中國南部仍然擁有良好的人脈以及家族關係，在香港也有正式的商業夥伴。[64]這些菲律賓華人家族還有一個很顯著的特色，就是由子女協助經營事業，主因是其中許多人都能說流利的英語，使他們能夠連結到更廣大的採購網絡，突破華語人脈關係的限制。菲律賓群島是全世界最大的群島之一（擁有約七千座島嶼），所以這種大範圍的海產商業並不缺海洋貨源。華人家族的人脈一路擴展到三寶顏與蘇祿海，那裡（無疑）是海產物無比重要的漁獲來源，歷史可上溯至十五世紀，甚至更早。[65]

像菲律賓這種狀況在印尼更為明顯；這是全世界最大的群島，到處都有人在採購海產物。印尼也有一個龐大的華裔商人社群，散布在一萬三千多座島嶼上，有些已定居幾個世紀，有些近年才從東亞與東南亞其他地區（例如中國、新加坡、馬來西亞）遷來。華裔商人參與印尼海產物貿易的歷史相當悠久，事業與合作觸角的伸展又遠又廣。[66]對於這個現象，不僅西方社會科學家感興趣，印尼學者——其中不少是華人，但有些並不是——也留下英文與印尼文的著述。[67]在努沙登加拉省（Nusa Tenggara）的龍目島（Lombok）、蘇拉威西島的望加錫、印尼東部摩鹿加群島的特爾納特與班達（Banda）等海產物捕撈地區進行的田野調查顯示，華人資本促成了群島許多地區的大規模海產物採集。[68]「華人派人來採購我們的海產，行之有年。這些正在乾燥處理的海參都要運到中國。」[69]

雅加達是印尼全國的海產物集散地，但商品有時會直接運到新加坡或者香港，避開中間人。[70]捕撈海洋商品的人絕大部分是當地原住民，但是商品進入市場之後，就由華裔商人負責分級揀選與銷售；這些華人多半是當地土生土長，但活動範圍距離產地愈來愈遠。事實上，這也是整個東南亞的普遍模式。從海洋採集的花膠、海參或珍珠母貝，全部都會進入由華人主宰的複雜交易網絡。

與華裔海洋商品商人談話，在馬來西亞不是問題；他們不像受訪的印尼華人偶爾會流露不安（甚至恐懼），而馬來西亞海產業的商業活動也相當興盛。在馬來西亞各大城市與華人貿易商談話，如同透過某種產品的交易來追蹤海外華僑的歷史軌跡，並且看到華僑社群的廣度完整展現。吉隆坡的華人貿易商大部分是廣東人，符合這座城市的移民歷史模式；檳城與怡保（Ipoh）則以福建人居多。[71]在馬來西亞的婆羅洲，華人移民來自中國的不同地區，遷徙原因也不同，多數是客家人。[72]雖然華裔商人分屬不同的次族群，但許多人買賣的都是同樣的商品，只是可以的話就以方言交易。在其他情況下，這些商人就以中國的普通話為通用語，用它和散布在馬來西亞、東南亞以及東亞的其他海產物商人溝通。許多馬來西亞華裔商人都強調他們做生意依照「傳統方式」——他們日常交易會使用電腦、傳真與電傳電報，但是談生意時也會使用算盤、以好茶待客，做法一如他們的父親一輩甚至祖父一輩。這種與過往的連結相當有趣也相當普遍，而且似乎對許多仍很看重這種傳統貿易方式的華人而言，兼具著情感與實用的價值。根據馬來西亞華人商業的相關研究，除了海產物之外，許多產品的貿易都有相同的現象。[73]

中央輻線：新加坡

對於傳統（與現代）華人海產物貿易的組織脈絡，以及這門貿易與自身悠久歷史的連結與分歧，最佳的研究對象可能是新加坡。從過去到現在，這裡都是東南亞海域的海產物商業活動主軸。新加坡一直特別適合對中國商業進行深入探討，有幾個原因，其中之一是中國本身長期不開放進行這類研究，而新加坡商人精通英語，意味著相關研究可以用中文和英文同時進行。結果就是探討新加坡華人商業活動的學術文獻特別豐富，其中有幾部年代算近的論著，其精細程度在先前中國大陸的環境下是非常難達到的。[74]幾項關於華裔商人行為的複雜理論便是源自新加坡的田野調查案例，而且經常被認為在某種程度上能夠代表大範圍區域內華裔商人的整體行為。[75]這種論斷有其道理，不過也可能有幾分誇大：這個小地方的華人商業發展未必能夠代表整體華人商業發展更大規模的動態與運作機制。在東亞和東南亞海域，以及連接起這兩地的水域，都是如此。

這些模式清楚展現在海產物與乾貨銷售者身上，但是關於華人社群貿易與族群的文獻中很少提及這些人。在新加坡，相關貿易主要分布在南橋路（South Bridge Road）以及與它交叉的街道，鄰近新加坡傳統的唐人街，南邊是以珊頓道（Shenton Way）為中心的金融區。[76]走進這些商店有點像走進另一個時代。裝滿樣品的大麻布袋堆在地上，袋子上印有許多國家的港口名稱：印尼東部阿魯群島（Aru）的多波（Dobo）、菲律賓南部民答那峨島的納卯（Davao），甚至還有澳洲（有些海參是遠從達爾文〔Darwin〕運來的，當地的季風氣候與東南亞海洋節律的關係，比和澳洲海洋節律的關係更密切）。各種產品的樣品都可以觸摸和品嘗，儘管這些地方都是公司總部，擁有現代化的通訊裝置，訂單來自（或送往）世界各地。許多華裔海洋商品銷售者一直把店鋪保留在這一區，單單是這件事就很重要：這是傳統的延續，是一種有意識的選擇，儘管現在其他地點也同樣適合（從各種動機與用途來看）。方言群體的偏好在這個社會中依舊相當明顯。新加坡的華裔族群非常龐大，所以比東南亞大多數地區更多樣化（亞族群），也展現出這種複雜性。

然而，這裡有許多歷史模式顯然都在演變。五十年或一百年前，這些商家很可能有一大部分都讓兒子參與經營、學習生意經、協助日常營運，但今日已非如此。我訪談的商家老闆大多感嘆他們的兒子不願繼承家業，不過也有一些老闆對此很高興，認為這一行的競爭太過激烈。還有幾位老闆別具想法，希望子女能接受比自己更好的教育，這樣才不必靠著將散發腥味的鹽漬商品銷售到亞洲各地來謀生。[77]新加坡仍是這些貿易活動在東南亞的中心，也仍是大批海洋商品的集散地與轉運站；這些商品來自東南亞各地，最終將運往中國、香港與臺灣。然而這項競爭優勢——以及歷史連結——正在消失，因為其他南洋國家的華裔商人如今直接和東亞打交道，以便將產品更快送到市場，也毋須支付新加坡中間人日益高漲的費用。這門生意有一個殘酷的邏輯：海洋商品的運送（和其他貿易一樣）必須在今日全球市場的激烈競爭中進行。[78]儘管海參、海馬、花膠、珍珠產品、各種魚乾、鮑魚和許多其他的傳統貿易商品還是會經過新加坡，但這座港市繼續扮演海產物貿易中間權威人士的日子已經不多了。某方面來說，新加坡在全球經濟競爭中表現得「太好」，結果在自己的經濟生命週期中忽視了海產物貿易。隨著貿易從新加坡移向更廣大的群島，過去數十年間我訪談過的商人，恐怕是掌管這類貿易的最後一代人。

結語

資本主義的擴散深刻影響了過去二、三百年的全球政治經濟，新的貿易模式幾乎推進到地球的每一個角落，這是無可爭論的現象。學界在探討上述過程時，將其置於殖民主義與現行貿易模式的大架構之中；柯丁（Philip Curtin）等學者已說明過去數百年間，這些過程在不同地區、不同時代是如何發生的。[79]相關討論的一個關鍵要點在於少數族群中間人（ethnic middlemen）的作用；他們與步步進逼的西方帝國計畫先是競爭、然後合作，而且在新形成的商業環境之中創造出自己的利基。在幾個帝國與逐漸推展的殖民計畫中都可以看到這類族群化的網絡，顯示大型經濟架構內部確實有空隙能讓這些社群建立自身的重要地位。[80]華裔海洋商品商人是這類社群之一，在西方帝國主義統治前的數百年占有重要地位，到了十九世紀與二十世紀初期則轉型為買辦。第二次世界大戰的太平洋戰爭落幕後，亞洲諸多新成立的國家開始自治，華裔商人也再度登上舞臺，在後獨立時期扮演新角色。

海洋商品貿易商曾是區域內部交易體系的有力支柱，但他們今日的重要性已大不如前；儘管如此，以數量與價值而言，這類貿易如今比以往規模更大、價值更高。這種現象與亞洲和全球市場的成長相符，也反映了人類獲取海洋豐富物產的能力愈來愈高強。顯而易見的是，東亞與東南亞的華裔海洋商品商人還保留著這個領域數百年來的一些「生意經」，但他們這個社群本身的部分特質與傳統已然消失，或者正在快速消失。原因在於時間流逝，也在於華人家族與華人家族企業對於某些事物的重要性、獲利性與應當性的觀感正在轉變；華人家族與企業的利益重疊，在今日可能已不如過往。[81]華人海洋商品貿易商的廣大社群非常有助於探討與描繪商業史的某些變化，因為這門生意——如同其他許多生意——一直努力迎合現代商業界的要求。[82]運用結合歷史學與民族誌的研究方法，我們可以看到這些變化隨著時空變遷的發展。我們也因此看到，今日的海洋商品貿易從業者可說是亞洲家族與移民某部分的歷史延續，而這段歷史可以上溯到數個世紀之前。[83]

第十一章　碼頭風雲：印度南部海岸如何成為「香料中心」

我們的香料賣到世界各地，印度是香料貿易之母。——馬拉雅拉姆（Malayalam）香料批發商，科欽，印度南部喀拉拉邦（Kerala）[1]

在一篇很重要，但是（在我看來）太少被引用的論文中，偉大的東南亞歷史學家與政治學家露絲・麥克維（Ruth McVey）深入檢視了她所謂東南亞創業家在區域歷史中的「物質化」（materialization）。[2]麥克維把「物質」和將各種商品運送到東南亞海域各地的少數族群貿易商連結在一起，藉此她觸及到一些在全球貿易世界中其他地區已經變得相當重要的地方觀念，而且影響範圍廣泛。事實上，埃德娜・伯納西奇（Edna Bonacich）與羅賓遜（Ronald Robinson）等學界先進曾經探討少數族群中間人（middlemen minorities）的理論基礎，關注他們的各項表現，以及他們在帝國時代架構中扮演的角色——這兩個觀念都是一九八〇年代和一九九〇年代少數族群理論演變的關鍵。[3]這門學問的其他早期支持者也探討過印度、東非殖民地等地的僑民貿易商在組織時運用的所謂「文化策略」，以及商人資本的族群衝突。[4]事實上，在資本主義與發展的歷史研究中，家庭與「氏族」的經濟狀況成為一個新的重要可能性。沈恩（Amartya Sen）等奠基者都曾質疑一整個世代學者的普遍認知；那個世代的學者在探究這些問題時，大多持續倚賴馬克思與恩格斯的理論。[5]

本章探討兩個地區——印度南部與馬來半島——如何透過長時期的海上香料貿易進行連結。[6]近年的歷史研究偏好透過特定商品來觀察歷史進程，本章延續了此一趨勢。[7]第一節檢視關於分析不同貿易商團體之間的連結，族群特質在理論層面的影響；這些貿易商團體包括「華人」、「猶太人」與「印度裔」組成的社群。第二節探討印度沿岸作為沿海香料轉運站的歷史發展，時間主要涵蓋現代早期，同時也觸及比這個運輸鼎盛時期稍早與稍晚的部分。第三節也是本章最長的一部分，由口述歷史訪談與田野調查組成，地區包括印度南部的馬拉巴海岸與科羅曼德海岸，以及孟加拉灣彼岸的馬來西亞與新加坡。我對印度裔香料貿易商進行大約二十場訪談，呈現了海洋香料貿易留給現代的影響；這項貿易如今仍在這個帝國時代結束後的世界進行（為顧及跨時代連結，我在地圖上使用歷史地名）。我認為香料的運輸連結了原本（並不全然）不相來往的世界，過程中也讓印度裔族群散布到印度洋東側的東南亞地區。換言之，移民與商業在這裡環環相扣，從過去到現在都是如此。我與多位香料貿易商的對話呈現了這些連結；在這個變化無常的地區，這些連結與更久遠的貿易歷史以及香料貿易的周邊動態都息息相關。

比較的面向

思考資本主義與族群創業精神在不同文化中扮演的角色，能夠帶

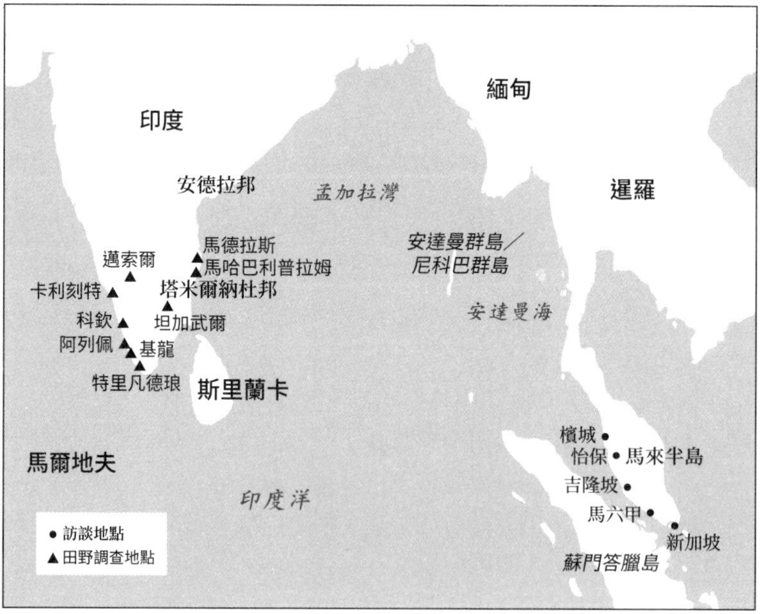

地圖11.1　南亞水域：馬拉巴海岸、科羅曼德海岸

來許多啟示；原因在於這些模式會因地、因時發生變化。本章將透過印度裔貿易商與他們買賣的香料，檢視孟加拉灣的相關動態發展；但顯而易見的是，族群以及族群與商業的連結，是學術界以各種方式高度關注的概念。這樣的關注當然有其淵源，而且其中一部分歷史悠久。[8]有些早期的見解後來被其他學者沿用，目的是運用所謂的「族群例外主義」（ethnic exceptionalisms）來針對某些學術研究較少觸及的地區，探討其貿易與族群社群。[9]而後又有別的學者從觀念上繼續研究同樣的主題，最著名的案例可能是柯丁備受讚譽的《世界歷史上的跨文化貿易》（*Cross-Cultural Trade in World History*）。[10]柯丁在書中分析了少數族群社群在不同時代、不同地域的各種商品貿易中所扮演的角色，並為他觀察到的情況提出一個跨歷史的模式。到了一九九〇年代，其他（但有時候也不那麼嚴謹的）研究嘗試運用同樣的思路，來解釋資本主義在當時的全面擴張。結果則是相關論述的發表「盛極一時」，各種清晰（偶爾也不太清晰）的學術成果相繼湧現，全都聲稱能夠解釋族群商業活動在超資本主義世界的興起。[11]

關於這個主題的著述有許多都是從歐洲談起，因此在進行分析時，第一個聯想到的群體往往是一個歐洲的「族群」，也就是猶太人。長久以來，歐洲的猶太社群一直被視為某種「外人族群」：擅長經商（據說），是熟門熟路的中間人，被歐洲大陸的菁英階層充分利用。

族群商業活動的分析起點，多半是從歐洲不同地域的猶太貿易商，以及他們與十七、十八世紀資本主義興起的關連開始。學術界花了一點時間才面對真相，比較嚴謹的研究指出猶太人大多是被迫扮演這種角色；他們受到各種歧視性措施打壓，例如對土地持有的限制。[12]關於猶太人作為外人的研究文獻汗牛充棟，大部分超出本章討論的範疇。但我們必須指出，猶太人很快就被拿來和其他群體做比較；不同的少數族群商人似乎擁有某些共同的特質。這種比較性的檢視已有數十年歷史，然而一直要到一九九〇年代才真正發展起來；當時全球資本主義（再次）處於活力充沛的擴張模式，許多特質都有待解釋（包括被歸類進社群的行為者）。[13]在相關分析中，第一個被拿來與猶太人相提並論的少數族群往往是華人，他們在許多社會中也都被視為外人。[14]

華人是歐洲猶太人的難兄難弟，因為在歷史上，他們的分布範圍至少和猶太人社群一樣廣，而且同樣遭到「地主」社會鄙視。華人與猶太人經常被形容為「寄生蟲」，對當地民眾而言是多餘的存在；他們的福祉也遭遇同樣的結構性障礙：缺乏一個願意支持他們在海外發展事業的國家。各種背景的歐洲人在全球擴張時期享有的國家支持，和他們截然不同。英國人在許多（儘管不是全部）情況下都可以仰賴英國政府照顧他們的利益；法國人、荷蘭人、葡萄牙人與西班牙人等其他歐洲人的貿易社群也都能夠仰賴自己的國家。中國人在海外幾乎根本不必指望北京為他們的利益撐腰，必須發展出一套商業活動模式，將這個重要的政治事實納入日常的經濟考量之中。因此，來自華人氏族與次方言組織的支持（這類組織在十九甚至二十世紀的西方文獻通常稱之為「公司」），遠比任何來自中國海岸地區的總體支持與政治支持更為重要。[15]在大部分中國商人與社群落腳的東南亞，這意味著會出現分散的模式：福建人跟隨福建人、廣東人跟隨廣東人、客家人與客家人聚居。東南亞各地許多華人社群的分布，直到現代仍然表現出這些傾向與選擇。[16]今日曼谷的潮州話人口比東南亞其他地方都多，吉隆坡的廣東話人口與西婆羅洲（Western Borneo）的客家人口也是如此，這種現象並非偶然。商業促成移民，移民反過來推動商業擴張。在多數情況下，這就是東南亞廣闊海域的「中國模式」。[17]

如果華人社群在東南亞的散布是這種形態，那麼東南亞的印度裔社群也有許多類似的特質。印度放債者的形象——在東南亞某些地方流傳已久——在某些地區顯得高高在上，一如華人的「頭家」（towkay）。這些少數族群創業團體彼此間的確存在一些差異，但學界比較他們在各自所移居社會中發揮了哪些類似功能，過去這幾十年間得到可觀的進展。[18]特別是一個名為「仄迪人」（*chettiars*）的群體——來自印度東南部的種姓，後來在東南亞各個殖民地變成放債者的同義詞——在這個區域的許多地方都被在地民眾鄙夷為寄生蟲。[19]華裔商人在「風下之地」無所不在，而印度裔商人活動最鮮明的例證是在緬甸；當地在地理上鄰近英屬印度，對印度本身而言則是移民流動的目的地之一。[20]緬甸也是分隔今日南亞與東南亞的邊界，印度裔商人組成的少數族群在這裡連結了今日我們眼中分隔的世界；即使這些分隔大部分只具有學術意義，供區域研究運用。在這方面，印度商人與中國商人也證明了這些區分有多麼牽強刻意，而且至今不改。數百年來，這些商業少數族群透過他們的產品與遷徙鞏固了連結。就印度裔而言，他們透過自身的旅行將孟加拉灣兩邊的世界連結起來。接下來，我們將探討這些世界在歷史上的建構，尤其是現代早期。

歷史的面向

關於香料在連結全世界一事上的重要性，目前已有詳盡的考證論述。極少貿易商品能在過去五百年協助塑造世界史的過程中，和香料一樣產生那麼大的影響、創造那麼高的價值。哥倫布無疑是為了尋找香料才會意外「發現」美洲，但是對本章的論述而言，達伽馬（Vasco da Gama）、阿爾布克爾克等探險家的航行更有意義。不說別的，在葡萄牙人（以及後來的荷蘭人、法國人與英國人）在十五世紀晚期、十六世紀、十七世紀湧入印度洋時，香料貿易已經行之有年，而且印度在許多層面上都是這一門貿易的中心。在古代，印度香料經由波斯灣與紅海，進入地中海的世界；亞歷山卓的名聲傳遍地中海盆地，在當地可以買到歐洲各國商人經手的亞洲香料。[21]隨著鄂圖曼土耳其帝國崛起，君士坦丁堡（伊斯坦堡）後來也扮演同樣的角色。雖然有證據顯示從印尼東部、甚至華人世界遠道而來的香料比印度香料更早出現在歐洲，但是在這一門由東向西的越洋貿易當中，最受重視的商品仍是印度香料。事實上，香料貿易的歷史已經造就了出版業的一個小分類，大量專書問世講述香料的故事，只是學術權威程度參差不齊。[22]

印度本身也是部分這類學術研究成果的產地，特別是在獨立與建國之後的一九七〇年代，印度學者開始論述自家的港口與地區。許多商品貿易的故事都開始於古吉拉特邦；這個氣候乾燥的邦位於印度西部，可以說是十五世紀後期以降西方與印度互動的起源地。[23]古吉拉特距離德里不遠，而德里是蒙兀兒帝國的中心，因此雙方都留有兩個文明接觸的紀錄；紀錄中香料與其他地區性的農業商品支撐起了雙方的接觸連結。蘇拉特成為早期連接兩個世界最重要的港口，雖然它在某些層面只是複製了更早期的那些歷史，甚至可上溯至羅馬時期的印度海岸城市（例如巴利加薩）。[24]葡萄牙人深度參與了這項現代早期的貿易，第烏與更南方的果阿等港口，後來也被整合進正在亞洲拓展勢力的葡萄牙帝國更大網絡。[25]然而到十七世紀晚期的時候，對於將古吉拉特的產品送往世界各地，荷蘭人的重要性已經遠遠超過葡萄牙人。儘管荷蘭人從未在印度取得可觀領土（少於之前的葡萄牙人，更遠遠不如之後的英國人），但他們的經濟觸角遠比葡萄牙人的網絡更有活力。漸漸的，古吉拉特的植物、樹皮與樹脂多是由荷蘭東印度公司的船運送，而不是伊比利亞半島國家的船。[26]

在印度南部，次大陸上還有兩片廣闊的海岸也在香料的種植與銷售之中扮演重要角色。[27]印度東南部的科羅曼德海岸很重要，尤其是在香料（與其他商品）對東南亞的銷售上。這個故事與本章的論述有密切關連。[28]當地的商人大部分是印度教徒（部分交易也有穆斯林參與），而這些印度教貿易商通常出身自世代從事香料貿易的種姓。有別於古吉拉特，科羅曼德海岸幾乎沒有重要的天然海港，因此貿易運作分散在沿海地區，而且會隨著各個城邦及其附屬地域的政治情況興衰起伏。季風會抵消地形因素帶來的任何優勢，因為在一年中的某些時節，貿易可能順風順水、獲利豐厚，但是在其他時節卻幾乎無法進行，因此當地商人大部分處境類似，幾乎沒有優勢。科羅曼德海岸還有一點與古吉拉特不同，葡萄牙人在古吉拉特的康貝灣（Gulf of Cambay）作威作福，但是在印度東南部的勢力就比較小；儘管他們仍然建立了一些貿易聚落，例如納加帕提南（Nagapatnam）、位於麥拉坡（Mylapore）的聖多默（San Thome）、位於維拉河（Vellar River）岸邊的新港（Porto Novo）。

圖11.1 來自斯里蘭卡的肉桂

來源：作者自攝

圖11.2

印度西南部馬拉巴海岸景觀

來源：作者自攝

這些地方的工廠除了供應東南亞商業的需求，也服務北方的海岸地帶，一路直到孟加拉的胡格里（Hughli），最後到緬甸。[29]

印度次大陸香料貿易的範例在馬拉巴海岸，它位於半島西南部，像匕首一樣插入印度洋的中心。[30]大體而言，馬拉巴海岸是印度最適合香料植物生長的地方：近乎垂直的西高止山脈（Western Ghats）提供的雨水加上土壤中的鹽分，為香料植物創造出理想的生長條件。[31]胡椒、薑黃、芫荽與其他香料都在這裡自然生長，而且產量非常豐富；胡椒更是成了驅動印度洋香料貿易的商品。[32]現代早期在馬拉巴海岸很活躍的城邦都相當國際化、多元化：印度教徒、穆斯林、基督徒與猶太人在港口互相交流；卡利刻特、科欽等地成為世界知名的香料集散、行銷與轉運中心。葡萄牙人想方設法要掌控這門貿易，他們知道這麼做能讓他們在這些商品的全球市場發財，因為香料在歐洲價格高昂，在航線所及的其他地方也很值錢。葡萄牙人在這些海岸制定著名的「卡特茲」（通行證）制度，目的在監督當地民眾，強迫他們只與葡萄牙人買賣、運送香料。[33]果真如此，就可以形成壟斷。這一點並未完全實現，而關於香料貿易的早期研究也誇大了葡萄牙在這片海域的影響力。不過無庸置疑的是，葡萄牙人的確對十五、十六世紀的香料流通與供應發揮了重大作用。到了十七世紀晚期，里斯本在國際政治中的實力逐漸減弱，荷蘭與其他國家也更積極參與這些轉口貿易，將馬拉巴的香料運送到世界各地。此外，荷蘭人、英國人與法國人在其他熱帶據點、甚至歐洲宗主國的植物園中成功種出了部分香料植物。到了十九世紀，香料已經很普遍，不再享有以往的特殊地位（金錢價值也大不如前），不過仍然值得種植並藉由海運出口到遙遠市場。接下來我們就是要探討這個故事：殖民時期的印度人開始隨著香料一起出海，前往印度洋的其他地區。[34]

現代的面向

本章的後半段將檢視今日印度南部與東南亞之間的香料貿易，主要是透過對東南亞家族香料企業進行的訪談。我做了大約二十場訪談，對象包括新加坡、麻六甲、吉隆坡、怡保與檳城的印度裔家族香料企業（也就是馬來半島西臨孟加拉灣沿岸地帶的港口與城鎮）。我也訪談了新加坡製造商總會（Singapore Manufacturers' Association, SMA）與吉隆坡印度商會（Kuala Lumpur Indian Chamber of Commerce, KLICC），從更宏觀的總體經濟角度來檢視這些香料貿易的模式。接下來是從這些訪談中蒐集到的訊息。最後，我也在南亞科羅曼德海岸與馬拉巴海岸的幾個地方進行了田野調查，研究印度香料從種植到最後以船舶橫渡孟加拉灣運往東南亞的過程（也有反方向的貿易，例如附錄C提到的葉門藥草商人，部分貨源就來自印度），但我在此只做簡略描述，因為很多的相關資訊會撰寫成另一本書。我在印度南部的田野調查讓我從馬德拉斯南下位於塔米爾納杜邦（Tamil Nadu）心臟地帶的馬哈巴利普拉姆（Mahabalipuram）與坦加武爾（Tanjavur），再轉往馬拉巴海岸的特里凡德琅（Trivandrum）、基龍、阿列佩（Allepey）、科欽與卡利刻特（我使用舊日的拼寫方式，與當地的香料貿易歷史文獻一致），巡禮印度主要的香料植物種植地帶。我的旅程先是行經非常乾燥、環境嚴酷的塔米爾納杜邦部分地區，然後來到草木蔥蘢、氣候潮溼的喀拉拉邦，最後抵達德干高原的邁索爾與邦加羅爾（Bangalore）。[35]在每一個地方，我探索香料作為一種產品的生命歷程，同時也檢視這項商品的種植、運輸與銷售如何影響當地民眾的生活和在地文化的構成。

由於本章的焦點在於流動，包含香料本身的流動與印度裔社群為了經營香料貿易而前往東南亞的流動，因此我在這裡對於相關的南亞田野調查只做簡單扼要的說明。我在印度南部毫無拘束地進行了兩次田野調查（一九九〇與二〇一二年，相隔二十二年），觀察香料生產如何一方面融入在地社群，一方面被整合進入更廣大的越洋交易網絡。在馬德拉斯、馬哈巴利普拉姆、坦加武爾等地，這些模式主要是藉由人員遷徙來連結東南亞。事實上，今日在新加坡與馬來西亞城市生活、工作的印度裔，大部分都和塔米爾納杜邦有淵源，不是他們本人來自那裡，就是他們的父母、祖父母或曾祖父母在當地出生（這個更常見）。[36]他們的族譜往往可以上溯到幾個世代之前，十八世紀末第一批在馬來海岸建立聚落的英國船隻，就有文獻記載印度裔勞工與工匠。我在其他著作中詳細描述了這些歷史進程，而在這裡必須說明的是，對於我們關注的孟加拉灣香料貿易僑民社群，塔米爾納杜邦的主要貢獻是人員要素。[37]物質要素則大多來自喀拉拉邦（因此是馬拉巴海岸，不是科羅曼德海岸），當地才是香料的主要產區，而不是印度半島的東南部。我曾經沿著喀拉拉邦海岸旅行，觀察胡椒、薑黃、小茴香、芫荽與其他香料的種植、收成與運送，其中一部分顯然是要供應東南亞市場。[38]近乎垂直的西高止山脈帶來大量降雨，讓喀拉拉邦的土壤飽含水分，形成香料植物生長的絕佳環境。等到我抵達德干高原的邁索爾與邦加羅爾，我已然經歷了第三種微氣候，檀香木與其他香料植物成為主角；每個環境與體系之間的差異顯而易見，卻可以由一張小比例尺的地圖涵蓋。[39]

探尋香料產地、觀察運送過程是如何從印度南部出發，這樣的旅程非常重要。然而在孟加拉灣的另一側，我們看到的是某些香料商品的目的地，以及遷到當地推動香料貿易的印度裔商人。正如史碧華克（Gayatri Spivak）經常被引用的文章〈從屬階級能發言嗎？〉（*Can the Subaltern Speak?*）所傳達的觀念，嘗試與這些家族對話看來很重要，史碧華克寫道：「當代勞動的國際分工是十九世紀帝國主義分割勢力範圍的移位。」[40]一道強韌的連結跨越了孟加拉灣，連結時間也連結地理空間。本章剩餘部分主要涉及我對這些商人家族的訪談，但我也對兩家機構下了一番工夫，它們協助管理南亞與東南亞之間的香料貿易，也讓我們看見這項貿易更廣闊的前景。兩家機構分別是新加坡製造商總會與吉隆坡印度商會。新加坡是全球香料貿易的領導者之一，新加坡製造商總會的重要性在於它的檔案紀錄呈現了香料商業活動的規模，也使我們大概知道是什麼樣的人在參與香料貿易。

對於新加坡這個城市國家裡的印度裔貿易商來說，印度商會（Indo Commercial Society）這樣的次機構不可或缺，它與印度銀行（Bank of India）、印度人民銀行（Indian Bank）、印度海外銀行（Indian Overseas Bank）關係密切；這三家印度金融機構協助香料貿易運作。新加坡製造商總會的合作對象則有拉曼拉爾公司（K. Ramanlal and Co.）與拉坦辛公司（Ratansing and Co.）兩家印度香料貿易業者，以及從事香料製造的拉提夫父子公司（Latiff and Sons）。為了追求利潤，跨族群結盟應運而生，例如華人與印度裔合資經營的香料業者尼姆斯公司（Nims Pte Ltd.）。以上是一部分的香料貿易參與者，那麼香料本身呢？對於將印度香料從熱帶亞洲運送到距離遙遠的地方，新加坡的印度裔是關鍵推手。從新加坡製造商總會的紀錄來看，新加坡可以說是一座香料貿易的「結算所」，例如將印度的黑胡椒（以數量而言，是新加坡製造商總會的貿易活動中最具價值的香料）銷往世界各地，美國、埃及與巴基斯坦是三大市場。白胡椒（而不是前面所說的黑胡椒）則銷售到德國。辣椒賣到馬來西亞、肉桂賣到孟加拉，想必都是用於製作咖哩。小茴香、薑、人蔘分別被運到葉門、巴基斯坦與香港。瀏覽新加坡製造商總會的紀錄，觀察印度—東南亞香料貿易如何沿著這些航線運作，我們更能夠從宏觀的層面理解這門貿易。[41]

馬來西亞的吉隆坡印度商會具有類似新加坡製造商總會、但更為專業化的功能。吉隆坡印度商會是在一九二八年由印度裔香料與織物商人組成，第一任主席卡希姆（R. E. Mohamed Kassim）是一位香料大亨，靠這一門貿易致富。吉隆坡印度商會的主管受訪時幾乎立刻指出，就馬來西亞的香料貿易而言，印度裔已經落居華人之後。事實上，印度裔業者運送香料還得倚賴華人，而且如今華人業者的交易量已經完全超過印度裔業者。吉隆坡印度商會的主管告訴我，印度裔在馬來西亞面向西方的香料貿易表現較佳，勝過他們在整個東南亞市場的表現。對於中東、非洲與（拜冷戰年代之賜）前蘇聯集團國家的香料貿易，印度裔的網絡仍然是市場霸主。新加坡其實是兩個族群勢力範圍的分界線：新加坡以西，印度資本掌控大部分的香料貿易；新加坡以東與以北，華人企業的重要性與日俱增。吉隆坡印度商會主管指出，關鍵在於效率。馬來裔與印尼裔香料商人照理說應該能夠自立門戶，但實際上卻做不到，原因在於他們沒有學到「現代」的經營方法，無法大量匯集與留住資本。吉隆坡印度商會主管說，印度裔社群中印度教徒與穆斯林的差異，並不會影響印度裔與其他族群的競爭和對立。社群成員之間血濃於水，大家都是印度人，「敵人」（至少在香料產業）是華人而不是社群中的宗教「異類」。這些觀察非常有趣，尤其是印度裔（香料貿易傳統上的主要經營者）的自我認知——他們認為自己在一個曾經完全屬於他們的保留區遭到圍攻。[42]我對一部分問題做了進一步的探討，訪談幾家印度裔商家及其經營者，本章稍後會提及。

大致瞭解這些印度商人的出身背景，對訪談會很有幫助。在訪談過程中，我總是先問對方的家世、家族定居東南亞的時間等問題。我在這裡只透露一部分資訊，不過已能夠讓我們大致理解這些貿易商的組成。新加坡的拉蘇（S. Rasoo）非常典型，家族是來自塔米爾納杜邦納加帕提南的印度教徒；他父親於一九一六年來到東南亞，一九三五年創業。[43]拉提夫（K. S. Abdul Latiff）的父親來自鄰近馬德拉斯的甘達爾瓦科泰（Gandarvakottai），一九四〇年代初期抵達新加坡，同樣建立起自己的香料事業。拉蘇與拉提夫兩人的父親剛開始都是在橡膠種植園當契約工，後來才轉往香料貿易發展。[44]賈巴爾（T. S. Abdul Jabbar）的家族也來自納加帕提南，他還記得聽父親講過，搭輪船橫渡孟加拉灣到新加坡要花五天時間，那是他自己一九四〇年代抵達新加坡時幾十年前的狀況。[45]哈尼法（K. S. Mohamed Haniffa）家族前往新加坡的時間稍晚，在一九五〇年代早期從馬德拉斯移居該地。坦達帕尼公司（Thandapani Co.）老闆的祖父創立了這家公司，他在一九五〇年代從馬都來（Madurai）遷到新加坡。[46]最後一個有幫助的案例是柯提卡．梅塔（Kirtikar Mehta），他的家族在新加坡的印度裔香料商人之中獨樹一格；他們的故鄉不是印度南部的塔米爾地區，而是古吉拉特的亞美達巴得（Ahmedabad）。他父親在一九二四年來到新加坡，向一個親戚學習做生意，並且為對方工作；後來父親把香料公司傳給他和他的兄弟，現在他們把這家公司作為自己的事業來經營。[47]

在馬來西亞面向印度洋的城市與港口，印度裔香料商人也有許多類似的遷徙與家族淵源模式。以麻六甲為例，賈瑪爾．穆罕默德（H. P. Jamal Mohamed）的家族來自距離馬德拉斯六百四十公里的基雷約爾（Keelayoor）。他的父親原本在一家印度香料店當助手，在那裡學會做這門生意，後來便自立門戶。但穆罕默德的祖父大約一個世紀之前就在檳城從事過香料生意，只是他自己的事業最終以破產收場；穆罕默德的父親只能白手起家。[48]在吉隆坡，契提亞爾（A. K. Muthan Chettiar）剛到馬來西亞時從事印度酥油（澄化後的牛油，主要用於印度教寺廟）買賣，但後來也進入香料行業。他的家族是印度教徒，來自馬都來附近的丁狄古爾（Dindigul），幾個世代都專注於香料貿易。[49]同樣在吉隆坡，瓦哈布（P. A. Abdul Wahab）的家族於一九三〇年代從塔米爾納杜邦移居到巴生港，那裡是吉隆坡的門戶。他的父親建立了當時規模數一數二的印度香料事業，後來在緬甸、加爾各答、馬德拉斯等地都設有分公司。[50]怡保位於吉隆坡北方，過去盛產錫礦，英屬馬來亞（British Malaya）時期地位非常重要。當地商人希尼・奈納・穆罕默德（Seeni Naina Mohamed）的家族來自潘班島（Pamban），一座位於塔米爾外海、鄰近斯里蘭卡的小島。這位業者告訴我，十九世紀德國人曾在當地興建一座橋梁，連結小島與大陸。穆罕默德的祖父一九二二年到怡保做香料生意，當時他的親戚已全部退出香料貿易，只剩他一個人苦撐。[51]這種退出與放棄的現象不是怡保這家公司獨有，在檳城的尤索夫與穆罕默德父子公司（Eusoff and Mohamed and Sons），副理尤索夫（Mohamad Yusoff）也坦承自己覺得被「困」在一個停滯的世界。他的家族來自孟買，印度裔族群的出身以印度南部為主，所以他們算是異類。這個家族自一九一六年起定居檳城，但是一九四七年印度次大陸分割後，公司的經營主力就遷往巴基斯坦的喀拉蚩。[52]

這些家族事跡都非常有趣，本章簡要敘述，我在上面兩段只提及訪談內容的百分之一，對安達曼海兩邊的家族淵源做一些呈現。這個行業代代相傳的特質相當突出，許多香料貿易商已經傳了兩代、三代甚至四代。新加坡那位拉提夫的兩個已成年兒子都是輪機工程師，他認為他們未來有可能回來繼承衣缽。如果他們離開船運公司，家族事業的大門會永遠為他們敞開。拉提夫指出，經營香料生意遠比為大型海運公司工作有成就感；香料生意每天都有變化，隨時會遇上新的挑戰。[53]拉蘇沒有那麼樂觀，香料生意在他看來今非昔比，他的子女也缺乏經驗基礎來經營，因此他語帶悲傷地說，家族事業「會跟我一起進墳墓」。[54]坦達帕尼公司是另一個家族成員聯手打造事業的例子，兄弟們先是合作一段時間，後來大部分都離開公司、各自創業。現在公司由一位兄長當家，但是原來的家族已經分崩離析，子孫們走自己的路。[55]古吉拉特人柯提卡與拉梅許．梅塔（Ramesh Mehta）經營的拉曼拉爾公司，可以說是很具代表性的香料商家。他們告訴我，來到新加坡從事這門生意的家族第一代成員幾乎是白手起家。這位先人在印度沒有受過正式教育，找不到工作，因此前往東南亞碰碰運氣。他花了十五年時間累積經驗才經營成功，但是開貿易公司的資本是外來的。他的父親懂得如何經營，但是欠缺資金。要在二十世紀的香料貿易中成功，知識與資金都不可或缺。[56]

馬來西亞的香料商人有些模式與上述類似，有些則大不相同。部分馬來西亞的印度裔貿易商有個共同的主題：他們在香料業的先人都是先落腳新加坡才創業。這些人搭乘輪船橫渡孟加拉灣，在新加坡下船，而後前往馬來半島內陸地區尋找僱傭工作（多半在橡膠種植園），或者碰碰運氣，看能不能為印度裔移民社群供應糧食或香料。[57]馬來西亞的香料貿易商經常談到「距離」，他們比新加坡同行更常面對這個概念。為了將來自印度的香料經由公路運送到馬來西亞各地，他們有時候要出動五噸的卡車，有時候則是十噸的，取決於貨物的種類和數量。[58]有一位怡保的商人，公司在馬來西亞北部蘊藏錫礦的丘陵區；他告訴我他總是忙著打電話向檳城、巴生港、新加坡等地的批發商訂購香料，然後還要聯繫經銷商，將香料送往各個目的地。[59]他說：「我一年到頭都在講電話。我很早進公司，天還沒熱就在講電話。等氣溫涼了、離開公司的時候，我還是在講電話。」[60]

檳城阿合美德薩．穆罕默德．蘇丹公司（R. A. Ahamedsah Mohamed Sultan and Co.）的阿濟茲（R. A. Aziz）描述，當地市場街（Market Street）的代理商掌控了大部分外國市場與馬來半島的貿易往來，而且這些代理商幾乎全部都有印度南部的族裔背景。[61]印度裔商人溝通時優先使用塔米爾語，然後才是英語；南印度裔與北印度裔對話時尤其是如此（前者拒絕使用後者的母語印地語〔Hindi〕，視之為一項原則）。事實上，這是香料貿易中很普遍的一種語言模式：如果能用塔米爾語做生意就用，但與外國來往必須通曉英語，與馬來西亞其他地方做生意則要用馬來語。

香料貿易到底買賣哪些香料？要從哪裡買賣到哪裡，才能讓這些連結發揮作用？我進行了好幾個月的訪談，做了連篇累牘的筆記，因此以下的敘述只是摘要。但簡單的答案是：來自各地的大量香料，銷售到其他各地——東南亞的印度裔商人成了最優秀的中間人，深知如何在全球香料產地買低賣高。在新加坡，只要走入一家香料店就可以從店家的說明（還有地板上麻袋的標示）大致瞭解這些商品的源頭。哈尼法店裡進口的香料（主要來源）包括：非洲的豆蔻、印度的薑黃與芫荽、蘇門答臘的黑胡椒與爪哇的白胡椒、印度的葫蘆巴、荷蘭的芥末、印尼的肉桂、尼泊爾的黑荳蔻、占吉巴與馬達加斯加的丁香、中國的八角茴香、印度與貝魯特的甜茴香籽、伊朗與土耳其的小茴香、馬來西亞的檳榔、印度的芫荽籽。[62]當然，這些香料我大多熟悉；不過在其他的商家，我們會看到不那麼常見的香料商品，例如坦達帕尼公司的商店中就有印度的艾爾巴籽（elba seeds）和印尼的波奇拉（bochras）。[63]拉蘇在他的店裡告訴我，他也供應阿魏（asafoetida）之類的印度阿育吠陀藥草，但是只有客人指名購買才會進貨。[64]這一點相當重要，因為印度裔與華裔的香料和藥材商家之間顯然有不成文的採購協議，華裔商人會到印度裔商人的店裡（例如拉提夫的店，這是他告訴我的）購買印度裔特有的品項，反之亦然。[65]不過，許多香料植物現在都可以在很多地方種植與採購，例如荳蔻，有商家說他過去一直從印度進貨，但是現在瓜地馬拉荳

表11.1　新加坡製造商總會香料出口統計，1989年

1989年6月、1989年1月至6月香料出口總額（新加坡元）		
國家	1989年6月	1989年1月至6月
孟加拉	$2,291,000	$6,683,000
汶萊	$193,000	$1,034,000
中國	n.a.	$11,000
葉門	$121,000	$432,000
香港	$594,000	$1,798,000
印度	$265,000	$10,738,000
日本	$1,271,000	$7,057,000
南韓	$932,000	$3,986,000
科威特	$262,000	$1,141,000
馬來西亞	$1,987,000	$13,734,000
尼泊爾	$1,084,000	$4,842,000
巴基斯坦	$936,000	$11,450,000
沙烏地阿拉伯	$1,089,000	$4,927,000
斯里蘭卡	$40,000	$1,053,000
臺灣	$323,000	$2,655,000
泰國	$75,000	$429,000

黑胡椒原粒出口，1989年6月		
國家	1989年6月	1989年1月至6月
澳洲	22,200	$103,000
巴林	5,000	$20,000
孟加拉	11,000	$45,000
比利時	20,000	$94,000
加拿大	55,480	$257,000
智利	6,000	$24,000
哥倫比亞	3,000	$13,000
葉門	25,000	$102,000
丹麥	12,000	$69,000

新加坡香料出口與主要市場，1989年6月	
1. 白胡椒	德國
2. 其他胡椒	印度
3. 乾辣椒、辣椒粉	馬來西亞
4. 肉桂	孟加拉
5. 肉豆蔻	荷蘭
6. 小豆蔻	巴基斯坦
7. 芫荽	馬來西亞
8. 小茴香	葉門
9. 薑	巴基斯坦

資料來源：數據資料為作者在新加坡製造商總會調閱1989年檔案蒐集所得

蔻的品質與價錢都相當不錯。謝克．達伍德父子公司（Shaik Dawood and Sons）的賈巴爾證實了上述這個說法。[66]

在馬來西亞，從麻六甲、吉隆坡、怡保到檳城，進口與出口的香料商品同樣讓人眼花撩亂。麻六甲有商人對我說明市面上各種辣椒的差異——中國的比較辣，印度的比較澀，因此商家會依據主流的喜好來採購，商人說：「你要什麼辣椒，我都有賣，但是你最好別碰中國辣椒，畢竟你不是本地人。」[67]

就連印度本身各地生產的香料也有所差異，例如芫荽來自印度北部甘普爾（Ganpoor）與印德爾（Indur），薑黃來自南部邦加羅爾附近農地。麻六甲的貿易商（這次是賈瑪爾．穆罕默德）幫助我確實瞭解其中的差異；他們自己也必須如此，才能夠掌握市場狀況。[68]儘管運過孟加拉灣的許多香料顯然主要來自印度南部，但根據我們已提到的一些歷史資料，印度西部的孟買也顯然一直有很大的影響力。小茴香、甜茴香與葫蘆巴都是大量從孟買運出，交易通常以英語進行，原因在於前文提及的印度南北語言差異。[69]如果說孟買在某些方面會喚起歷史記憶，以及在貿易模式上與另一個時代的連結，那麼它與中國的關係有時也有相同作用，表現在從廣州賣到馬來半島的八角茴香，而且同樣是以英語作為交易語言。[70]就連本章先前討論過的族群與次族群差異也偶爾會浮上檯面：我在吉隆坡得知，阿布杜．瓦哈布父子公司（P. A. Abdul Wahab and Sons）只向印度裔穆斯林貿易商採購阿魏與芥末。[71]不過另一位檳城的穆斯林貿易商告訴我，孟加拉灣信奉伊斯蘭教與印度教的航運業者相處沒有什麼問題：「價高者得。其實，我的客戶大部分是印度教徒。」[72]

就是這樣的開放心態，使我的訪談往往趣味橫生。最後我想用明快的兩段文字帶過兩個訪談案例，分別在新加坡與馬來西亞。我想稍加描述兩位貿易商和他們的公司，以及他們的世界觀，至少要具體而微。在新加坡，拉曼拉爾公司（來自古吉拉特）的柯提卡．梅塔讓我印象深刻。他從容暢談自己的事業，顯然對香料生意瞭若指掌。店面牆上的好幾個時鐘顯示著舊金山、紐約、倫敦、德爾班（Durban）、巴林、孟買、新加坡與東京的時間，也許是想刻意展現他的事業版圖（又也許並無此意）。梅塔本人個子很小，像隻麻雀。我們談話的時候，他把一顆白色藥丸丟進自己的奶茶裡。他的辦公桌後方掛著一幅畫，畫中是月光下的海洋；辦公室乾淨整齊。有五位男性員工分別坐在五張辦公桌前講電話；梅塔告訴我，他每天至少要打十通電話到印尼，確定託運貨物的狀況。我聽到一些他們在電話中討價還價的內容，不禁莞爾。其中一位助理對某個地方的某位買主說：「我只能賣你九百，不能再低了，真的。」此外還有兩位華人女秘書、一男一女兩位馬來人雜務員，這就是公司的全貌。拉曼拉爾公司是家族事業沒錯，但是從合作對象與經營版圖來看，它也是一家跨國公司。拉曼拉爾公司掌控大批香料的買進與賣出，正透過我面前的電傳電報機與傳真機運作著，此時這家小型家族企業在做的是它長久以來最擅長的一件事——確切地說是一九二四年至今。公司創辦人就是在那年來到東南亞從事這一行。四分之一個世紀過後，他追隨無數東南亞印度裔香料貿易商的腳步，自行創業。[73]

在馬來西亞怡保的丘陵地帶，我們看到類似的景象：希米・納尼那・穆罕默德公司（Seemi Nanina Mohamed and Co.）的辦公室陳舊陰暗，氣味卻令人陶醉。老闆身材瘦小，留著八字鬍，下身穿著印度紗籠，上身搭配西式正裝襯衫，內心很不安。他告訴我他心情惡劣，感到挫敗。香料生意今非昔比。辦公室牆上擺放著印度茶葉、茉莉花與醬菜，空氣中瀰漫著蜂蜜、橄欖油與玫瑰水的氣味。老闆告訴我，其實他很想從這一行脫身。怡保每況愈下，殖民地黃金時期早已過去；對這家公司而言，香料貿易也正是如此。老闆的幾個兒子未來應該都不會進入這一行。他給我一個漂亮的小錫罐，塞著軟木塞，裡面是半罐檀香木精油，來自德干高原的邁索爾。他傷感地翻動罐子，鄭重其事地將它交給我。他說我可以喝這種精油來治療「膀胱結石」：一滴精油加一杯嫩椰子水，十天就能讓我復原。結石會碎掉，並藉由尿液排出。我撫摸著錫罐，感謝他送我這份禮物，儘管我並沒有腎結石或「膀胱結石」。我很高興能得到這個錫罐，並且得知老闆在這門數百年歷史的貿易中做了數十年的心得。對我而言，兩者都相當珍貴。[74]

結語

我在前面指出，透過海洋進行的印度與東南亞香料貿易，在許多方面都是一個完美的管道，讓我們可以藉此觀察多變的市場空間如何跨越汪洋大海、彼此連結。儘管兩地之間香料流通的起源已不可考，但是天然物資的流動顯然在現代早期之初就已存在，而香料（以及少數其他奢侈品、布料等高價商品）在交易中占據最重要的位置。從這個角度來說，歐洲人的到來並沒有另起爐灶，而是加速了舊有情勢的發展——印度與東南亞的香料貿易出現爆炸性成長，並擴展到更遙遠的地方。馬拉巴與科羅曼德的海岸地帶一度成為「香料中心」，這片海岸地帶與印尼東部也躍升為全世界香料種植與銷售的兩大重鎮。胡椒、芫荽、薑黃與小茴香由豪華大帆船迅速運到東南亞，後來還被運往更遙遠的市場。各家東印度公司以及後來的殖民時期海運業者為這些過程推波助瀾，然而有很長的一段時期，亞洲商人才是香料貿易的命脈，其中包括孟加拉灣彼岸的印度僑民。到了十九世紀，晚期殖民主義降臨，這些印度裔商人於孟加拉灣沿岸幾乎無所不在，將香料與各種商品運往愈來愈多的市場。

藉由追蹤孟加拉灣的印度裔族群在這個過程中的發展，我們可以看出族群如何成為香料貿易發展的關鍵因素。來自許多語言族群與次語言族群的印度人遠渡重洋，建立貿易事業；他們彼此交易，也與其他亞洲人、歐洲人交易，因為這兩個群體開始逐漸影響市場環境。剛開始的時候，這些商業合作有許多都不會簽訂合約，但各個族群的參與者已在學習如何讓香料貿易不但跨越空間（孟加拉灣各個地區），同時也跨越族群界線。[75]儘管如此，隨著貿易量在十八與十九世紀一發不可收拾，合約簽訂也逐漸成為常態。[76]印度裔為香料貿易打造出高價值、高利潤的利基，就和從事海產物採購、買進與賣出活動中的華裔商人一樣。[77]涉及帝國主義進入亞洲的歷史文獻與（迄今）大規模的研究為我們呈現了上述發展過程，然而唯有透過訪談印度裔家族企業，我們才能夠得知許多「內幕故事」，理解印度裔在建立香料貿易的同時，自身是如何看待這一門貿易。最初那批印度商人的後代子孫，今日仍在香料貿易這一行兢兢業業。從新加坡到馬來半島上的怡保與檳城，在那些塵埃飛揚的商鋪中、留存至今的店面裡，我們彷彿能聽到歷史的回聲。這些在血緣上仍然與馬拉巴海岸及科羅曼德海岸相連的印度裔家族，如今已是香料貿易歷史與範疇的活見證；這項商業活動曾經是當時世界忙碌運轉的發動機。

第六部
海洋的科技

TIBET MAIOR
LASSA
INDIA
GANGEM
GOLFO DE BENGALA
PEGU
SIAM
GOLFO DE SIAM
CAMBODIA
BORNE
IAVA
CANTON
E A N U S

導言：亞洲海洋史的科技要務

本書最後一部分探討海洋的科技。對於本書析論的多個海洋迴路，商業與貿易往往是其背後的動力，權力與統治的欲望也相當重要；儘管如此，如果沒有特定的科技來成就航海，這些人類本能將無法付諸行動。海洋科技影響商業交流，也影響權力的投射；此外，這些科技讓某些事物可以實現，某些事物無法達成，要視個別科技開始運用的時間而定。因此一八六九年蘇伊士運河的開通，對一系列的議題非常重要，例如：前往殖民地與訊息傳播的時間縮短；大型輪船公司興起，促成種植園人口增長，以及歐洲人建立帝國的速度加快。這些議題的可行性都在運河開通之後日益升高。我們在其他領域也會看到類似議題，例如港區規畫與港口建造，還有氣象站與政府海事部會的設立。知識帶來對科技的追求，而科技則反過來促進人吸收更多專門知識來完成特定的工作。誰才擁有最多的資訊與技能來縱橫大海，到十九世紀晚期已經毫無疑問。西方世界在這個領域獨占鼇頭，固有的亞洲大國只能當心懷嫉妒的旁觀者，看著愈來愈多先進船隻出現在自己國家的近海。這與十六、十七世紀的情況有天壤之別，當時在海洋科技的賽場上，東西方的實力遠比後來平均。傳統史學文獻將西方國家來到亞洲海域一事描繪成天翻地覆的變化，認為西方從一開始就占盡科技優勢；然而這種說法並非事實。科技領域的主導權大多需要相當長的時間才能取得。科技優勢作為一套運作的要素，其實是在不同文明「接觸」的初期過後，才開始深刻影響西方侵略與征服的本質與步調。

儘管人們往往不以為然，但是就海洋科技而言，西方國家從一開始就做了調整適應。最早的事例之一，就是在船隻駕駛方面的合作。歐洲船隻無法（也不曾）盲目地駛入亞洲大部分的海域，他們的做法是讓亞洲人掌舵，引導船隻進入當地的港灣。這類海洋知識是無價之寶，西方國家第一次接觸亞洲當地社會時一定會運用。懸臂漁網（印度南部的科欽）與船身設計（印度洋的阿拉伯帆船、南海的中式帆船、東南亞海域的叭喇唬船）等海洋科技經常融入歐洲的設計。這個過程有時候會創造出混合型態的船隻，在亞洲海域來往貿易；船員通常有亞洲人也有歐洲人，但各自負責不同的工作。船隻本身不能定位為亞洲船或歐洲船，而是兩者的奇特結合。隨著各個遙遠地區的航海傳統開始在亞洲海域交會融合，風系、季風與洋流的相關知識也是如此。舉例來說，船帆設計的科技就是隨著時間演變；幾個世紀下來，遠洋船隻變得更加細長，吃水更深，航行在愈來愈深的水中，以改善海象劇烈時的穩定程度。但也繼續生產平底凸舷船（kettle-bottomed boat），這類船隻適用於小水灣與淺海灣，與本地民眾的交易通常大多是在這類地方進行。航海科技往往也是亞洲本土與西方科學概念相遇的風口浪尖，對兩個陣營而言都非常重要。因此，關於過去數百年來不同文化的相會，我們經常能夠得到相當豐富的資料，從國際水域到一般港口都有，兩者也都是各方在亞洲海域接觸最頻繁的「原爆點」。

第十二章以燈塔為個案，探討亞洲海域科技發展的力量。燈塔與傅柯筆下著名的圓形監獄（panopticon）案例很類似，基本上達到了相同的目標：圓形的結構讓周遭事物無所遁形，讓殖民政權「看清」自己的眾多子民。這項計畫很重要，尤其是在夜裡，因為亞洲船隻在四面八方進行貿易，許多船是在殖民政權期望與容許的範圍之外做買賣。建造燈塔無疑是為了保護航運，但它們也是一種瞭望塔，值班人員有時候在塔上一待就是好幾個月。到了後來，設計得最宏偉的燈塔——分布在島嶼東南亞，尤其是在荷屬東印度，全世界最大的群島——成為了監視當地人民的巨大堡壘。隨著照明科技從十九世紀晚期到二十世紀早期持續演進，照明裝置本身也變得繁複、功能日益強大，展示了從全景、折射到全光反射的燈光運用。照明的政治運作同樣變得複雜糾葛，英國與荷蘭在照明雙方的海域時既合作又競爭。第十三章延續前一章討論的脈絡，但是藉由海圖來探討，而非燈塔。海洋測繪是前現代世界最重要的知識型科技之一，能夠測繪海洋的人（終究）會比其他人更有能力理解海洋的意義與可能性。殖民地紛紛設立海道測量機構，在歐洲的殖民宗主國則有更大、更完整的部門，負責彙集保存亞洲征服地的所有相關資料。隨著亞洲海洋測繪的精細程度與日俱增，帝國計畫也持續利用這些空間資料與知識。傅柯想必能夠又一次地領會這種範式，只不過這回要走出圓形監獄：知識帶來權力，權力則反過來將更多知識引導回中心。本書最後兩章呈現的是，在前現代的亞洲海洋貿易世界逐漸被一個在我們眼中愈來愈「現代」、愈來愈熟悉的世界取代之際，上述幾項進程是多麼糾葛交纏。

第十二章 另類的傅柯圓形監獄，照亮殖民地東南亞

感覺就像坐在眾多的燈塔之間，每一座燈塔都讓你感知到在時間中失落的空間。[1]

科技在帝國計畫之下的歷史在過去二十到二十五年間的歷史專論中，是個持續發展的次學門。[2]這方面的證據在地理上分布廣闊，例如法屬加勒比海（French Caribbean），歷史學家曾經研究當地傳教士博物學家、醫療管理人員、經濟植物學家與氣象學家的活動，以及他們對法國在擴張區域的影響力有何集體貢獻。[3]然而這類關注在英屬印度可能更為顯著，多項研究探討了英國統治擴張時期的博物館、世界博覽會（World's Fairs）、考古學、恆河蒸汽船，甚至是（儘管相當罕見）印度本地勢力對於這些計畫的反抗。[4]科學、科技和帝國關係還可以回溯到古代地中海研究，近來該領域有一些學者針對羅馬帝國及其散布廣闊的屬地，研究人體科學與星象學對當地民眾健康與領土範圍的影響。[5]

然而對於科技、帝國與科學的研究，焦點仍然是十九世紀；當時歐洲人在不到一個世紀的時間裡，宰制了地表的絕大部分。研究這些變化與模式在現代早期（也就是歐洲開始真正向海外擴張的時期）的情況，如今已發展成一門顯學，但大部分研究帝國科技的歷史學家仍然最關注十九世紀。[6]海綴克（Daniel Headrick）的著作是從全球觀點探討這些關連的先驅，亞達斯（Michael Adas）也曾針對這些模式大書特書，從印度與中國到科技與非洲奴隸貿易都包含在內。[7]近年學界對於科技的興趣，重新點燃了關於歐洲帝國主義的論辯，上溯至馬克思與恩格斯，並且融合多位現代史上開創性的思想家，包括霍布森（John Atkinson Hobson）、列寧（Vladimir Lenin）、漢娜・鄂蘭（Hannah Arendt）、蓋勒格（John Gallagher）、羅賓遜，以及霍布斯邦（Eric Hobsbawm）。[8]然而至少曾有一位歷史學家指出，雖然科學與帝國的許多整體趨勢已經得到充分解說，但是「我們仍然難以確定某種工具的普及性與效能是在何時達到一定的水準，足以對行為與關係造成改變」。[9]燈塔、燈杆與浮標在歐洲人擴張過程中的發展歷史，就是一個很好的例子。[10]儘管它們在科學與帝國主義相關文獻中的分量少得出奇，但它們的傳播過程相當重要，有助於我們理解帝國計畫的本質。東南亞的情況尤其如此，燈塔與其他海事工具可以用來衡量帝國主義的擴張，然而卻幾乎完全遭到忽略。[11]

第十二章透過燈塔的透鏡來分析移動、科技與殖民主義在地方層面的演進。整體而言，本章嘗試評估燈塔、燈杆與浮標在十九世紀下半葉對英國與荷蘭殖民國家建構計畫的貢獻。第一節簡要鋪陳燈塔的歷史，作為討論的基礎，並探究這個時期燈塔在東南亞的海洋科技與海洋勢力擴張架構中所處的位置。第二節深入檢視這些「帝國的工具」在地理上與時間上的分布。為什麼某些地區大放光明，其他地方在進入新世紀之前卻遭到忽視？制定相關決策的標準是什麼？本章第三節探討照明的政治學；英國與荷蘭彼此之間和各自內部的合作與競爭，是決定燈塔實地部署的因素之一。燈塔改善了海上的能見度，但誰來負擔經費？本章最

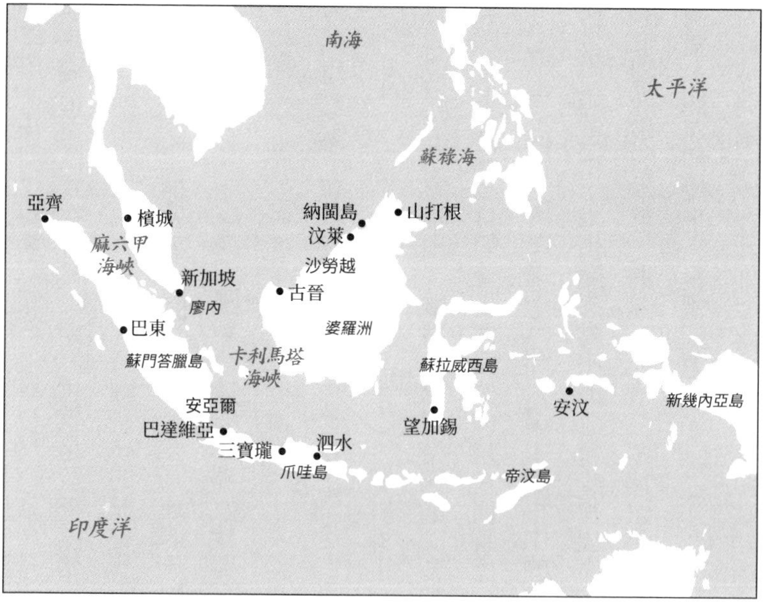

地圖12.1　燈塔競技場

後一節檢視照明科技的變化；透鏡、燃料與建築上的新發展，讓某些結構很快就過時了。這一節指出，燈塔既是權力的象徵，也是權力打造出來的建築，在西方勢力於東南亞的發展過程中扮演關鍵角色，在這片浩瀚的海洋空間劃設出帝國願景的網格與通道。英國人與荷蘭人在一八六〇年遭遇的黑暗島嶼迷宮，到一九一〇年時已被他們轉化為「被照亮的群島」。這塊場域從此遭到監控，直至二十世紀，而且手段愈來愈嚴厲。

地理和在島嶼世界的帝國發展

大批荷蘭與英國官員對自己國家的殖民進程，留下了連篇累牘的紀錄。對於科學在帝國勢力擴張過程中扮演的角色，這些文獻當然有所論述。英文論述面向之豐富，並不令人意外，畢竟大英帝國擴張的領土極為廣袤。然而荷蘭的出版產業也很活躍，且持續聚焦於荷蘭自己的帝國與地理歷史。我們藉由整合這些研究，逐漸瞭解燈塔與照明裝置是如何進入東南亞海洋擴張的整體架構。舉例而言，一直到十九世紀末年，荷屬東印度的許多地區對內陸與高地的歐洲人而言仍然是未知領域，然而早在一八七〇與一八八〇年代，殖民地大部分的海岸與海域就已經在進行測繪了。[12]這是一項積極推展的政策，由荷蘭殖民地首府巴達維亞及英國殖民地首府新加坡的核心決策者拍板定案，並且隸屬於一項規模更大的計畫：對這個區域進行天文學、地球物理學與醫學的研究。[13]隨著荷蘭帝國擴張，探險隊向四面八方出動，其中有許多旅程特別關注海洋測繪的原則與形式。[14]我們不難想見，調查荷屬東印度的大規模計畫（見下章）經常是與荷蘭軍方單位合作。隨著巴達維亞的公務員對廣大偏遠的殖民地進行測繪，軍方在荷屬東印度的「外島」（蘇門答臘島、婆羅洲與新幾內亞島），地位也愈來愈高。[15]

輪船航運在海洋東南亞星羅棋布的島嶼之間興起，也加快了這些過程的發展。眾所皆知，一八六九年蘇伊士運河通航對新加坡之類的港口產生重大影響，因為航程大幅縮短，蒸汽動力讓殖民地離宗主國的市場更近了。比較不為人知的是，輪船的興盛進一步推動了荷蘭在東印度的擴張，促成大型造船廠的發展，例如巴達維亞外海的安魯斯特島（Onrust）與泗水港（Surabaya Harbor），為來往群島各個港口貿易的好幾代輪船進行維修保養。[16]事實上，由於「外島」的資源非常有限，巴達維亞當局後來決定與荷屬東印度的輪船航運公司合作，為了地區的商業發展與帝國利益而資助民間業者（反之也接受民間業者資助）。荷屬東印度輪船公司（Nederlandsch-Indische Stoomvaart Maatschappij, NISM）與較晚期的荷蘭皇家郵船公司（Koninklijke Paketvaart Maatschappij, KPM）各自拿到政府客運與貨運獨家合約，對荷蘭擴張海洋勢力頗有幫助。[17]荷蘭海軍各個部門間爾虞我詐，競相爭取中央政府拮据的資金，但巴達維亞當局認定想要讓資源發揮最大效用，就必須結合自身與民間的利益。[18]荷屬東印度的海事基礎設施就是在這種環境中發展，而燈塔則是政府經費與民間資金合作的產物。

興造燈塔作為建立帝國的工具，是遍及群島各地的發展態勢。因此本章揚棄學界慣用的民族國家分析框架，改採更廣泛、更具包容性的地理框架，揭示更大規模的海洋空間模式。世界其他地區已開始運用這種超國家歷史學，然而東南亞遲遲未能跟上這種演進中的地理學範式，直到最近才有跡象顯示形勢正在逐漸改變。[19]英國與荷蘭在這些海域漫長糾葛的歷史、將近三百年亦友亦敵的關係，以及兩國海洋競技場的本質似乎都說明了改變觀點是明智之舉。[20]一直到不久之前，以爪哇島為中心的荷屬東印度歷史都是主流正統論述，然而歷經近年的發展，相關分析的重點不再是陸上的帝國，而是轉移到分隔兩個強權的海域。[21]麻六甲海峽與南海（將英屬馬來亞、海峽殖民地、沙勞越還有英屬北婆羅洲公司〔British North Borneo Company〕與荷蘭殖民地分隔）也因此在本章扮演最重要的角色：這兩條海洋通道形成了必須被照亮的關鍵「地帶」，至少兩個地區政權是如此認定。[22]

受到關注的海岸，不可或缺的通道：照亮一座幽暗的群島，一八六〇至一九一〇年

東南亞的海洋運輸在十九世紀末快速擴張，歷史上很難找到可以相提並論的場域。當時英文版的船員指南經常出版，協助船隻通過狀況複雜的海域，為來自許多國家的商賈說明風、暴風雨和洋流的情況。[23]航海圖的銷售催生了一個規模龐大的出版業，圖的比例尺也愈來愈小。[24]然而想要瞭解重要的海事發展對東南亞民眾有多重要，最有用的管道之一就是閱讀當時的馬來文報紙。英國、香港、荷蘭、紐西蘭的航運保險商都在馬來文報紙上刊登廣告，向需求急切的東南亞客戶推銷自家的服務（並強調他們是業界老字號）。

> 我們（詳見下文）成為保險經紀商，是因為上述公司獲准以當前市場價格銷售海上保險。[25]

這些外國或本地的保險公司會強調自家的資本額與保費金額，盡可能從東南亞的商人招攬業務。[26]結果就是營造出一種航運的大環境，其中的亞洲人與歐洲人都積極參與區域商業活動；船舶往西航向蘇伊士運河與印度洋，往北航向中國與日本，甚至往南航向英屬澳

洲擴建中的港口。

印尼的歷史學家在著作中以自己的語言告訴我們，隨著船隻數量增加，災難也日益頻繁。愈來愈多船隻在危機潛伏的東南亞海域發生事故。[27]荷屬東印度其中一艘最早的輪船威廉一世號（*Willem I*）首度出航就在這個群島遇上厄運：船在一八三七年在安汶外海擱淺，陷入困境的船員遭到來自民答那峨島的海盜攻擊，最後是靠著給對方現金、鴉片與高級布料才重獲自由。英國船隻也會因為撞上看不到的岩石與暗礁而沉沒，例如船籍新加坡的江安號，就是在距離荷屬東印度首府巴達維亞不遠的千島群島（Thousand Islands）遇難。[28]船隻意外一直相當常見，包含進水、火災或其他事故，連在港口內都難以避免，但最危險的事件還是發生在海上：[29]

> 爪哇工人阿米爾（Amir）被掉落的大型板條箱砸死，當時他正在戴克拉克號（*De Klerk*）輪船上卸貨，這艘船停泊在丹戎不碌港。
>
> 原本被認為已經沉沒的南陽號（*Nam Yong*）輪船，於昨日晚間安全抵達。據報船上發現有進水情形後，船長尼科爾（Nicol）便將船駛到索瑞托島（Soreto）附近的海灣，修補進

水的船身，完成後再繼續航向新加坡。

大型港口的附近相當危險，例如上述的巴達維亞事件；但是較小的港口也會出事，例如英國控制的納閩島，一八九七年德國輪船特里頓號（*Triton*）在當地沉沒。[30] 在東南亞真正的「外圍」海岸，例如英屬婆羅洲漫長延伸的海濱，事故更為頻繁。甚至到了一九一三年，都還有一位名叫萊特森（E. Wrightson）的英國商船船長形容這些海岸的照明狀況是「揮之不去的恥辱」，並且質問當地英國管理部門既然以保護航運之名徵收費用，為何還會發生這種狀況。[31]

英國與荷蘭兩大殖民強權因此一致認為，在東南亞令人擔憂的海洋環境改善夜間能見度，是帝國為了船運業與帝國的利益（尤其是帝國）而必須採取的重要舉動。「先進的」殖民政權不希望在這方面被視為「有所缺失」；金錢的損失固然相當可觀，但顏面的損失對當時許多歐洲人傷害更大。然而特別是在本章涵蓋年代的初期，相關資源相當稀缺，殖民政權的影響力也相當有限。荷蘭的政府海軍（Gouvernements Marine，GM，負責燈塔、燈杆與浮標事務，稍後詳述）就發現自身無法定期維修所有燈塔與照明裝置。政府海軍除了要為荷屬東印度各地的燈塔、燈杆與浮標提供食物、燃料與維修，還必須擔負許多其他的工作，包括對抗群島海域的「海盜」、掃蕩「走私者」、進行海道測量、搭救遇險船隻、運送政府官員與物資，以及其他雜務。一八七三年之後，隨著延燒四十年的亞齊戰爭在北蘇門答臘爆發，政府海軍的船隻還必須與群島的艦隊協同作業，成為亞齊周遭危險海域戰爭部署的一部分。雪上加霜的是，政府海軍過去多年設置的燈杆有許多已被浪潮捲走，第一艘專門負責這些業務（一八七〇年）的蒸汽船已破舊不堪，幾乎無法使用，必須盡快汰換。[32]從一八六〇年代晚期到一八七〇年代早期，新加坡也經歷過類似的窘迫狀況，當地的公務員經常議論這件事。[33]

海洋運輸量增加、沉船造成損失、國家擴展導致珍貴的海事資源吃緊，這些因素長時間融合在一起，引發了燈塔、燈杆與浮標事務的組織架構調整，尤其是在荷屬東印度群島。一八五一年，群島的第一座燈塔在巽他海峽的安亞爾（Anjer）建成，其他燈塔很快就在爪哇島北岸出現；然而燈塔、燈杆與引水督察處（Inspectorship of Lighting, Beaconing, and Pilotage）直到一八五四年才成立。烏倫貝克（P. F. Uhlenbeck）被任命為第一任督察，他的管轄範圍分屬內政部與荷蘭皇家海軍（Royal Dutch Navy）。不久之後的一八五九年，政府決定在群島各地建立五十座新燈塔，部署在海洋戰略位置，經費分二十五年支付。一八六一年，政府海軍成立；一八六七年組織重整，海上照明事務完全交付海洋部（Marine Department）。從一八八〇年代到一八九〇年代，組織重整持續進行，燈塔、燈杆與引水業務有時劃歸政府海軍，有時成為海洋部底下的獨立機構。對本章論述最重要的一點是確認荷屬東印度的海上照明終於發展成熟；巴達維亞當局終於在一八六〇年決定，照亮荷屬東印度的幽暗海域是帝國的新要務。[34]

當然，規劃藍圖與實際建造是兩回事。接下來五十年的大部分時間，照亮海洋東南亞的工作在英國與荷蘭的勢力範圍各自進行。我們可以將這個過程按照時間與空間劃分為三個區塊，第一個區塊是一八六〇到一八八〇年。在這二十年間，荷屬東印度的海洋照明奠定了基礎，殖民政權一開始關注的是島嶼和淺灘、重要的水道、主要港口的通道、潛伏的礁岩。英國與荷蘭相互競爭，分別設法讓新加坡與巴達維亞盡可能吸引船舶運通，方法之一就是海上照明。在一八六〇年代的英國殖民地海域，照明的燈光來自鄰近新加坡、高二十九公尺的霍士堡（Horsburgh）燈塔，和其他幾處位於麻六甲與新加坡周邊的照明設施，其中有一些是燈船（lightships）。[35]荷蘭的燈塔一開始比較有限，稍後才趕上英國。除了我們先前提過的安亞爾與爪哇島北部海岸，巴達維亞與邦加海峽也有自己的燈塔。[36]來到一八七〇年代，燈塔建設如火如荼，特別是在荷蘭殖民地的海域：數十處照明設施開始運作，荷屬東印度群島的西半部遍布著燈塔、燈船與燈杆。[37]蘇門答臘島、南海諸島、婆羅洲的部分航道被照亮，在荷屬東印度的海洋邊界形成一圈光環，與北方的英國殖民地遙遙相對。

到了一八八〇與一八九〇年代，這種蓬勃發展在麻六甲海峽兩邊都成了常態。之前數十年間的政策優先推動主要港口、危險異常地形與國際航道的照明工作；如今隨著英國與荷蘭的勢力擴張，大片海域也得到照明。《海峽殖民地藍皮書》（*Straits Settlements Blue Books*）為新燈塔興建的時間與方式留下數字紀錄（還有人員薪資、燈油、物資配給與保養維修的成本），涵蓋地區從檳城南下到新加坡周邊，再從新加坡北上到婆羅洲外海的納閩島。[38]《東印度政府公報》（*Indische Staatsbladen*）與《荷屬東印度政府年鑑》（*Regeerings Almanak voor Nederlandsch Indië*）也為照明的擴展做了官方紀錄：婆羅洲海岸、蘇拉威西島、廖內群島，甚至遙遠的納土納／阿南巴斯群島都被測繪與照亮。對於這些帝國工具的人類層面，我們在這裡同樣可以做鉅細靡遺的觀察：燈塔人員的姓名與職責都留下了紀錄，延續幾個世代，涵蓋我們討論的整個時期。[39]在這個時期，荷蘭加速推進照明，同時推動荷屬東印度艦隊的擴張及現代化，因為決策者與荷蘭公眾都認為艦隊的規模太小，在廣大群島遭到攻擊時毫無作用。工程學、經驗主義、甚至是歐洲地理學會的推動，讓燈塔建造的位置愈來愈遙遠，前進周邊地帶。在此同時，星羅棋布的燈塔也以建築物的形態，成為國家力量的象徵。[40]

一九〇〇年代初期，這些帝國的工具——燈塔、燈杆、浮標——在海洋東南亞各地已是司空見慣。過去英國與荷蘭基於非常明確的目的，將資源全部用於照亮關鍵海域，但到了一九〇〇年，隨著新加坡與巴達維亞當局試圖照亮其他仍然幽暗的海域，整個區域的照明工程逐漸完整。荷屬東印度東半部的某些地區開始有了燈塔與浮標，包括努沙登加拉和摩鹿加，以及伊里安查亞（Irian Jaya）的部分海岸。[41]在海峽另一側的英國屬地，婆羅洲海岸許多地帶的照明都有改善，但絕對沒有做到照亮整個海岸（從前述一九一三年萊特森船長的輕蔑批評可見一斑）。[42]在群島西部，重要水道、淺灘與港口的照明持續擴大進行；兩個殖民政權都體認到，海上的燈杆與浮標愈多，愈能夠凸顯政府在邊疆地區的存在感。到了一九〇〇年前後，群島西部（麻六甲海峽、南海、爪哇海西半部）布滿了有照明的航道，將商業與實體移動推進到兩個殖民政權都可以明確掌握的領域。[43]

我們可以將所有的照明設施歸功於國家認可的擴張計畫嗎？雖然我們很想找出英國與荷蘭對這種建設的具體政策，然而答案很可能是否定的。對此，馬來文報紙再度派上用場，讓我們看清楚整體情勢。舉例而言，蘇門答臘島與新加坡之間華人航運業者的興起，協助推動了麻六甲海峽的燈塔建設，以嘉惠整體貿易。[44]愈來愈多民間業者（一部分是東南亞當地業者）參與規模龐大的遠洋輪船航運事業，也有助於燈塔建設的發展。[45]納閩島煤礦公司（Labuan Coalfields Company）等大型企業一再要求倫敦的殖民地部（Colonial Office）加強燈塔、燈杆、浮標設備，以保護公司在這些惡名昭彰的危險海域所做的投資。在麻六甲海峽兩邊的英國與荷蘭殖民地，其他大型企業也跟進要求。不過，雖然新加坡與巴達維亞都受到其他發展與考量的影響，政府的介入在大部分地區仍然相當明顯，且無疑加速了燈塔與浮標的設置步調。一個例證就是蘇門答臘島與婆羅洲有了燈塔後，石油產業隨之興起；當時石油從波拉萬德利（Belawan Deli）、巨港，以及望加錫海峽（Makassar Strait）西部大量湧出。另一個例證則是，燈塔也出現在一些發展中的航運路線沿途，促使荷屬東印度的農產品（經由未得到充分利用的航道）出口到澳洲與日本。[46]此外，從港口加強運用監控照明也可以看到明顯的帝國足跡，監控對象是體型愈來愈小的船隻：

港務局長在週二逮到一艘武吉斯人的船。這艘船張著帆停泊在港口中，被抓到時船上滿載著鳳梨。[47]

要求燈塔盡可能標準化的計畫在荷屬東印度各地區推行，同樣有政府留下的足跡。[48]無論從哪一個角度，我們都能看出一項公開宣示的「國家的視角」（seeing like a state）計畫，完全符合斯科特（James Scott）作品中的論述，只不過是以非常特殊的方式展現。[49]

照明與其政治意涵

巴達維亞當局與新加坡當局共同擁有一片廣闊延伸的海洋邊疆，因此兩個殖民地在東南亞共存，必然會涉及談判協商與偶發的爭端。[50]這些談判與爭端中最大的重點，可能就是兩個殖民地的海洋政策會顯著互相影響。舉例而言，在麻六甲海峽一側建立燈塔之後，航經海峽的船隻不論目的地為何處，都會得到指引。因此這道國際分界線的兩邊經常進行討論（也會發生爭執）。此外還有一項政治現實是，海峽殖民地只是東南亞大規模殖民事業的一部分，英國的勢力範圍還包括馬來聯邦（後來加上馬來屬邦）、統治婆羅洲沙勞越陸地與海洋的「白人羅闍」（White Raja），以及沙勞越北方的英國北婆羅洲公司。這些地區也經常影響政策判斷。最後還有一項因素讓情勢更為複雜，那就是作為殖民宗主國的英國與荷蘭嘗試集中控管照明設施；這兩個國家經常將照明視為整個帝國航道規畫與大戰略部署的一部分。[51]就連兩個殖民地內部，也常常有政治勢力相互抗衡；荷屬東印度的狀況是追求燈塔統一化（一如前述），與此同時，也推動權力下放，將燈塔的區域管轄權分割開來。[52]

關於燈塔議題最重要的衝突之一，發生在英國殖民地與倫敦當局之間。海峽殖民地針對自身與倫敦的關係所表達的需求（與期望）可以作為實例。一八七〇年代早期，海峽殖民地不斷向倫敦的殖民地部要求新的浮標來標示港口的航道，甚至表明願意負擔部分將新型高科技浮標引進東南亞的實驗費用。同樣的過程在一九〇一年再度發生，這回海峽殖民地要求的是燈杆，並且試圖讓兩個殖民事務機構（皇家代理人與殖民地部）內鬥，確保檳城能夠以優惠價格取得新的燈杆。[53]新設備與新裝置的經費，一直是倫敦當局與海峽殖民地之間的磨擦來源。例如海峽殖民地的港務司建議為香蕉嶼（Pulau Pisang）設立新燈塔時，倫敦的引航協會（Trinity House）便以成本太高為由反對，並且送來一枚新的燃氣燈浮標。兩個政府機構之間一再發生類似爭議，包括一八八七年的臺灣淺堆（Formosa Bank）燈船之爭，還有一九〇四年萊佛士燈塔（Raffles Lighthouse）的新燈器之爭。[54]從倫敦與新加坡之間脣槍舌劍的通訊內容來看，雙方似乎從來不曾討論如何確保英國的整體利益，只關注自己最在乎的事務。

在照明這個議題上，英屬沙勞越（British Sarawak）與新加坡和倫敦的關係更為火爆。一九〇七年，英屬沙勞越統治者布魯克（Charles Brooke）與倫敦及新加坡多名殖民事務主管官員有一系列的書信往來；身為一名半獨立的「羅闍」，布魯克對英國的要求無動於衷。他曾經企圖拆毀位於摩拉（Muara）的布魯克頓燈塔（Brooketon Lighthouse），殖民地部懇求他不要這麼做，因為納閩島的貿易將因此受重創。官員寫道：「我們最好盡可能避免直接徵用燈塔，價錢會是個大問題，而且會激怒布魯克爵士，導致他使出更多陰謀詭計。」[55]英國政府派遣一名海軍軍官到婆羅洲評估布魯克頓燈塔停用的影響，結果他建議如果羅闍拆除那座燈塔，政府應該立刻興建一座新的（在附近，但位於外海）。布魯克後來決定不拆除燈塔，顯然認為拆了會使自己在婆羅洲沙勞越海岸的影響力減弱（那座燈塔其實位於汶萊境內，但是由沙勞越管理，因為該地區的土地所有權仍有爭議）。然而布魯克在與倫敦打交道的過程中，充分利用了政府的寬容。布魯克宣稱如果他撒手不管，這片海岸恐怕會陷入無政府狀態，而且「我不想放棄汶萊蘇丹殿下轉讓給我的任何一項權利」。[56]於是，燈塔的興建（與拆除）在區域政治中被用來當作談判工具，打出這張牌可以幫助（或者傷害）其他人在鄰近海域的貿易。

沙勞越的這種地方政治變化，在北婆羅洲也看得到。狹小的納閩島是英國在北婆羅洲外海的前哨站，在十九世紀中期被視為通往中國航運路線的戰略要衝。另一方面，納閩島有「一些奇怪的鄰居」，周遭海域海盜猖獗，也讓殖民地部將它列入優先考量。[57]到了十九與二十世紀之交，納閩島的重要性已經大不如前，所以英國政府忙著回絕北婆羅洲公司關於加強海岸照明的要求。殖民地部認為那是公司的責任；公司則為了爭取最大獲利，一有機會就想盡辦法要讓倫敦認帳。然而到了一九〇七年，就連倫敦都承認北婆羅洲海岸大片地區的照明不足，相當危險，對區域安全產生了多方面的影響，也造成船運的損失。[58]一位殖民地官員出色地總結了當時英國政府的氣氛，他說充分照亮北婆羅洲「很理想，但是沒有足夠的經費去做那些只是很理想的事」。[59]接下來幾年，北婆羅洲公司為部分照明設施負擔費用，剩下的則由殖民地部負擔，但雙方對這種做法都不滿意。事態持續惡化，到一九一三年時，北婆羅洲公司甚至找上美屬菲律賓（American Philippines），簽訂合約請對方負責婆羅洲的部分照明工作，讓殖民地部大表不滿、不敢置信，認為公司根本不該有這種念頭。[60]

這套照明政治學有一大部分是來自一個事實，那就是燈塔及相關維修工作的成本非常昂貴。前面提過，巴達維亞在一八五九年決定推動一項荷屬東印度燈塔、燈杆與浮標的大規模建設計畫。當局斥資六百五十萬荷蘭盾，預計以二十五年時間興建十座一級燈塔、十八座二級燈塔、十座三級燈塔、十二座港口小燈塔。儘管這些宏大計畫後來做了一些調整，但是到了一八九七年，荷屬東印度的燈塔與燈杆已經超過三十座，還有更多港口小燈塔。[61]檢索海洋部的燈塔興建檔案資料，可以瞭解為何需要那麼多經費。舉例而言，一八七〇年前後，峇里海峽（Bali Straits）就有幾座鐵製燈塔正在興建，爪哇海地區則在為其他燈塔打下石造地基，政府還規劃在巴達維亞附近小小的「千島」群島興建更多燈塔。[62]到了一八八〇年代，興建計畫更上層樓。三寶瓏與蘇門答臘島西南隅各有一座新燈塔；珊瑚礁被照亮，邦加島的水道也是。[63]雖然照亮荷屬東印度的成本大幅上升，但荷蘭的規畫者顯然認為物超所值，因為群島大片地區都迅速得到照明。[64]

在海峽殖民地，東南亞英國屬地燈塔、燈杆與浮標的經費需求（與分配）愈來愈高。以一八六七年為例，丹絨端燈塔（Cape Rachado Light）每年分到一三四四美元，霍士堡燈塔三〇二四美元，萊佛士燈塔九〇〇美元；麻六甲海峽全部的燈塔共拿到七五二〇美元。經費支出項目包括燈塔管理員薪資、往來燈塔的交通運輸，以及每座設施的維修、燃氣與油料成本。然而到了一八八三年，九座海峽燈塔一年總共要花掉新加坡當局二萬二五〇一美元，至一九一〇年時更增加到三萬八九九七美元。[65]不過這筆龐大的資金與物資花費也藉由燈塔規費收了回來；海峽殖民地政府向過往船隻徵收規費作為在轄下海域提供服務的費用，金額水漲船高。一八八三年，新加坡徵收了三萬四九八七美元，翌年則增加到三萬七三七七美元。[66]人員薪資到世紀之交時，一年需要約一萬五〇〇〇美元，油料與補給品將近五〇〇〇美元，燈塔管理員的物資配給超過七五〇〇美元。雖然一部分經費可以從燈塔規費回收，但是建造新燈塔的成本非常昂貴。舊的小燈塔只需要約三〇〇〇至五〇〇〇美元便可建成，但在十九與二十世紀之交興建新的大燈塔卻需要將近五萬美元。[67]

既然照亮群島的成本這麼高，那麼新加坡與巴達維亞會既合作、又競爭，看來也很合理。對英國人來說，會這樣的主因是巴達維亞沒有好好照亮自己的東印度海域；這對新加坡（甚至倫敦）而言也是一大問題，因為有大批英國船隻航經那些海域。英國人的解決辦法是在私底下批評荷蘭人的「無能」，在檯面上則好言說服巴達維亞在雙方共有的國際海域加強照明。英國駐海牙大使要求荷蘭負責殖民地事務的部長改善勿拉斯島（Pulau Bras）威廉燈塔（Willem Lighthouse），以及鑽石岬（Diamondpoint）燈塔的照明狀況（兩者都位於北蘇門答臘），但倫敦的貿易局私下認為，直接由新加坡支付改善的費用可能還輕鬆一些。貿易局表示：「我們現在還不必暗示海峽殖民地政府應該負擔照明改善的部分花費一事，就連對外交部也不必說。」倫敦想要先看看荷蘭會不會自己出錢改善。[68]但是貿易局也積極參與了一些沒那麼多算計的行動：當荷屬東印度海域的照明設施出現問題、甚至危險時，倫敦的貿易局會通知英國船舶。例如一八八三年在巽他海峽（Sunda Strait）就發生過這種狀況，克拉卡多島（Krakatoa）火山爆發並引發大火，災區附近荷蘭設置的所有燈杆與燈塔都遭到摧毀。[69]

對於這項議題，荷屬官方有不同的想法。荷蘭需要英國在麻六甲海峽另一側的照明設施，才能保障自己的國際航運安全，因此荷蘭的政策規畫者也很重視兩個殖民國家之間的善意。東印度群島的出口貨物有一大部分是由英國船隻載運，因此雙方政權在殖民地海域的照明事務上，有一種自然而然的共生關係。但是許多荷蘭人也覺得自己國家的帝國發展計畫太過於依賴英國的國力與科技，在海事領域似乎尤其如此。荷蘭作家不時發表文章，傳達對這個議題的不滿，批評巴達維亞心甘情願依賴英國的燈塔、燈杆與海道測量，而非自己動手。有些批評可能與工作機會相關；有人看到取得這類計畫合約的是英國企業或海峽殖民地政府，而不是荷蘭自己的公司，因此心懷怨恨。不過也有一部分怨言似乎本質上就是民族主義的發言，感嘆荷屬東印度無法履行一個「真正的」帝國強權所應承擔的全部責任（下一章談海道測量，也會出現一樣的狀況）。[70] 因此，雖然兩個殖民政權都要依賴對方的能力來照亮共同的海洋邊疆，但這些共識背後的論據與原理卻南轅北轍。

圖12.1　圓形監獄：印尼卡利馬塔海峽，1919年

來源：KITLV Collection, Leiden, Netherlands.

倫敦及其屬地都認為自己「擺脫不掉」荷蘭人，以及他們在燈塔事務上的無能。與此同時，巴達維亞則覺得自己被海峽北方鄰居的需求與科技敏銳度給邊緣化了。

一座帝國群島的科技

殖民計畫中的殖民地海域照明，還有一項要素必須討論，那就是帝國建構在照明這個層面背後的科技。東南亞的燈塔、燈杆與浮標是如何建造與設置？這些設施的透鏡是如何運作？不同設施背後的科學又是什麼？的確，隨著相關科技在十九世紀後半有所進展，這些「帝國的工具」對新加坡和巴達維亞來說，在監控與引導兩者共同海洋邊疆的船隻移動上也愈來愈重要。就這個意義而言，科技是帝國邁入成熟階段的關鍵。照明裝置的改進意味著雙方政府提高了自身對殖民群島所在的龐大海域，進行劃分、標記與觀察的能力。本章最後一節檢視照明與浮標使用的特定科技所發生的一些變化，以及這些工具如何配合更全面的帝國計畫演進。

在殖民地東南亞，燈塔的構造與外型特徵千變萬化。燈塔有多種設計與構造可以選擇，取決於興建地點的土壤與／或基岩，以及當地的風力與海象。舉例而言，含沙量高與鬆軟的土壤催生出螺旋樁（screw-pile）設計：長矛形狀的腳架以螺旋葉片抓住地基，讓燈塔或燈杆不易翻覆。在風大或浪大的地區，大型構造只會引來更多（而非減少）大自然的能量與蠻力，鐵製腳架應運而生，可以減少表面積與重量，同時也便於運送。[71]以理論家羅蘭・巴特（Roland Barthes）的話來說，這些構造是由「空洞的中心」所組成的。巴特曾用這個概念貼切描述東京市中心「空洞」的皇居，儘管東京是全世界人口最稠密、最擁擠的城市：「現代化的一切乃由一個不透明的圓圈構築起來……其自身的中心只不過是個早已消逝的概念。」[72]

我們可以用和巴特筆下「空洞的中心」相同的方式來思考荷屬東印度的許多燈塔；想像它們主要是由空氣構成。其他地區的燈塔使用石造地基，許多建在海岬上，有些則位於沒有任何標誌的海岸。[73]在島嶼東南亞延伸範圍內的所有陸地與海洋，都能看到這些地形與地貌。燈船也被廣泛用來作為固定設備，停泊在海上，以船身的燈光標記危險區域。燈塔的高度愈高，船員就能夠從愈遠的地方看到燈光，有時遠達數十英里。[74]這些照明設施背後的科技隨著時間改變，科學家與工程師不斷找到新方法來為燈塔降低扭矩、強化地基。

照明、燃料使用與透鏡的運作機制，也同樣隨著時間改變。這個區域最早期的燈塔與燈杆使用油料來照明，既危險（可能引發火災）也不易保養維修，尤其是在這片龐大群島的諸多偏遠地點。後來的裝置使用燃氣燈，在荷屬東印度（特別是蘇門答臘島北方）海域發現大量天然氣與石油之後，這種方法更為常用。[75]然而最重大的科技突破是在鏡片與透鏡，因為國際上的光學技術有所進展，而且應用在英國與荷蘭殖民地海域。反射光學系統（catoptric system）藉由一排置於中央的鏡面進行反射，發出固定、迴轉、閃爍或間歇的光線。拋光的紅銅板被做成幾何形狀完美的拋物面，用於捕集光線；光線集中之後往單一的方向照射。使用紅銅是因為它具有延展性，而且在東南亞嚴峻的熱帶氣候中能夠抗腐蝕。拋物面之中可以安裝多盞燈具來提高光線亮度，最多可達十二盞，並且能夠旋轉以朝不同方向。[76]如同圖12.2所呈現的，將一個

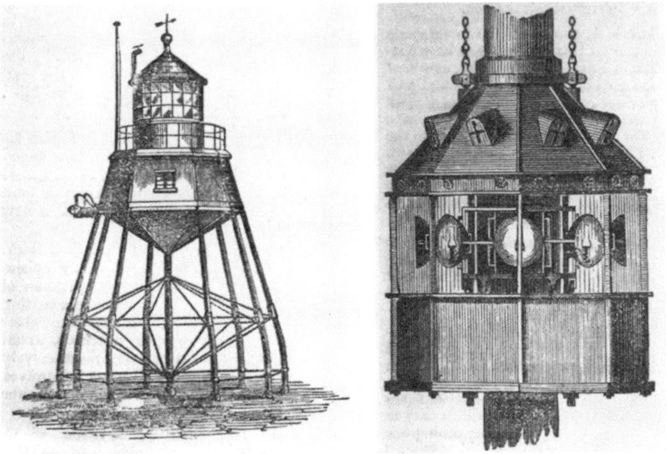

圖12.2 螺旋樁燈塔與屈光透鏡

來源：Alexander Findlay, *A Description and List of the Lighthouses of the World* (London, 1861), 5, 24.

光源放在拋物面反射器的焦點位置，發出的光線會相互平行，形成一道高亮度的光束，照亮廣大群島海域，居功厥偉。[77]

利用折射光線與透鏡的屈光系統（dioptric system）也派上用場，這個系統發出的光線在本質與特性上也很多樣，取決於燈塔所在地的環境與要求。一連串的折射形成光通量，進而發出一道強勁的光束。系統使用稜鏡、聚光器與線性器來收束光線，盡可能提高光線的強度。[78]燈塔與燈杆照明後來又發展出全光反射系統（holophotal light），透過方位角聚光（azimuthal condensing），比先前兩種系統更有效地利用光譜中的各種光線。[79]對熱帶地區而言，這一點尤其重要，因為季風帶來的濃霧與豪雨會籠罩海洋東南亞大部分地區。進入二十世紀之後，燈塔也開始試用電燈，但荷蘭在這方面的進程看來是落後英國。[80]一九一二年，瑞典工程師達倫（Nils Gustaf Dalén）因為發明可以自動調節燃氣燈的太陽能閥而獲得諾貝爾物理學獎。這項科技促成無人駐守的燈塔大舉興建，後來遍及整個荷屬東印度。

浮標的科技也在世紀之交過後發生變化，從不易操作的小型工具轉變為效率大幅提升的大型利器，開始將群島的海域包圍起來。東南亞的海上經常籠罩強烈熱帶風暴，鐵製浮標比較不會被風浪打壞；海面的浮標以堅固的錨鍊連接置於海底的沉錘。浮標本身有多種樣式；紅色與黑色浮標分別用來根據方向標示出航道兩側；綠色浮標代表水下有一艘危險的沉船；頂標（top markers）則印有數字，導引船隻沿著官方規畫路線航行。[81]依循這些指示自然等同在政府的視線中移動；船隻可以被「趕集」到特定航道，一方面獲得「安全」，一方面統治政權也能盯著它們。因此儘管成本節節上升，英國與荷蘭仍然積極以浮標來標示海域，試圖引導熙來攘往的船運交通。舉例而言，檳城經常採購浮標來設置在島嶼和馬來本土之間的航道；這樣做需要與倫敦密集協商，尤其是討論由誰來負擔經費。[82]荷屬東印度也經常採購浮標（後來改為在當地製造）來標示各地區海域。[83]《海事雜誌》（*Tijdschrift voor het Zeewezen*）對過程做了詳盡紀錄；從坤甸（Pontianak）、巨港到蘇拉威西島南部，浮標出現在許多遙遠的航道。[84]到了十九世紀末，殖民強權已利用浮標對一片又一片群島海域進行標示，並引導船舶沿著浮標形成的網格航行。

在這個廣大的海洋場域，港口改善工作是推動國家海洋科技的另一項重點。十九世紀後期，許多區域港口的規模與重要性升高，成為繁榮忙亂的商業中心，就連國家自身（政府權力的核心）都無法全盤掌握發生中的事態。港口改善計畫讓巴達維亞與新加坡得以嘗試將港口實際規模改造為當局期望的樣子，藉此控制港口的爆發式成長。這種情況發生在很小的港口，例如一八九〇年代初期的雪蘭峨（Selangor）海岸；也發生在大型港口，例如在十九與二十世紀之交新設置大量燈杆與燈塔的檳城港。就連新加坡也持續進行這種大規模的「拉皮手術」，目的在於讓港口的功能與運作更符合國家要求。[85]荷屬東印度的港口浮標一直到十九世紀都還問題叢生、不可信賴，但這種情況也因為政府在十九世紀後期嚴加監管而有了改變。舉例來說，巴達維亞在的航道在一八七一年興建（或修復）了多達四十二座照明或浮標裝置。特別是因為一八七七到一八八五年的丹戎不碌港建設工程，這項擴張與發展計畫後來又持續進行了幾十年。[86]

我們探討島嶼東南亞的燈塔、燈杆與浮標，以及這些東西與殖民地政權構成的關係，最後我用兩個簡單的麻六甲海峽特殊照明案例作結。第一個案例關係到從東邊進出新加坡的航道，時間在二十世紀初年前後。當時民間人士向海峽殖民地政府表示當地亟需一座燈塔，因為許多船隻從新加坡一路航向香港，長達一千三百海里（二千四百公里）的航程都看不到一座燈塔或燈杆。[87]燈塔興建計畫選在一座名為亞羅島（Pulau Alor）的小島進行，但是過程非常複雜。首先，亞羅島隸屬於柔佛的蘇丹，要做任何事都必須得到蘇丹的同意。因此，外交問題讓照明事務變得更複雜，而海峽殖民地另一邊的臺灣淺堆就沒有這個問題。蘇丹最後同意英國在島上興建燈塔，但拒絕負擔經費。[88]亞羅島燈塔的另一個問題在於運氣不好，計畫提出時正好遇上另一項規模遠超過它的燈塔計畫。坎寧堡（Fort Canning）燈塔是海峽殖民地最重要的燈塔之一，準備在十九世紀末進行現代化與整修。大部分的資源與主管單位的心力都投注在這座燈塔的修繕與升級；這很重要，也很昂貴。[89]亞羅島最後只有一座小型的鐵製燈塔，但新加坡東邊的航道以及柔佛（與新加坡北部相鄰）周遭海域成了第二優先考量。[90]因此，國際外交的和諧、殖民宗主國核心的意圖、殖民地公務人員的意向與期望都是照明工作的關鍵因素。

在麻六甲海峽另一邊的荷屬東印度海域，圍繞著燈塔與照明的爭議也同樣複雜。對當地官員而言，這些設施的重要性——尤其是在亞齊這樣的戰區——更加明顯；他們非常清楚燈塔不僅能促進貿易，還能用來監視地方動態。荷蘭人在亞齊建立據點之後，最先興建的建築物中就包括一座燈塔，位置在亞齊外海的勿拉斯島。受到戰爭造成的傷病與人員撤離影響，興建這座燈塔所耗費的時間遠超過預期；第一塊基石在一八七四年安放，燈塔於一年後開始發光照明。一八七六年，燈塔首度遭遇強烈地震，也通過考驗。燈塔高一百六十公尺，從三十二英里（五十一公里）外就能看到。[91]一八七六年稍晚，當地的第二座燈塔落成，用來向荷蘭人警示來自西北方的危險。隨後，綿延的亞齊東海岸建起了更多燈塔，這裡和蘇門答臘島最北端的韋島後來成為整個荷屬東印度照明狀況最好的地區之一。[92]這一點都不足為奇。這個場域沿著一道寬而淺的海峽，具備所有特質與條件，足以成就東南亞地區在本章討論時期的海域照明。大批船隻通過，貿易蓬勃發展。歐洲人往往認為當地人無法自行做好海上照明，需要外界幫助才能將導航工作現代化。另一個殖民強權——英國——則盤據在海平線上，雄偉的照明設施朝向南方運作。兩個政權的燈塔默默相對，直到一九四〇與一九五〇年代的去殖民化時期。兩方有時結盟，有時敵對，都在持續努力照亮彼此共有的領域。

結語

海洋東南亞海岸照明的演進，以及國家光學事業在殖民時期的興起，充分說明了帝國勢力掌控東南亞過程的步調與本質。燈塔與其他的殖民地治理科技相當類似，數量隨著政權對於海洋安全與航行活動的憂慮上升而開始增加。[93]第一批燈塔設置在對政權最重要的地方：主要港口外側、忙碌的航道，以及沉船或暗礁等危險地點附近。後來燈塔逐漸遍布在大部分的東南亞海域，因為巴達維亞與新加坡為了二十世紀繁忙的交通運輸，日漸照亮彼此共有的群島。到一九一〇年時，當地最忙碌的港口都已得到兩個政權的照明；連這個龐大島嶼世界中最偏僻的海洋邊疆也一樣。在二十世紀初期，相隔遙遠的地理區域和險惡的地帶仍會阻礙歐洲殖民事業發展，但這種狀況並未持續太久。不過，這時大部分的海洋已被西方國家控制；正是在海洋控制科技的協助之下，少數人得以主宰全世界最廣大的群島之一。

我曾經指出，在這種辯證關係中建造帝國燈塔，往往是一種爭議叢生的現象，而且不單純只是由一個「大一統」的國家下令進行。[94]在這個場域，各種不同的參與者涉及不同的利益；就照明來說，他們的計畫未必能夠協同一致。舉例而言，英國統治者在這個區域各自為政，導致照明政策難以協調，因為海峽殖民地、英屬北婆羅洲與沙勞越對於誰來負責照明、誰來負擔經費鮮少達成共識。在照明方面，倫敦與海牙的政策也經常與殖民地政府的利益有所衝突，爭議有時在於經費、有時在於優先興建設施的地點。最後一點，國際外交也是爭議叢生，英國與荷蘭之間、歐洲政權與殖民地菁英之間都是如此。東南亞人士都懂，將照明科技移植到當地海岸具有顯著的權力意涵。柔佛的蘇丹利用自己的籌碼，藉由同意英國在他的土地上興建燈塔來換取新加坡提供的收益。海峽對面的北蘇門答臘情況截然不同，亞齊人的蘇丹國被荷蘭人征服，有部分是因為巴達維亞在勿拉斯島興建的大型燈塔提供了軍事導航支援。在這兩個案例中，燈塔都是無比重要的「帝國的工具」，其建設影響到在地政權的維繫或滅亡。誰能擁有外型巨大、有時還高聳入雲的燈塔，在某種程度上就表示誰能夠在晚期殖民主義的新權力階層中占據主宰地位，即使只是做個位居第二層級的附庸；反之也顯示誰將在殖民地政府的步步進逼之下放棄統治權。

到了十九世紀末，荷蘭與英國兩大強權的統治技術在東南亞變得前所未有的重要。這在海洋場域比其他帝國利益場域（例如婆羅洲與蘇門答臘「動盪不安的高地」）更顯而易見，燈塔、燈杆與浮標的廣泛部署是原因之一。這些裝置不僅為這片邊疆地區的貿易與航運提供了相對安全的通道，還為國家把商業與船舶移動導入了可識別且受管制的航道。[95]在指定路徑之外運作的航運，逐漸被推向政府認可的航道；國家因此具備前所未見的力量，可以主導商業活動的流量與流向。燈杆、浮標與建於戰略位置的燈塔確保了這一點。新穎的照明科技讓政府的管制能夠涵蓋更廣大的地區，巴達維亞與新加坡藉此逐漸擴大海洋東南亞的照明範圍。帝國的航海「盲區」空間並未立即全部消失，在全世界最大群島各個偏遠角落的消失速率也有快有慢。然而到了二十世紀初期，情況有了改變，東南亞的數千座島嶼，有許多已被兩大殖民強權的光學工具照亮。就這方面而言，霸權與促成霸權的科技攜手同行。數十座燈塔向著海平線延伸的海上景觀，對許多人來說，意味著航行更加安全；但從另一個角度來看，也代表著一個情勢更加緊張、監控更加嚴密的世界。[96]

第十三章　地圖與人：海道測量與帝國

大海化為濱岸，濱岸化為大海。——印尼水手諺語[1]

殖民地圖學的研究向來聚焦在陸地地圖，從未特別關注海洋。[2]言之成理的緣由相當多。第一次世界大戰前夕，全世界的陸地十分之九是由西方國家控制；歷史學家顯然認為，光是要闡述這些陸地上的征伐，就已經讓他們忙得不可開交。陸地是文化接觸的「原爆點」，也最適合用來建構關於支配的詮釋。但是，經由海洋進行的征伐與融合也相當重要；將「空間」化為地圖的認識論轉譯（epistemological translations）也發生在海洋領域。[3]全球都有類似的情況，在島嶼東南亞（包括今日的印尼、馬來西亞、新加坡、汶萊與菲律賓）之類的群島環境中尤其如此。[4]我們在這裡也會發現某種程度的「圈定界線」（rounding off），歐洲人藉由海道測量來劃定帝國的範圍，彼此以海洋分隔。在這些競技場，殖民強權相互提防，在海洋的世界裡競爭，但有時也能夠合作。當代歷史學家也開始探究海道測量的過程；將海盜行為視為對殖民政權擴張的反抗；將日本的海洋調查視為侵略東南亞的準備工作；還有其他類似的主題。[5]學術界現在回到檔案庫尋尋覓覓，再度將海洋作為一個複雜的文化交流場域來分析。[6]新的研究路線涵蓋了科學、殖民主義，以及帝國連繫，檢視這三者在一系列的地方情境中匯流融合的情形。

第十三章透過分析海道測量、科技與脅迫在十九世紀晚期東南亞相互重疊的角色，為這個發展中的研究領域帶來更多內容。[7]本章討論的重點海域從北蘇門答臘向東到西巴布亞、從帝汶北上到民答那峨，涵蓋今日的馬來西亞、新加坡與印尼。在這片面積相當於美國本土的汪洋大海，海道測量知識的增進與帝國勢力的擴張相輔相成。儘管海洋地圖的演進也受到貿易蓬勃發展的影響（殖民地宗主國深知提升海道測量知識能夠減少海難、增加收益），但我指出一個關鍵：這項演進通常與殖民地擴張有所關連。斯科特曾經問道：「國家是如何逐步掌控其子民與他們生活的環境？突然間，許多過程……似乎都可以被理解為追求可辨識性與精簡化的嘗試。在每一個案例中，官員都針對非常複雜、難以辨識的地方性做法……建立一個可以由中央記錄和監控的標準化網格。」[8]

本章將以三節來探討上述的相互關係。首先，我們要檢視東南亞當地與非當地的船舶

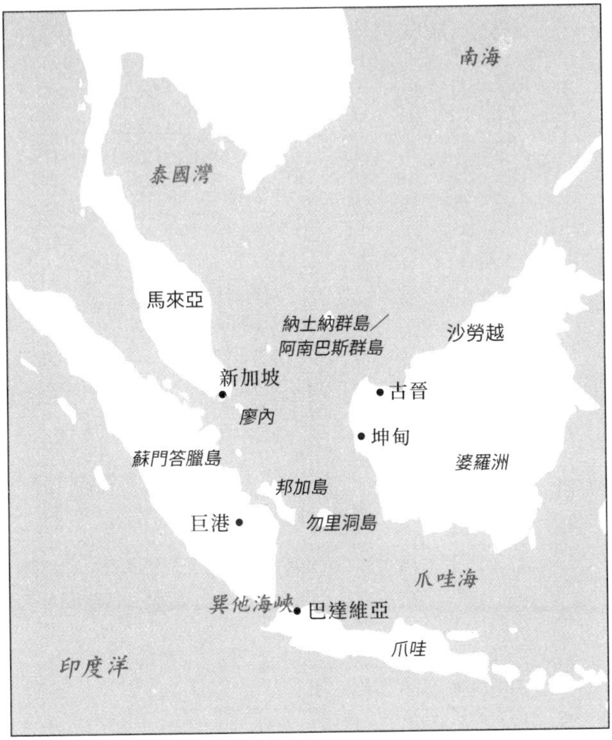

地圖13.1　海道測量水域

如何以「滲透」（seepage）的方式，穿越英國與荷蘭不斷擴展的海洋勢力範圍，延續自由放任的貿易與航運模式；地區政權對此戒慎恐懼，也表現在繪製地圖的工作上。其次，我們要分析兩大殖民強權如何開始探索其海洋領域並製作地圖，將海道測量當成工具，藉以加強理解自身發展中帝國的限制與層面。最後，我們要檢視這些先進的知識如何運用於國家治理與脅迫；英國與荷蘭的帝國計畫將東南亞的海洋環境瓜分為雙方各自控制的範圍，儘管往往只能局部掌控。[9]

如果不是伴隨著海洋測繪的進步，東南亞殖民地的建立過程會寸步難行。前面提過，雖然地圖學的歷史在傳統上以陸地為主，然而就東南亞而言，海洋與海洋知識是打造帝國計畫的關鍵所在。島嶼東南亞的地形從一開始就主導了這個方程式。東南亞有無數座天南地北的島嶼、寬闊但不深的海域，以及廣大的內陸河川系統，因此脅迫與帝國勢力的投射只能透過海洋來進行。但是對歐洲人的政治操作而言，東南亞的海洋環境是一個頗具挑戰性的競技場。想要利用這些海域來達成自身目的，就必須繪製地圖、切實理解。因此為當地海域做紀錄、編製索引與進行調查的工作，對英國與荷蘭兩個殖民政權來說都極為重要。不但要實際呈現出海床與其間所有地形構造的形態，還必須瞭解並描述洋流、潮汐與跨越廣大地理區域的海洋屬性。從十九世紀中期到世紀末，英國與荷蘭對這些廣大海洋空間的觀感有何變化？就東南亞帝國計畫的合作與競爭而言，海道測量是否占有核心地位？在十九世紀晚期的中亞，俄羅斯、英國與中國這三個帝國爭相為廣大的草原繪製地圖。[10]在同一時期的非洲，殖民強權努力嘗試為雨林帶內部的世界繪製地圖，範圍涵蓋廣大的中部赤道地區。[11]然而到了東南亞，各方爭取的領域（無論是政治還是知識方面）在本質上主要是海洋。這樣的場域導致當地出現非常獨特的狀況，影響了權力、知識與政治在十九世紀晚期的融合方式。[12]

海洋調查與原住民移動的「滲透」

十九世紀末，作為海洋競技場的東南亞處於劇烈變化的邊緣。這個區域非常開放的海洋貿易運作型態，曾經受到許多學者透過各種角度討論，而這種型態在當時正開始大幅改變。[13]十九世紀的頭數十年，這場變化首度以白紙黑字的方式呈現，也就是一八二四年簽訂的《英荷條約》。條約將麻六甲海峽分而治之，但不是依據地理因素，而是分為一北一南兩個「勢力範圍」。英國在這道虛構分界線的北方繼續施展它在陸地與海洋的影響力，荷蘭則以爪哇島為基地，向島嶼世界的南部進軍。儘管條約有一些實際作用（特別是兩國以馬來半島的荷屬麻六甲〔Dutch Melaka〕與蘇門答臘島西部的英屬明古魯〔British Bengkulu〕互換），但英國與荷蘭在海洋邊疆地帶執法的能力仍然相當有限。從西方世界對早期馬來地圖的抄寫與翻譯可以看出，當時歐洲人還在設法理解掌握這個地區，從地形到術語皆然。在一幀早期地圖中，最顯眼的位置大多留給海道測量術語（還有地名，此處我並未列入）：

Ayer＝溪流　　padang＝平原

Bakau＝紅樹林　　perenggan＝邊疆

Batu＝岩石　pulau＝島嶼
Benua＝大陸　selat＝海峽
Besar＝大　sunggai＝河川
Beting＝淺灘　tanah＝領土
Gunong＝山嶺　tanjong＝岬
Kechil＝小　tasik＝港口[14]

接下來的幾十年間，英國與荷蘭的海上執法能力逐漸強化。一項新條約在一八七一年開始施行，半世紀前還只是名目上的事務因此得到落實。一八七一年的條約讓巴達維亞繼續向蘇門答臘島尚存的原住民區擴張，英國方面則得以確保自身在海峽分界線南方的商業特權。從馬來海域到「印尼」海域，侵略與擴張勢力的行動隨即展開。一八七三年荷蘭進攻亞齊，此為荷屬東印度最後一個蘇丹國。一八七四年英國發起「前進運動」（Forward Movement），同一年《邦咯條約》（*Pangkor Engagement*）簽署。一八七八年英國北婆羅洲公司併吞北婆羅洲；到一八九六年時，英國在馬來半島的半壁江山已經屹立不搖。到了十九世紀末，英國與荷蘭在這個區域號令所及的殖民地，與今日獨立之後的馬來西亞以及印尼幾乎重疊。

就疆界的形成而言，建立帝國與維繫帝國是完全不同的兩回事。[15]在英國與荷蘭在麻六甲海峽的分界線上，這種現象幾乎隨處可見。占碑蘇丹塔哈（Sultan Taha）的人馬總是能夠穿越海峽的英—荷分界線，從新加坡帶回糧食與軍火，繼續在高原地帶對抗荷蘭人。[16]這些補給行動非常成功，以致於一八八〇年的時候，檳城的荷蘭領事建請巴達維亞要求貿易商宣誓絕對不會幫蘇門答臘島的反抗勢力運送違禁品。[17]然而，荷蘭人將海峽分界線實體化的嘗試，讓英國航運商人怒不可遏，認為對分界線嚴格執法會傷害商機。[18]到了十九與二十世紀之交，荷蘭對海峽貿易活動的巡邏執法能力有所提升，英國商人的憤怒也超越地方政權的層級，甚至傳回歐洲。但是當時倫敦的政策是讓荷蘭鎮壓蘇門答臘島的蘇丹國，甚至不惜暫時犧牲英國商人在海峽的貿易利益。[19]兩國之間的海洋分界線逐漸實體化，這種情勢至少一部分要歸因於英國想要維持群島貿易既有的狀況與機會。

麻六甲海峽不是唯一的例證。陸地面積廣大的婆羅洲分屬幾個勢力範圍，同樣曾經出現大規模的「貿易滲透」（trade seepage），至少持續到十九與二十世紀之交。如前所述，一八二四與一八七一年的條約為英國與荷蘭的東南亞疆界設定了外交規範，在兩個發展中的殖民計畫之間劃定界線。然而關於英—荷邊界地區的少量現存史料顯示，這些界線經常遭到踰越，方式不一而足，包括利用河川穿越廣大的原始森林。華倫曾說明康拉德（Joseph Conrad）著名小說人物「林格船長」（Captain Lingard）的真人版如何深入東婆羅洲內陸買賣鴉片、鹽與軍火，主要是利用當地河川來往。隨著婆羅洲本地商人進入南方荷蘭人的勢力範圍，林格在英國北婆羅洲公司的地盤引發一種貿易與移動的「滲透效應」（seepage effect）。[20]華倫也告訴我們，東婆羅洲的武吉斯人貿易據點是如何與內陸的陶蘇格人堡壘交錯，將新疆界上的結盟、競爭與商業網絡連結起來。[21]周丹尼（Daniel Chew）則關注疆界另一邊的英屬沙勞越，揭示內陸華人商賈的跨邊界活動；這些商人為了逃避積欠下游地帶富裕華商的債務，跨越荷蘭邊界之後便無影無蹤。[22]多位學者也指出，十九世紀末的巴達維亞政權難以阻斷這類人員移動，因為荷蘭人並不確知兩個帝國的邊界從什麼地方開始、在什麼地方結束。[23]

海洋商業活動的突飛猛進顯示了兩個反方向運作的趨勢。[24]海洋貿易可以是成長的發動機，並且被國家當成脅迫的工具，但企圖避開國家監控的貿易商也可以運用它。到了一八八〇與一八九〇年代，殖民政權再度開始嘗試控制海洋商業活動，設法讓這部分的成長符合政權自身的目標。荷蘭皇家郵船公司（KPM）一八九一年拿到第一份荷屬東印度合約，巴達維亞要求它將營運範圍擴大到群島其他地區。[25]坎波（Joop à Campo）說明了荷蘭皇家郵船公司如何一步步沿著婆羅洲的河川進行擴張，同時也前進到荷屬東印度幾處遙遠的海岸，並且在接下來的數十年間，將群島結合為一個網格架構。[26]荷蘭利用荷蘭皇家郵船公司與一系列稱為「航運協定」（*scheepvaartregelingen*）的排他性法規，試圖壟斷自家東南亞海洋帝國內的所有貿易與航運模式。然而，即使荷蘭殖民政權的航運範圍不斷擴大，英國、法國、中國與東南亞本地的航運業者仍然可以進出巴達維亞治下的群島。懸掛這些國家旗幟的帆船與輪船繼續運輸數量龐大的各類商品，穿越英國與荷蘭的海洋邊疆。[27]

許多商品是在合法交易管道之外流通，讓荷屬東印度與荷蘭本土的官員耿耿於懷。如果無法從貿易活動課稅，帝國將難以建立，更無法支應維繫帝國的軍隊。這些問題也涉及政治。曾有一位派駐荷屬東印度的英國外交官提到，荷蘭人一直抱怨麻六甲海峽走私活動猖獗，但他認為如果當地的輪船航運完全公平運作，荷蘭業者恐怕會陷入虧損。「航運協定」對外國業者參與當地航運做了某些限制；事實上，巴達維亞在解釋為何要施行協定時，特別點明有太多貿易活動發生在合法管道之外。[28]控制海洋貿易與移動因此成為荷蘭非常重視的政策考量，而且特別針對來自鄰近英國殖民地的商業航運。進入二十世紀時，兩大殖民政權的海洋擴張已經完全涵蓋今日的馬來西亞與印尼；記錄、瞭解與定義這些海洋空間成為當務之急，尤其是對巴達維亞而言。蘇伊士運河在一八六九年通航，兩年之後，新加坡港的輪船數量超越了帆船；同時中式帆船與叭喇唬船也有所增加，代表航道上各式各樣的船隻熙來攘往。[29]歐洲殖民地政府——尤其是巴達維亞——得到的結論是它們必須盡其所能去瞭解當地海域的性質與規模。

海洋測繪與海洋探險

英國與荷蘭改變了航運長期運作的模式（這些模式本身很多變，但還是有一定的大致架構），一個重要的途徑就是對海洋邊疆進行測繪與探索。[30]這類活動發生在許多地方，我們先聚焦位於南海最南端那片迷宮般的島嶼海域。該地區一些島嶼上的原住民政權很早就為荷蘭

80

Rif Samuel, Zuidoostelijk van Zuid Pageh-eiland, Sumatra, W. kust. — Volgens bekendmaking is door den Gezagvoerder van het N. I. schip Samuel, ZO. lijk van Zuid Pageh-eiland, een rif gezien, kenbaar aan verkleuring van water, op de peiling:

Mongo-eiland NW., Zuidhoek van Zuid Pageh ZW. t. W. ½ W.
Ligging ongeveer: 3° 16′ Z. Br., 100° 32′ 30″ O. L.

—

Onderzoek naar reven NO. van Bangka. — Volgens bekendmaking van den Kommandant der Zeemacht te Batavia, is door Zr. Ms. Opnemingsvaartuig Hydrograaf, een nauwkeurig onderzoek ingesteld naar de reven NO. van Bangka, waaromtrent het navolgende wordt medegedeeld:

A. De volgende reven bestaan niet:

1. Columbia-rif	op	2° 21′	Z.Br. en	106° 46′ 30″	O.L.
2. Rif	»	2° 11′	» »	106° 51′	»
3. Rif	»	1° 42′	» »	106° 14′	»
4. Aeteon-rif	»	1° 40′	» »	106° 36′	»
5. Branding gezien	»	2° 4′	» »	106° 34′	»
6. Scheveningen-rif	»	1° 19′ 30″	» »	106° 40′	»
7. Catharina-rif	»	1° 30′	» »	107° 1′ 30″	»
8. Pratt-rots	»	1° 31′ 30″	» »	107° 23′	»
9. Atwick-rots	»	1° 48′ 30″	» »	107° 31′	»
10. Lawrick-rif	»	1° 52′ 30″	» »	107° 1′	»

B. De volgende reeds bekende reven werden gevonden en nader bepaald:

1. Sittard-rif op 2° 10′ 30″ Z. Br. en 106° 44″ O. L., gevonden op 2° 11′ 32″ Z. Br. en 106° 44′ 42″ O. L., is steil en 700 m. groot. De minste diepte bedraagt 2,7 m. (1½ vad.) en rondom staat 21,6 à 32,4 m. (12 à 18 vadem).

2. Rif op 2° 1′ 30″ Z. Br. en 106° 31′ O. L., gevonden op 2° 2′ 5″ Z. Br. en 106° 30′ 46″ O. L., is steil en 500 m. groot. De minste diepte bedraagt 3,2 m. (1¾ vadem), en rondom staat 18 à 22,2 m. (10 à 14 vadem).

81

3. Rif op 2° 5′ Z. Br. en 106° 31′ O. L., gevonden op 2° 4′ 30″ Z. Br. en 106° 30′ 55″ O. L., is steil en 150 m. groot. De minste diepte bedraagt 3,6 m. (2 vadem), en rondom staat 18 à 23,4 m. (10 à 13 vadem).

4. Rif op 2° 2′ Z. Br. en 106° 36′ O. L., gevonden op 2° 1′ 47″ Z. Br. en 106° 36′ 56″ O. L., is steil en in de richting ZW. en NO. 500 m groot. De minste diepte bedraagt 8,1 m. (4½ vadem), en rondom staat 25,2 à 28,8 m. (14 à 16 vadem).

5. Rif op 1° 57′ Z. Br. en 106° 24′ O. L. (Palmer-reven), gevonden op 1° 57′ 54″ Z. Br. en 106° 21′ 52″ O. L., is steil en 500 m. groot. De minste diepte bedraagt 2,2 m. (1¼ vadem), en rondom staat 18 à 23,4 m. (10 à 13 vad.)

6. Rif op 1° 57′ 30″ Z. Br. en 106° 25′ O. L. (Palmer-reven), gevonden op 1° 58′ 10″ Z. Br. en 106° 22′ 42″ O. L., is steil en 400 m. groot. De minste diepte bedraagt 2,7 m. (2½ vad.) en rondom staat 18 à 23,4 m. (10 à 13 vad.)

7. Iwan-rif op 1° 40′ Z. Br. en 106° 16′ O. L., gevonden op 1° 40′ 10″ Z. Br. en 106° 17′ 32″ O. L., is steil en 350 m. groot. De minste diepte bedraagt 3,2 m. (1¾ vad.) en rondom staat 25,2 à 27 m. (14 à 15 vadem).

8. Severn-rif op 1° 40′ Z. Br. en 106° 28′ O. L., gevonden op 1° 37′ 10″ Z. Br. en 106° 30′ 22″ O. L., is steil en 400 m. groot. De minste diepte bedraagt 3,2 m. (1¾ vadem), en rondom staat 30,6 à 32,4 m. (17 à 18 vadem).

9. Wild Pigeon-rif op 1° 11′ 30″ Z. Br. en 106° 40′ 30″ O. L., gevonden op 1° 12′ 12″ Z. Br. en 106° 41′ 45″, bestaat uit twee reven, op 100 m. afstand van elkander, en ieder 100 m. groot. De minste diepte op het eene rif bedraagt 5,4 m. (3 vad.), en op het andere 2,2 m. (1¼ vadem); tusschen de beide reven staat 25,2 m. (14 vad.) en rondom 30,6 à 36 m. (17 à 20 vadem).

10. Celestial-reven. Een rif op 1° 15′ 30″ Z. Br. en 106° 46′ 30″ O. L., gevonden op 1° 12′ 20″ Z. Br. en 106° 46′ 40″ O. L, is in de richting WNW. en OZO. 100 m. lang en 30 m. breed. De minste diepte bedraagt 3,2 m. (1¾ vadem).

(1880) 6

圖13.1 殖民地荷蘭文海礁告示

來源：*Tijdschrift voor het Zeewezen (Dutch Seaman's Journal)*, 1880, p. 801.

人所知，而許多原住民族又與同地區較大的馬來政權和貿易事業有頻繁接觸。據學者研究，邦加島在十七與十八世紀，以及位於新加坡南方海域的廖內群島在十八與十九世紀都是如此。[31]還有學者研究這些島嶼如何藉由於十九世紀開始興盛的採礦事業與華人影響力，逐漸融入區域的貿易與結盟網絡。[32]早在十九世紀中期之前，邦加島與勿里洞島就是非常重要的貿易與生產中心，因此探險工作主要是為荷蘭人已瞭解的空間填補空隙。[33]但是南海南部的阿南巴斯群島、納土納群島與淡美蘭群島（Tambelan Archipelago）距離繁忙的國際航道相當遙遠，長期被巴達維亞忽視。荷屬東印度的政策規畫者知道這些群島民族混雜，有華人、武吉斯人、馬來人與羅越人，但是並不瞭解當地的日常狀況，也不清楚當地跨文化的接觸與商業活動。[34]

從十九世紀進入二十世紀，藉由政策與政令的制訂，忽略南海諸島的狀況有了改變。開始有人編輯、校勘船長關於島嶼地理的標記。新的海灣與溪流被注明、以噚為單位的水深圖問世、淡水水源被標示；對貿易商與政治人物而言，這些做法讓島嶼形象變得更為清晰明確。[35]一八九四到一八九五年間的探險行動收獲特別豐碩，證實早期的區域地圖會出現根本不存在的島嶼，或者島嶼的位置標示錯誤，讓來往的旅客承受危害風險。儘管探險所獲的資訊是由荷蘭人編輯，但這些報告的來源卻有爭議。大部分的修正是根據英國海軍部

表13.1 荷屬東印度水道圖繪製

海洋測繪：時期、地區、船隻		
1858-65	班卡海峽	皮拉得斯號（Pylades）
1865-10	班卡北部海岸	皮拉得斯號＋斯塔福倫號（Stavoren）
1871-79	班卡東部海岸	斯塔福倫號＋水文學號（Hydrograaf）
1880-11	勿里洞島	水文學號
1881-84	卡利馬塔海峽	水文學號
1884-90	南爪哇海	水文學號
1890-92	婆羅洲東南部海岸	班達號（Banda）
1892-	望加錫海峽	班達號
1883-91	南爪哇海	布隆門達爾號（Blommendal）＋ 卡恩比號（M. v. Carnbee）
1890-96	蘇門答臘島東部海岸	布隆門達爾號＋卡恩比號
1894-	廖內／陵加群島	布隆門達爾號＋卡恩比號

荷蘭海道測量船		
皮拉得斯號	1858-68	蒸汽船
斯塔福倫號	1868-73	蒸汽船
水文學號	1874-90	蒸汽船
班達號	1890-99	蒸汽船
布隆門達爾號	1883-99	帆船
卡恩比號	1883-99	帆船

印度洋水域礁與環礁測繪細節	
《海事雜誌》（*Tijdschrift voor het Zeewezen*）	
1871: 13-40, 273	1876: 256, 463-64
1872: 100-1, 431	1877: 221, 360-61
1873: 213, 339-40	1878: 98, 100-1, 198, 212, 321, 331
1874：無資料	1879: 9, 82-83, 168, 236
1875: 78-79, 241	1880: 66, 76-77, 80-84, 315

資料來源：作者對《海事雜誌》的調查研究，以及Christiaan Biezen, "De waardigheid van een koloniale mogendheid: De hydrografische Dienst en de kartering van de Indische Archipel tussen 1874 an 1894," *Tijdschrift voor het Zeewezen*, 18, no. 2, 1999: 23-36, appendix (p. 37).

在幾年前完成的海圖，後來也被用於製作精良的地圖。這些海圖雖然是在巴達維亞同意之下繪製，但荷蘭的海道測量人員主張海圖應該由他們的探險隊負責繪製，畢竟這些島嶼都在荷屬東印度勢力範圍之內。[36]當地各民族詞彙表、海岸地形照片、民族誌紀錄一一出爐，讓荷蘭人對群島北部的認識達到前所未有的精細程度。[37]事實上，同樣是在十九與二十世紀之交，巴達維亞開始下達更多的通則性指令，要求遙遠群島的行政長官向殖民地首府提交相關資料，多多益善。與此一地區相關或無關的重要資料因此被彙集、歸檔，供荷屬東印度政府各部門進行研究。[38]

世紀末時期過去之後，群島的調查測量對殖民政權愈來愈重要。採礦利益帶動新的測量與探險工作，為邦加島繪製出精細的地圖。勿里洞島的地圖繪製工作也在一八九四年之後快速跟進，連外海的蕞爾小島也被納入。[39]根據印尼方面的史料，位於廖內群島、面對新加坡的巴淡島（Blakang Padang），周遭海域也在當時被廣泛測量。[40]巴達維亞原本將巴淡島視為無用的荒島（自然資源匱乏，人口稀少），然而來到十九、二十世紀之交，荷蘭政策規畫者認為它可以成為新加坡的輔助港口，於是建立了儲煤倉、碼頭設施與一系列相互連結的燈塔。[41]這類海洋探險附屬在一個以「開發」為名的系統性計畫之下，是歐洲人沿著英－荷海上疆界探索過程的最後階段。進入二十世紀之前的數十年，就連馬來亞與荷屬東印度海域邊緣的暗礁與環礁也有海洋學家探險，範圍從亞齊往東到蘇拉威西島與蘇祿群島。[42] 有些探險行動完全是為了科學，有些則是受到日益高漲的民族主義驅動，要劃分荷蘭與英國在群島的勢力範圍。然而也有一大部分是出於經濟和實用的動機，以探險行動為國家尋找新的資源與財富。海洋測繪成為殖民政權的政策與事業，兩者愈來愈難分別看待。後來荷蘭軍方也參與其間，讓海洋測繪的「軍事工業複合體」（military industrial complex）特質展露無遺。

在婆羅洲外海的納閩島和位於蘇門答臘島北端印度洋岸外海的亞齊，海洋測繪軍事化的過程相當明顯。納閩島在一八四〇年代成為殖民地，但三十年後仍然沒有像樣的地形圖：政府對通往中國的航路進行海道測量時，曾經涵蓋這座島嶼，然而並沒有對當地做細部測量與環境觀察；這個疏忽局限了英國對西婆羅洲的帝國視野。[43] 情況一直要到進入二十世紀才有顯著改變；政府官員與商人齊聲抱怨，海道測量的缺失對貿易與執法形成阻礙。[44] 海道測量工作對荷蘭的勢力擴張極為重要，亞齊就是最好的例子。在那裡，海洋測繪攸關荷蘭侵略大軍的生與死。荷蘭海軍對亞齊沿岸進行偵察與三角測量；其他船隻則駛入亞齊的河川，測繪反抗軍藏身的內陸水道。[45] 兩項測繪任務——針對海岸的與針對河川的——都是歐洲人在亞齊進行軍事擴張的關鍵。當代印尼歷史學家告訴我們，開戰之初的頭十個月，巴達維亞的部隊上岸後無法站穩腳跟，因此蒐集資訊的偵察行動也必須另外設法。[46]從海上繪製海洋與海岸的地圖，因此成為帝國征服東南亞過程中最重要的步驟之一。這類步驟在某些地區很早就發生，例如亞齊；但在另外一些由歐洲人建立的島嶼前哨站，開啟這類步驟的時間就比較晚，例如納閩島。往往是政治需求與財政需求的混合考量，決定了當局要派船去測量哪個地區，以及去測量該地區的理由。

對這些關鍵時刻的最後一瞥，我們可以將目光轉移到群島的大型海洋城市及其周邊地區。重要的港口攸關殖民地的貿易利益，因此很早就被繪製為地圖；這種狀況在一八七〇、一八八〇年代非常明顯，深度測量紀錄甚至可以上溯到十七世紀早期。[47]到了十九世紀晚期，邊疆地區備受重視，政府積極進行海道測繪（包納納閩島、亞齊、南海諸島，上文都已論及），東南亞各主要港口的海道測量工作也再度展開，以便增進殖民政權對當地的瞭解。在麻六甲海峽北部的英國勢力範圍，這種增進特別明顯。檳城在一八九九年七月獲准對自身港口進行大規模調查；兩年之後，麻六甲也開始籌劃類似的工作。[48]新加坡身為英國在東南亞的權力中心，從一九〇二年開始爆破新加坡河（Singapore River）的出海口，目的是為這座極度繁忙的港口改善進出水道。[49]這些活動也在中心城市之外的淺灘與珊瑚礁露頭進行，例如新加坡外海的亞查克斯淺灘（Ajax Shoal）。[50]英國與荷蘭循序漸進，務必要讓國家

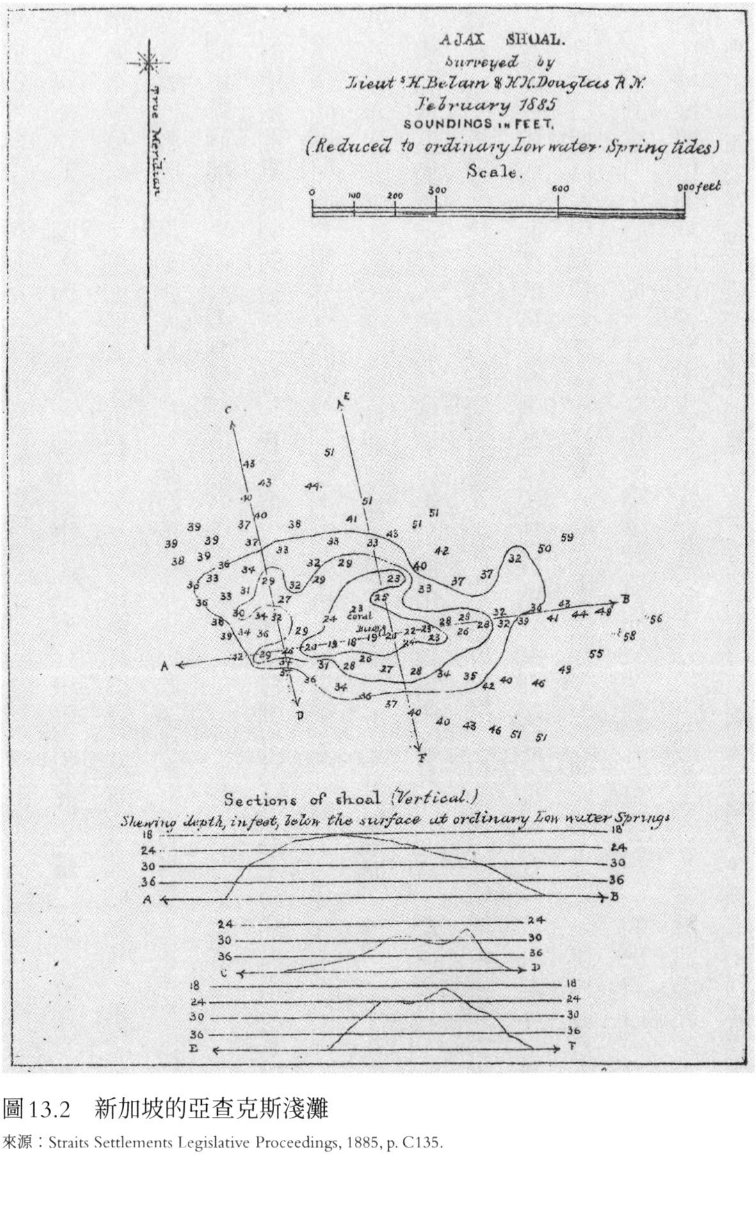

圖13.2　新加坡的亞查克斯淺灘

來源：Straits Settlements Legislative Proceedings, 1885, p. C135.

能夠從海洋的角度，對自身在東南亞的殖民領域一覽無遺。這種察看的能力也推進了商業、執法與殖民控制，從歐洲宗主國的海域一路延續到東南亞。

廣大世界與海洋科學

從一九〇〇到一九一〇年代，東南亞的海道測繪成為一門日益先進的國際化科學，就算只與半世紀前相比也有長足進展。這樣的發展主要在於幾個相互關連的因素。首先最重要的因素，一如上文的討論，帝國脅迫與帝國商業兩大要務結合，促使海道測量成為殖民政權的必要工具。地圖學的進展還有其他原因，包括這門科學日益受到民眾關注，而且關涉到國家的榮耀。帝國的地圖學家帶著東南亞海洋的資料出席國際會議，歐洲的新聞媒體也大幅報導他們的發現，把新知識傳播給更廣大的讀者。[51]早從一八七〇年代開始，巴達維亞就對麻六甲海峽對岸的英國人發出海事通告，之後這些資訊會以警報與通知的形式刊登在東南亞的英文報紙上。[52]荷蘭海洋部基於同樣的原因，撥出經費將英文的海洋深度與照準資料翻譯為荷蘭文，讓荷蘭水手也能擁有資料最新的東南亞海圖。[53]第三項原因也是最後一項，那就是海域邊疆地帶的爭議性本質。當時英國與荷蘭針對邊界的最終位置爭執不下，精確的海道測量資料因此成為國際外交的優先事項。從當時的海洋地圖——尤其是鄰近國際邊界的爭議地區——也可以看出重心出現了轉移。[54]

不難想見，殖民強權與位在其共同邊界上的蕞爾小國之間，有必要對海道測量做某種形式的彙整，也就是需要建立溝通管道。然而由於直到十九世紀晚期之前，歐洲強權在東南亞都尚未發展完整，尤其在海道測量方面，因此這些強權必須透過複雜的交涉來鞏固關係。[55]以占碑為例，其蘇丹必須遵循約定，確保遭遇海難的荷蘭船員安全無虞；不時會有這樣的船員漂流到占碑的海岸上。[56]東婆羅洲的蘇丹塔布爾（Gunung Tabur）因為參與資助海盜而遭到懲罰，於是與此同時，地圖學家與貿易商有時會在這位蘇丹統領的海岸上消失，這類事情顯然得到他的默許。[57]在廖內群島，現存的印尼文信件顯示當地統治者被迫配合海道測繪工作，他們對自己領土的調查探測愈來愈沒有發言權。[58]事實上，巴達維亞和新加坡政府與地方統治者簽署任何協議後，都必須依照條約規定送一份協議複本給對方，讓彼此的宗主國政府可以評估這些聯絡交往的性質。[59]但雙方還是能夠在這樣的條約規定中找到操作的空間，例如對於剛敲定的協議，他們經常拖延知會（或者根本不知會）對方。地方統治者也密切關注這套複雜的系統，試圖從中找出可行的閃躲之道，並且經常挑撥兩個西方強權，藉以保障自身脆弱的自由。[60]

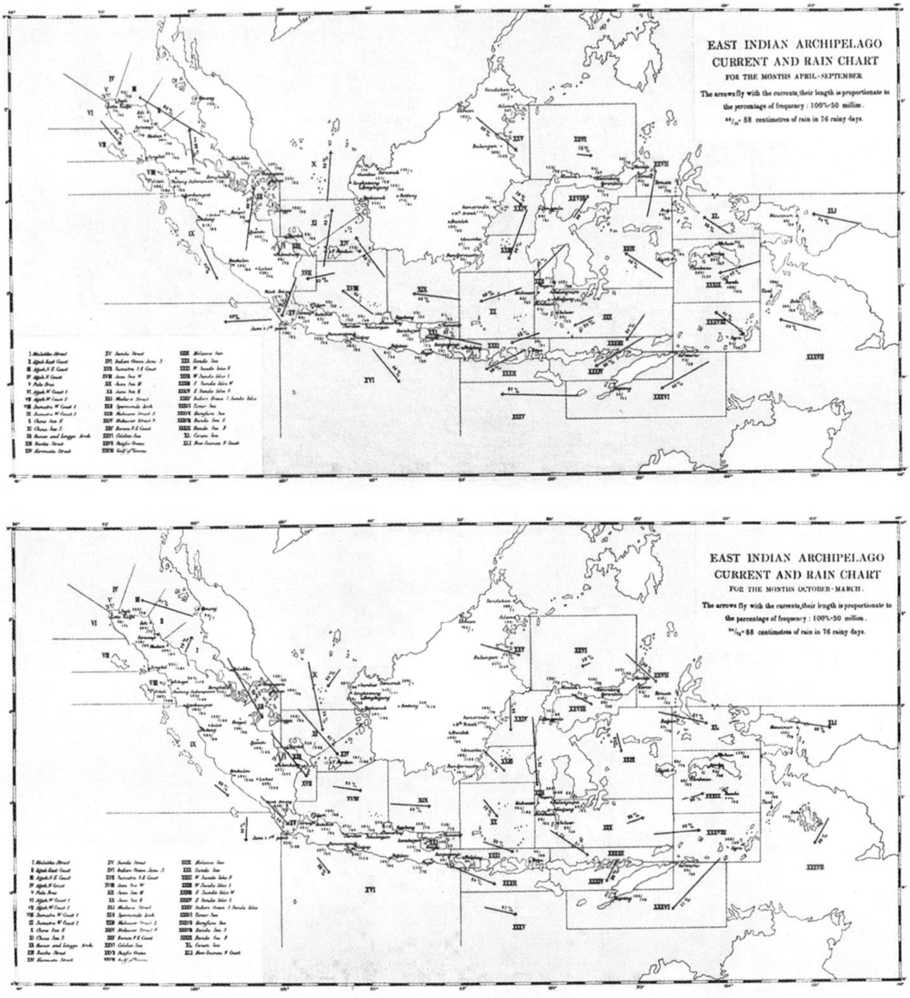

圖 13.3　荷屬東印度荷蘭文海道圖

來源：J. P.van der Strok, *Wind and Weather, Currents, Tides, and Tidal Streams in the East Indian Archipelago* (Batavia: Government Printing Office, 1897).

隨著英國方面的海事資料日積月累，倫敦對於群島陸地與海洋的主權聲索也變得更加強勢。這引發海牙跟進，但是做得斷斷續續。一九〇九年發生了一樁外交事件，當時的荷蘭駐英國大使似乎並不清楚本國在東婆羅洲的主權聲索；海牙將這個事件視為警訊，要求所有外交人員必須熟知荷屬東印度的「真實疆界」。[61]一九〇九年東婆羅洲外海傳出海盜作案，英荷兩國海軍必須聯手採取行動，但荷蘭大使蓋瑞克（Baron Gericke）並不清楚本國在當地的領土範圍。根據荷蘭殖民部長與外交部長在事件結束後的通信，雙方都強調必須讓外交官熟悉荷蘭在荷屬東印度的主權。不久之後，海牙將相關地圖集、地圖與海圖寄給派駐在多個國家首都的一干荷蘭使節，包括柏林、倫敦、東京、北京、巴黎、君士坦丁堡、聖彼得堡與華盛頓。關於荷蘭海洋邊疆的性質與確切位置，資訊分享工作也跨越了英—荷邊界。事實上早在一八九一年，巴達維亞就下令西婆羅洲常駐代表將邊疆地區地圖以及河川深度測量資料送交沙勞越的統治者布魯克。由此可見，地圖繪製與海道測量工作對於區域政治運作非常重要，經常被用於殖民地事務的談判協商。

儘管如此，英國與荷蘭釐清東南亞海洋疆界的能力頗有落差。直到十九與二十世紀之交，從望加錫海峽的東半部到新加坡與爪哇島之間，許多國際航道都還沒有做過詳盡的測量，對過往船隻形成安全威脅。[62]在英國的海域，當地紀錄顯示都已經到了一九〇〇年，進出納閩島仍然「既不安全也不容易」，岩石與淺灘讓航行危機四伏。[63]在海洋東南亞的部分地區，歐洲人的視線仍然受到阻礙，往往無法看到在他們勢力範圍之間穿梭的船隻。對殖民強權而言，變化無常的政治情勢如同雪上加霜，導致相關問題非常難解決。管理英國海域的行政機構經常為誰來負擔海道測量經費爭執不下，包括海峽殖民地政府、英國北婆羅洲公司、沙勞越的羅闍，以及馬來聯邦。[64]這些機構的信函來往說明了一切，其中許多內容都在討論哪一方該為海道測繪出資。在這樣的氛圍下，所謂的「走私者」、「海盜」、「叛亂分子」（或者其他由殖民政權認定的「不法分子」）進出海域往往暢行無阻。雖然英國在某些地區的調查工作非常優異，但是直到十九世紀結束，還是有大片海岸乏人問津。

十九世紀末殖民強權之間爆發「軍備競賽」，促使海道測量工作加速進行。世界各國海軍戰力的科技進展速度，對荷蘭海洋政策的決策圈而言有如催化劑。一八九五年中日甲午戰爭爆發時，派駐全球各國的荷蘭使節接獲電報，要求他們針對各主要國家海軍的經費與建軍計畫蒐集情資。不僅荷蘭駐歐洲各國大使接獲訓令，世界各地的荷蘭使節也要研究非歐洲國家的海軍如何整合海事變革。[65]透過駐巴黎的荷蘭大使，巴達維亞得知法國艦隊即將擴編，殖民地港口改建工程也勢在必行。[66]駐柏林的荷蘭大使則提供太平洋德國海軍戰力的深入資訊，這對巴達維亞相當重要，因為德國對太平洋的航運興致勃勃。[67]然而真正讓荷蘭緊張的缺失在於，荷屬東印度的海軍明顯不如麻六甲海峽的英國海軍。英國軍艦的裝甲實驗、蒸汽發動機實驗與淺吃水船身設計，很快就讓群島的荷蘭船艦無用武之地。雖然英荷兩國關係和睦，但這種狀況仍然令荷蘭無法接受，而且長期來說非常危險。[68]此外，當時西方得到的軍事情報顯示，十九世紀末之後，日本開始建造科技比英國更先進的船艦。巴達維亞因此憂患更深，知道自身在東南亞與鄰近的強權相比，已是時不我予。[69]這些發展態勢促使荷蘭投注更多的資金與心力，在荷屬東印度殖民地的海域進行調查探測。荷蘭官員認為，如果荷屬東印度有朝一日淪為海上戰場，荷蘭至少會比其他西方國家更能掌握當地海域的狀況。

結語

芒福德（Lewis Mumford）在他的巨著《技術與文明》（*Technics and Civilization*）中寫道：「機械作為一種實用工具，讓（人類）環境變得遠比以往複雜。」芒福德接著將「以往老式街道直接嵌入地面的鵝卵石和現在充滿纜線、管路的地下洞窟，還有在瀝青路面下方行駛的地鐵系統」做比較，藉此進一步說明機械如何在改變我們生活的同時，也改變了我們的環境。[70]芒福德的論點有其道理，但科學與自然世界的連結也會反方向運作。機械一方面讓人類與環境的互動複雜化，一方面也會讓環境單純化。像海道測量船這樣有助於認識世界的工具，能讓大自然變得對各地統治者而言更容易辨識，也更具可塑性。作為帝國建構的工具，機械對國家特別有價值，因為機械的主要掌控者是國家，也被用來達成國家的目的。[71]馬來亞的英國殖民政權與荷屬東印度的荷蘭殖民政權，都利用科學與機械的力量來掌控環境，支配生活在這些環境中的當地人民。[72]儘管類似的過程必然曾經發生在陸地上，但殖民地治理的架構也要求在海洋上運用這些機械與理念。測繪海洋讓西方帝國得以重新塑造與東南亞進行跨文化接觸時多變的海洋現實狀況；同時也重組當地的秩序，強迫改造為更能夠配合帝國霸權運作的模式。[73]傑出的印尼海洋史學家拉披安以對照的方式寫道：

在這樣的脈絡下，對於「摩洛海盜」（Moro piracy）的歷史評論，與西方（基督教）對於來自非洲北岸地中海、所謂「柏柏里海盜」（Barbary corsairs）所做的評價，頗有相似之處。[74]

這個過程的發展花了許久的時間，並且是以毫無章法的方式展開。[75]過程中曾出現幾個「轉捩點」，海洋地圖發揮關鍵作用，讓殖民地控制權的鐘擺向西方國家擺盪，而且一去不返。[76]在北蘇門答臘，海道測量從荷蘭人發動戰爭之初就派上用場，並且扮演重要角色，幫助西方國家鎮壓馬來人世界的最後一股反抗力量。納閩島的情形截然不同，直到十九世紀快結束時才開始進行海道測量，而且只著眼於這個殖民地在大英帝國海洋路線上的定位。遙遠的邊疆地帶、交戰地區、邊陲的商港各以不同的步調來應用海道測量科技。海道測量讓殖民政權一方面以日益清晰的視野看待自家的海洋環境，一方面利用相關知識來分配人力、物資與調查工作，進一步落實帝國的政策。[77]在十九世紀中期，西方人的海洋空間概念仍然相當薄弱，試圖掌控海洋競技場的措施也無從落實。然而到了一九〇〇年，東南亞龐大島嶼地區的地圖學蓬勃發展，測繪工作的成果——尤其是在地緣政治控制的場域——對這個地區造成了深刻的影響。[78]

第十四章　如果中國統治海洋

一千年前，這裡是世界的中心。——中國廣州穆斯林墓園管理員[1]

幾年前，中國在北部的一座港口向全世界展示它最新的軍事利器：一艘巨大的航空母艦，艦上旗幟飄揚，制服筆挺的官兵立正站好。檔案照片中的航空母艦看起來很壯觀，然而深入檢視之後會發現似乎不過爾爾。它那造型誇張的滑躍式飛行甲板下方是舊型（但經過改裝）的船身。這艘航空母艦是購自烏克蘭海軍的二手艦，烏克蘭無力支應它的運作經費。[2]儘管有這樣的血統，這艘航空母艦仍然登上全球媒體版面。幾乎立刻就開始有人宣稱中國從此可以遠距投射軍力、建立一支能夠遠洋作戰的藍水海軍（blue-water navy）。有鑑於中國與多個國家有島嶼主權紛爭——與日本的尖閣諸島／釣魚臺列嶼、與東南亞諸國的南海南沙群島和西沙群島——因此這艘航空母艦的亮相似乎是一種意圖宣示。[3]在這之前，中國已經開始在南海幾座爭議環礁進行工程，要將這些低潮礁岩擴建為小島。工程人員抽取海沙、擴張陸地、造出島嶼、插上五星旗。[4]中國大肆宣揚它在亞洲海域的主權聲索，認定幾乎所有鄰近其海岸的海域本來就屬於中國——而且最重要的是自古以來皆如此。這種作為必然引發相關各方強烈抗議，從東京到雅加達、從馬尼拉到華盛頓都迅速回應。中國的主權聲索要如何落實？如果北京成了新的領土強權，而且意欲奪得海洋霸權，那麼亞洲海域的命運會是如何？[5]簡而言之，如果中國統治海洋，會怎麼樣？

值得注意的是，從歷史的觀點來看，這並不是中國頭一回有艨艟巨艦從海岸出發，劍指亞洲。將近六百年前，鄭和艦隊的旗艦也準備起錨，加入數十艘船上近三千人的遠征隊伍，航向東南亞。這支艦隊的主要任務相當單純：高掛中國的旗幟出航，讓亞洲貿易路線上的藩屬國知道，漢族中國已再度成為世界強權。本書先前也提過，這項計畫在明朝初年展開，當時中國剛結束將近一個世紀的草原民族統治，重新接續漢族的王朝。鄭和的艦隊在一四〇五至一四三三年間首次來到東南亞（他的七次遠征都到過東南亞，地點不一），我們很難想像當地掌權者清晨看到大批船艦出現在海平線上時的感受。[6]他們前一天晚上就寢時，海洋與天空一片平靜；第二天破曉時分，現實改變了，海洋航道上一連串邦國對權力的概念也改變了。對當時的東南亞而言，中國一直只是個遙遠的可能性，一個朝貢的對象。

中國如果會吸引當地人注意，大概就只是因為中國商品，以及偶爾與商品一起乘船而來的中國商人。[7]然而以往模糊的存在，如今變得無比清晰；鄭和艦隊讓海洋亞洲的其他地區體認到一個強權的存在，而且在政治、支配力與先進程度上遠勝於它們。事實上，中國宣稱對東南亞與中國之間零零星星的貿易並無所求，鄭和出航的意義至少一部分是象徵性的，與實體物資的運輸沒有什麼關連。儘管如此，鄭和的造訪仍然留下一些事物，例如幾具巨大的銅鐘與鐵錨、幾座在他離開後祭拜他的寺廟。這些事物——有的真實，有的是在多年之後穿鑿附會——至今仍見於東南亞各地。[8]只不過史實與虛構難以區分，有些是真正的古文物，有些只是用來吸引觀光客。一位中國海洋史學者在一場學術會議上告訴我：「鄭和無所不在也無跡可尋；重點不在於他去了哪些地方，而在於他代表的意義。」[9]

然而有一件事物確實曾跟著鄭和的艦隊旅行，我們在第二章有提過。這是一頭美麗、（應該）非常健康的動物，一生歷經了從非洲之角、印度洋、東南亞到中國宮廷的旅程。來到中國之後，畫家與書法家沈度在一四一五年以顏料讓牠流傳後世。在圖畫中，一名照料長頸鹿的僕役以讚賞的神情仰望著牠的頭。[10]就如東南亞人看到鄭和的艦隊出現在清晨的海平線上，我們很難想像南京城的百姓第一次看到這頭長頸鹿時作何感想。長頸鹿先是在首都的街道上供人瞻仰，然後被送進宮廷，讓皇帝仔細欣賞。官方宣稱牠是「麒麟」，牠的現身讓這種神獸的存在終於得到證實。[11]牠也說明了中國政府及其掌控的海洋航路有何能耐，所有見識到的人都瞭解牠的象徵意義。中國確實統治了海洋。皇帝可以將全天下的事物——甚至是只存在於傳說、沒有任何人見過的事物——帶到首都檢視觀看。這頭長頸鹿將此一過程實體化，以其血肉之軀對海洋航道做最飽滿的呈現；這些航道將已知世界的廣大地區連結起來。而且這頭長頸鹿可以運輸，有如一道會移動的暗語，告訴眾人中國貿易締造的商業與連結力量。早在兩個世紀之前，中國宋代的泉州市舶司提舉趙汝适就曾在書中寫到來自印度洋西部的器物，以及當地出產的商品。[12]然而這頭長頸鹿產自中國貿易路線上最遙遠的地區，被送到中國的大門口，歷經數千里路程的艱鉅考驗還能存活呼吸，更加非比尋常。牠代表貿易的力量。[13]這種能力控制了海洋網絡的航道與船臺，讓中國人民覺得自己身在全世界最有活力的國家，與有榮焉。

本書提出一種海洋史觀，焦點不在上述的權力與政治，而在海洋之間相互連結的觀念——水域彼此融匯，從中東一路直到日本，涵蓋各種海上領域與可能性。將這些地方連結起來的路線，本身構成一個世界。這些海洋通道與其上的運輸營造出一段對話史，延續了大約二十個世紀，而過去五百年的成就尤其重要，到如今仍然影響我們。我曾經指出，從亞丁到東京的貿易路線，影響了一套基本規範的形成，決定了我們如何看待自己今日的日

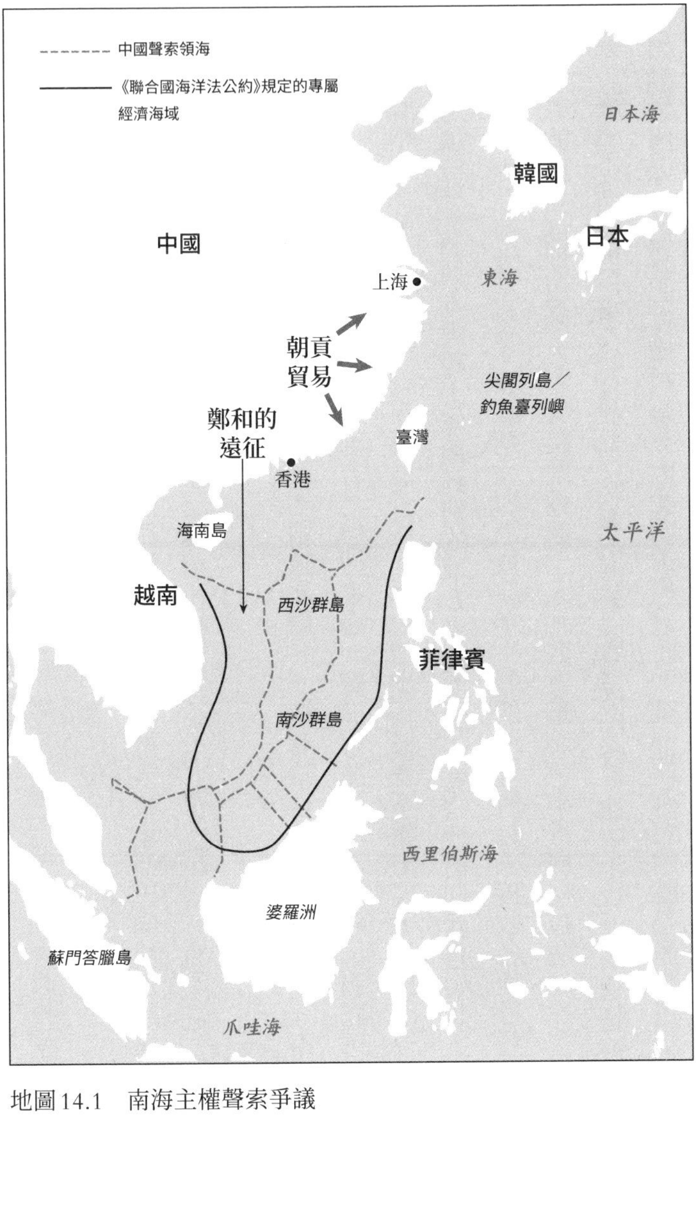

地圖14.1　南海主權聲索爭議

常生活。[14]咖啡就是從這些網絡傳播出來的；它原產於衣索比亞，後來由葉門人在紅海走廊（Red Sea corridor）種植與出口，沿著貿易路線散布到全球各地的海岸。[15]香料也是亞洲海洋歷史的重要成分，透過自身的魔力召喚天涯海角的旅客，後來也促成龐大而遙遠的帝國立足東南亞。中國與印度的勞工沿著這些路線移動，向南進入東南亞，向西遠赴非洲，同時也前往迴路之外的地區。[16]他們的後裔至今仍以僑民身分生活在這些廣大的地區，從斯瓦希里海岸直到日本都有。

除了本書已經討論過的人員流動，科技與觀念，還有語言與生物群也都經由海洋航道移動，從一個地方傳播到另一個地方，愈傳愈遠。關於這些運輸的過程，我們可以確知幾件事，其中之一就是它們一直在發展，從不原地踏步；機會不斷出現，一旦出現路徑就會改變。[17]宗教從一個地方興起，傳播到別的地方；早期的印度宗教信仰就是如此，伊斯蘭教與基督信仰則在將近一千年後跟進。海港從原本平靜的海岸興起，接收各種影響。消費與人口形態的歷史逐漸改變，影響範圍從數千人到數百萬人。本書檢視這些過程在時間中的進展，透過不同的窗口來探究這些連結如何改變區域的面貌。儘管後見之明總是特別清楚，一如諺語所云，但我們在檢視這些大範圍的模式時，唯一能確定的就是歷史可以往不同的方向發展。對於向東遷徙的印度裔僑民，主流信仰有可能是印度教而非上座部佛教；對於帝國的創建與開展，輸往西方的香料有可能扮演邊緣而非中心的角色。[18]思考這些「從亞洲到地中海」的廣大海洋通道，使我們得以看到某些可能性。[19]從亞洲綿長海洋弧線上的事情發展結果來看，正說明了一項事實：歷史總是出人意料，從發展路徑到最終結果都是如此。

＊＊＊

鄭和的艦隊雖然遠比中國與烏克蘭混血的航空母艦古老，但並不是權力與商業第一次在亞洲海洋航道上大規模移動。趙汝适於一二二五年寫成的《諸蕃志》是一部彙整貿易路線的傑作，早在鄭和啟航之前兩百年就記錄了來自非洲的產品。同一個世紀稍晚期進行的一連串海上航行，在一二七四與一二八一年的兩場遠征達到最高峰，讓我們看到權力與商業以前所未有的方式在海洋航道上緊密結合的情形。在這兩個年分，剛征服中國不久的蒙古人派出龐大的艦隊，準備占領中國在中世紀的重要貿易夥伴——封建日本。一二七四年的第一次遠征動員八千名高麗官兵、一萬五千名蒙古與／或中國官兵，使用近一千艘船艦。一二八一年第二次遠征規模更大，使用九百艘船艦從高麗載運四萬名蒙古軍，再從中國南部以三千五百艘船艦載運十萬名官兵。兩支艦隊都在日本海岸遇挫，陷入苦戰，更重要的因素則是受困於強烈颱風，也就是日本民間傳說的「神風」。兩支艦隊灰頭土臉撤退回國（或者消失無蹤）時都嚴重折損，對日本的貿易與政治自主性也沒有造成多大影響。但蒙古人並沒有從此放棄出海遠征，一二九三年出動的入侵艦隊目標更遠，將兩萬至三萬名官兵送上爪哇海岸，最終導致信訶沙里帝國（Singhasari Empire）滅亡。[20]不過，這些案例帶來的教訓都一樣：海洋航道上的睿智統治者都知道，貿易發展可以強化自身勢力，但是海平線的另一邊可能有一個更令人畏懼的國家正在積極擴大自身的市場占有率。[21]中世紀亞洲的航道是由連綿不絕的接觸與貿易形成，同時也是一個殘忍無情的世界，而海平線上最大的潛在威脅往往是中國。

然而，這樣的情勢在現代早期開始轉變。如果說中國人（以及一二七九至一三六八年在中國建立元朝的蒙古人）曾經主宰南海的運作模式，那麼十六世紀便是有了一個新強權，挑戰先前一些關於商業與脅迫的觀念。葡萄牙人在十五世紀末航進印度洋，十六世紀成為在廣大海域執法的新勢力。與中國人相比，葡萄牙人最有興趣的不是中規中矩的朝貢體系，而是以個案考量方式對貿易營收課稅。葡屬印度（Estado da Índia）設立了一個類似護照的「卡特茲」系統，對任何不遵循里斯本規範的航運業者課以罰金。[22]本書先前提過，卡特茲系統從來不曾完美運作，許多船隻藉由外交手段、官方疏失，或者直接靠著葡萄牙人與亞洲當地統治者的賄賂關係來躲過課稅。不過繳稅的船隻更多，因此葡萄牙人得以改變、最終顛覆印度沿岸某些既有的海洋貿易模式，影響範圍有時甚至擴及波斯灣與阿拉伯海。[23]然而里斯本當局投射國力的能耐有限，無法長期維持這種做法。葡萄牙的船艦就是不夠，能夠上船執行任務的征服者也不夠；而且印度洋這個貿易場域太廣闊，在那個年代很難以這種方式長期執法。但是相關政策的指令還是頒布了，而且在某些地方成效顯著，受到各方注目。關於如何處理亞洲海洋貿易路線的現實與優異潛力，葡萄牙了提出一個構想，供其他各方精益求精。

這個構想——亦即壟斷，或者盡可能做到壟斷——在十七世紀得到荷蘭人採用，當時他們的船隻剛進入亞洲貿易競技場。荷蘭人也希望從亞洲貿易路線的蓬勃發展獲利，並在十七世紀中葉就表明意圖：他們的做法會結合運用商業與脅迫。荷蘭東印度公司在印尼東部著名的「香料群島」祭出的政策則不但試圖壟斷，還對膽敢逃避其禁令的人士大開殺戒。[24]英國商人是最早也是最著名的一批受害者，但遭逢這種噩運的亞洲貿易商遠多於歐洲貿易商，只不過歐洲商人在現有（幾乎全部來自歐洲）的紀錄中分量更重。在群島的其他地區，荷蘭的政策沒那麼嚴酷好殺，但同樣試圖壟斷錫礦與其他高價產品等商品，意向仍然相當明顯。[25]亞洲的海洋貿易路線有待開發利用，但商業只是要素之一，各方在必要時仍會訴諸武力。進入十八世紀，荷蘭的勢力逐漸沒落，北歐國家與英國開始更加熱中印度洋的商業；首先是在印度，後來貿易路線上的其他地方也日益積極。英國的船艦開始造訪更多港口，頻率也更加密集。來到十九世紀，英國已成為大陸周邊海洋航道的代表性強權，倫敦的政治命令由船艦執行，往往將政策與貿易結合為一。本書第五章談到，從開普敦北上肯亞與坦尚尼亞，從巴基斯坦、孟加拉、印度、斯里蘭卡與緬甸南下馬來西亞與新加坡，最後抵達遙遠的澳洲，英語成為印度洋地區許多社會的共通語言，這絕非巧合。英國的貿易將這些社會綰合起來，形成一種海洋親緣關係（maritime propinquity）；與其他國家相比，英國商船也更加充分利用連結這些社會的商業路線（因此才會有勞合社、鐵行輪船公司等組織）。[26]

一直要到二十世紀初期，亞洲海域這種態勢才出現挑戰者。日本從一八六八年明治維新之後，一心一意要成為一個「現代強權」，並以冷酷強硬、精準確實的做法來實現目標。[27]國家產業與大規模商業活動共襄盛舉，大型企業——以及許多較小型的企業——開始將營運業務擴張到亞洲其他地區。起初，許多參與者的規模都不大——印尼東部的珍珠業者、今日馬來西亞的木材業者、菲律賓的日本勞工販運者。[28]但是後來不定期貨輪公司掌控了日本與東南亞之間海運航道的貿易利益，進出居於中介地位的中國港口，將前述的亞洲北部與南部地理區域連結起來。[29]透過這種有如「結締組織」的海運航道，日本與亞洲各地的商業活動蓬勃發展。日本也開始擴張海軍軍備，一部分動機是要保護該國在臺灣等地的投資，但也受到國內意識形態趨勢的影響。短短幾十年間，日本海軍實力稱霸亞洲海域，而且能夠與幾個歐洲國家的海軍分庭抗禮。一九〇五年，日本在對馬海峽證明了這一點；一支俄羅斯艦隊從歐洲海域遠道趕去，結果遭到殲滅。日本戰勝之後持續擴張，先後占領滿洲與韓國，到二十世紀中期更進軍亞洲各地，當時西方國家船艦已經無法保護這些地區。這時，亞洲海洋貿易路線已被「再東方化」（reoriented，借用本書第一章提到的弗蘭克用語）。一直要到戰爭與毀滅的浩劫之後，這個運作半世紀的模式才戛然而止，亞洲貿易路線的特質也恢復成比較國際化與資本主義特質。[30]我們身為二十一世紀的人類，也繼承了這些路線：開放、擴展、透過許多港口向四面八方延伸。這是一段漫長而複雜的歷史。但這段歷史的發展演變在十分悠久的接觸交流過程中有其道理，因此如同安．史托樂（Ann Stoler）以優雅文字所提醒我們的，我們至今仍身處在「帝國廢墟的政治生活、支配架構的長期效應，以及眾人努力擺脫殖民地事物秩序的不規則步調中」。[31]

＊＊＊

本書的重點與其說是各方如何嘗試支配亞洲的海洋航道，不如說是記錄這些航道在時間中的演變。我們透過不同類型的窗口窺見這些航道的樣貌，從現代初期到帝國時期，再短暫論及我們身處的時代。本書第一部討論海洋的連結，但是透過幾個差異很大的研究方法來探討。第一章導論過後，第二章全面檢視海洋的迴路，將「遠東」的中國與印度洋的最西端連結，最後抵達東非海岸。這段歷史相當長，但是並沒有被透徹理解；除了透過文獻與史籍來記錄，還必須研究DNA與陶瓷碎片。隨著時間流逝，海洋航道的兩個端點之間出現了真實的連結。然而雙方的接觸斷斷續續，只有在某些特定的時刻會發出有如標記的「螢光」，例如鄭和的艦隊來到非洲之角時，或者非洲人以商賈與／或傭兵的身分來到廣州時。第三章的出發點是一個完全不同的地方，一個單一國度——越南——的海岸。藉由檢視這個政治實體的長時間變化，我們得以探究越南人如何在現代早期編織出一個精細的網絡，將自身連結到更廣大的海洋經濟體系。這樣的連結並沒有維持多久，也並不是不可或缺，越南人通常更關注內部的議題；但它在某幾個時期仍然扮演重要角色，將越南與中國和東南亞連繫起來。透過這些連結，越南向全世界開放，雖然通常心懷抗拒，至少在儒學當道的時期是如此。本書第四章明確指出，在某種程度上，這種抗拒今日仍然存在，不過正在快速消失。

本書第二部聚焦水域，檢視亞洲最大的兩個「內海」：南海與印度洋，兩者各自被視為一個體系。第四章如前所述，一方面檢視越南，一方面關注南海的其他社會，探究它們的歷史如何藉由走私模式相互連結。歷史上，南海的走私模式非常明顯。雖然走私在人類歷史上無所不在，但是南海的走私千百年來一直有高風險、高報酬的商機。第四章從長時段觀點檢視這些趨勢，也解析了我們這個時代追求區域海洋違禁品的傾向。如果說走私是一種將南海水域加以概念化為一個內部系統的方法，那麼第五章探討的印度洋也有這方面的潛能。印度洋從海洋整體來看待貿易，比許多其他地區都來得早；但就如喬杜里等學者指出，一直要等到這些模式以更高的頻率出現之後，印度洋才真正形成一個體系。另一方面，大規模的商業活動發展成形之後，貿易也就成為印度洋發展的重心，這種情況在人類歷史上相當少見。從開普敦到伯斯，來自許多國家的船隻畫出輻線向海平線延伸。第五章聚焦英國如何在各方各顯神通之際大獲成功，尤其是在十八與十九世紀、從現代早期過渡到帝國時代的時候。新的「中心」與新的「邊陲」被創造出來，英國藉由貿易與自身在亞洲各地培養的區域關係，將這些發展中的地理空間縮結起來。

第三部著眼於「乘著浪潮而來的宗教」，探討信仰與亞洲海域發展的關係。第六章的做法是解析在現代早期之前數百年，印度教／佛教如何從南亞傳往東南亞。這兩大宗教被視為印度舊世界向外發展的先鋒，主要是伴隨著貿易商來到東南亞「新」世界。但它們的信徒對信仰的傳播也有貢獻，有些是跟隨在入侵大軍——例如達羅毗荼（Dravidian，印度南部）的朱羅王朝——之後上岸。雖然我們今日統稱的「印度教／佛教」當初傳播到東南亞許多地區，但它們真正落地生根之處是東南亞的大陸，主要是在大河川（伊洛瓦底江、昭披耶河與湄公河）盛產稻米的盆地走廊。信仰的傳播在橫渡孟加拉灣之後，大部分會沿著陸地進行，文化與宗教的觀念在東南亞的獨立王國之間流傳。暹羅早期的克拉地峽及其周邊地區可能是一個特別重要的宗教信仰中轉站，也是第六章的論述重點。第七章向海洋出發，在三寶顏登陸；這個港口位於菲律賓最南端，也緊鄰今日馬來西亞與印尼的邊陲地區。三寶顏曾經是個古老的西班牙港口城鎮，伊斯蘭教與基督信仰在此地進行了數個世紀的對話，但多數時候並不和平。三寶顏俯瞰寬廣的蘇祿海盆地，鄰近重要貿易路線的核心地帶，周邊地區有幾個蘇丹國先後興起，意謂伊斯蘭教是一股不可或缺的日常力量。但是基督信仰也不遑多讓，因為三寶顏也是西班牙在亞洲帝國計畫的終點站。第七章透過歷史紀錄與口述歷史訪談帶出這場宗教的對話，兩種觀念就在這個如今依然有幾分世界盡頭之感的港口相互競爭。

如果說三寶顏具有區域的重要性，那麼在綿延的亞洲貿易路線上，還有許多城市也擔得起這樣的描述。本書第四部探討這場對話中的都市主義，聚焦城市與海洋的關係。第八章從區域著眼，檢視港口城市如何在「風下之地」興起，範圍涵蓋整個東南亞。我們同時檢視兩個世界，一個是島嶼東南亞，許多社會科學家眼中由南島語系占優勢的實體；另一個是大陸東南亞沿岸。我們因此結合了兩個世界，其他東南亞歷史學家——尤其是做出開創性研究的瑞德與李伯曼——往往認為兩者之間界線模糊。這一章和探討南海走私活動的第四章一樣，兼顧歷史發展與當代現況的層面，探討城市長期下來的興起歷程，包括今日世界的城市。第九章再度改變主題，從更廣大的地理範圍來探討城市的概念。「殖民地迴路」從亞洲的大門伊斯坦堡出發，蜿蜒經過中東、南亞、東南亞與東亞，最後來到殖民地韓國的釜山港。本章探究殖民地迴路是如何形成與維持，跨越幅員廣大的亞洲海洋航道，長期連結彼此相距遙遠的大片海域。本章的討論以英國的計畫為重心，但是對荷蘭、法國與日本的殖民地迴路也做了探究。在我們這個年代，跨越空間發揮影響力、進行通訊很容易就能做到，也被我們視為理所當然，然而在過去很長一段時間並非如此。本章揭示了這項成就是如何在歷史中完成，將亞洲的海洋航道統整起來；當時各個帝國正試圖將自己的斬獲整合為相互連結的單一網格體系。

第五部將視野轉移到生態的層面，將中國—東南亞商業中的海產物與印度南部的香料連結起來，後者協助促成了所謂的「歐洲地理大發現時代」(European Age of Discovery)。兩種產品都導致了亞洲海洋貿易路線的轉變，從延續數個世紀的貿易大動脈退化為聊備一格的商業路線，但長期而言仍具一定的重要性。第十章檢視東亞與東南亞生產的魚翅、海參與珍珠如何經由南海運輸，以及這些海產物的運輸如何連結南海北方與南方的海岸地帶。拉圖(Bruno Latour)可能會稱這些海洋生物為「類客體」(quasi-object)：在他看來，這些「曾經活過」但已經死亡的商品「要比大自然中『硬』的部分更為社會、更為人造、更為集體……(但是)它們(比我們所想的)更真實、更非人、更客觀」。[32]

這段歷史相當古老，關於海產物貿易的紀錄少之又少，很早就在熱帶氣候的時間摧殘下消失了。然而從十八世紀中期到十九世紀後期，海產物商業活動在亞洲海域的重要性無以復加。在地的蘇丹國將海產物運往廣州，並藉由獲取這些商品來厚植國力。後來歐洲人也注意到這門生意，開始出口這些海產品，試圖藉此打開龐大的中國經濟。我從歷史與民族誌的角度來探討這些商品的運輸過程，造訪各個商品的採集地點與仍在販售的商家，試圖拼湊它們的流傳過程。第十一章將視野移向更西邊，探索一個類似的故事：香料如何從印度南部海岸出發，進入跨國、跨區域的交易迴路。從很早以前開始，印度的香料諸如胡椒、薑黃與小茴香就能吸引外人造訪海岸地區，不過一直要到現代早期，這些氣味濃烈的種子、樹皮與木材的運輸才開始大量增加。有些香料被運往西方，為古典時代種下了關於「東方」的概念；之後數個世紀，這些概念一直留在西方人的想像中。部分香料也往東進入馬來半島等地區，幾個世代的印度貿易商隨之移民，接續經營這門生意，直到今日。透過歷史資料以及在南亞與東南亞進行的訪談與田野調查，我們檢視了香料的運輸過程；在所有能夠刺激航運發展的亞洲生態貿易中，香料貿易很可能是最重要的一項。

最後，第六部關注海洋的科技，以及隨著亞洲海洋歷史開展而來的科技要務。想要對亞洲海洋歷史進行完整的研究，科技這個主題不可或缺。因為科技不僅讓船隻運作，也讓水手、投資人與保險商知道何時該派船隻出海。第十二章分析燈塔、燈杆與浮標在這個故事中的角色；這些「帝國的工具」（借用其他學者的說法）使亞洲能被看見，整個大陸遭到全面征服。是燈光造就了這種能見度；比方說在島嶼東南亞各地燈塔林立之前，不斷擴張的殖民計畫幾乎完全不知道殖民地臣民夜間在何處航行、要航向哪裡。這些新工具使殖民政府得以監控被征服的人民，與傅柯著名的「圓形監獄」有許多共同點，兩者都是控制「必須被控制者」的方法。西方列強利用這些海上燈光，將在地人民的海洋活動導向符合國家自身的目的。第十三章檢視另一項強而有力的工具——海道測繪，這是另一種讓西方控制「其他地區」的工具。在西方征服亞洲海洋航道的初期，海道測繪可能是最重要的創新，因為其中的知識會不斷增進。地圖使空間得以轉化為符合帝國要求的行動。歐洲船隻對於亞洲海域的瞭解至少不遜於亞洲本身的船隻；過去雙方互相遭遇時，亞洲船隻在「在地知識」上曾經長期占有決定性優勢。無論是戰爭抑或商業，西方最後都能夠追上在地的知識水準；隨著自身對亞洲海洋的認識與時俱進，西方也就更能夠主宰自身與亞洲的關係。因此，傅柯同樣著名的權力與知識範式很適用於上述兩種狀況。第十四章是全書結論，以長時段為基礎再次提問：這些模式在歷史上、在我們這個年代有何意義？如果中國勢力在亞洲海洋航道重新崛起的可怕狀況成真，會造成什麼樣的結果？中國將如何在本書描述的各個方面衝擊亞洲的海洋管道？歷史在這方面有沒有留給我們任何線索？對於未來事態發展的基本樣貌，我們能夠倚賴過往模式預測到什麼程度？

***

在亞洲許多地方，「政治意志可以強行施加於海洋」的觀念出現之前，海洋長期被視為一個自由的空間。歷史學家將荷蘭法學家格勞秀斯（Hugo Grotius）《海洋自由論》（*Mare Liberum*）出版的一六〇九年，被視為國際法運用海洋自由概念的起點。[33]但實際情況卻是，任何人都能在海洋上進行貿易、其自由不受阻撓的觀念，早在一六〇九年之前就存在於亞洲。儘管海洋上「耀武揚威」的事例屢見不鮮，蒙古人與明朝的行動都遠遠早於格勞秀斯成書的年代，然而在許多方面，海洋封閉論（*mare clausum*）的觀念一直要到葡萄牙人抵達亞洲才開始成形。透過這種觀念，部分海域被視為可以執法的運輸空間，海上武裝力量與原始的「護照」體系推進了受監控的移動。將相關言論化為實際行動的能力，並不是在一朝一夕獲致。就我們所知，許多亞洲統治者都曾想方設法規避海洋貿易路線發展中的新現實；而且至少在某些地方，規避方式存在相當長一段時間。但是後來西方——先是零散，終至集體——開始研究連結亞洲港口的路線與海域。年復一年，西方蒐集到的資料愈來愈多，深入瞭解的水域也愈來愈廣；更關鍵的是，這些資訊都被建檔管理，擺明了要運用這些知識來達成經濟（以及日益重要的政治）目的。季風被記錄下來，列出時間表；連接許多海岸地帶的洋流活動也化成文字；地理經度發展為一門科學，對這個過程也有所幫助。[34]作為一個形成連結的實體，海洋航道愈來愈為人所知，愈來愈多外國人試圖藉由這門知識獲利。我在本書第一章導論提及的「接觸年代」與「加速進行」之後的數個世紀，世界的幅度變小了。[35]亞洲海洋航道被當成一個必須瞭解和研究的對象，受到漸進的解析梳理，正是上述現象發生的一個重要原因。

同樣的海洋通道至今猶存，儘管形態已有變化。有些大型船舶仍然航行端對端的全程路線，連結波斯灣的煉油廠（或者紅海通往歐洲的水道）與龐大且人口眾多的東亞市場，尤其是中國、南韓與日本。油輪與車輛運輸船現在經常沿這些路線航行，但大型貨櫃船上的貨物無所不包。我也必須指出，在航道上那些比較短的區域性區段，最能夠聽到古老貿易的低語聲。幾年前，在印度洋的最西端，距離鄭和艦隊上岸尋找長頸鹿的地方不遠，我搭船從坦尚尼亞的占吉巴前往肯亞的蒙巴沙，行程一天一夜。老舊的浪板輪船滿載當地民眾與他們的物品，半夜時嚴重超載的船身開始往左舷側傾斜，險象環生。往西邊看，遠方海岸上的燈光依稀可見。當時我們離海岸已經相當遙遠，我猶疑地估量著洋流、水深與海岸的距離，心想可能會有一趟意外的行程：下水游泳。這一帶海域有許多鯊魚出沒。船在第二天早晨平安靠岸，但是過去曾有不少貨輪在這條航路上沉沒，而且至今仍不時發生船難（甚至最近就有），往往造成數十名甚至數百名乘客罹難。[36]那天晚上，我凝視著印度洋貿易活動最西邊的海平線，心想這種狀況必定經常發生：甲板上的人眺望著大海，感受到大自然若帶來災難，他們的希望是多麼渺茫。幾個世紀以來，人們一直在這些路線上航行，運送紅樹木竿或者象牙手鐲，總不免付出葬身大海的代價。死者散落在海底。[37]在這些航道上靠航海為生，一直是一個嚴酷的行業。航線的浪漫故事只對一種人存在：成年後毋須每天為了謀生而來回穿梭於這些商業迴路的人。

橫越整個印度洋與大半個爪哇海之後，在另一個夜晚、另一艘船上，我有了類似的體悟——也是在黑暗中。我搭上一艘武吉斯人的叭喇唬—菲尼斯帆船（prahu-pinisi），那是一艘老舊的雙桅帆船，有巨大的帆和又大又斜的船頭，從蘇拉威西島的望加錫駛往爪哇島的泗水。數個世紀之前，武吉斯人曾以海盜為生，西方人從他們的族名「Bugis」衍生出「bogeyman」（傷害小孩的妖怪）這個字眼，說著「妖怪會來抓你」。從古至今，武吉斯人都在印尼大部分的海域航行。有人估計，如果全世界的石油用罄，印尼的經濟會比其他國家撐得更久，因為眾多的武吉斯大船可以只靠風力繼續運送商品。那天晚上，我躺在甲板上的一袋鹽上面，船來到蘇拉威西島與爪哇島之間，我心想：人們在這些路線上航行了多久？他們期望發現什麼？武吉斯人的祖先最遠到過澳洲北部，在當地淺海中找出可食用的海參，運往中國廣州銷售。澳洲原住民在達爾文附近的洞穴壁畫中，描繪了武吉斯人的到來。現在我們推斷，武吉斯人的船隻曾經每季來到達爾文，持續了三、四百年。[38]海洋航道的行動力量再一次具體展現，其迴響也清晰可聞。這些張著黑帆的船乘著信風（trade wind）穿梭在人類已知的世界中，開闢了新的領域，而且比庫克船長航行到澳洲早了至少一個世紀，甚至更早。這些旅程的成果被送往遙遠的北方，來到珠江三角洲某個富商的餐桌上。

富商大啖海參的同時，廣州的燈火搖曳。貿易路線有任何長久的祕密嗎？中國人知不知道那些海參旅行了多遠，才變成他們眼前的一碗湯？我們很難判斷。不過就如同我們在中世紀的市舶司提舉趙汝适身上看到的，中國人對海洋航道的知識與歐洲人有著同樣的渴求，至少是斷斷續續如此；而歐洲人是在好幾個世紀之後才來到亞洲。[39]

回到本章開篇的問題：中國會不會統治海洋？亞洲海洋航道數百年的發展會不會在不久的未來達到一個新的顛峰，讓中國繼鄭和的年代之後再一次成為海洋霸主、展示國力的旗幟威懾各方？答案無從得知，這種時候我都很高興自己是個歷史學家，而不是從事一個偏向現在主義立場（presentist）的學門。但歷史可能還是有給我們一些線索。與其關注權勢在海洋航道上留下的巨大足跡，例如航空母艦；我們不如尋找比較小的足跡。銘文學家傅吾康（Wolfgang Franke）記述了多達數千份的古代銘文，都是華人在馬來世界各地的遺跡，從寺廟、洞穴到石柱都有，而且往往位於荒涼偏僻的所在。這些銘文記錄了華人的歷史蹤跡，他們都曾走過亞洲的海洋航道。[40]我們藉由其他研究——有部分甚至聚焦巴布亞紐幾內亞（Papua New Guinea），這座群島嚴格而言並不屬於東南亞，如今被劃歸大洋洲——得知華人的旅程，他們在遙遠的海岸以貿易換取貝殼與椰子，還會前往更遙遠的環礁。[41]他們留下的旅程紀錄相當有限，歷史記載也很稀少。

但是DNA不會說謊，而且我們從這些線索和其他線索得知，空間的廣大性也是這個故事的一部分。亞洲的海洋航道從遠方的東非海岸出發，一路延伸到中太平洋。這些航道變動不居，但不變的是那些勇敢貿易商展開旅行的渴望與能力。他們的腳步很輕，然而造成的影響至今猶存，從血統到僑民、從殖民地到貿易連結都是如此。最佳的例證可能就在麻六甲一座平緩的山丘上，當地曾經是季風亞洲的貿易樞紐、十六世紀全球最大港口之一。小丘名叫「三寶山」（Bukit Cina），原意是「中國山」，從港口就能看見，有一座中國境外規模數一數二的華人墓園。那是一個陰森又奇妙的地方，空氣中瀰漫著鄉愁，小鈴鐺的響聲隨風傳送。[42]數個世紀以來，同樣的風吹拂著這裡的航海家，一些墳墓可以上溯到中國明代。在這裡大概比在任何其他地方都更能夠感受到亞洲海洋航道的氛圍——感受被帶來的所有，也感受被留下的一切。

附錄文件清單

附錄A：亞洲海域大事年表

印度洋、南海，以及兩者周圍國家與準國家（proto-state）的大事記。

附錄B：斯瓦希里海岸口述歷史文獻

啟瓦基西瓦尼（Kilwa Kisiwani）、林迪（Lindi）與沙蘭港（Dar es Salaam）的口述歷史片段，呈現出這片海岸地區民眾對貿易、政治與社會的想法。

附錄C：沙那田野調查報告摘要

採訪一位阿拉伯傳統藥草商的田野調查摘要，訪談在沙那（Sana'a）的多處市集進行。沙那位於葉門高原，面對紅海航道。這位商人的主要人脈在印度。

附錄D：印度與馬來西亞的印度裔香料貿易商

一份田野調查摘要與一份訪談摘要，內容都是關於印度人，以及他們生產（和買賣）的香料在印度洋跨孟加拉灣貿易網絡中的狀況。

附錄E：荷屬東印度與當地海洋國家的協定

涉及荷蘭人與馬來人對荷屬東印度（印尼）國家治理與政治的詮釋，同時也提到該區域海洋照明體系的建立。

附錄F：東亞與東南亞的華人海洋商品貿易商

與仰光、臺北、香港華人海洋貿易商的訪談片段，以及與新加坡一位海洋商品商人的較長訪談片段。

附錄G：華人海產品剪報，臺灣臺北

臺灣一份日報的剪報，內容是臺灣販售的海產物、這些海產物的產地與價格等等。

附錄A　亞洲海域大事年表

西方海域

西印度洋

中東／阿拉伯海

- 阿拔斯王朝（Abbasid Dynasty）建立，七五〇年
- 巴格達（Baghdad）建城，七六二年
- 加茲尼王朝（Ghaznavid Dynasty）建立，九七七年
- 蒙古人進入波斯，一二二〇年
- 蒙古人攻陷巴格達，一二五八年
- 馬穆魯克蘇丹國（Mamluk Sultanate），一二五〇—一五一七年
- 葡萄牙人抵達波斯海岸，一五〇八年
- 薩法維帝國（Safavid Empire），一五〇一—一七三六年
- 荷蘭東印度公司與阿拔斯一世（Shah Abbas）簽署協定，一六二三年
- 葡萄牙人被英國東印度公司逐出波斯灣，一六五〇年
- 法國東印度公司成立，一六六四年

- 鄂圖曼土耳其帝國，一五一七—一九二三年
- 蘇伊士運河通航，一八六九年
- 電報連接波斯、印度與歐洲，一八九八年
- 波斯進入國際聯盟（League of Nations），一九二〇年

東非海岸

- 伊斯蘭教傳至上加，七八〇年
- 穆斯林在啟瓦建立王朝，一〇五〇年
- 鄭和造訪之後，斯瓦希里海岸社會持續發展，十五世紀上半期
- 葉門開始種植衣索比亞咖啡，一四五〇年
- 葡萄牙人抵達占吉巴，一五〇三年
- 索馬利穆斯林與衣索比亞基督徒對抗，一五三〇年
- 阿曼艦隊摧毀葡屬蒙巴沙與葡屬占吉巴，一六九八年
- 占吉巴成為阿曼帝國中心，一八三七年
- 英國領事終止占吉巴奴隸貿易，一八七三年
- 蘇丹爆發馬赫迪起義（Mahdi Revolt），一八八三年
- 義大利人抵達厄利垂亞，一八八五年
- 占吉巴成為英國保護國，一八九〇年
- 德屬東非（German East African）成為德國保護國，一八九一年
- 肯亞成為英國保護國，一八九五年

南亞次大陸

早期發展

- 印度教發展初期，西元前九〇〇年
- 佛教誕生，印度／尼泊爾，西元前五〇〇年
- 笈多王朝（Gupta Empire），三二〇—五〇〇年
- 匈奴人入侵，四五五—五二八年
- 拉傑普特王朝（Rajput Dynasties），六五〇—一三三五年
- 阿拉伯軍隊攻占信德（Sindh），七一一年
- 加茲尼的馬哈茂德（Mahmud of Ghazni）的征伐，九九七—一〇二七年
- 德里蘇丹國（Delhi Sultanate），一一九二—一五二六年
- 毗奢耶那伽羅王朝（Vijayanagar Empire），一三三六—一六四六年
- 葡萄牙人抵達印度，一四九八年
- 蒙兀兒帝國，一五二六—一八五八年
- 荷蘭人展開貿易，一六〇九年
- 英國人展開貿易，一六一二年
- 法國人展開貿易，一六七四年
- 歐洲人的海岸貿易持續發展

英屬印度

- 英國東印度公司首度取得孟買土地，一六一五年
- 英國與法國在印度爆發戰爭，一七四八年
- 普拉西戰役（Battle of Plassey），一七五七年
- 英國東印度公司擊敗蒂普蘇丹（Tippu Sultan），一七九二年
- 韋洛爾兵變（Vellore Mutiny），一八〇六年
- 第一次印度獨立戰爭，一八五七年
- 蒙兀兒末代皇帝遭罷黜，一八五八年
- 印度民族大起義（Great Revolt）遭鎮壓，一八五八年
- 英國東印度公司對印度的統治終結，一八五八年
- 蒙兀兒帝國統治終結，一八五八年
- 英屬印度時代開始，一八五八年
- 聖雄甘地（Mahatma Gandhi）生於古加拉特，一八六九年
- 英國維多利亞女王（Queen Victoria）成為印度女皇（Empress of India），一八七七年
- 印度國大黨（Indian National Congress）創立，一八八五年
- 維多利亞女王登基鑽禧年（Diamond Jubilee），一八九七年
- 第一次世界大戰（歐戰）爆發，一九一四年

★★改編、擴寫自OxfordReference .com (East Africa); AsiaforEducators .columbia.edu (Indian subcontinent); *Encyclopaedia Iranica*.

東方海域

東南亞西部大陸

- 驃國時期，約二〇〇—八四〇年
- 蒲甘王朝，約九五〇—一三〇〇年
- 阿瓦王朝，一三六五—一五五五年
- 羅摩迎王國，約一三〇〇—一五三九年
- 東固王朝，約一四八六—一五九九年
- 東固王朝復興，一五九七—一七五二年
- 貢榜王朝，一七五二—一八八五年
- 英緬戰爭，一八二四年、一八五二年、一八八八年

東南亞中部大陸

- 扶南王國，約二〇〇—六〇〇年
- 墮羅缽底時期，約五五〇—九〇〇年
- 前吳哥時期柬埔寨，約六〇〇—八〇〇年
- 吳哥帝國，八〇二／八八九—約一四四〇年
- 大城王國前期，一三五一—一五六九年
- 大城王國後期，一五六九—一七六七年

- 達信大帝（Taksin，鄭昭）在位，一七六七—一七八二年
- 扎克里王朝（Chakri Dynasty），一七八二年—現今
- 現代泰國，一九三二年之後

東南亞東部大陸

- 中國帝國時代，四三—九三八年
- 越南李朝，一〇〇九—一二二五年
- 陳朝，一二二五—一四〇〇年
- 安南屬明時期，一四〇七—一四二七年
- 黎朝，一四二八—一七八八年
- 莫朝定都昇龍時期，一五二七—一五九二年
- 鄭朝，一五九二—一七八六年
- 廣南阮氏，約一六〇〇—一八〇二年
- 西山朝，一七七一—一八〇二年
- 阮朝，一八〇二—一九四五年
- 法屬時期，一八五九年之後

日本

- 平安時代，九〇〇—一二八〇年

- 鎌倉幕府後期到足利幕府，一二八〇—一四六七年
- 戰國時代／全國統一，一四六七—一六〇三年
- 德川幕府，一六〇三—一八五四年
- 明治維新，一八六八年

中國

- 唐代，六一八—九〇七年
- 宋代，九六〇—一二七九年
- 元代，一二七九—一三六八年
- 明代，一三六八—一六四四年
- 清代，一六四四—一九一一年
- 民國與戰爭時期，一九一二—一九四九年

島嶼東南亞

- 三佛齊，七—十二世紀
- 憲章時期（Charter Era），六五〇—一三五〇／一五〇〇年
- 滿者伯夷，一二九三—約一五〇〇年
- 憲章時期崩解，一三〇〇—一五〇〇年
- 歐洲干預，一五一一—一六六〇年

- 麥哲倫航行，一五一九—一五二二年
- 十六、十七世紀之交，荷蘭人來到荷屬東印度
- 荷蘭東印度公司統治印尼，至一七九九／一八〇〇年
- 耕種制度（Cultivation System），一八三〇—一八七〇年
- 自由時期（Liberal Period），一八七〇—一九〇〇年
- 倫理時期（Ethical Period），一九〇〇年之後
- 一七八六年，英國人抵達檳城
- 一八一九年，英國人抵達新加坡
- 一八二五—一八三〇年，爪哇戰爭；一八七三—一九〇三年，亞齊戰爭
- 一八二四年、一八七四年，英國與荷蘭劃分麻六甲海峽勢力範圍
- 一八九八—一九〇〇年，美西戰爭，菲律賓群島
- 一九〇〇—一九四五年，美國殖民時期，菲律賓群島

**改編、擴寫自*Lieberman, Strange Parallels: Southeast Asia in Global Context, 800–1830*, vols. 1 and 2 (Cambridge: Cambridge University Press, 2003)一書中多個段落。

附錄B　斯瓦希里海岸口述歷史文獻

啟瓦基西瓦尼的古代歷史

那時是哈山（Isufu bin Sultan Hassan）蘇丹統治的時代。他的統治強而有力，人民認同他，願意繳納穀物當作稅金。人民的職業包括打魚、務農與做買賣。但真正讓他們大發利市的行業是……奴隸貿易。前面說過，法國人也在場。這個蘇丹將尚加尼區（Shangani）一座古老的城堡擴建，住了進去……布賽義德（Sayyid Ali bin Sefu al-Busaidi）抵達基西瓦尼，他來自馬斯開特，晉見統治者，被關進位於今日市場附近的監獄中。布賽義德有備而來，帶著船隻、官兵與商品。這時是蘇爾坦（Said bin Sultan）統治時代的開端，他與哈山蘇丹交情深厚，派了一名阿拉伯人親信馬宏・本・阿里（Marhun bin Ali）來到基西瓦尼還在此定居……蘇爾坦與當地人民和統治者的關係非常好。他開始固定送兩匹布給基西瓦尼的統治者，也送給瓦馬林迪人（Wamalindi），年復一年。蘇爾坦之所以送禮，是因為海岸地區常有動亂，導致商隊無法出發……

林迪的古代歷史

商人來到這個國家進行貿易之前，必須先支付蘇丹大約四十雷亞爾（reals），由地方長老轉交。這是一項古老的習俗。如果商人是本地人，則不用付任何費用……如果某人來到林迪，賺了很多錢，想要回老家，蘇丹會告訴他：「你要把財富分給我們才能離開，因為這些財富是在我國得到的。」他們的鄰居馬孔德人（Makonde）會將外觀很像波斯雷亞爾（Persian real）的木盤塞進上唇，覺得這樣很美。

沙蘭港的古代歷史

阿拉伯人離開馬斯開特、落腳占吉巴的時候，蘇爾坦也是其中之一。他搭船過來，在占吉巴上岸，遭遇當地原住民哈迪米人（Hadimi）與圖姆巴圖人（Tumbatu），並擊敗了他們。那些人沒有能力對抗他。賽義德・本・蘇爾坦征服占吉巴之後，在當地定居下來，建造大型石屋……他把消息傳回馬斯開特，許多阿拉伯人跟進來到。阿拉伯人定居占吉巴之後，歐洲人—英國人—也來了，並且向阿拉伯人要求一棟大房子。蘇爾坦同意，英國人從此定居下來。一段時間之後英國人又要求：「我希望能懸掛我國的國旗。」占吉巴的蘇丹回覆：「我准許，但何時懸掛要聽我的命令。」

** 以上均出自 G. S. P. Freeman-Grenville, *The East African Coast: Select Documents from the First to the Earlier Nineteenth Century* (Oxford: Clarendon Press, 1962), 223, 232, 233.

附錄C　沙那田野調查報告摘要

阿拉伯藥草商人

深夜時分，我在市集與一位藥草商人對話。在一位翻譯協助之下，我們談了大約四十分鐘。他的玻璃罐裝有各種藥物與有助康復的天然商品，包括乳香、沒藥（myrrh）與多種產自阿拉伯半島南部和東部的樹脂。店裡還放著小型的砝碼與秤，還有桶裝乾貨；有些我認得，有些從未見過。他有好幾罐天藍色的砒霜，我買了一些，用當天的葉門報紙包好，準備帶回家。店裡還有成堆的豆蔻（綠色）、丁香（棕色）、辣椒（紅色）與薑（棕黃色）。店面窄小擁擠，每一面牆都擺滿了產品，只有藥草商本人有地方可坐。他擔憂這一門醫藥技藝正逐漸消失，特別貼出他師父（年紀很大）與師祖（都已過世）的照片。他顯然很關心藥草生意的延續，以及是否會永遠消失。翻譯告訴我，他這個人很正直，在市集享有誠實、可靠的名聲。他對自己賣的藥物瞭若指掌，大家也信賴他。他在市集裡銷售他的知識與這些藥物，已經很多很多年了。

★★另見Gisho Honda, Wataru Miki, and Saito Mitsuko, *Herb Drugs and Herbalists in Syria and North Yemen* (Tokyo: Institute for the Study of Languages and Cultures of Asia and Africa, 1990).

附錄D　印度與馬來西亞的印度裔香料貿易商

田野調查摘要

西高止山的小鎮，印度喀拉拉邦，馬拉巴海岸（一九九〇年）

西高止山在此地的山勢極為陡峭，如果你不慎從山頭摔落，會直直掉到平原，然後墜入大海。氣候潮溼到讓人透不過氣，香料也是種植在非常潮溼的環境裡。空氣中瀰漫著明顯的溼氣，這是山脈與海風造成的，而海洋就在不遠處。這裡大起大落的地形也讓溼氣不斷循環，滲透進入非常肥沃的紅棕色土壤。拜完美的自然環境之賜，香料在這裡生長得非常好。香料工人在山上工作，產量相當可觀；山區已開闢道路，所以貨車可以將香料運送到海岸的倉庫。接下來這些香料會被運往科欽與特里凡德琅，然後搭船出海，送到馬來西亞、新加坡等地和當地的印度僑民社群，當然也會送往許多其他地方。

訪談摘要

席尼・奈納・穆罕默德公司（Seeni Naina Mohamed & Co.），馬來西亞怡保（一九八九年十一月三日）

「我們的家族來自塔米爾納杜邦的拉馬納德區（Ramnad District），是一個穆斯林家族。我們的祖父在一九二二年來到馬來西亞，他還在印度時就在香料業幫人工作，到馬來西亞才自行創業。我的兄弟們現在都不做這一行了，雖然他們年輕時都曾參與；現在他們一個是教授，一個是會計師，一個是律師，還有一個是醫師。香料業的工作相當單調，也很花時間，沒有多少休息的機會。」受訪者認為他的兒子們不會想以這一行為生。這世界愈來愈現代化，競爭也愈來愈激烈。目前就有很多來自華裔商人的競爭。在怡保，華人在商界占了上風。受訪者的事業中，零售與批發大約各占八〇%和二〇%。我認得他店裡擺放的一袋袋香料（芫荽、葫蘆巴、番红花、薑黃、小茴香、豆蔻、黑胡椒與白胡椒等等，各自標明產地），此外還有藥用的阿魏。訪談結束時，他送我一小罐邁索爾的檀香木精油。

附錄E　荷屬東印度與當地海洋國家的協定

開始與結束（以及從開始到結束之間的海岸照明）

十九世紀晚期

陵加廖內蘇丹國（Lingga Riau Sultanate）繼續作為馬澤札姆蘇丹（Sri Paduka Tuan Sultan 'Adulrrahman Ma'azhzham Sjah）的租借地，蘇丹對此全盤理解，會忠實、完整地履行本條約的規定。——見 *Surat-surat perdjandjian antara Kesultanan Riau dengan pemerintahan (2) V.O.C. dan Hindia-Belanda 1784–1909* (Jakarta: Arsip Nasional Indonesia, 1970), 239–40.

十九、二十世紀之交

輪船山口洋號（Singkawang）在前幾趟駛往印德拉吉利（Indragiri）的行程中載運了政府人員、現金與商品；並且將一組建立海岸照明裝備的人員送到陵加群島的西南端……到十二月時，忠格角（Tanjong Jong）的海岸照明也將開始建設……—— *Verrichtingen en Bewegingen der Stoomschapen van de Gouvernments Marine, Atjeh, 1897*, Vierde Kwartal，轉引自 F. C. Backer Dirks, *De Gouvernments Marine*, 317 (Weesp: De Boer Maritiem, 1985).

二十世紀初期

……〔廖內—陵加〕蘇丹被剝奪頭銜，原因是多次違反政治合約。對此，巴達維亞總督與丹戎檳榔（Tanjung Pinang）常駐代表多次與他會商。此一懲罰是蘇丹輕忽或違反協議的後果。而今而後，再也不許有人違反總督及其代表簽署的政治合約、明文寫下的法律與命令……——見Tengku Ahmad Abubakar and Hasan Junus, *Sekelumit Kesan Peninggalan Sejarah Riau* (Asmar Ras, 1972).

附錄F　東亞與東南亞的華人海洋商品貿易商

仰光訪談摘要

這裡販賣兩種海參，一種沒有捲曲，顏色偏黃；另一種比較常見，顏色灰白。我在東南亞其他地方，兩者都很少看到。乾海參一片要價一萬緬元（*kyat*），很重，她讓我用手握住，大小和我的手掌差不多。這些商品並沒有流通到國際市場，由此可見緬甸的封閉。

臺北訪談摘要

李興順在臺北的店裡放著各式各樣令人眼花撩亂的海產品。他的父親在一九四六年國共內戰期間從福建來到臺灣。店裡有多種等級的海參，還有一大包的龜殼；牆上掛著一整隻玳瑁與一整個鹿頭，旁邊的架子上放著鹿茸。鹿尾粑放在玻璃櫃裡，櫃子裡還有大把大把的人參，以及一隻我所見過最大的鯊魚，這非常昂貴。

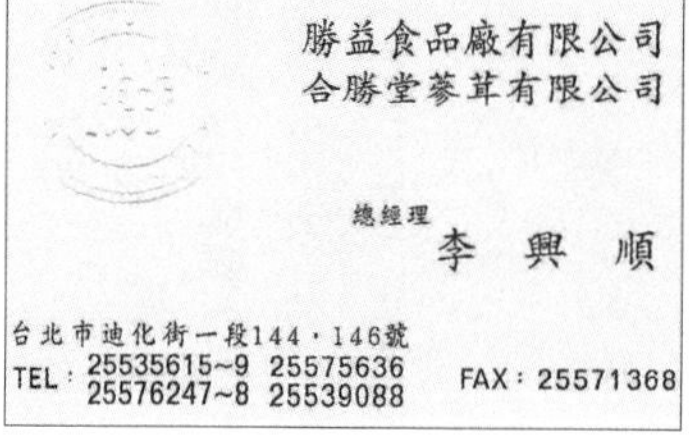

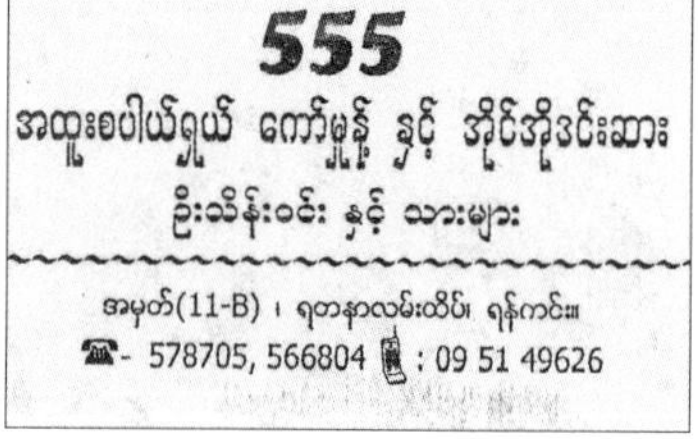

香港訪談摘要

我與艾爾莎（Elsa）相談甚歡，她給我一份黑色樹脂狀的營養劑，說是可以補血、清除我眼球上的血絲。店裡還有巨大的靈芝，擺放得很美，也擦拭得很光亮。鹿茸被割下來切成薄片，隨時可以當作藥品來使用。這裡的花膠（魚鰾）是我見過最大的，紋理交錯，顏色偏黃。來自海上洞穴的燕窩擺在牆角。

香港訪談摘要

這家店規模小多了，主要是做零售而不是批發。許多商品都已經過處理，可以即時作為藥品服用。但是就連在這裡，你也可以看到海洋的物資如何從大海進到人的腸胃與循環系統。這裡不怎麼使用普通話，說廣東話會好得多。但是和我談話的人很親切，還為我介紹他們店裡的海洋商品。

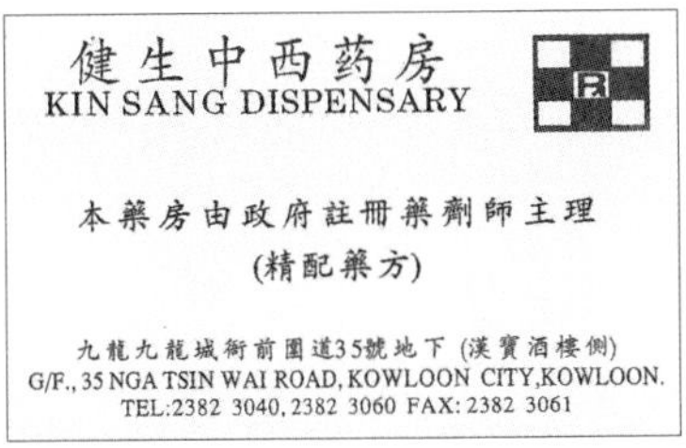

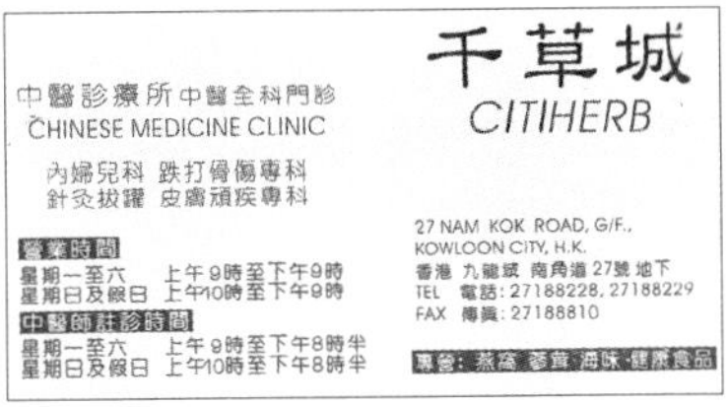

• dial 161 Directory assistance:
ask for Museum Director; Nat'l Museum
for tour

NAM YONG MARINE PRODUCTS
#45, N. CANAL ROAD, SING 0105

南榮海產私人有限公司
Nam Yong Marine Products (Pte) Ltd.
新加坡怒干拿律門牌四十五號
No. 45, NORTH CANAL ROAD,
SINGAPORE 0105.

劉 選 彬
LOW SWAN PIANG

TEL: 5337286
5358938
RES: 2257250

[illegible]
many of the same businesses in this area
N. Canal Road / S. Bridge Road intersection]

1. 你的家庭是从什么地方来的

Canton

2. 你做这个生意做多久了？

dad at age 17 came here
came as coolie
become his own boss at 42   Company started 1951 } 38 years total

这是你家的祖传的生意吗？

no. Grandfather was Guangdong farmer

已经有几代了？

ϕ   [2]

3. 你家移民来这儿多久了？

2.

4. 你在东南亚的别的国家有没有亲戚朋友？ yes. Malaysia
Penang. (Relatives)

他們也做香料的生意吗？

no. not in marine products.

Chinese:
marine products,
medicine (abacus)

Indians:
food.

5. 你的家庭是直接移民到这儿来的吗？
directly from Canton → Singapore

还是先到过别的地方？

那些地方？

你在开始你的生意的时候，你的家庭在经济上给了你帮助吗？ No. Money saved from being coolie. Married + had children

你们移民的路线跟你们的亲戚有关系吗？
all dad's relatives stay in China. 1 brother, but he died in China.

跟你们的生意也有关系吗？

No.

6. 你们的香料是在那儿採购的？

这些香料的产地在那儿？

} back page 没有

7. 种香料的人是那种人？ } back page

8.　你想把你的生意传给你的后代吗？
Yes. Definitely. Can't learn from books, only experience.

你要你的后代继续做你的生意吗？
15 years old.
Gets to be his own boss; kept in family
(yes)

9.　你觉得你的生意对在东南亚发扬中华文化有贡献吗？
Yes. Because majority of items eaten by chinese.

10.　阿拉伯跟印度的商人在东南亚有很大的影响力，这对你有競爭的压力吗？
那个压力比较大？
No trust Indian/arab vs. Chinese
Marine Products association
22 Companies in Singapore } Guild

11.　你知不知道他们卖什么样的香料？ Indians more food: from Indonesia + India.

他们卖的跟你们卖的差不多吗？ Entirely different markets.

附錄G　華人海產品剪報，臺灣臺北

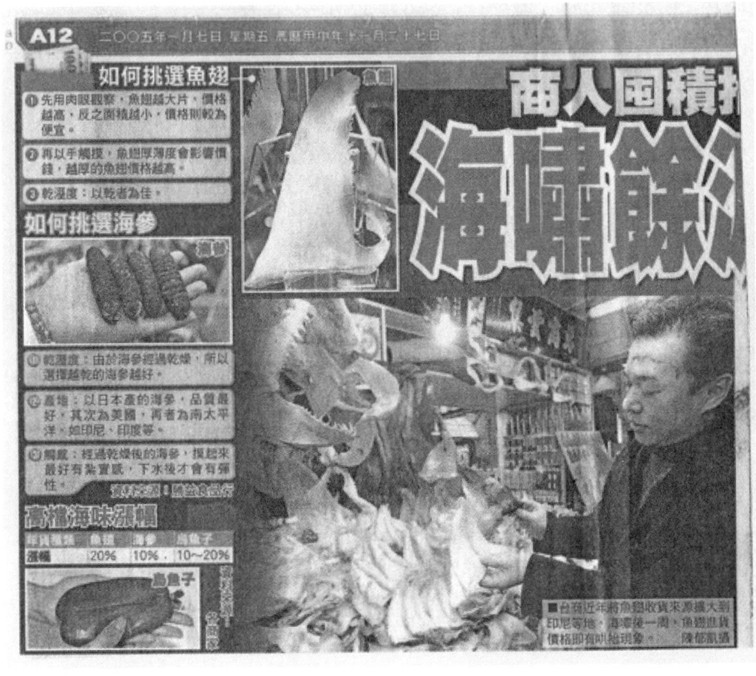

A12　二〇〇五年一月七日 星期五 農曆甲申年十一月二十七日

商人囤積抄

海嘯餘波

如何挑選魚翅

① 先用肉眼觀察，魚翅越大片，價格越高，反之面積越小，價格則較為便宜。

② 再以手觸摸，魚翅厚薄度會影響價錢，越厚的魚翅價格越高。

③ 乾溼度：以乾者為佳。

如何挑選海參

① 乾溼度：由於海參經過乾燥，所以選擇越乾的海參越好。

② 產地：以日本產的海參，品質最好，其次為美國，再者為南太平洋，如印尼、印度等。

③ 觸感：經過乾燥後的海參，摸起來最好有紮實感，下水後才會有彈性。

高檔海味漲幅

年貨種類	魚翅	海參	烏魚子
漲幅	20%	10%	10~20%

烏魚子

■台商近年將魚翅收貨來源擴大到印尼等地，海嘯後一周，魚翅進貨價格即有哄抬現象。　陳信凱攝

Harper, *The End of Empire and the Making of Malaya* (Cambridge: Cambridge University Press, 1999).

30 更廣泛的情況見Clive Schofield, *The Maritime Political Boundaries of the World* (Leiden: Martinus Nijhoff, 2005).

31 Ann Stoler, "Imperial Debris: Reflections on Ruin and Ruination," *Cultural Anthropology* 23, no. 2 (2008): 191–219, at 193.

32 Bruno Latour, *We Have Never Been Modern* (Cambridge: Cambridge University Press, 1993), 55.

33 Martine Julia van Ittersum, *Profit and Principle: Hugo Grotius, Natural Rights Theories, and the Rise of Dutch Power in the East Indies, 1595–1615* (Leiden: Brill, 2006).

34 Dava Sobel, *Longitude: The True Story of a Lone Genius Who Solved the Greatest Scientific Problem of His Day* (New York: Penguin, 1995).

35 Tim Harper and Sunil Amrith, eds., *Sites of Asian Interaction: Ideas, Networks, and Mobility* (Cambridge: Cambridge University Press, 2014).

36 我在1990年展開東非海岸之旅，大部分是搭乘當地的阿拉伯帆船。2012年再度成行，當時又有一艘占吉巴渡輪沉沒，造成慘重死傷。見"Tanzania Ferry Sinks Off Zanzibar," 19 July 2012, http://www.bbc.com/news/world-18896985, accessed 15 July 2015.

37 Abdul Sheriff, *Slaves, Spices, and Ivory: Integration of an East African Commercial Empire into the World Economy, 1770–1873* (Athens, OH: Ohio University Press, 1987). 對於結合民族誌與歷史的可能性，請見Andrew Willford and Eric Tagliacozzo, eds., *Clio/Anthropos: Exploring the Boundaries between History and Anthropology* (Palo Alto: Stanford University Press, 2009).

38 見MacKnight, Charles Cambell. 1976. *The Voyage to Marege: Macassan Trepangers in Northern Australia* (Carlton: Melbourne University Press); and Christian Pelras, *The Bugis* (Oxford: Blackwell, 1996).

39 Hirth and Rockhill, *Chau Ju Kua*, 1966. 趙汝适對亞洲海洋貿易路線的記述中，沒有提到澳洲。

40 Wolfgang Frank and Chen Tieh Fan, *Chinese Epigraphic Materials in Malaysia*, 3 vols. (Kuala Lumpur: University of Malaya Press, 1982–87).

41 見David Wu, *The Chinese in Papua New Guinea, 1880–1980* (Hong Kong: Hong Kong University Press, 1982); and Eric Tagliacozzo, "Navigating Communities: Distance, Place, and Race in Maritime Southeast Asia," *Asian Ethnicity* (Routledge) 10, no. 2 (2009): 97–120.

42 三寶山有其複雜糾葛的一面，充斥著當代東南亞種族議題的記憶政治（memory-politics）。

12 Frederick Hirth and W. W. Rockhill, *Chau Ju Kua: His Work on the Chinese and Arab Trade in the 12th and 13th Centuries, Entitled Chu Fan Chï* (New York: Paragon Book Reprint Co., 1966).

13 Steven Topik and Kenneth Pomeranz, *The World That Trade Created: Society, Culture, and the World Economy, 1400 to the Present* (New York: Routledge, 2012).

14 見Kennon Brazeale, ed., *From Japan to Arabia: Ayutthaya's Maritime Relations* (Bangkok: Toyota Thailand Foundation, 1999).

15 見Julien Berthaud, "L'origine et la distribution des caféiers dans le monde," in *Le Commerce du café avant l'ère des plantations coloniales*, ed. Michel Tuchscherer (Cairo: Institut Français d'Archéologie Orientale, 2001); and Ernestine Carreira, "Les français et le commerce du café dans l'Océan Indien au XVIIIe siècle," in *Le Commerce du café*, ed. Tuchscherer. 對於這個過程的地緣政治層面，見Giancarlo Casale, *The Ottoman Age of Exploration* (New York: Oxford University Press, 2010).

16 Philip Kuhn, *Chinese among Others: Emigration in Modern Times* (Lanham, MD: Rowman & Littlefield, 2009); Lynn Pan, *Sons of the Yellow Emperor: A History of the Chinese Diaspora* (New York: Kodansha International, 1994); Wang Gungwu, *China and the Chinese Overseas* (Singapore: Times Academic Press, 1991).

17 對於瞭解這些「可能性」很有幫助的討論請見Giancarlo Casale, Carla Rahn Phillips, and Lisa Norling, "Introduction to 'The Social History of the Sea,'" *Journal of Early Modern History* 14, nos. 1–2 (2010 Special Issue): 1–7.

18 想像歷史走上不一樣的道路，一項有趣的研究請見the essays compiled in Robert Cowley, ed., *What If? The World's Foremost Military Historians Imagine What Might Have Been* (New York: Berkeley Publishing, 2000).

19 對於此一觀念的探討，請見François Gipouloux, *The Asian Mediterranean: Port Cities and Trading Networks in China, Japan and Southeast Asia, 13th–21st Century*, trans. Jonathan Hall and Dianna Martin (Cheltenham, UK: Edward Elgar, 2011); Angela Schottenhammer, ed., *The East Asian 'Mediterranean': Maritime Crossroads of Culture, Commerce, and Human Migration* (Wiesbaden: Harrassowitz Verlag, 2008); Sanjay Subrahmanyam, "Notes of Circulation and Asymmetry in Two Mediterraneans, c. 1400–1800," in *From the Mediterranean to the China Sea: Miscellaneous Notes*, ed. Claude Guillot, Denys Lombard, and Roderich Ptak: 21–43 (Wiesbaden: Harrassowitz Verlag,1998); Heather Sutherland, "Southeast Asian History and the Mediterranean Analogy," *Journal of Southeast Asian Studies* 34, no. 1 (2003): 1–20; John E. Wills, "Maritime Asia 1500–1800: The Interactive Emergence of European Domination," *American Historical Review* 98, no. 1 (1993): 83–105.

20 T. T. Allsen, *Culture and Conquest in Mongol Eurasia* (Cambridge: Cambridge University Press, 2001).

21 對於蒙古艦隊，一個相對較新的詮釋請見James Delgado, *Khublai Khan's Lost Fleet* (Berkeley: University of California Press, 2010). 關於中世紀中國及其國際關係，請見兩部傑出的研究：Hyunhee Park, *Mapping the Chinese and Islamic Worlds: Cross-Cultural Exchange in Pre-Modern Asia* (Cambridge: Cambridge University Press, 2012); and John Chaffee, *Muslim Merchants of Pre-Modern China: The Hisory of a Maritime Asian Trade Diaspora, 750–1400* (Cambridge: Cambridge University Press, 2018).

22 見Anthony Disney, *A History of Portugal and the Portuguese Empire*, 2 vols. (Cambridge: Cambridge University Press, 2009), esp. vol. 2.

23 見Jean-Louis Bacque-Grammont and Anne Kroell, *Mamlouks, ottomans et portugais en Mer Rouge: L'Affaire de Djedda en 1517* (Paris: Le Caire, 1988); R. B. Serjeant, *The Portuguese off the South Arabian Coast: Hadrami Chronicles; With Yemeni and European Accounts* (Beirut, Librairie du Liban, 1974); and Michel Lesure, "Une document ottoman de 1525 sur l'Inde portugaise et les pays de la Mer Rouge," *Mare Luso-Indicum* 3 (1976): 137–60.

24 關於安汶島與班達的屠殺，見Charles Corn, *The Scents of Eden: A Narrative of the Spice Trade* (New York: Kodansha International, 1998).

25 見Locher-Scholten, *Sumatraans sultanaat en koloniale staat; and Barbara Watson Andaya, To Live as Brothers: Southeast Sumatra in the Seventeenth and Eighteenth Centuries* (Honolulu: University of Hawai'i Press, 1993).

26 見Keay, *The Honourable Company*，說明了英國東印度公司在這方面的權力運作。當然，該公司消失之後，這項趨勢仍然由英國政府與民間蒸汽輪和保險公司延續，包括鐵行輪船公司、勞合社等等。對於新加坡人如何看待這些過程，請見Tim Harper, "Singapore, 1915, and the Birth of the Asian Underground," *Modern Asian Studies* 47 (2013): 1782–1811.

27 Mikiso Hane, Peasants, *Rebels, and Outcasts: The Underside of Modern Japan (1800–1940)* (New York: Pantheon Books, 1982).

28 C. Fasseur, "Cornerstone and Stumbling Block: Racial Classification and the Late Colonial State in Indonesia," in *The Late Colonial State in Indonesia: Political and Economic Foundations of the Netherlands Indies 1880–1942*, edited by Robert Cribb, 31–57 (Leiden: KITLV Press, 1994); and Motoe Terami-Wada, "Karayuki-san of Manila 1880–1920," *Philippine Studies* 34 (1986): 287–316.

29 Peter Post, "Japan and the Integration of the Netherlands East Indies into the World Economy, 1868–1942," *Review of Indonesian and Malaysian Affairs* 27, nos. 1–2 (1993): 134–65. 比較地方性的狀況，見Tim

69 "The Destroyer Yamakaze," *The Japan Times*, 4 June 1910, enclosed under ARA, Dutch Consul, Tokyo, to MvBZ, 13 June 1910, no. 560/159, in MvBZ/A/421/A.182.
70 見Lewis Mumford, *Technics and Civilization* (New York, Harcourt, Brace, and World, 1963); both quotes can be found on p. 357.
71 關於此一論點更詳細的解釋，請見Jacob Christian, Tom Conley (trans.), and Edward H. Dahl (ed.), *The Sovereign Map: Theoretical Approaches in Cartography throughout History* (Chicago: University of Chicago Press, 2006).
72 在19世紀晚期，會運用這些科技的政府大部分都是殖民政權。美國／菲律賓的狀況見*Report of the Philippine Commission to the President*, 31 January 1900 (Washington, DC: US Gov't Printing Office, 1900–1901), 3:157– 200. 暹羅是唯一逃過強權征服與宰制的東南亞政權，當時也開始實驗海道測量，見Luang Joldhan Brudhikrai, "Development of Hydrographic Work in Siam From the Beginning up to the Present," *International Hydrographic Review* 24 (1947).
73 當然，我們這個時代也會運用這些過程。國家透過海道測量地圖繪製，來對島嶼、礁岩、資源豐富的海床聲索主權，這種做法遍及世界各地。見G. Francalanci and T. Scovazzi, *Lines in the Sea* (Dordrecht: Martinus Nijhoff, 1994); Dorinda Dallmeyer and Louis DeVorsey, *Rights to Oceanic Resources: Deciding and Drawing Maritime Boundaries* (Dordrecht: Martinus Nijhoff, 1989).
74 Adrian Lapian, *Orang Laut, Bajak Laut, Raja Laut* (Jakarta: Kounitas Bambu, 2009): 227.
75 對於相關海事過程的長時段研究，見S. Soempeno, *Buku sejarah pelayaran Indonesia* (Jakarta: Pustaka Maritim, 1975); B. Nur, "Mengenal potensi rakyat di bidang angkutan laut, Part XVI," *Dunia Maritim* 20, no. 3 (1970): 19–21; B. Nur, "Mengenal potensi rakyat di bidang angkutan laut, Part XI," *Dunia Maritim* 19, no. 7 (1969): 17–19; and S. T. Sulistiyono, "Politik kolonial terhadap pelabuhan di Hindia Belanda," *Lembaran Sastra* 18 (1995): 86–100.
76 對於科技演進過程的「轉捩點」概念，尤其是機器如何運用於人類歷史，見D. S. L. Cardwell, *Turning Points in Western Technology: A Study of Technology, Science, and History* (New York: Neale Watson, 1972), esp. 140–95.
77 想要瞭解這段時期如何結束，尤其是比較未被「馴化」的東部群島，見Heather Sutherland精湛的新作：*Seaways and Gatekeepers: Trade and Society in the Eastern Archipelagos of Southeast Asia, c. 1600–1906* (Singapore: National University of Singapore Press, 2021).
78 兩個關於這些過程的強而有力理論檢視，見Mark Monmonier, "Cartography: Distortions, World-views and Creative Solutions," *Progress in Human Geography* 29, no. 2 (2005): 217–24; and Joe Painter, "Cartographic Anxiety and the Search for Regionality," *Environment and Planning A* 40 (2008): 342–61.

第十四章　如果中國統治海洋

1 作者田野調查筆記，1990年1月。
2 見http://www.bbc.com/news/world-asia-pacific-13017882, accessed 15 July 2015; 遼寧號是在2012年9月下水。中國最近建成第二艘航空母艦山東號，完全是本國製造。中國海軍近年已成為全球最大海軍。
3 Monique Chemillier-Gendreau, *Sovereignty over the Paracel and Spratly Islands* (Leiden: Springer, 2000); 亦見Tim Liao, Kimie Hara, and Krista Wiegand, eds., *The China-Japan Border Dispute: Islands of Contention in Multidisciplinary Perspective* (London: Ashgate, 2015).
4 見"China Building Great Wall of Sand in South China Sea," April 1, 2015; http://www.bbc.com/news/world-asia-32126840; accessed 15 July 2015.
5 相關歷史背景請見Shih-Shan Henry Tsai, *Maritime Taiwan: Historical Encounters with the East and the West* (Armonk: M. E. Sharpe, 2009); and Tonio Andrade, *Lost Colony: The Untold Story of China's First Great Victory over the West* (Princeton: Princeton University Press, 2013). 對於當前事態的新論述請見Geoffrey Gresh, *To Rule Eurasia's Waves: The New Great Power Competition at Sea* (New Haven: Yale University Press, 2020).
6 最引人入勝的研究請見Louise Levathes, *When China Ruled the Seas: The Treasure Fleet of the Dragon Throne, 1405–1433* (New York: Oxford University Press, 1994).
7 John Miksic, "Before and after Zheng He: Comparing Some Southeast Asian Archaeological Sites of the Fourteenth and Fifteenth Centuries," in *Southeast Asia in the Fifteenth Century: The China Factor*, ed. Geoff Wade and Sun Laichen, 384–408 (Singapore: NUS Press, 2010).
8 行經東南亞各地，人們會發現散布的遺跡，據稱都是來自鄭和的航海；如果全部為真，將有如奇蹟；其中一部分顯然是傅會，但也有一些應該可信，畢竟像錨、鐘這些沉重的金屬物品，是有可能撐過熱帶氣候的考驗，保存至今。此外，爪哇等地有寺廟供奉鄭和的神像。
9 有鑑於當前的政治環境，對一位外國人說這種話相當勇敢，因此我在這裡不提他的姓名。
10 見Leavathes, *When China Ruled the Seas,* for more on this painting.
11 見本書第二章的描述。沈度的詩作表彰了世界史上跨文化交流的重大時刻。

的一部分。本文引用的通告描述了邦加島東北方的10座礁岩，沿著新加坡通往巴達維亞的航道分布。關於1870年代東印度群島的整體狀況，見*Tijdschrift voor het Zeewezen*: 1871: 135–40 (Java Sea); 1872: 100–1 (Melaka Strait); 1873: 339–40 (Natuna and Buton); 1874: 306 (Makassar Strait); 1875: 78, 241 (East Coast Sulawesi and Northeast Borneo); 1876: 463 (Aceh); 1877: 221, 360 (West Coast Sumatra, Lampung); 1878, p. 98, 100 (West Borneo, Sulu Sea); and 1879, p. 79 (North Sulawesi).

43 Surveyor General R. Howard, Labuan, to Col. Secretary, Labuan, 6 May 1873, in CO 144/40.

44 見Government Pilot of Labuan to Labuan Coalfields Co., 4 October 1903; Labuan Coalfields Co. to BNB Co. HQ, London, 20 November 1903, both in CO 144/77.

45 Kruijt, *Twee Jaren Blokkade*, 169, 189.

46 見H. Mohammad Said, *Aceh Sepanjang Abad*, vol. 1 (Medan: P. T. Harian Waspada, 1981): 675–753; *Perang Kolonial Belanda di Aceh* (Banda Aceh: Pusat Dokumentasi dan Informasi Aceh, 1997): 87–104.

47 見Straits Times, 9 October 1875; *Singapore Daily Times*, 2 May 1879; and *Singapore Daily Times*, 9 May 1882.

48 "Penang Harbour Improvements," *Straits Settlements Legislative Council Proceedings* (hereafter, *SSLCP*), 1899, C341; Messrs. Coode, Son and Matthews to Gov. SS, 23 December 1901, in *SSLCP*, 1902, C32.

49 "Report on the Blasting Operations Carried Out in 1902 Upon Sunken Rocks at the Mouth of the Singapore River," *SSLCP*, 1903, C131.

50 "Survey of the Ajax Shoal," *SSLCP*, 1885, C135.

51 C. M. Kan, "Geographical Progress in the Dutch East Indies 1883–1903," *Report of the Eighth International Geographic Congress* (1904/5): 715; W. B. Oort, "Hoe een Kaart tot Stand Komt," *Onze Eeuw* 4 (1909): 363–65.

52 見*Penang Guardian and Mercantile Advertiser*, 23 October 1873, p. 4. 英國人在荷屬東印度有相當廣泛的利益，見*Singapore Free Press*, 28 June 1860, 27 September 1860, and 3 September 1863, as well as *Straits Times*, 14, 15, and 16 August, 1883; 19 March 1884; and 15 April 1885.

53 ARA, 1871, MR no. 464.

54 關於海道測量演進在不同時間的比較，見兩幀英國地圖，婆羅洲東部的達威爾（Darvel）與聖露西亞灣（St. Lucia Bays），時間大約是在1900年之前與之後30年。兩幀地圖收錄於CO 874/998。

55 英國常駐亞洲的船艦常被形容為「漏水」、「狀況很糟」。但新加坡亟需蒸汽船來監控當地海域的非法貿易。見PRO/Admiralty, Vice Admiral Shadwell to Secretary of the Admiralty, 16 April 1872, no. 98, in no. 125/China Station Corrospondence/no. 21; Gov. SS to CO, 8 Jan 1873, no. 2, in CO 273/65; Gov SS to CO, 14 Jan 1875, no. 15, in CO 273/79; Gov SS to CO, 16 July 1881, no. 260, and CO to SS, 20 August 1881, both in CO 273/109.

56 "Overeenkomsten met Inlandsche Vorsten: Djambi, " *IG* 1 (1882): 540; ARA, 1872, MR no. 170. 關於歐洲人與亞洲國家簽訂的這類合約，見PRO, Dutch Consul, London to FO, 20 August 1909, and FO to British Consul, The Hague, 26 August 1909, both in FO/Netherlands Files, "Treaties Concluded between Holland and Native Princes of the Eastern Archipelago" (no. 31583).

57 ARA, 1872, MR no. 73, 229; "Overeenkomsten met Inlandsche Vorsten: Pontianak," *IG* 1 (1882): 549. 對於包庇海盜的懲罰，也見於荷蘭／廖內合約，並且上溯至1818年，見the contract dated 26 November, Article 10 in *SuratSurat Perdjandjian Antara Kesultanan Riau dengan Pemerintahan (2) V.O.C. dan Hindia-Belanda 1784–1909* (Jakarta: Arsip Nasional Indonesia, 1970), 43.

58 Arsip Nasional Indonesia (Indonesian State Archives, hereafter ANRI), "Idzin Pembuatan Peta Baru Tentang Pulau Yang Mengililingi Sumatra," in Archief Riouw [Jakarta Repository], no. 225/9 (1889).

59 FO to CO, 29 September 1871, in CO 273/53.

60 蘇祿蘇丹對納閩島英國當局的抱怨（英國希望藉由與前者聯盟來抗衡西班牙的影響力），見Gov. Labuan to CO, 15 August 1871, no. 33, in CO 144/34.

61 見ARA, Minister for the Colonies to Minister for Foreign Affairs, 15 July 1909, no. I/14735; Ministry for Foreign Affairs Circulaire 26 November 1909, no. I/23629, all in MvBZ/A/277/A.134) also ARA, First Government Secretary, Batavia, to Resident West Borneo, 20 February 1891, no. 405, in 1891, MR no. 158.

62 "De Uitbreiding der Indische Kustverlichting," *IG* 2 (1903): 1772.

63 Board of Trade to CO, 12 January 1900, no. 16518, in CO 144/74.

64 幾個例子見Charles Brooke to CO, 11 January 1907, in CO 531/1; Trinity House to CO, 10 January 1887, no. 42204/86, in CO 273/149; BNB Co. HQ to CO, 26 October 1899, in CO 144/73.

65 例子見ARA, MvBZ Circulaire to the Dutch Envoys in London, Paris, Berlin, and Washington, 1 Feb 1895, no. 1097.

66 ARA, Dutch Consul, Paris, to MvBZ, 14 Feb 1900, no. 125/60, in MvBZ/A/421/A.182.

67 ARA, Dutch Consul, Berlin, to MvBZ, 3 August 1904; 22 May 1903; 5 April 1902; 6 July 1899; 17 June 1898; 13 July 1897, and 30 November 1896, all in MvBZ/A/421/A.182.

68 "The Navy Estimates," *Times of London*, 3 March 1897, enclosed in ARA, Dutch Consul, London, to MvBZ, 5 March 1897, no. 113, in MvBZ/A/421/A.182.

22 Daniel Chew, *Chinese Pioneers on the Sarawak Frontier (1841–1941)* (Singapore: Oxford University Press, 1990), 115–17.

23 Reed Wadley, "Warfare, Pacification, and Environment: Population Dynamics in the West Borneo Borderlands (1823–1934)," *Moussons* 1 (2000): 41–66; G. J. Resink, "De Archipel voor Joseph Conrad," *BTLV* (1959): ii; F. C. Backer Dirks, *De Gouvernements marine in het voormalige Nederlands-Indië in haar verschillende tijdsperioden geschetst; III. 1861–1949* (Weesp: De Boer Maritiem, 1985), 173.

24 Chiang Hai Ding, *A History of Straits Settlements Foreign Trade, 1870–1915* (Singapore: Memoirs of the National Museum, 6, 1978), 136, 139.

25 ARA, 1888, MR no. 461. 荷蘭皇家郵船公司（KPM）是荷屬東印度最後一代蒸汽輪航運業者。另外兩家業者Cores de Vries與荷屬東印度蒸汽輪公司（Nederlandsch-Indische Stoomvaart Maatschappij, NISM）年代更早，但是都不像荷蘭皇家郵船公司那樣，從成立之初就被巴達維亞當局賦予協助征服與維持荷屬東印度殖民地的重任（荷屬東印度蒸汽輪公司根本可說是一家英國公司）。

26 到1902年時，荷蘭皇家郵船公司已擴張至荷屬新幾內亞（Dutch New Guinea）的美勞克（Merauke），見ARA 1902, MR no. 402. 地圖亦見*à Campo, Koninklijke Paketvaart Maatschappij*, 697–99.

27 H. La Chapelle, "Bijdrage tot de Kennis van het Stoomvaartverkeer in den Indischen Archipel," *De Economist* (1885) 2, 689–90.

28 British Consul, Oleh Oleh to Gov. SS, 29 June 1883, no. 296, in "Traffic in Contraband," vol. 11 in PRO/FO/220/Oleh-Oleh Consulate (1882–85).

29 見George Bogaars, "The Effect of the Opening of the Suez Canal on the Trade and Development of Singapore," *Journal of the Malay Branch of the Royal Asiatic Society* 28, no. 1 (1955): 104, 117. 關於這些船隻的「動力化」，見B. Nur, "Bitjara tentang perahu: Bagaimana cara pembinaan dan motorisasi perahu lajar?," *Dunia Maritim* 21, no. 9 (1971): 15–28.

30 關於荷屬東印度的海道測量科學與官僚機構，見Backer Dirks, *De Gouvernements marine*, 269–75.

31 Barbara Watson Andaya, *To Live as Brothers: Southeast Sumatra in the Seventeenth and Eighteenth Centuries* (Honolulu: University of Hawai'i Press, 1993); Carl Trocki, *Prince of Pirates: The Temenggongs and the Development of Johor and Singapore 1784–1885* (Singapore: Singapore University Press, 1979); Barbara Watson Andaya, "Recreating a Vision: Daratan and Kepulaunan in Historical Context," *Bijdragen tot de Taal-, Land-, en Volkenkunde* 153, no. 4 (1997): 483–508.

32 Mary Somers Heidhues, *Bangka Tin and Mentok Pepper: Chinese Settlement on an Indonesian Island* (Singapore: ISEAS, 1992); Ng Chin Keong, "The Chinese in Riau: A Community on an Unstable and Restrictive Frontier," unpublished paper, Singapore, Institute of Humanities and Social Sciences, Nanyang University, 1976.

33 範例可見H. M. Lange, *Het Eiland Banka en zijn aangelegenheden* ('s Hertogenbosch [Den Bosch], 1850); P. van Dest, *Banka Beschreven in Reistochten* (Amsterdam, 1865); and Cornelis de Groot, *Herinneringen aan Blitong: Historisch, Lithologisch, Mineralogisch, Geographisch, Geologisch, en Mijnbouwkundig* (The Hague, 1887). 馬都拉島的海事狀況也是如此，見F. A. S. Tjiptoatmodjo, "Kota-kota pantai di sekiatr selat Madura (Abad ke-17 sampai medio abad ke-19)." PhD thesis (Yogyakarta: Gadjah Mada University, 1983).

34 R. C. Kroesen, "Aantekenningen over de Anambas-, Natuna-, en Tambelan Eilanden," *TBG* 21 (1875): 235 and passim; A. L. van Hasselt, "De Poelau Toedjoeh," *TAG* 15 (1898): 21–22.

35 [Anon.], "Chineesche Zee: Enkele Mededeelingen Omtrent de Anambas, Natoena, en Tambelan-Eilanden," *Mededeelingen op Zeevaartkundig Gebied over Nederlandsch Oost-Indië* 4 (1 Aug. 1896): 1–2.

36 關於領海國際法的演進，以及對海洋東南亞的影響，見Gerke Teitler, *Ambivalente en Aarzeeling: Het Belied van Nederland en NederlandsIndië ten Aanzien van hun Kustwateren, 1870–1962* (Assen: Van Gorcum, 1994), 37–54.

37 Hasselt, "De Poelau Toedjoeh," 25–26.

38 當時這些指令已發布一段時間，但是到那個時候特別重要，見ARA, Directeur van Onderwijs, Eeredienst, en Nijverheid to Gov. Gen. NEI, 21 March 1890, no. 2597, in 1890, MR no. 254.

39 邦加島的調查測量更是早從1870年代就已開始，見ARA, 1894, MR no. 535; and H. Zondervan, "Bijdrage tot de kennis der Eilanden Bangka en Blitong," *TAG* 17 (1900):. 519.

40 見D. Sutedja, *Buku himpunan pemulihan hubungan Indonesia Singapura. Himpunan peraturan-peraturan anglkutan laut* (Jakarta: Departement Perhubungan Laut, 1967).

41 "Balakang Padang, Een concurrent van Singapore," *IG* 2 (1902): 1295.

42 J. F. Niermeyer, "Barriere riffen en atollen in de Oost Indische Archipel," *TAG* (1911):877; "Straat Makassar," in *Mededeelingen op Zeevaartkundig Gebied over Nederlandsch Oost-Indië* 6 (1 May 1907); Sydney Hickson, *A Naturalist in North Celebes* (London: John Murray, 1889), 188– 89; and P. C. Coops, "Nederlandsch Indies zeekaarten," *Nederlandsche Zeewezen* 3 (1904): 129. 亦見Adrian Lapian, *Orang Laut-Bajak Laut-Raja Laut: Sejarah Kawasan Laut Sulawesi Abad XIX* (Yogyakarta: Disertasi pada Universitas Gadjah Mada, 1987). 到了19世紀晚期，關於礁岩、環礁與水下岩石的報告，成為西方航海研究很重要

於東南亞，尤其是殖民地時期的東南亞，見Christiaan Biezen, "'De Waardigehid van een Koloniale Mogendheid': De Hydrografische Dienst en de Kartering van de Indische Archipel tussen 1874 en 1894," *Tijsdchrift voor het Zeegeschiedenis* 18, no. 2 (1999): 23–38.

5 見John Butcher and Robert Elson, *Sovereignty and the Sea: How Indonesia Became an Archipelagic State* (Singapore: National University of Singapore Press, 2017); Eric Tagliacozzo, "'Kettle on a Slow Boil': Batavia's Threat Perceptions in the Indies' Outer Islands," *Journal of Southeast Asian Studies* 31, no. 1 (2000): 70–100; J. L. Anderson, "Piracy in the Eastern Seas, 1750–1856: Some Economic Implications," in *Pirates and Privateers: New Perspectives on the War on Trade in the Eighteenth and Nineteenth Centuries*, ed. David Starkey, E. S. van Eyck van Heslinga, and J. A. de Moor (Exeter: University of Exeter Press, 1997); Ghislaine Loyre, "Living and Working Conditions in Philippine Pirate Communities," in *Pirates and Privateers*, ed. Starkey, Van Eyck van Heslinga, and Moor; Kunio Katayama, "The Japanese Maritime Surveys of Southeast Asian Waters before the First World War" *Institute of Economic Research Working Paper* 85 (Kobe University of Commerce, 1985).

6 關於印尼海域，見H. M. van Aken, "Dutch Oceanographic Research in Indonesia in Colonial Times," *Oceanography* 18, no. 4 (2005): 30–41; and J. I. Pariwono, A. G. Ilahude, and M. Hutomo, "Progress in Oceanography of the Indonesian Seas: A Historical Perspective," *Oceanography* 18, no. 4 (2005): 42–49. 更全面的討論請見Peter Linebaugh and Marcus Rediker, *The Many-Headed Hydra: Sailors, Slaves, Commoners, and the Hidden History of the Revolutionary Atlantic* (Boston: Beacon Press, 2000).

7 關於與印度的類比，見Matthew Edney, "The Ideologies and Practices of Mapping and Imperialism," in *Social History of Science in Colonial India*, ed. S. Irfan Habib and Dhruv Raina, 25–68. New Delhi: Oxford University Press, 2007.

8 James Scott, *Seeing like a State: How Certain Schemes to Improve the Human Condition Have Failed* (New Haven: Yale University Press, 1992), 2.

9 地圖繪製中權力與實踐的關連，見Chris Perkins, "Cartography— Cultures of Mapping: Power in Practice," *Progress in Human Geography* 28, no. 3 (2004): 381–91.

10 Peter Hopkirk, *The Great Game: The Struggle for Empire in Central Asia* (New York: Kodansha International, 1992).

11 見Samuel Nelson, *Colonialism in the Congo Basin, 1880–1940* (Athens, OH: Ohio University Center for International Studies, 1994); 主要資料來源請見Barbara Harlow and Mia Carter, *Imperialism and Orientalism: A Documentary Sourcebook* (Malden: Blackwell, 1999).

12 見Stuart Elden, "Contingent Sovereignty, Territorial Integrity and the Sanctity of Borders," *SAIS Review* 26, no. 1 (2006): 11–24.

13 對於之前數個世紀狀況最完備的詮釋，見Anthony Reid, *Southeast Asia in the Age of Commerce, 1450 to 1680*, 2 vols. (New Haven: Yale University Press, 1988 and 1993). 法語學界對這個主題特別擅長，尤其是Denys Lombard，見Denys Lombard, *Le sultanat d'Atjéh au temps d'Iskandar Muda (1607–1636)*, Publications de l'École française d'Extrême-Orient, vol. 61 (Paris: École française d'Extrême-Orient, 1967); Denys Lombard, "Voyageurs français dans l'Archipel insulindien, XVIIe, XVIIIe et XIXe siècles," *Archipel* 1 (1971): 141–68; Denys Lombard, "L'horizon insulindien et son importance pour une compréhension globale," in *L'islam de la seconde expansion: Actes du Colloque organisé au Collège de France en mars 1981* (Paris: Association pour l'Avancement des Études Islamiques, 1983), 207–26; reedited in *Archipel* 29 (1985): 35–52. 亦見印尼史學家相關主題著作的法文翻譯：A. B. Lapian, "Le rôle des orang laut dans l'histoire de Riau," *Archipel* 18 (1979): 215–22; Dg Tapala La Side, "L'expansion du royaume de Goa et sa politique maritime aux XVIe et XVIIe siècles," *Archipel* 10 (1975): 159–72.

14 From R. H. Phillimore, "An Early Map of the Malay Peninsula," *Imago Mundi* 13 (1956): 175–79, at 178.

15 Eric Tagliacozzo, *Secret Trades, Porous Borders: Smuggling and States along a Southeast Asian Frontier, 1865–1915* (New Haven: Yale University Press, 2005).

16 Algemeene Rijksarchief (Dutch State Archives, The Hague, hereafter, ARA), Dutch Consul, Singapore to Gov. Gen. NEI, 26 December 1885, no. 974 in 1885, MR no. 802; 見Elsbeth Locher-Scholten, *Sumatraans sultanaat en koloniale staat: De relatie Djambi-Batavia (1830–1907) en het Nederlandse imperialisme* (Leiden: KITLV Uitgeverij, 1994).

17 ARA, Dutch Consul, Penang to Gov. Gen. NEI, 29 March 1887, no. 125, in 1887, MR no. 289.

18 ARA, 1894, MR no. 298.

19 檳城商會1893年8月18日對英國政府的請求，見PRO/FO Confidential Print Series no. 6584/16(i).

20 James Francis Warren, "Joseph Conrad's Fiction as Southeast Asian History," in *James Francis Warren, At the Edge of Southeast Asian History: Essays by James Frances Warren* (Quezon City: New Day Publishers, 1987), 12.

21 James Francis Warren, *The Sulu Zone: The Dynamics of External Trade, Slavery, and Ethnicity in the Transformation of a Southeast Asian Maritime State* (Singapore: Singapore University Press, 1981), 83–84.

83 ARA, Ministerie van Marine, Plaatsinglijst van Archiefbeschieden Afkomstig van de Vierde Afdeling: Bijlage 3, Specificatie van Pll nos. 321–32, no. 329/25.1.

84 "Pontianak-Rivier," *TvhZ* (1875): 236; "Tonen Gelegd voor de Monding van de Soensang, Palembang," *TvhZ* (1878): 210–11; "Bakens op de Reede van Makassar," *TvhZ* (1880): 308.

85 見Papers Relating to the Protected Malay States: Reports for 1890, "Selangor," 47; "Penang Harbour Improvements," *SSLCP* C (1899): 341; "Correspondence Regarding a Light-Ship for Penang Harbour," *SSLCP* C (1901): 79–80; "Penang Harbour Improvements," *SSLCP* C (1902): 35; "Singapore Harbour Improvements," *SSLCP* C (1902): 43; "Report on the Blasting Operations Carried Out in 1902 upon Sunken Rocks at the Mouth of the Singapore River," *SSLCP* C (1903): 131–32.

86 Meijier, "Zeehavens," 304; "Kustverlichting," *ENI* 2 (1918): 497; "Reede van Batavia," *TvhZ* (1871): 222–24; ARA, Ministerie van Marine, Plaatsinglijst van Archiefbeschieden Afkomstig van de Vierde Afdeling: Bijlage 3, Specificatie van Pll nos. 321–32, no. 322/8.1

87 帕拉瑪塔號（*Paramatta*）賽蒙斯船長（Captain Symons）的正式申訴。見Deputy of the Officer Administering the Government, Straits, to Sultan of Johore, 20 February 1900, in *SSLCP* (1900): C258.

88 見Sultan of Johore to Gov. Straits, 25 April, 1900, in *SSLCP*, App. C (1900): 258–59.

89 許多見證者（大部分是船長）對這項計畫的詳細檢視，以及相關的官方通訊，請見"Minutes of the Committee to Report on the Fort Canning Light," *SSLCP* (1900), App. C5–16; and "Correspondence Regarding Proposed New Light for Fort Canning," in *SSLCP*, App. C (1900): 252–58.

90 "Report of the Committee," 3 January 1900, no. 3, in *SSLCP* (1900): C3–4.

91 H. E. van Berckel, "De Bebakening en Kustverlichting," *Gedenkboek Koninklijke Instituut Ingenieurs* (1847–97): 309–10.

92 "Poeloe Bras," *TvhZ* (1876): 247; "Kustverlichting," *ENI* 2 (1918): 495; "Poeloe-Weh," *Indische Mercuur* 44 (5 November 1901): 820.

93 明顯類似另一種代表殖民願景與脅迫的大型建築——殖民地監獄。Zinoman指出，法國海軍1862年占領越南南部部分地區之後，幾乎是立刻開始規劃監獄建設，到1865年時已完成兩座大型監獄。見Peter Zinoman on the history of the modern prison in Peter Zinoman, *The Colonial Bastille: A History of Imprisonment in Vietnam 1862–1940* (Berkeley: University of California Press, 2001).

94 從過去到現在，燈塔都是國家權力強而有力的象徵與構造，然而它們的歷史——尤其是殖民地歷史——顯示，其興建過程往往欠缺協調。因此燈塔可以用來顯示東南亞殖民政權的成熟過程。舉例而言，John Furnivall對於英國統治緬甸的描述，顯示其燈塔與浮標的興建與安置，遠比英國與荷蘭在島嶼東南亞的笨拙做法更有秩序與一致性。見John Furnivall, *The Fashioning of Leviathan: The Beginnings of British Rule in Burma,* ed. Gehan Wijeyewardene (Canberra: Economic History of Southeast Asia Project and the ThaiYunnan Project, 1991).

95 相較於其他脅迫的工具，最恰當的類比不是監獄，而是指紋，這種新興的指紋鑑識「科學」讓國家得以對移動的人民進行引導、編成索引。

96 範例可見Chris Otter, *The Victorian Eye: A Political History of Light and Vision in Britain, 1800–1900* (University of Chicago Press, 2008), and A. Miller, "The Lighthouse Top I See: Lighthouses as Instruments and Manifestations of State Building in the Early Republic," *Building and Landscapes: Journal of Vernacular Architecture Forum* 17, no. 11 (2010): 13–14.

第十三章　地圖與人：海道測量與帝國

1 作者翻譯。

2 範例可見Jeremy W. Crampton. "Maps as Social Constructions: Power, Communication and Visualization," *Progress in Human Geography* 25, no. 2 (2001): 235–52; and Jeremy W. Crampton and John Krygier, "An Introduction to Critical Cartography," *ACME: An International E-Journal for Critical Geographies* 4, no. 1 (2006): 11–33.

3 見Dava Sobel, *Longitude* (New York: Penguin, 1995) for a general overview; and John Noble Wilford, *The Mapmakers* (New York: Vintage, 1982), especially 128–60.

4 關於這些歷史進程在全球各地的展現，涵蓋夏威夷、加拿大與東非，見Simo Laurila, *Islands Rise from the Sea: Essays on Exploration, Navigation, and Mapping in Hawaii* (New York: Vantage Press, 1989); Stanley Fillmore, *The Chartmakers: The History of Nautical Surveying in Canada* (Toronto: Canadian Hydrographic Service, 1983); US Mississippi River Commission, *Comprehensive Hydrography of the Mississippi River and its Principal Tributaries from 1871 to 1942* (Vicksburg, MS: Mississippi River Commission, 1942); Edmond Burrows, *Captain Owen of the African Survey: The Hydrographic Surveys of Admiral WFW Owen on the Coast of Africa and the Great Lakes of Canada* (Rotterdam: A. A. Balkema, 1979); C. G. C. Martin, *Maps and Surveys of Malawi: A History of Cartography and the Land Survey Profession, Exploration Methods of David Livingstone on Lake Nyassa, Hydrographic Survey and International Boundaries* (Rotterdam: A. A. Balkema, 1980). 關

Sandakan Harbor and Marudu Bay, both in CO 531/1.

59 Colonial Office Jacket, 10 May 1907, in CO 531/1.

60 見U.S. Dept. of State to British Ambassador, Washington, 3 March 1913; Foreign Office to CO, 22 April 1913, no. 13174/13; Colonial Office to British North Borneo Co. Headquarters, 26 April 1913, all in CO 531/5.

61 J. E. de Meijier, "Zeehavens en Kustverlichting," *Gedenkboek Koninklijk Instituut Ingenieurs* (1897): 304.

62 見ARA, Ministerie van Marine, Plaatsinglijst van Archiefbescheiden Afkomstig van de Vierde Afdeling: Bijlage 3, Specificatie van Pll nos. 321–32, no. 321/2.10, 2.11, 6.9.

63 Ibid., Bijlage 3, Specificatie van Pll nos. 321–332, no. 322/8.2, 8.11, 8.16; no. 323/12.7. These are just a few of the many light-constructions of this period, scattered throughout the archipelago.

64 這個過程也有可能對殖民地政權不利。雅加達印尼國家檔案館（Arsip Nasional）一份報告顯示，蘇門答臘島南部一座燈塔啟用之後，被當地海盜視為守候獵物的絕佳地點。船隻仰賴新燈塔導航，海盜出其不意伏擊。見ARNAS, Maandrapport der Residentie Banka 1871 (Banka no. 97/5: July)。區域港口照明的不斷加強，並不保證過往船隻必然安全。大批船隻湧入，有如飛蛾撲火，也招來海盜與掠奪行為，連新加坡這樣的地方也不例外。見司法案件The King vs. Chia Kuek Chin and Others in *Straits Settlements Legal Reports* 13 (1915): 1，描述了1909年晚期新加坡外海一樁攻擊事件的情況。然而到了19與20世紀之交，大部分海盜行為都被推往更加遙遠、國家權力空隙的海域。

65 見Gov. Ord's dispatch in CO 273/13, 178ff; and CO 273/13/927 ff.224ff; also *SSBB*, 1883, p. W2; *SSBB*, 1910, V2.

66 *Straits Settlements Legislative Council Proceedings*, 1885, C141. 67. *SSBB*, 1899, W2.

67 *SSBB* , 1899, W2.

68 見British Envoy, *Den Haag to Foreign Office* (hereafter FO), 25 November 1893, no. 79, in CO 273/192; Board of Trade to CO, 2 August 1893, no. 5707; Board of Trade Cover, 1 November 1893; and Board of Trade to CO, 1 November 1893, no. 417775, all in CO 273/191.

69 Board of Trade to CO, 30 August 1883, no. 6531; CO to Board of Trade, 31 August 1883, both in CO 273/124.

70 關於荷蘭人對荷一英共管海域、雙方管理能力的評估，請見"Havenbedrijf in Indië," *Indische Gids* (hereafter, IG) 2 (1907): 1244–46; and I. S. G. Gramberg, "Internationale Vuurtorens," *De Economist* 1 (1882): 17–30; 亦見"De Indische Hydrographie," *IG* 6 (1882): 12–39; "Engeland's Hydrographische Opnemingen in Onze Kolonien," *IG* 2 (1891): 2013–15; and "Naschrift van de Redactie," *IG* 2 (1898): 1219.

71 Findlay, *Description and List*, 5; 線條畫可見*British Parliamentary Papers*, Sessions 1845, vol. 4: *Shipping Safety*, "Reports from Select Committees on Lighthouses, with Minutes of Evidence" (Shannon, 1970): 693.

72 Roland Barthes, *Empire of Signs* (New York: Hill and Wang, 1983), 32.

73 見ARA, Ministerie van Marine, Plaatsinglijst van Archiefbeschieden Afkomstig van de Vierde Afdeling: Bijlage 3, Specificatie van Pll nos. 321–32, no. 321/2.11 for Boompjeseiland; no. 323/10.6 for Edam Island; no. 323/11.6 for Tandjong Berikat，前兩份資料討論爪哇海，第三份則是邦加島外海。

74 Findlay, *Description and List*, 7–8, for British lightships; ARA, Ministerie van Marine, Plaatsinglijst van Archiefbeschieden Afkomstig van de Vierde Afdeling: Bijlage 3, Specificatie van Pll nos. 321–32, no. 321/8.14 discusses a lightship being delivered for the Ministerie van Kolonien in The Hague, 1884; 表格可見Imray, *Lights and Tides*, xix.

75 "Kustverlichting," *ENI* 2 (1918): 495–96.

76 見Wolffe, *Brandy, Balloons, and Lamps*.

77 關於照明科學，請見Brian Bowers, *Lengthening the Day: A History of Lighting Technology* (Oxford: Oxford University Press, 1998); Sean Cubitt, "Electric Light and Electricity," *Theory, Culture and Society* 30, no. 7/8 (2013): 309–23; Tim Edensor, "Reconnecting with Darkness: Gloomy Landscapes, Lightless Places," *Social and Cultural Geography* 14, no. 4 (2013): 446–65; Tim Edensor, "Light Design and Atmosphere," *Journal of Visual Communication* 14, no. 3 (2015): 331–50; and Andrew Parker, "On the Origin of Optics," *Optics and Laster Technology* 43 (2011): 323–29.

78 "Dioptric" in *Webster's Unabridged Dictionary* (G. and C. Merriam Co, 1913), 415.

79 見Thomas Stevenson, *Lighthouse Illumination; Being a Description of the Holophotal System and of Azimuthal Condensing and Other New Forms of Lighthouse Apparatus* (Edinburgh, 1871); also Findlay, *Description and List*, 13–18, 19–24, 25–27; Imray, Lights and Tides, xvi–xvii.

80 "Kustverlichting," *ENI* 2 (1918): 497.

81 不同形制的浮標（繫船浮標、罐狀浮標、「修女」浮標、沉船浮標、鐵環浮標、「怪物」浮標），見James Imray, *Lights and Tides* (1866), xxii; "Bebakening," ENI 1 (1917): 212.

82 Gov. Straits to CO, 19 September 1873, no. 277, in CO 273/69; 亦見Board of Trade to CO, 18 July 1871, no. 2780, and I. N. Douglass to Robin Allen, Esq., 11 July 1871, in CO 273/52.

Shoal）。

39 荷屬東印度燈塔的立法／行政事務歷史資料可見*Staatsbladen* produced in the *Regeerings Almanak voor Nederlandsch-Indië*, 1890 (1); 1900 (31), and 1910 (1)；這些資料記錄了政府關於興建燈塔的決策——地點、順序、優先性等等。

40 見"Onze Zeemacht in den Archipel," *Tijdschrift voor Nederlandsch-Indië* (hereafter *TNI*) (1890) 1: 146–151; "De Indische Marine," *TNI* (1902): 695–707; 關於荷蘭地理學組織在擴張過程中扮演的角色，請見Catalogus, *Koloniaal-Aardrijkskundige Tentoonstelling ter Gelegenheid van het Veertigjarig Bestaan van het Koninklijk Nederlandsch Aardrijkskundig Genootschap* (Amsterdam, 1913)，他們的貢獻包括了地圖繪製、海道測量、海洋學與地質學等等。

41 這個詞語來自Jurriaan van Goor，見"Imperialisme in de Marge?," in his *Imperialisme in de Marge: De Afronding van Nederlands-Indië* (Utrecht, 1986.); "Bebakening," *ENI* 1 (1917): 213; "Kustverlichting," *ENI* 2 (1918): 495.

42 Imperial Merchant Service Guild to CO, 24 June 1913, in CO 531/5; 關於荷蘭人海上照明事業不確定的「進展」與引發的不滿，涵蓋1900年之後，請見"De Uitbreiding der Indische Kustverlichting," *Indische Gids* 2 (1903): 1772.

43 C. H. De Groeje, *De Kustverlichting in Nederlandsch-Indië* (Batavia, 1913), 4–8.

44 範例可見當地華人蒸汽輪行程，*Bintang Timor*, 10 August (1894), 34: 4.

45 舉例而言，鐵行輪船公司的船隻動態，馬來文報紙每天都會報導，部分讀者是船上貨物的貨主。見*Bintang Timor*, 26 October 1894, 100:1.

46 Board of Trade to CO, 12 January 1900, no. 16518, in CO 144/74; British North Borneo Co. Headquarters to CO, 15 April 1903; Labuan Coalfields Co. to British North Borneo Co. Headquarters, 30 March 1903; Government Pilot of Labuan to Labuan Coalfields Co., 4 Oct 1903, and Labuan Coalfields Co. to British North Borneo Co. Headquarters, 20 November 1903, all in CO 144/77; same author to same recipient, 20 September 1904, CO 144/78; "Kustverlichting," *ENI* 2 (1918): 495.

47 監控行動甚至涵蓋小型武吉斯人船隻，出入新加坡港載運鳳梨之類的一般貨物。見*Utusan Malayu* 1 (22 December 1908), 175.

48 見ARA, 1902, MR no. 210.

49 這種中央主導、對於一致性的追求，無視於（甚至明知故犯）當地情形的變化與要求。斯科特做了精湛的討論，見*Seeing like a State: How Certain Schemes to Improve the Human Condition Have Failed* (New Haven: Yale University Press, 1998.)

50 我們可以將這個擴展的領域想成一個「水世界」（waterworld）。對於這個一半自然、一半人為建構的世界，燈塔的研究有何意義？見Kirsten Hastrup. and Hastrup, Frida, eds. *Waterworlds: Anthropology and Fluid Environments*. New York: Berghahn Books, 2015, and John A. Love. *A Natural History of Lighthouses*. Dunbeath: Whittles Publishing, 2015.

51 相關討論見"Report from the Royal Commission on the Condition and Management of Lights, Buoys, and Beacons with Minutes of Evidence and Appendices," *British Parliamentary Papers*, Sessions 1861, vol. 5: *Shipping Safety*, 631–51.

52 除了一致性的討論（見注51）之外，另見ARA, Commander of the Marine to Gov Gen NEI, 24 Jan 1899, no. 895, in MR no. 159，論述蘇門答臘島東岸與婆羅洲南部的去中心化嘗試。去中心化是一項政府計畫，由巴達維亞與海牙當局在19、20世紀之交啟動。當時的荷屬東印度幅員廣闊、形勢複雜，各方認為將部分權力與決策過程下放給地方政府，有助於提升政治效能。

53 見Governor Straits to CO, 20 April 1871, no. 93, in CO 273/46; Governor Straits to CO, 19 September 1873, no. 277, in CO 273/69; and Master Attendant, Singapore Harbour to CO, 11 Jan 1876, no. 14, in CO 273/83; 英聯邦代辦致函殖民地部，指稱海峽殖民地政府會分別聯絡兩個機關，比較價格。見Crown Agents to CO, 18 July 1901, in CO 273/276.

54 Trinity House to CO, 10 January 1887, no. 4204/86, in CO 273/149; Trinity House to CO, 11 February 1887, no. 271, in CO 273/149; Report by the Colonial Engineer on the Proposals of the Trinity House Engineer in Chief, 17 Aug 1904, no. 267, in CO 273/300.

55 Colonial Office to Charles Brooke, 9 January 1907, and Colonial Office Jacket, 8 January 1907, Telegram, both in CO 531/1.

56 H. Grants-Dalton, Captain and Senior Naval Officer, Straits of Malacca Division, to High Commissioner, Straits Settlements, 4 January 1907, in CO 531/1; Sir Charles Brooke to Lord Elgin, 11 January 1907; Sir Charles Brooke to Secretary of Colonial Office, 11 January 1907, both in CO 531/1.

57 這是殖民地部的用語。海盜行為、汶萊蘇丹、菲律賓南部的爾虞我詐（蘇祿、西班牙、德國與美國之間），這些因素都導致地區情勢動盪不安。見Governor Labuan to CO, 20 March 1877, no. 32, and CO Jacket, 20 March 1877, both in CO 144/48.

58 British North Borneo Co. Headquarters to CO, 26 October 1899, and CO Jacket, 26 October 1899, both in CO 144/73; 亦見Admiralty to CO, 15 October 1907, M8148, and the Report of the HMS *Cadmus* on

Cultural Geography 14 (4) 2013: 446–465.

23 範例可見W. H. Rosser and J. F. Imray, *Indian Ocean Directory: The Seaman's Guide to the Navigation of the Indian Ocean, China Sea, and West Pacific Ocean* (London, n.d.)

24 見charts no. 119 to 135, titled "East India Archipelago"，每一張地圖對東印度群島的各個小區段給出詳細的航海指示。見*Catalogue of the Latest and Most Approved Charts, Pilots', and Navigation Books Sold or Purchased by James Imray and Sons* (London, 1866.)

25 見這些公司的廣告：Ocean Marine Insurance Co., London (founded 1859), the Batavia Sea and Fire Insurance Co. (founded 1845), the Jardine Matheson Co. (of Hong Kong), and the Southern British Fire and Marine Insurance Co. (of New Zealand), in *Bintang Timor*, no. 3 (4 July 1894):1; *Bintang Timor*, no. 1 (2 July 1894):1; and *Bintang Timor*, no. 34 (10 August 1894): 1. 以The Borneo Co.為例，它是倫敦Ocean Marine Shipping Co.的新加坡代理商。

26 The Canton Insurance Co以香港怡和洋行為其代理人，對馬來客戶打廣告，宣稱擁有200萬美元的準備金。Borneo Company是倫敦Ocean Marine Insurance Company的地方代理人（見注22），也對馬來客戶一再強調，公司擁有100萬英鎊的準備金。見*Bintang Timor*, no. 1 (2 July 1894):1; no. 3 (4 July 1894):1.

27 關於印尼海洋史學家如何看待其航運環境，見S. T. Sulistiyono, "Liberalisasi pelayaran dan perdagangan di Indonesia 1816–1870," *Lembaran Sastra* 19 (1996): 31–44; M. Adi, "Mengisi kekurangan ruangan kapal," *Suluh Nautika* 9, nos. 1–2 (Jan./Feb. 1959): 8–9; D. Soelaiman, "Selayang pandang pelayaran di Indonesia," *Suluh Nautika* 9, no. 3, (1959): 40–43; Dewan Pimpinan Pusat INSA, *Melangkah Laju Menerjang Gelomban: Striding along Scouring Seas* (Jakarta: Dewan Pimpinan Pusat INSA, 1984); Dewan Redaksi Puspindo, *Sejarah pelayaran niaga di Indonesia Jilid 1: Pra sejarah hingga 17 Agustus 1945* (Jakarta: Yayasan Puspindo, 1990); S. T. Sulistiyono, *Sektor maritim dalam era mekanisasi dan liberalisasi: Posisi armada perahu layar pribumi dalam pelayaran antarpulau di Indonesia, 1879–1911* (Yogyakarta: Laporan penelitian dalam rangka / Summer Course in Indonesian Economic History, 1996).

28 F. C. Backer Dirks, *De Gouvernements marine in het voormalige Nederlands-Indië in haar verschillende tijdsperioden geschetst; III. 1861–1949* (Weesp: De Boer Maritiem, 1985), 40–41; Governor Straits Settlements to Colonial Office (hereafter, CO), 25 February 1890, in CO 273/165.

29 見*Utusan Malayu*, no. 182 (9 January 1909):1; *Bintang Timor*, no. 37 (13 August 1894): 2.

30 Gov. Labuan to CO, 20 May 1897, in CO 144/71. 一艘2000噸的英國蒸汽輪「霍維克堂號」(*Howick Hall*)試圖救援1000噸的特萊頓號（*Triton*），但是在同一處礁岩擱淺。如果要列出所有曾在東南亞礁岩、淺灘或其他危險狀況遇難的船隻，將是連篇累牘。

31 Captain E. Wrightson's letter to the Imperial Merchant Service Guild, n.d, in CO 531/5.

32 Backer Dirks, *De Gouvernements marine*, 155, 211, 314; H. E. van Berckel, "Zeehavens en Kustverlichting in de Kolonien: Oost Indië," *Gedenkboek Koninklijk Instituut Ingenieurs* (1847–97): 307–8.

33 見Board of Trade to CO, 10 November 1871, in CO 273/52; Governor Straits Settlements (hereafter, Gov SS) to CO, 30 May 1873, in CO 273/66; Gov SS to CO, 22 September 1880, in CO 273/104.

34 "Bebakening," *ENI* 1 (1917): 213; "Kustverlichting," *ENI* 2 (1917): 494; Backer Dirks, *De Gouvernements marine*, 284–95.

35 霍士堡燈塔建在岩石頂上，從15英里外就可以看到。麻六甲海峽的英國勢力範圍另有三座燈塔，一座名為「萊佛士」(Raffles)，一座位於新加坡的政府山（Government Hill），一座位於麻六甲聖保羅山（St. Paul Hill）；此外還有麻六甲海峽的燈船。見Alexander Findlay, *A Description and List of the Lighthouses of the World* (London: R. H. Laurie, 1861), 106.

36 見J. E. de Meijier, "Zeehavens en Kustverlichting in Nederlandsch-Indië," *Gedenkboek Koninklijk Instituut Ingenieurs* (1847–97): 304; James Imray, *The Lights and Tides of the World* (1866), 83–84. 安亞爾的燈塔後來毀於克拉卡多火山爆發。見Simone Jacquemard, *L'éruption du Krakatoa; ou des chambres inconnues dans la maison* (Paris: Éditions du Seuil, 1969); Tek Hoay Kwee, *Drama dari Kratatau* (Batavia: Typ. Druk. Hoa Siang In Kok, 1929); King Hoo Liem, *Meledaknja Goenoeng Keloet: Menoeroet tjatetan jang dikompoel.* Sourabaya: (S. n., 1929); Zam Nuldyn, *Cerita purba: Dewi Krakatau* (Jakarta: Penerbit Firma Hasmar, 1976); Muhammad, Saleh, *Syair Lampung dan Anyer dan Tanjung Karang naik air laut* (Singapore: Penerbit Haji Sa[h]id, 1886).

37 關於這類國家科技的散播，最好的資料來源之一是*Tijdschrift voor het Zeewezen* [Nautical Journal]，極為詳盡地記錄了個別燈塔興建的過程。從望加錫、爪哇、婆羅洲、亞齊到馬都來，以及許多其他地方，燈塔一一樹立，各有不同的強度與構造。見*Tijdschrift voor het Zeewezen* (1871): 125; (1872): 90; (1873): 274; (1875): 230; and (1879): 83. 這只是很小規模的取樣，但從這部期刊可以看到荷蘭在整個荷屬東印度地區的海上照明事業。

38 見*Straits Settlements Blue Books* (hereafter, *SSBB*) 1883, W2; *SSBB* 1887–8, 1–2; *SSBB* 1899, W2–3; and *SSBB* 1910, V2–3，可綜覽上述細節。1883年，麻六甲海峽英國燈塔的維持費用是22,501元，到 1910年時已增加近一倍（38,997元）。這段時期，新建成的燈塔出現在姆加角（Muka Head）、虎嶼（Pulau Rimau）、檳城港的丹絨漢都（Tanjong Hantu）、安當嶼（Pulau Undang）、香蕉嶼與新加坡外海的蘇丹淺灘（Sultan

OH: World Publishing, 1958), 124–27, 147–55; J. Gallagher and R. Robinson, "The Imperialism of Free Trade," *Economic History Review* 1, no. 1 (1953); Eric Hobsbawm, *The Age of Empire 1875–1914* (New York: Pantheon, 1987).

9 Robert Kubicek, "British Expansion, Empire, and Technological Change," in *The Oxford History of the British Empire*, vol. III: The Nineteenth Century, ed. Andrew Porter, 247–69 (Oxford: Oxford University Press, 1999).

10 關於非常早期的燈塔，請見K. Booth, "The Roman Pharos at Dover Castle," *English Heritage Historical Review* 2, (2007): 9–22; and Doris Behrens-Abouseif, "The Islamic History of the Lighthouse of Alexandria," *Muqarnas* 23 (2006): 1–14.

11 據我所知，探討東南亞殖民時期燈塔唯一的著作是：Nicholas Tarling, "The First Pharos of the Seas: The Construction of the Horsburgh Lighthouse on Pedra Branca," *Journal of the Malay Branch of the Royal Asiatic Society* 67, no. 1 (1994): 1–8. 關於中國海岸的燈塔，請見Robert Bickers, "Infrastructural Globalisation: The Chinese Maritime Customs and the Lighting of the China Coast, 1860s–1930s," *Historical Journal* 56, no. 2 (2013): 431–58.

12 相當好的概覽請見John Butcher and Robert Elson, *Sovereignty and the Sea: How Indonesia Became an Archipelagic State* (Singapore: National University of Singapore Press, 2017). 例如19世紀末期占碑（蘇門答臘島）的內地，除了沿著河流分布的密集村落，其他都是不為人知的空白地區，見P. G. E. I. J. van der Velde, "Van Koloniale Lobby naar Koloniale Hobby: Het Koninklijk Nederlands Aardrijkskundig Genootschap en Nederlands-Indië, 1873–1914," *Geografisch Tijdschrift* 22, no. 3 (1988): 215.

13 關於荷屬東印度的科學環境，請見Lewis Pyenson, *Empire of Reason: Exact Sciences in Indonesia, 1840–1940* (Leiden: E. J. Brill, 1989.)

14 見John Butcher, "A Note on the Self-Governing Realms of the Netherlands Indies in the Late 1800s," *BTLV* 164, no. 1 (2008): 1–12。關於這個時代的地圖學概覽，請見*De Topographische Dienst in Nederlandsch-Indië: Eenige Gegevens Omtrent Geschiedenis, Organisatie en Werkwijze* (Amsterdam, 1913), 1–15；關於當代對海道測量的分析，請見Christiaan Biezen, "'De Waardigheid van een Koloniale Mogendheid': De Hydrografische Dienst en de Kartering van de Indische Archipel tussen 1874 en 1894," *Tijdschrift voor Zeegeschiedenis* 18, no. 2 (Sept. 1999), especially 23–34，以及博物館典藏目錄*Catalogus van de Tentoonstelling 'Met Lood en Lijn'* (Rotterdam, Maritime Museum, 1974), especially 78–81，以簡要的地圖史說明荷屬東印度三個地區的海道測量（巽他海峽、廖內海峽、新幾內亞島南部海岸）。

15 H. W. van den Doel, "De Ontwikkeling van het Militaire Bestuur in Nederlands-Indië: De Officier-Civiel Gezaghebber, 1880–1942," *Mededeelingen van de Sectie Militaire Geschiedenis* 12 (1989): 27–50.

16 位於東爪哇的泗水海事公司（Surabaya Marine）從事修護工作、提供船舶閒置設施、為船隻安裝鍋爐等裝備，同時也為整個荷屬東印度地區提供領航、浮標設置的服務（地方港務部門也有類似服務）。1891年之後，丹戎不碌港（鄰近巴達維亞）也設有一家乾船塢公司。見*Twentieth Century Impressions of Netherlands India: Its History, People, Commerce, Industries, and Resources*, ed. Arnold Wright and Oliver T. Breakspear (London, 1909), 281.

17 J. N. F. M. à Campo's monumental study of the KPM, *Koninklijke Paketvaart Maatschappij: Stoomvaart en Staatsvorming in de Indonesische Archipel 1888–1914* (Hilversum: Verloren, 1992).

18 G. Teitler, "The Netherlands Indies: An Outline of Its Military History," *Revue Internationale d'Histoire Militaire* 58 (1984): 138.

19 對於將不同地理融合為容易接受（但未必可行）的範疇，一項卓越的學術研究挑戰這個趨勢，見Martin Lewis and Kären Wigen, *The Myth of Continents: A Critique of Metageography* (Berkeley: University of California Press, 1997).

20 見especially J. A. de Moor, "'A Very Unpleasant Relationship': Trade and Strategy in the Eastern Seas: Anglo-Dutch Relations in the Nineteenth Century from a Colonial Perspective," in *Navies and Armies: The Anglo-Dutch Relationship in War and Peace*, ed. G. J. A. Raven and N. A. M. Rodger (Edinburgh: Donald and Co., 1990.)

21 對於爪哇中心史觀的批判，見J. Thomas Lindblad, "Between Singapore and Batavia: The Outer Islands in the Southeast Asian Economy in the Nineteenth Century," in *Kapitaal, Ondernemerschap en Beleid: Studies over Economie en Politiek in Nederland, Europa en Azië van 1500 tot Heden*, edited by C. A. Davids, W. Fritschy, and L. A. van der Valk, 528–30 (Amsterdam: NEHA, 1996); Howard Dick, "Indonesian Economic History Inside Out," *RIMA* 27 (1993): 1–12; and C. van Dijk, " Java, Indonesia, and Southeast Asia: How Important Is the Java Sea?," in *Looking in Odd Mirrors: The Java Sea, ed. Vincent Houben, Hendrik Meier, and Willem van der Molen, 289–301* (Leiden, Culturen van Zuidoost–Asië en Oceanië, 1992).

22 見John Roger Owen. "Give Me a light? The Development and Regulation of Ships' Navigation Lights up to the Mid-1960s" *International Journal of Maritime History* 25, 1, (2013): 173–203; R. Williams. "Nightspaces: Darkness, Deterritorialisation and Social Control" *Space and Culture* 11/4, (2008): 514–532; and Tim Edensor. "Reconnecting with Darkness: Gloomy Landscapes, Lightless Places" *Social and*

51 對怡保Seeni Naina Mohamed and Co.進行的訪談。
52 對檳城Mohamad Yusoff and Co.進行的訪談。
53 對新加坡K. S. Abdul Latiff and Co.進行的訪談。
54 對新加坡S. Rasoo and Co.進行的訪談。
55 對新加坡Thandapani and Co.進行的訪談。
56 對新加坡Kirtikar Mehta of K. Ramanlal and Co.進行的訪談。
57 見我在馬六甲對C. A. Ramu進行的訪談，儘管這次訪談與其他幾場相當類似。
58 對吉隆坡A. K. Muthan Chettiar and Co.進行的訪談。
59 對怡保Seemi Naina Mohamed進行的訪談。
60 訪談Seemi Naina Mohamed的筆記，怡保，馬來西亞，1989年11月。
61 對檳城R. A. Aziz, of R.A. Ahamedsah Mohamed Sultan and Co.進行的訪談。
62 對新加坡K. S. Mohamed Haniffa and Co.進行的訪談。
63 對新加坡Thandapani and Co.進行的訪談。
64 對新加坡S. Rasoo and Co.進行的訪談。
65 對新加坡K. S. Abdul Latiff and Co.進行的訪談。
66 對新加坡T.S. Jabbar of Shaik Dawood and Sons進行的訪談。
67 對馬六甲C. A. Ramu and Co.的訪談筆記，1989年10月。
68 對馬六甲H. P. Jamal Mohamed and Co.進行的訪談。
69 對吉隆坡A. K. Muthan Chettiar and Sons進行的訪談。
70 對檳城Mohamed Kassim Azhar and Co.進行的訪談。
71 對吉隆坡P. A. Abdul Wahab and Sons進行的訪談。
72 對檳城R. A. Aziz, R.A. Ahamedsah and Co.進行的訪談。
73 對新加坡Kirtikar Mehta, of K. Ramanlan and Co.進行的訪談。
74 對怡保Seemi Naina Mohamed and Co.進行的訪談。
75 對於相關的類型，見Stewart MaCaulay, "Non-Contractual Relationships in Business: A Preliminary Study," *American Sociological Review* 28 (1963): 55–69.
76 Chong Jui Choi, "Contract Enforcement across Cultures," *Organization Studies* 15, no. 5 (1994): 673–82.
77 見R. Ward and R. Jenkins, eds., *Ethnic Communities in Business: Strategies for Economic Survival* (Cambridge: Cambridge University Press, 1984).

第十二章　另類的傅柯圓形監獄，照亮殖民地東南亞

1 Veronica Strang, et al., eds., *From the Lighthouse: Interdisciplinary Reflections on Light* (London: Routledge, 2018), 158.
2 光是針對東南亞地區，關於此一主題過去幾十年已出現多部經典研究著作。如下列探討監獄、流行病學、種植園的三部代表作：Peter Zinoman, *The Colonial Bastille: A History of Imprisonment in Vietnam 1862–01940* (Berkeley: University of California Press, 2001); Warwick Anderson, *Colonial Pathologies* (Durham: Duke University Press, 2006); and Ann Stoler, *Capitalism and Confrontation on Sumatra's Plantation Belt, 1870–1979* (Ann Arbor: University of Michigan Press, 1985).
3 範例可見James E. McClellan, *Colonialism and Science: Saint Domingue in the Old Regime* (Baltimore: Johns Hopkins University Press, 1992.)
4 關於科學與羅闍關係的研究相當多，見Zaheer Baber, *The Science of Empire: Scientific Knowledge, Civilization, and Colonial Rule in India* (Albany: SUNY Press, 1996); Satpal Sangwan, *Science, Technology and Colonisation: An Indian Experience 1757–1857* (Delhi, 1991), especially plates following page 102; Deepak Kumar, *Science and the Raj, 1857–1905* (Delhi, 1995) 180–227.
5 Tamsyn Barton, *Power and Knowledge: Astrology, Physiognomics, and Medicine under the Roman Empire* (Ann Arbor, 1994), 27–94, 95–132, 133–168; 關於科技在羅馬帝國的一些有趣應用，見*Roman Frontier Studies: Papers Presented to the Sixteenth Congress of Roman Frontier Studies* (Oxford, 1995).
6 關於這些過程在現代早期的情況，兩本扛鼎之作：Carlo Cipolla, *Guns, Sails, and Empires: Technological Innovation and the Early Phases of European Expansion 1400–1700* (New York, 1965), 90 and passim; and Geoffrey Parker, *The Military Revolution, Military Innovation and the Rise of the West, 1500–1800* (Cambridge, 1990).
7 見Daniel Headrick, *The Tools of Empire: Technology and European Imperialism in the Nineteenth Century* (New York, 1981); Daniel Headrick, *The Tentacles of Progress: Technology Transfer in the Age of Imperialism, 1850–1940* (New York, 1988); and Michael Adas, *Machines as the Measure of Men: Science, Technology, and Ideologies of Western Dominance* (Ithaca, 1989.)
8 見J. A. Hobson, *Imperialism: A Study (London, 1902), 224–34; V. I. Lenin, Imperialism: The Highest Stage of Capitalism* (New York, 1939), 88–92, 123–27; Hannah Arendt, *The Origins of Totalitarianism* (Cleveland,

22 這些研究的幾個例證請見Paul Freedman, *Out of the East: Spices and the Medieval Imagination* (New Haven: Yale University Press, 2008); Charles Corn, *The Scents of Eden: A History of the Spice Trade* (New York: Kodansha, 1999); John Keay, *The Spice Route: A History* (Berkeley: University of California Press, 2007), Gary Paul Nabhan, *Cumin, Camels, and Caravans: A Spice Odyssey* (Berkeley: University of California Press, 2014).

23 現代早期模式的概覽請見Lakshmi Subramanian, *The Sovereign and the Pirate: Ordering Maritime Subjects in India's Western Littoral* (New Delhi: Oxford University Press, 2016).

24 B. G. Gokhale, *Surat in the Seventeenth Century: A Study of the Urban History of PreModern India* (Bombay: Popular Prkashan, 1979).

25 N. Steensgaard, *The Asian Trade Revolution of the Seventeenth Century: The East India Companies and the Decline of the Caravan Trade* (Chicago: University of Chicago Press, 1974).

26 Ann Bos Radwan, *The Dutch in Western India, 1601-1632* (Calcutta, Firma KLM, 1978); H. W. van Santen, "De verenigde Oost-Indische Compagnie in Gujurat en Hindustan 1620- 1660" (Leiden University, PhD thesis, 1982).

27 一項關於這些模式的精湛研究：David Ludden, *Early Capitalism and Local History in South Asia* (New York: Oxford University Press, 2005).

28 見Geneviève Bouchon, "Le sud-ouest de I'Inde dans l'imaginaire européen au début du XVIe siècle: Du mythe à la réalité," in *Asia Maritima: Images et réalité: Bilder und Wirklichkeit 1200–1800*, ed. Denys Lombard and Roderich Ptak (Wiesbaden: Harrassowitz Verlag, 1994).

29 範例可見Sinnappah Arasaratnam, *Maritime India in the Seventeenth Century* (Delhi: Oxford University Press, 1994), chapter 5.

30 法國在這個領域的研究特別卓越，見Geneviève Bouchon, "Mamale de Cananor," *Un adversaire de l'Inde portugaise (1507–1528)*, EPHE IV, (Geneva and Paris, 1975); Geneviève Bouchon, "L'Asie du Sud à l'époque des grandes découvertes" (London: Variorum Reprints 1987); and Claude Cahen, "Le commerce musulman dans l'Océan Indien au Moyen Age," in *Sociétés et compagnies de commerce en Orient et dans l'Océan Indien*, ed. M. Mollat (Paris: SEVPEN, 1970), 179–93.

31 西高止山的垂直山勢，人們要親眼看過才會相信。從山頂直墜海岸，不可思議，也讓當地的土壤得以捕捉大量的溼氣，成為香料的盛產地，從山谷、狹長海岸到山麓丘陵都是如此。

32 見Sebastian Prange, "Measuring by the Bushel: Reweighing the Indian Ocean Pepper Trade," *Historical Research* 84, no. 224 (May 2011): 212–35.

33 幾項卓越的背景論述請見Sanjay Subrahmanyam, *The Career and Legend of Vasco da Gama* (Cambridge: Cambridge University Press, 1997); 亦見Geneviève Bouchon, "A Microcosm: Calicut in the Sixteenth Century," in *Asian Merchants and Businessmen in the Indian Ocean and the China Sea*, ed. Denys Lombard and Jan Aubin (Oxford: Oxford University Press, 2000).

34 倫敦市郊的皇家植物園（Kew Gardens）、荷蘭萊登（Leiden）的植物園（Hortus Botanicus）之類的地方在這些過程中扮演關鍵角色。全球香料貿易在15至18世紀達到全盛，之後開始走下坡，這段衰退史仍有待深入研究。

35 我在東南亞對香料貿易商的訪談與印度南部的田野調查，要感謝Thomas Watson Foundation（1990年）與香港大學香港社會科學研究所（2012年）的獎助金，否則難以成行，非常感謝。

36 見K. Sandhu and A. Mani 卷帙浩繁的*Indians in South East Asia* (Singapore: ISEAS, 1993).

37 見作者Secret Trades, Porous Borders最後兩章，有與本文相關的資訊。

38 我在訪談過程中不斷被告知這一點，但是從碼頭的裝卸作業也可以看出。一船又一船的香料被送往新加坡、巴生港、檳城等東南亞各個港口。

39 邁索爾瀰漫著檀香的氣息。城市周遭種滿了檀香木，氣味無所不在。

40 Gayatri Spivak, "Can the Subaltern Speak," in *Marxism and the Interpretation of Culture*, ed. Cary Nelson and Lawrence Grossburg (Basingstoke: Macmillan, 1988).

41 我非常感謝新加坡製造商總會的人員，他們熱忱接待我，開放許多紀錄資料讓我查詢。新加坡在東南亞香料貿易的日常運作中居於核心地位，製造商總會的資料庫擁有海量的相關資訊，讓我如獲至寶，得以釐清整個地區香料貿易的配銷與再配銷模式。

42 我同樣感謝吉隆坡與雪蘭峨的印度商會，它們與新加坡製造商總會一樣為我開啟大門與資料庫。

43 對新加坡S. Rasoo and Co.進行的訪談，1989年秋天。

44 對新加坡Abdul Latiff and Co.進行的訪談。

45 對新加坡Abdul Jabbar and Co.進行的訪談。

46 對新加坡Mohamed Haniffa Co. 和 Thandapani Co.進行的訪談。

47 對新加坡Kirtikhar Mehta of K. Ramanla and Co.進行的訪談。

48 對馬六甲Jamal Mohamed and Co.進行的訪談。

49 對吉隆坡A. K. Muthan Chettiar and Co.進行的訪談。

50 對吉隆坡P. A. Abdul Wahab and Co.進行的訪談。

Arena, 1860–1920 (Berkeley: University of California Press, 2007).

7 開啟此一研究潮流的最重要學者，就是研究糖的Sidney Mintz。但他那本專著還影響許多其他商品的研究，也影響相關的歷史學家。見Sidney W. Mintz, *Sweetness and Power: The Place of Sugar in Modern History* (New York: Penguin Books, 1985); Judith A. Carney, *Black Rice: The African Origins of Rice Cultivation in the Americas* (Cambridge: Harvard University Press, 2002); William Gervase Clarence-Smith, and Steven Topik, eds. *The Global Coffee Economy in Africa, Asia, and Latin America, 1500–1989* (New York: Cambridge University Press, 2003); Marcy Norton, *Sacred Gifts, Profane Pleasures: A History of Tobacco and Chocolate in the Atlantic World* (Ithaca: Cornell University Press, 2010); Sarah Abrevaya Stein, *Plumes: Ostrich Feathers, Jews, and a Lost World of Global Commerce* (New Haven: Yale University Press, 2010); Sven Beckert, *Empire of Cotton: A Global History* (New York: Alfred A. Knopf, 2014).

8 M. Weber, *The Protestant Ethic and the Spirit of Capitalism*, 2nd ed. (London: George Allen & Unwin, 1976); and Stanislav Andreski, *Max Weber on Capitalism, Bureaucracy, and Religion: A Selection of Texts* (London: Allen & Unwin, 1983).

9 R. E. Kennedy, "The Protestant Ethic and the Parsis," *American Journal of Sociology* 68 (1962–63): 11–20.

10 P. D. Curtin, *Cross-Cultural Trade in World History* (Cambridge: Cambridge University Press, 1984).

11 Stewart Clegg and S. Gordon Redding, eds. *Capitalism in Contrasting Cultures* (Berlin: De Gruyter, 1990); and Joel Kotkin, *Tribes: How Race, Religion, and Identity Determine Success in the New Global Economy* (New York: Random House, 1993).

12 S. Z. Klausner, "Introduction," in *The Jews and Modern Capitalism*, ed. W. Sombart, xv– cxxv (New Brunswick and London: Transaction Books, 1982). 亦見Avner Greif 's writings on this in the Maghreb, and of course Francesca Trivellato, *The Familiarity of Strangers: The Sephardic Diaspora, Livorno, and Cross-Cultural Trade in the Early Modern Period* (New Haven: Yale University Press, 2012).

13 D. S. Eitzen, "Two Minorities: The Jews of Poland and the Chinese of the Philippines," *Jewish Journal of Sociology* 10, no. 2 (1968): 221–40; and Gary G. Hamilton, "The Organizational Foundations of Western and Chinese Commerce: A Historical Perspective and Comparative Analysis," in Gary G. Hamilton, *Business Networks and Economic Development in East and Southeast Asia*, 48–65 (Hong Kong: Centre of Asian Studies, University of Hong Kong, 1991). 比較新近的詮釋，請見Kaveh Yazdani and Dilip Menon, eds., *Capitalism: Toward a Global History* (Oxford: Oxford University Press, 2020).

14 這類研究在當代最卓越的範例就是Daniel Chirot and Anthony Reid, eds., *Essential Outsiders: Chinese and Jews in the Modern Transformation of Southeast Asia and Central Europe* (Seattle: University of Washington Press, 1997).

15 Chan-kwok Bun and Ng Beoy Kui, "Myths and Misperceptions of Ethnic Chinese Capitalism," in *Chinese Business Networks*, ed. Chan Kwok Bun (Singapore: Prentice Hall, 2000).

16 Harry Harding, "The Concept of 'Greater China': Themes, Variations and Reservations," *China Quarterly* 136 (December 1993): 660–86.

17 Hamilton, ed., *Business Networks*; and Leo Suryadinata, ed., *Southeast Asian Chinese and China: The Politico-economic Dimension* (Singapore: Times Academic Press, 1995).

18 C. Dobbin, "From Middleman Minorities to Industrial Entrepreneurs: The Chinese in Java and the Parsis in Western India 1619–1939," *Itinerario* 13, no. 1 (1989): 109–32; R. K. Ray, "Chinese Financiers and Chetti Bankers in Southern Water: Asian Mobile Credit during the Anglo-Dutch Competition for the Trade of the Eastern Archipelago in the Nineteenth Century," *Itinerario* 11, no. 1 (1987): 209–34; K. A. Yambert, " Alien Traders and Ruling Elites: The Overseas Chinese in Southeast Asia and the Indians in East Africa," *Ethnic Groups* 3 (1981): 173–78.

19 W. G. Clarence Smith, "Indian Business Communities in the Western Indian Ocean in the Nineteenth Century," *Indian Ocean Review* 2, no. 4 (1989); 18–21; and H. D. Evers, "Chettiar Moneylenders in Southeast Asia," in *Marchands et hommes d'affaires asiatiques dans l'Océan Indien et la Mer de Chine 13e-20e siècles*, ed. D. Lombard and J. Aubin, 199–219 (Paris: Éditions de l'école des hautes études, 1987).

20 見M. Adas, "Immigrant Asians and the Economic Impact of European Imperialism: The Role of South Indian Chettiars in British Burma," *Journal of Asian Studies* 33, no. 3 (1974): 385–401; N. R. Chakravati, *The Indian Minority in Burma: The Rise and Decline of an Immigrant Community* (London, Oxford University Press, 1985); and R. Mahadevan, "Immigrant Entrepreneurs in Colonial Burma—An Exploratory Study of the Role of Nattukottai Chattiars of Tamil Nadu, 1880–1930," *Indian Economic and Social History Review* 15, no. 3 (1978): 329–58.

21 義大利文獻對這些歷史的解釋請見F. Sassetti a S.E. il Cardinale F. de' Medici in *Lettere edite e inedite di Filippo Sassetti*, raccolte e annotate da E. Marcucci (Florence, 1855): "Cochin 10 febbraio," 379–80; Francesco Sassetti, "Notizie dell'origine e nobiltá della famiglia de' Sassetti," in *Lettere edite e inedite*, xli; and D. Catellacci, "Curiose notizie di anonimo viaggiatore fiorentino all'Indie nel secolo XVII," *Archivio Storico Italiano* 28, no. 223 (1901): 120.

(Richmond, UK: Curzon Press, 1999); Edmund Terence Gomez, "In Search of Patrons: Chinese Business Networking and Malay Political Patronage in Malaysia," in *Chinese Business Networks*, ed. Chan Kwok Bun (Singapore: Prentice Hall, 2000).

74 Wolfgang Jamann, "Business Practices and Organizational Dynamics of Chinese Familybased Trading Firms in Singapore" (PhD dissertation, Department of Sociology, University of Bielefield, 1990); Thomas Menkhoff, "Trade Routes, Trust and Trading Networks: Chinese Family-based Firms in Singapore and their External Economic Dealings," PhD dissertation (University of Bielefield, Department of Sociology, 1990).

75 Yao Souchou, "The Fetish of Relationships: Chinese Business Transactions in Singapore," *Sojourn* 2 (1987): 89–111; Cheng Lim Keak, "Chinese Clan Associations in Singapore: Social Change and Continuity," in *Southeast Asian Chinese: The Socio-Cultural Dimension*, ed. Leo Suryadinata (Singapore: Times Academic Press, 1995); Wong Siu-Lun, "Business Networks, Cultural Values and the State in Hong Kong and Singapore," in *Chinese Business Enterprises in Asia*, ed. Rajeswary A. Brown (London: Routledge, 1995).

76 見1989年10月在新加坡Fei Fah Drug Company和Ming Tai Co. Pte Ltd.進行的訪談。

77 1989年11月在新加坡Ban Tai Loy Medical Company進行的訪談。

78 1989年10月在新加坡Guan Tian Kee Spices and Dry Goods Company以及 Nam Yong Marine Products進行的訪談。

79 P. D. Curtin, *Cross-Cultural Trade in World History* (Cambridge: Cambridge University Press, 1984); A. Cohen, "Cultural Strategies in the Organization of Trading Diasporas," in *The Development of Indigenous Trade and Markets in West Africa*, ed. C. Meillassoux, 266–80 (London: Oxford University Press, 1971); E. Bonadich, "A Theory of Middleman Minorities," in *Majority and Minority: The Dynamics of Racial and Ethnic Relations*, 2nd ed., ed. N. R. Yetman and C. H. Steele, 77–89 (Boston: Allyn & Bacon, 1975).

80 Z. Bader, "The Contradictions of Merchant Capital 1840–1939," in *Zanzibar under Colonial Rule*, ed. A. Sheriff and E. Ferguson (London: James Curry, 1991), 163–87; R. Robinson, "Non-European Foundations of European Imperialism: Sketch for a Theory of Collaboration," in *Studies in the Theory of Imperialism*, ed. R. Owen and B. Sutcliffe, 117–41 (London: Longman, 1972); R. McVey, "The Materialization of the Southeast Asian Entrepreneur," in *Southeast Asian Capitalists*, ed. R. McVey (Ithaca: Cornell University Southeast Asia Program, 1992), 7–34.

81 B. Benedict, "Family Firms and Economic Development," *Southwestern Journal of Anthropology* 24, no. 1 (1968): 1–19; A. Sen, "Economics and the Family," *Asian Development Review* 1, no. 2 (1983): 14–26.

82 Aihwa Ong, *Flexible Citizenship: The Cultural Logics of Transnationality* (Durham: Duke University Press, 1999); William G Ouchi, "Markets, Bureaucracies and Clans," *Administrative Science Quarterly* 25 (1980): 129–41.

83 見Yangwen Zhang, *China on the Sea: How the Maritime World Shaped Modern China* (Leiden: Brill, 2014); Gang Zhao, *The Qing Opening to the Ocean: Chinese Maritime Policies, 1684–1757* (Honolulu: University of Hawai'i Press, 2013); and Lin Sun, "The Economy of Empire Building: Wild Ginseng, Sable Fur, and the Multiple Trade Networks of the Early Qing Dynasty, 1583–1644" (PhD diss., Oxford University, 2018).

第十一章　碼頭風雲：印度南部海岸如何成為「香料中心」

1 作者田野調查筆記，2012年1月。

2 R. McVey, "The Materialization of the Southeast Asian Entrepreneur," in *Southeast Asian Capitalists*, ed. R. McVey, 7–34 (Ithaca: Cornell University Southeast Asia Program, 1992).

3 Edna Bonacich, "A Theory of Middleman Minorities," in *Majority and Minority: The Dynamics of Racial and Ethnics Relations*, 2nd ed., ed. N. R. Yetman and C. H. Steele, 77–89 (Boston: Allyn and Bacon, 1975); and R. Robinson, "Non-European Foundations of European Imperialism: Sketch for a Theory of Collaboration," in *Studies in the Theory of Imperialism*, ed. R. Owen and B. Sutcliffe, 117–41 (London: Longman, 1972).

4 A. Cohen, "Cultural Strategies in the Organization of Trading Diasporas," in *The Development of Indigenous Trade and Markets in West Africa*, ed. C. Meillassoux, 266–80 (London: Oxford University Press, 1971); Z. Bader, "The Contradictions of Merchant Capital 1840–1939," in *Zanzibar under Colonial Rule*, ed. A. Sheriff and E. Ferguson, 163–87 (London: James Curry, 1991).

5 Amartya Sen, "Economics and the Family," *Asian Development Review* 1, no. 2 (1983): 14–26; and B. Benedict, "Family Firms and Economic Development," *Southwestern Journal of Anthropology* 24, no. 1 (1968): 1–19.

6 在這個課題上，我受到一系列學術研究的指引，其中一部分已在第五章引述，此處則要列出幾項很有幫助的概覽：Edward Alpers, *The Indian Ocean: A World History* (New York: Oxford University Press, 2014); Michael Pearson, *The World of the Indian Ocean, 1500–1800: Studies on Economic, Social, and Cultural History* (Aldershot, UK: Ashgate, 2005); and Thomas Metcalf, ed., *Imperial Connections: India in the Indian Ocean*

49 香港健生中西藥房訪談見2005年4月4日，作者訪談筆記。

50 訪談是於2005年春天在中國福建廈門進行。田野調查是於1990年1月在廣州清平市場進行。市場中的商品種類多到驚人，包括來自世界各地的海產，東南亞是主要產地（透過當地華人網絡）。

51 訪談，千草城中醫診療所，香港，2005年4月4日。

52 訪談，合勝堂蔘茸有限公司，臺北，臺灣，2005年1月7日。

53 見Steven W. Purcell, *Yves Samyn, and Chantal Conand, Commercially Important Sea Cucumbers of the World* (Rome: Food and Agriculture Organization of the United Nations, 2012).

54 Tsai Mauw-Kuey, *Les chinois au Sud-Vietnam* (Paris: Bibliothèque Nationale, 1986); Tranh Khanh, *The Ethnic Chinese and Economic Development in Vietnam* (Singapore: Institute of Southeast Asian Studies, 1993). 我也引用了2009年10月在河內（Cua Hang 49 Marine Goods Shop）與胡志明市（Huong Xian Marine Goods Shop in Ben Thanh Market, and Lien Saigon Marine Goods Shop）對華裔海產商人的訪談。

55 見Nola Cooke, "Chinese Commodity Production and Trade in Nineteenth-Century Cambodia: The Fishing Industry," paper presented to the Workshop on Chinese Traders in the Nanyang: Capital, Commodities and Networks, Academica Sinica, Taipei, Taiwan, 19 January 2007.

56 田野調查筆記，宋卡碼頭，宋卡，泰國南部（泰國灣海岸），1989年12月。

57 田野調查筆記，奧帕南，泰國南部（安達曼海海岸），1989年12月。

58 田野調查筆記，拉農碼頭，拉農，泰國南部（安達曼海海岸），1989年12月。

59 與敏登的訪談筆記，地點在他店裡，仰光，緬甸，2007年1月四日。

60 在一家無名香料／海產品店的訪談筆記，仰光，緬甸，距離敏登的藥劑／海產品／香料店四條街，2007年1月4日。

61 訪談筆記，額布里北方的漁村，若開邦，緬甸，2007年1月。

62 John T. Omohondro, "Social Networks and Business Success for the Philippine Chinese," in *The Chinese in Southeast Asia*, vol. 1: *Ethnicity and Economic Activity*, ed. Linda Y. C. Lim and L. A. Peter Gosling, 65–85 (Singapore: Maruzen Asia, 1983); Arturo Pacho, "The Chinese Community in the Philippines: Status and Conditions," *Sojourn* (Singapore) (Feb. 1986): 80–3; Ellen H. Palanca, "The Economic Position of the Chinese in the Philippines," *Philippine Studies* 25 (1977): 82–8; Liao Shaolian, "Ethnic Chinese Business People and the Local Society: The Case of the Philippines," in *Chinese Business Networks*, ed. Chan Kwok Bun (Singapore: Prentice Hall, 2000).

63 J. Amyot, *The Manila Chinese: Familism in the Philippine Environment* (Quezon City: Institute of Philippine Culture, 1973); J. T. Omohundro, *Chinese Merchant families in Iloilo: Commerce and Kin in a Central Philippine City* (Quezon City: Ateneo de Manila University Press, and Athens, OH: Ohio University Press, 1981).

64 訪談筆記，亞洲太平洋公司（Inter-Asian Pacific Company），馬尼拉，菲律賓，1990年1月。這家乾貨公司位於馬尼拉北部的倉庫區，總經理Vicente Co Tiong Keng接受我長時間訪談，告訴我這項訊息。

65 田野調查，三寶顏與周邊地區，三寶顏，民答那峨島，菲律賓南部，2004年7月。

66 Liem Twan Djie, *De Distribueerende Tusschenhandel der Chineezen op Java*, 2nd ed. (The Hague: Martinues Nijhoff, 1952); J. Panglaykim and I. Palmer, "The Study of Entrepreneurship in Developing Countries: The Development of One Chinese Concern in Indonesia," *Journal of Southeast Asian Studies* 1, no. 1 (1970): 85–95; L. E. Williams, "Chinese Entrepreneurs in Indonesia," *Explorations in Entrepreneurial History* 5, no. 1 (1952): 34–60; Robert Cribb, "Political Structures and Chinese Business Connections in the Malay World: A Historical Perspective," in *Chinese Business Networks,* ed. Chan Kwok Bun (Singapore: Prentice Hall, 2000).

67 Zhou, Nanjing, "Masalah Asimilasi Keturunan Tionghoa di Indonesia," *Review of Indonesian and Malaysian Affairs*, 21, no. 2 (Summer 1987): 44–66; Thung Ju Lan, "Posisi dan Pola Komunikasi Antar Budaya Antara Etnis Cina dan Masyarakat Indonesia Lainnya Pada Masa Kini: Suatu Studi Pendahuluan," *Berita Ilmu Pengetahuan dan Teknologi* 29, no. 2 (1985): 15–29; Mely Tan, *Golongan Ethnis Tinghoa di Indonesia: Suatau Masalah Pembinan Kesatuan Bangsa* (Jakarta: Gramedia, 1979).

68 關於這項觀察的田野調查，是分成數年在印尼各地海岸地區進行：努沙登加拉省的龍目島，2005年夏天；蘇拉威西島南部的望加錫，2005年夏天；摩鹿加群島北部的特爾納特，1990年春天；摩鹿加群島中部的班達，1990年春天。

69 與海參商人的訪談，望加錫，蘇拉威西島，印尼，2005年7月，作者田野調查筆記。

70 田野調查與訪談，雅加達巽他格拉巴碼頭的水手，2000年春天。

71 吉隆坡的情況請見與Fook Hup Hsing Sdn Bhd, Tek Choon Trading Sdn. Bhd和Tai Yik Hang Medical Hall的訪談，完成於1989年11月。檳城的情況請見與Kwong Seng Hung Pte Ltd.和Soo Hup Seng Trading Co. Sdn Bhd的訪談，完成於1989年11月。怡保的情況請見與Wing Sang Hong Sdn Bhd的訪談，完成於1989年11月。

72 古晉的情況請見與Syn Min Kong Sdn Bhd和Voon Ming Seng Sdn Bhd的訪談，完成於1990年3月。2004年在沙巴海岸地區、哥打京那峇魯一帶進行的田野調查，也有助於揭示這些模式。

73 Edmund Terence Gomez, *Chinese Business in Malaysia: Accumulation, Accommodation and Ascendance*

Populations of Sabah and the Southern Philippines," *Borneo Research Bulletin* 1, no. 2 (1969): p. 21–22; Thomas Kiefer, *The Taosug: Violence and Law in a Philippine Muslim Society* (New York: Holt, Rinehart, and Winston, 1972), 22; Clifford Sather, "Sulu's Political Jurisdiction over the Bajau Laut Traditional States of Borneo and the Southern Philippines," *Borneo Research Bulletin* 3, no. 2 (1971): 45; and Richard Stone, "Intergroup Relations among the Taosug Samal and Badjaw of Sulu," in *The Muslim Filipinos*, ed. Peter Gowing and Robert McAmis, 90–91 (Manila: Solidaridad Publishing House, 1974); Charles Frake, "The Cultural Constructions of Rank, Identity, and Ethnic Origin in the Sulu Archipelago," in *Origins, Ancestry, and Alliance: Explorations in Austronesian Ethnography*, ed. James Fox and Clifford Sather (Publication of the Research School of Pacific and Asian Studies, Canberra, Australia National University, 1996); Peter Gowing, *Muslim Filipinos: Heritage and Horizon* (Quezon City: New Day Publishers, 1979); Alexander Spoehr, *Zamboanga and Sulu: An Archaeological Approach to Ethnic Diversity Ethnology* (Pittsburgh: Monograph 1, Dept. of Anthropology, University of Pittsburgh, 1973).

41 H. A. Mattulada, "Manusia dan Kebudayaan Bugis-Makassar dan Kaili di Sulawesi," *Antropologi Indonesia: Majalah Antropologi Sosial dan Budaya Indonesia* 15, no. 48 (Jan./ Apr. 1991): 4–109; Narifumi Maeda, "Forest and the Sea among the Bugis," *Southeast Asian Studies* 30, no. 4 (1993): 420–26; Jacqueline Lineton, "Pasompe' Ugi': Bugis Migrants and Wanderers," *Archipel* 10 (1975): 173–205; Clifford Sather, "Seven Fathoms: A Bajau Laut Narrative Tale from the Semporna District of Sabah," *Brunei Museum Journal* 3, no. 3, 1975; Leonard Andaya, "The Bugis Makassar Diasporas," *JMBRAS* 68, no. 1 (1995): 119–38; and C. A. Gibson-Hill, "The Indonesian Trading Boat Reaching Singapore," *Royal Asiatic Society, Malaysian Branch* 23 (Feb. 1950).

42 Chin Keong Ng, *Trade and Society: The Amoy Network on the China Coast* (Singapore: Singapore University Press, 1983); Sarasin Viraphol, *Tribute and Profit: Sino-Siamese Trade 1652–1853* (Cambridge, MA: Harvard University Press 1977); Christine Dobbin, *Asian Entrepreneurial Minorities: Conjoint Communities in the Making of the World-Economy, 1570–1940* (Richmond: Curzon, 1996); and R. Ray, "Chinese Financiers and Chetti Bankers in Southern Waters: Asian Mobile Credit During the Anglo-Dutch Competition for the Trade of the Eastern Archipelago in the Nineteenth Century," *Itinerario* 1 (1987): 209–34.

43 見John Butcher, *The Closing of the Frontier: A History of the Marine Fisheries of Southeast Asia, 1850–2000* (Singapore: ISEAS, 2004).

44 眾多相關論述見Cheng Lim Keak, "Reflections on Changing Roles of Chinese Clan Associations in Singapore," *Asian Culture* (Singapore) 14 (1990): 57–71; S. Gordon Redding, "Weak Organizations and Strong Linkages: Managerial Ideology and Chinese Family Business Networks," in *Business Networks and Economic Development in East and Southeast Asia*, ed. Gary Hamilton (Hong Kong: Center of Asian Studies, University of Hong Kong, 1991); Edmund Terence Gomez and Michael Hsiao, eds., *Chinese Enterprise, Transnationalism, and Identity* (London: Routledge, 2004); S. Gordon Redding, *The Spirit of Chinese Capitalism* (Berlin: De Gruyter, 1990); Kunio Yoshihara, "The Ethnic Chinese and Ersatz Capitalism in Southeast Asia," in *Southeast Asian Chinese and China: The Politico-economic Dimension,* ed. Leo Suryadinata (Singapore: Times Academic, 1995); and Arif Dirlik, "Critical Reflections on 'Chinese Capitalism' as Paradigm," *Identities* 3, no. 3: 1997: 303–30.

45 Rupert Hodder, *Merchant Princes of the East: Cultural Delusions, Economic Success and the Overseas Chinese in Southeast Asia* (Chichester: Wiley, 1996); better studies include Edmund Terence Gomez and Michael Hsiao, *Chinese Business in Southeast Asia: Contesting Cultural Explanations, Researching Entrepreneurship* (Richmond, Surrey: Curzon, 2001); and J. Mackie, "Changing Patterns of Chinese Big Business in Southeast Asia," in *Southeast Asian Capitalists*, ed. Ruth McVey (Ithaca: Cornell University Southeast Asia Program, 1992), 161–90.

46 Michael Godley, *The Mandarin Capitalists from Nanyang: Overseas Chinese Enterprise in the Modernization of China* (Cambridge: Cambridge University Press 1981); M. Freedman, *Chinese Lineage and Society: Fukien and Kwangtung*, 2nd ed. (London: The Althone Press, 1971); J. A. C. Mackie, "Changing Patterns of Chinese Big Business in Southeast Asia," in *Southeast Asian Capitalists*, ed. McVey; Rajeswary A. Brown, ed., *Chinese Business Enterprise in Asia* (London: Routledge, 1995); Yen Ching-hwang, ed., *The Ethnic Chinese in East and Southeast Asia: Business, Culture, and Politics* (Singapore: Times Academic, 2002).

47 Linda Y. C. Lim, "Chinese Economic Activity in Southeast Asia: An Introductory Review," in *The Chinese in Southeast Asia, vol. 1: Ethnicity and Economic Activity*, ed. Linda Y. C. Lim and L. A. Peter Gosling (Singapore: Maruzen Asia, 1983); Leo Suryadinata, ed., *Southeast Asian Chinese: The Socio-cultural Dimension* (Singapore: Times Academic Press, 1995); J. A. C. Mackie, "Overseas Chinese Entrepreneurship," *Asian Pacific Economic Literature* 6, no. 1 (1992): 41–46; Victor Simpao Limlingan, *The Overseas Chinese in ASEAN: Business Strategies and Management Practices* (Manila: Vita Development Corporation, 1986).

48 關於這些貿易與中國醫學的結合，見He Bian, *Know Your Remedies: Pharmacy and Culture in Early Modern China* (Princeton: Princeton University Press, 2020).

"De Chinezen op Java," *Tijdshcrift voor Nederlandesh Indië* 13, no. 1 (1851): 239–54, 292–314.

23 M. van Alphen, "Iets over den orsprong en der eerste uibreiding der Chinesche Volkplanting te Batavia," *Tijdschrift voor Nederlandesch Indië* 4, no. 1 (1842): 70–100; V. B. van Gutem, "Tina Mindering: Eeninge aanteekenigen over het Chineeshe geldshieterswesen op Java," *Koloniale Studiën* 3, no. 1 (1919): 106–50.

24 見Leonard Blussé, *Strange Company: Chinese Settlers, Mestizo Women and the Dutch in VOC Batavia* (Dordrecht and Riverton: Foris Publications, 1986); P. Carey, "Changing Javanese Perceptions of the Chinese Communities in Central Java, 1755–1825," *Indonesia* 37 (1984): 1–47.

25 資料來源眾多，請見Phoa Liong Gie, "De economische positie der Chineezen in Nederlandesch Indië," *Koloniale Studiën* 20, no. 5 (1936): 97–119; J. L. Vleming, *Het Chineesche zakenleven in Nederlandesch-Indië* (Weltevreden: Landsdrikkerij, 1926); Siem Bing Hoat, "Het Chineesch Kapitaal in Indonisië," *Chung Hwa Hui Tsa Chih* 8, no. 1 (1930): 7–17; Ong Eng Die, *Chinezen in Nederlansch-Indië: Sociographie van een Indonesische bevolkingsgroep* (Assen: Van Gorcum and Co., 1943).

26 The Siauw Giap, "Socio-Economic Role of the Chinese in Indonesia, 1820–1940," in *Economic Growth in Indonesia, 1820–1940*, ed. A. Maddison and G. Prince (Dordrecht: Foris, 1989), 159–83; W. J. Cator, *The Economic Position of the Chinese in the Netherlands Indies* (Oxford: Basil Blackwell, 1936).

27 M. Fernando and D. Bulbeck, *Chinese Economic Activity in Netherlands India: Selected Translations from the Dutch* (Singapore: Institute of Southeast Asian Studies, 1992).

28 相關論點請見作者Secret Trades, *Porous Borders: Smuggling and States along a Southeast Asian Frontier, 1865–1915* (New Haven: Yale University Press, 2005).

29 Eric Tagliacozzo, "Onto the Coast and Into the Forest: Ramifications of the China Trade on the History of Northwest Borneo, 900–1900," in *Histories of the Borneo Environment*, ed. Reed Wadley (Leiden: KITLV Press, 2005), 25–60.

30 Eric Tagliacozzo, "Border-Line Legal: Chinese Communities and 'Illicit' Activity in Insular Southeast Asia," in *Maritime China and the Overseas Chinese in Transition, 1750–1850*, ed. Ng Chin Keong (Wiesbaden: Harrossowitz Verlag, 2004), 61–76.

31 Michael R. Godley, "Chinese Revenue Farm Network: The Penang Connection," in *The Rise and Fall of Revenue Farming: Business Elites and the Emergence of the Modern State in Southeast Asia*, ed. John Butcher and Howard Dick (Basingstoke: Macmillan and New York: St. Martin's Press, 1993), 89–99.

32 J. W. Cushman, "The Khaw Group: Chinese Business in the Early Twentieth-Century Penang," *Journal of Southeast Asian Studies* 17, no. 1 (1986): 58–79; 亦見Wong Yee Tuan, *Penang Chinese Commerce in the Nineteenth Century* (Singapore; ISEAS, 2015); and Jennifer Cushman, *Fields from the Sea: Chinese Junk Trade with Siam during the Late Eighteenth and Early Nineteenth Century* (Ithaca: Cornell University Press, 1975).

33 見Jos Gommans and Jacques Leider, eds., *The Maritime Frontier of Burma, Exploring Political, Cultural and Commercial Interaction in the Indian Ocean World, 1200–1800* (Leiden: KITLV Press, 2002).

34 見the contributions by R. Bernal, L. Diaz Trechuelo, M. C. Guerrero, and S. D. Quiason in *The Chinese in the Philippines 1570–1770*, ed. A. Felix Jr., vol. 1 (Manila: Solidaridad, 1966).

35 E. Wickberg, *The Chinese in Philippine Life, 1850–1898* (New Haven: Yale University Press, 1965).

36 Benito Legarda, *After the Galleons: Foreign Trade, Economic Change and Entrepreneurship in the Nineteenth-Century Philippines* (Madison: University of Wisconsin Southeast Asia Program, 1999).

37 Wong Kwok-Chu, *The Chinese in the Philippine Economy, 1898–1941* (Manila: Ateneo de Manila Press, 1999).

38 （未特別排序）Yen-Ping Hao, *The Commercial Revolution in Nineteenth Century China: The Rise of Sino-Western Capitalism* (Berkeley: University of California Press, 1986); W. E. Cheong, *The Hong Merchants of Canton: Chinese Merchants in Sino-Western Trade* (Richmond, Surrey: Curzon, 1997; Dilip Basu, "The Impact of Western Trade on the Hong Merchants of Canton, 1793–1842," in *The Rise and Growth of the Colonial Port Cities in Asia*, ed. Dilip Basu, 151–55 (Berkeley, Center for South and Southeast Asian Research 25, University of California Press, 1985); Randle Edwards, "Ch'ing Legal Jurisdiction over Foreigners," in *Essays on China's Legal Tradition*, ed. Jerome Cohen et al., 222–69 (Princeton: Princeton University Press, 1980); and John Phipps, *A Practical Treatise on Chinese and Eastern Trade* (Calcutta: Thacker and Com., 1835).

39 幾個範例請見John Crawfurd, *Journal of an Embassy from the Governor General of India to the Courts of Siam and Cochin-China* (London: Henry Colburn 1828; Oxford Historical reprints, 1967); Thomas Forrest, *A Voyage to New Guinea and the Moluccas from Balambangan: Including an Account of Maguindanao, Sooloo, and Other Islands* (London: G. Scott, 1779); D. H. Kolff, *Voyages of the Dutch Brig of War Dourga*, trans. George Windsor Earl (London: James Madden, 1840); and William Milburn, *Oriental Commerce*, vol. I (London, Black, Parry, and Co, 1813).

40 Warren, *The Sulu Zone*; Heather Sutherland, "Trepang and Wangkang: The China Trade of Eighteenth-Century Makassar," in *Authority and Enterprise among the Peoples of South Sulawesi*, ed. R. Tol, K. van Dijk, and G. Accioli (Leiden: KITLV Press, 2000); G. N. Appel, "Studies of the Taosug and Samal-Speaking

Transoceanic Exchanges, ed. Jerry H. Bentley, Renate Bridenthal, and Kären Wigen, 53–68 (Honolulu: University of Hawai'i Press, 2007).

7 Eric Tagliacozzo, "A Necklace of Fins: Marine Goods Trading in Maritime Southeast Asia, 1780–1860," *International Journal of Asian Studies* 1, no. 1 (2004): 23–48.

8 依序見Marshall Sahlins, "Cosmologies of Capitalism: The Trans-Pacific Sector of the World System," in *Culture, Power, and History: A Reader in Contemporary Theory*, ed. Nicholas Dirks, Geoff Eley, and Sherry Orner, 412–55 (Princeton: Princeton University Press, 1994); Timothy Brook, *The Confusions of Pleasure: Commerce and Culture in Ming China* (Berkeley: University of California Press, 1998); and Pin-tsun Chang, "The Sea as Arable Fields: A Mercantile Outlook on the Maritime Frontier of Late Ming China," in *The Perception of Space in Traditional Chinese Sources*, ed. Angela Schottenhammer and Roderich Ptak, 17–26 (Wiesbaden: Harrassowitz Verlag, 2006).

9 一份很好的概覽請見P. J. Golas, "Early Chíng Guilds," in *The City in Late Imperial China*, ed. G. W. Skinner (Stanford: Stanford University Press, 1977), 555–80.

10 Geoffrey Wade, *The Ming Shi-lu (Veritable Records of the Ming Dynasty) as a Source for Southeast Asian History, Fourteenth to Seventeenth Centuries*, 8 vols. (Hong Kong: Hong Kong University Library Microfilms, 1996); Ng Chin-Keong, *Trade and Society: The Amoy Network on the China Coast, 1683–1735, Singapore* (Singapore University Press, 1983); Hao Yen-p'ing, *The Commercial Revolution in Nineteenth-Century China. The Rise of Sino-Western Mercantile Capital* (Berkeley: University of California Press, 1986).

11 Michael R. Godley, *The Mandarin-Capitalists from Nanyang: Overseas Chinese Enterprise in the Modernization of China, 1893–1911* (Cambridge: Cambridge University Press, 1981); Wen-Chin Chang, "Guanxi and Regulation in Networks: The Yunnanese Jade Trade Between Burma and Thailand," *Journal of Southeast Asian Studies* 35, no. 3 (2004): 479–501.

12 Zheng Yangwen, *The Social Life of Opium in China* (Cambridge: Cambridge University Press, 2005).

13 見Leonard Blussé, "Junks to Java: Chinese Shipping to the Nanyang in the Second Half of the Eighteenth Century," in *Chinese Circulations: Capital, Commodities, and Networks in Southeast Asia*, ed. Eric Tagliacozzo and Wen-Chin Chang, 221–58 (Durham: Duke University Press, 2011); and Gerrit J. Knaap and Heather Sutherland, *Monsoon Traders: Ships, Skippers and Commodities in Eighteenth-Century* Makassar (Leiden: KITLV Press, 2004).

14 範例可見Guoting Li, *Migrating Fujianese: Ethnic, Family, and Gender Identities in an Early Modern Maritime World* (Leiden: Brill, 2015).

15 Sherman Cochran, *Encountering Chinese Networks: Western, Japanese, and Chinese Corporations in China, 1880–1937* (Berkeley: University of California Press, 2000); Peter Post, "Chinese Business Networks and Japanese Capital in Southeast Asia, 1880–1940: Some Preliminary Observations," in *Chinese Business Enterprises in Asia*, ed. Rajeswary A. Brown (London and New York: Routledge, 1995), 154–76.

16 Wang Gungwu, "Merchants without Empire: The Hokkien Sojourning Communities," in *The Rise of Merchant Empires: Long-Distance Trade in the Early Modern World, 1350–1750*, ed. J. D. Tracy (Cambridge: Cambridge University Press, 1990), 400–21; Tagliacozzo, "A Necklace of Fins."

17 Adam McKeown, *Chinese Migrant Networks and Cultural Change: Peru, Chicago, Hawaii, 1900–1936* (Chicago: University of Chicago Press, 2001).

18 C. Salmon, "Les Marchands chinois en Asie du Sud-est," in *Marchands et hommes d'affaires asiatiques dans l'Océan Indien et la Mer de Chine 13e–20e siècles*, ed. D. Lombard and J. Aubin, 330–51 (Paris: Éditions de l'École des Hautes Études en Sciences Sociales, 1988); D. Lombard, *Le carrefour javanais: Essai d'histoire globale, 2 Les réseaux asiatiques* (Paris: Éditions de l'École des Hautes Études en Sciences Sociales, 1990).

19 Anthony Reid, ed., *Sojourners and Settlers: Histories of Southeast Asia and the Chinese* (Sydney: Allen & Unwin, 1996); John Butcher and Howard Dick, eds., *The Rise and Fall of Revenue Farming: Business Elites and the Emergence of the Modern State in Southeast Asia* (Basingstoke: Macmillan, and New York: St. Martin's Press, 1993), 193–206.

20 Shozo Fukuda, *With Sweat and Abacus: Economic Roles of the Southeast Asian Chinese on the Eve of World War II*, ed. George Hicks, trans. Les Oates (Singapore: Select Books, 1995); Qiu Liben, "The Chinese Networks in Southeast Asia: Past, Present and Future," in *Chinese Business Networks*, ed. Chan Kwok Bun (Singapore: Prentice Hall, 2000).

21 Coen, Jan Pietersz. *Bescheiden omtremt zijn bedrif in Indië*, 4 vols., ed. H. T. Colbrander (The Hague: Martinus Nijhoff, 1919–22; B. Hoetink, "Chineesche officiern te Batavia onder de Compagnie," *Bijdragen tot de Taal-, landen Volkenkunde van Nederlandsch Indië* 78 (1922): 1–136; B. Hoetink, "Ni Hoekong: Kapitein der Chineezen te Batavia in 1740," *Bijdragen tot de Taal-, landen Volkenkunde van Nederlandsch Indië* 74 (1918): 447–518; B. Hoetink, "So Bing Kong: Het eerste hoofd der Chineezen te Batavia (1629–1636)," *Bijdragen tot de Taal-, landen Volkenkunde van Nederlandsch Indië* 74 (1917): 344–85.

22 J. T. Vermueulen, *De Chineezen te Batavia en de Troebelen van 1740* (Leiden: Eduard Ijdo, 1938); J. F. van Nes,

81 Mr. J. Hunt to Mr. Jordan, 10 April 1897, in Ibid.
82 Mr. Lowther to the Marquess of Salisbury, 15 May 1897, no. 102, in Ibid., 255.
83 Consul-General Jordan to Sir C. MacDonald, 10 September 1897, no. 70, in Ibid., 270.
84 Foreign Office to Admiralty, 14 December 1897, "Secret," in Ibid., 277.
85 Dutch Consul, Tokyo, to Minister van Buitenlandse Zaaken, 11 May 1908, no. 448/57, in Nationaal Archief, Den Haag, Ministerie van Buitenlandse Zaaken, 2.05.03, Doos 589, A.209 "Emigratie van Japanners naar Nederlandsch-Indië."
86 "Japanese Immigration," *Kobe Herald*, 27 July 1907, in Nationaal Archief, Den Haag, Ministerie van Buitenlandse Zaaken, 2.05.03, Doos 589, A.209, "Emigratie van Japanners naar Nederlandsch-Indië."
87 Minister van Kolonien to Minister van Buitelandse Zaaken, 8 January 1908, "Secret," in Nationaal Archief, Den Haag, Ministerie van Buitenlandse Zaaken, 2.05.03, Doos 589, A.209 "Emigratie van Japanners naar Nederlandsch-Indië."
88 Governor General Netherlands Indies to Heads of Regional Administration, Circulaire, "Extremely Secret," no. 407, 3 December 1907, in Nationaal Archief, Den Haag, Ministerie van Buitenlandse Zaaken, 2.05.03, Doos 589, A.209 "Emigratie van Japanners naar Nederlandsch-Indië."
89 Japanese Foreign Affairs Ministry "List of Emigrants Gone Abroad, 1905/06," in Nationaal Archief, Den Haag, Ministerie van Buitenlandse Zaaken, 2.05.03, Doos 589, A.209 "Emigratie van Japanners naar Nederlandsch-Indië."
90 Durch Consul Tokyo to Buitenlandse Zaken, 13 June 1910, no. 560/159; and "The Destroyer Yamakaze," *Japan Times*, 4 June 1910, in Nationaal Archief, Den Haag, Ministerie van Buitenlandse Zaaken, 2.05.03, Doos 421, A.182 "Marine Begrotingen, Buitelandse 1895–1910."
91 Dutch Consul, London to Buitenlandse Zaken, 5 August 1909, no. 2257/1443; "British Warships in Far Eastern Waters," *Times of London*, 5 August 1909; Dutch Consul, London to Buitelandsae Zaken, 2 December 1909, no. 3258/2036; "Imperial Naval Defense," *Times of London*, 2 December 1909, in Nationaal Archief, Den Haag, Ministerie van Buitenlandse Zaaken, 2.05.03, Doos 421, A.182, "Marine Begrotingen, Buitelandse 1895–1910."
92 Dutch Consul, London to Buitelandse Zaken, 14 January 1905, #32, in Nationaal Archief, Den Haag, Ministerie van Buitenlandse Zaaken, 2.05.03, Doos 421, A.182 "Marine Begrotingen, Buitelandse 1895–1910."

第十章 魚翅、海參、珍珠：海產物與中國—東南亞

1 作者田野調查筆記，商人訪談，南榮海嶼私人有限公司，新加坡，1989年10月。
2 D. N. Levine, "Simmel at a Distance: On the History and Systematics of the Sociology of the Stranger," in *Georg Simmel. Critical Assessments*, vol. 3, ed. D. Frisby (London: Routledge, 1994), 174–89; A. Schuetz, "The Stranger: An Essay in Social Psychology," *American Journal of Psychology* 49 (1944): 499–507; Georg Simmel, "The Stranger," in *The Sociology of Georg Simmel*, ed. K. H. Wolff (New York: Free Press, 1950), 402–8.
3 M. Weber, *The Protestant Ethic and the Spirit of Capitalism*, 2nd ed. (London: George Allen and Unwin, 1976). 關於結合韋伯理論與亞洲貿易社群的早期嘗試，請見R. E. Kennedy, "The Protestant Ethic and the Parsis," *American Journal of Sociology* 68 (1962–63): 11–20.
4 For Southeast Asia, two good places to start in disentangling these patterns are Keng We Koh, "Familiar Strangers and Stranger-kings: Mobility, Diasporas, and the Foreign in the Eighteenth-Century Malay World," *Journal of Southeast Asian Studies* 48, no. 3 (2017): 390–413, and Jennifer L. Gaynor, *Intertidal History in Island Southeast Asia: Submerged Genealogy and the Legacy of Coastal Capture* (Ithaca, NY: Cornell University Press, 2016.)
5 相關研究眾多，有些具批判性與參考價值，有些則否，請見Edgar Wickberg, "Overseas Adaptive Organizations, Past and Present," in *Reluctant Exiles? Migration from the Hong Kong and the New Overseas Chinese, ed. Ronald Skeldon* (Armonk, NY: M. E. Sharpe, 1994); Wu Wei-Peng, "Transaction Cost, Cultural Values and Chinese Business Networks: An Integrated Approach," in *Chinese Business Networks, ed. Chan Kwok Bun* (Singapore: Prentice Hall, 2000): 35–56; I-Chuan Wu-Beyens, "Hui: Chinese Business in Action," in *Chinese Business Networks*, ed. Chan Kwok Bun (Singapore: Prentice Hall, 2000): 129–51; Jamie Mackie, "The Economic Roles of Southeast Asian Chinese: Information Gaps and Research Needs," in Ibid., 234–60; Peter S. Li, "Overseas Chinese Networks: A Reassessment," in Ibid., 261–84; Sterling Seagrave, *Lords of the Rim: The Invisible Empire of the Overseas Chinese* (New York: Putnam, 1995).
6 見Roderich Ptak, *Maritime Animals in Traditional China* (Wiesbaden: Harrassowitz Verlag, 2011); and Jennifer L. Gaynor, "Maritime Ideologies and Ethnic Anomalies: Sea Space and the Structure of Subalternality in the Southeast Asian Littoral," in *Seascapes: Maritime Histories, Littoral Cultures, and*

F. M. à Campo, "De Chinese stoomvaart in de Indische archipel," *Jambatan: Tijdschrift voor de geschiedenis van Indonesië* 2, no. 2, (1984), 1–10; P. Post, "Japanese bedrijfvigheid in Indonesia, 1868–1942," PhD dissertation, (Free University of Amsterdam, 1991); and D. J. Pronk van Hoogeveen, "De KPM in na-oorlogse Jaren," *Economisch Weekblad* 14e (25 December 1948): 1001–2.

54 見Robert Nicholl, *European Sources for the History of the Sultanate of Brunei in the Sixteenth Century* (Bandar Seri Begawan: Muzium Brunei, 1895).

55 J. van Goor, "A Madman in the City of Ghosts: Nicolaas Kloek in Pontianak," in *All of One Company: The VOC in Biographical Perspective*, no author, 196–211 (Utrecht: H & S Press, 1986); 亦見Eric Tagliacozzo, *Secret Trades, Porous Borders: Smuggling and States along a Southeast Asian Frontier* (New Haven: Yale University Press, 2005).

56 W. Voute, "Gound-, Diamant-, en Tin-Houdende Alluviale Gronden in de Nederlandsche Oosten West-Indische Kolonien," *Indische Mercuur* 24, no. 7 (1901): 116–17.

57 C. J. van Schelle, "De Geologische Mijnbouwkundige Opneming van een Gedeelte van Borneo's Westkust: Rapport #1: Opmerking Omtrent het Winnen van Delfstoffen," *Jaarboek Mijnwezen* 1 (1881): 263.

58 Mr. Hansen to the Marquis of Salisbury, 4 December 1891, no. 26, in *BDFA*, Part I, Series E, vol. 23, p. 183.

59 Sir J. Welsham to the Marquis of Salisbury, 11 January 1892, in Ibid., p. 184.

60 "Tract Entitled 'Essay on the Cruel Hand,' Spring, Kwangsuh, 16th Year, 1890" (13 November 1891), in Ibid., 181.

61 Extract from the *London and China Telegraph* of 29 December 1891, in Ibid., 185.

62 相關研究文獻汗牛充棟，可先參看Benjamin Elman探討世紀末時期的著作。

63 "An Ordinance Enacted by the Governor of Hong Kong to Amend Ordinance #3 of 1862 (Ordinance #3 of 1894)," in Ibid., 224; "Sieh Ta-jen to the Marquis of Salisbury, 10 March 1892," in Ibid., 223.

64 Colonial Office to Foreign Office, 19 March 1892, in Ibid., 223.

65 M. Krapf to Colonial Office, 16 March 1892, in Ibid., 223.

66 "Draft of Letter from Colonial Office to M. Krapf, March 1892," in Ibid., 224.

67 Dutch Consul, Hong Kong to Chairman of the Planter's Committee, Medan, Sumatra (27 March 1900), no. 213, Appx I, in Nationaal Archief, Den Haag, Ministerie van Buitenlandse Zaaken, 2.05.03, Doos 245, A.119 "Aanwerving."

68 見the *Algemeen Handelsblad*, 12 February 1890, clipping in Nationaal Archief, Den Haag, Ministerie van Buitenlandse Zaaken, 2.05.03, Doos 245, A.119 "Aanwerving."

69 *Niewe Rotterdamsche Courant*, 19 April 1890, clipping in Nationaal Archief, Den Haag, Ministerie van Buitenlandse Zaaken, 2.05.03, Doos 245, A.119 "Aanwerving."

70 Dutch Consul, Amoy, to Viceroy of Canton, 20 October 1890, no. 11687, in Nationaal Archief, Den Haag, Ministerie van Buitenlandse Zaaken, 2.05.03, Doos 245, A.119 "Aanwerving."

71 De Groot, cited in Nederburgh, "Klassen der Bevolking" (1897): 79; [translation: E. Tagliacozzo].

72 Dutch Minister and Head Consul Ferguson to Prince Zungli Yamen, Swatow, 15 August 1889, no. 270, in Nationaal Archief, Den Haag, Ministerie van Buitenlandse Zaaken, 2.05.03, Doos 245, A.119 "Aanwerving."

73 "Evidence of Tun Kua Hee, Depot Keeper, 29 October 1890," in *The Labour Commission Report,* Singapore 1891, in Nationaal Archief, Den Haag, Ministerie van Buitenlandse Zaaken, 2.05.03, Doos 245, A.119 "Aanwerving."

74 "Evidence of R. J. Gunn of Messrs. A. E. Johnston and Co., 31 October 1890," in *The Labour Commission Report*, Singapore 1891," in Nationaal Archief, Den Haag, Ministerie van Buitenlandse Zaaken, 2.05.03, Doos 245, A.119 "Aanwerving."

75 "Evidence of Mr. Romary, 1 November 1890," in *The Labour Commission Report*, Singapore 1891, in Nationaal Archief, Den Haag, Ministerie van Buitenlandse Zaaken, 2.05.03, Doos 245, A.119 "Aanwerving."

76 "Evidence of Count C. A. de Gelves d'Elsloo, Manager of the London Borneo Tobacco Co, British North Borneo, 12 November 1890," in *The Labour Commission Report*, Singapore 1891, in Nationaal Archief, Den Haag, Ministerie van Buitenlandse Zaaken, 2.05.03, Doos 245, A.119 "Aanwerving."

77 Sir E. Satow to the Marquess of Salisbury, 20 July 1899, no. 122, in *BDFA*, Part I, series E, vol. 6, p. 125.

78 "Official Gazette, July 13, 1899—Imperial Ordinance #342," in Ibid., 126; also Ibid, 125.

79 "British Vessels Entered at the Six Principal Ports Now Thrown Open to Foreign Commerce during the Years 1895–98," in Ibid., 129; Sir E. Satow to the Marquess of Salisbury, 1 September 1899, no. 148, in *BDFA*, Part I, series E, vol. 6, p. 147.

80 Mr. Jordan to Sir C. MacDonald, 20 April 1897, no. 35 Confidential, in *BDFA*, Part I, series E, vol. 6, p. 254.

25 Tagliacozzo, *Longest Journey*, chapter 8.

26 範例可見Seema Alavi. *Muslim Cosmopolitanism in the Age of Empire* (Cambridge, MA: Harvard University Press, 2015); Johan Matthew, *Margins of the Market: Trafficking and Capitalism across the Arabian Sea* (Berkeley: University of California Press, 2016); Fahad Bishara, *A Sea of Debt: Law and Economic Life in the Western Indian Ocean* (Cambridge: Cambridge University Press, 2017); Thomas McDow, *Buying Time: Debt and Mobility in the Western Indian Ocean* (Athens, OH: Ohio University Press, 2018); Patricia Risso, "India and the Gulf: Encounters from the Mid-Sixteenth Century to the Mid-Twentieth Centuries," in *The Persian Gulf in History*, ed. Potter, Lawrence, 189–206 (New York: Palgrave Macmillan, 2009).

27 這三座城市成為其各自所屬地區的節點，一方面連結印度自身海域，一方面連結海外地區——孟買透過阿拉伯海，馬德拉斯通往東南亞，加爾各答連結孟加拉灣的貿易。

28 Sunil Amrith, *Crossing the Bay of Bengal* (Cambridge: Harvard University Press, 2013; René J. Barendse, *The Arabian Seas, 1640–1700* (Armonk, New York: M. E. Sharpe, 2002).

29 見Sugata Bose, *Agrarian Bengal: Economy, Social Structure and Politics* (Cambridge: Cambridge University Press, 1986).

30 一項優秀的修正觀點研究請見Janaki Nair, *Mysore Modern: Rethinking the Region Under Princely Rule* (Minneapolis: University of Minnesota Press, 2011).

31 見Nile Green的*Bombay Islam: The Religious Economy of the West Indian Ocean 1840–1915* (Cambridge: Cambridge University Press, 2013)，一座港口國際化的微型研究，絕佳範例。

32 對於這種很有趣的二分法，見Christopher Bayly, *Empire and Information: Intelligence Gathering and Social Communication in India, 1780 to 1870* (Cambridge: Cambridge University Press, 2000).

33 見Indu Banga, *Ports and Their Hinterlands in India, 1700–1950* (Delhi: Manohar, 1992); and Ashin Das Gupta, *Merchants of Maritime India, 1500–1800* (Ashgate: Variorum, 1994).

34 Sugata Bose, *A Hundred Horizons: The Indian Ocean in the Age of Global Empire* (Cambridge, MA: Harvard University Press, 2006); 亦見Tariq Omar Ali, *A Local History of Global Capital: Jute and Peasant Life in the Bengal Delta* (Princeton: Princeton University Press, 2018).

35 K. S. Mathew, "Trade in the Indian Ocean During the Sixteenth Century and the Portuguese," in *Studies in Maritime History*, ed. K. S. Mathew, 13–28 (Pondicherry: Pondicherry University, 1990).

36 Martin Krieger, "Danish Country Trade on the Indian Ocean in the Seventeenth and Eighteenth Centuries," in *Studies in Maritime History*, ed. Matthew, 122–29.

37 見Indrani Ray, ed., *The French East India Company and the Trade of the Indian Ocean* (Calcutta: Munshiram 1999).

38 Alicia Schrikker, *Dutch and British Colonial Intervention in Sri Lanka, 1780–1815: Expansion and Reform* (Leiden: Brill, 2007).

39 見some of the essays in Sanjay Subrahmanyam, ed., *Merchants, Markets, and the State in Early Modern India, 1700–1950* (Delhi: Oxford University Press, 1990).

40 Wil O. Dijk, *Seventeenth-Century Burma and the Dutch East India Company, 1634–1680* (Singapore: Singapore University Press, 2006).

41 Gov. SS Sir Cecil Smith to the Marquis of Ripon, 22 February 1893, in *BDFA*, Part I, series E, vol. 29, p. 195.

42 "Extract from the *Amsterdamsche Handelsblad* of 16 December 1892, "Atjeh Shipping Regulations," in Ibid., p. 196.

43 Sir H. Rumbold to the Earl of Roseberg, 25 April 1893, no. 47, in Ibid., p. 197.

44 "Abstract of Secret Report of Dr. Snouck-Hurgronje on Acheen," in Ibid., p. 198.

45 Governor Sir C. Mitchell to the Marquis of Ripon, 31 October 1894, in Ibid., 220.

46 "Minute by the Resident Councillor Penang, 10 October 1894," in Ibid., 221.

47 Foreign Office to Colonial Office, 14 December 1894, in Ibid., 226.

48 [Anon.], "Singapore's hoop op de opening der Indische kustvaart voor vreemde vlaggen," *Tijdschrijf voor Nederlandsch-Indië* I, no. 17 (1888): 29–35.

49 J. F. Niermeyer, "Barriere-Riffen en Atollen in de Oost Indiese Archipel," *Tijdschrift voor Aardrijkskundige* (1911): 877–94.

50 [Anon.], "Balakang Padang, Een Concurrent van Singapore" *Indische Gids* 2 (1902): 1295.

51 見Arsip Nasional Indonesia, "Idzin Pembuatan Peta Baru Tentang Pulau Yang Mengililingi Sumatra," *Archief Riouw* 225, no. 9 (1889).

52 Nationaal Archief, Den Haag: Kommissorial, Raad van Nederlandsch-Indië, Advies van den Raad, 10 January 1902, Mailrapport no. 124a.

53 這種做法的理由之一，與華人、日本航運業者在外部群島的競爭相關。見J. N. F. M. à Campo, "Een maritime BB: De rol van de Koninklijke Paketvaart Maatschappij in de integratie van de koloniale staat," in *Imperialisme in de marge: De afronding van Nederlands-Indië, ed. J. van Goor, 123–77* (Utrecht: HES, 1985); J. N.

5 我當然不是第一個這麼做的人，更全面的觀察請見Michael Miller, for example, *Europe and the Maritime World: A Twentieth Century History* (Cambridge: Cambridge University Press, 2012).「迴路」的概念見Janet Abu-Lughod, *Before European Hegemony: The World System AD 1250–1350* (New York: Oxford University Press, 1991).

6 雖然在許多方面都已過時，但James/Jan Morris的*Pax Britannica Trilogy: Heaven's Command; Pax Britannica, and Farewell the Trumpets*仍然是理解大英帝國規模的最佳著作之一，全書在1993年由倫敦佛里歐出版社（Folio Society）重新發行。

7 關於更早之前的模式，一份很有幫助的研究請見R. S. Lopez, "Les méthodes commerciales des marchands occidentaux en Asie du XIe au XIVe siècle," in *Sociétés et compagnies de commerce en Orient et dans l'Océan Indien*, ed. M. Mollat, 343–51.

8 見G. Berchet, La Repubblica di Venezia e la Persia, Tornio 1865. 對於英國在中東地區的帝國事務規畫，更全面的觀察請見Priya Satia, *Spies in Arabia: The Great War and the Cultural Foundations of Britain's Covert Empire in the Middle East* (New York: Oxford University Press, 2009).

9 "Memorandum Respecting Russian Plans for 'Coup de Main' by Sea on Bosphorous, and Proposed Counter-Measures, 25 June, 1888," in *British Documents on Foreign Affairs: Reports and Papers from the Foreign Office Confidential Print Series* (hereafter *BDFA*), ed. Kenneth Bourne and D. Cameron Watt, Part I, series B, vol. 17, p. 88 (Lanham, Md: University Publications of America, 1985).

10 Col. Chermside to Sir W. White, 25 June 1888, in *BDFA*, Part I, series B, vol. 17, p. 87.

11 "Herbert Chermside's Remarks on Von der Goltz Pasha's Propositions, 25 June 1888," in Ibid., p. 92.

12 "Chermside's Notes on some Details of Major Schumann's Proposed System of Fortification, 25 June 1888," in Ibid., p. 93.

13 "Memorandum by Mr. Bertie on Questions with the Porte in the Persian Gulf, August 1892 to October 1893," in Ibid., p. 107. 更全面的觀察請見Willem Floor, *The Persian Gulf: A Political and Economic History of Five Port Cities, 1500–1730* (Washington, DC: Mage Publishers, 2006) and Pedro Machado, Steve Mullins, and Joseph Christensen, eds., *Pearls, People, and Power: Pearling and Indian Ocean Worlds* (Athens, OH: Ohio University Press, 2019).

14 區域性的概覽請見Jonathan Miran, *Red Sea Citizens: Cosmopolitan Society and Cultural Change in Massawa* (Bloomington: Indiana University Press, 2009); Nancy Um, *The Merchant Houses of Mocha: Trade and Architecture in an Indian Ocean Port* (Seattle: University of Washington Press, 2009); and Roxani Margariti, *Aden and the Indian Ocean Trade: 150 Years in the Life of a Medieval Arabian Port* (Chapel Hill: University of North Carolina Press, 2007).

15 "Memorandum on Sheikh Said, 7 March 1893," in Ibid., p. 103; 亦見Michel Mollat [du Jourdin], "Passages français dans l'océan Indien au temps de François Ier," *Studia* XI (Lisbon, 1963), 239–248.

16 "Sheikh Said: Memorandum in Continuation of Departmental Memorandum of 7 March 1893, 9 April 1897," in *BDFA*, Part I, series B, vol. 17, p. 162.

17 整體的情況請見Alexis Wick, *The Red Sea: In Search of Lost Space* (Berkeley: University of California Press, 2016); Roger Daguenet, *Histoire de la Mer Rouge* (Paris: L'Harmattan, 1997); Janet Starkey, ed., *People of the Red Sea: Proceedings of the Red Sea Project II Held in the British Museum* (London: Society for Arabian Studies Monograph 3, 2005): 109–116; Nancy Um, *Shipped but Not Sold: Material Culture and the Social Order of Trade during Yemen's Age of Coffee* (Honolulu: University of Hawai'i Press, 2017); and Nancy Um, *Merchant Houses of Mocha: Trade and Architecture in an Indian Ocean Port* (Seattle: University of Washington Press, 2009).

18 關於相關行動的進行，當代阿拉伯文獻的翻譯請見R. B. Serjeant, *The Portuguese off the South Arabian Coast: Hadrami Chronicles, with Yemeni and European Accounts* (Beirut: Librairie du Liban, 1974).

19 範例可見Roger Daguenet, *Histoire de la Mer Rouge* (Paris: L'Harmattan, 1997); and Roger Daguenet, *Aux origines de l'implantation français en Mer Rouge: Vie et mort d'Henri Lambert, consul de France à Aden, 1859* (Paris: L'Harmattan, 1992).

20 見Eric Tagliacozzo, *The Longest Journey: Southeast Asians and the Pilgrimage to Mecca* (New York: Oxford University Press, 2013), especially chapter 8.

21 兩項更好的義大利文獻請見G. B. Licata, "L'Italia nel Mar Rosson," *Boll. Sez. Fiorentina della Soc. Africana d'Italia* (March 1885): 5; and A. Mori, "Le Nostre Colonie del Mar Rosso Giudicate dalla Stanley," *Boll. Sez. Fiorentina della Soc. Africana d'Italia* (May 1886): 84.

22 E. Rossi, "Il Hedjaz, il Pellegrinaggio e il cholera," *Gior. D. Soc. Ital.* 4 (1882): 549.

23 C. G. Brouwer, *Cauwa ende comptanten: de VOC in Yemen* (Amsterdam: D'Fluyte Rarob, 1988); C. G. Brouwer, *Al-Mukha: Profile of a Yemeni Seaport as Sketched by Servants of the Dutch East India Company, 1614–1640* (Amsterdam: D'Fluyte Rarob, 1997).

24 想要檢視有數百年歷史的荷蘭東印度公司相關荷蘭文通信，請見W. Ph. Coolhaas, ed., *Generale missiven van gouverneurs-generaal enrRaden aan heren XVII der Verenigde Oostindische Compagnie* [multivolume], ('s Gravenhage: Martinus Nijhoff, 1960).

Asian Experiments and the Art of Being Global, ed. Ananya Roy and Aihwa Ong, 29–54 (London: Blackwell, 2011).

60 Karl Hutterer, *Economic Exchange and Social Interaction in Southeast Asia: Perspectives from Prehistory, History, and Ethnography* (Ann Arbor: University of Michigan Southeast Asia Program, 1977).

61 Anthony Reid, *Slavery, Bondage, and Dependency in Southeast Asia* (St. Lucia: University of Queensland Press, 1983); Ben Kerkvliet, *The Huk Rebellion* (Berkeley: University of California Press, 1977); Paul van het Veer, *De Atjeh Oorlog* (Amsterdam: Arbeiderspers, 1969).

62 印尼的狀況見Irena Critalis, *Bitter Dawn: East Timor, a People's Story* (London: Zed Books, 2002). For East Timor, and for Aceh and West Papua, 關於東帝汶、亞齊、西巴布亞的狀況，見Daniel Dhakidae, *Aceh, Jakarta, Papua: Akar Permasalahan dan Alternatif Proses Penyelsaian Konflik* (Jakarta: Yaprika, 2001).

63 對於這些複雜的勢力，最詳細的探討是Alfred McCoy的*The Politics of Heroin: CIA Complicity in the Global Drug Trade* (New York: Hill Books, 1991).

64 Martin Smith, *Burma: Insurgency and the Politics of Ethnicity* (London: Zed Books, 1999).

65 Theodore Friend, *Indonesian Destinies* (Cambridge, MA: Harvard University Press, 2003); Franz Magnis-Suseno, ed., *Suara dari Aceh: Identifikasi kebutuhan dan keinginan rakyat Aceh* (Jakarta: Yayasan Penguatan Partisipasi Inisiatif dan Kemitraan Masyarakat Sipil Indonesia, 2001); Zadrak Wamebu and Karlina Leksono, *Suara dari Papua: Identifikasi kebutuhan masyarakat Papua asli* (Jakarta: Yayasan Penguatan Partisipasi Inisiatif dan Kemitraan Masyarakat Sipil Indonesia, 2001). 有一點相當有趣，中國1989年示威風潮中，廣州是最不受影響的都會地區之一，與印尼形成耐人尋味的對比，「來自國家中心的政治壓力——抗議是針對權力而爆發，權力則試圖奪回掌控——與南方民眾的關切發生衝突，後者企圖保有1978年以來獲致的財富，避免危及進行中的發展過程。」見Bergere, "Tiananmen 1989" (1995).

66 班達亞齊的伊瑪目，蘇門答臘島北部。作者田野調查筆記，1990年4月。

67 關於赤柬時期的運作模式請見Ben Kiernan, *The Pol Pot Regime: Race, Power, and Genocide in Cambodia under the Khmer Rouge 1975–1979* (New Haven: Yale University Press, 2002); and Andrew Mertha, *Brothers in Arms: Chinese Aid to the Khmer Rouge, 1975–1979* (Ithaca: Cornell University Press, 2014).

68 Evan Gottesman, *Cambodia after the Khmer Rouge: Inside the Politics of Nation Building* (New Haven: Yale University Press, 2003).

69 見Frank Broeze, *Brides of the Sea: Port Cities of Asia From the 16th-20th Centuries* (Kensington: New South Wales University Press, 1989); J. K. Wells and John Villiers, eds., *The Southeast Asian Port and Polity: Rise and Demise* (Singapore: Singapore University Press, 1990); and again, Frank Broeze, ed., *Gateways of Asia: Port Cities of Asia in the 13th—20th Centuries* (London: Kegan Paul International, 1997). 對於這種關係的整體評估，從理論層面而非東南亞層面著眼，請見M. Castells, *The Urban Question: A Marxist Approach* (London: Edward Arnold, 1979).

70 對於東南亞城市本質在時間中的演進，一項引人入勝的思考請見Richard O'Connor, *A Theory of Indigenous Southeast Asian Urbanism* (Singapore: ISEAS Research Monograph 38, 1983). O'Connor與Ferdinand Tönnies以及法蘭克福學派（Frankfurt School）交手，探討社區（*Gemeinschaft*）和社會（*Gesellschaft*）的概念，以及來自西方的都市理論模型能否全方位運用在東南亞的都市主義。

71 幾項關於東南亞城市未來發展方向的有趣預測，請見Y. M. Yeung and C. P. Lo, eds., *Changing Southeast Asian Cities: Readings on Urbanization* (Oxford: Oxford University Press, 1976).

72 關於這些體系如何彼此結合，將東南亞定位為僅只是「舊世界」模式的一部分，此間來龍去脈請見Barry Cunliffe, *By Steppe, Desert, and Ocean: The Birth of Eurasia* (Oxford: Oxford University Press, 2015).

第九章　從亞丁到孟買、從新加坡到釜山：殖民地迴路

1 Italo Calvino, *Invisible Cities* (London: Harcourt, 1974), 150.

2 範例可見Charles Boxer, *The Portuguese Seaborne Empire 1415–1825* (New York: Knopf, 1969); Matt Matsuda, *Empire of Love: Histories of France and the Pacific* (New York: Oxford University Press, 2005); Jonathan Israel, *Dutch Primacy in World Trade* (Oxford: Oxford University Press, 1989); Piers Brendon, *The Decline and Fall of the British Empire, 1781–1997* (New York: Knopf, 1998).

3 Penny Edwards, *Cambodge: The Cultivation of a Nation* (Honolulu: University of Hawai'i Press, 2007); Robert Cribb, *The Late Colonial State in Indonesia: Political and Economic Foundations of the Netherlands Indies, 1880–1942* (Leiden: KITLV Press, 1994); Om Prakash, *The Dutch East India Company and the Economy of Bengal, 1630–1720* (Princeton: Princeton University Press, 1985); John Keay, *The Honourable Company: A History of the English East India Company* (New York: HarperCollins, 1993).

4 在這方面最新的卓越研究請見Tim Harper, *Underground Asia: Global Revolutionaries and the Overthrow of Europe's Empires in the East* (London: Allen Lane, 2019). 另一項非常有趣的研究請見Kris Alexanderson, *Subversive Seas: Anticolonial Networks Across the Twentieth-Century Dutch Empire* (Cambridge: Cambridge University Press, 2019).

區的基礎設施破敗不堪，我搭乘一艘用手拉行的筏子，渡過滿是垃圾的河流，才抵達那幾座倉庫。訪談筆記，馬尼拉，1990年。

44 雅加達是個有趣的案例，許多拖累其發展的因素都來自殖民時期。見Zeffry Alkatiri, *Dari Batavia Sampai Jakarta, 1619–1999: Peristiwa Sejarah dan Kebudayaan Betawi-Jakarta Dalam Sajak* (Magelang: IndonesiaTera, 2001); and Ewald Ebing et al., *Batavia-Jakarta, 1600–2000: A Bibliography* (Leiden: KITLV Press, 2000). 以印尼幅員之廣、形勢之複雜，其港口城市與內地、港口城市彼此間的關係相當耐人尋味。關於蘇門答臘島的相關議題分析，請見Nangsari Ahmad Makmun, F. A. Soetjipto, and Mardanas Safwan, *Kota Palembang sebagai "kota dagang dan industri"* (Jakarta: Departemen Pendidikan dan Kebudayaan, Direktorat Sejarah dan Nilai Tradisional, Proyek Inventarisasi dan Dokumentasi Sejarah Nasional, 1985); *Sejarah Daerah Bengkulu* (Jakarta: Departemen Penilitian dan Pencatatan, Kebudayaan Daerah, Departemen Pendidikan dan Kebudayaan, n.d.); and Mardanas Sofwan, Taher Ishaq, Asnan Gusti, and Syafrizal, *Sejarah Kota Padang* (Jakarta: Departemen Pendidikan dan Kebudayaan, Direktorat Sejarah dan Nilai Tradisional, Proyek Inventarisasi dan Dokumentasi Sejarah Nasional, 1987). 加里曼丹（Kalimantan）的狀況見Lisyawati Nurcahyani, *Kota Pontianak Sebagai Bandar Dagang di Jalur Sutra* (Jakarta: Departemen Pendidikan dan Kebudayaan, Direktorat Sejarah dan Nilai Tradisional, Proyek Inventarisasi dan Dokumentasi Sejarah Nasional, 1999); 爪哇的狀況見Susanto Zuhdi, *Cilacap (1830–1942): Bangkit dan Runtuhnya Suatu Pelabuhan di Jawa* (Jakarta: KPG, 2002); for, 井里汶（Cirebon）的狀況見[Anon.], "De Cheribonsche havenplannen," *Indisch Bouwkundig Tijdschrijf* (15 August 1917): 256–66; and [Anon.], "De nieuwe haven van Cheribon," *Weekblad voor Indië* 5 (1919): 408–09; 印尼東部的狀況見Restu Gunawan, *Ternate Sebagai Bandar Jalur Sutra* (Jakarta: Departemen Pendidikan dan Kebudayaan, Direktorat Sejarah dan Nilai Tradisional, Proyek Inventarisasi dan Dokumentasi Sejarah Nasional, 1999); and G. A. Ohorella, *Ternate Sebagai Bandar di Jalur Sutra* (Jakarta: Departemen Pendidikan dan Kebudayaan, Direktorat Sejarah dan Nilai Tradisional, Proyek Inventarisasi dan Dokumentasi Sejarah Nasional, 1997). 整體狀況見[Anon.], *Departement der Burgerlijke Openbare Weken, Nederlandsch-Indische Havens Deel I* (Batavia: Departement der Burgerlijke Openbare Werken, 1920).

45 我曾經造訪福建廈門，當地與臺灣、東南亞、整個海洋亞洲之間的連結，以及對外開放的運作節奏，都非常明確。廈門政府與企業界一方面為了經費與政治目的而關注北京動向，一方面也關注東邊與南邊的情勢。

46 夏偉強調，這些裂縫的輪廓已經顯現相當長的一段時間，儘管可能要再過幾十年甚至幾百年，才會有壓力或者事件造成真正的分裂。訪談筆記，加州柏克萊，1992年5月。

47 John Wills也注意到「其他中國」（other Chinas）的概念，但在他之前，G. William Skinner已經提出，見*Marketing and Social Structure in Rural* China (Tucson: University of Arizona Press, 1965)以及該書修訂版*The City in Late Imperial China* (Stanford: Stanford University Press, 1977).

48 Valerie Hansen, *The Open Empire: A History of China to 1600* (New York: Norton, 2000), 221–24; Joseph Esherick, *The Origins of the Boxer Uprising* (Berkeley: University of California Press, 1987).

49 無名氏商人，廈門，福建，中國南部。田野調查筆記，2014年6月。

50 Marco Polo, *The Travels of Marco Polo,* edited and revised from William Marsden's translation by Manuel Komroff (New York: Modern Library, 2001); Frederick Hirth and W. W. Rockhill, *Chau Ju Kua: His Work on the Chinese and Arab Trade in the 12th and 13th Centuries, Entitled Chu Fan Chï* (New York: Paragon Book Reprint Co., 1966).

51 三篇卓越的比較性論文請見Michael Leaf, "Periurban Asia: A Commentary on Becoming Urban," *Pacific Affairs* 84, no. 3: 525–34; Michael Leaf, "A Tale of Two Villages: Globalization and Peri-Urban Change in China and Vietnam," *Cities* 19, no. 1: 23–32; and Michael Leaf, "New Urban Frontiers: Periurbanization and Retentionalization in Southeast Asia," in *The Design of Frontier Spaces: Control and Ambiguity, ed. Carolyn S. Loeb and Andreas Loescher, 193–212* (Burlington: Ashgate, 2015).

52 Frank Welsh, *A Borrowed Place: The History of Hong Kong* (New York: Kodansha, 1993).

53 Mohamed Jamil bin Mukmin, *Melaka Pusat Penyebaran Islam di Nusantara* (Kuala Lumpur: Nurin Enterprise, 1994).

54 Dian Murray, *Pirates of the South China Coast* (Stanford: Stanford University Press, 1987).

55 這些與華裔商人的對話，在東南亞不同地方進行。許多商人呼應美國政府在1950、1960、1970年代的政治語彙，表示他們已經「失去」越南，尤其是在家族與經濟層面。訪談筆記，新加坡（1989年10月）、吉隆坡（1989年11月）、曼谷（1990年2月）。

56 見Erik Harms, *Saigon's Edge: On the Margins of Ho Chi Minh City* (Minneapolis: University of Minneapolis Press, 2011); and Erik Harms, *Luxury and Rubble: Civility and Dispossession in the New Saigon* (Berkeley: University of California Press, 2016).

57 Ernest Chew, and Edwin Lee, eds, *A History of Singapore* (Singapore: Oxford University Press, 1991).

58 新加坡讓周遭的政權既憤怒又羨慕，這種辯證關係的開展請見Robert Griffith and Carol Thomas, eds., *The City-State in Five Cultures* (Santa Barbara: ABC-Clio, 1981).

59 見Chua Beng Huat, "Singapore as Model: Planning Innovations, Knowledge Experts," in *Worlding Cities:*

eeuw," in *De VOC in Azië, ed. M. A. P. Meilink-Roelofsz,* 85–99 (Bussum: Fibula, 1976); Prakash, The Dutch Factories (1984); J. Steur, *Herstel of Ondergang: De Voorstellen tot Redres van de VOC, 1740–1795* (Utrecht: HES Uitgevers, 1984), 17–27; Harm Stevens, *De VOC in Bedrijf, 1602–1799* (Amsterdam: Walburg Press, 1998); and Femme Gaastra, *Bewind en Beleid bij de VOC, 1672–1702* (Amsterdam: Walburg Press, 1989).

27 見Mardiana Nordin, "Undang-Undang Laut Melaka: A Note on Malay Maritime Law in the Fifteenth Century," in *Memory and Knowledge of the Sea*, ed. Ken, 15–22.

28 [Anon.], Sriwijaya *Dalam Perspektif Arkeologi dan Sejarah* (Palembang: Pemerintah Daerah Tingkat I Sumatera Selatan, 1993).

29 Kay Kim Khoo, "Melaka: Persepsi Tentang Sejarah dan Masyarakatnya," in *Bajunid EseiEsei Budaya dan Sejarah Melaka*, ed. Omar Farouk (Kuala Lumpur: Siri Minggu Kesenian Asrama Za'ba, 1989); Kernial Singh Sandhu and Paul Wheatley, eds., *Melaka: The Transformations of a Malay Capital, c. 1400–1980* (Kuala Lumpur: Oxford University Press, 1983).

30 Bennet Bronson, "Exchange at the Upstream and Downstream Ends" ; Tania Li, "Marginality, Power, and Production: Analyzing Upland Transformations," in *Transforming the Indonesian Uplands: Marginality, Power, and Production*, ed. Tania Li, 1–44 (Amsterdam: Harwood Academic Publishers, 1999).

31 James Warren, *The Sulu Zone: The Dynamics of External Trade, Slavery, and Ethnicity in the Transformation of a Southeast Asian Maritime State (1768–1898)* (Singapore: Singapore University Press, 1981); Eric Tagliacozzo, "Onto the Coast and into the Forest: Ramifications of the China Trade on the History of Northwest Borneo, 900–1900," in *Histories of the Borneo Environment*, ed. Reed Wadley (Leiden: KITLV Press, 2005).

32 範例可見Leonard Andaya, *Leaves of the Same Tree: Trade and Ethnicity in the Straits of Melaka* (Honolulu: University of Hawai'i Press, 2008); Leonard Andaya, *The World of Maluku: Eastern Indonesia in the Early Modern Period* (Honolulu: University of Hawai'i Press, 1993); Heather Sutherland and Gerrit Knaap, *Monsoon Traders: Ships, Skippers and Commodities in Eighteenth Century Makassar* (Leiden: Brill, 2004); Jennifer Gaynor, *Intertidal History in Island Southeast Asia: Submerged Genealogy and the Legacy of Coastal Capture* (Ithaca: Cornell Southeast Asia Program, 2016); Adrian Lapian, "Laut Sulawesi: The Celebs Sea, from Center to Peripheries," *Moussons* 7 (2004): 3–16; and Laura Lee Junker, *Raiding, Trading and Feasting: The Political Economy of Philippine Chiefdoms* (Honolulu: University of Hawai'i Press, 1999).

33 Susan Russell, ed., *Ritual, Power, and Economy: Upland-Lowland Contrasts in Mainland Southeast Asia* (DeKalb: Center for Southeast Asian Studies, 1989); Ann Maxwell Hill, *Merchants and Migrants: Ethnicity and Trade Among Yunnanese in Southeast Asia* (New Haven: Yale University Southeast Asia Studies, 1998): 33–94.

34 Roy Ellen, "Environmental Perturbation, Inter-Island Trade, and the Relocation of Production along the Banda Arc; or, Why Central Places Remain Central," in *Human Ecology of Health and Survival in Asia and the South Pacific*, ed, Tsuguyoshi Suzuki and Ryutaro Ohtsuka, 35–62 (Tokyo: University of Tokyo Press, 1987).

35 後者見Roy Ellen, *On the Edge of the Banda Zone: Past and Present in the Social Organization of a Moluccan Trading Network* (Honolulu: University of Hawai'i Press, 2003); and Patricia Spyer, *The Memory of Trade: Modernity's Entanglements on an Eastern Indonesian Island* (Durham: Duke University Press, 2000).

36 Bertil Lintner, *Cross Border Drug Trade in the Golden Triangle* (Durham: International Boundaries Research Unit, 1991); Moshe Yegar, Between Integration and Succession: The Muslim Communities of the Southern Philippines, *Southern Thailand, and Western Burma/Myanmar* (Lanham, MD: Lexington Books, 2002); Hickey, Gerald, *Sons of the Mountains: Ethnohistory of the Vietnamese Central Highlands to 1954* (New Haven: Yale University Press, 1982).

37 關於傳統東南亞政治、宗教與經濟的同心度（concentricities），最縝密先進的詮釋仍然是Paul Wheatley 的*Nagara and Commandary: Origins of the Southeast Asian Urban Traditions* (Chicago: University of Chicago Press, 1983).

38 Kernail Sandhu and A. Mani, eds., *Indian Communities in Southeast Asia* (Singapore: ISEAS/Times Academic Press, 1993); Aiwha Ong, *Flexible Citizenship: The Cultural Logics of Transnationality* (Durham: Duke University Press, 1999).

39 Adam McKeown, *Chinese Migrant Networks and Cultural Change: Peru, Chicago, Hawaii, 1900–1936* (Chicago: The University of Chicago Press, 2001).

40 關於東協地區共享文化——包括都市文化——觀念的討論，請見Donald Emmerson, "Security and Community in Southeast Asia: Will the Real ASEAN Please Stand Up?," *International Relations of the Asia-Pacific* (Stanford, CA: Shorenstein AsiaPacific Research Center, 2005).

41 Gelia Castillo, *Beyond Manila: Philippine Rural Problems in Perspective* (Ottawa: International Development Research Center, 1980).

42 諷刺的是，許多同樣問題的討論也見於Clifford Geertz具有先見之明的*Agricultural Involution* (Berkeley: University of California Press, 1963)，該書在處理150年前爪哇的種種情況。

43 我曾在1990年前往馬尼拉進行田野調查，在岷倫洛區與迪維索利亞的倉庫區訪談幾位香料商人。這些地

14 見Su Lin Lewis, *Cities in Motion: Urban Life and Cosmopolitanism in Southeast Asia, 1920–1940* (Cambridge: Cambridge University Press, 2016). Lewis這本書引用了Milner的觀點，認為某些地區（例如緬甸）一方面打壓本土商業，一方面歡迎外國貿易商人。

15 當然，古代東南亞的都會中心也有一些屬於宗教、農業性質，並不依賴海洋運作，吳哥、蒲甘與河內都是很好的例子。然而作為一種「地方」的類型，幾個世紀下來，這些城市在數量上遠不如與政權結合的港口城市。見Georges Coedes, *The Indianized States of Southeast Asia* (Honolulu: East-West Press, 1968); and Kenneth Hall and John Whitmore, eds., *Explorations in Early Southeast Asian History: The Origins of Southeast Asian Statecraft* (Ann Arbor: Center for South and Southeast Asian Studies, University of Michigan, 1976).

16 O. W. Wolters, *Early Indonesian Commerce: A Study of the Origins of Srivijaya* (Ithaca: Cornell University Press, 1967); Rebecca D. Catz, trans. and ed., *The Travels of Mendes Pinto / Fernão Mendes Pinto* (Chicago: University of Chicago Press, 1989); and Heather Sutherland, "Trepang and Wangkang: The China Trade of Eighteenth Century Makassar," in *Authority and Enterprise among the Peoples of South Sulawesi*, ed. R. Tol, K. van Dijk, and G. Accioli (Leiden: KITLV Press, 2000). 整體的狀況請見in this respect generally, Kenneth Hall, *Maritime Trade and State Development in Early Southeast Asia* (Honolulu: University of Hawai'i Press, 1985); and Paul Wheatley, *The Golden Chersonese: Studies in the Historical Geography of the Malay Peninsula Before AD 1500* (Kuala Lumpur: University of Malaya Press, 1961).

17 見David E. Mungello, *The Great Encounter of China and the West, 1500–1800* (Lanham: Rowman & Littlefield Publishers, 1999); and Michael Smitka, *The Japanese Economy in the Tokugawa Era, 1600–1868* (New York: Garland Publishers, 1998). 對於中國與日本在這些時期的仇外情結，學界詮釋近數十年來做了大幅修正，見John Wills, Jonathan Spence, Joanna Waley-Cohen, Ronald Toby, and Martha Chaiklin. 範例可見John Wills, *Embassies and Illusions: Dutch and Portuguese Envoys to K'ang-hsi, 1666–1687* (Cambridge, MA: Harvard University East Asian Studies, 1984); Jonathan Spence and John Wills, eds., *From Ming to Ch'ing : Conquest, Region, and Continuity in 17th-Century China* (New Haven: Yale University Press, 1979); Joanna Waley-Cohen, *The Sextants of Beijing: Global Currents in Chinese History* (New York: W. W. Norton Press, 1999); Ronald Toby, *State and Diplomacy in Early Modern Japan: Asia in the Development of the Tokugawa Bakufu* (Princeton: Princeton University Press, 1984); and Martha Chaiklin, *Cultural Commerce and Dutch Commercial Culture: The Influence of European Material Culture on Japan, 1700–1850* (Leiden: CNWS, 2003).

18 Edward Seidensticker, *Low City, High City: Tokyo from Edo to the Earthquake; How the Shogun's Ancient Capital Became a Great Modern City, 1867–1923* (Cambridge, MA: Harvard University Press, 1991).

19 Chaiklin, *Cultural Commerce*.

20 Chin Keong Ng, *Trade and Society: The Amoy Network on the China Coast* (Singapore: Singapore University Press, 1983); John Keay, *The Honourable Company: A History of the English East India Company* (New York: HarperCollins, 1993).

21 關於這一點，見Gerrit Knaap發表於1996年的著作第一章，闡述爪哇北部海岸地區的歷史，作為他討論18世紀的基礎：Gerrit Knaap, *Shallow Waters, Rising Tide: Shipping and Trade in Java Around 1775* (Leiden: KITLV Press, 1996). 亦見Atsushi Ota, *Changes of Regime and Social Dynamics in West Java Society, State, and the Outer World of Banten, 1750–1830* (Leiden: Brill, 2006); and Hui Kian Kwee, *The Political Economy of Java's Northeast Coast, 1740–1800* (Leiden: Brill, 2006).

22 Dhiravat na Pombejra, "Ayutthaya at the End of the Seventeenth Century: Was There a Shift to Isolation?" in *Southeast Asia in the Early Modern Era: Trade, Power, and Belief*, ed. Anthony Reid, 250–72 (Ithaca: Cornell University Press, 1993); Barbara Watson Andaya, *To Live as Brothers: Southeast Sumatra in the Seventeenth and Eighteenth Centuries* (Honolulu: University of Hawai'i Press, 1993); Victor Lieberman, "Was the Seventeenth Century a Watershed in Burmese History?" in *Southeast Asia in the Early Modern Era*, ed. Reid, 214–49.

23 研究菲律賓都市主義最重要的理論學者，是柏克萊的地理學家Robert Reed，他關於馬尼拉、呂宋島北部避暑地（hill stations）的著述，讓菲律賓都市主義成為顯學。

24 雅加達的狀況見Zeffry Alkatiri's and Ewald Ebing's work: *Dari Batavia Sampai Jakarta, 1619–1999: Peristiwa Sejarah dan Kebudayaan Betawi-Jakarta Dalam Sajak* (Magelang: IndonesiaTera, 2001); and Batavia-Jakarta, *1600–2000: A Bibliography* (Leiden: KITLV Press, 2000); and [Anon.], "De haverwerken te Tanjung Priok," *Tijdschrift voor Nederlandsch-Indië II* (1877), 278–87, respectively. 仰光的狀況見Adas關於緬甸三角洲的經典之作：Michael Adas, *The Burma Delta: Economic Development and Social Change on an Asian Rice Frontier, 1852–1941* (Madison: University of Wisconsin Press, 1974). 檳城的狀況見Loh Wei Leng, "Visitors to the Straits Port of Penang: British Travel Narratives as Resources for Maritime History," in *Memory and Knowledge of the Sea*, ed. Ken, 23–32.

25 關於這個主題在殖民時期的發展，請見Anthony Reid, "The Structure of Cities in Southeast Asia, 15th to 17th Centuries," *Journal of Southeast Asian Studies* 11 (1980): 235–50.

26 一個顯著的例外是巴達維亞（今日雅加達），它是荷蘭東印度公司兩百年間在亞洲的「母城」。關於荷蘭東印度公司與它在跨洋都市網絡的地位，見H. K. s'Jacob, "De VOC en de Malabarkust in de 17de

1985).

43 在三寶顏與「日常」的穆斯林交談讓我受益良多。其中有一件事就是在跟穆斯林交談時令我恍然大悟的：穆斯林社群的種族背景繁複多樣，很少人屬於嚴格定義的「摩洛人」。一部分人有華人血統，一部分祖先來自波斯，從容貌都還看得出來。他們多半有詳細的家譜，顯示祖先來自何方、何時抵達，甚至容許誇大與彈性調整。在三寶顏，身為「穆斯林」有多重的可能性。

44 較完整的陳述請見作者所著 *The Longest Journey*, chapter 14.

45 就我在三寶顏、馬尼拉與奎松市等地進行的研究而言，這是讓人印象最深刻的一場訪問。有些人不但知道如何保存訊息，而且知道如何講述，她就是其中之一。有趣的是，從她與克羅伊茲神父的例子最能夠體會到對話的可能性。儘管其中一人是密蘇阿里的妻子，另一人是耶穌會士（他們在教義方面最沒有妥協餘地，因此過去號稱是「基督的精兵」）。

第八章 「大東南亞」港口城市的創生

1 作者訪談筆記。

2 見 *Lewis Mumford's classic The City in History* (New York: Harcourt, Brace, Jovanovich, 1961; repr. 1989)，描述分析多座城市在數千年間的本質與演進，但略而不提非西方城市。對於這項缺漏的補正來得既快且猛，然而在描述非西方城市的運作機制與成長時，表現參差不齊。就亞洲而言，最縝密的區域性城市研究可能是羅威廉（William Rowe）的兩卷本 *Hankow* (Stanford: Stanford University Press, 1984 and 1989)，呈現這座中國中部城市如何進入現代全球資本主義的年代。對於東南亞地區，請見Terry McGee的開創性作品，為1960年代的東南亞都市研究奠定基礎（T. G. McGee, *The Southeast Asian City: A Social Geography of the Primate Cities of Southeast Asia* [London: Bell, 1967]），他近年共同編輯的一部著作則開啟了東南亞地區都市主義的新研究：T. G. McGee and Ira Robinson, eds., *The Mega-Urban Regions of Southeast Asia* (Vancouver: UBC Press, 1995). 關於如何思考「第三世界」城市的幾個概念，請見M. Santos, *The Shared Space: The Two Circuits of the Urban Economy Underdevelopment Concept* (London: Methuen, 1979).

3 本文的「大東南亞」意指東南亞國協的11個民族國家，加上南海與印度洋部分海岸地區，後者與區域歷史關係密切。我所謂的「創生」則不僅包含城市本身的型態（機構體制的實體安排、宗教結構與種族區域的布局，以及功能性等等），也包含城市整體型態的演進，沿著海洋貿易路線形成一個由港口組成的體系。

4 對於這類嘗試的開端，請見Geoffrey Gunn, *Overcoming Ptolemy: The Making of an Asian World Region* (Lexington: Rowman and Littlefield, 2018); and Geoffrey Gunn, *History without Borders: The Making of an Asian World Region, 1000–1800* (Hong Kong: Hong Kong University Press, 2011).

5 Hans-Dieter Evers and Rudiger Korff, *Southeast Asian Urbanism: The Meaning and Power of Social Space* (Singapore: ISEAS, 2000).

6 這個語彙來自瑞德，見Anthony Reid, *Southeast Asia in the Age of Commerce*, 2 vols. (New Haven: Yale University Press, 1988 and 1993)，尤其是vol. II, chapter 2, "The City and Its Commerce"，呈現東南亞城市在現代早期的演進。

7 關於本文提出的某些比較對照，我必須事先說明現有資料來源的性質。前現代與殖民時期東南亞港口城市的資料，相對而言要比周遭腹地豐富許多，同時也比南亞與東亞的現存史料來得豐富（就比例而言），後兩者的港口城市往往附屬於更大型的政治實體。感謝地理學家Michael Leaf在私人通信中指出，「簡而言之，內陸城市複製既有文化，港口城市催生新的文化。」

8 本文提及的許多歷史古城都與領土型國家（territorial states）密不可分，這些國家的型態與規模、不同城市節點之間的關係——往往既是菁英階層的首都，也是不同商業離散族群的流動基地——會隨著國家型態、時間演進而有差異。這個總體概念是本文的論證基礎，必須先指出來。

9 對於所謂的區域「精神」（ethos）有一個有趣的討論，見Zaharah binti Haji Mahmud, "The Malay Concept of Tanah Air: The Geographer's Perspective," in *Memory and Knowledge of the Sea in Southeast Asia, ed. Danny Wong Tze Ken*, 5–14 (Kuala Lumpur: Institute of Ocean and Earth Sciences, University of Malaya, 2008). 我要特別感謝J. K. Wells and John Villiers, eds., *The Southeast Asian Port and Polity: Rise and Demise* (Singapore: Singapore University Press, 1990)以及Bennet Bronson, "Exchange at the Upstream and Downstream Ends: Notes toward a Functional Model of the Coastal States in Southeast Asia," in *Economic Exchange and Social Interaction in Southeast Asia: Perspectives from Prehistory, History, and Ethnography*, ed. K. L. Hutterer (Ann Arbor: University of Michigan Southeast Asia Program, 1977)，他們的論述激發了下文一部分的討論。

10 關於東南亞在亞洲區域商品貿易流動之中的角色，請見Mizushima Tsukaya, George Souza, and Dennis Flynn, eds., *Hinterlands and Commodities: Place, Space, Time and the Political Economic Development of Asia over the Long Eighteenth Century* (Leiden: Brill, 2015).

11 Reid, *Southeast Asia in the Age of Commerce*, 2 volumes (1988 and 1993).

12 Victor Lieberman, *Strange Parallels: Southeast Asia in Global Context, 800–1830*, vol. 1: *Integration on the Mainland* (Cambridge: Cambridge University Press, 2003).

13 Tony Day, *Fluid Iron: State Formation in Southeast Asia* (Honolulu: University of Hawai'i Press, 2002).

19 Benigno Aquino, " The Historical Background of the Moro Problem in the Southern Philippines, " in [Anon.], *Compilation*, 1–16; Benigno Aquino, " From Negotiations to ConcensusBuilding: The New Parameters for Peace " in Ibid., 17–21.

20 Benigno Aquino, " From Negotiations to Consensus-Building: The New Parameters for Peace, " in [Anon.], *Compilation*, 17–21; Corazon Aquino, " ROCC: The Start of a New Kind of Political Involvement " in Ibid., 22–25; Corazon Aquino, " Responsibility to Preserve Unity, " in Ibid., 26–28.

21 Alfredo Bengzon, " Now That We Have Freedom, Let Us Seek Peace " in [Anon.], *Compilation*, 29–33; Alfredo Bengzon, " Each of Us Is Really a Peace Commissioner, " in Ibid., 34–38.

22 見Al Tyrone B. Dy et al., eds., *SWS Surveybook of Muslim Values, Attitudes, and Opinions, 1995–2000* (Manila: Social Weather Stations, 2000). 一些調查的標題耐人尋味：" What Do Filipino Muslims Think? " (29 May 2000); " Muslims Favor National Unity Too " (24 September 1999); " A Poll on Hostage-Taking " (2 June 2000), etc.

23 Ibid., 53–62.

24 [Anon.], " MPRC Launches CSW, " *Moro Kurier* 1, no. 1 (1985): 3.

25 Ibid., 4; [Anon.], " First Ulama Consultation, " *Moro Kurier* 1, no. 1 (1985): 4.

26 見[Anon.], " Legacy to the New Generation, " *Moro Kurier* 1, no. 1 (1985): 9. Benedict Anderson關於印刷資本主義（print capitalism）與閱讀大眾是如何形成的看法，對我很有幫助；見Benedict Anderson, *Imagined Communities: Reflections on the Origins and Spread of Nationalism* (London: Verso, 2006).

27 [Anon.], " Islam as a Liberating Force, " *Moro Kurier* 1, no. 1 (1985): 12; [Anon.], " Moro Women Seminar Launched, " *Moro Kurier* 1, no. 2 (1985): 4.

28 [Anon.], " New Muslim Declaration on Human Rights, " *Moro Kurier* 1, no. 2 (1985): 8.

29 Pressia Arifin-Cabo, Joel Dizon, and Khomenie Mentawel, *Dar-ul Salam: A Vision of Peace for Mindanao* (Cotabato: Kadtuntaya Foundation, 2008), p 112.

30 Ibid., 113.

31 Patricio Abinales, *Making Mindanao: Cotabato and Davao in the Formation of the Philippine Nation State* (Honolulu: University of Hawai'i Press, 2000).

32 Rodriguez, *Zamboanga*.

33 阿比納雷斯與羅德里格茲兩位教授一開始的協助無比重要，他們為我指出正確的方向，讓我在複雜甚至危險的情況中也能提出適當的問題。非常感謝兩位。

34 我曾在泰國南部的北大年府、陶公府、惹拉府進行訪談，發現非常類似民答那峨島的交互作用動態。泰國南部的穆斯林與更廣大的海洋穆斯林世界有長期關連，但也被整合進入一個非穆斯林居多數的民族國家（只不過泰國盛行的是上座部佛教，不是天主教）。從日常生活模式，到抗拒被多數整合，泰國南部與菲律賓南部在許多地方不謀而合。感謝新加坡國立大學社會學系的Saroja Dorairajoo，為我在泰國南部穆斯林地區的訪談提供寶貴的協助。

35 卡門．阿布巴卡爾教授初次與我見面時沉默寡言，她無疑曾經見過許多像我這樣的（我想通常是善意的）外國學者。我對她解釋我的研究重心並不是民答那峨島「動亂」本身，而是它與海洋世界其他地方的近程與遠程關係，她的回答也逐漸打開心胸。我理解（也肯定）她一開始的沉默，許多研究菲律賓南部伊斯蘭教的西方人士，無法與當地人的主張或觀點產生共鳴。

36 瓦迪從一開始就比較願意回答我的問題。他曾經告訴我他個人關於菲律賓伊斯蘭教的經驗，我也紀錄了一些他的故事。見*The Longest Journey: Southeast Asians and the Pilgrimage to Mecca* (New York: Oxford University Press, 2013), chapter 14.

37 對於嘗試理解伊斯蘭教對於菲律賓南部地區的意義，我認為這是唯一的可行之道。關於密蘇阿里以及其他叛亂與分離運動「重要人物」的菁英論述當然重要，也可以讓我們掌握一些必須知道的事，藉此梳理出關於這個迷人地方不一樣的敘事。然而對我而言，「街頭巷尾」一般民眾的觀察與感受也非常重要。他們可能比較不會談論這個廣大海洋地區的重大政治議題，但是對於三寶顏的地方事務、以及自身在這個持續演變中的辯證關係處於哪個位置，他們的觀察同樣重要、同樣有趣。

38 我在奎松市／馬尼拉進行的訪談，也包括幾位南部戰爭的老兵。

39 納瓦洛將軍營（Camp General Basilio Navarro），西民答那峨指揮部（Western Mindanao Command）主要基地。三寶顏另有一座重要的空軍基地。

40 西班牙人到過菲律賓許多地方，在三寶顏最能夠感受到征服的氛圍與地方的順應。唯一能與之匹敵者就是馬尼拉的王城區（Intramuros complex），後者的城牆與鏽蝕的大炮很有三寶顏的氛圍，然而民答那峨島與海洋航道的距離及相對的隔離感，讓它的氛圍與過往的連結更為強大。

41 克羅伊茲神父如今已返回馬尼拉，但在民答那峨島西南部仍然是一位傳奇人物，我認為他對當地動態情勢的理解幾乎是獨一無二。他在1963年來到菲律賓，之後不曾離開。對於菲律賓的動態情勢、社會在不同集團之間的振盪，克羅伊茲神父超過50年的在地知識罕見其匹。

42 耶穌會士向來以追求知識著稱，但他們也熱中於「豐美」（richness）——教堂的豐美、書籍與閱讀的豐美，以及（沒錯）餐桌的豐美，儘管耶穌會的基石之一是發願安貧樂道。關於耶穌會在亞洲的活動歷史，尤其是過程中的感性層面，請見Jonathan Spence, *The Memory Palace of Matteo Ricci* (New York: Penguin Books,

Sea Coast of Egypt," in *Textiles in Indian Ocean Societies*, ed. Ruth Barnes, 11–16 (New York: Routledge, 2005); and Himanshu Prabha Ray, "Far-flung Fabrics—Indian Textiles in Ancient Maritime Trade," in *Textiles in Indian Ocean Societies*, ed. Barnes, 17–37.

第七章　民答那峨的三寶顏：世界盡頭的伊斯蘭教與基督教

1 作者田野調查筆記，2004年8月。

2 我在三寶顏的時候就曾發生類似事件，穆斯林叛亂組織在巴錫蘭駛往三寶顏的渡輪上安裝炸彈，引爆後造成約30人死亡。阿比納雷斯（Patricio Abinales）告訴我，三寶顏是個「國際化的城鎮（馬來人、西班牙人、華人、他加祿人、米沙鄢人、印度人、德國人、英國人……），但同時也像個『孤立』、多災多難的小型要塞，被兩個大型的蘇丹國圍困，彼此之間不時爆發戰爭」。私人通信，2018年9月。

3 背景請見H. Grosset-Grange, "Les procédés arabes de navigation en Océan indien au moment des grandes découvertes," in *Sociétés et compagnies de commerce en Orient et dans ⊠OcéanIindien*, ed. M. Mollat, 227–46 (Paris: SEVPEN, 1970). 此一地區的伊斯蘭教背景請見Michael Laffan, *Islamic Nationhood and Colonial Indonesia: The Umma Below the Winds* (London: Routledge, 2003); Michael Laffan, *The Makings of Indonesian Islam: Orientalism and the Narraiton of a Sufi Past* (Princeton: Princeton University Press, 2011); and Michael Feener and Terenjit Sevea, eds., *Islamic Connections: Muslim Societies in South and Southeast Asia* (Singapore: SIEAS Press, 2009).

4 見Eric Casino, *Mindanao Statecraft and Ecology: Moros, Lumads, and Settlers across the Lowland-Highland Continuum* (Cotabato: Notre Dame University, 2000), 2, 6, 20–22.

5 兩項新近的研究請見Arturo Giraldez, *The Age of Trade: The Manila Galleons and the Dawn of the Global Economy* (Lanham: Rowman and Littlefield, 2015); and Birgit Tremml Werner, *Spain, China and Japan in Manila, 1571–1644: Local Comparisons and Global Connections* (Amsterdam: University of Amsterdam Press, 2015).

6 見Ricardo Padron, *The Indies of the Settling Sun: How Early Modern Spain Mapped the Far East and the Transpacific West* (Chicago: University of Chicago Press, 2020).

7 Noelle Rodriguez, Zamboanga: *A World Between Worlds, Cradle of an Emerging Civilization* (Pasig City: Fundación Santiago, 2003).

8 一部分影響與血統淵源來自波斯，本章的民族誌部分會做說明。關於這些早期移動的背景請見Jean Calmard, "The Iranian Merchants: Formation and Rise of a Pressure Group between the Sixteenth and Nineteenth Centuries," in *Asian Merchants and Businessmen in the Indian Ocean and the China Sea*, ed. Denys Lombard and Jan Aubin (Oxford: Oxford University Press, 2000); and Gérard Naulleau, "Islam and Trade: The Case of Some Merchant Families from the Gulf," in *Asian Merchants and Businessmen*, ed. Lombard and Aubin.

9 Cesar Adib Majul, *Muslims in the Philippines* (Quezon City: University of the Philippines Press, 1973). Majul開風氣之先，其他學者接力上路——中國與菲律賓的早期關係是近年熱門研究課題。

10 Peter Gowing and Robert McAmis, eds., *The Muslim Filipinos* (Manila; Solidaridad Publishing, 1974). 1970年代，關於菲律賓南部穆斯林地區的研究發表大盛，形成一種小規模出版品類別，試圖解釋馬可仕政權時期日益緊張的情勢。

11 James Francis Warren, *The Sulu Zone: The Dynamics of External Trade, Slavery, and Ethnicity in the Transformation of a Southeast Asian Maritime State* (Singapore: Singapore University Press, 1981).

12 見Reynaldo Ileto, *Magindanao, 1860–1888: The Career of Datu Utto of Buayan* (Manila: Anvil, 2007).

13 Rey Ileto, *Pasyon and Revolution: Popular Movements in the Philippines, 1840–1910* (Manila: Ateneo de Manila Press, 1997); Glenn May, *The Battle for Batangas: A Philippine Province at War* (New Haven: Yale University Press, 1991).

14 見Peter Gowing, *Mandate in Moroland: The American Government of Muslim Filipinos, 1899–1920* (Dillliman: University of the Philippines Press, 1977).

15 同上，亦見Benigno Aquino, "The Historical Background of the Moro Problem in the Southern Philippines," in [Anon.], *Compilation of Government Pronouncements and Relevant Documents on Peace and Development for Mindanao*, 1–16 (Manila: Office of the Press Secretary, 1988).

16 [Anon.] *Autonomy and Peace Review* (Cotabato: Institute for Autonomy and Governance in Collaboration with the Konrad-Adenauer Stiftung, 2001); Florangel Rosario-Braid, ed., *Muslim and Christian Cultures: In Search of Commonalities* (Manila: Asian Institute of Journalism and Communication, 2002); and Patricio Abinales, *Orthodoxy and History in the MuslimMindanao Narrative* (Quezon City: Ateneo de Manila Press, 2010).

17 [Anon.], *Selected Documents and Studies for the Conference on the Tripoli Agreement: Problems and Prospects* (Quezon City: International Studies Institute of the Philippines, 1985).

18 Tom Stern, *Nur Misuari: An Authorized Biography* (Manila: Anvil Publishing, 2012).

Weil, "Early Ayyuthaya and Foreign Trade, Some Questions," in *Commerce et navigation*, ed. Nguyễn and Ishizawa, 77–90.

31 Anthony Reid, *Charting the Shape of Early Modern Southeast Asian History* (Chiang Mai, Silkworm, 1999), chapter 5; and Anthony Reid, "Hybrid Identities in the Fifteenth-Century Straits," in *Southeast Asia in the Fifteenth Century*, ed. Wade and Laichen, 307–32.

32 Jeremias van Vleet, "Description of the Kingdom of Siam" translated by L.F. van Ravenswaay, *Journal of the Siam Society*, 7, no. 1 (1910): 1–105, at 77.

33 Charnvit Kasetsiri, *The Rise of Ayudhya* (Kuala Lumpur: Oxford University Press, 1976); 對於運用這些文獻的異議另見"History" in Michael Vickery, in "A New Tamnan about Ayudhya," *Journal of the Siam Society* 67, no. 2 (1979).

34 Roxanna Brown, "A Ming Gap? Data from Southeast Asian Shipwreck Cargoes," in *Southeast Asia in the Fifteenth Century*, ed. Wade and Laichen, 359–83.

35 John Miksic, "Before and after Zheng He: Comparing Some Southeast Asian Archaeological Sites of the Fourteenth and Fifteenth Centuries," in *Southeast Asia in the Fifteenth Century*, ed. Wade and Laichen, 384–408.

36 Pensak Howitz, *Ceramics from the Sea: Evidence from the Kho Kradad Shipwreck Excavated in 1979* (Bangkok: Archaeology Division of Silpakorn University, 1979); and Jeremy Green, Rosemary Harper, Sayann Prishanchittara, *The Excavation of the Ko Kradat Wrecksite Thailand, 1979–1980* (Perth: Special Publication of the Department of Maritime Archaeology, Western Australian Museum, 1981).

37 見Sunait Chutintaranond, "Mergui and Tenasserim as Leading Port Cities in the Context of Autonomous History," in *Port Cities and Trade*, 1–14, and Khin Maung Myunt, "Pegu as an Urban Commercial Centre for the Mon and Myanmar Kingdoms of Lower Myanmar," in *Port Cities and Trade*, 15–36.

38 關於佛牌與舍利子在佛教中的運用概況，請見Kevin Trainor, *Relics, Ritual, and Representation* (Cambridge: Cambridge University Press, 1997).

39 Pattana Kitiarsa, *Mediums, Monks, and Amulets: Thai Popular Buddhism Today* (Chiang Mai: Silkworm Books, 2012).

40 Chris Baker and Pasuk Phongpaichit, "Protection and Power in Siam: From Khun Chang Khun Phaen to the Buddhist Amulet," *Southeast Asian Studies* 2, no. 2 (2013): 215–42. 亦見Chris Baker and Pasuk Phongpaichit, *A History of Ayutthaya: Siam in the Early Modern World* (Cambridge: Cambridge University Press, 2017).

41 Stanley Tambiah, *The Buddhist Saints of the Forest and the Cult of Amulets: A Study in Charisma, Hagiography, Sectarianism, and Millennial Buddhism* (Cambridge: Cambridge University Press, 1984); 亦見James McDermott, "The Buddhist Saints of the Forest and the Cult of the Amulets: A Study in Charisma, Hagiography, Sectarianism, and Millennial Buddhism by Stanley Tambiah," *Journal of the American Oriental Society* 106, no. 2 (1986): 350.

42 一份相當好的研究：John Guy, *Lost Kingdoms: Hindu-Buddhist Sculpture of Early Southeast Asia* (New York and New Haven: Metropolitan Museum of Art and Yale University Press, 2018).

43 關於印度教的歷史性解釋請見David Lorenzon, "Who Invented Hinduism?" *Comparative Studies in Society and History* 41, no. 4 (1999): 630–59.

44 關於上座部佛教的流派、定義與演進，請見Anne Blackburn and others in Peter Skilling et al., *How Theravada Is Theravada? Exploring Buddhist Identities* (Seattle: University of Washington Press, 2012); and Juliane Schober et al., *Theravada Encounters with Modernity* (London: Routledge, 2019).

45 見Stanley O'Connor, *Hindu Gods of Peninsular Siam* (Ascona, Switzerland: Artibus Asiae Publishers, 1972), 11–18, 19, 27, 32–37, 41–48.

46 Hiram Woodward, *The Art and Architecture of Thailand from Prehistoric Times through the Thirteenth Century* (Leiden: Brill, 2003), 82–86.

47 Wannasarn Noonsuk, "Archaeology and Cultural Geography of Tambralinga in Peninsular Siam," PhD thesis (Ithaca, NY: Cornell University, History of Art Department, 2012).

48 關於這些模式一個非常精湛、新穎的詮釋：Berenice Bellina, *Khao Sam Kaeo: An Early Port-City Between the Indian Ocean and the South China Sea* (Paris: EFEO, 2017).

49 Stanley O'Connor, ed., *The Archaeology of Peninsular Siam* (Bangkok: The Siam Society, 1986).

50 Piriya Krairiksh, "Review Article: Re-Visioning Buddhist Art in Thailand," *Journal of Southeast Asian Studies* 45, no. 1: 113–18.

51 Julius Bautista, ed., *The Spirit of Things: Materiality and Religious Diversity in Southeast Asia* (Ithaca, NY: Cornell University Southeast Asia Program, 2012).

52 見O'Connor as quoted in Ronald Bernier, "Review of Hindu Gods of Peninsular Siam by Stanley O'Connor," *Journal of Asian Studies* 33, no. 4 (1974): 732–33.

53 見John Peter Wild and Felicity Wild, "Rome and India: Early Indian Cotton Textiles from Berenike, Red

9 Kenneth Hall, *A History of Early Southeast Asia: Maritime Trade and Societal Development, 100–1500* (Lanham, MD: Rowman & Littlefield, 2011), 30, 38, 47. 橫渡孟加拉灣的可怕經驗，後來成為泰國壁畫與巴利文故事的常見主題。泰國的沉船壁畫、女海神瑪尼梅哈拉（Manimekkhala）與摩訶伽那迦菩薩（Bodhisatta Mahajanaka）的故事都是實例。感謝Justin McDaniel提供的觀察。

10 Kenneth McPherson, "Maritime Communities: An Overview," in *Cross Currents and Community Networks*, ed. Ray and Alpers, 36.

11 見Geoff Wade and Sun Laichen, eds., *Southeast Asia in the Fifteenth Century: The China Factor* (Singapore: NUS Press, 2010). 該書涵蓋的概念範圍廣闊，令人驚豔，例如從越南文件看中國的接觸、東南亞的探地術、緬甸的寶石、中國的白銀。

12 見B. Ph. Groslier, "La céramique chinoise en Asie du Sud-est: Quelques points de méthode," *Archipel* 21 (1981): 93–121.

13 Derek Heng, *Sino-Malay Trade and Diplomacy from the Tenth through the Fourteenth Century* (Athens, OH: Ohio University Southeast Asian Studies, 2009).

14 Pierre-Yves Manguin, "New Ships for New Networks: Trends in Shipbuilding in the South China Sea in the Fifteenth and Sixteenth Centuries," in *Southeast Asia in the Fifteenth Century*, ed. Wade and Laichen, 333–58.

15 見K. N. Chaudhuri, *Trade and Civilisation in the Indian Ocean: An Economic History from the Rise of Islam to 1750* (Cambridge: Cambridge University Press, 1985); and Michael Pearson, *The Indian Ocean* (London: Routledge, 2003). 以上只是兩個範例，印度洋歷史領域還有許多傑出的著作。

16 Sugata Bose, *A Hundred Horizons: The Indian Ocean in the Age of Global Empire* (Cambridge: Harvard University Press, 2006).

17 見Sunil Amrith, *Crossing the Bay of Bengal: The Furies of Nature and the Fortunes of Migrants* (Cambridge, MA: Harvard University Press, 2013). 該書第88至101頁論及宗教，對本書特別有幫助，整部著作也都價值非凡。

18 見Celine Arokiasawang, *Tamil Influences in Malaysia, Indonesia, and the Philippines* (Manila: no publisher; Xerox typescript, Cornell University Library, 2000), 37–41.

19 Ray, "Crossing the Seas," 71.

20 Anthony Reid, "Aceh between Two Worlds: An Intersection of Southeast Asia and the Indian Ocean," in *Cross Currents and Community Networks*, ed. Ray and Alpers, 100–22.

21 Himanshu Prabha Ray, in *Cross Currents and Community Networks*, ed. Ray and Alpers, 6. 亦見McDaniel, "This Hindu Holy Man Is a Thai Buddhist."

22 見Prapod Assavairulkaharn, *Ascending of the Theravada Buddhism in Southeast Asia* (Bangkok: Silkworm, 1984).

23 見the background provided in B. Ph. Groslier, "Angkor et le Cambodge au XVI siècle," *Annales du Musée Guimet* (Paris, PUF, 1958).

24 關於此一時代最早期的銘文，最重要的學者包括Peter Skilling, Hans Penth, Michael Vickery和Hiram Woodward，本章稍後將探討他們的著作。

25 Kenneth Hall, *A History of Early Southeast Asia: Maritime Trade and Societal Development, 100–1500* (Lanham, MD: Rowman & Littlefield, 2011), chapters 7 and 8. 亦見Anne Blackburn, "Localizing Lineage: Importing Higher Ordination in Theravadin South and Southeast Asia," in *Constituting Communities: Theravada Buddhism and the Religious Cultures of South and Southeast Asia*, John Clifford Holt, ed. Jacob N. Kinnard and Jonathan S. Walters (Albany: State University of New York Press, 2003), chapter 7.

26 見Guy Lubeigt, "Ancient Transpeninsular Trade Roads and Rivalries over the Tenasserim Coasts," in *Commerce et navigation en Asie du Sud-est (XIV-XIX siècles)*, ed. Nguyễn Thế Anh and Yoshiaki Ishizawa, 47–76 (Paris: L'Harmattan, 1999).

27 見Pattaratorn Chirapravati, *The Votive Tablets in Thailand: Origins, Styles, and Usages* (Oxford: Oxford University Press, 1999).

28 Paul Michel Munoz, *Early Kingdoms of the Indonesian Archipelago and the Malay Peninsula* (Paris: Éditions Didier Millet, 2006), 85, 100.

29 Charles Higham and Rachanie Thosarat, *Early Thailand: From Prehistory to Sukothai* (Bangkok: River Books, 2012), 223–234, 236–24; Betty Gosling, *Sukothai: Its History, Culture, and Art* (Oxford: Oxford University Press, 1991; Charles Higham and Rachanie Thosarat, *Prehistoric Thailand: From Early Settlement to Sukothai* (Bangkok: River Books, 1998), 187–89; and Paul Michel Munoz, *Early Kingdoms of the Indonesian Archipelago and the Malay Peninsula* (Paris: Éditions Didier Millet, 2006), 197.

30 整體概觀請見Dhiravat na Pombejra, "Port, Palace, and Profit: An Overview of Siamese Crown Trade and the European Presence in Siam in the Seventeenth Century," in *Port Cities and Trade in Western Southeast Asia* [Anon.], 65–84 (Bangkok: Institute of Asian Studies, Chulalongkorn University, 1998); U San Nyein, "Trans Peninsular Trade and Cross Regional Warfare between the Maritiem Kingdoms of Ayudhya and Pegu in mid-16th century–mid 17th century" in [Anon.], *Port Cities and Trade*, 55–64; and Barend Ter

116 John Keay, *The Honourable Company: A History of the English East India* Company (New York: HarperCollins, 1993).

117 上溯至更早時期，請見Paul Bois et al, *L'ancre et la croix du Sud: La marine française dans l'expansion coloniale en Afrique noire et dans l'Océan Indien, de 1815 à 1900* (Vincennes: Service Historique de la Marine, 1998); Indrani Ray, ed, *The French East India Company and the Trade of the Indian Ocean* (Calcutta: Munshiram, 1999); and Ananda Abeydeera, "Anatomy of an Occupation: The Attempts of the French to Establish a Trading Settlement on the Eastern Coast of Sri Lanka in 1672," in *Giorgio Borsa, Trade and Politics in the Indian Ocean* (Delhi: Manohar, 1990).

118 上溯至更早時期，請見J. Steur, *Herstel of Ondergang: De voorstellen tot redres van de VOC, 1740–1795* (Utrecht: H & S Publishers, 1984), 17–27; Harm Stevens, *De VOC in Bedrijf, 1602–1799* (Amsterdam: Walburg, 1998); and Femme Gaastra, *Bewind en Beleid bij de VOC, 1672–1702* (Amsterdam: Walburg, 1989).

119 Martin Krieger, "Danish Country Trade on the Indian Ocean in the 17th and 18th Centuries," in *Indian Ocean and Cultural Interaction*, ed. Mathew.

120 Christine Dobbin, *Asian Entrepreneurial Minorities: Conjoint Communities in the Making of the World-Economy, 1570–1940* (London: Curzon, 1996).

121 Vahe Baladouni and Margaret Makepeace, eds., *Armenian Merchants of the Early Seventeenth and Early Eighteenth Centuries* (Philadelphia: American Philosophical Society, 1998).

122 Charles Borges, "Intercultural Movements in the Indian Ocean Region: Churchmen, Travelers, and Chroniclers in Voyage and in Action," in *Indian Ocean and Cultural Interaction*, ed. Mathew; Karl Haellquist, ed., *Asian Trade Routes: Continental and Maritime* (London: Curzon Press, 1991).

123 關於本章論及模式的史前狀況，見Krish Seetah, ed., *Connecting Continents: Archaeology and History in the Indian Ocean World* (Athens, OH: Ohio University Press, 2018). 關於這些潮流趨勢的脈絡肌理，見 Michael Pearson, ed., *Trade, Circulation, and Flow in the Indian Ocean World* (London. Palgrave Series in the Indian Ocean World, 2015).

第六章　佛牌的流傳：孟加拉灣的印度教—佛教傳播

1 取自Peter Skilling, "Traces of the Dharma: Preliminary Reports on Some Ye Dhamma and Ye Dharma Inscriptions from Mainland Southeast Asia," *Bulletin de l'École française d'Extrême-Orient* 90/91 (2003/4): 273–87, at 273.

2 本章運用了1989年、2006年在泰國進行的田野調查與博物館研究工作。見Elizabeth Ann Pollard, "Indian Spices and Roman 'Magic' in Imperial and Late Antique Indo-Mediterranean," *Journal of World History* 24, no. 1 (2013): 1–23.

3 「宗教」是一個複雜的詞語，在學術研究中必須加以問題化。見Talal Asad, "Anthropological Conceptions of Religion: Reflections on Geertz," *Man* 18, no. 2 (1983): 237–59; and Tomoko Masuzawa, *The Invention of World Religions* (Chicago: University of Chicago Press, 2005).

4 James Ford, "Buddhist Materiality: A Cultural History of Objects in Japanese Buddhism," *Journal of Japanese Studies* 35, no. 2 (2009): 368–73. 關於整體情況請見Tansen Sen, *Buddhism, Diplomacy, and Trade: The Realignment of Sino-Indian Relations, 600–1400* (Honolulu: University of Hawai'i Press, 2003); and Tansen Sen, ed., *Buddhism across Asia: Networks of Material, Cultural and Intellectual Exchange* (Singapore: ISEAS, 2014).

5 範例可見Arlo Griffiths, "Written Traces of the Buddhist Past: Mantras and Dharais in Indonesian Inscriptions," *Bulletin of the School of Oriental and African Studies* 77, no. 1 (2014): 137–94; Patrice Ladwig, "Haunting the State: Rumours, Spectral Apparitions and the Longing for Buddhist Charisma in Laos," *Asian Studies Review* 37, no. 4 (2013): 509–26; and Nguyễn Thế Anh, "From Indra to Maitreya: Buddhist Influence in Vietnamese Political Thought," *Journal of Southeast Asian Studies* 33, no. 2 (2002): 225–41.

6 Duncan McCargo, "The Politics of Buddhist Identity in Thailand's Deep South: The Demise of Civil Religion" *Journal of Southeast Asian Studies* 40, no. 1 (2009): 11–32; Laurel Kendall, "Popular Religion and the Sacred Life of Material Goods in Contemporary Vietnam," *Asian Ethnology* 67, no. 2 (2008): 177–99; and John Marston, "Death, Memory and Building: The Non-Cremation of a Cambodian Monk," *Journal of Southeast Asian Studies* 37, no. 3 (2006): 491–505.

7 見Michael Pearson, "Studying the Indian Ocean World: Problems and Opportunities," in *Cross Currents and Community Networks: The History of the the Indian Ocean World*, ed. Himanshu Prabha Ray and Edward Alpers, 22 (New Delhi: Oxford University Press, 2007).

8 關於這些沉船，一份相當卓越的開創性研究：John Guy, "The Intan Shipwreck: A Tenth Century Cargo in Southeast Asian Waters," in *Song Ceramics: Art History, Archaeology and Technology*, ed. S. Pearson, 171–92 (London: Percival David Foundation, 2004); 亦見Justin McDaniel, "This Hindu Holy Man Is a Thai Buddhist," *South East Asia Research* 20, no. 2 (2013): 191–209.

給性農業，改種丁香換取現金。見Sheriff, *Slaves, Spices, and Ivory*, 55–59.

91 關於海岸與內地的關係，請見Michael Pearson, *Port Cities and Intruders, 63–100; and Richard Hall, Empires of the Monsoon: A History of the Indian Ocean and Its Invaders* (London: Harper Collins, 1996), chapters 26 and 50.

92 關於這些過程在占吉巴北方、肯亞海岸的演進，請見Marguerite Ylvisaker, *Lamu in the Nineteenth Century: Land, Trade, and Politics* (Boston: Boston University African Studies Association, 1979); and Sir John Gray, The British in Mombasa, 1824–1826 (London: MacMillan, 1957).

93 一位商人為房子花了數千元，做了占吉巴建築典型的雕花大門與屋椽。Burton指出，有些貿易商養了二、三百名女性，作為生意的誘餌。見R. F. Burton, *The Lake Regions of Central Africa* (London, 1860), I:270, 376; and R. F. Burton, Zanzibar: *City, Island and Coast* (London: Tinsely, 1872), II:297. 亦見Mark Horton and John Middleton, *The Swahili: The Social Landscape of a Mercantile Society* (Oxford: Blackwell, 2000), 103–9.

94 Sheriff, *Slaves, Spices, and Ivory*, 182. 原本季節性的活動發展成當地人的生計：1890年代有8萬至10萬尼楊韋齊人從事挑伕，前往海岸。這些變化都是以生產、性別組織、領導力為基礎，非常符合沃爾夫關於資本主義如何影響親族社會的論述。見Eric Wolf, *Europe and the People without History*, 77–100.

95 M. N. Pearson, "Indians in East Africa: The Early Modern Period," in *Politics and Trade in the Indian Ocean World* ed. Mukherjee and Subramanian, 227–49.

96 範例可見Luis Frederico Dias Antunes, "The Trade Activities of the Banyans in Mozambique: Private Indian Dynamics in the Portuguese State Economy, 1686–1777," in *Mathew, Mariners, Merchants*, 301–32. 與印度、東南亞的情況相比，葡萄牙人在現代早期東非海岸的事業還算成功，儘管影響力同樣並不長久（莫三比克除外）。

97 "The Ancient History of Dar es-Salaam," in Freeman-Grenville, *The East African Coast*, 234.

98 M. Reda Bhacker, *Trade and Empire in Muscat and Zanzibar: Roots of British Domination* (London: Routledge, 1992), 71.

99 V. S. Sheth, "Dynamics of Indian Diaspora in East and South Africa," *Journal of Indian Ocean Studies*, 8, no. 3 (2000): 217–27.

100 Richard Hall, *Empires of the Monsoon: A History of the Indian Ocean and its Invaders* (London: Harper and Collins, 1996), chapter 52.

101 關於這個主題，可參考Marina Carter, Alessandor Stanziani, and Patrick Harries的著作。Clare Anderson對運輸、奴隸體制與契約勞動做了非常全面的研究：Clare Anderson, *Subaltern Lives: Biographies of Colonialism in the Indian Ocean World* (Cambridge: Cambridge University Press, 2012); and Clare Anderson, *Convicts in the Indian Ocean: Transportation from South Asia to Mauritius, 1815–1853* (London: Palgrave, 2000).

102 W. E. F. Ward and L. W. White, *East Africa: A Century of Change 1870–1970* (New York: Africana Publishing Company, 1972).

103 Bhacker, *Trade and Empire*, 178.

104 關於阿曼與占吉巴數百年來的權力均勢，請見Patricia Risso, *Oman and Muscat: An Early Modern History* (New York: St. Martin's Press, 1986).

105 Bhacker, *Trade and Empire*, 133.

106 19世紀的英國旅人曾說，大部分斯瓦希里男性的裝扮很像阿拉伯人，會戴頭巾，但傳統頭巾今日已被來自中國、大量生產的廉價品取代。我曾在1990年拍攝占吉巴、蒙巴沙與拉木的傳統頭巾店，老闆告訴我，斯瓦希里人只要願意付錢，還是可以買到高品質的中東頭巾。Tagliacozzo, 1990 fieldwork notes, 623.

107 見Fahad Bishara, *A Sea of Debt: Law and Economic Life in the Western Indian Ocean, 1780–1850* (New York: Cambridge University Press, 2017), chapter 7; and Thomas McDow, *Buying Time: Debt and Mobility in the Western Indian Ocean* (Athens, OH: Ohio University Press, 2020).

108 關於這些過程的最終結果，兩項最精湛的研究分別是：Frederick Cooper, *From Slaves to Squatters: Plantation Labor and Agriculture in Zanzibar and Coastal Kenya, 1890– 1925* (New Haven: Yale University Press, 1980); and Jonathan Glassman, *Feasts and Riot: Revelry, Rebellion, and Popular Consciousness on the Swahili Coast, 1856–1888* (London: Heinemann, 1995).

109 見Chengwimbe's account in Zoe Marsh, ed., *East Africa through Contemporary Records*, 35–41. 傳教士紀錄的解讀當然必須審慎為之，他們造訪這些海岸別有所圖。

110 Esmond Bradley Martin, *Cargoes of the East: The Ports, Trade, and Culture of the Arabian Seas and Western Indian Ocean* (London: Elm Tree Books, 1978), 29.

111 關於東非與現代早期世界經濟的關係，請見Michael Pearson, *Port Cities and Intruders: The Swahili Coast, India, and Portugal in the Early Modern Era* (Baltimore: Johns Hopkins University Press, 1998), 101–28.

112 V. Y. Mudimbe, *The Invention of Africa* (Bloomington: Indiana University Press, 1988), introduction.

113 Smith, *Wealth of Nations*, II:631.

114 Marx, *Capital*, II:314.

115 Om Prakash, ed., *European Commercial Expansion in Early Modern Asia* (Aldershot: Variorum, 1997).

242–65.

73 近來的研究請見Gijsbert Oonk, *The Karimjee Jiwanjee Family, Merchant Princes of East Africa, 1800–2000* (Amsterdam: Pallas, 2009); Erik Gilbert, D*hows and the Colonial Economy of Zanzibar, 1860–1970* (Athens, OH: Ohio University Press, 2004); Jeremy Prestholdt, *Domesticating the World: African Consumerism and the Genealogies of Globalization* (Berkeley: University of California Press, 2008); and Abdul Sheriff, *Dhow Cultures of the Indian Ocean: Cosmopolitanism, Commerce, and Islam* (New York: Columbia University Press, 2010).

74 見Edward Alpers, *The Indian Ocean in World History* (New York: Oxford University Press, 2013); Abdul Sheriff, "The Persian Gulf and the Swahili Coast: A History of Acculturation over the Longue Durée," in *Lawrence Potter, ed. The Persian Gulf in History* (New York: Palgrave Macmillan, 2009): 173–88; and Gwyn Campbell, *Africa and the Indian Ocean World from Early Times to Circa 1900* (Cambridge: Cambridge University Press, 2019).

75 關於此一時期阿曼與占吉巴的評論，請見René J. Barendse, "Reflections on the Arabian Seas in the Eighteenth Century," *Itinerario* 25, no. 1 (2000): 25–50. 關於從數百年貿易接觸發展出來的東非海岸地區斯瓦希里文明，請見Mark Horton and John Middleton, *The Swahili: The Social Landscape of a Mercantile Society* (Oxford: Blackwell, 1988), 5–26.

76 前者請見"The Ancient History of Dar es-Salaam," in G. S. P. Freeman-Grenville, *The East African Coast: Select Documents from the First to the Earlier Nineteenth Century* (Oxford: Oxford University Press, 1962), 233–37.

77 範例可見Smith, *Wealth of Nations*, II:571, 578, 586–87, 939. 78. From Freeman-Grenville, *The East African Coast*, 221, 234.

78 From Freeman-Grenville, *The East African Coast* , 221, 234.

79 見Jean Aubin, "Merchants in the Red Sea and the Persian Gulf at the Turn of the Fifteenth and Sixteenth Centuries," in *Asian Merchants and Businessmen*, ed. Lombard and Aubin.

80 相關論述範例可見Manuel de Faria y Sousa in Zoe Marsh, ed., *East Africa through Contemporary Records* (Cambridge: Cambridge University Press, 1961), 19–22. 造訪耶穌堡及其小型博物館收藏很具啟發性。

81 見Michael Pearson, *Port Cities and Intruders: The Swahili Coast, India, and Portugal in the Early Modern Era* (Baltimore: Johns Hopkins University Press, 1998).

82 見Engels, especially, in Marx, *Capital*, III:1047.

83 在東非與整個印度洋地區購買奴隸，是一項歷史悠久的做法。見S. Arasaratnam, "Slave Trade in the Indian Ocean in the Seventeenth Century," in *Mathew, Mariners, Merchants,* 95–208. 隨著美國商人將大批東非海岸的象牙、柯巴樹脂等商品運往塞冷（Salem）等美洲東北部港口，美國在東非海岸的角色也愈發重要。

84 Iftikhar Ahmad Khan, "Merchant Shipping in the Arabian Sea—First Half of the 19th Century," *Journal of Indian Ocean Studies* 7, nos. 2/3 (2000): 163–73.

85 荷蘭人從荷屬東印度獲取的丁香只出口一小部分，藉此哄抬價格。

86 在這個領域，民族主義歷史敘事多少予人二元對立之感，例如Abdul Sheriff所著*Slaves, Spices, and Ivory in Zanzibar: The Integration of an East African Commercial Enterprise into the World Economy 1770–1873* (Athens, OH: Ohio University Press, 1987)；著述者在廢奴運動中只看到各種圖謀算計，主角（占吉巴人）與對手（英國人）一清二楚，沒有什麼模糊曖昧的空間。其實有些英國人贊成廢奴運動是基於宗教信念或人道主義，無關英國的貿易與擴張政策。同樣的道理，有些東非菁英階層將奴隸體制視為致富之道。對此一主題較新近、全面的探討，請見Matthew Hopper, *Globalization and Slavery in Arabia in the Age of Empire* (New Haven: Yale University Press, 2015).

87 對照法國奴隸販子莫里斯（Monsieur Morice，1776年）的敘述與啟瓦基西瓦尼的歷史記載（Freeman-Grenville, *The East African Coast*, 191 and 223），對於歐洲人（例如莫里斯）與某些斯瓦希里人，奴隸貿易顯然是吸引人的經濟模式。見Shaikh al-Amin bin 'Ali al Mazru'i, *The History of the Mazru'i Dynasty* (London: Oxford University Press, 1995).

88 Sheriff, *Slaves, Spices, and Ivory,* 48.

89 這些樹如此之矮，顯示是不久之前集體種植。相較之下，我在1990年前往北摩鹿加群島的特爾納特島，登上一座火山，造訪一棵名為「Cengkeh Afu」的巨大丁香樹，17世紀葡萄牙與荷蘭文獻曾有描述。四個世紀之後，這棵丁香樹仍然健在，一年可生產600公斤丁香；見作者田野調查筆記，1990年，頁451。

90 對於這些模式的長期分析，兩項卓越的研究：Edward Alpers, *Ivory and Slaves: The Changing Pattern of International Trade in East Central Africa to the Later Nineteenth Century* (Berkeley: University of California Press, 1975), and C. S. Nicholls, *The Sawhili Coast: Politics, Diplomacy, and Trade on the East African Littoral, 1798–1856* (London: Allen & Unwin, 1971). 朋巴島的地理與社會景觀在1830年代完全改觀。朋巴島曾經是蒙巴沙與阿拉伯的穀倉，但是當地農民後來遭到邊緣化，失去原本共同擁有的土地，眼睜睜看著占吉巴的菁英建立種植園。成千上萬名奴隸被引進，種植園員工也是被徵召而來，賽義德蘇丹企圖藉由傳統的朝貢體制來無償徵用他們的勞動力。1834年，這套體制轉化為人頭稅，農民為了繳稅給占吉巴宮廷，放棄自

Towns, and States," in *Ports and Their Hinterlands*, ed. Banga, 153–80.

54 Dilbagh Singh and Ashok Rajshirke, "The Merchant Communities in Surat: Trade, Trade Practices, and Institutions in the Late Eighteenth Century," in *Ports and Their Hinterlands*, ed. Banga, 181–98.

55 見Philip Stern, *The Company-State: Corporate Sovereignty and the Early Modern Foundations of the British Empire in India* (New York: Oxford University Press, 2011).

56 這些原則信念包括大型的陸軍與海軍、提高分工程度、職業化、加強軍紀、加強國家掌控。請見Geoffrey Parker, *The Military Revolution: Military Innovation and the Rise of the West, 1500–1800* (Cambridge: Cambridge University Press, 1996).

57 關於荷蘭與法國在印度的活動，見H. K. s' Jacob, "De VOC en de Malabarkust in de 17de eeuw," in M. A. P. Meilink-Roelofsz, ed., *De VOC in Azië* (Bussum: Unieboek, 1976), 85–99; Om Prakash, *The Dutch Factories in India, 1617–1623* (Delhi: Munshiram, 1984); and Indrani Ray, ed., *The French East India Company and the Trade of the Indian Ocean* (Calcutta: Munshiram, 1999).

58 P. J. Marshall, *Trade and Conquest: Studies on the Rise of British Dominance in India* (Aldershot: Variorum, 1993), 27; 關於傭兵請見G. V. Scammell, "European Exiles, Renegades and Outlaws and the Maritime Economy of Asia," in Mathew, *Mariners, Merchants, and Oceans*, 121–42.

59 請參見1789年9月20日薩林姆蘇丹（Sultan Salim）致函蒂普蘇丹，Kabir Kausar, compiler, *Secret Correspondence of Tipu Sultan* (New Delhi: Manohar, 1980), 253–65.

60 關於這些複雜的趨勢，下列著作做了很好的探討：P. J. Marshall, "Private Trade in the Indian Ocean Before 1800," in *India and the Indian Ocean*, ed. Gupta and Pearson, 276–300; S. Arasaratnam, "Weavers, Merchants, and Company: The Handloom Industry in South-Eastern India 1750–1790," in *Merchants, Markets,* ed. Sanjay Subrahmanyam, 190– 214; Bruce Watson, "Indian Merchants and English Private Interests: 1659–1760," in *India and the Indian Ocean*, ed. Gupta and Pearson, 301–16; and Ashin Das Gupta, *Merchants of Maritime India, 1500–1800* (Ashgate: Variorum, 1994), chapter 14.

61 孟加拉布料在歐洲與美洲相當暢銷，需求也外溢到奧德地區，這裡出產的棉布價格更便宜。到1800年時，據說「運送金條到加爾各答的每一艘船，都是為了換取奧德的衣料」。請見Marshall, *Trade and Conquest*, 475–6. 亦見Joseph Brennig, "Textile Producers and Production in Late Seventeenth Century Coromandel," in *Merchants, Markets*, ed. Subrahmanyam, 66–89.

62 "Agreement between the Nabob Nudjum-ul-Dowlah and the Company, 12 August 1765," in Barbara Harlow and Mia Carter, eds., *Imperialism and Orientalism: A Documentary Sourcebook* (Oxford: Wiley, 1999), 6.

63 關於這個問題，更廣泛的探討請見Bose, *Peasant Labour and Colonial Capital*.

64 S. Arasaratnam, *Maritime India in the Seventeenth Century* (Delhi: Oxford University Press, 1994), chapter 7. 這還不包括性別合作關係，見Durba Ghosh, *Sex and the Family in Colonial India: The Making of Empire* (New York: Cambridge University Press, 2006).

65 Arasaratnam, *Maritime Trade*, chapter 3.

66 關於這個觀念更廣泛的探討，特別是在理念思辯的領域，請見Robert Travers, *Ideology and Empire in Eighteenth-Century India* (Cambridge: Cambridge University Press, 2009); 對於這個過程的區域性解釋, 亦見Andrew Sartori, *Bengal in Global Concept History: Culturalism in the Age of Capital* (Chicago: University of Chicago Press, 2008).

67 Patricia Risso, *Merchants and Faith: Muslim Commerce and Culture in the Indian Ocean* (Boulder: Westview Press, 1995), 77–98.

68 1777年時，進出加爾各答港的英國民間貿易船有290艘；在80噸以上的進出船隻中，印度船隻只占5%。請見Bruce Watson, *Foundation for Empire: English Trade in India 1659–1760* (New Delhi: Vikas, 1980).

69 Holden Furber, *Private Fortunes and Company Profits in the India Trade in the 18th Century* (Aldershot: Variorum, 1997).

70 這句話來自James Scott，見*Weapons of the Weak: Everyday Forms of Peasant Resistance* (New Haven: Yale University Press, 1985).

71 以馬德拉斯為例，聖喬治堡（Fort St. George）總督溫特（Edward Winter）主要是與商人提瑪納（Beri Timmanna）合作。蘇拉特行政長官奧克森登（George Oxenden）與帕拉克（Bhinji Parak）關係密切。1721年，海斯汀斯（Hastings）因為與他的塔米爾副手文卡塔帕尼（Khrishnama Venkatapati）進行私人交易而遭解職。不少印度商人八面玲瓏、位高權重。納拉揚（Adiappa Narayan）是馬德拉斯總督班揚（Richard Benyon）的通譯（dubash），協助印度苦力、大宗商品商人、其他通譯、工匠、塔米爾仄迪人（Tamil Chetties）、印度當地名人、葡萄牙人、英屬馬德拉斯上流社會進行交易。見Bruce Watson, *Foundation for Empire*: 309–12.

72 關於這些新協議的複雜性請見Om Prakash, "European Corporate Enterprises and the Politics of Trade in India, 1600–1800," in *Politics and Trade in the Indian Ocean World*, ed. R. Mukherjee and L. Subramanian (Delhi: Oxford University Press, 1998), 165–82; and Sanjay Subrahmanyam and C. A. Bayly, "Portfolio Capitalists and the Political Economy of Early Modern India," in Subrahmanyam, ed., *Merchants, Markets,*

色，在把米送進碾米廠時就已結束：機器來自英國，麻袋來自加爾各答，蒸汽輪來自倫敦，負責財務的銀行與保險公司也都是英國業者。見D. R. Sardesai, *British Trade and Expansion in Southeast Asia, 1830–1914* (Delhi: Allied Publishers, 1977), 92–93. 亦見Jennifer Cushman, *Fields from the Sea: Chinese Junk Trade with Siam during the Late 18th and Early 19th Centuries* (Ithaca: Cornell Southeast Asia Program, 1993); and Ian Brown, *The Elite and the Economy in Siam, 1890–1920* (Oxford: Oxford University Press, 1988).

39 Pasuk Phongpaichit and Chris Baker, *Thailand: Economy and Politics* (Kuala Lumpur: Oxford University Press, 1995).

40 相關的國際環境請見Sugata Bose, ed., *South Asia and World Capitalism* (Oxford: Oxford University Press, 1991); Nile Green, *Bombay Islam: The Religious Economy of the Western Indian Ocean, 1840–1915* (New York: Cambridge University Press, 2011); Pier Martin Larson, *Ocean of Letters: Language and Creolization in an Indian Ocean Diaspora* (Cambridge: Cambridge University Press, 2009); and Ronit Ricci, *Islam Translated: Literature, Conversion and the Arabic Cosmopolis of South and Southeast Asia* (Chicago: University of Chicago Press, 2011).

41 Smith, *Wealth of Nations*, II:638.

42 Karl Marx, *Capital*, III:452.

43 S. Z. Qasim, "Concepts of Tides, Navigation and Trade in Ancient India," *Journal of Indian Ocean Studies* 8, no. 1/2 (2000): 97–102.

44 這些城市的訪客包括阿拉伯人、波斯人、敘利亞人、埃及人、馬格里布人、蘇門答臘人、勃固人、華人。今日科欽仍然看得到這些歐洲人之前社群的遺跡，例如「猶太鎮路」(Jew Town Road)的猶太教會堂與猶太人社群，以及科欽港口的中國式懸吊漁網(13世紀時由大汗的使節引進)。關於印度西南部早期的海洋關係，見Haraprasad Ray, "Sino-Indian Historical Relations: Quilon and China," *Journal of Indian Ocean Studies* 8, nos. 1/2 (2000): 116–28.

45 兩篇修正觀點的歷史論述請見K. S. Mathew, "Trade in the Indian Ocean during the Sixteenth Century and the Portuguese," in K. S. Mathew, ed., *Studies in Maritime History* (Pondicherry: Pondicherry University Press, 1990) 13–28; and Sanjay Subrahmanyam, "Profit at the Apostle's Feet: The Portuguese Settlement of Mylapur in the Sixteenth Century," in Sanjay Subrahmanyam, *Improvising Empire: Portuguese Trade and Settlement in the Bay of Bengal* (Delhi: Oxford University Press, 1990), 47–67.

46 關於與葡萄牙人事業無關的歐洲人如何看待蒙兀兒朝廷，請參見這些義大利文獻：G. Tucci, "Del supposto architetto del Taj e di altri italiani alla Corte dei Mogul," *Nuova Antologia* CCLXXI (1930), 77–90; G. Tucci, *Pionieri italiani in India, Asiatica* 2(1936), 3–11; G. Tucci, *Pionieri italiani in India*, in G. Tucci, *Forme dello spirito asiatico* (Milan and Messina, 1940), 30–49.

47 M. N. Pearson, "India and the Indian Ocean in the Sixteenth Century," in *India and the Indian Ocean 1500–1800*, ed. Ashin Das Gupta and M. N. Pearson (Calcutta: Oxford University Press, 1987), 71–93, at 79; 亦見Syed Hasan Askarai, "Mughal Naval Weakness and Aurangzeb's Attitude towards the Traders and Pirates on the Western Coast," *Journal of Indian Ocean Studies* 2, no. 3 (1995): 236–42.

48 馬尼拉貿易長期維持多樣性，一個世紀後依然如此，請見Thomas and Mary McHale, eds, *The Journal of Nathaniel Bowditch in Manila, 1796* (New Haven: Yale University Southeast Asian Studies, 1962).

49 在今日的康貝仍然可以感受這種動態發展的效應，與比較繁榮的蘇拉特相較，當地如今是一個平靜的「邊緣城市」; 見作者田野調查筆記，1990年，頁380。後來蒙兀兒需要一座大型轉運港，在蘇拉特與康貝的競爭中有助於前者。另一方面，在17世紀的阿拉伯半島，穆斯林聖地朝覲活動的增加(以及咖啡商品價格的上漲)幫助摩卡超越了馬斯開特。關於古吉拉特貿易情勢的變化請見Shireen Moosvi, "The Gujarat Ports and Their Hinterland: The Economic Relationship," in Indu Banga, ed., *Ports and Their Hinterlands in India, 1700–1950* (Delhi: Manohar, 1992), 121–30; Aniruddha Ray, "Cambay and Its Hinterland: The Early Eighteenth Century," in Banga, ed., *Ports and Their Hinterlands*, 131–52; and Ashin Das Gupta, "The Merchants of Surat," in *Elites in South Asia*, ed. Edmund Leach and S. N. Mukherjee (Cambridge: Cambridge University Press, 1970).

50 Baldeo Sahai, *Indian Shipping: A Historical Survey* (Delhi: Ministry of Information, 1996), 208–51.

51 Savitri Chandra, "Sea and Seafaring as Reflected in Hindi Literary Works During the 15th to 18th Centuries," in Matthew, ed., *Studies in Maritime History*, 84–91; and R. Tirumalai, "A Ship Song of the Late 18th Century in Tamil," in Matthew, ed., *Studies in Maritime History*, 159–64. 亦見Pedro Machado's recent work, cited elsewhere in this book.

52 Ashin Das Gupta, "India and the Indian Ocean in the Eighteenth Century," in *India and the Indian Ocean*, ed. Gupta and Pearson, 136.

53 對於這個問題更廣泛的探討請見Sugata Bose, *Peasant Labour and Colonial Capital: Rural Bengal Since 1770* (Cambridge: Cambridge University Press 1993); Kum Kum Banerjee, "Grain Traders and the East India Company: Patna and Its Hinterland in the Late Eighteenth and Early Nineteenth Centuries," in Sanjay Subrahmanyam, ed., *Merchants, Markets, and the State in Early Modern India* (Delhi: Oxford University Press, 1990), 163–89; and Lakshmi Subramanian, "Western India in the Eighteenth Century: Ports, Inland

(Singapore: Oxford University Press, 1988), 57–79.

19 一艘荷蘭船隻1597年在爪哇東北方遇難，幾乎立刻遭到當地數十艘叭喇唬船劫掠。1609年，民答那峨島的西班牙部隊擔心一艘毀損的卡拉維爾帆船會落入穆斯林手中，於是將船上所有的螺栓拆下。東南亞如此渴求金屬，一個有趣的結果就是當地人會基於宗教上的價值，對某些金屬付出更高的價格。爪哇沿海地區的城邦就是如此，當地人喜歡使用蘇拉威西島的高鎳鐵來製造格里斯劍（krisses，刀刃鑲嵌鎳材質的漩渦圖案），而不是歐洲人與華人進口的鐵。見Reid, *Southeast Asia in the Age of Commerce,* I:107, 110.

20 傭兵來自日本、阿拉伯、荷蘭、法國與波斯，見Dhiravat da Pombejra, "Ayutthaya at the End of the Seventeenth Century: Was There a Shift to Isolation?," in Reid, ed., *Southeast Asia in the Early Modern Era*, 250–72; 亦見Anthony Reid, "Europe and Southeast Asia: The Military Balance," *James Cook University of North Queensland, Occasional Paper* 16 (Townsville: Queensland University Press, 1982), 1.

21 見Barbara Watson Andaya, "Cash-Cropping and Upstream/Downstream Tensions: The Case of Jambi in the 17th and 18th-Centuries," in Reid, ed., *Southeast Asia in the Early Modern Era*, 108. 關於荷蘭在印度洋活動的概況，見Eric Tagliacozzo, "The Dutch in Indian Ocean History," in *The Cambridge History of the Indian Ocean*, ed. Sugata Bose; vol. I, ed. Seema Alavi, Sunil Amrith, and Eric Tagliacozzo (Cambridge: Cambridge University Press, forthcoming.

22 見Leonard Andaya, *The World of Maluku: Eastern Indonesia in the Early Modern Period* (Honolulu: University of Hawai'i Press, 1993); Chris van Frassen, "Ternate, de Molukken and de Indonesische Archipel," PhD thesis, Leiden University, 2 vols., 1987; and the early historical chapters of Patricia Spyers, *The Memory of Trade* (Durham: Duke University Press, 2000).

23 John Bastin, "The Changing Balance of the Southeast Asian Pepper Trade," in M. N. Pearson, *Spices in the Indian Ocean World* (Ashgate: Variorum, 1996), 283–316.

24 Anthony Reid, "Islamization and Christianization in Southeast Asia: The Critical Phase, 1550–1650," in Reid, ed., *Southeast Asia in the Early Modern Era*, 151–79.

25 關於現代早期港口地區的性別動態，見Barbara Watson Andaya, ed. *Other Pasts: Women, Gender and History in Early Modern Southeast Asia* (Honolulu: University of Hawai'i Press, 2000).

26 瑞德運用一系列不同時代的量測，以對比方式呈現：17世紀時歐洲人與菲律賓人身高同為五呎二吋（根據Robert Fox在卡拉塔干的發掘工作），兩個世紀後，歐洲男性平均身高卻增加到5呎6吋。東南亞民間故事（*hikayats*）、家譜（*sejarahs*）以及中文與日文貿易紀錄、歐洲船長日誌對疫病爆發的記載，也讓人印象深刻。見 Robert Fox, "The Calatagan Excavations," *Philippine Studies* 7, no. 3 (1959): 325–90; and Reid, *Southeast Asia in the Age of Commerce*, I:47–8, 61.

27 荷蘭人到18世紀時已經落後，見Dianne Lewis, *Jan Compagnie in the Straits of Malacca, 1641–1795* (Athens, OH: Ohio University Press, 1995).

28 J. A. de Moor, "'A Very Unpleasant Relationship': Trade and Strategy in the Eastern Seas, Anglo-Dutch Relations in the Nineteenth Century from a Colonial Perspective," in G. J. A Raven and N. A. M Rodger, eds., *Navies and Armies: The Anglo-Dutch Relationship in War and Peace 1688–1988* (Edinburgh: Donald Co., 1990), 46–69.

29 J. H. Zeeman, *De Kustvaart in Nederlandsch-Indië, Bechouwd in Verband met het Londensch Tractaat van 17 Maart 1824* (Amsterdam: Zeeman, 1936).

30 關於這些過程在柔佛州的歷史脈絡，請見Leonard Andaya, *The Kingdom of Johor, 1641–1728: A Study of Economic and Political Developments in the Straits of Malacca* (Kuala Lumpur: Oxford University Press, 1975).

31 這反映了海盜行為與貿易之間的曖昧性，就某種程度而言，同樣的海域今日仍有同樣的情形。在麻六甲海峽從事海盜行為的船隻，有一定比例是以投機方式進行，主要活動仍是商業性質。Tagliacozzo, 1990 fieldwork notes, 239。

32 Nicholas Tarling, *Imperial Britain in Southeast Asia* (Kuala Lumpur: Oxford University Press, 1975) 81.

33 Eric Hobsbawm, *The Age of Empire 1875–1914* (New York: Pantheon, 1987.)

34 Eric Wolf, *Europe and the People without History;* Anthony Webster, *Gentleman Capitalists: British Imperialism in South East Asia 1770–1890* (London: Tauris, 1998).

35 Andrew Turton, "Ethnography of Embassy: Anthropological Readings of Records of Diplomatic Encounters Between Britain and Tai States in the Early Nineteenth Century," *South East Asia Research* 5, no. 2 (1997): 175.

36 有許多關於商業貿易「真實的」倡議是在併吞完成之後付諸行動，例如將原始協議中的上緬甸與下緬甸新邊界延長50英里，涵蓋珍貴的柚木林。A.G. Pointon, *The Bombay-Burma Trading Corporation* (Southampton: Milbrook Press, 1964), 12.

37 參見翻譯為英文的緬甸信函（時間可能是1856年）。*British Documents on Foreign Affairs: Reports and Papers from the Foreign Office Confidential Print*, vol. E26 (Washington, D.C.: University Press of America, 1995), 104–5.

38 1856年《寶寧條約》(*Bowring Treaty*) 簽訂之後短短10年之間，來自中國的中式帆船從一年400艘減少到100艘以下。到1892年時，英國船隻占暹羅航運87%。當時一名英國人誇稱，泰國人在稻米經濟中的角

1991), 82–105. 亦見Sebastian Prange, "Measuring by the Bushel: Reweighing the Indian Ocean Pepper Trade," *Historical Research* 84, no. 224 (May 2011): 212–35.

4 T. S. S. Rao and Ray Griffiths, *Understanding the Indian Ocean: Perspectives on Oceanography* (Paris: UNESCO, 1998); Vivian Louis Forbes, *The Maritime Boundaries of the Indian Ocean Region* (Singapore University Press, 1995).

5 M. N. Pearson, *Spices in the Indian Ocean World* (Ashgate: Variorum, 1996); Osmand Bopearachichi, ed., *Origin, Evolution, and Circulation of Foreign Coins in the Indian Ocean* (Delhi: Manohar, 1988); Om Prakash, *Precious Metals and Commerce: The Dutch East India Company and the Indian Ocean Trade* (Ashgate: Variorum, 1994); C. Scholten, *De Munten van de Nederlandsche Gebiedsdeelen Overzee, 1601–1948* (Amsterdam: J. Schulman, 1951); Jeremy Green, "Maritime Aspects of History and Archaeology in the Indian Ocean, Southeast and East Asia," in S. R. Rao, *The Role of Universities and Research Institutes in Marine Archaeology: Proceedings of the Third Indian Conference of Marine Archaeology* (Goa: National Institute of Oceanography 1994); S. R. Rao, ed., *Recent Advances in Marine Archaeology: Proceedings of the Second Indian Conference on Marine Archaeology of the Indian Ocean* (Goa: National Institute of Oceanography 1991); Tom Vosmer, "Maritime Archaeology, Ethnography and History in the Indian Ocean: An Emerging Partnership," in *Himanshu Prabha Ray, Archaeology of Seafaring* (Delhi: Pragati Publications, 1999).

6 參見Eric Wolf在*Europe and the People without History* (Berkeley: University of California Press, 1982)提出的論證。並請參考Sujit Sivasundaram精采的新作 *Waves across the South: A New History of Revolution and Empire* (University of Chicago Press, 2020)，書中從革命的觀點來論述這片廣大地區演進中的現代性。

7 Adam Smith, *An Inquiry into the Nature and Causes of the Wealth of Nations* (Clarendon: Oxford University Press, 1976), I:223–24; Ted Benton, "Adam Smith and the Limits to Growth" in Stephen Copley and Kathryn Sutherland, eds., *Adam Smith's Wealth of Nations: New Interdisciplinary Essays* (Manchester University Press, 1995) 144–70.

8 Karl Marx, *Capital* (New York: International Publishers, 1976), III:451.

9 見Richard Mardsen, *The Nature of Capital: Marx after Foucault* (London: Routledge, 1999). 對於傅柯論現代性，一個有趣的批評請見Thomas Flynn, "Foucault and the Eclipse of Vision," in David Michael Levin, *Modernity and the Hegemony of Vision* (Berkeley: University of California Press, 1993), 273–86, especially 283.

10 K. N. Chaudhuri, *Trade and Civilisation in the Indian Ocean: An Economic History from the Rise of Islam to 1750* (Cambridge University Press, 1985).

11 Denys Lombard and Jean Aubin, eds., *Marchands et hommes d'affaires asiatiques dans l'Océan Indien et la Mer de Chine 13–20 siècles* (Paris: Éditions de l'École des Hautes Études en Sciences Sociales, 1988); Sanjay Surahmanyam, *The Political Economy of Commerce: Southern India, 1500–1650* (Cambridge University Press, 1990); Kenneth McPherson, *The Indian Ocean: A History of People and the Sea* (Delhi: Oxford University Press, 1993).

12 Immanuel Wallerstein, *The Capitalist World-Economy* (Cambridge: Cambridge University Press, 1979), 1–36; Andre Gunder Frank, *ReOrient: Global Economy in the Asian Age* (Berkeley: University of California Press, 1998); David Landes, *The Wealth and Poverty of Nations: Why Some Are So Rich, and Some So Poor* (New York: W. W. Norton, 1998); Kenneth Pomeranz, *The Great Divergence: Europe, China, and the Making of the Modern World Economy* (Princeton University Press, 2000); A. J. R. Russell-Wood, "The Expansion of Europe Revisited: The European Impact on World History and Global Interaction, 1450–1800," *Itinerario*, 23, no. 1 (1994): 89–94; and Johan Matthew, *Margins of the Market: Trafficking and Capitalism across the Arabian Sea* (Berkeley: University of California Press, 2016).

13 阿拉伯、紅海與波斯灣在本章並不被視為印度洋獨立的海洋地區，但這些海域會被納入印度與東非的論述之中。我特別受惠於René J. Barendse的著作，見"Reflections on the Arabian Seas in the Eighteenth Century," *Itinerario* 25, no. 1 (2000): 25–50, and his book *The Arabian Seas: The Indian Ocean World of the Seventeenth Century* (Armonk: M. E. Sharpe, 2002).

14 對於這個地區在此一時期之前的大致狀況，見Kenneth R. Hall, "Multi-Dimensional Networking: Fifteenth-Century Indian Ocean Maritime Diaspora in Southeast Asian Perspective," *JESHO* 49, no. 4 (2006): 454–81.

15 Smith, *Wealth of Nations*, I:91.

16 Marx, *Capital*, III:422.

17 Anthony Reid, *Southeast Asia in the Age of Commerce: The Lands Beneath the Winds* (New Haven: Yale University Press, 1988 and 1993).

18 瑞德對於大宗商品的強調，與Jacob van Leur對相關貿易的描述「熱鬧活絡但無足輕重」有所矛盾，見J. C. van Leur, *Indonesian Trade and Society: Essays in Asian Social and Economic History* (The Hague: W. van Hoeve, 1955). 關於陶瓷的角色請見Barbara Harrison, *Pusaka: Heirloom Jars of Borneo* (Singapore: Oxford University Press, 1986); and Roxanna Brown, *The Ceramics of South-East Asia: Their Dating and Identification*

50 "Pakistanis Tried for Trafficking Heroin," *Jakarta Post*, 1 December 1997, 3; "Drug Bust," *Straits Times*, 26 June 1997; "4 Chinese Nabbed in Drug Swoop," *Philippine Daily Inquirer*, 10 November 1997, 24; "3 Die in Drug Bust," *Philippine Daily Inquirer*, 19 November 1997, 20; "Drug Dealers Find 'Open' Market in Philippines," *Straits Times*, 21 June 1997.

51 關於更為廣泛、遍及亞洲的模式請見Timothy Brook and Bob Tadashi Wakabayashi, eds., *Opium Regimes: China, Britain, and Japan, 1839–1952* (Berkeley: University of California Press, 2000); and Kathryn Meyer and Terry Parssinen, *Webs of Smoke: Smugglers, Warlords, Spies, and the History of the International Drug Trade*, (Lanham: Rowman & Littlefield Publishers, 1998).

52 見Michele Ford, Lenore Lyons, and Willem van Schendel, eds. *Labour Migrations and Human Trafficking in Southeast Asia: Critical Perspectives* (London: Routledge, 2014).

53 M. M. Kritz and C. B. Keely, "Introduction," in their edited volume, *Global Trends in Migration: Theory and Research on International Migration Movements* (Staten Island: Center for Migration Studies, 1981): xiii–xiv.

54 見Netsanet Tesfay. *Impact of Livelihood Recovery Initiatives on Reducing Vulnerability to Human Trafficking and Illegal Recruitment: Lessons from Typhoon Haiyan* (Geneva: International Organization for Migration and International Labour Organization, 2015).

55 "Foreign Maids Fight Modern Day Slavery," *Philippine News*, 4 April 2001, 2; "Labour Migration in Southeast Asia: Analysis, Cooperation Needed," *TRENDS* (Singapore: Journal of the Institute of Southeast Asia Studies,), 27 September 1997; "AIDS Time Bomb Ticks Away among Asia's Migrant Labor," *Viet Nam News*, 2 November 1997, 12.

56 "Illegal Workers Dumped Far from Shore," *Straits Times*, 18 November 1997; "Colour-Coded Tags for 1.2 Million Foreign Workers," *New Straits Times* (Malaysia), 27 November 1997, 4; "Foreign Workers May Be Sent to Key Sectors," *New Straits Times* (Malaysia), 8 December 1997, 14.

57 見James Francis Warren, *Ah Ku and Karayuki-san: Prostitution in Singapore (1880–1940)* (Singapore: Oxford University Press, 1993.)

58 關於荷屬東印度／印尼的情況請見Terence Hull, Endang Sulistyaningsih, and Gavin Jones, eds., *Pelacuran di Indonesia: Sejarah dan Perkembangannya* (Jakarta: Pusat Sinar Harapan, 1997): 1–17; Hanneke Ming, "Barracks-Concubinage in the Indies, 1887–1920," *Indonesia* 35 (1983); and Ann Stoler, *Capitalism and Confrontation in Sumatra's Plantation Belt 1870–1979* (New Haven: Yale University Press, 1986).

59 關於東南亞性產業的動態變化，近來有幾份傑出的研究，見Lisa Law, *Sex Work in Southeast Asia: A Place of Desire in a Time of AIDS* (New York: Routledge, 2000); Lin Leam Lim, *The Sex Sector: The Economic and Social Bases of Prostitution in Southeast Asia* (Geneva: International Labour Office, 1998); Siriporn Skrobanek, *The Traffic in Women: Human Realities of the International Sex Trade* (New York: Zed Books, 1997); and Thanh-Dam Truong, *Sex, Money, and Morality: Prostitution and Tourism in Southeast Asia* (London: Zed Books, 1990).

60 "Ten Foreign Women Held in Anti-Vice Operation," *New Straits Times*, 13 November 2000, 8; "Arrests in Singapore," *Manila Bulletin*, 12 November 1997, 12; "Crackdown on Rings That Bring in Foreign Call Girls," *Straits Times*, 14 July 1997; "First Students, Then Call Girls," *Straits Times*, 22 July 1997.

61 "Banyak Wanita di Bawah Umur Melacur," *Angkatan Bersenjata*, 25 July 1997, 7; "Fishermen Involved in Prostitution," *Jakarta Post*, 29 November 1997, 2; "Banyak Tempat Hiburan Jadi Tempat Prostitutsi," *Angkatan Bersenjata*, 12 November 1997, 6. 來自中心而非「邊陲」的觀點，請參見Allison Murray卓越的民族誌作品：*No Money, No Honey: A Study of Street Traders and Prostitutes in Jakarta* (Singapore: Oxford University Press, 1991).

62 "Alleged Call Girls Detained," *Borneo Bulletin*, 12 November 1997, 1; "Pimps Jailed, Call Girls Fined," *Borneo Bulletin*, 13 November 1997, 3.

63 對走私議題各種述說角度有何利弊得失的一種長時段觀察請見Simon Harvey, *Smuggling: Seven Centuries of Contraband* (London: Reaktion Books, 2016).

64 關於走私活動是否可以融入更廣泛的南海歷史與當代敘事，見Robert Kaplan, *Asia's Cauldron: The South China Sea and the End of a Stable Pacific* (New York: Random House, 2014).

第五章　中心與邊陲：印度洋如何成為「英國的海洋」

1 *New York Daily Tribune*, 8 August 1853.

2 兩項多位作者合作的調查請見Angela Schottenhammer, ed., *Early Global Interconnectivity in the Indian Ocean World* (London: Palgrave Series in the Indian Ocean World, 2019), and Martha Chaiklin, Philip Gooding, and Gwyn Campbell, eds., *Animal Trade Histories in the Indian Ocean World* (London: Palgrave Series in the Indian Ocean World, 2020).

3 Vijay Lakshmi Labh, "Some Aspects of Piracy in the Indian Ocean during the Early Modern Period," *Journal of Indian Ocean Studies* 2, no. 3 (1995): 259–69; and John Anderson, "Piracy and World History: An Economic Perspective on Maritime Predation," in *C. R. Pennell, Bandits at Sea* (New York University Press,

both in (MvBZ/A Dossiers/223/A.111/ "Verbod Invoer Wapens en Alcohol"); ARA, Dutch Consul, London to MvBZ, 28 Jan 1893, no. 37, and GGNEI to MvK, 27 Nov 1892, no. 2268/14, both in (MvBZ/A Dossiers/223/A.111/ "Still Zuidzee").

29 除了Diana Kim最近的專著，還有兩本討論19世紀東南亞鴉片史的專著相當傑出：Carl Trocki's *Opium, Empire, and the Global Political Economy* (London: Routledge, 1999), and James Rush, *Opium to Java: Revenue Farming and Chinese Enterprise in Colonial Indonesia, 1800–1910* (Ithaca: Cornell University Press, 1990). 見James Warren, *The Sulu Zone, 1768–1898: The Dynamics of External Trade, Slavery, and Ethnicity in the Transformation of a Southeast Asian Maritime State* (National University of Singapore Press, 1981), and Eric Tagliacozzo, "Kettle on a Slow Boil: Batavia's Threat Perceptions in the Indies' Outer Islands," *Journal of Southeast Asian Studies* 31, no. 1 (2000), 70–100.

30 *Utusan Malayu*, 2 February 1909, 2 [translation: E. Tagliacozzo].

31 ARA, Chief Inspector of the Opium Regie to Gov Gen NEI, 30 Oct 1903, no. 3017/R in Verbaal 13 Jan 1904, no. 34.

32 為了抑制鴉片濫用，當局提高其價格，並且視為接管鴉片貿易的道德理由之一。

33 CO/882 Eastern, 9, no. 114記錄了馬來半島施行的一部分法規，對海岸地區與內陸地區因地制宜。種族方面，只有年滿21歲的華人男性可以在有執照的場所吸食鴉片。這份文件讓我們看到毒品立法的範圍與複雜性。

34 見John Jennings, *The Opium Empire: Japanese Imperialism and Drug Trafficking in Asia, 1895–1945* (Westport: Praeger, 1997); and Carl Trocki, *Opium, Empire, and the Global Political Economy: A Study of the Asian Opium Trade* (New York: Routledge, 1999).

35 見Thongchai Winichakul, *Siam Mapped* (Honolulu: University of Hawai'i Press, 1994). 關於邊界本質（與演進）的理論性討論，見 J. R. V. Prescott, *Political Frontiers and Political Boundaries* (London: Allen & Unwin, 1987).

36 "Bersaing Di Langit Terbuka BIMP-EAGA," *Suara Pembaruan*, 25 November 1997, 16; and "Mindanao Bakal Unggul Di Timur ASEAN," *Suara Pembaruan*, 25 January 1997, 17.

37 Anonymous Marine Board Official, Singapore, April 1997 (Author's fieldwork notes).

38 "Pos Pelintas Batas RI-Filipina Ditambah," *Kompas*, 12 October 1997: 8; "Tenaga Willing to Supply Power to Sumatra via Bridge Link," *Straits Times*, 29 June 1997; "Malaysia Undecided Where Bridge to Indonesia Will Begin," *Straits Times*, 26 June 1997. 婆羅洲的土地邊界協議請見*Laporan Delegasi Republik Indonesia Mengenai Pertemuan Panitia Teknis Bersama Perbatasan Indonesia-Malaysia Yang Ke-12 Tentang Survey dan Penegasan Bersama Perbatasan Darat Antara Indonesia and Malaysia* (Jakarta: Taud ABRI, 1981).

39 "Other ASEAN States Urged to Follow Singapore-KL Joint Approach to Crime," *Straits Times*, 10 June 1997; "Vietnam, Cambodia Police Sign Police Accord," *Weekly Review of the Cambodia Daily*, 3 March 1997, 8; "Lao Police Delegation Back from Interpol Meeting in Beijing," *Vientiane Times*, 3 March 1997, 4.

40 印尼當局也嘗試瞭解邊陲地區民族的文化，見Suwarsono, *Daerah Perbatasan Kalimantan Barat: Suatu Observasi Terhadap Karekteristik Sosial Budaya Dua Daurah Lintas Batas* (Jakarta: Pusat Penilitian dan Pengembangan Kemasyarakatan dan Kebudayaan [LIPI], 1997). "Eye on Ships," *Straits Times*, 7 June 1997; "Seminar on New Lao Mapping and Survey Network Held in Vientiane," *Vientiane Times*, 11/5–7/97: 4; "Border Market to Be Opened," Jakarta Post, 10 November 1997, 2; 上述情況的另一個例子，見 "AFP Waging High-Tech War vs. Abus," *Philippine Daily Inquirer*, 9 April 2001, 2.

41 "Struggle or Smuggle," *Far Eastern Economic Review*, 22 February 1997, 26 and passim.

42 這些對武吉斯水手進行的訪談是於1998年8、9月間，在雅加達的巽他格拉巴（Sunda Kelapa）碼頭進行；水手姓名與船隻名稱不便透露，原因顯而易見。這些水手指稱，印尼海域真正的「不法之徒」其實是海警，他們肆無忌憚勒索過往船隻。我也在新加坡與印尼籍勞工（多個行業）進行訪談。

43 "Believe It or Not," *Far Eastern Economic Review*, 27 October 1997, 23.

44 Warren Bailey and Lan Truong, "Opium and Empire: Some Evidence from Colonial-Era Asian Stock and Commodity Markets," *Journal of Southeast Asian Studies* 32 (2001): 173–94, Figure 1.

45 參見一份非常詳細的調查報導：Alfred McCoy, *The Politics of Heroin: CIA Complicity in the Global Drug Trade* (New York: Hill Books, 1991), 193–261.

46 見*Synthetic Drugs in East and Southeast Asia: Latest Developments and Challenges*, 2021 (New York: United Nations Office on Drugs and Crime, 2021).

47 "Indonesia Sudah Lama Jadi Pemasaran Narkotika," *Angkatan Bersenjata*, 4 November 1997, 12; "Philippine Police Seize Huge Volume of Drugs This Year," *Vientiane Times*, 29–31 October 1997, 6.

48 "Drugs Blacklist," *Phnom Penh Post*, 16–29 March, 2001, 2; "PM Warns of Takeover by Drug Merchants," *Weekly Review of the Cambodia Daily*, 24 April 1997, 12; "Medellin on the Mekong," *Far Eastern Economic Review*, 7 September 1995, 29–30; "Medellin on the Mekong," *Far Eastern Economic Review*, 23 November 1997, 24–6.

49 "Dadah Musush Utama Masyarakat," *Pelita Brunei*, 2 July 1997, 1.

Smuggling: Law, Economic Life, and the Making of the Modern State (New York: Columbia University Press, 2018).

5 走私的歷史源遠流長，見Pin-tsun Chang. “Maritime China in Historical Perspective,” *International Journal of Maritime History* 4, no. 2 (1992), 239–55; Hugh R. Clark, “Frontier Discourse and China's Maritime Frontier: China's Frontiers and the Encounter with the Sea through Early Imperial History,” *Journal of World History* 20, no. 1 (2009), 1–33; James Chin, “Merchants, Smugglers, and Pirates: Multinational Clandestine Trade on the South China Coast, 1520–50,” in *Elusive Pirates, Pervasive Smugglers: Violence and Clandestine Trade in the Greater China Seas*, ed. Robert J. Antony, 43–57 (Hong Kong University Press, 2010).

6 關於本章討論的部分主題，以地圖為基礎的研究請見 Pierre-Arnoud Chouvy, *An Atlas of Trafficking in Southeast Asia: The Illegal Trade in Arms, Drugs, People, Counterfeit Goods, and Natural Resources in Mainland Southeast Asia* (London: Bloomsbury, 2013).

7 見[Anon.], *Catalogue of the Latest and Most Approved Charts, Pilots, and Navigation Books Sold or Purchased* (London: James Imray and Sons, 1866).

8 W. H. Coates, *The Old Country Trade of the East Indies* (London: Imray, Laurie, Nurie, and Wilson, 1911), 58–59; Robert Kubicek, “The Role of Shallow-Draft Steamboats in the Expansion of the British Empire, 1820–1914,” *International Journal of Maritime History VI* (June 1994), 86 and passim.

9 C. Northcote Parkinson, *Trade in the Eastern Seas (1793–1813)* (Cambridge University Press, 1937), 351; 關於中國商人賄賂時任總督的醜聞請見F. de Haan, *Oud Batavia* (Batavia: Kolff, 1922), I:498.

10 見Paul Van Dyke, *Americans and Macao: Trade, Smuggling and Diplomacy on the South China Coast* (Hong Kong: Hong Kong University Press, 2012).

11 Coates, *The Old Country Trade*, 81–82.

12 Sarasin Viraphol, *Tribute and Profit: Sino-Siamese Trade 1652–1853* (Cambridge: Harvard University Press, 1977), 124; 亦見Yen-Ping Hao, *The Commercial Revolution in Nineteenth Century China: The Rise of Sino-Western Capitalism* (Berkeley, University of California Press, 1986).

13 John Crawfurd, *Journal of an Embassy from the Governor General of India to the Courts of Siam and Cochin-China* (Oxford Historical reprints, 1967 [orig. London: Henry Colburn, 1828]), 160–61.

14 James Francis Warren, *The Sulu Zone* (Singapore University Press, 1981), 8.

15 Anthony Reid, “The Unthreatening Alternative: Chinese Shipping in Southeast Asia 1567–1842,” *RIMA* 27, nos. 1–2 (1993): 2.

16 Sarasin Viraphol, *Tribute and Profit: Sino-Siamese Trade 1652–1853* (Cambridge: Harvard University Press, 1977), 127. 海盜組織只要有機會也會收取保護費，Paul van Dyke等人曾經論及。

17 關於帝國中國晚期的中國商人享有多少自由，一項頗有爭議性的研究請見Madeleine Zelin, “Economic Freedom in Late Imperial China,” in *Realms of Freedom in Modern China*, ed. William Kirby (Palo Alto: Stanford University Press, 2004).

18 一項範圍涵蓋東南亞各地的研究請見Diana Kim, *Empires of Vice: The Rise of Opium Prohibition across Southeast Asia* (Princeton: Princeton University Press, 2020).

19 見ANRI, Maandrapport der Residentie Banka 1879 (Banka no. 105).

20 見“Mr. Everett's Journal at Papar, 1879–80, 5 December, 1879, Volume 73,” in PRO/ CO/874/Boxes 67–77, Resident's Diaries. 安樂博（Robert Antony）指出，南沙群島也是非法商業活動的地點，以這些島嶼今日的重要性來看相當諷刺。

21 巴達維亞的情況請見“Jualan Chandu Gelap Dalam Betawi,” *Utusan Malayu* (2 February 1909): 2; 新加坡的情況請見*Bintang Timur*, 4 January 1895, p. 2.

22 參考關於貝蒂榮系統（Bertillon system）的考量、討論與立法，見ARA, 1892, MR no. 1144; 1896, MR no. 743; 1898, MR no. 379.

23 參見英屬北婆羅洲總督1913年8月9日公布的“Secret Societies Amendment Proclamation of 1913,” PRO/CO/874/Box 803, “Secret Societies.”

24 Officer of the Committee of the Privy Council for Trade to Herman Merivale, Esq., 17 June 1850, in CO 144/6; Extracts from the Minutes of the Legislative Council of Labuan, 3 January 1853, in CO 144/11; Gov Labuan to CO, 9 January 1872, no. 2, in CO 144/36; CO Jacket (Mr. Fairfield, and Mr. Wingfield), 21 May 1896, in CO 144/70; Gov Labuan to BNB HQ, London, 13 November 1896, in CO 144/70.

25 見Enactment no. 6 of 1915, Malay States; also *Bintang Timor*, 6 December 1894, p. 2.

26 *Straits Settlements Blue Books* (Singapore: Spirit Imports and Exports, 1873), 329, 379–80.

27 27. ANRI, Politiek Verslag Residentie West Borneo 1872 (no. 2/10); ARA, Extract Uit het Register der Besluiten, GGNEI, 2 January 1881, no. 7, in 1881, MR no. 18.

28 ARA, First Government Secretary to Director of Finances, 6 November 1889, no. 2585, in 1889, MR no. 773; also First Government Secretary to Resident Timor, 8 March 1892, no. 600, in 1892, MR no. 217; ARA, Dutch Consul, Manila to MvBZ, 5 April 1897, no. 32; MvBZ to MvK, 24 May 1897, no. 5768,

53 背景請見Baoyum Yang, *Contribution à l'histoire de la principauté des Nguyên au Vietnam méridional (1600–1775)* (Geneva, 1992), 123.
54 Ibid., 261.
55 Whitmore, "Precious Metals," 385.
56 John Crawfurd, *Journal of an Embassy to the Courts of Siam and Cochin China* [orig. 1822] (Kuala Lumpur: Oxford University Press, 1967), 470.
57 見Edyta Roszko, "Fishers and Territorial Anxieties in China and Vietnam: Narratives of the South China Sea Beyond the Frame of the Nation," *Cross-Currents: East Asian History and Culture Review* 21 (2016): 19–46; Edyta Roszko, "Geographies of Connection and Disconnection: Narratives of Seafaring in Ly Son," in *Connected and Disconnected in Vietnam: Remaking Social Relationships in a Post-Socialist Nation*, ed. Philip Taylor, 347–77 (Canberra: Australian National University Press, 2016).
58 在這之前漫長的過渡發展，最重要的研究學者是李塔娜，見"An alternative Vietnam? The Nguyen Kingdom in the Seventeenth and Eighteenth Centuries," *Journal of Southeast Asian Studies* 29, no. 1 (1998); also Tana Li, *Nguyun Cochinchina: Southern Vietnam in the Seventeenth and Eighteenth Centuries* (Ithaca: SEAP, 1998); Tana Li, "A View from the Sea: Perspectives on the Northern and Central Vietnam Coast," *Journal of Southeast Asian Studies* 37, no. 1 (2006); and Tana Li and Anthony Reid, eds., *Southern Vietnam under the Nguyen: Documents on the Economic History of Cochin China* (Dang Trong), 1602–1777 (Singapore: ISEAS, 1993).
59 當歐洲人進入東南亞，這兩個地區國家彼此如何接觸，有一個相當有趣的研究，見Christopher E. Goscha, "La présence vietnamienne au royaume du Siam du XVIIéme siècle: Vers une perspective péninsulaire," in *Guerre et paix en Asie du sud-est*, ed. Nguyễn Thế Anh and Alain Forest (Paris: L'Harmattan, 1998). 關於越南與大陸東南亞鄰國持續發展的貿易關係，請見Pierre-Bernard Lafont, ed., *Les frontières du Vietnam: Histoires et frontières de la péninsule indochinoise*, (Paris: Éditions l'Harmattan, 1989); and Rungwasdisab Puangthong, "Siam and the Control of the Trans-Mekong Trading Networks," in *Water Frontier*, ed. Cooke and Li, 101–18.
60 見Claudio J. Katz, "Karl Marx on the Transition from Feudalism to Capitalism," *Theory and Society* 22 (1993); Avner Greif, Paul Milgrom, and Barry R. Weingast, "Coordination, Commitment, and Enforcement: The Case of the Merchant Guild," *Journal of Political Economy* 102, no. 4 (1994): 745–76; and Avner Greif, *Institutions and the Path to the Modern Economy: Lessons from Medieval Trade* (Stanford: Stanford University Press, 2006).
61 White, *A Voyage to Cochin China*, 259. 儘管如此，至少某些地區的越南民眾仍然非常重視海洋。一個經過透徹研究的歷史案例請見Nguyen Quoc-Thanh, *Le culte de la baleine: Un héritage multiculturel du Vietnam maritime* (Aix: Presses Universitaires de Provence, 2017); Charles Macdonald, "Le culte de la baleine, une exception vietnamienne?" *Aseanie* 12 (2003): 123–36; Nguyen Quoc Thanh, "The Whaler Cult in Central Vietnam: A Multicultural Heritage in Southeast Asia," in *Memory and Knowledge of the Sea in Southeast Asia*, ed. Danny Wong Tze Kin, 77–95 (Kuala Lumpur: Institute of Ocean and Earth Sciences, University of Malaya, 2008); Truong Van Mon, "The Raja Praong Ritual: A Memory of the Sea in Cham-Malay Relations," in *Memory and Knowledge*, ed. Kin, 97–111.
62 White, *A Voyage to Cochin China*, 247.

第四章　南海走私業：非法活動史

1 作者的田野調查筆記，2012年1月。
2 關於近年情勢的概覽請見Eric Tagliacozzo, "The South China Sea," in *Oceanic Histories*, ed. David Armitage, Alison Bashford, and Sujit Sivasundaram, 113–33 (Cambridge: Cambridge University Press, 2018).
3 Humphrey Hawksley, *Asian Waters: The Struggle over the South China Sea and the Strategy of Chinese Expansion* (New York: Abrams, 2018).
4 這些交易歷史悠久，現代早期的發展背景請見Tonio Andrade, *The Gunpowder Age: China, Military Innovation, and the Rise of the West in World History* (Princeton University Press, 2016). 亦見Ronald Po, *The Blue Frontier: Maritime Vision and Power in the Qing Empire* (Cambridge: Cambridge University Press, 2018); Robert Antony, *Unruly People: Crime, Community and State in Late Imperial South China* (Hong Kong: Hong Kong University Press, 2016); Robert Antony, ed., Elusive Pirates, *Pervasive Smugglers: Violence and Clandestine Trade in the Greater China Seas* (Hong Kong University Press, 2010); Robert Antony, *Like Froth Floating on the Sea: The World of Pirates and Seafarers in Late Imperial South China* (Berkeley: UC Institute of East Asian Studies, 2003); Paul Van Dyke, *Merchants of Canton and Macao: Politics and Strategies in Eighteenth Century Chinese Trade* (Hong Kong University Press, 2011); Paul Van Dyke, *The Canton Trade: Life and Enterprise on the China Coast, 1700–1845* (Hong Kong University Press, 2007); Philip Thai, *China's War on*

20.

32 William Skinner, *Chinese Society in Thailand* (Ithaca: Cornell University Press), 1957, 7–13.

33 Alexander Woodside, *Vietnam and the Chinese Model* (Cambridge: Harvard University Press, 1971), 276–78. 關於南海複雜的經濟狀況，以及數百年來越南在其中的地位，見Shiro, "Dai Viet and the South China Sea Trade"; G. V. Scammell, "European Exiles, Renegades and Outlaws and the Maritime Economy of Asia, c. 1500–1750," *Modern Asian Studies* 26, no. 4 (1992): 641–61; and Yoneo Ishii, ed., *The Junk Trade from Southeast Asia: Translations from the Tosen Fusetsu-gaki, 1674–1723* (Canberra: Research School of Pacific and Asian Studies, Australian National University, and Singapore: ISEAS, 1998).

34 對於這些既隔離又結合的世界，兩種有趣的觀點請見Frédéric Mantienne, "Indochinese Societies and European Traders: Different Worlds of Trade? (17th–18th Centuries)," in *Commerce et navigation*, ed. Nguyễn and Ishizawa; and Nguyễn Thế Anh, "Ambivalence and Ambiguity: Traditional Vietnam's Incorporation of External Cultural and Technical Contributions," *East Asian Science* 40, no. 4 (2003): 94–113.

35 關於傳教士的角色請見Alain Forest, *Les missionaires français au Tonkin et au Siam, XVIIe-XVIIIe siècles: Analyse comparée d'un relatif succès et d'un total échec*, vol. 2: *Histoires du Tonkin* (Paris: l'Harmattan, 1998); and Patrick Tuck, *French Colonial Missionaries and the Politics of Imperialism in Vietnam, 1857–1914: A Documentary Survey* (Liverpool: Liverpool University Press, 1987).

36 Buttinger, *The Smaller Dragon*, 225 n. 60. 英國留下一支部隊固守小島，成員以望加錫島民為主，在1705年因為軍餉與補給問題殺害英國軍官。不久之後，英國東印度公司放棄崑山島。

37 見George Dutton, *The Tay Son Uprising: Society and Rebellion in Eighteenth-Century Vietnam* (Honolulu: University of Hawai'i Press, 2006).

38 1793年的調查由Alastair Lamb發表在他的"British Missions to Cochin China 1778–1882," *JMBRAS* 34, Pts. 3, 4 (1961)，第98頁，標題「A Chart of Part of the Coast of Cochin China Including Turon Harbor and the Island of Callao」，是一個有趣的例子，顯示在19世紀中期之前，外人對越南所知非常有限：一些測深數字，模糊的海岸山脈輪廓，消失在空白內地的河川，還有一些「形狀奇特的大理石」。

39 一個例外狀況是18世紀南部與西貢的貿易，請見Claudine Ang, *Poetic Transformations: Eighteenth Century Cultural Projects on the Mekong Plains* (Cambridge: Harvard East Asia Monographs, 2019).

40 見John Barrow, *A Voyage to Cochin China* (Kuala Lumpur: Oxford University Press, 1975 [orig. 1806]), 342.

41 這項商品特別重要：Louise Allison Cort, "Vietnamese Ceramics in Japanese Contexts," in *Vietnamese Ceramics: A Separate Tradition*, ed. John Stevenson and John Guy (Michigan: Art Media Resources, 1994; repr. Chicago: Art Media Resources, 1997); John Guy, "Vietnamese Ceramics in International Trade," in *Vietnamese Ceramics*, ed. Stevenson and Guy; John Guy, "Vietnamese Ceramics in International Trade," in *Vietnamese Ceramics*, ed. Stevenson and Guy; Nguyen Long Kerry, "Vietnamese Ceramic Trade to the Philippines in the Seventeenth Century," *Journal of Southeast Asian Studies* 30, no. 1 (1999); John Stevenson, "The Evolution of Vietnamese Ceramics," in *Vietnamese Ceramics*, ed. Stevenson and Guy, 22–45; and more generally, Bennet Bronson, "Export Porcelain in Economic Perspective: The Asian Ceramic Trade in the 17th Century," in *Ancient Ceramic Kiln Technology in Asia*, ed. Ho Chumei (Hong Kong: University of Hong Kong, 1990).

42 John Stevenson, "The Evolution of Vietnamese Ceramics," In *Vietnamese Ceramics*, ed. Stevenson and Guy, 22–45.

43 見White, *A Voyage to Cochin China*, 244.

44 Milburn, *Oriental Commerce*, II:450–51. 火器、軍刀、天鵝絨也是可以接受的禮物。

45 White, *A Voyage to Cochin China*, 257–59.

46 Mendes Pinto, *The Travels of Mendes Pinto*, trans. Rebecca Catz (University of Chicago Press, 1990), 71. 當然，平托的說法在事實層面還有待商榷，要注意他描述的未必是「真實」事件。

47 Ibid., 190.

48 Edward Brown, *A Seaman's Narrative of His Adventures during a Captivity among Chinese· Pirates on the Coast of Cochin China* (London: Charles Westerton, 1861), 66; 74–76. 亦見Charles Wheeler, "Placing the 'Chinese Pirates' of the Gulf of Tonking at the End of the Eighteenth Century," in *Asia Inside Out: Connected Places*, ed. Eric Tagliacozzo, Helen F. Siu, and Peter C. Perdue, 30–63 (Cambridge, MA: Harvard University Press, 2015).

49 Barrow, V*oyage to Cochin China*, 305.

50 Milburn, *Oriental Commerce*, II:455.

51 見White, *A Voyage to Cochin China*, 246; and Milburn, *Oriental Commerce*, II:455. 密爾本建議最好的選擇是「華人遺孀」。

52 White, *A Voyage to Cochin China*, 268. 對於19世紀初期越南女性的生活狀況，有一本專著很能夠修正歐洲人的觀感，請見Nhung Tran, *Familial Properties: Gender, State, and Society in Early Modern Vietnam, 1463–1778* (Honolulu: University of Hawai'i Press, 2018).

W. J. M. Buch, "La Compagnie des Indes Néerlandaises et l'Indochine," *BEFEO* 36 (1936) and 37 (1937); and W. J. M. Buch, "De Oost-Indische Compagine en Quinam: De betrekkingen der Nederlanders met Annam in de XVIIe eeuw" (Amsterdam/Paris, 1929). 鄰國寮國與柬埔寨的情況，見H. P. N. Muller, *De Oost-Indische Compagnie in Cambodja en Laos* (The Hague: Martinus Nijhoff, 1917). 荷蘭人在亞洲貿易扮演關鍵角色，全面探討請見Leonard Blussé, "No Boats to China: The Dutch East India Company and the Changing Pattern of the China Sea Trade, 1635–1690," *Modern Asian Studies* 30, no. 1 (1996); Femme Gaastra, *The Dutch East India Company, Expansion and Decline* (Zutphen: Walburg Pers, 2003); Femme Gaastra, "Geld tegen goederen: Een structurele verandering in het Nederlands-Aziatisch handelsverkeer," *Bijdragen en Mededelingen Betreffende de Geschiedenis der Nederlanden* 91, no. 2 (1976); and Els M. Jacobs, *Koopman in Azië: De handel van de Vernigde Oost-Indische Companie tijdens de 18de eeuw* (Zutphen: Walburg Pers, 2000).

13 Hoàng Anh Tuấn, *Silk for Silver: Dutch-Vietnamese Relations, 1637–1700* (Leiden: Brill, 2007), 123.

14 對於這個世界的詮釋請見George Dutton, *A Vietnamese Moses: Philippe Binh and the Geographies of Early Modern Capitalism* (Berkeley: University of California Press, 2016).

15 John Whitmore, *Vietnam and the Precious Metals in the Later Medieval and Early Modern Worlds* (Durham, NC: Carolina Academic Press, 1983); John Whitmore, "Vietnam and the Monetary Flow of Asia, 13–18th Centuries," in *Precious Metals in the Later Medieval and Early Modern Worlds*, ed. J. F. Richards, 363–96 (Durham, NC: Carolina Academic Press, 1983).

16 相關討論請見Ryuto Shimada, *The Intra-Asian Trade in Japanese Copper by the Dutch East India Company during the Eighteenth Century* (Leiden: Brill, 2005).

17 見Zhao Ru Gua's (1225) writings, as well as Ma Huan's (1433), in Whitmore, "Vietnam and the Monetary Flow," at 363–64.

18 見Birgit Tremml-Werner, ed., *Spain, China, and Japan in Manila, 1571–1644* (Amsterdam University Press, 2015), 124, 191, 304.

19 Lin Yu-ju and Madeleine Zelin, eds., *Merchant Communities in Asia, 1600–1980* (Brookfield: Pickering & Chatto, 2015), especially chapters 3 and 4.

20 Ryoto Shimada, "Hinterlands and Port Cities in Southeast Asia's Economic Development in the Eighteenth Century" in *Hinterlands and Commodities: Place, Space, Time and the Political Economic Development of Asia over the Long Eighteenth Century*, ed. Tsukasa Mizushima, George Bryan Souza, and Dennis Flynn (Leiden: Brill, 2015): 197–214; and Ei Murakami, "Trade and Crisis: China's Hinterlands in the Eighteenth Century," in *Hinterlands and Commodities*, ed. Mizushima, Souza, and Flynn, 215–34.

21 見Claudine Salmon, "Regards de quelques voyageurs chinois sur le Viêtnam du XVIIe siècle," in *Asia Maritima: Images et réalité: Bilder und Wirklichkeit 1200–1800*, ed. Denys Lombard and Roderich Ptak (Wiesbaden: Harrassowitz Verlag, 1994).

22 18世紀的越南擁有8座銅礦、2座金礦、2座銀礦、1座鋅礦、1座錫礦，後者用於生產鑄造錢幣用的白銅。見Whitmore, "Vietnam and the Monetary Flow," 372.

23 見Angela Schottenhammer, "The 'China Seas' in World History: A General Outline of the Role of Chinese and East Asian Maritime Space from Its Origin to c. 1800," *Journal of Marine and Island Culture* 1 (2012): 63–89; and Nhung Tuyet Tran and Anthony J. S. Reid, eds., *Việt Nam: Borderless Histories* (Madison: University of Wisconsin Press, 2006).

24 見Nguyễn Thế Anh, "Trade Relations between Vietnam and the Countries of the Southern Seas in the First Half of the Nineteenth Century," in *Commerce et navigation*, ed. Nguyễn and Ishizawa, 171–85; Momoki Shiro, "Was Dai Viet a Rival of Ryukyu within the Tributary Trade System of the Ming during the Early Le Period, 1428–1527?" in *Commerce et navigation*, ed. Nguyễn and Ishizawa, 101–12; Geoff Wade, "A Maritime Route in the Vietnamese Text 'Xiem-laquoc lo-trinh tap-luc' (1810)," in *Commerce et navigation*, ed. Nguyễn and Ishizawa, 137–70.

25 C. R. Boxer, *South China in the 16th Century* (London: Crown Press, 1953), 73.

26 A. Lamb, *The Mandarin Road to Old Hué* (London: Chatto & Windus, 1970), 21.

27 關於陶瓷請見Christian Jorg and Michael Flecker, *Porcelain from the Vung Tau Wreck* (London: Sun Tree Publishing, 2001); and Aoyagi Yoji, "Production and Trade of Champa Ceramics in the Fifteenth Century" in *Commerce et navigation*, ed. Nguyễn and Ishizawa, 91–100.

28 見Charles Wheeler, "One Region, Two Histories: Cham Precedents in the History of Hoi An Region," in *Việt Nam: Borderless Histories*, ed. Tran and Reid, 163–93.

29 Tuấn, *Silk for Silver*, 72.

30 William Schurz, *The Manila Galleon* (New York, 1939), 26–27.

31 數字見William Atwell, "Notes on Silver, Foreign Trade, and the Late Ming Economy," *Ch'ing Shih Wen-t'i* 3 (1977): 2–3; Seiichi Iwao, "Japanese Foreign Trade in the 16th and 17th Centuries," *Acta Asiatica* 30 (1976): 10; and John Wills, *Pepper, Guns, and Parleys* (Cambridge: Harvard University Press, 1974), 9–10,

Anderson, 143–59; James Kong Chin, "The Junk Trade between South China and Nguyen Vietnam in the Late Eighteenth and Early Nineteenth Centuries," in *Water Frontier: Commerce and the Chinese in the Lower Mekong Region, 1750–1880*, ed. Nola Cooke and Tana Li, 53–70 (Lanham, MD: Rowman & Littlefield, 2004); and Choi Byung Wook, "The Nguyen Dynasty's Policy toward Chinese on the Water Frontier in the First Half of the Nineteenth Century," in *Water Frontier*, ed. Cooke and Tana, 85–100.

4 Milton Osborne在他為John White於1824年出版的著作所寫的序言中指出，對於越南的外國貿易史，英文文獻的價值與法文文獻相比有過之而無不及；見*A Voyage to Cochin China* (Kuala Lumpur, Oxford University Press Historical Reprints 1972), xv。1860年之前的法國越南文獻大部分不是由傳教士書寫，就是討論傳教事務，對經濟與貿易不甚措意。來到越南的英國人則懷抱不同觀點，投入不同事業。關於這種語言區分，另一個例子就是越戰。

5 見Keith W. Taylor, "Regional Conflicts among the Viêt People between the 13th and 19th Centuries," in *Guerre et paix en Asie du sud-est,* ed. Nguyễn Thế Anh and Alain Forest, 109–33 (Paris: L'Harmattan, 1998); 亦見Keith W. Taylor, "The Literati Revival in Seventeenth-Century Vietnam," *Journal of Southeast Asian Studies*, 18, no. 1 (1997): 1–23. 亦見Khac Thuan, Dinh, "Contribution à l'histoire de la Dynastie des Mac au Viet Nam," *PhD thesis*, Université de Paris, 2002.

6 關於這個越南最南部地區的重要性，見Christopher Borri, "An Account of Cochin-China," in *A Collection of the Best and Most Interesting Voyages and Travels in All Parts of the World*, ed. John Pinkerton, vol. 11 (London 1811); Anthony Reid, "The End of Dutch Relations with the Nguyen State, 1651–2: Excerpts Translated by Anthony Reid," in *Southern Vietnam under the Nguyen: Documents on the Economic History of Cochin China* (Dang Trong), 1602–1777. Singapore: ISEAS, 1993; and Yang Baoyun, *Contribution à l'histoire de la principauté des Nguyen au Vietnam méridional (1600–1775)* (Geneva: Éditions Olizane, 1992). 亦見Joseph Buttinger, *The Smaller Dragon* (New York: Praeger, 1958), 171. 最後一位作者指出，對於如此驚人的領土擴張，唯一的原因就是控制當時越南人口的暴增。

7 John Adams and Nancy Hancock, "Land and Economy in Traditional Vietnam," JSEAS 1, no. 2 (1970, n. 90. 關於此一時期的越南北部，可用的研究請見Nguyễn Thúa Hy, *Economic History of Hanoi in the 17th, 18th and 19th Centuries* (Hanoi: ST Publisher, 2002); David E. Cartwright, "Tonkin Tides Revisited," *The Royal Society*, 57, no. 2 (2003); and P. W. Klein, "De Tonkinees-Japanse zijdehandel van de Vereenigde Oost-indische Compagine en het inter-Aziatische verkeer in de 17e eeuw," in *Bewogen en bewegen: Dehistoricus in het spanningsveld tussen economie and cultuur*, ed. W. Frijhoff and M. Hiemstra (Tilburg: Gianotten, 1986). 主要的時期研究請見Samuel Baron, "A Description of the Kingdom of Tonqueen," in *A Collection of the Best and Most Interesting Voyages and Travels in All Parts of the World, vol. IX*, ed. John Pinkerton (London, 1811); J. M. Dixon, "Voyage of the Dutch Ship 'Groll' from Hirado to Tongking," *Transactions of the Asiatic Society of Japan XI* (Yokohama, 1883); and C. C. van der Plas, Tonkin 1644/45, *Journal van de Reis van Anthonio Brouckhorst* (Amsterdam: Koninklijk Instituut voor de Trompen, Mededeling No. CXVII, 1995).

8 P. J. B. Truong-Vinh-Ky, trans. P. J. Honey, *Voyage to Tanking in the Year 1876* (London: SOAS, 1982), 94. 關於越南歷史上的區域主義請見Iioka Naoko, "The Trading Environment and the Failure of Tongking's Mid-Seventeenth-century Commercial Resurgence," in *The Tongking Gulf*, ed. Cooke, Li, and Anderson, 117–32; and Choi Byung Wook, "The Nguyen Dynasty's Policy toward Chinese on the Water Frontier in the First Half of the Nineteenth Century," in *Water Frontier*, ed. Cooke and Li, 85–100 (Lanham, MD: Rowman & Littlefield, 2004).

9 關於歐洲人進入越南，根據最早期證據寫成的論述請見Pierre-Yves Manguin, *Les portugais sur les côtes du Viet-Nam et du Campa: Étude sur les routes maritimes et les relations commercialistes, d'après les sources portugaises (XVIe, XVIIe, XVIIIe siècles)* (Paris: EFEO, 1972); and, more generally, Frédéric Mantienne, "Indochinese Societies and European Traders: Different Worlds of Trade?" in *Commerce et navigation en Asia du sud-est (XIV–XIX Siècle)*, ed. Nguyễn Thế Anh and Yoshiaki Ishizawa, 113–26 (Paris: L'Harmattan, 1999).

10 關於葡萄牙人在越南的活動請見Manguin, *Les portugais sur les côtes du Viêt-Nam et du Campā*; and George B. Souza, *The Survival of Empire: Portuguese Trade and Society in China and the South China Sea 1930–1754* (Cambridge: Cambridge University Press, 1986); Pierre-Yves Manguin, *Les Nguyên, Macau et la Portugal: Aspects politiques et commerciaux d'une relation privilégiée en Mer de Chine, 1773–1802* (Paris: École française d'Extrême-Orient, 1984).

11 關於英國與越南最早期的交流，文獻請見C. B. Maybon, "Une factorerie anglaise au Tonkin au XVIIe siècle (1672–1697)," *BEFEO* 10 (1910); and A. Lamb, *The Mandarin Road to Old Hué: Narratives of Anglo-Vietnamese Diplomacy from the 17th Century to the Eve of the Trench Conquest* (London: Chatto & Windus, 1970).

12 Buttinger, *The Smaller Dragon*, 200. 關於荷蘭人在越南活動的主要資料來源，見L. C. D. van Dijk, *Neerlands vroegste betrekkingen met Borneo, den Solo Archipel, Cambodja, Siam en Cochinchina* (Amsterdam: J. H. Scheltema, 1862); and *The Deshima Dagregisters XI* (1641–50) and XII (1651–60), ed. Cynthia Viallé and Leonard Blussé (Leiden: Intercontinenta Nos. 23 and 25, 2001 and 2005). 荷蘭東印度公司的部分請見

53 Tansen Sen, "The Impact of Zheng He's Expeditions on Indian Ocean Interactions," *Bulletin of the School of Oriental and African Studies* 79, no. 3 (2016): 609–36.

54 關於「中國人看向南方」的一些經典研究，見Zhang Yangwen, *China on the Sea: How the Maritime World Shaped Modern China* (Leiden: Brill, 2012); Xing Hang, *Conflict and Commerce in Maritime East Asia: The Zheng Family and the Shaping of the Modern World, 1620–1720* (Cambridge: Cambridge University Press, 2016); Xing Hang and Tonio Andrade, eds., *Sea Rovers, Silver, and Samurai: Maritime East Asia in Global History, 1550– 1700* (Honolulu: University of Hawai'i Press, 2016); Ronald Po, *The Blue Frontier: Maritime Vision and Power in the Qing Empire* (Cambridge: Cambridge University Press, 2018); Geoffrey Wade, "The Southern Chinese Borders in History" in G. Evans, C. Hutton, and K. E. Kuah, eds., *Where China Meets Southeast Asia: Social and Cultural Change in the Border Regions* (Singapore; ISEAS Press, 2000), 28–50; and Geoffrey Wade, "Engaging the South: Ming China and Southeast Asia in the Fifteenth Century," *JESHO* 51 (2008): 578–638.

55 Don Wyatt, *The Blacks of Premodern China* (Philadelphia: University of Pennsylvania Press, 2010).

56 Gwyn Campbell, *Africa and the Indian Ocean World from Early Times to Circa 1900* (Cambridge: Cambridge University Press, 2019), 261.

57 相關脈絡請見P. M. D'Elia, *Galileo in Cina: Relazioni attraverso il Collegio Romano tra Galileo e i gesuiti scienziati missionari in Cina (1610–1640)* (Rome: 1947), 21; and, by the same author, *Fonti Ricciane: Documenti originali concernenti Matteo Ricci e la storia delle prime relazioni tra l'Europa e la Cina* (1579–1615), ed. P.M. D'Elia, (Rome, 1942), I:259 n. 310.

58 John Clements, *Coxinga and the Fall of the Ming Dynasty* (Phoenix Mill: Sutton Publishing, 2005), 17, 79.

59 Frederic Wakeman, *The Great Enterprise* (Berkeley: University of California Press, 1985), 317.

60 見Donatella Guida, "Immagini del Nanyang: Realtà e stereotipi nella storiografia cinese verso la fine della dinastia Ming (Naples: Istituto Universitario Orientale di Napoli, 1991); and Denys Lombard and Roderich Ptak, eds., *Asia Maritima: Images et réalité: Bilder und Wirklichkeit 1200–1800* (Wiesbaden: Harrassowitz Verlag, 1994).

第三章　越南的海洋貿易圈

1 作者在2009年訪問西貢與順化、2009與2016年訪問河內，對本章寫作頗有幫助。對於這個地區的描述，大致依照時間順序，見Momoki Shiro, "Dai Viet and the South China Sea Trade from the 10th to the 15th Century," *Crossroads*, 12, no. 1 (1998): 1–34; Patrizia Carioti, "The Zheng's Maritime Power in the International Context of the Seventeenth Century Far Eastern Seas: The Rise of a 'Centralized Piratical Organization' and Its Gradual Development into an Informal State," *Ming Qing Yanjiu* (Napoli, 1996): 29–67; Tonio Andrade, "The Company's Chinese Pirates: How the Dutch East India Company Tried to Lead a Coalition of Pirates to War against China, 1621–1662," *Journal of World History* 15, no. 4 (2004), pp. 415–44; Timothy Brook, "Trade and Conflict in the South China Sea: Portugal and China, 1514–23," in *A Global History of Trade and Conflict since 1500*, ed. Lucia Coppolaro and Francine McKenzie, 20, 37 (Basingstoke: Palgrave Macmillan, 2013); William S. Atwill, "Ming China and the Emerging World Economy, c.1470–1650," in *The Cambridge History of China*, vol. 8: The Ming Dynasty, 1368–1644, Part 2, eds. Denis Twitchett and Frederick Mote, 376–416 (Cambridge: Cambridge University Press, 1998); and Robert Antony, *Like Froth Floating on the Sea: The World of Pirates and Seafarers in Late Imperial China* (Berkeley: Institute for East Asian Studies, 2003).

2 見Charles Wheeler, "Re-thinking the Sea in Vietnamese History: The Littoral Integration of Thuận-Quảng, Seventeenth-Eighteenth Centuries," *Journal of Southeast Asian Studies* 17, no. 1 (Feb. 2006): 123–53; and Charlotte Pham, "The Vietnamese Coastline: A Maritime Cultural Landscape," in *The Sea, Identity and History: From the Bay of Bengal to the South China Sea*, ed. Satish Chandra and Himanshu Prabha Ray, 137–67 (Delhi: Society for Indian Ocean Studies, 2013).

3 關於這項南向貿易參與者的描述請見G. William Skinner, "Creolized Chinese Societies in Southeast Asia," in *Sojourners and Settlers: Histories of Southeast Asia and the Chinese*, ed. Anthony Reid, 51–93 (Honolulu: University of Hawai'i Press, 2001). 關於中國與越南接觸的更長期歷史，見Dian Murray, *Conflict and Coexistence: The Sino-Vietnamese Maritime Boundaries in Historical Perspective* (Madison: Center for Southeast Asian Studies, University of Wisconsin, 1988); and Jamie Anderson, "Slipping through Holes: The Late Tenth and Early Eleventh Century Sino-Vietnamese Coastal Frontier as a Subaltern Trade Network" in Nola Cooke, Tana Li, and Jamie Anderson, eds., *The Tongking Gulf through History* (Philadelphia; University of Pennsylvania Press, 2011), 87–100, for the early period. 長時段研究請見Niu Junkai and Li Qingxin, "Chinese 'Political Pirates' in the Seventeenth-Century Gulf of Tongking," in *The Tongking Gulf*, ed. Cooke, Li, and Anderson, 133–42; Vu Duong Luan and Nola Cooke, "Chinese Merchants and Mariners in Nineteenth-Century Tongking," in *The Tongking Gulf*, ed. Cooke, Tana, and

31 G. S. P. Freeman-Grenville, *The East African Coast* (Oxford: Oxford University Press, 1962), 8; 亦見Michel Cartier, " La vision chinoise des étrangers: Réflexions sur la constitution d'une pensée anthropologique, " in *Asia Maritima: Images et réalité: Bilder und Wirklichkeit 1200–1800*, ed. Denys Lombard and Roderich Ptak (Wiesbaden: Harrassowitz Verlag, 1994).

32 John Shen, " New Thoughts on the Use of Chinese Documents in the Reconstruction of Early Swahili History, " *History in Africa* 22 (1995), 349–58.

33 Paul Wheatley, " Analecta Sino-Africana Recensa, " in *East Africa and the Orient*, ed. H. Neville Chittick and Robert Rotberg, 76–114 (New York, 1975).

34 見Michel Cartier, " La vision chinoise du monde, Taiwan dans la littérature géographique ancienne, " in *Actes du IIIe colloque international de sinologie, Chantilly 1980*, 1–12 (Paris: Les Belles Lettres, 1983); Charles Le Blanc et Rémi Mathieu, " Voir à ce propos Rémi Mathieu, *Étude sur la mythologie et l'ethnologie de la Chine ancienne: Traduction annotée du Shanhaijng* (Paris, 1983); and Rémi Mathieu, " L'inquiétante étrangeté, " in *Mythe et philosophie à l'aube de la Chine impériale: Études sur le Huainan zi*, 15–26 (Montreal and Paris, 1992).

35 Louise Levathes, *When China Ruled the Seas: The Treasure Fleet of the Dragon Throne, 1405–1433* (New York: Oxford University Press, 1994), 97. 亦見Edward J. Dreyer, Zheng He: *China and the Oceans in the Early Ming Dynasty, 1405–1433* (New York: Pearson Longman, 2007).

36 見Li Kangying, *The Ming Maritime Trade Policy in Transition, 1368 to 1567* (Wiesbaden: Harrassowitz Verlag, 2010); Roderich Ptak, " Ming Maritime Trade to Southeast Asia, 1368– 1567: Visions of a 'System,' " in *From the Mediterranean to the China Sea: Miscellaneous Notes*, ed. Claude Guillot, Denys Lombard, and Roderich Ptak (Wiesbaden: Harrassowitz Verlag, 1998), 157–91; and Pierre-Yves Manguin, " Trading Ships of the South China Sea: Shipbuilding Techniques and Their Role in the History of the Development of Asian Trade Networks, " *JESHO* 36, no. 2 (1993), 253–80.

37 E. H. L. Schwarz. " The Chinese Connection with Africa, " *Journal of Bengal Branch, Royal Asiatic Society, Letters* 4 (1938): 175–93.

38 Teobaldo Filesi, " I viaggi dei Cinesi in Africa nel medioevo " [The voyages of the Chinese in Africa in the medieval period], *Africa: Rivista trimestrale di studi e documentazione dell'Istituto italiano per l'Africa e l'Oriente* 16, no. 6 (1961): 275–88.

39 Kuei-sheng Chang, " The Ming Maritime Enterprise and China's Knowledge of Africa prior to the Age of Great Discoveries, " *Terrae Incognitae* 3, no. 1 (1971): 33–44.

40 Joseph Needham, ed., *Science and Civilisation in China* (Cambridge: Cambridge University Press, 1971), vol. 4, part 3.

41 Pierre-Yves Manguin在這方面的研究非常重要。他的論述範圍廣大，與本章最相關處請見Pierre-Yves Manguin, " Trading Ships of the South China Sea: Shipbuilding Techniques and Their Role in the Development of Asian Trade Networks, " *Journal of the Economic and Social History of the Orient* 36: 253–80.

42 Levathes, When China Ruled the Seas, 21. 關於船體大小的比較，也請參見Sally Church等人的論述。我們仍然無法得知確切的尺寸規格，但當時的中國船隻顯然遠大於歐洲船隻。見Christopher Wake, " The Myth of Zheng He's Great Treasure Ships, " *International Journal of Maritime History* 16, no. 1 (2004), 59–75.

43 見J. V. G. Mills, trans., *Ying-yai Sheng-lan: The Overall Survey of the Ocean's Shores, by Ma Huan* (London: Haklyut Society, 1970).

44 Stewart Gordon, *When Asia Was the World* (Philadelphia: Da Capo, 2008), 117–37.

45 Ibid., facing p. 113.

46 Ibid., 141–42.

47 Geoffrey Wade, *Southeast Asia in the Ming Shi-lu: An Open Access Resource* (Singapore: Asia Research Institute and the Singapore E-Press, National University of Singapore, http:// epress.nus.edu.sg/msl.)

48 Geoffrey Wade, " The Zheng He Voyages: A Reassessment, " *Journal of the Malaysian Branch of the Royal Asiatic Society* 78, no. 1 (2005): 37–58; and Geoffrey Wade, " Engaging the South: Ming China and Southeast Asia in the Fifteenth Century, " *Journal of the Economic and Social History of the Orient* 51, no. 4 (2008): 578–638.

49 Geoffrey Wade, " Ming China's Violence against Neighboring Polities and Its Representation in Chinese Historiography, " in *Asian Encounters: Exploring Connected Histories*, ed. Upinder Singh and Parul Dhar, 20–41 (New Delhi: Oxford University Press, 2014).

50 Tansen Sen, " The Formation of Chinese Maritime Networks to Southern Asia, 1200– 1450, " *Journal of the Social and Economic History of the Orient* 49, no. 4 (2006): 421–53.

51 Tansen Sen, " Diplomacy, Trade, and the Quest for the Buddha's Tooth: The Yongle Emperor and Ming China's South Asian Frontier, " in *Ming China: Courts and Contacts, 1400–1450*, ed. Craig Clunas, Jessica Harrison-Hall, and Luk Yu-Ping (London: British Museum, 2016).

52 Tansen Sen, " Maritime Interactions between China and India: Coastal India and the Ascendancy of Chinese Maritime Power in the Indian Ocean, " *Journal of Central Eurasian Studies* 2 (2011): 41–82.

30 (2010): 133–44; Cristian Capelli et al., "A Predominantly Indigenous Paternal Heritage for the Austronesian-Speaking Peoples of Insular Southeast Asia and Oceania," *American Journal of Human Genetics* 68, no. 2 (2001): 432–43; and Mark Donohue and Tim Denham, "Farming and Language in Island Southeast Asia: Reframing Austronesian History," *Current Anthropology* 51, no. 2 (2010): 223–56.

9 見Mark Lipson, Po-Ru Loh, Nick Patterson, Priya Moorjani, Ying-Chin Ko, Mark Stoneking, Bonnie Berger, and David Reich, "Reconstructing Austronesian Population History in Island Southeast Asia," *Nature Communications* 19 (August 2014): 4, no. 5: 4689; DOI: 10.1038/ncomms 5689.

10 相關證據請見Alexander Adelaar, "The Indonesian Migrations to Madagascar: Making Sense of the Multidisciplinary Evidence," in *Austronesian Diaspora and the Ethnogenesis of People in Indonesian Archipelago: Proceedings of the International Symposium,* ed. Truman Simanjuntak, Ingrid H. E. Pojoh, and Muhammad Hisyam, 1 and passim (Jakarta: LIPI Press: 2006). 對於如何透過語言學的證據，將這兩個地區的連結觀念化，Adelaar提出非常具說服力的論述。

11 Engelbert Kaempfer, *The History of Japan, Together with a Description of the Kingdom of Siam* (Richmond, Surrey: Curzon Press, 1993; reprint of 1906 edition), 194.

12 兩段文字一部分節錄自Ann Kumar, "'The Single Most Astonishing Fact of Human Geography': Indonesia's Far West Colony," *Indonesia* 92 (2011): 59–95.

13 見Michel Mollat [du Jourdin], "Les contacts historiques de l'Afrique et de Madagascar avec l'Asie du sud et du sud-est: Le rôle de l'Océan indien," *Archipel* 21 (1981): 35–54.

14 見Peter Bellwood, *Prehistory of the Indo-Malaysian Archipelago.*

15 Branislaw Malinowski, *Argonauts of the Western Pacific* (London: Routledge & Kegan Paul, 1922).

16 印尼的民族（例如武吉斯人）也曾在前現代時期航行至澳洲，尋找食用海參。見A. A. Cense, "MakassarscheBoeginese paruwvaart op Noord-Australië," *Bijdragen tot de TaalLanden Volkenkunde* 108 (1952): 248–65; and D. Soelaiman, "Selayang pandang pelayaran di Indonesia," *Suluh Nautika* 9, no. 3 (1959): 40–43.

17 Neville Chittick, *Kilwa: An Islamic Trading City on the East African Coast* (Nairobi: British Institute in Eastern Africa, 1974).

18 G. S. P. Freeman-Grenville, *The East African Coast: Select Documents from the First to the Earlier Nineteenth Century* (Oxford: Clarendon Press, 1962), 1–4. 對於東非海岸的國際化本質，Freeman-Grenville的大作彙集了許多最早期的證據，很有幫助。

19 見J. W. McCrindle, *The Christian Topography of Cosmas, an Egyptian Monk* (London: Hakluyt Society, 1897), 37–40, 51–4.

20 見M. Reinaud, *Géographie d'Aboul-feda* (Paris, 1848), 206–8; C. Defrémery and B. R. Sanguinetti, *Les voyages d'Ibn Batoutah* (Paris, 1854), 2:179–96; and M. Guillain, *Documents sur l'histoire, la géographie et le commerce de l'Afrique orientale* (Paris, 1856), 1:299–300.

21 R. E. Latham, *The Travels of Marco Polo* (New York: Penguin Books, 1958), 275–77.

22 Arjun Appadurai, ed., *The Social Life of Things* (Cambridge: Cambridge University Press, 1986), 2–3.

23 Mark Horton, *Shanga* (London: British Institute in Eastern Africa, 1996), 303–10.

24 Timothy Insoll, *The Archaeology of Islam in Sub-Saharan Africa* (Cambridge: Cambridge University Press, 2003), 188.

25 Andrea Montella, "Chinese Porcelain as a Symbol of Power on the East African Coast from the 14th Century Onward," *Ming Qing Yanjiu* 20, no. 1 (2016): 74–93.

26 Zhao Bing, "La céramique chinoise importée en Afrique orientale (IXe–XVIe siècles): Un cas de changement de valeur marchande et symbolique dans le commerce global," *Afrique: Débats, méthodes et terrains d'histoire*, https://doi.org/10.4000/afriques.1836.

27 Zhao Bing, "Global Trade and Swahili Cosmopolitan Material Culture: Chinese-Style Ceramic Shards from Sanje ya Kati and Songo Mnara (Kilwa, Tanzania)," *Journal of World History* 23, no. 1 (2012): 41–85; Dashu Qin, "Archaeological Investigations of Chinese Ceramics Excavated from Kenya," in *Ancient Silk Trade Routes: Selected Works from Symposium on Cross Cultural Exchanges and Their Legacies in Asia*, ed. Qin Dashu and Jian Yuan, chapter 4 (World Scientific, 2015).

28 Philip Snow, *The Star Raft: China's Encounter with Africa* (New York: Weidenfeld & Nicholson, 1988), 2.

29 見Chen Dasheng and Denys Lombard, "Foreign Merchants in Maritime Trade in Quanzhou ('Zaitun'): Thirteenth and Fourteenth Centuries," in *Asian Merchants and Businessmen in the Indian Ocean and the China Sea*, ed. Denys Lombard and Jan Aubin (Oxford: Oxford University Press, 2000); and Michel Cartier, "The Chinese Perspective on Trade in the Indian Ocean," in *Asian Merchants and Businessmen*, ed. Lombard and Aubin.

30 見Chen Dasheng and Denys Lombard, "Foreign Merchants in Maritime Trade"; and Michel Cartier, "The Chinese Perspective on Trade in the Indian Ocean," in *Asian Merchants and Businessmen*, ed. Lombard and Aubin.

Oceanography (Paris: UNESCO, 1998), 21–60; Zahoor Qasim, "The Indian Ocean and Cyclones," *Journal of Indian Ocean Studies* 1, no. 2 (1994): 30–40; and Zahoor Qasim, "The Indian Ocean and Mangroves," *Journal of Indian Ocean Studies* 2, no. 1 (1994): 1–10.

34 Martin Krieger, "Danish Country Trade on the Indian Ocean in the 17th and 18th Centuries," in ed., *Indian Ocean and Cultural Interaction, 1400–1800*, ed. K. S. Mathew, 122–29 (Pondicherry: Pondicherry University, 1996); Vahe Baladouni and Margaret Makepeace, eds., *Armenian Merchants of the Early Seventeenth and Early Eighteenth Centuries* (Philadelphia: American Philosophical Society, 1998); and Charles Borges, "Intercultural Movements in the Indian Ocean Region: Churchmen, Travelers, and Chroniclers in Voyage and in Action," in *Indian Ocean and Cultural Interaction*, ed. Mathew, 21–34.

35 17世紀的例子可見K. S. Mathew, "Trade in the Indian Ocean During the Sixteenth Century and the Portuguese," in *Studies in Maritime History*, ed. K. S. Mathew (Pondicherry: Pondicherry University, 1990): 13–28; Sanjay Subrahmanyam, "Profit at the Apostle's Feet: The Portuguese Settlement of Mylapur in the Sixteenth Century," in *Sanjay Subrahmanyam, Improvising Empire: Portuguese Trade and Settlement in the Bay of Bengal* (Delhi: Oxford University Press, 1990): 47–67; Syed Hasan Askarai, "Mughal Naval Weakness and Aurangzeb's Attitude Towards the Traders and Pirates on the Western Coast," *Journal of Indian Ocean Studies* 2, no. 3 (1995): 236–42. 17世紀的情況見Shireen Moosvi, "The Gujurat Ports and Their Hinterland: The Economic Relationship," in *Ports and Their Hinterlands in India, 1700–1950, ed. Indu Banga* (Delhi: Manohar, 1992), 121–30; and Aniruddha Ray, "Cambay and Its Hinterland: The Early Eighteenth Century," in *Ports and Their Hinterlands*, ed. Banga, 131–52. 18世紀的情況見Lakshmi Subramanian, "Western India in the Eighteenth Century: Ports, Inland Towns, and States" in *Ports and Their Hinterlands*, ed. Banga, 153–80; and Rajat Datta, "Merchants and Peasants: A Study of the Structure of Local Trade in Grain in Late Eighteenth Century Bengal," in *Merchants, Markets, and the State in Early Modern India*, ed. Sanjay Subrahmanyam, 139–62 (Delhi: Oxford University Press, 1990).

36 見Edmund Leach, *Political Systems of Highland Burma: A Study of Kachin Social Structure* (Cambridge, MA: Harvard University Press, 1954); Renato Rosaldo, *Ilongot Headhunting* (Palo Alto: Stanford University Press, 1980); Eric Wolf, *Europe and the People without History* (Berkeley: University of California Press, 1982).

37 近年有一部非常精采的著作，綜論世紀末亞洲各地情勢：Tim Harper, *Underground Asia: Global Revolutionaries and the Overthrow of Europe's Empires in the East* (London: Allen Lane, 2019).

第二章　從中國到非洲：前言

1 In Frederick Hirth and W. W. Rockhill, *Chau Ju Kua: His Work on the Chinese and Arab Trade in the 12th and 13th Centuries, Entitled Chu Fan Chï* (New York: Paragon Book Reprint Co., 1966), 149.

2 對於這些連結的初步理解，見Helen Siu and Mike McGovern, "China-Africa Encounters: Historical Legacies and Contemporary Realities," *Annual Review of Anthropology* 46 (2017): 337–55; and Dorian Fuller, Nicole Boivin, et al., "Across the Indian Ocean: The Prehistoric Movement of Plants and Animals," *Antiquity* (June 2011): 544–58.

3 史前時期東南亞以及當時的航海狀況，見Peter Bellwood, *Prehistory of the Indo-Malaysian Archipelago* (Honolulu: University of Hawai'i Press, 1997); Robert Blust, "The Prehistory of the Austronesian-Speaking Peoples: A View from Language," *Journal of World Prehistory* 9, no. 4 (1995): 453–510; and J. Dars, "Les jonques chinoises de haute mer sous les Song et les Yuan," *Archipel* 18 (1979): 41–56.

4 Michel Mollat [du Jourdin], "Les contacts historiques de l'Afrique et de Madagascar avec l'Asie du sud et du sud-est: Le rôle de l'Océan indien," *Archipel* 21 (1981): 37.

5 見Tatiana M. Karafet et al., "Major East-West Division Underlines Y Chromosome Stratification across Indonesia," *Molecular Biology and Evolution* 27–28 (2010): 1833–1844; Mark Lipson et al., "Reconstruction Austronesian Population History in Island Southeast Asia," *Nature Communications* 19 August 2014 (5:4689; DOI 10.1038/ncomms 5689; 亦見Gabriel Ferrand, "Les voyages des Javanais à Madagascar," *Journal Asiatique*, series 10, no. 15 (1910), 281–330.

6 關於婆羅洲在這些假說與論戰的地位，見K. Alexander Adelaar, "Borneo as a Cross-Roads for Comparative Austronesian Linguistics," in *The Austronesians: Historical and Comparative Perspectives*, ed. Peter Bellwood, James Fox, and Darrell Tryon, 75–95 (Canberra: Department of Anthropology, Research School of Pacific and Asian Studies, Australian National University, 1995).

7 M. E. Hurles, B. C. Sykes, M. A. Jobling, and P. Forster, "The Dual Origin of the Malagasy in Island Southeast Asia and East Africa: Evidence from Maternal and Paternal Lineages," *American Journal of Human Genetics* 76 (2005:): 894–901.

8 關於東南亞語言證據的整體狀況，見Roger Blench, "Was There an Austroasiatic Presence in Island Southeast Asia Prior to the Austronesian Expansion?," *Bulletin of the Indo-Pacific Prehistory Association*

ed. Arrighi et al., 1–16 (London and New York: Routledge, 2003); and Angela Schottenhammer, ed., *The East Asian Maritime World 1400–1800: Its Fabrics of Power and Dynamics of Exchanges* (Wiesbaden: Harrassowitz Verlag, 2007); John E. Wills, "Maritime Asia 1500–1800: The Interactive Emergence of European Domination," *American Historical Review* 98, no. 1 (1993): 83–105; Charlotte von Verschuer, *Across the Perilous Sea: Japanese Trade with China and Korea from the Seventh to the Sixteenth Centuries*, trans. Kristen Lee Hunter (Ithaca, NY: Cornell University Press, 2006); and William D. Wray, "The Seventeenthcentury Japanese Diaspora: Questions of Boundary and Policy," in *Diaspora Entrepreneurial Networks: Four Centuries of History*, ed. Ina Baghdiantz McCabe, Gelina Harlaftis, and Ioanna Pepelasis Minoglu, 73–79 (Oxford and New York: Berg, 2005).

22 Dian Murray, *Pirates of the South China Coast, 1790–1810* (Palo Alto: Stanford University Press, 1987).

23 見Derek Heng, "Trans-Regionalism and Economic Co-dependency in the South China Sea: The Case of China and the Malay Region (Tenth to Fourteenth Centuries AD)," *International History Review* 35, no. 3 (2013): 486–510; David C. Kang, *East Asia before the West: Five Centuries of Trade and Tribute* (New York: Columbia University Press, 2010); and Geoffrey C. Gunn, *History without Borders: The Making of an Asian World Region, 1000–1800* (Hong Kong: Hong Kong University Press, 2011).

24 Anthony Reid, *Southeast Asia in the Age of Commerce: The Lands beneath the Winds* (New Haven: Yale University Press, 1993 and 1998).

25 兩個重要的修正批判來自Victor Lieberman, *Strange Parallels* (Cambridge: Cambridge University Press, 2003), and Barbara Watson Andaya, *The Flaming Womb: Repositioning Women in Early Modern Southeast Asian History* (Honolulu: University of Hawai'i Press, 2006).

26 Denys Lombard, *Le carrefour javanais: Essai d'histoire globale* (Paris: École Hautes Études en Sciences Sociales, 1990); James Francis Warren, *The Sulu Zone* (Singapore; Singapore University Press, 1981).

27 Roy Ellen, *On the Edge of the Banda Zone: Past and Present in the Social Organization of a Moluccan Trading Network* (Honolulu: University of Hawai'i Press, 2003); Dianne Lewis, *Jan Compagnie in the Straits of Malacca* (Columbus: Ohio University Press, 1995); Leonard Andaya, *Leaves from the Same Tree: Trade and Ethnicity in the Straits of Melaka* (Honolulu: University of Hawai'i Press, 2008).

28 見Alain Forest, "L'Asie du Sud-est continentale vue de la mer," in *Commerce et navigation*, ed. Nguyễn and Ishizawa, 7–30; and Peter Boomgaard, ed., *A World of Water: Rain, Rivers, and Seas in Southeast Asian Histories* (Leiden: KITLV Press, 2007).

29 K. N. Chaudhuri, *Trade and Civilisation in the Indian Ocean: An Economic History from the Rise of Islam to 1750* (Cambridge: Cambridge University Press, 1985).

30 Ashin Das Gupta, *Merchants of Maritime India: Collected Studies, 1500–1800* (Ashgate: Variorum, 1994); Sanjay Subhramanyam, *The Political Economy of Commerce: Southern India 1500–1650* (Cambridge: Cambridge University Press, 2002); Michael Pearson, *The Indian Ocean* (New York: Routledge, 2003); Sugata Bose, *A Hundred Horizons: The Indian Ocean in the Age of Global Empire* (Cambridge: Harvard University Press, 2006); and Kerry Ward, *Networks of Empire: Forced Migration in the Dutch East India Company* (New York: Cambridge University Press, 2009).

31 見Engseng Ho, *The Graves of Tarim: Genealogy and Mobility across the Indian Ocean* (Berkeley: University of California Press, 2006); Engseng Ho, "Empire through Diasporic Eyes: A View from the Other Boat," *Comparative Studies in Society and History* 46, no. 2 (Apr. 2004); Clare Anderson, *Subaltern Lives: Biographies of Colonialism in the Indian Ocean World, 1790–1920* (Cambridge: Cambridge University Press, 2012); Michael Laffan, *The Makings of Indonesian Islam: Orientalism and the Narraiton of a Sufi Past* (Princeton: Princeton University Press, 2011) Isabel Hofmeyer, "The Complicating Sea: The Indian Ocean as Method," *Comparative Studies of South Asia, Africa and the Middle East* 32, no. 3 (2012): 584–90; Ronit Ricci, *Islam Translated* (Chicago: University of Chicago Press, 2011); Sebouh Aslanian, *From the Indian Ocean to the Mediterranean: The Global Trade Networks of Armenian Merchants from New Julfa* (Berkeley: University of California Press, 2011); and Gwyn Campbell, *Africa and the Indian Ocean World from Early Times to circa 1900* (Cambridge: Cambridge University Press, 2019). 一個更特殊的脈絡另請見Robert Harms, Bernard K. Freamon, and David W. Blight, eds. *Indian Ocean Slavery in the Age of Abolition* (New Haven: Yale University Press, 2013); 更廣泛的探討見Thomas Metcalf, *Imperial Connections: India in the Indian Ocean Arena, 1860–1920* (Berkeley and Los Angeles: University of California Press, 2007); and Leila Tarazi Fawaz and C. A. Bayly, eds., *Modernity and Culture: From the Mediterranean to the Indian Ocean* (New York: Columbia University Press, 2002).

32 René J. Barendse, *The Arabian Seas: The Indian Ocean World of the Seventeenth Century* (New York: Routledge, 2014); Sunil Amrith, *Crossing the Bay of Bengal: The Furies of Nature and the Fortunes of Migrants* (Cambridge, MA: Harvard University Press, 2013).

33 見S. Z. Qasim, "Concepts of Tides, Navigation and Trade in Ancient India," *Journal of Indian Ocean Studies* 8, nos. 1/2 (2000): 97–102; T. S. S. Rao and Ray Griffiths, *Understanding the Indian Ocean: Perspectives on*

Press, 1967); Bernard Bailyn, *The Peopling of British North America* (New York: Vintage Press, 1988); and Bernard Bailyn, *Voyagers to the West: A Passage in the Peopling of America on the Eve of the Revolution* (New York: Vintage Press, 1988). 貝林理論一些傳承者請見Jorge Cañizares-Esguerra and Erik R. Seeman, eds., *The Atlantic in Global History, 1500–2000*, 2nd. ed. (New York: Routledge, 2018); Jack P. Greene and Philip D. Morgan, eds., *Atlantic History: A Critical Appraisal* (New York: Oxford University Press, 2009); Michael Pye, *The Edge of the World: A Cultural History of the North Sea and the Transformation of Europe* (New York: Pegasus Books, 2014); Daviken Studnicki-Gizbert, *A Nation upon the Ocean Sea: Portugal's Atlantic Diaspora and the Crisis of the Spanish Empire, 1492–1640* (New York: Oxford University Press, 2007); Julius S. Scott, *The Common Wind: Afro-American Currents in the Age of the Haitian Revolution* (New York: Verso, 2020); John Thornton, *Africa and Africans in the Making of the Atlantic World, 1400–1800,* 2nd. ed. (New York: Cambridge University Press, 1998); Jace Weaver, *The Red Atlantic: American Indigenes and the Making of the Modern World, 1000–1927* (Chapel Hill: The University of North Carolina Press, 2014).

11 Paul Gilroy, *The Black Atlantic: Modernity and Double Consciousness* (Cambridge, MA: Harvard University Press, 1993).

12 Marcus Rediker, *Between the Devil and the Deep Blue Sea: Merchant Seamen, Pirates, and the Anglo-American Maritime World, 1700–1750* (Cambridge: Cambridge University Press, 1989); and (with Peter Linebaugh), *The Many-Headed Hydra: Sailors, Slaves, Commoners, and the Hidden History of the Revolutionary Atlantic* (New York: Beacon Press, 2013); Lance Grahn, *The Political Economy of Smuggling: Regional Informal Economies in Early Bourbon New Granada* (Boulder, CO: Westview Press, 1997); 見Ernesto Bassi, *An Aqueous Territory: Sailor Geographies and New Granada's Transimperial Greater Caribbean World* (Durham: Duke University Press, 2016).

13 Frank Sherry, *Pacific Passions: The European Struggle for Power in the Great Ocean in the Age of Exploration* (New York: William Morrow, 1994); and Walter McDougall, *Let the Sea Make a Noise: Four Hundred Years of Cataclysm, Conquest, War and Folly in the North Pacific* (New York: Avon Books, 1993).

14 兩個早期的例外是：Greg Dening, *Islands and Beaches: Discourse on a Silent Land; Marquesas 1774–1880* (Chicago: Dorsey Press, 1980); and David A. Chappell, *Double Ghosts: Oceanian Voyagers on Euroamerican Ships* (New York: M. E. Sharpe, 1997). 比較新近、涵蓋較廣的做法，見Stuart Banner, *Possessing the Pacific: Lands, Settlers, and Indigenous People from Australia to Alaska* (Cambridge: Harvard University Press, 2007); David Igler, *The Great Ocean: Pacific Worlds from Captain Cook to the Gold Rush* (New York: Oxford University Press, 2013); Rainer F. Buschmann, Edward R. Slack Jr., and James B. Tueller, *Navigating the Spanish Lake: The Pacific in the Iberian World, 1521–1898* (Honolulu: University of Hawai'i Press, 2014); and David A. Chang, *The World and All the Things upon It: Native Hawaiian Geographies of Exploration* (Minneapolis: University of Minnesota Press, 2016).

15 見Epeli Hau'ofa, *We Are the Ocean: Selected Works* (Honolulu: University of Hawai'i Press), 2008; Epeli Hau'ofa, "Our Sea of Islands," The Contemporary Pacific 6, no. 1 (1994); and K. R. Howe, *Nature, Culture and History: The "Knowing" of Oceania* (Honolulu: University of Hawai'i Press, 2000). 亦見Kealani Cook, *Return to Kahiki: Native Hawaiians in Oceania* (New York: Cambridge University Press, 2018).

16 Matt Matsuda, *Pacific Worlds: A History of Seas, Peoples, and Cultures* (New York: Cambridge University Press, 2012); Lorenz Gonschor, *A Power in the World: The Hawaiian Kingdom in Oceania* (Honolulu: University of Hawai'i Press, 2019); Ricardo Padrón, *The Indies of the Setting Sun: How Early Modern Spain Mapped the Far East as the Transpacific West* (Chicago: University of Chicago Press, 2020); and Nicholas Thomas, *Islanders: The Pacific in the Age of Empire* (New Haven: Yale University Press, 2010).

17 最接近的例子是阿姆瑞斯的精湛研究，但他的研究與本書截然不同，前者檢視各種型態的水域，主要關注印度洋，見Sunil Amrith, *Unruly Waters: How Rains, Rivers, Coasts, and Seas Have Shaped Asia's History* (New York: Basic Books, 2018).

18 Andre Gunder Frank, *ReOrient: Global Economy in the Asian Age* (Berkeley: University of California Press, 1998).

19 更著重比較而且同樣卓越的研究，見 Kenneth Pomeranz, *The Great Divergence: China, Europe, and the Making of the Modern World Economy* (Princeton: Princeton University Press, 2000).

20 Takeshi Hamashita, *China, East Asia, and the Global Economy: Regional and Historical Perspectives* (New York: Routledge, 2013); Takeshi Hamashita, "The Tribute Trade System and Modern Asia," trans. Neil Burton and Christian Daniels, in Takeshi Hamashita, *China, East Asia, and the Global Economy: Regional and Historical Perspectives,* eds. Linda Grove and Mark Selden, 12–26 (London and New York: Routledge, 2008); Takeshi Hamashita, "The Intraregional System in East Asia in Modern Times," in *Network Power: Japan and Asia,* ed. Peter J. Katzenstein and Takashi Shiraishi, 113–35 (Ithaca, NY: Cornell University Press, 1997).

21 見Giovanni Arrighi, Takeshi Hamashita, and Mark Selden, "Introduction: The Rise of East Asia in Regional and World Historical Perspective," in *The Resurgence of East Asia: 500, 150 and 50 Year Perspectives,*

注釋

第一章 南起長崎，西起荷莫茲

1 關於天主教傳教士與日本在接觸初期數個世紀間的互動以及航行，見G. O. Schurhammer, "Il contributo dei missionary cattolici nei secoli XVI e XVII alla conoscenza del Giappone," in *Le missioni cattoliche e la cultura dell'Oriente. Conferenze 'Massimo Piccinini'* (Rome: Istituto italiano per il Medio ed Estremo Oriente, 1943), 115–17; G. Berchet, *Le antiche ambasciate giapponesi in Italia: Saggio storico con documenti* (Venice 1877), 53–54; "Ragionamento I che contiene la partenza dall'Isole Filippine a quelle del Giappone ed altre cose notabili di quel paese," in *Ragionamenti di Fancesco Carletti fiorentino sopra le cose da lui vedute ne'suoi viaggi si dell'Indie Occidentali, e Orientali come d'altri paesi. All'Illustriss. Sig. Marchese Cosimo da Castiglione gentiluomo della Camera del Serenissimo Granduca di Toscana* (Florence 1701), part II: *Ragionamenti . . . sopra le cose da lui vedute ne' suoi viaggi dell'Indie Orientali, ed'altri paesi*, 35–36.

2 關於這些互動更全面的探討，見Matsukata Fuyoko, "From the Threat of Roman Catholicism to the Shadow of Western Imperialism," in *Large and Broad: The Dutch Impact on Early Modern Asia*, ed. Yoko Nagazumi (Tokyo: Toyo Bunko, 2010); Adam Clulow, *The Company and the Shogun: The Dutch Encounters with Tokugawa Japan* (New York: Columbia University, 2013); Robert Hellyer, *Defining Engagement: Japan and Global Contexts, 1640–1868* (Cambridge: Harvard University Asia Center, 2009); and *Leonard Blussé, Visible Cities* (Cambridge: Harvard University Press, 2008).

3 近來以宏觀的歷史理念來檢視海洋稍有復興，見Lincoln Paine, *The Sea and Civilization: A Maritime History of the World* (New York: Alfred Knopf, 2013); Philip de Souza, *Seafaring and Civilization: Maritime Perspectives on World History* (London: Profile Books, 2001); Jerry Bentley, Renate Bridenthal, and Kären Wigen, eds., *Seascapes: Maritime Histories, Littoral Cultures, and Transoceanic Exchanges* (Honolulu: University of Hawai'i Press, 2007); Kären Wigen, "Oceans of History," *American Historical Review*, 111, no. 3 (2006): 717–21; Barry Cunliffe, *By Steppe, Desert, and Ocean: The Birth of Eurasia* (Oxford: Oxford University Press, 2015); Tsukaya Mizushima, George Souza, and Dennis Flynn, eds., *Hinterlands and Commodities: Place, Space, Time and the Political Economic Development of Asia over the Long Eighteenth Century* (Leiden: Brill, 2015); Lin Yu-ju and Madeleine Zelin, eds., *Merchant Communities in Asia, 1600–1800* (London: Routledge, 2016); Alain Forest, "L'Asie du sud-est continentale vue de la mer," in *Commerce et navigation en Asie du sud-est (XIVe-XIXe siècles)*, ed. Nguyễn Thế Anh and Yoshiaki Ishizawa, 7–30 (Paris: L'Harmattan, 1999); and Geoffrey Gunn, *History without Borders: The Making of an Asian World Region, 1000–1800* (Hong Kong: Hong Kong University Press, 2011).

4 見Martin Lewis and Kären Wigen, *The Myth of Continents: A Critique of Metageography* (Berkeley: University of California Press, 1997); 亦見Lauren Benton and Nathan PerlRosenthal, eds., *A World at Sea: Maritime Practices and Global History* (Philadelphia: University of Pennsylvania Press, 2020).

5 部分內容上溯到更久以前，因為我認為拉出更長的時間線會有幫助，特別見第二、六、八章。

6 Janet Abu-Lughod, *Before European Hegemony: The World System AD 1250–1350* (New York: Oxford University Press, 1989), 368.

7 有些學者已經走上這個方向，我絕不是第一個。接下來的注釋會介紹許多相關研究。議題概覽見Markus Vink, "Indian Ocean Studies and the New Thalassology," *Journal of Global History* 2, 2007: 41–62.

8 一些可能性見David Armitage, Alison Bashford, and Sujit Sivasundaram, eds., *Oceanic Histories* (New York: Cambridge University Press, 2017); Jerry H. Bentley, "Sea and Ocean Basins as Frameworks of Historical Analysis," *Geographical Review* 89, no. 2 (April 1999), 215–24; Beernhard Klein and Gesa Mackenthun, eds., *Sea Changes: Historicizing the Ocean* (New York: Routledge, 2004); Martin Lewis, "Dividing the Ocean Sea," *Geographical Review* 89, no. 2 (April 1999): 188–214; Philip E. Steinberg, *The Social Construction of the Ocean* (New York: Cambridge University Press, 2001); Daniel Finamore, ed., *Maritime History As World History* (Gainesville: University Press of Florida, 2004); Jennifer L. Gaynor, "Maritime Ideologies and Ethnic Anomalies: Sea Space and the Structure of Subalternality in the Southeast Asian Littoral," in *Seascapes: Maritime Histories, Littoral Cultures, and Transoceanic Exchanges*, ed. Jerry H. Bentley, Renate Bridenthal, and Kären Wigen, 53–68 (Honolulu: University of Hawai'i Press, 2007); and Bernhard Klein and Gesa Mackenthun, eds., *Sea Changes: Historicizing the Ocean* (London and New York: Routledge, 2004).

9 Fernand Braudel, *The Mediterranean and the Mediterranean World in the Age of Phillip II* (Berkeley: University of California Press Reprints, 1996), 2 vols.

10 Bernard Bailyn, *The Ideological Origins of the American Revolution* (Cambridge, MA: Harvard University

———. "Global Trade and Swahili Cosmopolitan Material Culture: Chinese-style Ceramic Shards from Sanje ya Kati and Songo Mnara (Kilwa, Tanzania)." *Journal of World History* 23, no. 1 (2012): 41–85.

Zhao, Gang. *The Qing Opening to the Ocean: Chinese Maritime Policies, 1684–1757*. Honolulu: University of Hawai'i Press, 2013.

Zhou, Nanjing. "Masalah asimilasi keturunan Tionghoa di Indonesia." *RIMA* 21, no. 2 (Summer 1987): 44–66.

Zinoman, Peter. *The Colonial Bastille: A History of Imprisonment in Vietnam 1862–1940*. Berkeley: University of California Press, 2001.

Zuhdi, Susanto. *Cilacap (1830–1942): Bangkit dan runtuhnya suatu pelabuhan di Jawa*. Jakarta: KPG, 2002.

———, ed. *Cirebon sebagai bandar jalur sutra*. Jakarta: Departemen Pendidikan dan Kebudayaan, Direktorat Sejarah dan Nilai Tradisional, Proyek Inventarisasi dan Dokumentasi Sejarah Nasional, 1996.

Wu-Beyens, I-Chuan. "Hui: Chinese Business in Action." In *Chinese Business Networks*, edited by Chan Kwok Bun. Singapore: Prentice Hall, 2000.

Wyatt, Don. *The Blacks of Premodern China*. Philadelphia: University of Pennsylvania Press, 2010.

Xing Hang and Tonio Andrade, eds. *Sea Rovers, Silver, and Samurai: Maritime East Asia in Global History, 1550–1700*. Honolulu: University of Hawai'i Press, 2016.

Xing Hang. *Conflict and Commerce in Maritime East Asia: The Zheng Family and the Shaping of the Modern World, 1620–1720*. Cambridge: Cambridge University Press, 2016.

Yao, Souchou. "The Fetish of Relationships: Chinese Business Transactions in Singapore." *Sojourn* 2 (1987): 89–111.

Yen, Ching-hwang, ed. *The Ethnic Chinese in East and Southeast Asia: Business, Culture, and Politics*. Singapore: Times Academic Press, 2002.

Yambert, K. A. "Alien Traders and Ruling Elites: The Overseas Chinese in Southeast Asia and the Indians in East Africa." *Ethnic Groups* 3 (1981): 173–78.

Yang, Pao-yun. *Contribution à l'histoire de la principauté des Nguyên au Vietnam méridional (1600–1775)*. Geneva: Éditions Olizane, 1992.

Yegar, Moshe. *Between Integration and Succession: The Muslim Communities of the Southern Philippines, Southern Thailand, and Western Burma/Myanmar*. Lanham, MD: Lexington Books, 2002.

Yen Ching-hwang, ed. *The Ethnic Chinese in East and Southeast Asia: Business, Culture, and Politics*. Singapore: Times Academic Press, 2002.

Yeung, Y. M., and C. P. Lo, eds. *Changing Southeast Asian Cities: Readings on Urbanization*. Oxford: Oxford University Press, 1976.

Ylvisaker, Marguerite. *Lamu in the Nineteenth Century: Land, Trade, and Politics*. Boston: Boston University African Studies Association, 1979.

Yoshihara Kunio. "The Ethnic Chinese and Ersatz Capitalism in Southeast Asia." In *Southeast Asian Chinese and China: The Politico-economic Dimension*, edited by Leo Suryadinata. Singapore: Times Academic Press, 1995.

Yu-ju, Lin, and Madeleine Zelin, eds. *Merchant Communities in Asia, 1600–1800*. London: Routledge, 2016.

Zainol, Salina Binti Haji. "Hubungan perdagangan antara Aceh, Sumatera Timur dan pulaua Pinang, 1819–1871." MA thesis. Kuala Lumpur: Universiti Malaya, 1995.

Zeeman, J. H. *De Kustvaart in Nederlandsch-Indië, beschouwd in verband met het Londensch Tractaat van 17 Maart 1824*. Amsterdam: J. H. de Bussy, 1936.

Zelin, Madeleine. "Economic Freedom in Late Imperial China." In *Realms of Freedom in Modern China*, edited by William Kirby, 57–83. Palo Alto: Stanford University Press, 2004.

Zhang, Yangwen. *China on the Sea: How the Maritime World Shaped Modern China*. Leiden: Brill, 2014.

———. *The Social Life of Opium in China*. Cambridge: Cambridge University Press, 2005.

Zhao Bing. "La céramique chinoise importée en Afrique orientale (IXe-XVIe siècles): Un cas de changement de valeur marchande et symbolique dans le commerce global." https://doi.org/10.4000/afriques.1836

Wigen, Kären. "Oceans of History." *American Historical Review* 111, no. 3 (2006): 717–21.

Williams, L .E. "Chinese Entrepreneurs in Indonesia." *Explorations in Entrepreneurial History* 5, no. 1 (1952): 34–60.

Williams, R. "Nightspaces: Darkness, Deterritorialisation and Social Control." *Space and Culture* 11, no. 4 (2008): 514–32.

Wild, John Peter, and Felicity Wild. "Rome and India: Early Indian Cotton Textiles from Berenike, Red Sea Coast of Egypt." In *Textiles in Indian Ocean Societies,* edited by Ruth Barnes, 11–16. New York: Routledge, 2005.

Wilford, John Noble. *The Mapmakers.* New York: Vintage, 1982.

Willford, Andrew, and Eric Tagliacozzo, eds. *Clio/Anthropos: Exploring the Boundaries between History and Anthropology.* Palo Alto: Stanford University Press, 2009.

Wills, John. *Embassies and Illusions: Dutch and Portuguese Envoys to K'ang-hsi, 1666–1687.* Cambridge, MA: Harvard University East Asian Studies, 1984.

———. "Maritime Asia 1500–1800: The Interactive Emergence of European Domination." *American Historical Review* 98, no. 1 (1993): 83–105.

———. *Pepper, Guns, and Parleys.* Cambridge, MA: Harvard University Press 1974.

Winichakul, Thongchai. *Siam Mapped.* Honolulu: University of Hawai'i Press, 1994.

Winter, C. F. "Verbod Tegen het Gebruik van Amfioen." *TNI* 3, no. 2 (1840): 588.

Wolf, Eric. *Europe and the People without History.* Berkeley: University of California Press, 1982.

Wolff, John. *Brandy, Balloons, and Lamps: Ami Argand.* Carbondale, IL: Southern Illinois University Press, 1999.

Wolters, O. W., *Early Indonesian Commerce: A Study of the Origins of Srivijaya.* Ithaca: Cornell University Press, 1967.

Wong Kwok-Chu. *The Chinese in the Philippine Economy, 1898–1941.* Manila: Ateneo de Manila Press, 1999.

Wong Siu-Lun. "Business Networks, Cultural Values and the State in Hong Kong and Singapore. In *Chinese Business Enterprises in Asia,* edited by Rajeswary A. Brown. London and New York: Routledge, 1995.

Wong Yee Tuan. *Penang Chinese Commerce in the Nineteenth Century.* Singapore: ISEAS, 2015.

Woodside, Alexander. *Vietnam and the Chinese Model.* Cambridge, MA: Harvard University Press, 1971.

Woodward, Hiram. *The Art and Architecture of Thailand from Prehistoric Times through the Thirteenth Century.* Leiden: Brill, 2003.

Wray, William D. "The Seventeenth-century Japanese Diaspora: Questions of Boundary and Policy." In *Diaspora Entrepreneurial Networks: Four Centuries of History,* edited by Ina Baghdiantz McCabe, Gelina Harlaftis, and Ioanna Pepelasis Minoglu, 73–93. Oxford and New York: Berg, 2005.

Wright, Arnold, and Oliver T. Breakspear, eds. *Twentieth Century Impressions of Netherlands India: Its History, People, Commerce, Industries, and Resources.* London, 1909.

Wu, David. *The Chinese in Papua New Guinea, 1880–1980.* Hong Kong: Hong Kong University Press, 1982.

Wu Wei-Peng. "Transaction Cost, Cultural Values and Chinese Business Networks: An Integrated Approach." In *Chinese Business Networks,* edited by Chan Kwok Bun. Singapore: Prentice Hall, 2000.

———. "Indian Merchants and English Private Interests: 1659–1760." In *India and the Indian Ocean 1500–1800*, edited by Ashin Das Gupta and M. N. Pearson, 301–16. Calcutta: Oxford University Press, 1987.

Weaver, Jace. *The Red Atlantic: American Indigenes and the Making of the Modern World, 1000–1927*. Chapel Hill: The University of North Carolina Press, 2014.

Weber, Max. *The Protestant Ethic and the Spirit of Capitalism*, 2nd ed. London: George Allen & Unwin, 1976.

Weber, Nicholas. "The Vietnamese Annexation of Panduranga (Champa) and the End of a Maritime Kingdom." In *Memory and Knowledge of the Sea in Southeast Asia*, edited by Danny Wong Tze Ken, 65–76. Kuala Lumpur: Institute of Ocean and Earth Sciences, University of Malaya, 2008.

Webster, Anthony. *Gentleman Capitalists: British Imperialism in South East Asia 1770–1890*. London: Tasuris, 1998.

Weddik, A. L. "De Notenmuskaat-Kultuur op Java." *TNI* 2, no. 2 (1839): 589–600.

———. "Proeve over de Teelt van den Kruidnagelboom op Java." *TNI* 3, no. 1 (1840): 413–18.

Wells, J. K., and John Villiers, eds. *The Southeast Asian Port and Polity: Rise and Demise*. Singapore: Singapore University Press, 1990.

Welsh, Frank. *A Borrowed Place: The History of Hong Kong*. New York: Kodansha, 1993.

Wheatley, Paul. "Analecta Sino-Africana Recensa." In *East Africa and the Orient*, edited by H. Neville Chittick and Robert Rotberg, 76–114. New York: Africana Publishers, 1975.

———. *The Golden Chersonese: Studies in the Historical Geography of the Malay Peninsula Before AD 1500*. Kuala Lumpur, University of Malaya Press, 1961.

———. *Nagara and Commandary: Origins of the Southeast Asian Urban Traditions*. Chicago: University of Chicago Press, 1983.

———, ed. *Melaka: Transformation of a Malay Capital 1400–1980*. 2 volumes. Kuala Lumpur: Oxford University Press, 1983.

Wheeler, Charles. "One Region, Two Histories: Cham Precedents in the History of Hoi An Region." In *Việt Nam: Borderless Histories*, edited by Nhung Tuyet Tran and Anthony J. S. Reid, 163–93. Madison: University of Wisconsin Press 2006.

———. "Placing the 'Chinese Pirates' of the Gulf of Tonking at the End of the Eighteenth Century." In *Asia Inside Out: Connected Places*, edited by Eric Tagliacozzo, Helen F. Siu, and Peter C. Perdue, 30–63. Cambridge, MA: Harvard University Press, 2015.

———. "Re-thinking the Sea in Vietnamese History: The Littoral Integration of Thuận-Quảng, Seventeenth–Eighteenth Centuries." *Journal of Southeast Asian Studies* 17, no. 1 (Feb. 2006): 123–53.

White, John. *A Voyage to Cochin China*. Kuala Lumpur: Oxford University Press 1972; orig. 1824).

Whitmore, John. "Vietnam and the Monetary Flow of Asia, 13–18th Centuries." In *Precious Metals in the Later Medieval and Early Modern Worlds*, edited by J. F. Richards, 363–96. Durham: Carolina Academic Press, 1983.

Wick, Alexis. *The Red Sea: In Search of Lost Space*. Berkeley: University of California Press, 2016.

Wickberg, Edgar. *The Chinese in Philippine Life, 1850–1898*. New Haven and London: Yale University Press, 1965.

———. "Overseas Adaptive Organizations, Past and Present." In *Reluctant Exiles? Migration from the Hong Kong and the New Overseas Chinese*, edited by Ronald Skeldon, 68–86. Armonk, NY: M. E. Sharpe, 1994.

———. "Engaging the South: Ming China and Southeast Asia in the Fifteenth Century." *JESHO* 51 (2008): 578–638.

———. "Ming China's Violence against Neighboring Polities and Its Representation in Chinese Historiography." In *Asian Encounters: Exploring Connected Histories*, edited by Upinder Singh and Parul Dhar, 20–41. New Delhi: Oxford University Press, 2014.

———. *Southeast Asia in the Ming Shi-lu: An Open Access Resource.* Singapore: Asia Research Institute and the Singapore E-Press, National University of Singapore; http://epress.nus.edu.sg/msl.

———. "The Southern Chinese Borders in History." In *Where China Meets Southeast Asia: Social and Cultural Change in the Border Regions*, edited by G. Evans, C. Hutton, and K. E. Kuah, 28–50. Singapore; ISEAS Press, 2000.

———. "The Zheng He Voyages: A Reassessment." *Journal of the Malaysian Branch of the Royal Asiatic Society* 78, no. 1 (2005): 37–58.

Wadley, Reed. "Warfare, Pacification, and Environment: Population Dynamics in the West Borneo Borderlands (1823–1934)." *Moussons* 1 (2000): 41–66.

Wake, Christopher. "The Myth of Zheng He's Great Treasure Ships." *International Journal of Maritime History* 16, no. 1 (2004): 59–75.

Wakeman, Frederic. *The Great Enterprise.* Berkeley: University of California Press, 1985).

Waley-Cohen, Joanna. *The Sextants of Beijing: Global Currents in Chinese History.* New York: W. W. Norton, 1999.

Waley, Arthur. *The Opium War through Chinese Eyes.* London: Allen & Unwin, 1958.

Wamebu, Zadrak, and Karlina Leksono. *Suara dari Papua: Identifikasi kebutuhan masyarakat Papua asli.* Jakarta: Yayasan Penguatan Partisipasi Inisiatif dan Kemitraan Masyarakat Sipil Indonesia, 2001.

Wang Gungwu. *China and the Chinese Overseas.* Singapore: Times Academic Press, 1991.

———. "The China Seas: Becoming an Enlarged Mediterranean." In *The East Asian 'Mediterranean': Maritime Crossroads of Culture, Commerce and Human Migration*, edited by Angela Schottenhammer, 7–22. Wiesbaden: Harrassowitz Verlag, 2008.

———. "Merchants without Empire: The Hokkien Sojourning Communities." In *The Rise of Merchant Empires. Long-Distance Trade in the Early Modern World, 1350–1750*, ed. J. D. Tracy, 400–21. Cambridge: Cambridge University Press, 1990.

Ward, Kerry. *Networks of Empire: Forced Migration in the Dutch East India Company.* New York: Cambridge University Press, 2009.

Ward, R., and R. Jenkins, eds. *Ethnic Communities in Business: Strategies for Economic Survival.* Cambridge, Cambridge University Press, 1984.

Ward, W. E. F., and L. W. White. *East Africa: A Century of Change 1870–1970.* New York: Africana Publishing Corporation, 1972.

Warren, James Francis. *Ah Ku and Karayuki-san: Prostitution in Singapore (1880–1940.)* Singapore: Oxford University Press, 1993.

———. "Joseph Conrad's Fiction as Southeast Asian History." In *At the Edge of Southeast Asian History: Essays by James Frances Warren*, edited by James Francis Warren, 1–15} Quezon City: New Day Publishers, 1987.

———. *The Sulu Zone: The Dynamics of External Trade, Slavery, and Ethnicity in the Transformation of a Southeast Asian Maritime State.* Singapore: Singapore University Press, 1981.

Watson, Bruce. *Foundation for Empire: English Trade in India 1659–1760.* New Delhi: Vikas, 1980.

Um, Nancy. *The Merchant Houses of Mocha: Trade and Architecture in an Indian Ocean Port.* Seattle: University of Washington Press, 2009.

———. *Shipped but Not Sold: Material Culture and the Social Order of Trade During Yemen's Age of Coffee.* Honolulu: University of Hawai'i Press, 2017.

US Mississippi River Commission. *Comprehensive Hydrography of the Mississippi River and Its Principal Tributaries from 1871 to 1942.* Vicksburg, MS: Mississippi River Commission, 1942.

Van den Berg, N. P. *Munt-crediet—en bankwezen, Hadel en scheepvaart in Nederlandsch-Indië: Historisch-statishtisch bijdragen.* The Hague: Nijhoff, 1907.

Van Dyke, Paul. *Americans and Macao: Trade, Smuggling and Diplomacy on the South China Coast.* Hong Kong: Hong Kong University Press, 2012.

Veer, Paul van het. *De Atjeh Oorlog.* Amsterdam: Arbeiderspers, 1969.

Velde, P. G. E. I. J. van der. "Van koloniale lobby naar koloniale hobby: Het Koninklijk Nederlands Aardrijkskundig Genootschap en Nederlands-Indië, 1873–1914." *Geografisch Tijdschrift* 22, no. 3 (1988): 215.

Vermueulen, J. T. *De Chineezen te Batavia en de troebelen van 1740.* Leiden: Eduard Ijdo, 1938.

Verschuer, Charlotte von. *Across the Perilous Sea: Japanese Trade with China and Korea from the Seventh to the Sixteenth Centuries.* Translated by Kristen Lee Hunter. Ithaca, NY: Cornell University Press, 2006.

Villiers, J. "Makassar: The Rise and Fall of an East Indonesian Maritime Trading State, 1512–1669." In *The Southeast Asian Port and Polity: Rise and Demise,* edited by J. Kathirithamby-Wells and J. Villiers. Singapore: Singapore University Press.

Vink, Markus. "Indian Ocean Studies and the New Thalassology." *Journal of Global History* 2 (2007): 41–62.

Viraphol, Sarasin. *Tribute and Profit: Sino-Siamese Trade 1652–1853.* Cambridge, MA: Harvard University Press, 1977.

Vleet, Jeremias van. "Description of the Kingdom of Siam." Translated by L. F. van Ravenswaay. *Journal of the Siam Society* 7, no. 1 (1910): 1–105.

Vleming, J. L. *Het Chineesche zakenleven in Nederlandesch-Indië.* Weltevreden: Landsdrikkerij, 1926.

Vosmer, Tom. "Maritime Archaeology, Ethnography and History in the Indian Ocean: An Emerging Partnership." In *Archaeology of Seafaring,* edited by Himanshu Prabha Ray, 65–79. Delhi: Pragati Publishers, 1999.

Voute, W., "Gound-, diamant-, en tin-houdende alluviale gronden in de Nederlandsche Oost- en West-Indische kolonien." *Indische Mercuur* 24, no. 7 (1901): 116–17.

Vu Duong Luan and Nola Cooke. "Chinese Merchants and Mariners in Nineteenth-Century Tongking." In *The Tongking Gulf through History* Nola Cooke, Tana Li, and Jamie Anderson, 143–59. Philadelphia: University of Pennsylvania Press, 2011.

Vuuren, L. van. "De prauwvaart van Celebes." *Koloniale Studiën* 1 (1917): 329–39.

Wade, G. P. "Borneo-Related Illustrations in a Chinese Work." *Brunei Museum Journal* 6, no. 3 (1987): 1–3.

Wade, Geoff. "A Maritime Route in the Vietnamese Text 'Xiem-la-quoc lo-trinh tap-luc' (1810)." In *Commerce et navigation en Asie du Sud-est (XIVe–XIXe siècles),* edited by Nguyễn Thế Anh and Yoshiaki Ishizawa, 137–70. Paris: L'Harmattan, 1999.

———. "Southeast Asia in the Fifteenth Century." In *Southeast Asia in the Fifteenth Century: The China Factor,* edited by Geoff Wade and Sun Laichen, 3–42. Singapore: NUS Press, 2010.

Toby, Ronald. *State and Diplomacy in Early Modern Japan: Asia in the Development of the Tokugawa Bakufu.* Princeton: Princeton University Press, 1984.

Topik, Steven, and Kenneth Pomeranz. *The World That Trade Created: Society, Culture, and the World Economy, 1400 to the Present.* New York: Routledge, 2012.

Trainor, Kevin. *Relics, Ritual, and Representation.* Cambridge: Cambridge University Press, 1997.

Tran, Nhung. *Familial Properties: Gender, State, and Society in Early Modern Vietnam, 1463–1778.* Honolulu: University of Hawai'i Press, 2018.

Tran, Nhung Tuyet, and Anthony J. S. Reid, eds. *Việt Nam: Borderless Histories.* Madison: University of Wisconsin Press, 2006.

Tranh, Khanh. *The Ethnic Chinese and Economic Development in Vietnam.* Singapore: Institute of Southeast Asian Studies, 1993.

Travers, Robert. *Ideology and Empire in Eighteenth-Century India.* Cambridge: Cambridge University Press, 2009.

Tremml-Werner, Birgit. *Spain, China and Japan in Manila, 1571–1644: Local Comparisons and Global Connections.* Amsterdam: University of Amsterdam Press, 2015.

Trivellato, Francesca. *The Familiarity of Strangers: The Sephardic Diaspora, Livorno, and Cross-Cultural Trade in the Early Modern Period.* New Haven: Yale University Press, 2012.

Trocki, Carl. *Opium, Empire, and the Global Political Economy: A Study of the Asian Opium Trade.* New York: Routledge, 1999.

Truong, Thanh-Dam. *Sex, Money, and Morality: Prostitution and Tourism in Southeast Asia.* London: Zed Books, 1990.

Truong-Vinh-Ky, P. J. B. *Voyage to Tonking in the Year 1876.* Translated by P. J. Honey. London: School of African and African Studies, 1982.

Truong, Van Mon. "The Raja Praong Ritual: A Memory of the Sea in Cham-Malay Relations." In *Water Frontier: Commerce and the Chinese in the Lower Mekong Region, 1750–1880*, edited by Nola Cooke and Tana Li, 97–111. Lanham, MD: Rowman & Littlefield, 2004.

Tsai Mauw-Kuey. *Les chinois au Sud-Vietnam.* Paris, Bibliothèque Nationale, 1986.

Tsukaya Mizushima, George Souza, and Dennis Flynn, eds. *Hinterlands and Commodities: Place, Space, Time and the Political Economic Development of Asia over the Long Eighteenth Century.* Leiden: Brill, 2015

Tuấn, Hoàng Anh. *Silk for Silver: Dutch-Vietnamese Relations, 1637–1700.* Leiden: Brill, 2007.

Tsai, Shih-Shan Henry. *Maritime Taiwan: Historical Encounters with the East and the West.* Armonk: M. E. Sharpe, 2009.

Tucci, G. "Antichi ambasciatori giapponesi patrizi romani." *Asiatica* 6 (1940): 157–65.

———. "Pionieri italiani in India." *Asiatica* 2 (1936): 3–11.

———. "Pionieri italiani in India." In *Forme dello spirito asiatico*, edited by G. Tucci, 30–49. Milan and Messina, 1940.

———. "Del supposto architetto del Taj e di altri italiani alla Corte dei Mogul." *Nuova Antologia* 271 (1930): 77–90.

Tuck, Patrick. *French Colonial Missionaries and the Politics of Imperialism in Vietnam, 1857–1914: A Documentary Survey.* Liverpool University Press, 1987.

Turton, Andrew. "Ethnography of Embassy: Anthropological Readings of Records of Diplomatic Encounters between Britain and Tai States in the Early Nineteenth Century." *South East Asia Research* 5, no. 2 (1997): 175–205.

———. *Secret Trades, Porous Borders: Smuggling and States along a Southeast Asian Frontier.* New Haven: Yale University Press, 2005.

———. "The South China Sea." In *Oceanic Histories*, edited by David Armitage, Alison Bashford, and Sujit Sivasundaram, 113–33. Cambridge: Cambridge University Press, 2018.

Tan, Mely. *Golongan ethnis Tinghoa di Indonesia: Suatau masalah pembinan kesatuan bangsa.* Jakarta: Gramedia, 1979.

Tarling, Nicholas. "The First Pharos of the Seas: The Construction of the Horsburgh Lighthouse on Pedra Branca." *Journal of the Malay Branch of the Royal Asiatic Society* 67, no. 1 (1994): 1–8.

———. *Imperial Britain in Southeast Asia.* Kuala Lumpur: Oxford University Press, 1975.

Taylor, Keith W. "The Literati Revival in Seventeenth-Century Vietnam." *Journal of Southeast Asian Studies* 18, no. 1 (1997): 1–23.

———. "Regional Conflicts among the Viêt People between the 13th and 19th Centuries."' In *Guerre et paix en Asie du sud-est*, edited by Nguyễn Thế Anh and Alain Forest, 109–33. Paris: L'Harmattan, 1998.

Teitler, G. "The Netherlands Indies: An Outline of Its Military History." *Revue Internationale d'Histoire Militaire* 58 (1984): 138.

Teitler, Gerke. *Ambivalente en aarzeeling: Het belied van Nederland en Nederlands-Indië ten aanzien van hun kustwateren, 1870–1962.* Assen: Van Gorcum, 1994.

Ter Weil, Barend. "Early Ayyuthaya and Foreign Trade: Some Questions." In *Commerce et navigation en Asie du sud-est (XIVe–XIXe siècles)*, edited by Nguyễn Thế Anh and Yoshiaki Ishizawa, 77–90. Paris: L'Harmattan, 1999.

Terami-Wada, Motoe. "Karayuki-san of Manila 1880–1920." *Philippine Studies* 34 (1986): 287–316.

Tesfay, Netsanet. *Impact of Livelihood Recovery Initiatives on Reducing Vulnerability to Human Trafficking and Illegal Recruitment: Lessons from Typhoon Haiyan.* Geneva: International Organization for Migration and International Labour Organization, 2015.

Thai, Philip. *China's War on Smuggling: Law, Economic Life, and the Making of the Modern State.* New York: Columbia University Press, 2018.

The Siauw Giap. "Socio-Economic Role of the Chinese in Indonesia, 1820–1940." In *Economic Growth in Indonesia, 1820–1940*, edited by A. Maddison and G. Prince, 159–83. Dordrecht and Providence: Foris, 1989.

Thomas, Nicholas. *Islanders: The Pacific in the Age of Empire.* New Haven: Yale University Press, 2010.

Thomaz, L. F. F. R. "Les portugais dans les mers de l'Archipel au XVIe siècle." *Archipel* 18 (1979): 105–25.

Thornton, John. *Africa and Africans in the Making of the Atlantic World, 1400–1800.* 2nd ed. New York: Cambridge University Press, 1998.

Thung Ju Lan. "Posisi dan pola komunikasi antar budaya antara etnis Cina dan masyarakat Indonesia lainnya pada masa kini: Suatu studi pendahuluan." *Berita Ilmu Pengetahuan dan Teknologi* 29, no. 2 (1985): 15–29.

Tijdschrift voor het Zeewezen (1871): 125; (1872): 90; (1873): 274; (1875): 230; (1879): 83.

Tirumalai, R. "A Ship Song of the Late 18th Century in Tamil." In *Studies in Maritime History*, edited by K. S. Mathew, 159–64. Pondicherry: Pondicherry University Press, 1990.

Tjiptoatmodjo, F. A. S. "Kota-kota pantai di sekiatr selat Madura (Abad ke-17 sampai medio abad ke-19)." PhD dissertation. Yogyakarta: Gadjah Mada University, 1983.

Sun, Lin. "The Economy of Empire Building: Wild Ginseng, Sable Fur, and the Multiple Trade Networks of the Early Qing Dynasty, 1583–1644." PhD dissertation, Oxford University, 2018.

Surat-Surat Perdjandjian Antara Kesultanan Riau dengan Pemerintahan. Volume 2: *V.O.C. dan Hindia-Belanda 1784–1909*. Jakarta: Arsip Nasional Indonesia, 1970.

Suryadinata, Leo, ed. *Southeast Asian Chinese: The Socio-cultural Dimension*. Singapore: Times Academic Press, 1995.

Susilowati, Endang. "The Impact of Modernization on Tradiditonal Perahu Fleet in Banjarmasin, South Kalimantan in the Twentieth Century." In *Maritime Social and Economic Developments in Southeast Asia*, edited by Hanizah Idris, Tan Wan Hin, and Mohammad Raduan Mohd. Ariff, 61–76. Kuala Lumpur: Institute of Ocean and Earth Sciences, University of Malaya, 2008.

Sutedja, D. *Buku himpunan pemulihan hubungan Indonesia Singapura: Himpunan peraturan-peraturan anglkutan laut*. Jakarta: Departement Perhubungan Laut, 1967.

Sutherland, Heather. *Seaways and Gatekeepers: Trade and Society in the Eastern Archipelagos of Southeast Asia, c. 1600–1906*. Singapore: National University of Singapore Press, 2021.

———. "Southeast Asian History and the Mediterranean Analogy." *Journal of Southeast Asian Studies* 34.1 (2003): 1–20.

———. "Trepang and Wangkang: The China Trade of Eighteenth-Century Makassar." In *Authority and Enterprise among the Peoples of South Sulawesi*, edited by R. Tol, K. van Dijk, and G. Accioli: 451–72. Leiden: KITLV Press, 2000.

Sutherland, Heather, and Gerrit Knaap. *Monsoon Traders: Ships, Skippers and Commodities in Eighteenth-Century Makassar.* Leiden: Brill, 2004.

Synthetic Drugs in East and Southeast Asia: Latest Developments and Challenges, 2021. New York: United Nations Office on Drugs and Crime, 2021.

Syper, Patricia. *The Memory of Trade: Modernity's Entanglements on an Eastern Indonesian Island.* Durham: Duke University Press, 2000.

Tacchi, P., and S. I. Venturi. *Alcune lettere del P. Antonio Rubino*. Turin: D.C.D.G., 1901.

Tagliacozzo, Eric. "Border-Line Legal: Chinese Communities and 'Illicit' Activity in Insular Southeast Asia." In *Maritime China and the Overseas Chinese in Transition, 1750–1850*, edited by Ng Chin Keong, 61–76. Wiesbaden: Harassowitz Verlag, 2004.

———. "The Dutch in Indian Ocean History." In *The Cambridge History of the Indian Ocean*. Volume II, edited by Seema Alavi, Sunil Amrith, and Eric Tagliacozzo. Cambridge: Cambridge University Press, forthcoming.

———. "'Kettle on a Slow Boil': Batavia's Threat Perceptions in the Indies' Outer Islands." *Journal of Southeast Asian Studies* 31, no. 1 (2000): 70–100.

———. *The Longest Journey: Southeast Asians and the Pilgrimage to Mecca*. New York: Oxford University Press, 2013.

———. "Navigating Communities: Distance, Place, and Race in Maritime Southeast Asia." In *Asian Ethnicity* 10, no. 2 (2009): 97–120.

———. "A Necklace of Fins: Marine Goods Trading in Maritime Southeast Asia, 1780–1860." *International Journal of Asian Studies* 1, no. 1 (2004): 23–48.

———. "Onto the Coast and into the Forest: Ramifications of the China Trade on the History of Northwest Borneo, 900–1900." In *Histories of the Borneo Environment*, edited by Reed Wadley, 25–60. Leiden: KITLV Press, 2005.

Steurs, F. V. A. de. "Losse Aantekeningen over de Nagel-Kultuur in de Molukko's." *TNI* 4, no. 2 (1842): 458–64.

Stevens, Harm. *De VOC in bedrijf, 1602–1799*. Amsterdam: Walburg Press, 1998.

Stevenson, John. "The Evolution of Vietnamese Ceramics." In *Vietnamese Ceramics: A Separate Tradition*, edited by John Stevenson and John Guy, 22–45. Michigan: Art Media Recourses, 1994; repr. Chicago: Art Media Resources, 1997.

Stevenson, Thomas. *Lighthouse Illumination; Being a Description of the Holophotal System and of Azimuthal Condensing and Other New Forms of Lighthouse Apparatus*. Edinburgh, 1871.

Stoler, Ann. *Capitalism and Confrontation in Sumatra's Plantation Belt 1870–1979*. New Haven: Yale University Press, 1986.

———. "Imperial Debris: Reflections on Ruin and Ruination." *Cultural Anthropology* 23, no. 2 (2008): 191–219.

Studnicki-Gizbert, Daviken. *A Nation upon the Ocean Sea: Portugal's Atlantic Diaspora and the Crisis of the Spanish Empire, 1492–1640*. New York: Oxford University Press, 2007.

Subrahmanyam, Sanjay. *The Career and Legend of Vasco da Gama*. Cambridge: Cambridge University Press, 1997.

———. "Notes of Circulation and Asymmetry in Two Mediterraneans, c. 1400–1800." In *From the Mediterranean to the China Sea: Miscellaneous Notes*, edited by Claude Guillot, Denys Lombard, and Roderich Ptak, 21–43. Wiesbaden: Harrassowitz Verlag, 1998.

———. *The Political Economy of Commerce: Southern India, 1500–1650*. Cambridge Cambridge University Press, 1990.

———. "Profit at the Apostle's Feet: The Portuguese Settlement of Mylapur in the Sixteenth Century." In *Improvising Empire: Portuguese Trade and Settlement in the Bay of Bengal*, edited by Sanjay Subrahmanyam, 47–67. Delhi: Oxford University Press, 1990.

———, ed. *Merchants, Markets, and the State in Early Modern India, 1700–1950* (Delhi: Oxford University Press, 1990).

Subrahmanyam, Sanjay, and C. A. Bayly. "Portfolio Capitalists and the Political Economy of Early Modern India." In *Merchants, Markets, and the State in Early Modern India* Sanjay Subrahmanyam, 242–65. Delhi: Oxford University Press, 1990.

Subramanian, Lakshmi. *The Sovereign and the Pirate: Ordering Maritime Subjects in India's Western Littoral*. New Delhi: Oxford University Press, 2016.

———. "Western India in the Eighteenth Century: Ports, Inland Towns, and States." In *Ports and Their Hinterlands in India, 1700–1950*, edited by Indu Banga, 153–80. Delhi: Manohar, 1992.

Sulistiyono, S. T. "Liberalisasi pelayaran dan perdagangan di Indonesia 1816–1870." *Lembaran Sastra* 19 (1996): 31–44.

———. "Perkembangan pelabuhan Cirebon dan pengaruhnya terhadap kehidupan sosial ekonomi masyarakat kota Cirebon 1859–1930." MA thesis. Yogyakarta: Gajah Mada University, 1994.

———."Politik kolonial terhadap pelabuhan di Hindia Belanda." *Lembaran Sastra* 18 (1995): 86–100.

———. *Sektor maritim dalam era mekanisasi dan liberalisasi: Posisi armada perahu layar pribumi dalam pelayaran antarpulau di Indonesia, 1879–1911*. Yogyakarta: Laporan penelitian dalam rangka / Summer Course in Indonesian Economic History, 1996.

Smith, Clarence, and William Gervase. "Indian Business Communities in the Western Indian Ocean in the Nineteenth Century." *Indian Ocean Review* 2, no. 4 (1989); 18–21.

Smith, Clarence, William Gervase, and Steven Topik, eds. *The Global Coffee Economy in Africa, Asia, and Latin America, 1500–1989*. New York: Cambridge University Press, 2003.

Smith, Martin. *Burma: Insurgency and the Politics of Ethnicity*. London: Zed Books, 1999.

Smitka, Michael. *The Japanese Economy in the Tokugawa Era, 1600–1868*. New York: Garland Publishers, 1998.

Snow, Philip. *The Star Raft: China's Encounter with Africa*. New York: Weidenfeld and Nicholson, 1988.

Sobel, Dava. *Longitude: The True Story of a Lone Genius Who Solved the Greatest Scientific Problem of His Day*. New York: Penguin, 1995.

Soelaiman, D. "Selayang pandang pelayaran di Indonesia." *Suluh Nautika* 9, no. 3 (1959): 40–43.

Soempeno, S. *Buku sejarah pelayaran Indonesia*. Jakarta: Pustaka Maritim, 1975.

Sofwan, Mardanas, Taher Ishaq, Asnan Gusti, and Syafrizal. *Sejarah Kota Padang*. Jakarta: Departemen Pendidikan dan Kebudayaan, Direktorat Sejarah dan Nilai Tradisional, Proyek Inventarisasi dan Dokumentasi Sejarah Nasional, 1987.

Souza, George B. *The Survival of Empire: Portuguese Trade and Society in China and the South China Sea 1930–1754*. Cambridge: Cambridge University Press, 1986.

Spence, Jonathan. *The Memory Palace of Matteo Ricci*. New York: Penguin Books, 1985.

Spence, Jonathan, and John Wills, eds. *From Ming to Ch'ing: Conquest, Region, and Continuity in 17th-Century China*. New Haven: Yale University Press, 1979.

Spillet, Peter. *A Feasibility Study of the Construction and Sailing of a Traditional Makassar Prahu From Sulawesi to N. Australia*. Printed by the Historical Office of the N. Territory (Winnellie) Australia, n.d.

Spivak, Gayatri. "Can the Subaltern Speak?" In *Marxism and the Interpretation of Culture*, edited by Cary Nelson and Lawrence Grossburg, 271–313. Basingstoke: Macmillan, 1988.

Spoehr, Alexander. *Zamboanga and Sulu: An Archaeological Approach to Ethnic Diversity Ethnology*. Monograph 1. Pittsburgh: University of Pittsburgh, Dept. of Anthropology, 1973.

Spyers, Patricia. *The Memory of Trade*. Durham: Duke University Press, 2000.

Sriwijaya dalam perspektif arkeologi dan sejarah. Palembang: Pemerintah Daerah Tingkat I Sumatera Selatan, 1993.

Starkey, Janet, ed. *People of the Red Sea: Proceedings of the Red Sea Project II Held in the British Museum*. London: Society for Arabian Studies Monograph 3, 2005.

Steensgaard, N. *The Asian Trade Revolution of the Seventeenth Century: The East India Companies and the Decline of the Caravan Trade*. Chicago: University of Chicago Press, 1974.

Stein, Sarah Abrevaya. *Plumes: Ostrich Feathers, Jews, and a Lost World of Global Commerce*. New Haven: Yale University Press, 2010.

Steinberg, Philip E. *The Social Construction of the Ocean*. New York: Cambridge University Press, 2001.

Stern, Philip. *The Company-State: Corporate Sovereignty and the Early Modern Foundations of the British Empire in India*. New York: Oxford University Press, 2011.

Stern, Tom. *Nur Misuari: An Authorized Biography*. Manila: Anvil Publishing, 2012.

Steur, J. *Herstel of Ondergang: De Voorstellen tot Redres van de VOC, 1740–1795*. Utrecht: H & S Publishers, 1984).

Sheth, V. S. "Dynamics of Indian Diaspora in East and South Africa." *Journal of Indian Ocean Studies* 8, no. 3 (2000): 217–27.

Shimada, Ryuto."Hinterlands and Port Cities in Southeast Asia's Economic Development in the Eighteenth Century." In *Hinterlands and Commodities: Place, Space, Time and the Political Economic Development of Asia over the Long Eighteenth Century*, edited by Tsukasa Mizushima, George Bryan Souza, and Dennis Flynn, 197–214. Leiden: Brill, 2015.

———. *The Intra-Asian Trade in Japanese Copper by the Dutch East India Company during the Eighteenth Century.* Leiden: Brill, 2005.

Shin, Chia Lin. "The Development of Marine Transport." *South-East Asian Transport: Issues in Development.* In T.R. Leinbach & Chia Lin Sien, 197–232. Singapore, Oxford, and New York: Oxford University Press, 1965.

Shiro, Momoki."Dai Viet and the South China Sea Trade: From the Tenth to the Fifteenth Century." *Crossroads: An Interdisciplinary Journal of Southeast Asian Studies* 12, no. 1 (1998): 1–34.

———. "Was Dai Viet a Rival of Ryukyu within the Tributary Trade System of the Ming during the Early Le Period, 1428–1527?" In *Commerce et navigation en Asie du sud-est (XIVe–XIXe siècles)*, edited by Nguyễn Thế Anh and Yoshiaki Ishizawa, 101–12. Paris: L'Harmattan, 1999.

Siem Bing Hoat. "Het Chineesch Kapitaal in Indonisië." *Chung Hwa Hui Tsa Chi*, 8, no. 1 (1930): 7–17.

Simmel, G. "The Stranger." In *The Sociology of Georg Simmel*, edited by K. H. Wolff, 402–8. New York: The Free Press, 1950.

Singh, Dilbagh, and Ashok Rajshirke. "The Merchant Communities in Surat: Trade, Trade Practices, and Institutions in the Late Eighteenth Century." In *Ports and their Hinterlands in India, 1700–1950*, edited by Indu Banga, 181–98. Delhi: Manohar, 1992.

Siu, Helen, and Mike McGovern. "China-Africa Encounters: Historical Legacies and Contemporary Realities." *Annual Review of Anthropology* 46 (2017): 337–55.

Sivasundaram, Sujit. *Waves across the South: A New History of Revolution and Empire.* Chicago: University of Chicago Press, 2020.

Skilling, Peter. "Traces of the Dharma: Preliminary Reports on Some Ye Dhamma and Ye Dharma Inscription from Mainland Southeast Asia." *Bulletin de l'École française d'Extrême-Orient* 90–91 (2003/4): 273–87.

Skilling, Peter, Jason A. Carbine, Claudio Cicuzza, and Santi Pakdeekham. *How Theravada Is Theravada? Exploring Buddhist Identities.* Seattle: University of Washington Press, 2012.

Skinner, William. *Chinese Society in Thailand.* Ithaca: Cornell University Press, 1957.

———. "Creolized Chinese Societies in Southeast Asia." In *Sojourners and Settlers: Histories of Southeast Asia and the Chinese*, edited by Anthony Reid, 51–93. Honolulu: University of Hawai'i Press, 2001.

———. *Marketing and Social Structure in Rural China.* Tucson: University of Arizona Press, 1965.

———, ed. *The City in Late Imperial China.* Stanford: Stanford University Press, 1977.

Skrobanek, Siriporn. *The Traffic in Women: Human Realities of the International Sex Trade.* New York: Zed Books, 1997.

Smith, Adam. *An Inquiry into the Nature and Causes of the Wealth of Nations.* Volume I. Clarendon: Oxford University Press, 1976.

———. *Weapons of the Weak: Everyday Forms of Peasant Resistance.* New Haven: Yale University Press, 1985.

Scott, Julius S. *The Common Wind: Afro-American Currents in the Age of the Haitian Revolution.* New York: Verso, 2020.

Seagrave, Sterling. *Lords of the Rim: The Invisible Empire of the Overseas Chinese.* New York: Putnam, 1995.

Seetah, Krish, ed. *Connecting Continents: Archaeology and History in the Indian Ocean World.* Athens, OH: Ohio University Press, 2018.

Seidensticker, Edward. *Low City, High City: Tokyo from Edo to the Earthquake; How the Shogun's Ancient Capital Became a Great Modern City, 1867–1923.* Cambridge, MA: Harvard University Press, 1991.

Sejarah Daerah Bengkulu. Jakarta: Departemen Penilitian dan Pencatatan, Kebudayaan Daerah, Departemen Pendidikan dan Kebudayaan, n.d.

Sen, Amartya. "Economics and the Family." *Asian Development Review* 1, no. 2 (1983): 14–26.

Sen, Tansen. "The Impact of Zheng He's Expeditions on Indian Ocean Interactions." *Bulletin of the School of Oriental and African Studies*, 79, no. 3 (2016): 609–36.

———. "Maritime Interactions between China and India: Coastal India and the Ascendancy of Chinese Maritime Power in the Indian Ocean." *Journal of Central Eurasian Studies* 2 (2011): 41–82.

———. "Changing Regimes: Two Episodes of Chinese Military Interventions in Medieval South Asia." In *Asian Encounters: Exploring Connected Histories*, edited by Upinder Singh and Parul Dhar, 62–85. New Delhi: Oxford University Press, 2014.

———. "Diplomacy, Trade, and the Quest for the Buddha's Tooth: The Yongle Emperor and Ming China's South Asian Frontier." In *Ming China: Courts and Contacts, 1400–1450*, edited by Craig Clunas, Jessica Harrison-Hall and Luk Yu-Ping, 26–36. London: British Museum, 2016.

———. "The Formation of Chinese Maritime Networks to Southern Asia, 1200–1450." *Journal of the Social and Economic History of the Orient* 49, no. 4 (2006): 421–53.

———, ed. *Buddhism across Asia: Networks of Material, Cultural and Intellectual Exchange.* Singapore: ISEAS, 2014.

———. *Buddhism, Diplomacy, and Trade: The Realignment of Sino-Indian Relations, 600–1400.* Honolulu: University of Hawai'i Press, 2003.

Serjeant, R. B. *The Portuguese off the South Arabian Coast: Hadrami Chronicles; With Yemeni and European Accounts.* Beirut: Librairie du Liban, 1974.

Shen, John. "New Thoughts on the Use of Chinese Documents in the Reconstruction of Early Swahili History." *History in Africa* 22 (1995): 349–58.

Sheriff, Abdul. *Dhow Cultures of the Indian Ocean: Cosmopolitanism, Commerce, and Islam.* New York: Columbia University Press, 2010.

———. "The Persian Gulf and the Swahili Coast: A History of Acculturation over the Longue Durée." In *The Persian Gulf in History*, edited by Lawrence Potter, 173–88. New York: Palgrave Macmillan, 2009.

———. *Slaves, Spices, and Ivory in Zanzibar: The Integration of an East African Commercial Enterprise into the World Economy 1770–1873.* Athens, OH: Ohio University Press, 1987.

Sherry, Frank. *Pacific Passions: The European Struggle for Power in the Great Ocean in the Age of Exploration.* New York: William Morrow, 1994.

Santos, M. *The Shared Space: The Two Circuits of the Urban Economy Underdevelopment Concept.* London: Methuen, 1979.

Sardesai, R. S. *British Trade and Expansion in Southeast Asia (1830–1914).* New Delhi: Allied Publishers, 1977.

Sartori, Andrew. *Bengal in Global Concept History: Culturalism in the Age of Capital.* Chicago: University of Chicago Press, 2008.

Sassetti, F[rancesco], a S.E. il Cardinale F. de'Medici. *Lettere edite e inedite di Filippo Sassetti,* raccolte e annotate da E. Marcucci. Florence: 1855.

Sather, Clifford. *The Bajau Laut: Adaptation, History, and Fate in a Maritime Fishing Society of South-Eastern Sabah.* Kuala Lumpur: Oxford University Press, 1997.

———. "Seven Fathoms: A Bajau Laut Narrative Tale from the Semporna District of Sabah." *Brunei Museum Journal* 3, no. 3 (1975): 30.

Satia, Priya. *Spies in Arabia: The Great War and the Cultural Foundations of Britain's Covert Empire in the Middle East.* New York: Oxford University Press, 2009.

Scammell, G. V. "European Exiles, Renegades and Outlaws and the Maritime Economy of Asia, c. 1500–1750." *Modern Asian Studies* 26, no. 4 (1992): 641–61.

Schaeffer, Edward. *The Golden Peaches of Samarkand.* Berkeley: University of California Press, 1967.

Schelle, C. J. van. "De geologische mijnbouwkundige opneming van een gedeelte van Borneo's westkust: Rapport #1: Opmerking Omtrent het Winnen van Delfstoffen" *Jaarboek Mijnwezen* 1 (1881): 260–63.

Schober, Juliane, and Steven Collins, eds. *Theravada Encounters with Modernity.* London: Routledge, 2019.

Schofield, Clive. *The Maritime Political Boundaries of the World.* Leiden: Martinus Nijhoff, 2005.

Scholten, C. *De Munten van de Nederlandsche gebiedsdeelen overzee, 1601–1948.* Amsterdam: J. Schulman, 1951.

Schottenhammer, Angela. "The 'China Seas' in World History: A General Outline of the Role of Chinese and East Asian Maritime Space from Its Origin to c. 1800." *Journal of Marine and Island Culture* 1: 2012: 63–89.

———. *Early Global Interconnectivity in the Indian Ocean World.* London. Palgrave Series in the Indian Ocean World, 2019.

———, ed. *The East Asian 'Mediterranean': Maritime Crossroads of Culture, Commerce, and Human Migration.* Wiesbaden: Harrassowitz Verlag, 2008.

Schrikker, Alicia. *Dutch and British Colonial Intervention in Sri Lanka, 1780–1815: Expansion and Reform.* Leiden: Brill, 2007.

Schuetz, A. "The Stranger: An Essay in Social Psychology." *American Journal of Psychology* 49 (1944): 499–507.

Schurhammer, G. O. "Il contributo dei missionary cattolici nei secoli XVI e XVII alla conoscenza del Giappone." In *Le missioni cattoliche e la cultura dell'Orient: Conferenze "Massimo Piccinini,"* 115–17. Rome: Istituto italiano per il Medio ed Estremo Oriente, 1943.

Schurz, William. *The Manila Galleon.* New York: Historical Reprints, 1939.

Schwarz, E. H. L. "The Chinese Connection with Africa." *Journal of Bengal Branch, Royal Asiatic Society, Letters* 4 (1938): 175–93.

Scott, James. *Seeing like a State: How Certain Schemes to Improve the Human Condition Have Failed.* New Haven: Yale University Press, 1998.

———. "Il commercio arabo con la Cina dalla Gahiliyya al X secolo." *Annali del Instituto Universitario Orientale* (Naples, 1964): 523–52.

Rosser, W. H., and J. F. Imray. *Indian Ocean Directory: The Seaman's Guide to the Navigation of the Indian Ocean, China Sea, and West Pacific Ocean.* London: n.d.

Roszko, Edyta. "Fishers and Territorial Anxieties in China and Vietnam: Narratives of the South China Sea beyond the Frame of the Nation." *Cross-Currents: East Asian History and Culture Review* 21 (2016): 19–46.

———."Geographies of Connection and Disconnection: Narratives of Seafaring in Ly Son." In *Connected and Disconnected in Vietnam: Remaking Social Relationships in a Post-Socialist Nation,* edited by Philip Taylor, 347–77. Canberra: Australian National University Press, 2016.

Rowe, William. *Hankow.* 2 volumes. Stanford: Stanford University Press, 1984; repr. 1989.

Russell, Susan, ed. *Ritual, Power, and Economy: Upland-Lowland Contrasts in Mainland Southeast Asia.* DeKalb: Center for Southeast Asian Studies, 1989.

Russell-Wood, A. J. R. "The Expansion of Europe Revisited: The European Impact on World History and Global Interaction, 1450–1800." *Itinerario* 23, no. 1 (1994): 89–94.

Sahai, Baldeo. *Indian Shipping: A Historical Survey.* Delhi: Ministry of Information, 1996.

Sahlins, Marshall. "Cosmologies of Capitalism: The Trans-Pacific Sector of the World System." In *Culture, Power, and History: A Reader in Contemporary Theory,* edited by Nicholas Dirks, Geoff Eley, and Sherry Orner, 412–55. Princeton: Princeton University Press, 1994.

———. *How "Natives" Think: About Captain Cook, for Example.* Chicago: The University of Chicago Press, 1995.

———. *Islands of History.* Chicago: The University of Chicago Press, 1985.

Said, H. Mohammad. *Aceh sepanjang abad.* Volume I. Medan: P. T. Harian Waspada, 1981.

Saleeby, Najeeb. *The History of Sulu.* Manila: Filipiniana Book Guild, 1963.

Saleh, Muhammad. *Syair Lampung dan Anyer dan Tanjung Karang naik air laut.* Singapore: Penerbit Haji Sa[h]id, 1886.

Salmon, Claudine. "Les marchands chinois en Asie du Sud-est. In *Marchands et hommes d'affaires asiatiques dans l'Océan Indien et la Mer de Chine 13e–20e siècles,* edited by D. Lombard and J. Aubin, 330–51. Paris: Éditions de l'École des Hautes Études en Sciences Sociales, 1988.

———. "Regards de quelques voyageurs chinois sur le Viêtnam du XVIIe siècle." In *Asia Maritima: Images et réalité: Bilder und Wirklichkeit 1200–1800,* edited by Denys Lombard and Roderich Ptak, 117–46. Wiesbaden: Harrassowitz Verlag, 1994.

San Nyein U. "Trans Peninsular Trade and Cross Regional Warfare between the Maritime Kingdoms of Ayudhya and Pegu in mid-16th–mid-17th century." In [Anon.], *Port Cities and Trade in Western Southeast Asia,* 55–64. Bangkok: Institute of Asian Studies, Chulalongkorn University, 1998.

Sandhu, K., and A. Mani. *Indians in South East Asia.* Singapore: ISEAS, 1993.

Sandhu, Kernial, and A. Mani, eds. *Indian Communities in Southeast Asia.* Singapore: ISEAS/Times Academic Press, 1993.

Sandhu, Kernial Singh, and Paul Wheatley, eds. *Melaka: The Transformations of a Malay Capital, c. 1400–1980.* Kuala Lumpur: Oxford University Press, 1983.

Sangwan, Satpal. *Science, Technology and Colonisation: An Indian Experience 1757–1857.* Delhi: Anamika Parakashan, 1991.

Santen, H. W. van. *De vedernegide Oost-Indische Compagnie in Gujurat en Hindustan 1620–1660.* PhD thesis. Leiden: Leiden University, 1982.

———. *Charting the Shape of Early Modern Southeast Asian History.* Chiang Mai: Silkworm, 1999.
———. "The End of Dutch Relations with the Nguyen State, 1651–2: Excerpts Translated by Anthony Reid." In *Southern Vietnam under the Nguyen: Documents on the Economic History of Cochin China (Dang Trong), 1602–1777,* edited by Tana Li and Anthony Reid. Singapore: ISEAS, 1993.
———. "Europe and Southeast Asia: The Military Balance." *James Cook University of North Queensland, Occasional Paper #16.* Townsville: Queensland University Press, 1982.
———. "Hybrid Identities in the Fifteenth-Century Straits." In *Southeast Asia in the Fifteenth Century: The China Factor,* edited by Geoff Wade and Sun Laichen, 307–32. Singapore: NUS Press, 2010.
———. "Islamization and Christianization in Southeast Asia: The Critical Phase, 1550–1650." In *Southeast Asia in the Early Modern Era: Trade, Power, and Belief,* edited by Anthony Reid, 151–79. Ithaca: Cornell University Press, 1993.
———. *Slavery, Bondage, and Dependency in Southeast Asia.* St. Lucia: University of Queensland Press, 1983.
———. *Southeast Asia in the Age of Commerce 1450–1680.* Volume I: *The Lands below the Winds.* Volume II: *Expansion and Crisis.* New Haven: Yale University Press, 1988, 1993.
———. "The Structure of Cities in Southeast Asia, 15th to 17th Centuries." *Journal of Southeast Asian Studies* 11 (1980): 235–50.
———. "The Unthreatening Alternative: Chinese Shipping in Southeast Asia 1567–1842." *RIMA* 27, nos. 1–2 (1993): 13–32.
———, ed. *Sojourners and Settlers: Histories of Southeast Asia and the Chinese.* Sydney: Allen & Unwin, 1996.
Reid, Daniel. *Chinese Herbal Medicine.* London, Thornsons Publishing Group, 1987.
Reinaud, M. *Géographie d'Aboul-feda.* Paris, 1848.
Resink, G. J. "De Archipel voor Joseph Conrad." *BTLV* (1959): ii.
Ricci, Ronit. *Islam Translated: Literature, Conversion and the Arabic Cosmopolis of South and Southeast Asia.* Chicago: University of Chicago Press, 2011.
Risso, Patricia. "India and the Gulf: Encounters from the Mid-Sixteenth Century to the Mid-Twentieth Centuries." In *The Persian Gulf in History,* edited by Lawrence Potter, 189–206. New York: Palgrave Macmillan, 2009.
———. *Merchants and Faith: Muslim Commerce and Culture in the Indian Ocean.* Boulder: Westview, 1995.
———. *Oman and Muscat: An Early Modern History.* New York: St. Martin's Press, 1986.
Robinson, R. "Non-European Foundations of European Imperialism: Sketch for a Theory of Collaboration." In *Studies in the Theory of Imperialism,* edited by R. Owen and B. Sutcliffe, 117–41. London: Longman, 1972.
Rodriguez, Noelle. *Zamboanga: A World between Worlds, Cradle of an Emerging Civilization.* Pasig City: Fundación Santiago, 2003.
Rosaldo, Renato. *Ilongot Headhunting.* Palo Alto: Stanford University Press, 1980.
Rosario-Braid, Florangel, ed. *Muslim and Christian Cultures: In Search of Commonalities.* Manila: Asian Institute of Journalism and Communication, 2002.
Rose di Meglio, Rita. "Il commercio arabo con la Cina dal X secolo all'avvento dei Mongoli." *Ann. Ist. Univ. Orient* (Naples, 1965): 137–75.

———. "The Indian Ocean and Mangroves." *Journal of Indian Ocean Studies* 2, no. 1 (1994) 1–10.

Qin, Dashu. "Archaeological Investigations of Chinese Ceramics Excavated from Kenya." In *Ancient Silk Trade Routes: Selected Works from Symposium on Cross-Cultural Exchanges and Their Legacies in Asia*, edited by Qin Dashu and Jian Yuan, chapter 4. Singapore: World Scientific Publishing, 2015.

Qiu Liben. "The Chinese Networks in Southeast Asia: Past, Present and Future." In *Chinese Business Networks*, edited by Chan Kwok Bun. Singapore: Prentice Hall, 2000.

Radwan, Ann Bos. *The Dutch in Western India, 1601–1632*. Calcutta: Firma KLM, 1978.

Raffles, Sir Thomas Stamford. *History of Java*. London: Murray, 1830–31.

Ragionamenti di Fancesco Carletti fiorentino sopra le cose da lui vedute ne'suoi viaggi si dell'Indie Occidentali, e Orientali come d'altri paesi. All'Illustriss. Sig. Marchese Cosimo da Castiglione gentiluomo della Camera del Serenissimo Granduca di Toscana. Part II: *Ragionamenti . . . sopra le cose da lui vedute ne' suoi viaggi dell'Indie Orientali, e d'altri paesi*. Florence, 1701.

Rao, S. R., ed. *Recent Advances in Marine Archaeology: Proceedings of the Second Indian Conference on Marine Archaeology of the Indian Ocean*. Goa: National Institute of Oceanography, 1991.

Rao, T. S. S., and Ray Griffiths. *Understanding the Indian Ocean: Perspectives on Oceanography*. Paris: UNESCO, 1998.

Ray, Aniruddha. "Cambay and Its Hinterland: The Early Eighteenth Century." In *Ports and Their Hinterlands in India, 1700–1950*, edited by Indu Banga, 131–52. Delhi: Manohar, 1992.

Ray, Haraprasad. "Sino-Indian Historical Relations: Quilon and China." *Journal of Indian Ocean Studies* 8, nos. 1/2 (2000): 116–28.

Ray, Himanshu Prabha. "Crossing the Seas: Connecting Maritime Spaces in Colonial India." In *Cross Currents and Community Networks: The History of the the Indian Ocean World*, edited by Himanshu Prabha Ray and Edward Alpers, 50–78. New Delhi: Oxford University Press, 2007.

———. "Far-Flung Fabrics—Indian Textiles in Ancient Maritime Trade." In *Textiles in Indian Ocean Societies*, edited by Ruth Barnes, 17–37. New York: Routledge, 2005.

Ray, Indrani, ed. *The French East India Company and the Trade of the Indian Ocean*. Calcutta: Munshiram, 1999.

Ray, R. "Chinese Financiers and Chetti Bankers in Southern Waters: Asian Mobile Credit during the Anglo-Dutch Competition for the Trade of the Eastern Archipelago in the Nineteenth Century." *Itinerario* 1 (1987): 209–34.

Redding, S. Gordon. *The Spirit of Chinese Capitalism*. Berlin: De Gruyter, 1990.

———. "Weak Organizations and Strong Linkages: Managerial Ideology and Chinese Family Business Networks. In *Business Networks and Economic Development in East and Southeast Asia*, edited by Gary Hamilton. Hong Kong: Center of Asian Studies, University of Hong Kong, 1991.

Rediker, Marcus. *Between the Devil and the Deep Blue Sea: Merchant Seamen, Pirates, and the Anglo-American Maritime World, 1700–1750*. Cambridge: Cambridge University Press, 1989.

Rediker, Marcus, and Peter Linebaugh. *The Many-Headed Hydra: Sailors, Slaves, Commoners, and the Hidden History of the Revolutionary Atlantic*. New York: Beacon Press, 2013.

Reid, Anthony. "Aceh between Two Worlds: An Intersection of Southeast Asia and the Indian Ocean." In *Cross Currents and Community Networks: The History of the the Indian Ocean World*, edited by Himanshu Prabha Ray and Edward Alpers, 100–22. New Delhi: Oxford University Press, 2007.

Post, Peter. "Chinese Business Networks and Japanese Capital in Southeast Asia, 1880–1940: Some Preliminary Observations." In *Chinese Business Enterprises in Asia*, edited by Rajeswary A. Brown. London and New York: Routledge, 1995.

———. "Japan and the Integration of the Netherlands East Indies into the World Economy, 1868–1942." *Review of Indonesian and Malaysan Affairs* 27, nos. 1–2 (1993): 134–65.

Prakash, Om. *The Dutch East India Company and the Economy of Bengal, 1630–1720*. Princeton: Princeton University Press, 1985.

———. *The Dutch Factories in India, 1617–1623*. Delhi: Munshiram Manoharlal, 1984.

———. "European Corporate Enterprises and the Politics of Trade in India, 1600–1800." In *Politics and Trade in the Indian Ocean World*, edited by R. Mukherjee and L. Subramanian, 165–82. Delhi: Oxford University Press, 1998.

———. *Precious Metals and Commerce: The Dutch East India Company and the Indian Ocean Trade*. Ashgate: Variorum, 1994.

———, ed. *European Commercial Expansion in Early Modern Asia*. Aldershot: Variorum, 1997.

Prange, Sebastian. "Measuring by the Bushel: Reweighing the Indian Ocean Pepper Trade." *Historical Research* 84, no. 224 (May 2011): 212–35.

Prescott, J. R. V. *Political Frontiers and Political Boundaries*. London: Allen and Unwin, 1987.

Prestholdt, Jeremy. *Domesticating the World: African Consumerism and the Genealogies of Globalization*. Berkeley: University of California Press, 2008.

Preston, P. W. *Pacific Asia in the Global System: An Introduction*. Oxford: Blackwell, 1998.

Prince, G. "Dutch Economic Policy in Indonesia." In *Economic Growth in Indonesia, 1820–1940*, edited by A. Madison and G. Prince, 203–26. Dordrecht and Providence: Foris, 1989.

Pronk van Hoogeveen, D. J. "De KPM in na-oorlogse Jaren." *Economisch Weekblad* 14e (25 December, 1948): 1001–2.

Ptak, Roderich. "China and the Trade in Tortoise-Shell." In *China's Seaborne Trade with South and Southeast Asia*, edited by Roderich Ptak. (Abingdon: Variorum, 1999).

———. *Maritime Animals in Traditional China*. Wiesbaden: Harrassowitz Verlag, 2011.

———. "Ming Maritime Trade to Southeast Asia, 1368–1567: Visions of a 'System.'" In *From the Mediterranean to the China Sea: Miscellaneous Notes*, edited by Claude Guillot, Denys Lombard, and Roderich Ptak, 157–91. Wiesbaden: Harrassowitz Verlag, 1998.

———. "Notes on the Word 'Shanhu' and Chinese Coral Imports from Maritime Asia, 1250–1600." In *China's Seaborne Trade with South and Southeast Asia (1200–1750)*, edited by Roderich Ptak. Abingdon: Variorum, 1999.

Puangthong Rungwasdisab. "Siam and the Control of the Trans-Mekong Trading Networks." In *Water Frontier: Commerce and the Chinese in the Lower Mekong Region, 1750–1880*, edited by Nola Cooke and Tana Li, 101–18. New York: Rowman & Littlefield, 2004.

Purcell, Steven W., Yves Samyn, and Chantal Conand. *Commercially Important Sea Cucumbers of the World*. Rome: Food and Agriculture Organization of the United Nations, 2012.

Pye, Michael. *The Edge of the World: A Cultural History of the North Sea and the Transformation of Europe*. New York: Pegasus Books, 2014.

Pyenson, Lewis. *Empire of Reason: Exact Sciences in Indonesia, 1840–1940*. Leiden: E. J. Brill, 1989.

Qasim, S. Z. "Concepts of Tides, Navigation and Trade in Ancient India." *Journal of Indian Ocean Studies* 8, nos. 1/2 (2000): 97–102.

Qasim, S. Zahoor. "The Indian Ocean and Cyclones." *Journal of Indian Ocean Studies* 1, no. 2 (1994): 30–40.

———, ed. *Trade, Circulation, and Flow in the Indian Ocean World.* London: Palgrave Series in the Indian Ocean World, 2015.

———. *The World of the Indian Ocean, 1500–1800: Studies on Economic, Social, and Cultural History.* Aldershot, UK: Ashgate, 2005.

Pearson, M. N. "India and the Indian Ocean in the Sixteenth Century." In *India and the Indian Ocean 1500–1800*, edited by Ashin Das Gupta and M. N. Pearson, 71–93. Calcutta: Oxford University Press, 1987.

———. "Indians in East Africa: The Early Modern Period." In *Politics and Trade in the Indian Ocean World*, edited by R. Mukherjee and L. Subramanian, 227–49. Delhi: Oxford University Press, 1998.

———. *Spices in the Indian Ocean World.* Ashgate: Variorum, 1996.

Pelras, Christian. *The Bugis.* Oxford: Blackwell, 1996.

Perkins, Chris. "Cartography—Cultures of Mapping: Power in Practice." *Progress in Human Geography* 28, no. 3 (2004): 381–91.

Pham, Charlotte. "The Vietnamese Coastline: A Maritime Cultural Landscape." In *The Sea, Identity and History: From the Bay of Bengal to the South China Sea*, edited by Satish Chandra and Himanshu Prabha Ray, 137–67. Delhi: Society for Indian Ocean Studies, 2013.

Phillimore, R. H. "An Early Map of the Malay Peninsula." *Imago Mundi* 13 (1956): 175–79.

Phipps, John. *A Practical Treatise on Chinese and Eastern Trade.* Calcutta: Thacker and Com., 1835.

Phoa Liong Gie. "De economische positie der Chineezen in Nederlandesch Indië." *Koloniale Studiën* 20, no. 5 (1936): 97–119.

Phongpaichit, Pasuk, and Chris Baker. *Thailand: Economy and Politics.* Kuala Lumpur: Oxford University Press, 1995.

Pigafetta, Antonio. "The First Voyage Round the World," and "De Moluccis Insulis." In *The Philippine Islands*, edited by Emma Blair and James Robertson, 33:211 and passim; and 1:328, respectively. Cleveland: Arthur H. Clark, 1903.

Pinto, Mendes. *The Travels of Mendes Pinto.* Translated by Rebecca Catz. Chicago: University of Chicago Press, 1990.

Plas, C. C. van der. *Tonkin 1644/45, Journal van de Reis van Anthonio Brouckhorst.* Amsterdam: Koninklijk Instituut voor de Trompen, Mededeling No. CXVII, 1995.

Po, Ronald. *The Blue Frontier: Maritime Vision and Power in the Qing Empire.* Cambridge: Cambridge University Press, 2018.

Poillard, Elizabeth Ann. "Indian Spices and Roman 'Magic' in Imperial and Late Antique Indomediterranean." *Journal of World History* 24, no. 1 (2013): 1–23.

Pointon, A. G. *The Bombay-Burma Trading Corporation.* Southampton: Milbrook Press, 1964.

Polo, Marco. *The Travels of Marco Polo.* Edited and revised from William Marsden's translation by Manuel Komroff. New York: Modern Library, 2001.

Pombejra, Dhiravat na. "Ayutthaya at the End of the Seventeenth Century: Was There a Shift to Isolation?" In *Southeast Asia in the Early Modern Era: Trade, Power, and Belief*, edited by Anthony Reid, 250–72. Ithaca: Cornell University Press, 1993.

Pomeranz, Kenneth. *The Great Divergence: Europe, China, and the Making of the Modern World Economy.* Princeton: Princeton University Press, 2000.

Post, P. "Japanese bedrijfvigheid in Indonesia, 1868–1942." PhD dissertation. Amsterdam: Free University of Amsterdam, 1991.

Ong, Aiwha. *Flexible Citizenship: The Cultural Logics of Transnationality*. Durham: Duke University Press, 1999.

Ong Eng Die. *Chinezen in Nederlansch-Indië: Sociographie van een Indonesische bevolkingsgroep*. Assen: Van Gorcum and Co., 1943.

Oonk, Gijsbert. *The Karimjee Jiwanjee Family, Merchant Princes of East Africa, 1800–2000*. Amsterdam: Pallas, 2009.

Oort, W. B. "Hoe een Kaart tot Stand Komt." *Onze Eeuw* 4 (1909): 363–65.

Ota, Atsushi. *Changes of Regime and Social Dynamics in West Java Society, State, and the Outer World of Banten, 1750–1830*. Leiden: Brill, 2006.

Otter, Chris. *The Victorian Eye: A Political History of Light and Vision in Britain, 1800–1900*. Chicago: University of Chicago Press, 2008.

Ouchi, William G. "Markets, Bureaucracies and Clans." *Administrative Science Quarterly* 25 (1980): 129–41.

Owen, John Roger. "Give Me a Light? The Development and Regulation of Ships' Navigation Lights up to the Mid-1960s." *International Journal of Maritime History* 25, no. 1 (2013): 173–203.

Pacho, Arturo. "The Chinese Community in the Philippines: Status and Conditions." *Sojourn* (Singapore; Feb. 1986): 80–83.

Padrón, Ricardo. *The Indies of the Setting Sun: How Early Modern Spain Mapped the Far East as the Transpacific West*. Chicago: University of Chicago Press, 2020.

Paine, Lincoln. *The Sea and Civilization: A Maritime History of the World*. New York: Alfred Knopf, 2013.

Painter, Joe. "Cartographic Anxiety and the Search for Regionality." *Environment and Planning A* 40 (2008): 342–61.

Palanca, Ellen H. "The Economic Position of the Chinese in the Philippines." *Philippine Studies* 25 (1977): 82–88.

Pan, Lynn. *Sons of the Yellow Emperor: A History of the Chinese Diaspora*. New York: Kodansha International, 1994.

Panglaykim, J., and I. Palmer. "The Study of Entrepreneurship in Developing Countries: The Development of One Chinese Concern in Indonesia." *Journal of Southeast Asian Studies* 1, no. 1 (1970): 85–95.

Park, Hyunhee. *Mapping the Chinese and Islamic Worlds: Cross-Cultural Exchange in Pre-Modern Asia*. Cambridge: Cambridge University Press, 2012.

Pariwono, J. I., A. G. Ilahude, and M. Hutomo. "Progress in Oceanography of the Indonesian Seas: A Historical Perspective." *Oceanography* 18, no. 4 (2005): 42–49.

Parker, Andrew. "On the Origin of Optics." *Optics and Laser Technology* 43 (2011): 323–29.

Parker, Geoffrey. *The Military Revolution: Military Innovation and the Rise of the West, 1500–1800*. Cambridge: Cambridge University Press, 1996.

Parkinson, C. Northcote. *Trade in the Eastern Seas (1793–1813)*. Cambridge: Cambridge University Press, 1937.

Pearson, Michael. *The Indian Ocean*. New York: Routledge, 2003.

———. *Port Cities and Intruders: The Swahili Coast, India, and Portugal in the Early Modern Era*. Baltimore: Johns Hopkins University Press, 1998.

———. "Studying the Indian Ocean World: Problems and Opportunities." In *Cross Currents and Community Networks: The History of the the Indian Ocean World*, edited by Himanshu Prabha Ray and Edward Alpers, 15–33. New Delhi: Oxford University Press, 2007.

Nicholls, C. S. *The Swahili Coast: Politics, Diplomacy, and Trade on the East African Littoral, 1798–1856*. London: Allen & Unwin, 1971.

Niermeyer, J. F. "Barriere-riffen en atollen in de Oost Indiese Archipel." *Tijdschrift voor Aardrijkskundige* (1911): 877–94.

Niu Junkai and Li Qingxin. "Chinese 'Political Pirates' in the Seventeenth-Century Gulf of Tongking." In *The Tongking Gulf through History*, edited by Nola Cooke, Tana Li, and Jamie Anderson, 133–42. Philadelphia; University of Pennsylvania Press, 2011.

Noonsuk, Wannasarn. "Archaeology and Cultural Geography of Tambralinga in Peninsular Siam." PhD thesis. Cornell University, History of Art Department, 2012.

Nordin, Mardiana. "Undang-Undang Laut Melaka: A Note on Malay Maritime Law in the Fifteenth Century." In *Memory and Knowledge of the Sea in Southeast Asia*, edited by Danny Wong Tze Ken, 15–22. Kuala Lumpur: Institute of Ocean and Earth Sciences, University of Malaya, 2008.

Norton, Marcy. *Sacred Gifts, Profane Pleasures: A History of Tobacco and Chocolate in the Atlantic World*. Ithaca: Cornell University Press, 2010.

Nuldyn, Zam. *Cerita purba: Dewi Krakatau*. Jakarta: Penerbit Firma Hasmar, 1976.

Nur, B. "Bitjara tentang perahu: Bagaimana cara pembinaan dan motorisasi perahu lajar?" *Dunia Maritim* 21, no. 9 (1971), 15–28.

———. "Mengenal potensi rakyat di bidang angkutan laut Part XI." *Dunia Maritim* 19, no. 7 (1969): 17–19.

_______. "Mengenal potensi rakyat di bidang angkutan laut Part XVI." *Dunia Maritim* 20, no. 3 (1970): 19–21.

Nurcahyani, Lisyawati. *Kota Pontianak sebagai bandar dagang di jalur sutra*. Jakarta: Departemen Pendidikan dan Kebudayaan, Direktorat Sejarah dan Nilai Tradisional, Proyek Inventarisasi dan Dokumentasi Sejarah Nasional, 1999.

Obeyesekere, Gananath. *The Apotheosis of Captain Cook: European Mythmaking in the Pacific*. Princeton: Princeton University Press, 1992.

O'Connor, Richard. *A Theory of Indigenous Southeast Asian Urbanism*. Singapore: ISEAS Research Monograph 38, 1983.

O'Connor, Stanley. *Hindu Gods of Peninsular Siam*. Ascona, Switzerland: Artibus Asiae Publishers, 1972.

———, ed. *The Archaeology of Peninsular Siam*. Bangkok: The Siam Society, 1986.

Ohorella, G. A., ed. *Ternate sebagai bandar di jalur Sutra: Kumpulan makalah diskusi*. Jakarta: Departemen Pendidikan dan Kebudayaan, Direktorat Sejarah dan Nilai Tradisional, Proyek Inventarisasi dan Dokumentasi Sejarah Nasional, 1997.

Oki, Akira. "The River Trade in Central and South Sumatra in the Nineteenth Century." In *Environment, Agriculture, and Society in the Malay World*, edited by Tsuyoshi Kato, Muchtar Lufti, and Narafumi Maeda, 3–48. Kyoto: Center for Southeast Asian Studies, 1986.

Omohundro, John T. *Chinese Merchant Families in Iloilo: Commerce and Kin in a Central Philippine City*. Quezon City: Ateneo de Manila University Press, and Athens, OH: Ohio University Press, 1981.

———. "Social Networks and Business Success for the Philippine Chinese." In *The Chinese in Southeast Asia. Volume 1: Ethnicity and Economic Activity*, edited by Linda Y. C. Lim and L. A. Peter Gosling, 65–85. Singapore: Maruzen Asia, 1983.

———. *Pirates of the South China Coast (1790–1810)*. Stanford: Stanford University Press, 1987.

Nabhan, Gary Paul. *Cumin, Camels, and Caravans: A Spice Odyssey*. Berkeley: University of California Press, 2014.

Nair, Janaki. *Mysore Modern: Rethinking the Region under Princely Rule*. Minneapolis: University of Minnesota Press, 2011.

Naulleau, Gérard. "Islam and Trade: The Case of Some Merchant Families from the Gulf." In *Asian Merchants and Businessmen in the Indian Ocean and the China Sea*, edited by Denys Lombard and Jan Aubin, 297–309. Oxford: Oxford University Press, 2000.

Nazery, Khalid, Margaret Anf, and Zuliati Md. Joni. "The Importance of the Maritime Sector in Socio-Economic Development: A Southeast Asian Perspective." In *Maritime Social and Economic Developments in Southeast Asia*, edited by Hanizah Idris, Tan Wan Hin, and Mohammad Raduan Mohd. Ariff, 9–30. Kuala Lumpur: Institute of Ocean and Earth Sciences, University of Malaya, 2008.

Needham, Joseph, ed. *Science and Civilisation in China*. Volume IV, part III. Cambridge: Cambridge University Press, 1971.

Nelson, Samuel. *Colonialism in the Congo Basin, 1880–1940*. Athens, OH: Ohio University Center for International Studies, 1994.

Nes, J. F. van. "De Chinezen op Java." *Tijdshcrift loor Nederlandesh Indië* 13, no. 1 (1851): 239–54, 292–314.

Ng, Chin Keong. "The Chinese in Riau: A Community on an Unstable and Restrictive Frontier." Unpublished paper. Singapore: Institute of Humanities and Social Sciences, Nanyang University, 1976.

———. *Trade and Society: The Amoy Network on the China Coast*. Singapore: Singapore University Press, 1983.

Nguyễn Long Kerry. "Vietnamese Ceramic Trade to the Philippines in the Seventeenth Century." *Journal of Southeast Asian Studies* 30, no. 1 (1999): 1–21.

Nguyen Quoc Thanh. *Le culte de la baleine: Un héritage multiculturel du Vietnam maritime*. Aix: Presses Universitaires de Provence, 2017.

———."The Whaler Cult in Central Vietnam: A Multicultural Heritage in Southeast Asia." In *Memory and Knowledge of the Sea in Southeast Asia*, edited by Danny Wong Tze Ken, 77–95. Kuala Lumpur: Institute of Ocean and Earth Sciences, University of Malaya, 2008.

Nguyễn Thế Anh. "Ambivalence and Ambiguity: Traditional Vietnam's Incorporation of External Cultural and Technical Contributions." *East Asian Science* 40, no. 4 (2003): 94–113.

———. "From Indra to Maitreya: Buddhist Influence in Vietnamese Political Thought." *Journal of Southeast Asian Studies*, 33, no. 2 (2002): 225–41.

_______. "Trade Relations between Vietnam and the Countries of the Southern Seas in the First Half of the Nineteenth Century." In *Commerce et navigation en Asie du sud-est (XIVe–XIXe siècles)*, edited by Nguyễn Thế Anh and Yoshiaki Ishizawa, 171–85. Paris: L'Harmattan, 1999.

Nguyễn Thế Anh and Yoshiaki Ishizawa, eds. *Commerce et navigation en Asie du sud-est (XIVe–XIXe siècles)*. Paris: L'Harmattan, 1999.

Nguyễn Thúa Hy, *Economic History of Hanoi in the 17th, 18th and 19th Centuries*. Hanoi: ST Publisher, 2002.

Nicholl, Robert. *European Sources for the History of the Sultanate of Brunei in the Sixteenth Century*. Bandar Seri Begawan: Muzium Brunei, 1895.

Mintz, Sidney W. *Sweetness and Power: The Place of Sugar in Modern History.* New York: Penguin Books, 1985.

Miran, Jonathan. *Red Sea Citizens: Cosmopolitan Society and Cultural Change in Massawa.* Bloomington: Indiana University Press, 2009.

Mizushima, Tsukaya, George Souza, and Dennis Flynn, eds. *Hinterlands and Commodities: Place, Space, Time and the Political Economic Development of Asia over the Long Eighteenth Century.* Leiden: Brill, 2015.

Mollat [du Jourdin], Michel. "Les contacts historiques de l'Afrique et de Madagascar avec l'Asie du sud et du sud-est: Le rôle de l'Océan indien." *Archipel* 21 (1981): 35–54.

———. "Passages français dans l'Océan indien au temps de Francois Ier," *Studia XI* (Lisbon, 1963): 239–48.

Monmonier, Mark. "Cartography: Distortions, World-views and Creative Solutions." *Progress in Human Geography* 29, no. 2 (2005): 217–24.

Montella, Andrea. "Chinese Porcelain as a Symbol of Power on the East African Coast from the 14th Century Onward." *Ming Qing Yanjiu* 20, 1, 2016: 74–93.

Moor, J. A. de. "'A Very Unpleasant Relationship': Trade and Strategy in the Eastern Seas, Anglo-Dutch Relations in the Nineteenth Century from a Colonial Perspective." In *Navies and Armies: The Anglo-Dutch Relationship in War and Peace 1688–1988,* edited by G. J. A. Raven and N. A. M. Rodger, 46–69. Edinburgh: Donald and Co., 1990.

Moosvi, Shireen. "The Gujarat Ports and Their Hinterland: The Economic Relationship." In *Ports and Their Hinterlands in India, 1700–1950,* edited by Indu Banga, 121–30. Delhi: Manohar, 1992.

Mori, A. "Le Nostre Colonie del Mar Rosso Giudicate dalla Stanley." *Boll. Sez. Fiorentina della Soc. Africana d'Italia* (May 1886).

Morris, James/Jan. *Pax Britannica Trilogy: Heaven's Command; Pax Britannica; Farewell the Trumpets.* London: Folio Society: 1993.

Mudimbe, V. Y. *The Invention of Africa.* Bloomington: Indiana University Press, 1988.

Murakami, Ei. "Trade and Crisis: China's Hinterlands in the Eighteenth Century." In *Place, Space, Time and the Political Development of Asia over the Long Eighteenth Century,* edited by Tsukusa Mizushima, George Bryan Souza, and Dennis Flynn, 215–34. Leiden: Brill, 2015.

Mukmin, Mohamed Jamil bin. *Melaka pusat penyebaran Islam di nusantara.* Kuala Lumpur: Nurin Enterprise, 1994.

Muller, H. P. N. *De Oost-Indische Compagnie in Cambodja en Laos.* The Hague: Martinus Nijhoff, 1917.

Mullins, Steve. "Vrijbuiters! Australian Pearl-Shellers and Colonial Order in the Late Nineteenth-Century Moluccas." *The Mariner's Mirror* 96, no. 1 (2010): 26–41.

Mumford, Lewis. *The City in History.* New York: Harcourt, Brace, Jovanovich, 1961; repr. 1989).

———. *Technics and Civilization.* New York, Harcourt, Brace, and World, 1963.

Mungello, David E. *The Great Encounter of China and the West, 1500–1800.* Lanham, MD: Rowman & Littlefield Publishers, 1999.

Munoz, Paul Michel. *Early Kingdoms of the Indonesian Archipelago and the Malay Peninsula.* Paris: Éditions Didier Millet, 2006.

Murray, Dian. *Conflict and Coexistence: The Sino-Vietnamese Maritime Boundaries in Historical Perspective.* Madison: Center for Southeast Asian Studies, University of Wisconsin, 1988.

McGee, T. G. *The Southeast Asian City: A Social Geography of the Primate Cities of Southeast Asia*. London: Bell, 1967.

McGee, T. G., and Ira Robinson, eds. *The Mega-Urban Regions of Southeast Asia*. Vancouver: UBC Press, 1995.

McHale, Thomas, and Mary McHale, eds. *The Journal of Nathaniel Bowditch in Manila, 1796*. New Haven: Yale University Southeast Asian Studies, 1962.

McKeown, Adam. *Chinese Migrant Networks and Cultural Change: Peru, Chicago, Hawaii, 1900–1936*. Chicago: University of Chicago Press, 2001.

McPherson, Kenneth. *The Indian Ocean: A History of People and the Sea*. Delhi: Oxford University Press, 1993.

McPherson, Kenneth. "Maritime Communities: An Overview." In *Cross Currents and Community Networks: The History of the the Indian Ocean World*, edited by Himanshu Prabha Ray and Edward Alpers, 34–49. New Delhi: Oxford University Press, 2007.

McVey, Ruth. "The Materialization of the Southeast Asian Entrepreneur. In *Southeast Asian Capitalists*, edited by Ruth McVey, 7–34. Ithaca, Cornell University Southeast Asia Program, 1992.

Meijer, J. E. de. "Zeehavens en kustverlichting in Nederlandsch-Indië." *Gedenkboek Koninklijk Instituut Ingenieurs* (1847–97).

Menkhoff, Thomas. "Trade Routes, Trust and Trading Networks: Chinese Family-Based Firms in Singapore and their External Economic Dealings." PhD dissertation. University of Bielefield, Department of Sociology, 1990.

Mertha, Andrew. *Brothers in Arms: Chinese Aid to the Khmer Rouge, 1975–1979*. Ithaca: Cornell University Press, 2014.

Metcalf, Thomas, ed. *Imperial Connections: India in the Indian Ocean Arena, 1860–1920*. Berkeley: University of California Press, 2007.

Meyer, Kathryn, and Terry Parssinen. *Webs of Smoke: Smugglers, Warlords, Spies, and the History of the International Drug Trade*. Lanham, MD: Rowman & Littlefield Publishers, 1998.

Mijer, P. "Geschiedenis der Nederlandsche O.I. bezitingen onder de Fransche heerschappij." *TNI* 2, no. 2 (1839): 229–427.

Mikhail, Alain. *God's Shadow: Sultan Selim, His Ottoman Empire, and the Making of the Modern World*. New York: W. W. Norton, 2020.

Miksic, John. "Before and after Zheng He: Comparing Some Southeast Asian Archaeological Sites of the Fourteenth and Fifteenth Centuries." In *Southeast Asia in the Fifteenth Century: The China Factor*, edited by Geoff Wade and Sun Laichen, 384–408. Singapore: NUS Press, 2010.

Milburn, William. *Oriental Commerce*. 2 volumes. London: Black and Parry Co., 1813.

Miller, A. "The Lighthouse Top I See: Lighthouses as Instruments and Manifestations of State Building in the Early Republic." *Building and Landscapes: Journal of Vernacular Architecture Forum* 17, no. 11 (2010): 13–14.

Miller, Michael. *Europe and the Maritime World: A Twentieth-Century History*. Cambridge: Cambridge University Press, 2012.

Mills, J. V. G.. trans. *Ying-yai Sheng-lan: The Overall Survey of the Ocean's Shores, by Ma Huan*. London: Haklyut Society, 1970.

Ming, Hanneke. "Barracks-Concubinage in the Indies, 1887–1920." *Indonesia* 35 (1983): 65–93.

Martin, Esmond Bradley. *Cargoes of the East: The Ports, Trade, and Culture of the Arabian Seas and Western Indian Ocean.* London: Elm Tree Books, 1978.

Martinez, Julia, and Adrian Vickers. *The Pearl Frontier: Indonesian Labor and Indigenous Encounters in Australia's Northern Trading Network.* Honolulu: University of Hawai'i Press, 2015.

Marx, Karl. *Capital.* Volume III. Edited by Friedrich Engels. New York: International Publishers, 1976.

Matsukata Fuyoko, "From the Threat of Roman Catholicism to the Shadow of Western Imperialism." In *Large and Broad: The Dutch Impact on Early Modern Asia,* edited by Yoko Nagazumi, 130–46. Tokyo: Toyo Bunko, 2010.

Masuzawa, Tomoko. *The Invention of World Religions.* Chicago: University of Chicago Press, 2005.

Mathew, K. S. "Trade in the Indian Ocean during the Sixteenth Century and the Portuguese." In *Studies in Maritime History,* edited by K. S. Mathew, 13–28. Pondicherry: Pondicherry University, 1990.

Matsuda, Matt, *Empire of Love: Histories of France and the Pacific.* New York: Oxford University Press, 2005.

———. *Pacific Worlds: A History of Seas, Peoples, and Cultures.* New York: Cambridge University Press, 2012.

Matthew, Johan. *Margins of the Market: Trafficking and Capitalism across the Arabian Sea.* Berkeley: University of California Press, 2016.

Mattulada, H. A. "Manusia dan Kebudayaan Bugis-Makassar dan Kaili di Sulawesi." In *Antropologi Indonesia: Majalah Antropologi Sosial dan Budaya Indonesia* 15, no. 48 (Jan./Apr. 1991): 4–109.

May, Glenn, *The Battle for Batangas: A Philippine Province at War.* New Haven: Yale University Press, 1991.

Maybon, C. B. "Une factorerie anglaise au Tonkin au XVIIe siècle (1672–1697)." *BEFEO* 10 (1910).

Mazru'I, Shaikh al-Amin bin 'Ali al. *The History of the Mazru'i Dynasty.* London: Oxford University Press, 1995.

McCargo, Duncan. "The Politics of Buddhist Identity in Thailand's Deep South: The Demise of Civil Religion." *Journal of Southeast Asian Studies* 40, no. 1 (2009): 11–32.

McClellan, James E. *Colonialism and Science: Saint Domingue in the Old Regime.* Baltimore: Johns Hopkins University Press, 1992.

McCoy, Alfred. *The Politics of Heroin: CIA Complicity in the Global Drug Trade.* New York: Hill Books, 1991.

McCrindle, J. W. *The Christian Topography of Cosmas, an Egyptian Monk.* London: Hakluyt Society, 1897.

McDaniel, Justin. "This Hindu Holy Man Is a Thai Buddhist." *South East Asia Research* 20, no. 2: 2013: 191–209.

McDermott, James. "The Buddhist Saints of the Forest and the Cult of the Amulets: A Study in Charisma, Hagiography, Sectarianism, and Millennial Buddhism by Stanley Tambiah." *Journal of the American Oriental Society* 106, no. 2 (1986): 350.

McDougall, Walter. *Let the Sea Make a Noise: A History of the North Pacific from Magellan to MacArthur.* New York: Harper Perennial, 1993.

McDow, Thomas. *Buying Time: Debt and Mobility in the Western Indian Ocean.* Athens, OH: Ohio University Press, 2018.

Maeda, Narifumi. "Forest and the Sea among the Bugis." *Southeast Asian Studies* 30, no. 4 (1993): 420–26.

Magnis-Suseno, Franz, ed. *Suara dari Aceh: Identifikasi kebutuhan dan keinginan rakyat Aceh.* Jakarta: Yayasan Penguatan Partisipasi Inisiatif dan Kemitraan Masyarakat Sipil Indonesia, 2001.

Mahadevan, R. "Immigrant Entrepreneurs in Colonial Burma—An Exploratory Study of the Role of Nattukottai Chattiars of Tamil Nadu, 1880–1930." *Indian Economic and Social History Review* 15 (1978): 329–58.

Mahmud, Zaharah binti Haji. "The Malay Concept of Tanah Air: The Geographer's Perspective." In *Memory and Knowledge of the Sea in Southeast Asia,* edited by Danny Wong Tze Ken, 5–14. Kuala Lumpur: Institute of Ocean and Earth Sciences, University of Malaya, 2008.

Majul, Cesar Adib. *Muslims in the Philippines.* Quezon City: University of the Philippines Press, 1973.

Malinowski, Branislaw. *Argonauts of the Western Pacific.* London: Routledge & Kegan Paul, 1922.

Manguin, Pierre-Yves. "Brunei Trade with Macao at the Turn of the 19th Century. À propos of a 1819 Letter from Sultan Khan Zul Alam." *Brunei Museum Journal* 6, no. 3, (1987): 16–25.

———. "New Ships for New Networks: Trends in Shipbuilding in the South China Sea in the Fifteenth and Sixteenth Centuries." In *Southeast Asia in the Fifteenth Century: The China Factor,* edited by Geoff Wade and Sun Laichen, 333–58. Singapore: NUS Press, 2010.

———. *Les Nguyên, Macau et la Portugal: Aspects politiques et commerciaux d'une relation privilégiée en Mer de Chine, 1773–1802.* Paris: École française d'Extrême-Orient, 1984.

———. *Les portugais sur les côtes du Viêt-Nam et du Campā: Étude sur les routes maritimes et les relations commerciales, d'après les sources portugaises (XVIe, XVIIe, XVIIIe siècles).* Paris: EFEO, 1972.

———"Trading Ships of the South China Sea: Shipbuilding Techniques and Their Role in the Development of Asian Trade Networks." *Journal of the Economic and Social History of the Orient* 36: 253–80.

Mantienne, Frédéric. "Indochinese Societies and European Traders: Different Worlds of Trade?" In *Commerce et navigation en Asie du sud-est (XIVe–XIXe siècles),* edited by Nguyễn Thế Anh and Yoshiaki Ishizawa, 113–26. Paris: L'Harmattan, 1999.

Mardsen, Richard. *The Nature of Capital: Marx after Foucault.* London: Routledge, 1999.

Margariti, Roxani. *Aden and the Indian Ocean Trade: 150 Years in the Life of a Medieval Arabian Port.* Chapel Hill: University of North Carolina Press, 2007.

Marsh, Zoe, ed. *East Africa through Contemporary Records.* Cambridge: Cambridge University Press, 1961.

Marshall, P. J. "Private Trade in the Indian Ocean Before 1800." In *India and the Indian Ocean 1500–1800,* edited by Ashin Das Gupta and M. N. Pearson, 276–300. Calcutta: Oxford University Press, 1987.

———. *Trade and Conquest: Studies on the Rise of British Dominance in India.* Aldershot: Variorum, 1993.

Marston, John. "Death, Memory and Building: The Non-Cremation of a Cambodian Monk." *Journal of Southeast Asian Studies* 37, no. 3 (2006): 491–505.

Martin, C. G. C. *Maps and Surveys of Malawi: A History of Cartography and the Land Survey Profession, Exploration Methods of David Livingstone on Lake Nyassa, Hydrographic Survey and International Boundaries.* Rotterdam: A. A. Balkema, 1980.

———. "L'horizon insulindien et son importance pour une compréhension globale." *L'Islam de la seconde expansion: Actes du Colloque organisé au Collège de France en mars 1981*, 207–26. Paris: Association pour l'avancement des études islamiques 1983; reedited in *Archipel* 29 (1985): 35–52.
———. *Le sultanat d'Atjéh au temps d'Iskandar Muda (1607–1636)*. Volume 61 of Publications de l'École française d'Extrême-Orient. Paris : École française d'Extrême-Orient, 1967.
———. "Voyageurs français dans l'Archipel insulindien, XVIIe, XVIIIe et XIXe siècles." *Archipel* 1 (1971): 141–68.
Lombard, Denys, and Jean Aubin, eds. *Marchands et hommes d'affaires asiatiques dans l'Océan Indien et la Mer de Chine (13e–20e siècles)*. Paris: Éditions de l'École des Hautes Études en Sciences Sociales, 1988.
Lopez, R. S. "Les méthodes commerciales des marchands occidentaux en Asie du XIe au XIVe siècle." In *Sociétés et compagnies de commerce en Orient et dans l'Océan Indien: Actes du 8e colloque international d'histoire maritime, Beirut, 1966*, edited by M. Mollat. Paris: SEVPEN, 1970.
Lorenzon, David. "Who Invented Hinduism?" *Comparative Studies in Society and History* 41, no. 4 (1999): 630–59.
Louis Forbes, Vivian. *The Maritime Boundaries of the Indian Ocean Region*. Singapore: Singapore University Press, 1995.
Love, John A. *A Natural History of Lighthouses*. Dunbeath: Whittles Publishing, 2015.
Loyre, Ghislaine. "Living and Working Conditions in Philippine Pirate Communities." In *Pirates and Privateers: New Perspectives on the War on Trade in the Eighteenth and Nineteenth Centuries*, edited by David Starkey, E. S. van Eyck van Heslinga, and J. A. de Moor. Exeter: University of Exeter Press, 1997.
Lubeigt, Guy. "Ancient Transpeninsular Trade Roads and Rivalries over the Tenasserim Coasts." In *Commerce et navigation en Asie du sud-est (XIVe–XIXe siècles)*, edited by Nguyễn Thế Anh and Yoshiaki Ishizawa, 47–76. Paris: L'Harmattan, 1999.
Ludden, David, *Early Capitalism and Local History in South Asia*. New York: Oxford University Press, 2005.
MaCaulay, Stewart. "Non-Contractual Relationships in Business: A Preliminary Study." *American Sociological Review* 28 (1963): 55–69.
Macdonald, Charles. "Le culte de la baleine, une exception Vietnamienne?" *Aseanie* 12 (2003): 123–36.
Machado, Pedro, Steve Mullins, and Joseph Christensen, eds. *Pearls, People, and Power: Pearling and Indian Ocean Worlds*. Athens, OH: Ohio University Press, 2019.
Mackie, J. "Changing Patterns of Chinese Big Business in Southeast Asia." In *Southeast Asian Capitalists*, edited by R. McVey. Ithaca, Cornell University Southeast Asia Program, 1992, 161–90.
Mackie, J. A. C. "Overseas Chinese Entrepreneurship." *Asian Pacific Economic Literature* 6 (1): (1992): 41–46.
Mackie, Jamie. "The Economic Roles of Southeast Asian Chinese: Information Gaps and Research Needs." In *Chinese Business Networks*, edited by Chan Kwok Bun. Singapore: Prentice Hall, 2000.
MacKnight, Charles Campbell. *The Voyage to Marege: Macassan Trepangers in Northern Australia*. Carlton: Melbourne University Press, 1976.

Liao Shaolian. "Ethnic Chinese Business People and the Local Society: The Case of the Philippines." *Chinese Business Networks*, edited by Chan Kwok Bun. Singapore: Prentice Hall, 2000.

Liao, Tim, Kimie Hara, and Krista Wiegand, eds. *The China-Japan Border Dispute: Islands of Contention in Multidisciplinary Perspective.* London: Ashgate, 2015.

Licata, G. B. "L'Italia nel Mar Rosso." *Boll. Sez. Fiorentina della Soc. Africana d'Italia* (March 1885):1–11.

Lieberman, Victor. *Strange Parallels: Southeast Asia in Global Context, 800–1830.* Volume 1: *Integration on the Mainland.* Cambridge: Cambridge University Press, 2003.

———. "Was the Seventeenth Century a Watershed in Burmese History?" In *Southeast Asia in the Early Modern Era: Trade, Power, and Belief*, edited by Anthony Reid, 214–49. Ithaca: Cornell University Press, 1993.

Liem, Khing Hoo. *Meledaknja Goenoeng Keloet: Menoeroet tjatetan jang dikompoel.* Sourabaya: Hahn and Co., 1929.

Lim, Lin Leam. *The Sex Sector: The Economic and Social Bases of Prostitution in Southeast Asia.* Geneva: International Labour Office, 1998.

Lim, Linda Y. C. "Chinese Economic Activity in Southeast Asia: An Introductory Review." In *The Chinese in Southeast Asia.* Volume 1: *Ethnicity and Economic Activity*, edited by Linda Y. C. Lim and L. A. Peter Gosling, 1–29. Singapore: Maruzen Asia, 1983.

Limlingan, Victor Sampao. *The Overseas Chinese in ASEAN: Business Strategies and Management Practices.* Manila: Vita Development Corporation, 1986.

Lin Yu-ju and Madeleine Zelin, eds. *Merchant Communities in Asia, 1600–1980.* Brookfield: Pickering and Chatto, 2015.

Lindblad, J. Thomas. "Between Singapore and Batavia: The Outer Islands in the Southeast Asian Economy in the Nineteenth Century." In *Kapitaal, ondernemerschap en beleid: Studies over economie en politiek in Nederland, Europa en Azië van 1500 tot heden*, edited by C. A. Davids, W. Fritschy, and L. A. van der Valk, 528–30. Amsterdam: NEHA, 1996.

Linebaugh, Peter, and Marcus Reddiker. *The Many-Headed Hydra: Sailors, Slaves, Commoners, and the Hidden History of the Revolutionary Atlantic.* Boston: Beacon Press, 2000.

Lineton, Jacqueline. "Pasompe 'Ugi': Bugis Migrants and Wanderers." *Archipel* 10 (1975): 173–205.

Lintner, Bertil. *Cross-Border Drug Trade in the Golden Triangle.* Durham: International Boundaries Research Unit, 1991.

Lipson, Mark, Po-Ru Loh, Nick Patterson, Priya Moorjani, Ying-Chin Ko, Mark Stoneking, Bonnie Berger, and David Reich. "Reconstructing Austronesian Population History in Island Southeast Asia." *Nature Communications* 5, no. 4689 (2014); https://doi.org/10.1038/ncomms5689.

Locher-Scholten, Elsbeth. *Sumatraans sultanaat en koloniale staat: De relatie Djambi-Batavia (1830–1907) en het Nederlandse imperialisme.* Leiden: KITLV Uitgeverij, 1994.

Loh, Wei Leng. "Visitors to the Straits Port of Penang: British Travel Narratives as Resources for Maritime History. In *Memory and Knowledge of the Sea in Southeast Asia*, edited by Danny Wong Tze Ken, 23–32. Kuala Lumpur: Institute of Ocean and Earth Sciences, University of Malaya, 2008.

Lombard, Denys, *Le carrefour javanais: Essai d'histoire globale.* Paris: Édition de l'École des Hautes Études en Sciences Sociales, 1990.

Le Blanc, Charles, and Rémi Mathieu. "L'inquiétante étrangeté." In *Mythe et philosophie à l'aube de la Chine impériale: Études sur le Huainan zi*, edited by Charles Le Blanc and Rémi Mathieu, 15–26. Montreal and Paris, 1992.

———. "Voir à ce propos Rémi Mathieu." *Étude sur la mythologie et l'ethnologie de la Chine ancienne: Traduction annotée du Shanhaijng.* Paris, Diffusion de Boccard, 1983.

Legarda, Benito, *After the Galleons: Foreign Trade, Economic Change and Entrepreneurship in the Nineteenth-Century Philippines.* Madison: University of Wisconsin Southeast Asia Program, 1999)

Lenin, V. I. *Imperialism: The Highest Stage of Capitalism.* New York, International Publishers, 1969.

Lesure, Michel. "Une document ottoman de 1525 sur l'inde portugaise et les pays de la Mer Rouge." *Mare Luso-Indicum* 3 (1976): 137–60.

Leur, J. C. van. *Indonesian Trade and Society: Essays in Asian Social and Economic History.* The Hague: W. van Hoeve, 1955.

Levathes, Louise. *When China Ruled the Seas: The Treasure Fleet of the Dragon Throne, 1405–1433.* New York: Oxford University Press, 1994.

Levine, D. N. "Simmel at a Distance: On the History and Systematics of the Sociology of the Stranger." In *Georg Simmel. Critical Assessments.* Volume 3, edited by D. Frisby, 174–89. London and New York: Routledge, 1994).

Lewis, Dianne. *Jan Compagnie in the Straits of Malacca.* Columbus: Ohio University Press, 1995.

Lewis, Martin. "Dividing the Ocean Sea." *Geographical Review* 89, no. 2 (April 1999): 188–214.

Lewis, Martin, and Kären Wigen. *The Myth of Continents: A Critique of Metageography.* Berkeley: University of California Press, 1997.

Lewis, Su Lin. *Cities in Motion: Urban Life and Cosmopolitanism in Southeast Asia, 1920–1940.* Cambridge: Cambridge University Press, 2016.

Li Guoting. *Migrating Fujianese: Ethnic, Family, and Gender Identities in an Early Modern Maritime World.* Leiden: Brill, 2015.

Li, Peter S. "Overseas Chinese Networks: A Reassessment." In *Chinese Business Networks,* edited by Chan Kwok Bun. Singapore: Prentice Hall, 2000.

Li Tana. "An Alternative Vietnam? The Nguyễn Kingdom in the Seventeenth and Eighteenth Centuries." *Journal of Southeast Asian Studies* 29, no. 1 (1998): 111–21.

———. "The Late-Eighteenth and Early-Nineteenth-Century Mekong Delta in the Regional Trade System." In *Water Frontier: Commerce and the Chinese in the Lower Mekong Region, 1750–1880*, edited by Nola Cooke and Tana Li, 71–84. Lanham, MD: Rowman & Littlefield, 2004.

———. *Nguyễn Cochinchina: Southern Vietnam in the Seventeenth and Eighteenth Centuries.* (Ithaca: SEAP, 1998).

———. "A View from the Sea: Perspectives on the Northern and Central Vietnam Coast." *Journal of Southeast Asian Studies* 37, no. 1 (2006): 83–102.

Li, Tana, and Anthony Reid, eds. *Southern Vietnam under the Nguyen: Documents on the Economic History of Cochin China (Dang Trong), 1602–1777.* Singapore: ISEAS, 1993.

Li, Tania. "Marginality, Power, and Production: Analyzing Upland Transformations." In *Transforming the Indonesian Uplands: Marginality, Power, and Production*, edited by Tania Li, 1–44. Amsterdam: Harwood Academic Publishers, 1999.

Kumar, Deepak. *Science and the Raj, 1857–1905*. Delhi, Oxford University Press, 1995), 180–227.

Kwee, Hui Kian. *The Political Economy of Java's Northeast Coast, 1740–1800*. Leiden: Brill, 2006.

Kwee, Tek Hoay. *Drama dari Kratatau*. Batavia: Typ. Druk. Hoa Siang In Kok, 1929.

La Chapelle, H. "Bijdrage tot de kennis van het stoomvaartverkeer in den Indischen Archipel." *De Economist* 2 (1885): 689–90.

Ladwig, Patrice. "Haunting the State: Rumours, Spectral Apparitions and the Longing for Buddhist Charisma in Laos." *Asian Studies Review* 37, no. 4 (2013): 509–26.

Laffan, Michael. *Islamic Nationhood and Colonial Indonesia: The Umma below the Winds*. London: Routledge, 2003.

———. *The Makings of Indonesian Islam: Orientalism and the Narration of a Sufi Past*. Princeton: Princeton University Press, 2011.

Lafont, Pierre-Bernard, ed. *Les frontières du Vietnam: Histoires et frontières de la péninsule indochinoise*. Volume 1 of *Histoire des frontières de la péninsule indochinoise*. Collection recherches asiatiques. Paris: Éditions l'Harmattan, 1989.

Lakshmi Labh, Vijay. "Some Aspects of Piracy in the Indian Ocean during the Early Modern Period." *Journal of Indian Ocean Studies* 2, no. 3 (1995): 259–69.

Lamb, A. *The Mandarin Road to Old Hué: Narratives of Anglo-Vietnamese Diplomacy from the 17th Century to the Eve of the Trench Conquest*. London: Chatto & Windus, 1970.

Lamb, Alastair. "British Missions to Cochin China 1778–1882." *JMBRAS* 34, nos. 3, 4 (1961): 1–248.

Landes, David. *The Wealth and Poverty of Nations: Why Some Are So Rich, and Some So Poor*. New York: W. W. Norton and Co, 1998.

Lange, H. M. *Het Eiland Banka en zijn aangelegenheden*. 's Hertogenbosch [Den Bosch], 1850).

Lapian, A. B. "Le rôle des *orang laut* dans l'histoire de Riau." *Archipel 18* (1979): 215–22.

Lapian, Adrian. "Laut Sulawesi: The Celebs Sea, from Center to Peripheries." *Moussons* 7 (2004): 3–16.

———. *Orang Laut, Bajak Laut, Raja Laut*. Jakarta: Kounitas Bambu, 2009: 227.

Latour, Bruno. *We Have Never Been Modern*. Cambridge: Cambridge University Press, 1993.

Larson, Pier Martin. *Ocean of Letters: Language and Creolization in an Indian Ocean Diaspora*. Cambridge: Cambridge University Press, 2009.

Latham, R. E. *The Travels of Marco Polo*. New York: Penguin Books, 1958.

Laurila, Simo. *Islands Rise from the Sea: Essays on Exploration, Navigation, and Mapping in Hawaii*. New York: Vantage Press, 1989.

Law, Lisa. *Sex Work in Southeast Asia: A Place of Desire in a Time of AIDS*. New York: Routledge, 2000.

Leach, Edmund. *Political Systems of Highland Burma: A Study of Kachin Social Structure*. Cambridge, MA: Harvard University Press, 1954.

Leaf, Michael. "New Urban Frontiers: Periurbanization and Retentionalization in Southeast Asia." In *The Design of Frontier Spaces: Control and Ambiguity*, edited by Carolyn S. Loeb and Andreas Loescher, 193–212. Burlington: Ashgate, 2015.

———. "Periurban Asia: A Commentary on Becoming Urban." *Pacific Affairs* 84, no. 3: 525–34.

———. "A Tale of Two Villages: Globalization and Peri-Urban Change in China and Vietnam." *Cities* 19, no. 1: 23–32.

Kitiarsa, Pattana. *Mediums, Monks, and Amulets: Thai Popular Buddhism Today.* Chiang Mai: Silkworm Books, 2012.

Klausner, S. Z. "Introduction." In Werner Sombart, *The Jews and Modern Capitalism*, xv–cxxv. New Brunswick and London: Transaction Books, 1982.

Klein, Beernhard, and Gesa Mackenthun, eds. *Sea Changes: Historicizing the Ocean.* New York: Routledge, 2004.

Klein, P. W. "De Tonkinees-Japanse zijdehandel van de Vereenigde Oost-indische Compagine en het inter-Aziatische verkeer in de 17e eeuw." In *Bewogen en bewegen: De historicus in het spanningsveld tussen economie and cultuur*, edited by W. Frijhoff and M. Hiemstra. Tilburg: Gianotten, 1986.

Knaap, Gerrit. *Shallow Waters, Rising Tide: Shipping and Trade in Java Around 1775.* Leiden: KITLV Press, 1996.

Knaap, Gerrit J., and Heather Sutherland. *Monsoon Traders: Ships, Skippers and Commodities in Eighteenth-Century Makassar.* Leiden: KITLV Press, 2004.

Kniphorst, J. H. P. E. "Historische Schets van den Zeerof in den Oost-Indischen Archipel." *Tijdschrift Zeewezen* 1, 2, 3 (1876).

Koh, Keng We. "Familiar Strangers and Stranger-kings: Mobility, Diasporas, and the Foreign in the Eighteenth-Century Malay World." *Journal of Southeast Asian Studies* 48, no. 3 (2017): 390–413.

Kotkin, Joel. *Tribes: How Race, Religion, and Identity Determine Success in the New Global Economy.* New York: Random House, 1993.

Krairiksh, Piriya. "Review Article: Re-Visioning Buddhist Art in Thailand." *Journal of Southeast Asian Studies* 45, no. 1: 113–18.

Krieger, Martin. "Danish Country Trade on the Indian Ocean in the 17th and 18th Centuries." In *Indian Ocean and Cultural Interaction, 1400–1800*, edited by K. S. Mathew, 122–29. Pondicherry: Pondicherry University, 1996.

Kritz, M. M., and C. B. Keely. "Introduction." In *Global Trends in Migration: Theory and Research on International Migration Movements*, edited by M. M. Kritz and C. B. Keely. Staten Island: Center for Migration Studies, 1981.

Kroesen, R. C. "Aantekenningen over de Anambas-, Natuna-, en Tambelan Eilanden." *TBG* 21 (1875): 235.

Kuo, Hue-Ying. "Charting China in the Thirteenth-Century World: The First English Translation of *Zhu Fan Zhi* and Its Recipients in China in the 1930s." In *Global Patterns of Scientific Exchange, 1000–1800 C.E.*, edited by Patrick Manning and Abigail Own. Pittsburgh: University of Pittsburgh Press, 2018): 93–116.

Kubicek, Robert. "British Expansion, Empire, and Technological Change." In *The Oxford History of the British Empire: III, The Nineteenth Century*, edited by Andrew Porter, 247–69. Oxford: Oxford University Press, 1999.

———. "The Role of Shallow-Draft Steamboats in the Expansion of the British Empire, 1820–1914." *International Journal of Maritime History* VI (June 1994): 86–106.

Kuhn, Philip. *Chinese among Others: Emigration in Modern Times.* Lanham, MD.: Rowman and Littlefield, 2009.

Kumar, Ann. "'The Single Most Astonishing Fact of Human Geography': Indonesia's Far West Colony." *Indonesia* 92 (2011): 59–95.

Junker, Laura Lee. *Raiding, Trading and Feasting: The Political Economy of Philippine Chiefdoms.* Honolulu: University of Hawai'i Press, 1999.

Kaempfer, Englebert. *The History of Japan, together with a Description of the Kingdom of Siam.* Richmond, Surrey: Curzon Press, 1906; repr. 1993.

Kan, C. M. "Geographical Progress in the Dutch East Indies 1883–1903." *Report of the Eighth International Geographic Congress* (1904/5).

Kang, David C. *East Asia before the West: Five Centuries of Trade and Tribute.* New York: Columbia University Press, 2010.

Kangying, Li. *The Ming Maritime Trade Policy in Transition, 1368 to 1567.* Wiesbaden: Harrassowitz Verlag, 2010.

Kaplan, Robert. *Asia's Cauldron: The South China Sea and the End of a Stable Pacific.* New York: Random House, 2014.

Karafet, Tatiana M., et al. "Major East-West Division Underlines Y Chromosome Stratification Across Indonesia." *Molecular Biology and Evolution* 27–28 (2010): 1833–44.

Katayama, Kunio. "The Japanese Maritime Surveys of Southeast Asian Waters before the First World War." *Institute of Economic Research Working Paper* no. 85, Kobe University of Commerce, 1985.

Katz, Claudio J. "Karl Marx on the Transition from Feudalism to Capitalism." *Theory and Society* 22 (1993).

Kausar, Kabir, editor and compiler. *Secret Correspondence of Tipu Sultan.* New Delhi 1980, 253–65.

Keay, John. *The Honourable Company: A History of the English East India Company.* New York: HarperCollins, 1993.

———. *The Spice Route: A History.* Berkeley: University of California Press, 2007.

Kemp, P. H. van der. *Het Nederlandsch-Indisch bestuur van 1817 op 1818 over de Molukken, Sumatra, Banka, Billiton, en de Lampongs.* 's-Gravenhage: M. Nijhoff, 1917.

Kendall, Laurel. "Popular Religion and the Sacred Life of Material Goods in Contemporary Vietnam." *Asian Ethnology* 67, no. 2 (2008): 177–99.

Kennedy, R. E. "The Protestant Ethic and the Parsis." *American Journal of Sociology* 68 (1962–63): 11–20.

Kerkvliet, Ben. *The Huk Rebellion.* Berkeley: University of California Press, 1977.

Khan, Iftikhar Ahmad. "Merchant Shipping in the Arabian Sea—First Half of the 19th Century." *Journal of Indian Ocean Studies* 7, nos. 2/3 (2000): 163–73.

Khin, Maung Myunt. "Pegu as an Urban Commercial Centre for the Mon and Myanmar Kingdoms of Lower Myanmar." In [Anon.], *Port Cities and Trade in Western Southeast Asia.* Bangkok: Institute of Asian Studies, Chulalongkorn University, 1998, pp. 15–36.

Khoo, Kay Kim. "Melaka: Persepsi Tentang Sejarah dan Masyarakatnya." In *Esei-Esei Budaya dan Sejarah Melaka,* edited by Omar Farouk Bajunid. Kuala Lumpur: Siri Minggu Kesenian Asrama Za'ba, 1989.

Kiefer, Thomas. *The Taosug: Violence and Law in a Philippine Muslim Society.* New York: Holt, Rinehart, and Winston, 1972.

Kiernan, Ben. *The Pol Pot Regime: Race, Power, and Genocide in Cambodia under the Khmer Rouge 1975–1979.* New Haven: Yale University Press, 2002.

Kim, Diana. *Empires of Vice: The Rise of Opium Prohibition across Southeast Asia.* Princeton: Princeton University Press, 2020.

Hutterer, K. L. *Economic Exchange and Social Interaction in Southeast Asia: Perspectives from Prehistory, History, and Ethnography.* Ann Arbor: University of Michigan Southeast Asia Program, 1977.

Igler, David. *The Great Ocean: Pacific Worlds from Captain Cook to the Gold Rush.* New York: Oxford University Press, 2013.

Iioka, Naoko. "The Trading Environment and the Failure of Tongking's Mid-Seventeenth Century Commercial Resurgence." In *The Tongking Gulf through History,* edited by Nola Cooke, Tana Li, and Jamie Anderson, 117–32. Philadelphia: University of Pennsylvania Press, 2011.

Ileto, Reynaldo. *Magindanao, 1860–1888: The Career of Datu Utto of Buayan.* Manila: Anvil, 2007.

———. *Pasyon and Revolution: Popular Movements in the Philippines, 1840–1910.* Manila: Ateneo de Manila Press, 1997.

Insoll, Timothy. *The Archaeology of Islam in Sub-Saharan Africa.* Cambridge: Cambridge University Press, 2003.

Ishii, Yoneo, ed. *The Junk Trade from Southeast Asia: Translations from the Tosen Fusetsu-gaki, 1674–1723.* Canberra: Research School of Pacific and Asian Studies, Australian National University; Singapore: ISEAS, 1998.

Israel, Jonathan. *Dutch Primacy in World Trade.* Oxford: Oxford University Press, 1989.

Iwao, Seichii. "Japanese Foreign Trade in the 16th and 17th centuries." *Acta Asiatica* 30, 1976.

Jacob, Christian, Tom Conley (trans.), and Edward H. Dahl (ed.). *The Sovereign Map: Theoretical Approaches in Cartography throughout History.* Chicago: University of Chicago Press, 2006.

Jacob, H. K. s'. "De VOC en de Malabarkust in de 17de eeuw." In *De VOC in Azië,* edited by M. A. P. Meilink-Roelofsz, 85–99. Bussum: Uniebok, 1976.

Jacobs, Els M. *Koopman in Azië: De handel van de Vernigde Oost-Indische Companie tijdens de 18de eeuw.* Zutphen: Walburg Pers, 2000.

Jacquemard, Simone. *L'éruption du Krakatoa, ou des chambres inconnues dans la maison.* Paris: Éditions du Seuil, 1969.

Jacques, Roland. *Les missionnaires portugais et les débuts de l'Église catholique au Viêt-nam.* 2 volumes. Reichstett-France: Dinh Huóng Túng Thu, 2004.

Jamann, Wolfgang. "Business Practices and Organizational Dynamics of Chinese Family-based Trading Firms in Singapore." PhD dissertation, Department of Sociology, University of Bielefield, 1990.

Jansen, A. J. F. "Aantekeningen omtrent Sollok en de Solloksche Zeerovers." *Tijdschrift voor Indische Taal-, Land-, en Volkenkunde* 7 (1858): 212–39.

Jennings, John. *The Opium Empire: Japanese Imperialism and Drug Trafficking in Asia, 1895–1945.* Westport: Praeger, 1997.

Jones, A. M. *Africa and Indonesia: The Evidence of the Xylophone and Other Musical and Cultural Factors.* Leiden: Brill, 1964.

Jorg, Christian, and Michael Flecker. *Porcelain from the Vung Tau Wreck.* London: Sun GTree Publishing, 2001.

Julia van Ittersum, Martine. *Profit and Principle: Hugo Grotius, Natural Rights Theories, and the Rise of Dutch Power in the East Indies, 1595–1615.* Leiden: Brill, 2006.

Higham, Charles, and Rachanie Thosarat. *Early Thailand: From Prehistory to Sukothai.* Bangkok: River Books, 2012.

———. *Prehistoric Thailand: From Early Settlement to Sukothai.* Bangkok: River Books, 1998.

Hill, Ann Maxwell. *Merchants and Migrants: Ethnicity and Trade Among Yunnanese in Southeast Asia.* New Haven: Yale University Southeast Asia Studies, 1998.

Hill, Catherine, et al. "A Mitochondrial Stratigraphy for Island Southeast Asia." *American Journal of Human Genetics* 80–81 (2007): 29–43.

Hirth, Frederick, and W. W. Rockhill. *Chau Ju Kua: His Work on the Chinese and Arab Trade in the 12th and 13th Centuries, Entitled Chu Fan Chï.* New York: Paragon Book Reprint Co., 1966.

Hobsbawm, Eric. *The Age of Empire 1875–1914.* New York: Pantheon, 1987.

Hobson, J. A. *Imperialism: A Study.* London, 1902.

Hoevell, W. R. van. "Laboean, Serawak, de Noordoostkust van Borneo en de Sulthan van Soeloe." *Tijdschrift voor Nederlandsche Indie* 11, part 1 (1849): 66–83.

Ho, Engseng. "Empire through Diasporic Eyes: A View from the Other Boat." *Comparative Studies in Society and History* 46, no. 2 (2004): 210–46.

———. *The Graves of Tarim: Genealogy and Mobility across the Indian Ocean.* Berkeley: University of California Press, 2006.

Hodder, Rupert. *Merchant Princes of the East: Cultural Delusions, Economic Success and the Overseas Chinese in Southeast Asia.* Chichester: Wiley, 1996.

Hoetink, B. "Chineesche officiern te Batavia onder de compagnie." *Bijdragen tot de Taal-, land- en Volkenkunde van Nederlandsch Indië* 78 (1922): 1–136.

———. "Ni Hoekong: Kapitein der Chineezen te Batavia in 1740." *Bijdragen tot de Taal-, land- en Volkenkunde van Nederlandsch Indië* 74 (1918): 447–518.

———. "So Bing Kong: Het eerste hoofd der Chineezen te Batavia (1629–1636)." *Bijdragen tot de Taal-,land- en Volkenkunde van Nederlandsch Indië* 74 (1917): 344–85.

Hofmeyer, Isabel. "The Complicating Sea: The Indian Ocean as Method." *Comparative Studies of South Asia, Africa and the Middle East* 32, no. 3 (2012): 584–90.

Hopkirk, Peter. *The Great Game: The Struggle for Empire in Central Asia.* New York: Kodansha International, 1992.

Hopper, Matthew. *Globalization and Slavery in Arabia in the Age of Empire.* New Haven: Yale University Press, 2015.

Horton, Mark. *Shanga.* London: British Institute in Eastern Africa, 1996.

Horton, Mark, and John Middleton. *The Swahili: The Social Landscape of a Mercantile Society.* Oxford: Blackwell, 2000.

Howe, K. R. *Nature, Culture and History: The "Knowing" of Oceania.* Honolulu: University of Hawai'i Press, 2000.

Howitz, Pensak C. *Ceramics from the Sea: Evidence from the Kho Kradad Shipwreck Excavated in 1979.* Bangkok: Archaeology Division of Silpakorn University, 1979.

Hull, Terence, Endang Sulistyaningsih, and Gavin Jones, eds. *Pelacuran di Indonesia: Sejarah dan perkembangannya.* Jakarta: Pusat Sinar Harapan, 1997.

Hurles, M. E., B. C. Sykes, M. A. Jobling, and P. Forster. "The Dual Origin of the Malagasy in Island Southeast Asia and East Africa: Evidence from Maternal and Paternal Lineages." *American Journal of Human Genetics* 76 (2005): 894–901.

Hao, Yen-Ping. *The Commercial Revolution in Nineteenth Century China: The Rise of Sino-Western Capitalism*. Berkeley: University of California Press, 1986.
Harding, Harry. "The Concept of "Greater China: Themes, Variations and Reservations." *China Quarterly* 136 (December, 1993): 660–86.
Harlow, Barbara, and Mia Carter. *Imperialism and Orientalism: A Documentary Sourcebook*. Malden: Blackwell, 1999.
Harvey, Simon. *Smuggling: Seven Centuries of Contraband*. London: Reaktion Books, 2016.
Harms, Erik. *Luxury and Rubble: Civility and Dispossession in the New Saigon*. Berkeley: University of California Press, 2016.
———. *Saigon's Edge: On the Margins of Ho Chi Minh City*. Minneapolis: University of Minneapolis Press, 2011.
Harper, Tim. *The End of Empire and the Making of Malaya*. Cambridge: Cambridge University Press, 1999.
———. "Singapore, 1915, and the Birth of the Asian Underground." *Modern Asian Studies* 47 (2013): 1782–1811.
———. *Underground Asia: Global Revolutionaries and the Overthrow of Europe's Empires in the East*. London: Allen Lane, 2019)
Harper, Tim, and Sunil Amrith, eds. *Sites of Asian Interaction: Ideas, Networks, and Mobility*. Cambridge: Cambridge University Press, 2014.
Harrison, Barbara. *Pusaka: Heirloom Jars of Borneo*. Singapore: Oxford University Press, 1986.
Hasselt, A. L. van. "De Poelau Toedjoeh." *TAG* 15 (1898), 21–22.
Hastrup, Kirsten, and Hastrup, Frida, eds. *Waterworlds: Anthropology and Fluid Environments*. New York: Berghahn Books, 2015.
Hau'ofa, Epeli. "Our Sea of Islands," *The Contemporary Pacific* 6, no. 1 (1994): 148–61.
———. *We Are the Ocean: Selected Works*. Honolulu: University of Hawai'i Press, 2008.
Hawksley, Humphrey. *Asian Waters: The Struggle over the South China Sea and the Strategy of Chinese Expansion*. New York: Abrams, 2018.
Headrick, Daniel. *The Tentacles of Progress: Technology Transfer in the Age of Imperialism, 1850–1940*. New York, 1988.
———. *The Tools of Empire: Technology and European Imperialism in the Nineteenth Century*. New York, 1981.
Heidhues, Mary Somers. *Bangka Tin and Mentok Pepper: Chinese Settlement on an Indonesian Island*. Singapore: ISEAS, 1992.
Hellyer, Robert. *Defining Engagement: Japan and Global Contexts, 1640–1868*. Cambridge: Harvard University Asia Center, 2009.
Heng, Derek. *Sino-Malay Trade and Diplomacy from the Tenth through the Fourteenth Century*. Athens, OH: Ohio University Southeast Asian Studies, 2009.
———. "Trans-Regionalism and Economic Co-dependency in the South China Sea: The Case of China and the Malay Region (Tenth to Fourteenth Centuries AD)." *International History Review* 35, no. 3 (2013): 486–510.
Hickey, Gerald. *Sons of the Mountains: Ethnohistory of the Vietnamese Central Highlands to 1954*. New Haven: Yale University Press, 1982.
Hickson, Sydney. *A Naturalist in North Celebes*. London: John Murray, 1889.

Gutem, V. B. van. "Tina Mindering: Eeninge aanteekenigen over het Chineeshe geldshieterswesen op Java." *Koloniale Studiën* 3, no. 1 (1919): 106–50.
Guy, John. "The Intan Shipwreck: A Tenth Century Cargo in Southeast Asian Waters." In *Song Ceramics: Art History, Archaeology and Technology*, edited by S. Pearson, 171–192. London: Percival David Foundation, 2004.
———. *Lost Kingdoms: Hindu-Buddhist Sculpture of Early Southeast Asia.* New York and New Haven: Metropolitan Museum of Art and Yale University Press, 2018).
———. "Vietnamese Ceramics from the Hoi An Excavation: The Cu Lau Cham Ship Cargo." *Orientations* 31, no. 7 (Sept. 2000): 125–28.
———. "Vietnamese Ceramics in International Trade." In *Vietnamese Ceramics, A Separate Tradition*, edited by John Stevenson and John Guy, 47–61. Michigan: Art Media Resources, 1994; repr. Chicago: Art Media Resources, 1997.
Haan, F. de. *Oud Batavia.* Volume I. Batavia: Kolff, 1922.
Haellquist, Karl, ed. *Asian Trade Routes: Continental and Maritime.* London: Curzon Press, 1991.
Hall, Kenneth. *A History of Early Southeast Asia: Maritime Trade and Societal Development, 100–1500.* Lanham: Rowman & Littlefield, 2011.
———. *Maritime Trade and State Development in Early Southeast Asia.* Honolulu: University of Hawai'i Press, 1985.
Hall, Kenneth, and John Whitmore, eds. *Explorations in Early Southeast Asian History: The Origins of Southeast Asian Statecraft.* Ann Arbor: University of Michigan, Center for South and Southeast Asian Studies, 1976.
Hall, Kenneth R. "Multi-Dimensional Networking: Fifteenth-Century Indian Ocean Maritime Diaspora in Southeast Asian Perspective." *JESHO* 49, no. 4 (2006): 454–81.
Hall, Richard. *Empires of the Monsoon: A History of the Indian Ocean and Its Invaders.* London: Harper Collins, 1996.
Hamashita, Takeshi. *China, East Asia, and the Global Economy: Regional and Historical Perspectives.* New York: Routledge, 2013.
———. "The Intra-regional System in East Asia in Modern Times." In *Network Power: Japan and Asia*, edited by Peter J. Katzenstein and Takashi Shiraishi, 113–35. Ithaca, NY: Cornell University Press, 1997.
———. "The Tribute Trade System and Modern Asia." Translated by Neil Burton and Christian Daniels. In Hamashita Takeshi, *China, East Asia and the Global Economy: Regional and Historical Perspectives*, edited by Linda Grove and Mark Selden, 12–26. London and New York: Routledge, 2008.
Hamilton, Gary. "The Organizational Foundations of Western and Chinese Commerce: A Historical Perspective and Comparative Analysis." In *Business Networks and Economic Development in East and Southeast Asia*, 48–65. Hong Kong: Centre of Asian Studies, University of Hong Kong, 1991.
———, ed. *Business Networks and Economic Development in East and Southeast Asia.* Hong Kong: Centre of Asian Studies, University of Hong Kong, 1991.
Hane, Mikiso. *Peasants, Rebels, and Outcasts: The Underside of Modern Japan (1800–1940).* New York, Pantheon Books, 1982.
Hansen, Valerie. *The Open Empire: A History of China to 1600.* New York: Norton, 2000.

Greene, Jack P., and Philip D. Morgan, eds. *Atlantic History: A Critical Appraisal.* New York: Oxford University Press, 2009.

Gregori, F. A. A. "Aantekeningen en beschouwingen betrekkelijk de zeerovers en hunn rooverijen in den Indischen Archipel, alsmede aangaande magindanao en de Soolo-Archipel." *TNI* 7, no. 2 (1845): 139–69.

Greif, Avner. *Institutions and the Path to the Modern Economy: Lessons from Medieval Trade.* Cambridge: Cambridge University Press, 2006.

Greif, Avner, Paul Milgrom, and Barry R. Weingast. "Coordination, Commitment, and Enforcement: The Case of the Merchant Guild." *Journal of Political Economy* 102, no. 4 (1994): 745–76.

Gresh, Geoffrey. *To Rule Eurasia's Waves: The New Great Power Competition at Sea.* New Haven: Yale University Press, 2020.

Griffith, Robert and Carol Thomas, eds. *The City-State in Five Cultures.* Santa Barbara: ABC-Clio, 1981.

Griffiths, Arlo. "Written Traces of the Buddhist Past: Mantras and Dharais in Indonesian Inscriptions." *Bulletin of the School of Oriental and African Studies* 77, no. 1 (2014): 137–94.

Grijns, Kees, and Peter J. M. Nas. *Jakarta-Batavia: Socio-Cultural Essays.* Leiden: KITLV Press, 2000.

Groot, Cornelis de. *Herinneringen aan Blitong: Historisch, lithologisch, mineralogisch, geographisch, geologisch, en Mijnbouwkundig.* The Hague: H. L. Smits, 1887.

Groslier, B. Ph. "Angkor et le Cambodge au XVI siècle." *Annales du Musée Guimet.* Paris: PUF, 1958.

———. "La céramique chinoise en Asie du Sud-est: Quelques points de méthode." *Archipel* 21 (1981): 93–121.

Grosset-Grange, H. "Les procédés arabes de navigation en Océan Indien au moment des grandes découvertes." In *Sociétés et compagnies de commerce en Orient et dans l'Océan Indien,* edited by M. Mollat, 227–46. Paris: SEVPEN, 1970.

Guida, Donatella. *Immagini del Nanyang: Realtà e stereotipi nella storiografia cinese verso la fine della dinastia Ming.* Naples: Istituto Universitario Orientale di Napoli, 1991.

Guillain, M., *Documents sur l'histoire, la geographie et le commerce de l'Afrique orientale.* Volume I. Paris, 1856.

Gunawan, Restu, I. Z. Leirissa, and Shalfiyanta. *Ternate Sebagai bandar Jalur Sutra.* Jakarta: Departemen Pendidikan dan Kebudayaan, Direktorat Sejarah dan Nilai Tradisional, Proyek Inventarisasi dan Dokumentasi Sejarah Nasional, 1999.

Gunn, Geoffrey. *History without Borders: The Making of an Asian World Region, 1000–1800.* Hong Kong: Hong Kong University Press, 2011.

———. *Overcoming Ptolemy: The Making of an Asian World Region.* Lexington: Rowman and Littlefield, 2018.

Gupta, Ashin Das. "India and the Indian Ocean in the Eighteenth Century." In *India and the Indian Ocean 1500–1800*, edited by Ashin Das Gupta and M. N. Pearson, 131–61. Calcutta: Oxford University Press, 1987.

———. *Merchants of Maritime India, 1500–1800.* Ashgate: Variorum, 1994.

———. "The Merchants of Surat, 1700–1750." In *Elites in South Asia,* edited by Edmund Leach and S. N. Mukherjee, 201–22. Cambridge: Cambridge University Press, 1970.

Gomez, Edmund Terence. *Chinese Business in Malaysia: Accumulation, Accommodation and Ascendance.* Richmond, UK: Curzon Press, 1999.

———. "In Search of Patrons: Chinese Business Networking and Malay Political Patronage in Malaysia." In *Chinese Business Networks*, edited by Chan Kwok Bun. Singapore: Prentice Hall, 2000.

Gomez, Edmund Terence, and Michael Hsiao. *Chinese Business in Southeast Asia: Contesting Cultural Explanations, Researching Entrepreneurship.* Richmond, Surrey: Curzon, 2001.

———, eds. *Chinese Enterprise, Trans-nationalism, and Identity.* London: Routledge, 2004.

Gommans, Jos, and Jacques Leider, eds. *The Maritime Frontier of Burma, Exploring Political, Cultural and Commercial Interaction in the Indian Ocean World, 1200–1800.* Leiden: KITLV Press, 2002.

Gonschor, Lorenz. *A Power in the World: The Hawaiian Kingdom in Oceania.* Honolulu: University of Hawai'i Press, 2019.

Goor, J. van. "A Madman in the City of Ghosts: Nicolaas Kloek in Pontianak." In *All of One Company: The VOC in Biographical Perspective* (no author), 196–211. Utrecht: H & S Press, 1986.

Goor, Jurriaan van. "Imperialisme in de Marge?" In Jurriaan van Goor, *Imperialisme in de marge: De afronding van Nederlands-Indië.* Utrecht, 1986.

Gordon, Stewart. *When Asia Was the World.* Philadelphia: Da Capo, 2008.

Goscha, Christopher E. "La présence vietnamienne au royaume du Siam du XVIIème siècle: Vers une perspective péninsulaire." In *Guerre et paix en Asie du sud-est*, 211–43. Paris: L'Harmattan, 1998.

Gosling, Betty, *Sukothai: Its History, Culture, and Art.* Oxford: Oxford University Press, 1991.

Gottesman, Evan. *Cambodia after the Khmer Rouge: Inside the Politics of Nation Building.* New Haven: Yale University Press, 2003.

Gowing, Peter. *Mandate in Moroland: The American Government of Muslim Filipinos, 1899–1920.* Dillliman: University of the Philippines Press, 1977.

———. *Muslim Filipinos: Heritage and Horizon.* Quezon City: New Day Publishers, 1979.

Gowing, Peter, and Robert McAmis, eds. *The Muslim Filipinos.* Manila: Solidaridad Publishing, 1974.

Grahn, Lance, *The Political Economy of Smuggling: Regional Informal Economies in Early Bourbon New Granada.* Boulder, CO: Westview Press, 1997.

Gramberg, I. S. G. "Internationale Vuurtorens." *De Economist* 1 (1882): 17–30.

Gray, Sir John. *The British in Mombasa, 1824–1826.* London: Macmillan, 1957.

Green, Jeremy. "Maritime Aspects of History and Archaeology in the Indian Ocean, Southeast and East Asia." In *The Role of Universities and Research Institutes in Marine Archaeology: Proceedings of the Third Indian Conference of Marine Archaeology*, edited by S. R. Rao. Goa: National Institute of Oceanography, 1994.

Green, Jeremy, Rosemary Harper, and Sayann Prishanchittara. *The Excavation of the Ko Kradat Wrecksite Thailand, 1979–1980.* Perth: Special Publication of the Department of Maritime Archaeology, Western Australian Museum, 1981.

Green, Nile. *Bombay Islam: The Religious Economy of the West Indian Ocean 1840–1915.* Cambridge: Cambridge University Press, 2013.

Furnivall, John. *The Fashioning of Leviathan: The Beginnings of British Rule in Burma*, edited by Gehan Wijeyewardene. Canberra: Department of Anthropology, Research School of Pacific Studies, ANU, 1991.

Gaastra, Femme. *Bewind en beleid bij de VOC, 1672–1702*. Amsterdam: Walburg, 1989.

———. *The Dutch East India Company, Expansion and Decline*. Zutphen: Walburg Pers, 2003.

———. "Geld tegen goederen: Een structurele verandering in het Nederlands-Aziatisch handelsverkeer." *Bijdragen en mededelingen betreffende de geschiedenis der Nederlanden* 91, no. 2 (1976): 249–72.

Gallagher, J., and R. Robinson. "The Imperialism of Free Trade." *Economic History Review* 1, no. 1 (1953): 1–15.

Gaynor, Jennifer. *Intertidal History in Island Southeast Asia: Submerged Genealogy and the Legacy of Coastal Capture*. Ithaca: Cornell University Press, 2016.

———. "Maritime Ideologies and Ethnic Anomalies: Sea Space and the Structure of Subalternality in the Southeast Asian Littoral." In *Seascapes: Maritime Histories, Littoral Cultures, and Transoceanic Exchanges*, edited by Jerry H. Bentley, Renate Bridenthal, and Kären Wigen, 53–68. Honolulu: University of Hawai'i Press, 2007.

Geertz, Clifford, *Agricultural Involution*. Berkeley: University of California Press, 1963.

Gerritsen, Anne. "From Long-Distance Trade to the Global Lives of Things: Writing the History of Early Modern Trade and Material Culture." *Journal of Early Modern History* 20, no. 6 (2016): 526–44.

Gibson-Hill, C. A. "The Indonesian Trading Boat Reaching Singapore." *Royal Asiatic Society, Malaysian Branch* 23 (February 1950).

Ghosh, Durba. *Sex and the Family in Colonial India: The Making of Empire*. New York: Cambridge University Press, 2006.

Gilbert, Erik. *Dhows and the Colonial Economy of Zanzibar, 1860–1970*. Athens, OH: Ohio University Press, 2004.

Gilroy, Paul. *The Black Atlantic: Modernity and Double Consciousness*. Cambridge: Harvard University Press, 1993.

Gipouloux, François. *The Asian Mediterranean: Port Cities and Trading Networks in China, Japan and Southeast Asia, 13th–21st Century*. Translated by Jonathan Hall and Dianna Martin. Cheltenham, UK: Edward Elgar, 2011.

Giraldez, Arturo. *The Age of Trade: The Manila Galleons and the Dawn of the Global Economy*. Lanham: Rowman & Littlefield, 2015.

Glassman, Jonathan. *Feasts and Riot: Revelry, Rebellion, and Popular Consciousness on the Swahili Coast, 1856–1888*. London: Heinemann, 1995.

Godley, Michael R. "Chinese Revenue Farm Network: The Penang Connection." In *The Rise and Fall of Revenue Farming: Business Elites and the Emergence of the Modern State in Southeast Asia*, edited by John Butcher and Howard Dick, 89–99. Basingstoke: Macmillan and New York: St. Martin's Press, 1993.

Godley, Michael R. *The Mandarin-Capitalists from Nanyang: Overseas Chinese Enterprise in the Modernization of China, 1893–1911*. Cambridge: Cambridge University Press, 1981.

Gokhale, B. G. *Surat in the Seventeenth Century: A Study of the Urban History of Pre-Modern India*. Bombay: Popular Prakashan, 1979.

Floor, Willem. *The Persian Gulf: A Political and Economic History of Five Port Cities, 1500–1730.* Washington, DC: Mage Publishers, 2006.

Flynn, Thomas. "Foucault and the Eclipse of Vision." In *Modernity and the Hegemony of Vision,* edited by David Michael Levin, 273–86. Berkeley: University of California Press, 1993.

Ford, James. "Buddhist Materiality: A Cultural History of Objects in Japanese Buddhism." *Journal of Japanese Studies* 35, no. 2 (2009): 368–73.

Ford, Michele, Lenore Lyons, and Willem van Schendel, eds. *Labour Migrations and Human Trafficking in Southeast Asia: Critical Perspectives.* London: Routledge, 2014.

Forest, Alain. "L'Asie du sud-est continentale vue de la mer." In *Commerce et navigation en Asie du Sud-est (XIVe–XIXe siècles),* edited by Nguyễn Thế Anh and Yoshiaki Ishizawa, 7–30. Paris: L'Harmattan, 1999.

———. *Les missionaires français au Tonkin et au Siam, XVIIe–XVIIIe siècles: Analyse comparée d'un relatif succès et d'un total échec.* Volume 2: *Histoires du Tonkin.* Paris: l'Harmattan, 1998.

Forrest, Thomas. *A Voyage to New Guinea and the Moluccas from Balambangan: Including an Account of Magindano, Sooloo, and Other Islands.* London: G. Scott, 1779.

Fox, Robert. "The Catalangan Excavations." *Philippine Studies* 7, no. 3 (1959): 325–90.

Frake, Charles. "The Cultural Constructions of Rank, Identity, and Ethnic Origin in the Sulu Archipelago." In *Origins, Ancestry, and Alliance: Explorations in Austronesian Ethnography,* edited by James Fox and Clifford Sather. Canberra, Australia: National University Publication of the Research School of Pacific and Asian Studies, 1996.

Francalanci, G., and T. Scovazzi. *Lines in the Sea.* Dordrecht: Martinus Nijhoff, 1994.

Francis, E. "Timor in 1831." *TNI* 1, no. 1 (1838): 353–69.

Frank, Andre Gunder. *ReOrient: Global Economy in the Asian Age.* Berkeley: University of California Press, 1998.

Frank, Wolfgang, and Chen Tieh Fan. *Chinese Epigraphic Matrials in Malaysia.* 3 volumes. Kuala Lumpur: University of Malaya Press, 1982–87.

Frassen, Chris van. "Ternate, de Molukken and de Indonesische Archipel." 2 volumes. PhD thesis. Leiden University, 1987.

Freedman, Paul. *Out of the East: Spices and the Medieval Imagination.* New Haven: Yale University Press, 2008.

Freeman-Grenville, G. S. P. *The East African Coast: Select Documents from the First to the Earlier Nineteenth Century.* Oxford: Clarendon Press, 1962.

Friend, Theodore. *Indonesian Destinies.* Cambridge: Harvard University Press, 2003.

Fry, Howard. *Alexander Dalrymple and the Expansion of British Trade.* London: Cass, for the Royal Commonwealth Society Imperial Studies 29, 1970.

Fu, Shen. *Fu Sheng Liu Chi: Six Records of a Floating Life.* Translated and with Introduction by Chiang Su-hui and Leonard Pratt. Harmondsworth, Middlesex: Penguin Books, 1983.

Fuller, Dorian, Nicole Boivin, Tom Hodgervorst, and Robin Allaby. "Across the Indian Ocean: The Prehistoric Movement of Plants and Animals." *Antiquity* (June 2011): 544–58.

Fukuda, Shozo. *With Sweat and Abacus: Economic Roles of the Southeast Asian Chinese on the Eve of World War II.* Edited by George Hicks; translated by Les Oates. Singapore: Select Books, 1995.

Furber, Holden. *Private Fortunes and Company Profits in the India Trade in the 18th Century.* Aldershot: Variorum, 1997.

Elden, Stuart. "Contingent Sovereignty, Territorial Integrity and the Sanctity of Borders." *SAIS Review* 26, no. 1 (2006): 11-24.

Elkin, Jennifer. "Observations of Marine Animals in the Coastal Waters of Western Brunei Darussalam." *Brunei Museum Journal* 7, no. 4 (1992): 74–80.

Ellen, Roy. "Environmental Perturbation, Inter-Island Trade, and the Relocation of Production along the Banda Arc; or, Why Central Places Remain Central." In *Human Ecology of Health and Survival in Asia and the South Pacific*, edited by Tsuguyoshi Suzuki and Ryutaro Ohtsuka, 35–62. Tokyo: University of Tokyo Press, 1987.

———. *On the Edge of the Banda Zone: Past and Present in the Social Organization of a Moluccan Trading Network*. Honolulu: University of Hawai'i Press, 2003.

Emmerson, Donald. "Security and Community in Southeast Asia: Will the Real ASEAN Please Stand Up?" In *International Relations of the Asia-Pacific*. Stanford, CA: Shorenstein Asia-Pacific Research Center, 2005.

Esherick, Joseph. *The Origins of the Boxer Rebellion*. Berkeley: University of California Press, 1987.

Evers, H. D. "Chettiar Moneylenders in Southeast Asia." In *Marchands et hommes d'affaires asiatiques dans l'Océan Indien et la Mer de Chine 13e–20e siècles*, edited by D. Lombard and J. Aubin, 199–219. Paris, Éditions de l'École des Hautes Études en Sciences Sociales, 1987.

Evers, Hans-Dieter, and Rudiger Korff. *Southeast Asian Urbanism: The Meaning and Power of Social Space*. Singapore: ISEAS, 2000.

Fasseur, C. "Cornerstone and Stumbling Block: Racial Classification and the Late Colonial State in Indonesia." In *The Late Colonial State in Indonesia: Political and Economic Foundations of the Netherlands Indies 1880–1942*, edited by Robert Cribb, 31–57. Leiden: KITLV Press, 1994.

Fawaz, Leila Tarazi, and C. A. Bayly, eds. *Modernity and Culture: From the Mediterranean to the Indian Ocean*. New York: Columbia University Press, 2002.

Feener, Michael, and Terenjit Sevea, eds. *Islamic Connections: Muslim Societies in South and Southeast Asia*. Singapore: SIEAS Press, 2009.

Fernández-Armesto, Felipe. "Maritime History and World History." In *Maritime History as World History*, edited by Daniel Finamore, 7–24. Gainesville: University Press of Florida, 2004.

Fernando, M. R., and David Bulbeck. *Chinese Economic Activity in Netherlands India: Selected Translations from the Dutch*. Singapore: ISEAS, 1992.

Ferrand, Gabriel. *Essai de phonétique comparée du malaise et des dialectes malgaches*. Paris: Paul Guenther, 1909.

———. "Madagascar et les îles Uâq-uâq." *Journal Asiatique* 10, no. 3 (1904): 489–509.

———."Les voyages des Javanais à Madagascar." *Journal Asiatique* 10, no. 15 (1910): 281–330.

Filesi, Teobaldo. "I viaggi dei Cinesi in Africa nel medioevo." *Africa: Rivista trimestrale di studi e documentazione dell'Istituto italiano per l'Africa e l'Oriente* 16, no. 6 (1961): 275–88.

Fillmore, Stanley. *The Chartmakers: The History of Nautical Surveying in Canada*. Toronto: Canadian Hydrographic Service, 1983.

Finamore, Daniel, ed. *Maritime History as World History*. Gainesville: University Press of Florida, 2004.

Findlay, Alexander. *A Description and List of the Lighthouses of the World*. London: R. H. Laurie, 1861.

Dirlik, Arif. "Critical Reflections on 'Chinese Capitalism' as Paradigm." *Identities* 3, no. 3 (1997): 303–30.

Disney, Anthony. *A History of Portugal and the Portuguese Empire.* 2 volumes, especially volume 2. Cambridge: Cambridge University Press, 2009.

Dixon, J. M. "Voyage of the Dutch Ship 'Groll' from Hirado to Tongking." *Transactions of the Asiatic Society of Japan* XI (Yokohama, 1883): 180–216.

Dobbin, C. "From Middleman Minorities to Industrial Entrepreneurs: The Chinese in Java and the Parsis in Western India 1619–1939." *Itinerario* 13, no. 1 (1989): 109–32.

Dobbin, Christine. *Asian Entrepreneurial Minorities: Conjoint Communities in the Making of the World-Economy, 1570–1940.* London: Curzon, 1996.

Doel, H. W. van den. "De ontwikkeling van het militaire bestuur in Nederlands-Indië: De Officier-Civiel Gezaghebber, 1880–1942." *Mededeelingen van de Sectie Militaire Geschiedenis* 12 (1989): 27–50.

Donohue, Mark, and Tim Denham. "Farming and Language in Island Southeast Asia: Reframing Austronesian History. *Current Anthropology* 51–52 (2010): 223–56.

Dreyer, Edward J. *Zheng He: China and the Oceans in the Early Ming Dynasty, 1405–1433.* New York: Pearson Longman, 2007.

Dutton, George. *The Tay Son Uprising: Society and Rebellion in Eighteenth-Century Vietnam.* Honolulu: University of Hawai'i Press, 2006.

———. *A Vietnamese Moses: Philippe Binh and the Geographies of Early Modern Capitalism.* Berkeley: University of California Press, 2016.

Dy, Al Tyrone B., ed. *SWS Surveybook of Muslim Values, Attitudes, and Opinions, 1995–2000.* Manila: Social Weather Stations, 2000.

Dyke, Paul van. *The Canton Trade: Life and Enterprise on the China Coast, 1700–1845.* Hong Kong: Hong Kong University Press, 2007.

———. *Merchants of Canton and Macao: Politics and Strategies in Eighteenth Century Chinese Trade.* Hong Kong: Hong Kong University Press, 2011.

Ebing, Ewald. *Batavia-Jakarta, 1600–2000: A Bibliography.* Leiden: KITLV Press, 2000.

Edensor, Tim. *From Light to Dark: Daylight, Illumination and Gloom.* Minneapolis: Minnesota University Press, 2017.

———. "Light Design and Atmosphere." *Journal of Visual Communication* 14, no. 3 (2015): 331–50.

———. "Reconnecting with Darkness: Gloomy Landscapes, Lightless Places." *Social and Cultural Geography* 14, no. 4 (2013): 446–65.

Edney, Matthew. "The Ideologies and Practices of Mapping and Imperialism." In *Social History of Science in Colonial India,* edited by S. Irfan Habib and Dhruv Raina, 25–68. New Delhi: Oxford University Press, 2007.

Edwards, Penny. *Cambodge: The Cultivation of a Nation.* Honolulu: University of Hawai'i Press, 2007.

Edwards, Randle. "Ch'ing Legal Jurisdiction over Foreigners." In *Essays on China's Legal Tradition,* edited by Jerome Cohen, Fu-Mei Chang Chin, and R. Randle Edwards, 222–69. Princeton, Princeton University Press, 1980.

Eitzen, D. S. "Two Minorities: The Jews of Poland and the Chinese of the Philippines." *Jewish Journal of Sociology* 10, no. 2 (1968): 221–40.

Day, Tony. *Fluid Iron: State Formation in Southeast Asia.* Honolulu: University of Hawai'i Press, 2002.

De Goeje, C. H. *De Kustverlichting in Nederlandsch-Indië.* Batavia, 1913.

de Souza, Philip. *Seafaring and Civilization: Maritime Perspectives on World History.* London: Profile Books, 2001.

Defrémery, C., and B. R. Sanguinetti. *Les voyages d'Ibn Batoutah.* Volume II. Paris: Société arabic, 1854.

Deshima Dagregisters. Volumes XI (1641–50) and XII (1651–60), edited by Cynthia Viallé and Leonard Blussé. Leiden: Intercontinenta 23 & 25, 2001 & 2005.

Delgado, James. *Khublai Khan's Lost Fleet.* Berkeley: University of California Press, 2010.

D'Elia, Pasquale M. *Galileo in Cina: Relazioni attraverso il Collegio Romano tra Galileo e i gesuiti scienziati missionari in Cina (1610–1640).* Rome: Serie Facultatis Missologicae, Sectio A, no. 1, 1947.

D'Elia, P. M., ed. *Fonti Ricciane: Documenti originali concernenti Matteo Ricci e la storia delle prime relazioni tra l'Europa e la Cina (1579–1615).* Volume I. Rome: Librerio dello Stato, 1942.

Dening, Greg. *Islands and Beaches: Discourse on a Silent Land; Marquesas 1774–1880.* Chicago: Dorsey Press, 1980.

Dest, P. van. *Banka beschreven in reistochten.* Amsterdam, 1865.

Dewan Pimpinan Pusat INSA. *Melangkah Laju Menerjang Gelombang: Striding along Scouring the Seas.* Jakarta, 1984.

Dewan Redaksi Puspindo. *Sejarah pelayaran niaga di Indonesia Jilid 1: Pra sejarah hingga 17 Agustus 1945.* Jakarta: Yayasan Puspindo, 1990.

Dg Tapala La Side. "L'expansion du royaume de Goa et sa politique maritime aux XVIe et XVIIe siècles." *Archipel* 10 (1975): 159–72.

Dhakidae, Daniel. *Aceh, Jakarta, Papua: Akar permasalahan dan alternatif proses penyelsaian konflik.* Jakarta: Yaprika, 2001.

Dhiravat na Pombejra. "Ayutthaya at the End of the Seventeenth Century: Was There a Shift to Isolation?" In *Southeast Asia in the Early Modern Era: Trade, Power, and Belief,* edited by Anthony Reid, 250–72. Ithaca: Cornell University Press, 1993.

———. "Port, Palace, and Profit: An Overview of Siamese Crown Trade and the European Presence in Siam in the Seventeenth Century." In [Anon.], *Port Cities and Trade in Western Southeast Asia,* 65–84. Bangkok: Institute of Asian Studies, Chulalongkorn University, 1998.

Dick, Howard. "Indonesian Economic History Inside Out." *RIMA* 27 (1993): 1–12.

———. "Japan's Economic Expansion in the Netherlands Indies between the First and Second World Wars." *Journal of Southeast Asian Studies* 20, no. 2 (1989): 244–72.

Dijk, C. van. "Java, Indonesia, and Southeast Asia: How Important Is the Java Sea?" In *Looking in Odd Mirrors: The Java Sea,* edited by Vincent Houben, Hendrik Meier, and Willem van der Molen, 289–301. Leiden: Culturen van Zuidoost–Asië en Oceanië, 1992.

Dijk, L. C. D. van. *Neerlands vroegste betrekkingen met Borneo, den Solo Archipel, Cambodja, Siam en Cochinchina.* Amsterdam: J. H. Scheltema, 1862.

Dijk, Wil O. *Seventeenth-Century Burma and the Dutch East India Company, 1634–1680.* Singapore: Singapore University Press, 2006.

Ding, Chiang Hai. *A History of Straits Settlements Foreign Trade, 1870–1915.* Singapore: Memoirs of the National Museum 6, 1978.

Dinh, Khac Thuan. "Contribution à l'histoire de la Dynastie des Mac au Viet Nam." PhD dissertation, Université de Paris, 2002.

Crampton, Jeremy W., and John Krygier. "An Introduction to Critical Cartography." *ACME: An International E-Journal for Critical Geographies* 4, no. 1 (2006): 11–33.
Crawfurd, John. *History of the Indian Archipelago.* Volume III. London: Cass, 1820; repr. 1967.
———. *Journal of an Embassy from the Governor General of India to the Courts of Siam and Cochin-China.* London: Henry Colburn, 1828; Oxford Historical Reprints, 1967.
Cribb, Robert. *The Late Colonial State in Indonesia: Political and Economic Foundations of the Netherlands Indies, 1880–1942.* Leiden: KITLV Press, 1994.
———. "Political Structures and Chinese Business Connections in the Malay World: A Historical Perspective." In *Chinese Business Networks,* edited by Chan Kwok Bun. Singapore: Prentice Hall, 2000.
Cristalis, Irena. *Bitter Dawn: East Timor, a People's Story.* London: Zed Books, 2002.
Cubitt, Sean. "Electric Light and Electricity." *Theory, Culture and Society* 30, nos. 7/8 (2013): 309–23.
Cunliffe, Barry. *By Steppe, Desert, and Ocean: The Birth of Eurasia.* Oxford: Oxford University Press, 2015.
Curtin, P. D. *Cross-Cultural Trade in World History.* Cambridge: Cambridge University Press, 1984.
Cushman, Jennifer. *Fields from the Sea: Chinese Junk Trade with Siam during the Late 18th and Early 19th Centuries.* Ithaca: Cornell University Southeast Asia Program, 1993.
Cushman, J. W. "The Khaw Group: Chinese Business in the Early Twentieth-Century Penang." *Journal of Southeast Asian Studies* 17, no. 1 (1986): 58–79.
Daguenet, Roger. *Histoire de la Mer Rouge.* Paris: L'Harmattan, 1997.
———. *Aux origines de l'implantation français en Mer Rouge: Vie et mort d'Henri Lambert, consul de France à Aden, 1859.* Paris: L'Harmattan, 1992.
Dallmeyer, Dorinda, and Louis DeVorsey. *Rights to Oceanic Resources: Deciding and Drawing Maritime Boundaries.* Dordrecht: Martinus Nijhoff, 1989.
Dalrymple, Alexander. "An Account of Some Nautical Curiosities at Sooloo." In *Historical Collection of Several Voyages and Discoveries in the South Pacific Ocean.* Volume I, edited by Alexander Dalrymple, 1–14. London: Ale, 1770.
———. *Oriental Repertory.* Volume II. London: George Bigg, 1808.
———. *A Plan for Extending the Commerce of this Kingdom, and of the East-India-Company.* London (Printed for the Author), 1769.
Damais, Louis-Charles. "L'épigraphie musulmane dans le sud-est asiatique." *Befeo* 54 (1968): 567–604.
———. "Études d'épigraphie indonésienne III." *Befeo* 46 (1952): 1–105.
———. "Études sino-indonésiennes I: Quelques titres javanais de l'époque des Song." *Befeo* 50 (1960): 1–29.
———. "Études sino-indonésiennes III: La transcription chinoise *Ho-ling* comme désignation de Java." *Befeo* 52 (1964): 93–141.
Dars, J. "Les jonques chinoises de haute mer sous les Song et les Yuan." *Archipel* 18 (1979): 41–56.
Das Gupta, Ashin. *Merchants of Maritime India: Collected Studies, 1500–1800.* Ashgate: Variorum, 1994.
Datta, Rajat. "Merchants and Peasants: A Study of the Structure of Local Trade in Grain in Late Eighteenth Century Bengal." In *Merchants, Markets, and the State in Early Modern India,* edited by Sanjay Subrahmanyam, 139–62. Delhi: Oxford University Press, 1990.

Cipolla, Carlo. *Guns, Sails, and Empires: Technological Innovation and the Early Phases of European Expansion 1400–1700*. New York: Pantheon, 1965.

Clark, Hugh R. "Frontier Discourse and China's Maritime Frontier: China's Frontiers and the Encounter with the Sea through Early Imperial History." *Journal of World History* 20, no. 1 (2009): 1–33.

Clegg, Stewart, and S. Gordon Redding, eds. *Capitalism in Contrasting Cultures*. Berlin: De Gruyter, 1990.

Clements, John. *Coxinga and the Fall of the Ming Dynasty*. Phoenix Mill: Sutton Publishing, 2005).

Clulow, Adam. *The Company and the Shogun: The Dutch Encounters with Tokugawa Japan*. New York: Columbia University, 2013.

Coates, W. H. *The Old Country Trade of the East Indies*. London: Imray, Laurie, Nurie, and Wilson, 1911.

Cochran, Sherman. *Encountering Chinese Networks: Western, Japanese, and Chinese Corporations in China, 1880–1937*. Berkeley: University of California Press, 2000.

Coedes, Georges. *The Indianized States of Southeast Asia*. Honolulu: East-West Press, 1968.

Coen, Jan Pietersz. *Bescheiden omtremt zijn bedrif in Indië*. 4 volumes, edited by H. T. Colbrander. The Hague: Martinus Nijhoff, 1919–22.

Cohen, A. "Cultural Strategies in the Organization of Trading Diasporas." In *The Development of Indigenous Trade and Markets in West Africa*, edited by C. Meillassoux, 266–80. London: Oxford University Press, 1971.

Condominas, Georges. *We Have Eaten the Forest: The Story of a Montagnard Village in the Central Highlands of Vietnam*. New York: Hill & Wang, 1977.

Conrad, Joseph. *An Outcast of the Islands*. Oxford, Oxford University Press Reprints, 1992.

Cook, Kealani. *Return to Kahiki: Native Hawaiians in Oceania*. New York: Cambridge University Press, 2018.

Cooke, Nola. "Chinese Commodity Production and Trade in Nineteenth-Century Cambodia: The Fishing Industry." Paper presented to the Workshop on Chinese Traders in the Nanyang: Capital, Commodities and Networks, 19 Jan. 2007. Taipei, Taiwan: Academica Sinica:.

Cooke, Nola, and Tana Li, eds. *Water Frontier: Commerce and the Chinese in the Lower Mekong Region, 1750–1880*. Lanham: Rowman & Littlefield, 2004.

Coolhaas, W. Ph., ed. *Generale missiven van gouverneurs-generaal en raden aan heren XVII der Verenigde Oostindische Compagnie* [multivolume]. 's–Gravenhage: Martinus Nijhoff, 1960.

Cooper, Frederick. *From Slaves to Squatters: Plantation Labor and Agriculture in Zanzibar and Coastal Kenya, 1890–1925*. New Haven: Yale University Press, 1980.

Coops, P. C. "Nederlandsch Indies zeekaarten." *Nederlandsche Zeewezen* 3 (1904).

Corn, Charles. *The Scents of Eden: A History of the Spice Trade*. New York: Kodansha, 1999.

Cort, Louise Allison. "Vietnamese Ceramics in Japanese Contexts." In *Vietnamese Ceramics, A Separate Tradition*, edited by John Stevenson and John Guy. Michigan: Art Media Resources, 1994; repr. Chicago: Art Media Resources, 1997.

Cowley, Robert, ed. *What If? The World's Foremost Military Historians Imagine What Might Have Been*. New York: Berkley Publishing, 2000.

Crampton, Jeremy W. "Maps as Social Constructions: Power, Communication and Visualization." *Progress in Human Geography* 25, no. 2 (2001): 235–52.

Chen Dasheng and Denys Lombard. "Foreign Merchants in Maritime Trade in Quanzhou ('Zaitun'): Thirteenth and Fourteenth Centuries." In *Asian Merchants and Businessmen in the Indian Ocean and South China Sea*, edited by Denys Lombard and Jan Aubin, 19–24. Oxford; Oxford University Press, 2000.

Cheng Lim Keak. "Chinese Clan Associations in Singapore: Social Change and Continuity." In *Southeast Asian Chinese: The Socio-Cultural Dimension*, edited by Leo Suryadinata, 67–77. Singapore: Times Academic Press, 1995.

———. "Reflections on Changing Roles of Chinese Clan Associations in Singapore." *Asian Culture* (Singapore) 14 (1990): 57–71.

Cheong, W. E. *The Hong Merchants of Canton: Chinese Merchants in Sino-Western Trade*. Richmond, Surrey: Curzon, 1997.

Chew, Daniel. *Chinese Pioneers on the Sarawak Frontier (1841–1941)*. Singapore: Oxford University Press, 1990).

Chew, Ernest, and Edwin Lee, eds. *A History of Singapore*. Singapore: Oxford University Press, 1991.

Chiang, Hai Ding. *A History of Straits Settlements Trade (1870–1915)*. Singapore: Memoirs of the National Museum, 1978.

Chin, James K. "Merchants, Smugglers, and Pirates: Multinational Clandestine Trade on the South China Coast, 1520–50." In *Elusive Pirates, Pervasive Smugglers: Violence and Clandestine Trade in the Greater China Seas*, edited by Robert J. Antony, 43–57. Hong Kong: Hong Kong University Press, 2010.

Chin, James Kong. "The Junk Trade between South China and Nguyen Vietnam in the Late Eighteenth and Early Nineteenth Centuries." In *Water Frontier: Commerce and the Chinese in the Lower Mekong Region, 1750–1880*, edited by Nola Cooke and Tana Li, 53–70. Lanham: Rowman & Littlefield, 2004.

Chirapravati, Pattaratorn. *The Votive Tablets in Thailand: Origins, Styles, and Usages*. Oxford: Oxford University Press, 1999.

Chirot, Daniel, and Anthony Reid, eds. *Essential Outsiders: Chinese and Jews in the Modern Transformation of Southeast Asia and Central Europe*. Seattle: University of Washington Press, 1997.

Chittick, Neville. *Kilwa: An Islamic Trading City on the East African Coast*. Nairobi: British Institute in Eastern Africa, 1974.

Choi, Byung Wook. "The Nguyen Dynasty's Policy toward Chinese on the Water Frontier in the First Half of the Nineteenth Century." In *Water Frontier: Commerce and the Chinese in the Lower Mekong Region, 1750–1880*, edited by Nola Cooke and Tana Li, 85–100. Lanham: Rowman & Littlefield, 2004.

Choi, Chong Jui. "Contract Enforcement across Cultures." *Organization Studies* 15, no. 5 (1994): 673–82.

Chouvy, Pierre-Arnoud. *An Atlas of Trafficking in Southeast Asia: The Illegal Trade in Arms, Drugs, People, Counterfeit Goods, and Natural Resources in Mainland Southeast Asia*. London: Bloomsbury, 2013.

Chua Beng Huat. "Singapore as Model: Planning Innovations, Knowledge Experts." In *Worlding Cities: Asian Experiments and the Art of Being Global*, edited by Ananya Roy and Aihwa Ong, 29–54. London: Blackwell, 2011.

Chutintaranond, Sunait. "Mergui and Tenasserim as Leading Port Cities in the Context of Autonomous History." In *Port Cities and Trade in Western Southeast Asia* [Anon.], 1–14. Bangkok: Institute of Asian Studies, Chulalongkorn University, 1998.

Casale, Giancarlo, Carla Rahn Phillips, and Lisa Norling. "Introduction to 'The Social History of the Sea.'" *Journal of Early Modern History* 14, nos. 1–2 (Special Issue, 2010): 1–7.
Casino, Eric. *Mindanao Statecraft and Ecology: Moros, Lumads, and Settlers across the Lowland-Highland Continuum*. Cotabato: Notre Dame University, 2000.
Castells, M. *The Urban Question: A Marxist Approach*. London: Edward Arnold, 1979.
Castillo, Gelia. *Beyond Manila: Philippine Rural Problems in Perspective*. Ottawa: International Development Research Center, 1980.
Catellacci, D. "Curiose notizie di anonimo viaggiatore fiorentino all'Indie nel secolo XVII." *Archivio Storico Italiano* 28, no. 223 (1901) 120–29.
Cator, W. J. *The Economic Position of the Chinese in the Netherlands Indies*. Oxford: Basil Blackwell, 1936.
Catz, Rebecca D., trans. and ed. *The Travels of Mendes Pinto / Fernão Mendes Pinto*. Chicago: University of Chicago Press, 1989.
Cense, A. A. "Makassarsche-Boeginese paruwvaart op Noord-Australië." *Bijdragen tot de Taal-Land-en Volkenkunde* 108 (1952): 248–65.
Chaffee, John. *Muslim Merchants of Pre-Modern China: The History of a Maritime Asian Trade Diaspora, 750–1400*. Cambridge: Cambridge University Press, 2018.
Chaiklin, Martha. *Cultural Commerce and Dutch Commercial Culture: The Influence of European Material Culture on Japan, 1700–1850*. Leiden: CNWS, 2003.
Chaiklin, Martha, Philip Gooding, and Gwyn Campbell, eds. *Animal Trade Histories in the Indian Ocean World*. London: Palgrave Series in the Indian Ocean World, 2020.
Chakravati, N. R. *The Indian Minority in Burma: The Rise and Decline of an Immigrant Community*. London: Oxford University Press, 1985.
Chandra, Savitri. "Sea and Seafaring as Reflected in Hindi Literary Works During the 15th to 18th Centuries." In *Mariners, Merchants, and Oceans: Studies in Maritime History*, edited by K. S. Mathew, 84–91. Pondicherry: Pondicherry University, 1990.
Chang, David A. *The World and All the Things upon It: Native Hawaiian Geographies of Exploration*. Minneapolis: University of Minnesota Press, 2016.
Chang, Kuei-sheng. "The Ming Maritime Enterprise and China's Knowledge of Africa prior to the Age of Great Discoveries." *Terrae Incognitae* 3, no. 1 (1971): 33–44.
Chang, Pin-tsun. "Maritime China in Historical Perspective." *International Journal of Maritime History* 4, no. 2 (1992): 239–55.
———. "The Sea as Arable Fields: A Mercantile Outlook on the Maritime Frontier of Late Ming China." In *The Perception of Space in Traditional Chinese Sources*, edited by Angela Schottenhammer and Roderich Ptak, 17–26. Wiesbaden: Harrassowitz Verlag, 2006.
Chang Wen-Chin. "Guanxi and Regulation in Networks: The Yunnanese Jade Trade Between Burma and Thailand." *Journal of Southeast Asian Studies* 35, no. 3 (2004): 479–501.
Chappell, David A. *Double Ghosts: Oceanian Voyagers on Euroamerican Ships*. New York: M. E. Sharpe, 1997.
Chapelle, H. M. La. "Bijdrage tot de kennis van het stoomvaartverkeer in den Indischen Archipel." *De Economist* 2 (1885): 689–90.
Chaudhuri, K. N. *Trade and Civilisation in the Indian Ocean: An Economic History from the Rise of Islam to 1750*. Cambridge: Cambridge University Press, 1985.
Chemillier-Gendreau, Monique. *Sovereignty over the Paracel and Spratly Islands*. Leiden: Springer, 2000.

———. *Koninklijke Paketvaart Maatschappij: Stoomvaart en staatsvorming in de Indonesische archipel 1888–1914*. Hilversum: Verloren, 1992.

———. "Indonesia as Maritime State." Paper presented at the First International Conference on Indonesian Maritime History: The Java Sea Region in an Age of Transition 1870–1970, Semarang, 1–4 December (1999).

———. "Een maritime BB: De rol van de Koninklijke Paketvaart Maatschappij in de integratie van de koloniale staat." In *Imperialisme in de marge: De afronding van Nederlands-Indië*, edited by J. van Goor, 123–77. Utrecht: HES, 1985.

———. "Perahu Shipping in Indonesia 1870–1914." *Review of Indonesian and Malaysian Affairs* 27 (1993): 33–60.

———. "Steam Navigation and State Formation." In *The Late Colonial State in Indonesia: Political and Economic Foundations of the Netherlands Indies 1880–1942*, edited by Robert Cribb, 11–29. Leiden: KITLV Press, 1994.

Cañizares-Esguerra, Jorge, and Erik R. Seeman, eds. *The Atlantic in Global History, 1500–2000*, 2nd ed. New York: Routledge, 2018.

Capelli, Cristian, et al. "A Predominantly Indigenous Paternal Heritage for the Austronesian-Speaking Peoples of Insular Southeast Asia and Oceania." *American Journal of Human Genetics* 68, no. 2 (2001): 432–43.

Cardwell, D. S. L. *Turning Points in Western Technology: A Study of Technology, Science, and History.* New York: Neale Watson 1972.

Carey, Peter. "Changing Javanese Perceptions of the Chinese Communities in Central Java, 1755–1825." *Indonesia* 37 (1984): 1–47.

Carioti, Patrizia. "The Zhengs' Maritime Power in the International Context of the Seventeenth Century Far Eastern Seas: The Rise of a 'Centralized Piratical Organization' and Its Gradual Development into an Informal State." *Ming Qing Yanjiu* 5, no. 1 (1996): 29–67.

Carney, Judith A. *Black Rice: The African Origins of Rice Cultivation in the Americas.* Cambridge: Harvard University Press, 2002.

Carreira, Ernestine. "Les français et le commerce du café dans l'Océan Indien au XVIIIe siècle." In *Le Commerce du café avant l'ère des plantations coloniales: Espaces, réseaux, sociétés (XVe-XIXe siècle)*, edited by Michel Tuchscherer, 333–37. Cairo: Institut Français d'Archéologie Orientale, 2001.

Cartier, Michel. "The Chinese Perspective on Trade in the Indian Ocean." In *Asian Merchants and Businessmen in the Indian Ocean and the China Sea*, edited by Denys Lombard and Jan Aubin, 121–24. Oxford: Oxford University Press, 2000.

———. "La vision chinoise des étrangers: Réflexions sur la constitution d'une pensée anthropologique." In *Asia Maritima: Images et réalité: Bilder und Wirklichkeit 1200–1800*, edited by Denys Lombard and Roderich Ptak, 63–77. Wiesbaden: Harrassowitz Verlag, 1994.

———. "La vision chinoise du monde: Taiwan dans la littérature géographique ancienne." In *Appréciation par l'Europe de la tradition chinoise: À partir du XVIIe siècle; Actes du IIIe Colloque international de sinologie, 11–14 septembre 1980*, Centre de recherches interdisciplinaire de Chantilly (CERIC), 1–12. Paris, 1983.

Cartwright, David E. "Tonkin Tides Revisited." *The Royal Society* 57, no. 2 (2003), https://doi.org/10.1098/rsnr.2003.0201.

Casale, Giancarlo. *The Ottoman Age of Exploration.* New York: Oxford University Press, 2010.

———. "A Ming Gap? Data from Southeast Asian Shipwreck Cargoes." In *Southeast Asia in the Fifteenth Century: The China Factor*, edited by Geoff Wade and Sun Laichen, eds., 359–83. Singapore: NUS Press, 2010.

Brudhikrai, Luang Joldhan. "Development of Hydrographic Work in Siam from the Beginning up to the Present." *International Hydrographic Review* 24 (1947): 48–53.

Buch, W. J. M. "La Compagnie des Indes Néerlandaises et I'Indochine." *BEFEO* 36–37 (1936–37): 121–237.

———. "*De Oost-Indische Compagine en Quinam: De betrekkingen der Nederlanders met Annam in de XVII*[e] *eeuw*. (Amsterdam and Paris, 1929).

Bun, Chan-kwok and Ng Beoy Kui. "Myths and Misperceptions of Ethnic Chinese Capitalism." In *Chinese Business Networks*, edited by Chan Kwok Bun. Singapore: Prentice Hall, 2000.

Burrows, Edmond. *Captain Owen of the African Survey: The Hydrographic Surveys of Admiral WFW Owen on the Coast of Africa and the Great Lakes of Canada*. Rotterdam: AA Balkema, 1979.

Burton, R. F. *The Lake Regions of Central Africa*. Volume I. London, 1860.

———. *Zanzibar: City, Island and Coast*. Volume II. London: Tinsely, 1872.

Buschmann, Rainer F., Edward R. Slack Jr., and James B. Tueller. *Navigating the Spanish Lake: The Pacific in the Iberian World, 1521–1898*. Honolulu: University of Hawai'i Press, 2014.

Butcher, John. *The Closing of the Frontier: A History of the Marine Fisheries of Southeast Asia, 1850–2000*. Singapore; ISEAS, 2004.

———. "A Note on the Self-Governing Realms of the Netherlands Indies in the Late 1800s." *BTLV* 164, no. 1 (2008): 1–12.

Butcher, John, and Robert Elson. *Sovereignty and the Sea: How Indonesia Became an Archipelagic State*. Singapore: National University of Singapore Press, 2017.

Butcher, John, and Howard Dick, eds. *The Rise and Fall of Revenue Farming: Business Elites and the Emergence of the Modern State in Southeast Asia*. Basingstoke: Macmillan and New York: St. Martin's Press, 1993.

Cahen, Claude. "Le commerce musulman dans l'Océan Indien au Moyen Age." In *Sociétés et compagnies de commerce en Orient et dans l'Océan Indien*, edited by M. Mollat, 179–93. Paris: SEVPEN, 1970.

Calmard, Jean. "The Iranian Merchants: Formation and Rise of a Pressure Group between the Sixteenth and Nineteenth Centuries." in *Asian Merchants and Businessmen in the Indian Ocean and the China Sea*, edited by Denys Lombard and Jan Aubin, 87–104. Oxford: Oxford University Press, 2000.

Calvino, Italo. *Invisible Cities*. London: Harcourt, 1974.

Campbell, Gwyn. *Africa and the Indian Ocean World from Early Times to Circa 1900*. Cambridge: Cambridge University Press, 2019.

———, ed. *The Structure of Slavery in Indian Ocean Africa and Asia*. Portland: Frank Cass Publishers, 2004.

Campo, J. N. F. M. à. "The Accommodation of Dutch, British and German Maritime Interest in Indonesia, 1890–1910." *International Journal of Maritime History* 4, no. 1 (1992): 1–41.

———."De Chinese stoomvaart in de Indische archipel." *Jambatan: Tijdschrift voor de geschiedenis van Indonesië* 2, no. 2 (1984):1–10.

Boxer, Charles. *The Portuguese Seaborne Empire 1415–1825*. New York: Knopf, 1969.
Boxer, C. R. *South China in the 16th Century*. London: Crown Press, 1953.
Braudel, Fernand. *The Mediterranean and the Mediterranean World in the Age of Phillip II*. 2 volumes. Berkeley: University of California Press Reprints, 1996.
Brazeale, Kennon, ed. *From Japan to Arabia: Ayutthaya's Maritime Relations*. Bangkok: Toyota Thailand Foundation, 1999.
Brendon, Piers. *The Decline and Fall of the British Empire, 1781–1997*. New York: Knopf, 1998.
Brennig, Joseph. "Textile Producers and Production in Late Seventeenth Century Coromandel." In *Merchants, Markets, and the State in Early Modern India*, edited by Sanjay Subrahmanyam, 66–89. Delhi: Oxford University Press, 1990.
British Documents on Foreign Affairs: Reports and Papers from the Foreign Office Confidential Print, multivolume. Washington, D.C.: University Press of America, 1995.
British Parliamentary Papers. Sessions 1845. Volume 4: *Shipping Safety*, "Reports from Select Committees on Lighthouses, with Minutes of Evidence." Shannon, 1970.
Broeze, F. J. A. "From Imperialism to Independence: The Decline and Re-emergence of Asian Shipping." *The Great Circle [Journal of the Australian Association for Maritime History]* 9, no. 2 (1987): 70–89.
———. "The Merchant Fleet of Java 1820–1850: A Preliminary Survey." *Archipel* 18, (1979): 251–69.
Broeze, Frank. *Brides of the Sea: Port Cities of Asia From the 16th–20th Centuries*. Kensington: New South Wales University Press, 1989.
———, ed. *Gateways of Asia: Port Cities of Asia in the 13th–20th Centuries*. London: Kegan Paul International, 1997.
Bronson, Bennet. "Exchange at the Upstream and Downstream Ends: Notes toward a Functional Model of the Coastal States in Southeast Asia." In *Economic Exchange and Social Interaction in Southeast Asia: Perspectives from Prehistory, History, and Ethnography*, edited by K. L. Hutterer, 39–52. Ann Arbor: University of Michigan Southeast Asia Program, 1977.
———. "Export Porcelain in Economic Perspective: The Asian Ceramic Trade in the 17th Century." In *Ancient Ceramic Kiln Technology in Asia*, edited by Ho Chumei. Hong Kong: University of Hong Kong, 1990.
Brook, Timothy. *The Confusions of Pleasure: Commerce and Culture in Ming China*. Berkeley: University of California Press, 1998.
Brook, Timothy, and Bob Tadashi Wakabayashi, eds. *Opium Regimes: China, Britain, and Japan, 1839–1952*. Berkeley: University of California Press, 2000.
Brouwer, C. G. *Al-Mukha: Profile of a Yemeni Seaport as Sketched by Servants of the Dutch East India Company, 1614–1640*. Amsterdam: D'Fluyte Rarob, 1997.
———. *Cauwa ende Comptanten: De VOC in Yemen*. Amsterdam: D'Fluyte Rarob, 1988.
Brown, Edward. *A Seaman's Narrative of His Adventures during a Captivity among Chinese Pirates on the Coast of Cochin China*. London: Charles Westerton, 1861.
Brown, Ian. *The Elite and the Economy in Siam, 1890–1920*. Oxford: Oxford University Press, 1988.
Brown, Rajeswary A., ed. *Chinese Business Enterprise in Asia*. London and New York: Routledge, 1995.
Brown, Roxanna. *The Ceramics of South-East Asia: Their Dating and Identification*. Singapore: Oxford University Press, 1988.

Bois, Paul, Pierre Boyer, and Yves J. Saint-Martin. *L'Ancre et la Croix du Sud: La marine française dans l'expansion coloniale en Afrique noire et dans l'Océan indien, de 1815 à 1900*. Vincennes: Service Historique de la Marine, 1998.

Bonacich, Edna. "A Theory of Middleman Minorities." In *Majority and Minority: The Dynamics of Racial and Ethnics Relations*, 2nd ed., edited by N. R. Yetman and C. H. Steele, 77–89. Boston: Allyn & Bacon, 1975.

Boncompagni-Ludovisi, F. *Le prime due ambasciate dei giapponesi a Roma (1585–1615)*. Rome: Forzani e Comp., Tipografi del Senato, 1904.

Boomgaard, Peter, ed. *A World of Water: Rain, Rivers, and Seas in Southeast Asian Histories*. Leiden: KITLV Press, 2007.

Booth, K. "The Roman Pharos at Dover Castle." *English Heritage Historical Review* 2 (2007): 9–22.

Bopearachichi, Osmand, ed. *Origin, Evolution, and Circulation of Foreign Coins in the Indian Ocean*. Delhi: Manohar, 1988.

Borges, Charles. "Intercultural Movements in the Indian Ocean Region: Churchmen, Travelers, and Chroniclers in Voyage and in Action." In *Indian Ocean and Cultural Interaction, 1400–1800*, edited by K. S. Mathew, 21–34. (Pondicherry: Pondicherry University, 1996).

Borofsky, Robert, ed. *Remembrance of Pacific Pasts: An Invitation to Remake History*. Honolulu: University of Hawai'i Press, 2000.

Borri, Christopher. "An Account of Cochin-China." In *A Collection of the Best and Most Interesting Voyages and Travels in All Part of the World*. Volume XI, edited by John Pinkerton. London: Longman, Hurst, Rees, and Orme, 1811.

Borscheid, Peter, and Niels Viggo Haueter. "Institutional Transfer: The Beginnings of Insurance in Southeast Asia. *Business History Review* 89, no. 2 (2015).

Bose, Sugata. *A Hundred Horizons: The Indian Ocean in the Age of Global Empire*. Cambridge, MA: Harvard University Press, 2006.

———. *Peasant Labour and Colonial Capital: Rural Bengal Since 1770*. Cambridge: Cambridge University Press, 1993.

———, ed. *South Asia and World Capitalism*. Oxford: Oxford University Press, 1991.

Bouchon, Geneviève. "L'Asie du Sud à l'époque des grandes découvertes." London: Variorum Reprints, 1987.

———. *Mamale de Cananor: Un adversaire de l'Inde portugaise (1507–1528)*. Geneva and Paris: Droz, Hautes études islamiques et orientales d'histoire comparée, École Pratique des Hautes Études, IVe Section, 1975.

———. "A Microcosm: Calicut in the Sixteenth Century." In *Asian Merchants and Businessmen in the Indian Ocean and the China Sea*, edited by Denys Lombard and Jan Aubin, 78–87. Oxford: Oxford University Press, 2000.

———. "Les Musulmans de Kerala à l'époque de la découverte portugaise." *Mare Luso-Indicum II*, 3–59. Geneva and Paris, 1973.

———. "Le sud-ouest de I'Inde dans l'imaginaire européen au début du XVIe siècle: Du mythe à la réalité." in *Asia Maritima: Images et réalité: Bilder und Wirklichkeit 1200–1800*, edited by Denys Lombard and Roderich Ptak. Wiesbaden: Harrassowitz Verlag, 1994.

Bowers, Brian. *Lengthening the Day: A History of Lighting Technology*. Oxford: Oxford University Press, 1998.

Bernier, Ronald. "Review of *Hindu Gods of Peninsular Siam* by Stanley O'Connor." *Journal of Asian Studies* 33, no. 4 (1974): 732–33.

Berthaud, Julien. "L'origine et la distribution des caféiers dans le monde." In *Le Commerce du café avant l'ère des plantations coloniales: Espaces, réseaux, sociétés (XVe-XIXe siècle)*, edited by Michel Tuchscherer. Cairo: Institut Français d'Archéologie Orientale, 2001.

Bhacker, M. Reda. *Trade and Empire in Muscat and Zanzibar: Roots of British Domination.* London: Routledge, 1992.

Bian, He. *Know Your Remedies: Pharmacy and Culture in Early Modern China.* Princeton: Princeton University Press, 2020.

Bickers, Robert. "Infrastructural Globalisation: The Chinese Maritime Customs and the Lighting of the China Coast, 1860s—1930s." *Historical Journal* 56, no. 2 (2013): 431–58.

Biezen, Christiaan. "'De waardigehid van een koloniale mogendheid': De hydrografische dienst en de kartering van de Indische Archipel tussen 1874 en 1894." *Tijsdchrift voor het Zeegeschiedenis* 18, no. 2 (1999): 23–38.

Bishara, Fahad. "The Many Voyages of Fateh-Al-Khayr: Unfurling the Gulf in the Age of Oceanic History." *International Journal of Middle East Studies* 52, no. 3 (2020): 397–412.

———. *A Sea of Debt: Law and Economic Life in the Western Indian Ocean, 1780–1850.* New York: Cambridge University Press, 2017.

Blackburn, Anne. "Localizing Lineage: Importing Higher Ordination in Theravadin South and Southeast Asia." In *Constituting Communities: Theravada Buddhism and the Religious Cultures of South and Southeast Asia*, edited by John Holt, Jonathan Walters, and Jacob Kinnard, chapter 7. Albany: State University of New York Press, 2003.

Blench, Roger. "Was There an Austroasiatic Presence in Island Southeast Asia Prior to the Austronesian Expansion?" *Bulletin of the Indo-Pacific Prehistory Association* 30 (2010): 133–44.

Bloom, P. A. F. *Onze nationale scheepvaart op and in Oost-Indië.* Nijmegen: Schippers, 1912.

Blussé, Leonard. "The Chinese Century: The Eighteenth Century in the China Sea Region." *Archipel* 58 (1999): 107–30.

———. "Chinese Trade to Batavia during the Days of the VOC." *Archipel* 18 (1979): 195–213.

———. "Junks to Java: Chinese Shipping to the Nanyang in the Second Half of the Eighteenth Century." In *Chinese Circulations: Capital, Commodities, and Networks in Southeast Asia*, edited by Eric Tagliacozzo and Wen-Chin Chang, 221–58. Durham: Duke University Press, 2011.

———. "No Boats to China: The Dutch East India Company and the Changing Pattern of the China Sea Trade, 1635–1690." *Modern Asian Studies* 30, no. 1 (1996): 51–76.

———. *Strange Company: Chinese Settlers, Mestizo Women, and the Dutch in VOC Batavia.* Leiden: Foris, 1986.

———. "The Vicissitudes of Maritime Trade: Letters from the Ocean Hang Merchant, Li Kunhe, to the Dutch Authorities in Batavia (1803–9)." In *Sojourners and Settlers: Histories of Southeast Asia and the Chinese*, edited by Anthony Reid. St. Leonards, Aust.: Allen & Unwin, 1996.

———. *Visible Cities.* Cambridge: Harvard University Press, 2008.

Blust, Robert. "The Prehistory of the Austronesian-Speaking Peoples: A View from Language." *Journal of World Prehistory* 9, no. 4 (1995): 453–510.

Bogaars, G. "The Effect of the Opening of the Suez Canal on the Trade and Development of Singapore." *JMBRAS* 28, no. 1, 1955.

Bastin, John. "The Changing Balance of the Southeast Asian Pepper Trade." In *Spices in the Indian Ocean World*, edited by M. N. Pearson, 283–316. Ashgate: Variorum, 1996.

Basu, Dilip. "The Impact of Western Trade on the Hong Merchants of Canton, 1793–1842." In *The Rise and Growth of the Colonial Port Cities in Asia*, edited by Dilip Basu, 151–55. Berkeley, Center for South and Southeast Asian Research 25, University of California Press, 1985.

Bautista, Julius, ed. *The Spirit of Things: Materiality and Religious Diversity in Southeast Asia.* Ithaca, NY: Cornell University Southeast Asia Program, 2012.

Bayly, Christopher. *Empire and Information: Intelligence Gathering and Social Communication in India, 1780 to 1870.* Cambridge: Cambridge University Press, 2000.

Beckert, Sven. *Empire of Cotton: A Global History.* New York: Alfred A. Knopf, 2014.

Behrens-Abouseif, Doris. "The Islamic History of the Lighthouse of Alexandria." *Muqarnas* 23 (2006): 1–14.

Bellina, Berenice. *Khao Sam Kaeo: An Early Port-City Between the Indian Ocean and the South China Sea.* Paris: EFEO, 2017.

Bellwood, Peter. *Prehistory of the Indo-Malaysian Archipelago.* Honolulu: University of Hawai'i Press, 1997.

Benedict, B. "Family Firms and Economic Development." *Southwestern Journal of Anthropology* 24, no. 1 (1968): 1–19.

Bengzon, Alfredo, "Each of Us Is Really a Peace Commissioner." In *Compilation of Government Pronouncements and Relevant Documents on Peace and Development for Mindanao*, 34–38. Manila: Office of the Press Secretary, 1988.

———. "Now That We Have Freedom, Let Us Seek Peace." In *Compilation of Government Pronouncements and Relevant Documents on Peace and Development for Mindanao*, 29–33. Manila: Office of the Press Secretary, 1988.

Bentley, Jerry H. "Sea and Ocean Basins as Frameworks of Historical Analysis." *Geographical Review* 89, no. 2 (April 1999): 215–24.

Bentley, Jerry, Renate Bridenthal, and Kären Wigen, eds. *Seascapes: Maritime Histories, Littoral Cultures, and Transoceanic Exchanges.* Honolulu: University of Hawai'i Press, 2007.

Benton, Lauren, and Nathan Perl-Rosenthal, eds. *A World at Sea: Maritime Practices and Global History.* Philadelphia: University of Pennsylvania Press, 2020.

Benton, Ted, "Adam Smith and the Limits to Growth." In *Adam Smith's Wealth of Nations: New Interdisciplinary Essays*, edited by Stephen Copley and Kathryn Sutherland, 144–170. Manchester: Manchester University Press, 1995.

Berchet, G. *Le antiche ambasciate giapponesi in Italia: Saggio storico con documenti.* Venice, M. Visentini, 1877.

———. *La Repubblica di Venezia e la Persia.* Turin: G. B. Paravia, 1865.

Berckel, H. E. van. "De Bebakening en Kustverlichting," *Gedenkboek Koninklijke Instituut Ingenieurs* (1847–97): 309–310.

———. "Zeehavens en kustverlichting in de kolonien: Oost Indie." *Gedenkboek Koninklijk Instituut Ingenieurs* (1847–97): 307–8.

Bernal, R., L. Diaz Trechuelo, M. C. Guerrero, and S. D. Quiason. "The Chinese Colony in Manila, 1570–1770." In *The Chinese in the Philippines 1570–1770.* Volume 1, edited by A. Felix Jr. Manila: Solidaridad Publishing House, 1966.

Atwell, William. "Notes on Silver, Foreign Trade, and the Late Ming Economy." *Ch'ing Shih Wen-t'i* 3 (1977), 1–33.

Aubin, Jean. "Merchants in the Red Sea and the Persian Gulf at the Turn of the Fifteenth and Sixteenth Centuries." In *Asian Merchants and Businessmen in the Indian Ocean and the China Sea*, edited by Denys Lombard and Jan Aubin, 79–86. Oxford: Oxford University Press, 2000.

Baber, Zaheer. *The Science of Empire: Scientific Knowledge, Civilization, and Colonial Rule in India.* Albany: SUNY Press, 1996.

Backer Dirks, F. C. *De Gouvernements marine in het voormalige Nederlands-Indië in haar verschillende tijdsperioden geschetst; III. 1861–1949.* Weesp: De Boer Maritiem, 1985.

Bacque-Grammont, Jean-Louis, and Anne Kroell. *Mamlouks, ottomans et portugais en Mer Rouge: L'Affaire de Djedda en 1517.* Paris: Le Caire, 1988.

Bader, Z. "The Contradictions of Merchant Capital 1840–1939." In *Zanzibar under Colonial Rule*, edited by A. Sheriff and E. Ferguson, 163–87. London: James Curry, 1991.

Bailey, Warren, and Lan Truong. "Opium and Empire: Some Evidence from Colonial-Era Asian Stock and Commodity Markets." *Journal of Southeast Asian Studies* 32 (2001): 173–94.

Bailyn, Bernard. *The Ideological Origins of the American Revolution.* Cambridge: Harvard University Press, 1967.

———. *The Peopling of British North America.* New York: Vintage Press, 1988.

———. *Voyagers to the West: A Passage in the Peopling of America on the Eve of the Revolution.* New York: Vintage Press, 1988.

Baker, Chris, and Pasuk Phongpaichit. *A History of Ayutthaya: Siam in the Early Modern World.* Cambridge: Cambridge University Press, 2017.

———. "Protection and Power in Siam: From Khun Chang Khun Phaen to the Buddhist Amulet." *Southeast Asian Studies* 2, no. 2 (2013): 215–42.

Baladouni, Vahe, and Margaret Makepeace, eds. *Armenian Merchants of the Early Seventeenth and Early Eighteenth Centuries.* Philadelphia: American Philosophical Society, 1998.

Banerjee, Kum Kum. "Grain Traders and the East India Company: Patna and Its Hinterland in the Late Eighteenth and Early Nineteenth Centuries." In *Merchants, Markets, and the State in Early Modern India*, edited by Sanjay Subrahmanyam, 163–89. Delhi: Oxford University Press, 1990.

Banga, Indu. *Ports and Their Hinterlands in India, 1700–1950.* Delhi: Manohar, 1992.

Banner, Stuart. *Possessing the Pacific: Lands, Settlers, and Indigenous People from Australia to Alaska.* Cambridge: Harvard University Press, 2007.

Barendse, René J. *The Arabian Seas: The Indian Ocean World of the Seventeenth Century.* Armonk, NY: M. E. Sharpe, 2002.

———. "Reflections on the Arabian Seas in the Eighteenth Century." *Itinerario* 25, no. 1 (2000): 25–50.

Barthes, Roland. *Empire of Signs.* New York: Hill and Wang, 1983.

Baron, Samuel. "A Description of the Kingdom of Tonqueen." In *A Collection of the Best and Most Interesting Voyages and Travels in All Parts of the World*, edited by John Pinkerton (London, 1811).

Barrow, John. *A Voyage to Cochin China.* Kuala Lumpur: Oxford University Press, 1975; orig. 1806.

Barton, Tamsyn. *Power and Knowledge: Astrology, Physiognomics, and Medicine under the Roman Empire.* Ann Arbor: University of Michigan Press, 1994.

Bassi, Ernesto. *An Aqueous Territory: Sailor Geographies and New Granada's Transimperial Greater Caribbean World.* Durham: Duke University Press, 2016.

Appel, G. N. "Studies of the Taosug- and Samal-Speaking Populations of Sabah and the Southern Philippines." *Borneo Research Bulletin* 1, no. 2 (1969): 21–22.

Aquino, Benigno. "From Negotiations to Consensus-Building: The New Parameters for Peace." In *Compilation of Government Pronouncements and Relevant Documents on Peace and Development for Mindanao*, 17–21. Manila: Office of the Press Secretary, 1988.

———. "The Historical Background of the Moro Problem in the Southern Philippines." In *Compilation of Government Pronouncements and Relevant Documents on Peace and Development for Mindanao*, 1–16. Manila: Office of the Press Secretary, 1988.

Aquino, Corazon. "Responsibility to Preserve Unity." In *Compilation of Government Pronouncements and Relevant Documents on Peace and Development for Mindanao*, 26–28. Manila: Office of the Press Secretary, 1988.

———. "ROCC: The Start of a New Kind of Political Involvement." In *Compilation of Government Pronouncements and Relevant Documents on Peace and Development for Mindanao*, 22–25. Manila: Office of the Press Secretary, 1988.

Arasaratnam, S. *Maritime India in the Seventeenth Century*. Delhi: Oxford University Press, 1994.

———. *Maritime Trade, Society and European Influence in Southern Asia, 1600–1800*. Ashgate: Variorum, 1995.

———. "Slave Trade in the Indian Ocean in the Seventeenth Century." In *Mariners, Merchants, and Oceans: Studies in Maritime History*, edited by K. S. Mathew, 195–208. Delhi: Manohar, 1995.

———. "Weavers, Merchants, and Company: The Handloom Industry in South-Eastern India 1750–1790." In *Merchants, Markets, and the State in Early Modern India*, edited by Sanjay Subrahmanyam, 190–214. Delhi: Oxford University Press, 1990.

Arendt, Hannah. *The Origins of Totalitarianism*. Cleveland, OH: World Publishing, 1958.

Arifin-Cabo, Pressia, Joel Dizon, and Khomenie Mentawel. *Dar-ul Salam: A Vision of Peace for Mindanao*. Cotabato: Kadtuntaya Foundation, 2008.

Armitage, David, Alison Bashford, and Sujit Sivasundaram, eds. *Oceanic Histories*. New York: Cambridge University Press, 2017.

Arokiasawang, Celine. *Tamil Influences in Malaysia, Indonesia, and the Philippines*. Manila: no publisher; Xerox typescript, Cornell University Library, 2000.

Arrighi, Giovanni, Takeshi Hamashita, and Mark Selden. "Introduction: The Rise of East Asia in Regional and World Historical Perspective." In *The Resurgence of East Asia: 500, 150 and 50 Year Perspectives*, edited by Giovanni Arrighi, Takeshi Hamashita, and Mark Selden, 1–16. London and New York: Routledge, 2003.

Asad, Talal. "Anthropological Conceptions of Religion: Reflections on Geertz." *Man* 18, no. 2 (1983): 237–59.

Askarai, Syed Hasan. "Mughal Naval Weakness and Aurangzeb's Attitude towards the Traders and Pirates on the Western Coast." *Journal of Indian Ocean Studies* 2, no. 3 (1995): 236–42.

Aslanian, Sebouh. *From the Indian Ocean to the Mediterranean: The Global Trade Networks of Armenian Merchants from New Julfa*. Berkeley: University of California Press, 2011.

Assavairulkaharn, Prapod. *Ascending of the Theravada Buddhism in Southeast Asia*. Bangkok: Silkworm, 1984.

Atwell, William S. "Ming China and the Emerging World Economy, c.1470–1650." In *The Cambridge History of China*, 1–33. Volume 8: *The Ming Dynasty, 1368–1644, Part 2*, edited by Denis Twitchett and Frederick Mote, 376–416. Cambridge: Cambridge University Press, 1998.

[Anon.] "Poeloe-Weh." *Indische Mercuur* 44 (5 November 1901): 820.
[Anon.] "Pontianak-Rivier." *TvhZ* 236 (1875).
[Anon.] "Presiden tak pernah kirim peace feelers: Mungkin tukang-tukang catut yang ke Kuala Lampur." *Sinar Harapan* (2 February 1966).
[Anon.] "Produce Shipped by the Japanese from the Netherlands Indies." *Economic Review of Indonesia* 1, no. 4 (1947): 25–27.
[Anon.] "Reede van Batavia." *TvhZ* (1871): 222–24.
[Anon.] *Report of the Philippine Commission to the President, January 31, 1900*. Washington, DC: US Gov't Printing Office, 1900–1901), 3:157–200.
[Anon.] "Report from the Royal Commission on the Condition and Management of Lights, Buoys, and Beacons with Minutes of Evidence and Appendices." *British Parliamentary Papers*, Sessions 1861, Volume 5: *Shipping Safety*, 631–51.
[Anon.] *Roman Frontier Studies: Papers Presented to the Sixteenth Congress of Roman Frontier Studies*. Oxford, 1995.
[Anon.] *Selected Documents and Studies for the Conference on the Tripoli Agreement: Problems and Prospects*. Quezon City: International Studies Institute of the Philippines, 1985.
[Anon.] "Singapore's hoop op de opening der Indische kustvaart voor vreemde vlaggen." *Tijdschrijf voor Nederlandsch-Indië* 1, no. 17 (1888): 29–35.
[Anon.] "Straat Makassar." *Mededeelingen op zeevaartkundig gebied over Nederlandsch Oost-Indië* 6 (1 May 1907).
[Anon.] "The Ancient History of Dar es-Salaam." In *The East African Coast: Select Documents from the First to the Earlier Nineteenth Century*, edited by G. S. P. Freeman-Grenville, 233–37. Oxford: Oxford University Press, 1962.
[Anon.] *The East India Pilot, Or Oriental Navigator: A Complete Collection of Charts, Maps, and Plans for the Navigation of the Indian and China Seas*. London: Robert Sayer and John Bennett (1783?), 64 and 91.
[Anon.] "Tonen gelegd voor de monding van de soensang, Palembang." *TvhZ* (1878): 210–11.
[Anon.] *Tijdschrift voor het Zeewezen* (1871), 135–40 (Java Sea); (1872), 100–1 (Melaka Strait); (1873), 339–40 (Natuna and Buton); (1874), 306 (Makassar Strait); (1875), 78, 241 (East Coast Sulawesi and Northeast Borneo); (1876), 463 (Aceh); (1877), 221, 360 (West Coast Sumatra, Lampung); (1878), 98, 100 (West Borneo, Sulu Sea); and (1879), 79 (North Sulawesi).
Antony, Robert. *Like Froth Floating on the Sea: The World of Pirates and Seafarers in Late Imperial China*. Berkeley: Institute for East Asian Studies, 2003.
———. *Unruly People: Crime, Community and State in Late Imperial South China*. Hong Kong: Hong Kong University Press, 2016.
———, ed. *Elusive Pirates, Pervasive Smugglers: Violence and Clandestine Trade in the Greater China Seas*. Hong Kong: Hong Kong University Press, 2010.
Antunes, Luis Frederico Dias. "The Trade Activities of the Banyans in Mozambique: Private Indian Dynamics in the Portuguese State Economy, 1686–1777." In *Mariners, Merchants, and Oceans: Studies in Maritime History*, edited by K. S. Mathew, 301–32. Delhi: Manohar, 1995.
Aoyagi, Yoji. "Production and Trade of Champa Ceramics in the Fifteenth Century." In *Commerce et navigation en Asie du Sud-est (XIV–XIX siècles)*, edited by Nguyễn Thế Anh and Yoshiaki Ishizawa, 91–100. Paris: L'Harmattan, 1999.
Appadurai, Arjun, ed. *The Social Life of Things*. Cambridge: Cambridge University Press, 1986.

Ang, Claudine. *Poetic Transformations: Eighteenth Century Cultural Projects on the Mekong Plains.* Cambridge, MA: Harvard East Asia Monographs, 2019.
[Anon.] "Agreement between the Nabob Nudjum-ul-Dowlah and the Company, 12 August 1765." In *Imperialism and Orientalism: A Documentary Sourcebook*, edited by Barbara Harlow and Mia Carter. Oxford: Wiley, 1999.
[Anon.] *Autonomy and Peace Review.* Cotabato: Institute for Autonomy and Governance in Collaboration with the Konrad-Adenauer Stiftung, 2001.
[Anon.] "Bakens op de reede van Makassar." *TvhZ* (1880): 308.
[Anon.] "Balakang Padang, een concurrent van Singapore." *IG* 2 (1902): 1295.
[Anon.] "Bebakening." *ENI* I (1917): 213.
[Anon.] *Catalogue of the Latest and Most Approved Charts, Pilots', and Navigation Books Sold or Purchased by James Imray and Sons.* London, 1866.
[Anon.] *Catalogus van de tentoonstelling "met lood enlLijn."* Rotterdam, 1974.
[Anon.] *De Topographische Dienst in Nederlandsch-Indië: Eenige gegevens omtrent geschiedenis, organisatie en werkwijze.* Amsterdam, 1913.
[Anon.] "Chineesche Zee: Enkele mededeelingen omtrent de Anambas, Natoena, en Tambelan-Eilanden." *Mededeelingen op zeevaartkundig gebied over Nederlandsch Oost-Indië* 4, (1 August 1896): 1–2.
[Anon.] "De Indische Hydrographie." *IG* 6 (1882): 12–39.
[Anon.] "De Indische Marine." *TNI* (1902): 695–707. For the role of Dutch geographical societies in this expansion, see *Catalogus, Koloniaal-Aardrijkskundige tentoonstelling ter gelegenheid van het veertigjarig bestaan van het Koninklijk Nederlandsch Aardrijkskundig Genootschap.* Amsterdam, 1913.
[Anon.] "De Uitbreiding der Indische Kustverlichting." *Indische Gids* 2 (1903): 1772.
[Anon.] "De Cheribonsche havenplannen." *Indisch Bouwkundig Tijdschrift* (15 August 1917): 256–66.
[Anon.] "De haverwerken te Tanjung Priok." *Tijdschrift voor Nederlandsch—Indië II* (1877): 278–87.
[Anon.] "De nieuwe haven van Cheribon." *Weekblad voor Indië* 5 (1919): 408–9.
[Anon.] "Departement der Burgerlijke Openbare Weken." *Nederlandsch-Indiche Havens Deel I.* Batavia: Departement der Burgerlijke Openbare Werken, 1920.
[Anon.] "Dioptric" in *Webster's Unabridged Dictionary* (G and C Merriam Co., 1913), 415.
[Anon.] "Engeland's Hydrographische Opnemingen in Onze Kolonien." *IG* 2 (1891): 2013–15.
[Anon.] "Havenbedrijf in Indië." *Indische Gids* 2 (1907): 1244–46.
[Anon.] *Historical and Statistical Abstracts of the Colony of Hong Kong 1841–1930*, 3rd ed. Hong Kong: Norohna and Co., Government Printers, 1932.
[Anon.] "Kustverlichting." *ENI* II (1917): 494.
[Anon.] "Naschrift van de redactie." *Indische Gids* 2 (1898): 1219.
[Anon.] "Onze zeemacht in den archipel." *Tijdschrift voor Nederlandsch-Indië* 1 (1890): 146–51.
[Anon.] "Overeenkomsten met inlandsche vorsten: Djambi." *Indische Gids* 1 (1882): 540.
[Anon.] "Overeenkomsten met inlandsche vorsten: Pontianak." *Indische Gids* 1 (1882): 549.
[Anon.] *Perang kolonial Belanda di Aceh.* Banda Aceh: Pusat Dokumentasi dan Informasi Aceh, 1997.
[Anon.] "Poeloe Bras." *TvhZ* (1876): 247.

———. *The Flaming Womb: Repositioning Women in Early Modern Southeast Asia.* Honolulu: University of Hawai'i Press, 2006.

———. "Oceans Unbounded: Traversing Asia Across 'Area Studies.'" *The Asia-Pacific Journal* 5, no. 4 (2007), https://apjjf.org/-Barbara-Watson-Andaya/2410/article.html.

———. "Recreating a Vision: Daratan and Kepulaunan in Historical Context." *Bijdragen Tot- de Taal-, Land-, en Volkenkunde* 153, no. 4 (1997), 483–508.

———. *To Live As Brothers: Southeast Sumatra in the Seventeenth and Eighteenth Centuries.* Honolulu: University of Hawai'i Press, 1993.

———, ed. *Other Pasts: Women, Gender and History in Early Modern Southeast Asia.* Honolulu: University of Hawai'i Press, 2000.

Andaya, Leonard. "The Bugis Makassar Diasporas." *JMBRAS* 68, no. 1 (1995): 119–38.

———. "A History of Trade in the Sea of Melayu." *Itinerario* 1, no. 24 (2000): 87–110.

———. *The Kingdom of Johor, 1641–1728: A Study of Economic and Political Developments in the Straits of Malacca.* Kuala Lumpur: Oxford University Press, 1975.

———. *Leaves from the Same Tree: Trade and Ethnicity in the Straits of Melaka.* Honolulu: University of Hawai'i Press, 2008.

———. *The World of Maluku: Eastern Indonesia in the Early Modern Period.* Honolulu: University of Hawai'i Press, 1993.

Anderson, Benedict. *Imagined Communities: Reflections on the Origins and Spread of Nationalism.* London: Verso, 2006.

Anderson, Clare. *Convicts in the Indian Ocean: Transportation from South Asia to Mauritius, 1815–1853.* London: Palgrave, 2000.

———. *Subaltern Lives: Biographies of Colonialism in the Indian Ocean World, 1790–1920.* Cambridge: Cambridge University Press, 2012.

Anderson, Jamie. "Slipping through Holes: The Late Tenth and Early Eleventh Century Sino-Vietnamese Coastal Frontier as a Subaltern Trade Network." In *The Tongking Gulf through History,* edited by Nola Cooke, Tana Li, and Jamie Anderson, 87–100. Philadelphia: University of Pennsylvania Press, 2011.

Anderson, J. L. "Piracy in the Eastern Seas, 1750–1856: Some Economic Implications." In *Pirates and Privateers: New Perspectives on the War on Trade in the Eighteenth and Nineteenth Centuries,* edited by David Starkey, E. S. van Eyck van Heslinga, and J. A. de Moor. Exeter: University of Exeter Press, 1997.

Anderson, John. "Piracy and World History: An Economic Perspective on Maritime Predation." In *Bandits at Sea,* edited by C. R. Pennell, 82–105. New York: New York University Press, 1991.

Anderson, Warwick. *Colonial Pathologies.* Durham: Duke University Press, 2006.

Andrade, Tonio. "The Company's Chinese Pirates: How the Dutch East India Company Tried to Lead a Coalition of Pirates to War against China, 1621–1662." *Journal of World History* 15, no. 4 (2004): 415–44.

———. *The Gunpowder Age: China, Military Innovation, and the Rise of the West in World History.* Princeton: Princeton University Press, 2016.

———. *Lost Colony: The Untold Story of China's First Great Victory over the West.* Princeton: Princeton University Press, 2013.

Andreski, Stanislav. *Max Weber on Capitalism, Bureaucracy, and Religion: A Selection of Texts.* London: Allen & Unwin, 1983.

Adams, John, and Nancy Hancock. "Land and Economy in Traditional Vietnam." *JSEAS* 1, no. 2 (1970).

Adas, M. "Immigrant Asians and the Economic Impact of European Imperialism: The Role of South Indian Chettiars in British Burma." *Journal of Asian Studies* 33, no. 3 (1974): 385–401.

Adas, Michael. *The Burma Delta: Economic Development and Social Change on an Asian Rice Frontier, 1852–1941*. Madison: University of Wisconsin Press, 1974.

———. *Machines as the Measure of Men: Science, Technology, and Ideologies of Western Dominance*. Ithaca: Cornell University Press, 1989.

Adelaar, Alexander. "The Indonesian Migrations to Madagascar: Making Sense of the Multidisciplinary Evidence." In *Austronesian Diaspora and the Ethnogenesis of People in Indonesian Archipelago: Proceedings of the International Symposium*, edited by Truman Simanjuntak, Ingrid H. E. Pojoh, and Muhammad Hisyam. Jakarta: LIPI Press, 2006.

Adelaar, K. Alexander. "Borneo as a Cross-Roads for Comparative Austronesian Linguistics." In *The Austronesians: Historical and Comparative Perspectives*, edited by Peter Bellwood, James Fox, and Darrell Tryon, 75–95. Canberra: Department of Anthropology, Research School of Pacific and Asian Studies, Australian National University, 1995.

Adhyatman, Sumarah. *Keramik kuna yang diketemukan di Indonesia: Berbagai pengunaan dan tempat asal*. Jakarta: Himpunan Keramik Indonesia, 1981.

Adi, M. "Mengisi kekurangan ruangan kapal." *Suluh Nautika* 9, nos. 1–2 (January/ February, 1959): 8–9.

Aken, H. M. van. "Dutch Oceanographic Research in Indonesia in Colonial Times." *Oceanography* 18, no. 4 (2005): 30–41.

Alavi, Seema. *Muslim Cosmopolitanism in the Age of Empire*. Cambridge: Harvard University Press, 2015.

Alexanderson, Kris. *Subversive Seas: Anticolonial Networks across the Twentieth-Century Dutch Empire*. Cambridge: Cambridge University Press, 2019.

Ali, Tariq Omar. *A Local History of Global Capital: Jute and Peasant Life in the Bengal Delta*. Princeton: Princeton University Press, 2018.

Alkatiri, Zeffry. *Dari Batavia sampai Jakarta, 1619–1999: Peristiwa sejarah dan kebudayaan Betawi-Jakarta dalam sajak*. Magelang: IndonesiaTera, 2001.

Allsen, T. T. *Culture and Conquest in Mongol Eurasia*. Cambridge: Cambridge University Press, 2001.

Alpers, Edward. *The Indian Ocean in World History*. New York: Oxford University Press, 2014.

———. *Ivory and Slaves: The Changing Pattern of International Trade in East Central Africa to the Later Nineteenth Century*. Berkeley: University of California Press, 1975.

Alphen, M. van. "Iets over den oorsprong en der eerste uitbreiding der chinesche volkplanting te Batavia." *Tiderschrift voor Nederlandesch Indië* 4, no. 1 (1842): 70–100.

Amrith, Sunil. *Crossing the Bay of Bengal: The Furies of Nature and the Fortunes of Migrants*. Cambridge: Harvard University Press, 2013.

———. *Unruly Waters: How Rains, Rivers, Coasts, and Seas Have Shaped Asia's History*. New York: Basic Books, 2018.

Amyot, J. *The Manila Chinese: Familism in the Philippine Environment*. Quezon City: Institute of Philippine Culture, 1973.

Andaya, Barbara Watson. "Cash-Cropping and Upstream/Downstream Tensions: The Case of Jambi in the 17th and 18th-Centuries." In *Southeast Asia in the Early Modern Era*, edited by Anthony Reid. Ithaca: Cornell University Press, 1993.

印尼
- Museum Bahari, Sunda Kelapa (Jakarta)
- Perpustakaan Negara Indonesia, Jakarta (National Library of Indonesia)
- Arsip Nasional Republik Indonesia, Jakarta (National Archives of Indonesia)

引用書目縮寫說明

- ANRI Arsip Nasional Republik Indonesia, Jakarta
- ARA Algemeen Rijksarchief (now Nationaal Archief), The Hague
- *BEFEO* Bulletin de l'École Française d'Extrême-Orient
- BTLV Bijdragen tot de Taal-, Land-, en Volkenkunde (or BKI)
- CO Colonial Office Files (London)
- ENI Encyclopaedie van Nederlandsch-Indië
- FO Foreign Office Files (London)
- *IG* Indische Gids, De
- ISEAS Institute for Southeast Asian Studies
- *JESHO* *Journal of the Social and Economic History of the Orient*
- *JMBRAS* *Journal of the Malay Branch of the Royal Asiatic Society*
- *JSEAS* *Journal of Southeast Asian Studies*
- MR Mailrapporten, Nederlandsch Oost-Indië
- RIMA Review of Indonesian and Malay Affairs
- SOAS School of Oriental and African Studies
- SSBB Straits Settlements Blue Books
- SSLCP Straits Settlements Legislative Council Proceedings
- *TAG* *Tijdschrift van het Koninklijk Aardrijkskundig Genootschap*
- *TBG* Tijdschrift voor Indische Taal-, Land-, en Volkenkunde
- *TNI* *Tijdschrift voor Nederlandsch-Indië*
- *TvhZ* *Tijdschrift voor het Zeewezen*

Abdullah, Makmun, Nangsari Ahmad, F. A. Soetjipto, and Mardanas Safwan. *Kota Palembang sebagai "kota dagang dan industri."* Jakarta: Departemen Pendidikan dan Kebudayaan, Direktorat Sejarah dan Nilai Tradisional, Proyek Inventarisasi dan Dokumentasi Sejarah Nasional, 1985.

Abeydeera, Ananda. "Anatomy of an Occupation: The Attempts of the French to Establish a Trading Settlement on the Eastern Coast of Sri Lanka in 1672." In Giorgio Borsa, *Trade and Politics in the Indian Ocean.* Delhi: Manohar, 1990.

Abinales, Patricio. *Making Mindanao: Cotabato and Davao in the Formation of the Philippine Nation State.* Honolulu: University of Hawai'i Press, 2000.

———. *Orthodoxy and History in the Muslim-Mindanao Narrative.* Quezon City: Ateneo de Manila Press, 2010.

Abu-Lughod, Janet. *Before European Hegemony: The World System AD 1250–1350.* New York: Oxford University Press, 1991.

Abubakar, Tengku Ahmad, and Hasan Junus. *Sekelumit kesan peninggalan sejarah Riau.* Asmar Ras, 1972.

參考書目

田野調查地點

本書田野調查和訪談地點如下（依筆畫排序）：

- 中國
- 日本
- 卡達
- 印尼
- 印度
- 汶萊
- 坦尚尼亞
- 肯亞
- 阿曼
- 香港
- 泰國
- 馬來西亞
- 菲律賓
- 越南
- 新加坡
- 葉門
- 臺灣
- 緬甸

圖書館與檔案庫

一、歐洲

英國

- Greenwich Maritime Museum, Greenwich
- Cambridge University Library, Cambridge
- India Office, British Library (IOL), London
- Public Records Office (PRO), Kew, Surrey

荷蘭

- National Maritime Museums, Amsterdam and Rotterdam
- Koninklijke Instituut voor de Tropen, Amsterdam (Royal Institute of the Tropics)
- Koninklijke Instituut voor Taal-, Land-en Volkenkunde, Leiden (KITLV)
- Koninklijke Bibliotheek, Den Haag (Royal Library, The Hague)
- Nationaal Archief, Den Haag (National Archives, Netherlands)

法國

- Bibliothèque Nationale de France, Paris (National Library of France)
- Bibliothèque SciencesPo, Paris (Library of the University of SciencePo)

義大利

- Istituto Italiano per l'Africa e l'Oriente, Roma (Italian Institute of Africa and Asia)

二、中東

卡達

- Museum of Islamic Art, Doha

阿曼

- Bait Zubair Museum, Muscat

葉門

- Centre Français des Études Yemenites, Sana'a
- American Institute for Yemeni Studies, Sana'a
- National Library of Yemen, Aden

三、亞洲

日本

- Kyoto University Library, Kyoto
- Osaka Ethnology Museum, Osaka
- Dejima Museum, Nagasaki

臺灣

Academia Sinica Library, Taipei

香港

Hong Kong University Library, Hong Kong

新加坡

- Singapore National History Archives, Singapore
- National University of Singapore Library, Singapore

馬來西亞

- Perpustakaan Negara Malaysia, Kuala Lumpur (National Library of Malaysia)
- Universitas Islam Antarabangsa Library, Gombak
- Arkib Negara Malaysia, Kuala Lumpur (National Archives of Malaysia)

Summit

春山之巔

O23

亞洲海洋大歷史：

從葉門到橫濱的跨海域世界

In Asian Waters: Oceanic Worlds from Yemen to Yokohama

作　　者　達瑞克（Eric Tagliacozzo）
譯　　者　閻紀宇
總 編 輯　莊瑞琳
責任編輯　盧意寧
編輯協力　向淑容
行銷企畫　甘彩蓉
業　　務　尹子麟
封面設計　廖韡
內文排版　丸同連合 Un-Toned Studio
法律顧問　鵬耀法律事務所戴智權律師

出　　版　春山出版有限公司
　　　　　地址：11670臺北市文山區羅斯福路六段297號10樓
　　　　　電話：02-29318171
　　　　　傳真：02-86638233

總 經 銷　時報文化出版企業股份有限公司
　　　　　地址：33343桃園市龜山區萬壽路二段351號
　　　　　電話：02-23066842

製　　版　瑞豐電腦製版印刷股份有限公司
印　　刷　搖籃本文化事業有限公司
初版一刷　2024年2月
I S B N　978-626-7236-55-0（紙本）
　　　　　978-626-7236-56-7（PDF）
　　　　　978-626-7236-57-4（EPUB）

定　　價　690元

春山出版

Email　SpringHillPublishing@gmail.com
Facebook　www.facebook.com/springhillpublishing/

填寫本書線上回函

國家圖書館出版品預行編目(CIP)資料

亞洲海洋大歷史：從葉門到橫濱的跨海域世界／達瑞克（Eric Tagliacozzo）作，閻紀宇譯
－初版－臺北市：春山出版有限公司，2024.02，560面；21×14.8公分－(春山之巔；23)
譯自：In Asian waters : oceanic worlds from Yemen to Yokohama
ISBN 978-626-7236-55-0（平裝）
1.CST：海洋　2.CST：航海　3.CST：文明史　3.CST：亞洲史
720.9　　　112014314

World as a Perspective

世界作為一種視野